U0258664

化学工业出版社学术著作出版基金资助出版

二氧化碳捕集和利用

CO_2 CAPTURE AND UTILIZATION

王献红 主编

化学工业出版社
·北京·

本书从世界能源结构尤其是中国的能源结构现状和未来出发，总结梳理了二氧化碳的排放现状，在此基础上系统介绍了二氧化碳的捕集和利用技术的最新进展。捕集技术中重点介绍了离子液体捕集技术、多孔金属有机骨架材料捕集技术、极稀浓度二氧化碳的捕集技术等近几年发展起来的新技术。二氧化碳的利用方面，重点介绍了二氧化碳作为碳氧资源化学固定为高分子材料和二氧化碳作为碳资源化学固定为能源化学品等技术。

本书可供化学、化工、发电、冶金等领域从事二氧化碳捕集的工程技术人员、从事二氧化碳利用的研发人员、企业和政府从事碳减排管理的管理人员阅读参考。

图书在版编目（CIP）数据

二氧化碳捕集和利用/王献红主编，—北京：化学工业出版社，2016.2

ISBN 978-7-122-25695-9

Ⅰ.①二… Ⅱ.①王… Ⅲ.①二氧化碳-收集②二氧化碳-废物综合利用 Ⅳ.①X701.7

中国版本图书馆 CIP 数据核字（2015）第 282835 号

责任编辑：傅聪智　　文字编辑：孙凤英
责任校对：边　涛　　装帧设计：刘丽华

出版发行：化学工业出版社（北京市东城区青年湖南街 13 号　邮政编码 100011）
印　　装：北京捷迅佳彩印刷有限公司
710mm×1000mm　1/16　印张 20½　字数 424 千字　2016 年 4 月北京第 1 版第 1 次印刷

购书咨询：010-64518888　　售后服务：010-64518899
网　　址：http://www.cip.com.cn
凡购买本书，如有缺损质量问题，本社销售中心负责调换。

定　　价：98.00 元

前言

二氧化碳是最主要的温室气体，自工业化革命以来二氧化碳排放逐年递增，到2014年全世界的二氧化碳排放已经超过370亿吨，尽管还存在各种各样的争议，但由此带来的温室效应正引起大家的共识。从1997年的京都议定书，到引起世界各国高度重视的2009年哥本哈根世界气候大会，加上近几届世界气候大会给出的更切实际的数据（2011年墨西哥坎昆，2012年卡塔尔多哈，2013年波兰华沙，2014年秘鲁利马），世界各国越来越接近达成温室气体减排的共识。2015 年底的法国巴黎世界气候大会将通过新的气候议定书，取代届满的京都气候议定书。2014年11月12日中美两国共同发表《中美气候变化联合声明》，美国计划于2025年实现在2005年基础上减排26%～28%的全经济范围减排目标，并将努力减排28%，中国计划2030年左右二氧化碳排放达到峰值且将努力早日达峰，并计划到2030年非化石能源占一次能源消费比重提高到 20%左右。这次协议的签署意味着全球对温室气体的减排的高度共识。因为无论采用什么样的角度去思考，气候异常是个现实问题，二氧化碳也因此成为世界各国难以回避的一个词。

二氧化碳的捕集和封存一度成为解决二氧化碳减排问题的方案，但由此带来的成本和后续潜在的负面效应使得人们开始研究更合适的解决方案，其中二氧化碳的利用，尤其是化学转化和利用正日益受到世界各国的广泛关注。2010年我们编写了《二氧化碳的固定和利用》一书，主要讨论了二氧化碳的物理利用和化学转化的原理和技术，尤其是二氧化碳合成塑料方面的工作进展。随着二氧化碳议题的不断深入，二氧化碳的低能耗捕集并作为大宗化工材料和能源化学品的原料已经成为目前二氧化碳议题的优先领域和热点研究内容。

借此我们编撰本书，本书由6章构成。第1章从世界能源结构尤其是中国的能源结构现状和未来出发，总结梳理二氧化碳的排放，分析了工业过程如燃煤发电、水泥、炼钢、石化、酿造行业集中排放二氧化碳的现状。此外本章也分析了分散和移动排放过程如汽车、摩托车行业的二氧化碳现状，这一部分二氧化碳的排放约占整个二氧化碳排放的 40%以上，但直接现场回收在经济上是不可行的。第2章总结了目前集中排放的二氧化碳的捕集技术，探讨了新型、低能耗捕集技术如离子液体捕集技术、多孔金属有机骨架材料捕集技术的可行性。第3章探讨了极稀浓度二氧化碳的捕集技术，主要从能耗和经济性考虑大气为代表的极稀浓度气氛下二氧化碳的捕集技术，并分析著名的浓盐电化学方法捕集二氧化碳并转化为能源化学品的“绿色自由”思路的可行性。二氧化碳的化学利用主要分为碳氧资源的全部利用和碳资源利用两个方面，因此在第4章梳理二氧化碳作为碳氧资源化学固定为小分子化合物，其中成熟的例子如尿素、水杨酸、无机碳酸盐或有机环状碳酸酯，正处在研发中的例子如碳酸二甲酯、甲基丙烯酸甲酯等。第5章则阐述二氧化碳作为碳氧资源化学固定为高分子材料方面的工作，评述了二氧化碳基塑料和二氧化碳基聚氨酯方面的最新进展，同时也评述了非光气法聚碳酸酯和聚氨酯的研究和工业化进展。这是最近十年的热门研究领域，原因在于将二氧化碳作为合成高分子材料的基础原料，不仅有助于缓解二氧化碳效应，还能为高分子工业的原料来源多元化提供依据。第6章总结了二氧化碳单独作为碳资源应用的可行性，主要是采用还原反应将二氧化碳转化为大宗能源化学品的最新进展，尤其是二氧化碳制备甲醇、甲烷（合成气）、甲酸、一氧化碳的工作。其中能耗和经济分析是决定该领域竞争性和前途的关键。

本书由中国科学院长春应用化学研究所二氧化碳基塑料研发团队负责编写，再由本人统一修改并定稿。本书第1章“二氧化碳的排放”由任冠杰博士编写，第2章“集中排放二氧化碳的捕集”由刘顺杰博士编写，第3章“极稀浓度二氧化碳的捕集”由王勇博士编写，第4章“二氧化碳作为碳氧资源化学固定为小分子化合物”由盛兴丰博士编写，第5章“二氧化碳作为碳氧资源化学固定为高分子材料”由本人与吴伟博士、高永刚博士编写，第6章“二氧化碳作为碳氧资源化学固定为能源化学品”由顾林博士、秦玉升博士编写。本书在编写过程中得到了我的同事秦玉升博士的全力支持，他负责本书专业方面的修订，同时我们实验室的张薇女士对全书的文字和格式方面进行了仔细修订，没有他们的辛勤劳动是不可能完成本书的，在此深表感谢。

王献红
2015年10月

目录

第1章

二氧化碳的排放

1.1 能源结构变迁与二氧化碳排放

1.1.1 能源结构变迁

能源的开发利用与人类社会生产力的发展水平密切相关，能源结构可作为衡量人类社会生产力发展水平的最重要指标。

从能源开发利用角度分析，人类社会至今已经历了三个能源时代[1]。第一个时代是薪柴能源时代，原因在于在 18 世纪中期第一次工业革命以前，社会生产力水平低下，人类以自然界广泛分布而又容易获取的可再生能源（即薪柴）为主要能源。

蒸汽机的发明揭开了人类社会第一次能源变革的序幕，人类第一次把蕴藏在煤炭中的自然能量转变为具有经济意义的能量，煤炭逐渐替代薪柴，到 19 世纪 70 年代，煤炭在一次能源消费结构中的比重已上升到 24%，到 20 世纪初，又进一步上升到 60%，从而用了近 150 年时间完成了煤炭取代薪柴的能源转换过程，完成了世界能源消费结构的第一次重大变革，使人类社会进入了第二个能源时代——“煤炭时代”。

第三个能源时代是“石油”时代。第二次世界大战以后世界上许多发达资本主义国家大力推广使用石油，有些国家开始弃煤用油来生产电力，石油工业开始进入蓬勃发展时期，石油在与煤炭的竞争中地位日渐增强，而煤炭工业因能源效率问题受到很大影响，煤炭一统天下的地位受到严重影响。据联合国统计，石油在能源消费结构中的比重从 1929 年的 14%迅速上升到 1950 年的 27%，而同期煤炭则从 76%下降到 61%，1967 年更是上升到 40.4%，而煤炭却从 1950 年的 61%下降到 38.8%，从而完成了石油替代煤炭能源的所谓第二次能源变革，标志着人类社会开始进入能源的“石油时代”。

当前化石燃料依然是全球一次能源消耗的主要来源，并且在逐年增加。BP 发布的《世界能源统计回顾 2011》数据显示，2010 年中国一次能源消费量为 24.32 亿吨油当量，同比增长 11.2%，占世界能源消费总量的 20.3%。美国一次能源消费量为 22.86 亿吨油当量，同比增长 3.7%，占世界能源消费总量的 19.0%[2]。尽管在国家统计局随后发布的公报中，中国 2010 年能源消费总量折算成标准油约为 22.75 亿吨，中国的能源消费总量还未超美国。即便“第一”的帽子花落谁家未定，但中国作为能源消耗大国已是不争之实。

如图 1-1 所示，世界能源结构中原油消耗量占 34%，煤消耗量占 30%，天然气占 24%，核能以及其他可再生能源消耗量占 12%。不过，虽然石油消耗量在能源总消耗量中所占的比例仍然最大，但其在每年能源消耗量中所占的份额正在逐年降低。2010 年，石油消耗量相比于 2009 年消耗量增长 3.1%，在所有化石能源中增长最低。而煤消耗量却相比于 2009 年增加了 7.6%，在所有化石能源中增长最大。煤的消耗量占世界能源总消耗量的份额达到了 30%，是 1970 年以来的最高值。事实上，石油消耗量在世界一次能源消耗量中所占比例已经连续十一年下降，而煤和天然气消耗量在世界一次能源消耗量中的比值则持续增加。

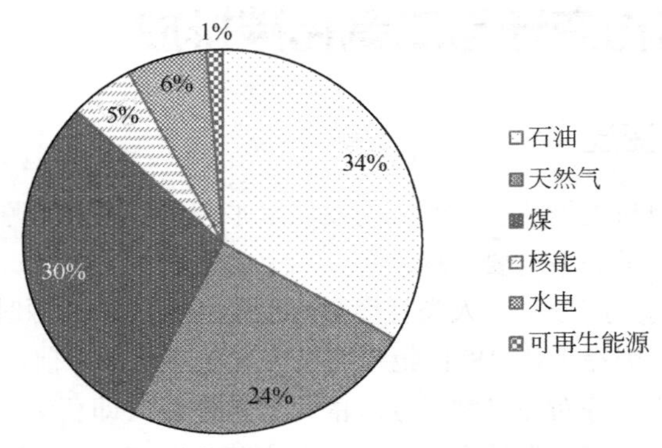

图 1-1　2010 年世界一次能源消费结构
（资料来源：BP公司Review of World Energy 2011）

尽管目前正经历着第三次能源变革，即从石油、煤炭和天然气等化石能源向着太阳能、风能和氢能等方向发展，进而发展到可再生能源时代。

化石能源品种间的消耗比例已经根据能源效率和环境因素进入快速调整阶段。但是根据国际能源署（IEA）预测，2007—2030 年间全球一次能源需求量将从 120 亿吨油当量增加到 168 亿吨油当量，增幅达 40%[3]，其中 3/4 以上的能源消耗来自化石燃料，可见能源结构的变革需要相当长时间的积累。尽管石油占整个能源消费的比例会下降，其依然是最大的一次燃料消费品，全球石油需求将增长 24%，即从 2008 年的 0.85 亿桶 • 天$^{-1}$（1 桶＝158.987dm^3，下同）上升至 2030 年的 1.05 亿桶 • 天$^{-1}$[4]。另外，随着清洁煤炭技术的应用，煤炭将成为需求增长最快的能源商品，在一次能源中的比例将由 2007 年的 32 亿吨油当量增加到 2030 年 49 亿吨油当量，年均增速达到 1.9%，不仅高于油气等传统化石能源，也高于核能、生物能等能源，仅低于由风能引领的新兴可再生能源（年均增速达到 7.3%）[5]。此外，由于天然气在化石能源中是最清洁的，随着低碳经济的发展，全球天然气的需求将呈现长期增长的趋势，预计到 2030 年，全球天然气的需求将增长 41%，即从 2007 年的 3.0 万亿立方米增加到 2030 年的

4.3 万亿立方米。天然气储量丰富，全球可使用的天然气资源超过 850 万亿立方米，世界探明的天然气储量足以满足全球 58.6 年的需求。值得庆幸的是，天然气资源中的 45%是非传统气源（包括页岩气、煤源气等），目前只有 66 万亿立方米的天然气被开采，不到全球总储量的 8%[6]。

尽管化石能源在短时期内可满足世界能源需求的增长，但能源枯竭的风险依然如同达摩克利斯之剑（The Sword of Damocles）高悬在世界能源安全的上空，而且持续的大量能源消耗进一步加重了环境负荷，经常引起极端气候的发生。因此，发展清洁和可持续的能源是世界各国的共识。

核能作为一个低碳能源开始得到更全面的认识，2010 年世界核能发电量比 2009 年增长了 2%，其中三分之二的增长来自欧洲[2]。尽管 2011 年 3 月日本福岛第一核电站事故使世界各国重新评估核能的安全性，但并未改变中国、印度、俄罗斯和韩国等国的核电政策，实际上为应对化石资源过度消耗所带来的问题，2035 年前核电将增加 70%以上[7]。另一方面，太阳能、生物质能、风能和潮汐能、地热能等可再生能源开始进入快速发展通道，但目前仍需要克服一系列瓶颈问题以实现其大规模商业应用。全世界可再生能源预期到 2035 年会增加两倍，届时太阳能发电将占全球总发电量的 2%，生物燃料的使用也将增长 4 倍多，即从 2010 年的 100 万桶·天$^{-1}$增加到 2035 年的 440 万桶·天$^{-1}$，占道路运输燃料的比例则从 2010 年的 3%增长到 2035 年的 8%[8]，水力和风力发电为主的可再生资源发电在全球发电量中所占的比例会由 2008 年的 19%上升至接近三分之一。随着化石资源价格的上涨和可再生资源的成熟，可再生资源会越来越显现其独特的竞争力。

综上所述，虽然在未来的 20 年内，化石能源仍然在全球一次能源中占主导地位，但石油、煤和天然气所占比例会有变化。而核能和可再生能源等低碳能源在全球一次能源中将发挥越来越重要的作用，这不仅是化石资源的逐渐枯竭所导致的结果，也与化石资源所带来的环境气候等方面的副作用密切相关，其中最重要的一个副作用就是二氧化碳的过度排放。

1.1.2 二氧化碳的排放

煤与石油等化石资源从地壳中被开采出来，通过燃烧过程以满足交通、取暖、电力、石化等生产过程的需要，与自然界通过碳循环将二氧化碳固定的过程相比，该过程产生二氧化碳的速度更快、量更大，导致大气中二氧化碳浓度在第一次工业革命开始后以前所未有的速度增加[9]。图 1-2 显示了历史上 CO_2 浓度的变化。由于人类消耗化石燃料和土地利用的变迁，二氧化碳浓度从第一次工业革命前的 280mL·m^{-3} 增长到 2005 年的 379mL·m^{-3}。1995—2005 年的 CO_2 浓度年均增长率（1.9mL·m^{-3}）比有观测史以来（1960 年开始连续和直接观测大气中关键气体的浓度，1960—2005 年以来年均增加 1.4mL·m^{-3})高 35%以上[10]。大气中二氧化碳浓度增加的趋势一直没有明显的变化，据二氧化碳数据分析中心（CDIAC）的数据显示，2012 年 11 月份大气中二氧化碳浓度已达 391.2mL·m^{-3}，自 2005 年来年均增速也达到 1.7mL·m^{-3}，尽管增速相比前十年开始下降，但依然保持较高的增速水平。

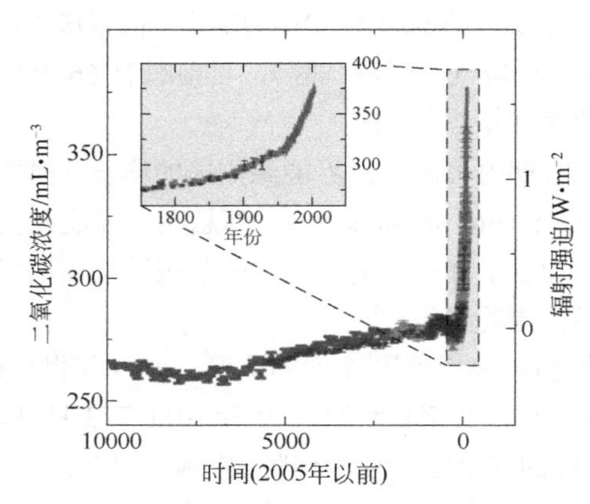

图 1-2 大气中 CO_2 浓度的变化

（资料来源：IPCC气候变化2007综合报告，时间坐标中0表示2005年）

如图 1-3 所示，在 1970—2004 年期间，CO_2 年排放量从 210 亿吨增加到 380 亿吨，增加了约 80%，在 2004 年 CO_2 年排放量占人为温室气体排放总量的 77%[图 1-3(a)]，毫无疑问 CO_2 是最重要的温室气体。此外，在 1995—2004 年，CO_2 排放的年增加速率（9.2 亿吨 • 年$^{-1}$）比前一个十年期（1970—1994 年，4.3 亿吨 • 年$^{-1}$）高得多。从排放行业来看，1970—2004 年期间温室气体排放的最大增幅来自能源供应、交通运输和工业，而住宅建筑和商业建筑、林业（包括毁林）以及农业等行业的温室气体排放则以较低的速率增加。以 2004 年温室气体的行业排放情况为例［见图 1-3(c)］，能源供应和交通行业排放量约占 2004 年人为温室排放量的 40%。

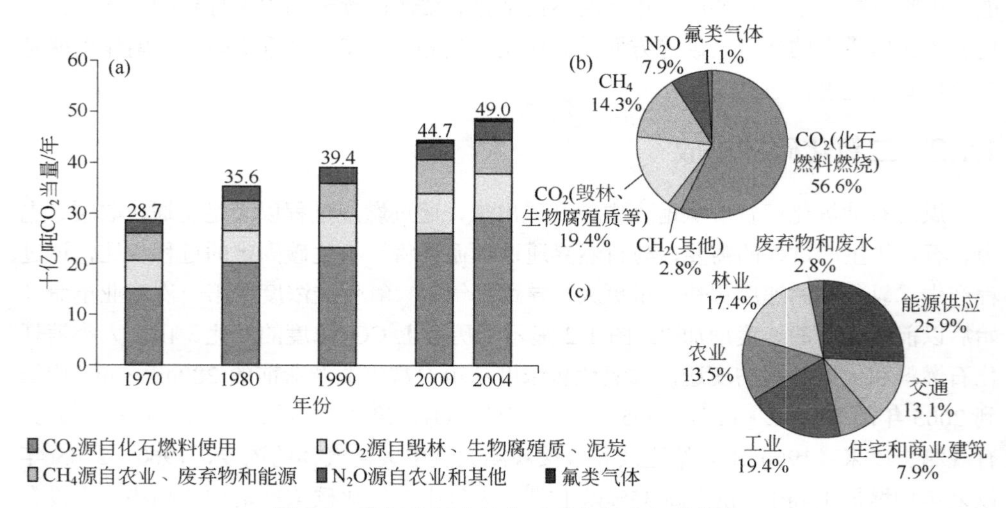

图 1-3 按行业划分的全球人为温室气体排放

（a）1970—2004年期间全球人为温室气体年排放量；（b）按CO_2重量计算的不同温室气体占2004年总排放量的份额；（c）按CO_2重量计算的不同行业排放量占2004年总人为温室气体排放份额

图 1-4 是历年化石燃料燃烧所排放的 CO_2 量，从 1971—2009 年排放的 CO_2 量一直呈上升趋势，2009 年达到近 300 亿吨。据《IPCC 排放情景特别报告》（SRES，2010）预估，在 2000—2030 年期间化石燃料仍在世界能源结构中占主导地位，该期间 CO_2 排放将至少增加 40%，即到 2030 年全球温室气体排放至少增加 97 亿吨 CO_2 当量，总量将超过 367 亿吨 CO_2 当量[11]。世界能源署 2010 年发布的能源技术展望（ETP 2010）也指出，煤的大量使用会大幅度增加 CO_2 的排放[12]，2035 年煤排放的 CO_2 达 144 亿吨[13]，石油燃烧排放的 CO_2 达 126 亿吨[13]，而天然气排放的 CO_2 也达 84 亿吨[14]。

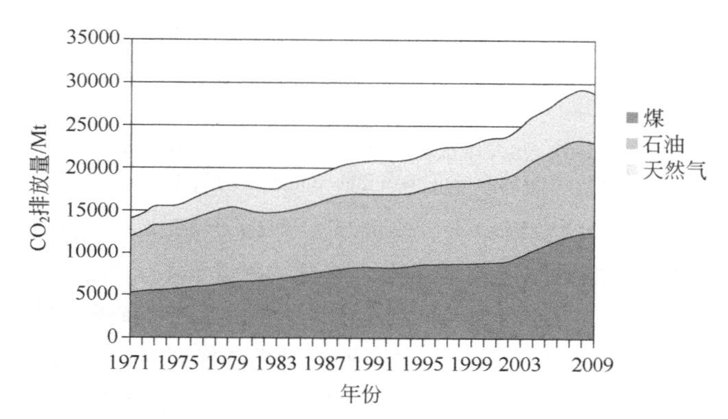

图 1-4 燃料燃烧排放的 CO_2

（资料来源：CO_2 emissions from fuel combustion highlights，2011，International Energy Agency）

1.1.2.1 不同国家和地区的二氧化碳排放

尽管发展中国家排放的温室气体所占份额快速增长，目前温室气体的排放仍然以工业化国家为主。图 1-5 显示了 2009 年世界上排放 CO_2 的十个主要国家，占全球排放总量的三分之二，其中中国和美国共排放了 120 亿吨，占全球的 41%。最近，据荷兰环境署 2012 年的报告，中国和美国 2011 年排放的二氧化碳占全球的 45%，其中中国的排放量达到世界排放量的 29%[15]。

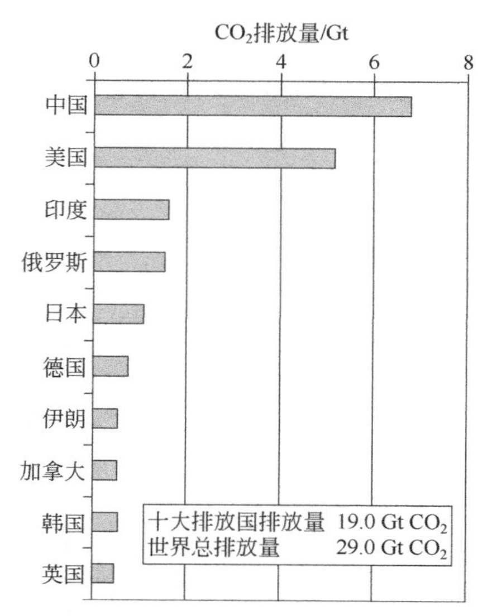

图 1-5 2009 年 CO_2 的十大排放国

（资料来源：CO_2 emissions from fuel combustion highlights，2011）

CO_2 排放量/GDP 的数值可用于描述二氧化碳排放对经济增长的制约关系，图 1-6 显示了五大排放国的 CO_2 排放量/GDP 值的变化，印度和日本在 1990 年已经拥有了较低的 CO_2 排放量/GDP 值，2009 年俄罗斯的 CO_2 排放量/GDP 值最高，中国、俄罗斯和美国在 1990—2009 年间显著地降低了排放量/GDP 值，其中中国的 CO_2 排放量/GDP 值已经接近美国。

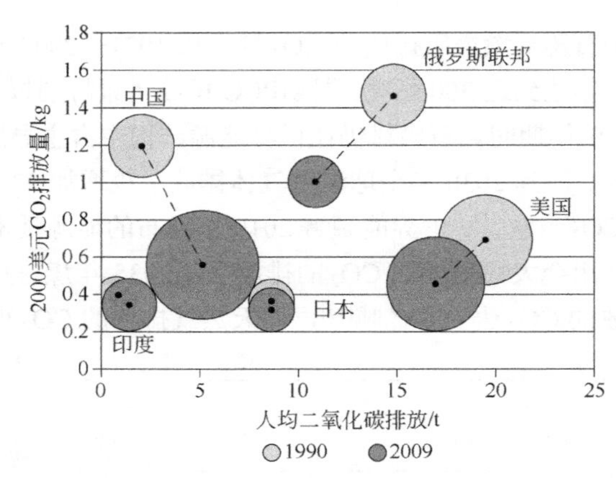

图 1-6 五大排放国 CO_2 排放量/GDP 变化趋势
（资料来源：CO_2 emissions from fuel combustion highlights，2011）

与 CO_2 排放量/GDP 的数据相比，全世界人均 CO_2 排放量也很有说服力。该数据随不同国家和地区使用能源的方式呈现较大差异。在世界五大排放国中，人均排放量从印度的人均 1t，到中国的人均 5t，再到美国的人均 17t。拥有不到世界 5%人口的美国在 2009 年排放了世界 18%的 CO_2。中国拥有世界 20%的人口，排放的 CO_2 占全世界的 24%，而印度拥有世界上 17%的人口，排放的 CO_2 只占世界总份额的 5%。

如图 1-7 所示，工业化国家的人均排放量远超过世界人均水平。然而近 20 年来经济发展迅速的发展中国家的人均排放量在迅速增长，1990—2009 年，中国人均排放量增加 2.5 倍，印度人均排放量也增加了一倍，而俄罗斯和美国的人均排放量分别降低了 27%和 13%。据荷兰环境评估局 2012 年的报告，2011 年中国人均排放量已增加到 7.2t，这一数值已经接近欧盟的人均排放量 7.5t，而印度人均排放量则增加到 1.6t，美国则达 17.3t[15]。

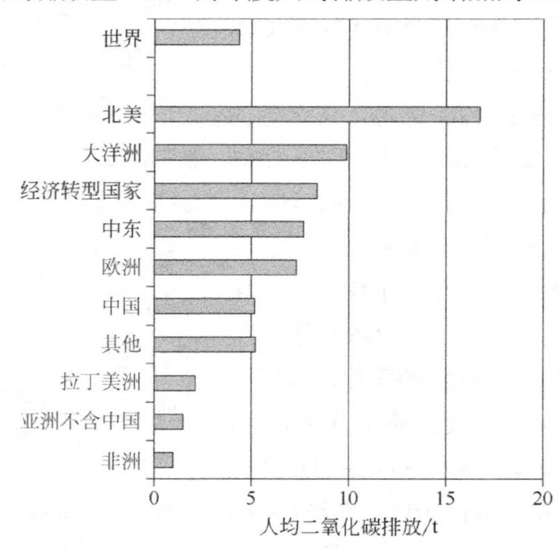

图 1-7 2009 年世界主要地区人均排放量
（资料来源：CO_2 emissions from fuel combustion highlights，2011）

1.1.2.2 不同部门二氧化碳的排放

图 1-8 为 2009 年各行业排放 CO_2 的情况，截至 2009 年，发电供热以及交通两大领域产生的 CO_2 占全球总排放量的 41%，接近三分之二，是迄今为止最大的 CO_2 排放源。由于煤燃烧在三种化石燃料中产生的 CO_2 量最大，而发电与供热都强烈地依赖于煤，从而增加了此领域在全球 CO_2 排放中所占的份额，如澳大利亚、中国、印度、波兰和南非的 68%～94%的电力和热量均来源于煤。

图 1-9 为 2008—2009 年两年中发电和供热领域产生的 CO_2 的大致情况，该领域产生的 CO_2 大多数来自煤，但与 2008 年相比，2009 年的 CO_2 排放量下降了 1.7%，其中来自石油的二氧化碳排放量降幅最大，下降 2.8%，而煤炭和天然气分别有 1.9%和 0.7%的下降。未来发电和供热领域排放 CO_2 的量强烈依赖于低 CO_2 排放的发电燃料所占份额，如可再生资源和核能的份额[14]。

交通领域是 CO_2 排放的第二大来源，由图 1-8 可知，2009 年此领域排放的 CO_2 占全球排放量的 23%。在可预见的范围内，全球范围内对交通的要求将持续增大，世界能源展望 2010（WEO2010）预计用于交通领域的燃料需求到 2035 年将增长 40%。为了降低交通领域的排放，必须发展电动汽车或混合动力汽车，同时提高交通工具的能量使用效率，以减少交通领域二氧化碳的排放，降低对化石能源的依赖。

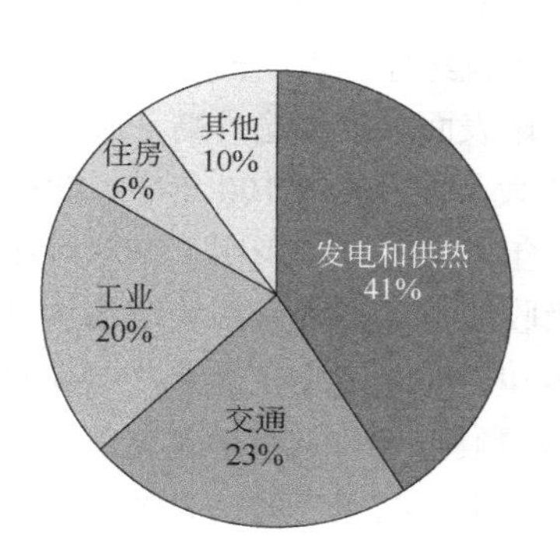

图 1-8 2009 年世界各行业 CO_2 排放占比

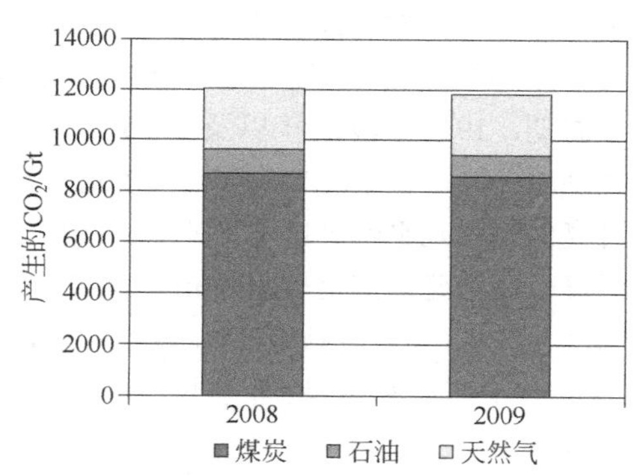

图 1-9 发电和供热领域 2008 年和 2009 年产生 CO_2

（资料来源：CO_2 emissions from fuel combustion highlights，2011）

1.2 二氧化碳问题的纷争

历史上二氧化碳等温室气体在地球生命体的形成中发挥了重要作用。大约 40 亿年前，地球大气富含氢气，而二氧化碳含量则很低，随着时间的推移，大气逐渐被以氢气和二氧化碳为主的气层取代。由于二氧化碳的存在，当时的地球表面温度远比现在高。直到大约 35 亿年前，地球的气候才逐渐变得适合生命的存在，产生了地球上最低等的生命形式——单细胞藻类植物。藻类植物通过光合作用，进一步改变了大气成分，使大气中二氧化碳的含量减少到大气总量的万分之三，氧气增加到 20%。生物在其进化过程中逐步改变并适应了地球环境，最终进化到具有语言和逻辑思维能力的人类。由此可见，正是大气中温室气体的存在，为生命的存在提供了必要的物质条件，地球也因此成为人类、动物和植物共同生活和生长的家园。

地球本身存在着稳定的碳循环，大气中二氧化碳可被植物以光合作用方式吸收，同时可以与海洋进行交换，使得前工业时期的几千年里，地球上二氧化碳浓度一直在 280mL・m^{-3} 左右波动。由于人口增加，加上人类不断发展的生产活动和生活方式，导致二氧化碳排放速度加快，排放量剧增，排放到大气中的二氧化碳不能被地球碳循环所平衡，造成大气中二氧化碳浓度增加，导致温室效应加剧，地球温度升高，并引起一系列极端气候变化。

1.2.1 二氧化碳引起的气候变化

温室气体导致的气候变化并不是简单地导致全球气温一致增高，而是在整体气温增高的同时出现经常性气候异常，主要表现在以下几个方面。

第一是气候变暖。图 1-10 是 1880—2011 年间地球表面温度示意图，地球表面温度在此期间呈上升趋势。根据 IPCC 在 2007 年发表的第四次评估报告，1995—2006 年的 12 年中，有 11 年位列观测以来最暖的 12 个年份。1906—2005 年的地表温度平均每年上升 0.74℃（波动范围为 0.56～0.92℃），比《第三次评估报告》（TAR）给出的每年 0.6℃（波动范围为 0.4～0.8℃）要高得多。20 世纪地球表面温度升高发生在两个时期，1910—1945 年以及 1976 年之后。尽管地球表面温度普遍升高，升幅依然存在地域差异，其中北半球较高纬度地区温度升幅较大，在过去的 100 年中，北极温度升高的速率几乎是全球平均速率的两倍。自 1961 年以来的观测表明，全球海洋平均温度升高已延伸到至少 3000m 的深度，海洋已经吸收的热量占气候系统增加热量的 80%以上，并且这一趋势还将持续。同时，日间温度和夜间温度都在上升，但夜间温度上升比日间温度快，从而缩小了昼夜温差。据 IPCC 预测，到 2100 年地表平均气温将上升 1.4～5.8℃，升温的趋势在高纬度地区更明显。由于温室气体在大气层中的长期存在以及气候系统的惯性，即使各个国家积极采取措施应对，气候变化还是会持续几十年[16]。

第二是海平面的上升。基于测潮仪的记录，全球平均海平面在 20 世纪上升了 10～20cm，海平面上升的主要因素是冰川融化进入大海所致，另外由于温度升高引起的海水热膨胀也是一个原因[10]。据 IPCC 统计，在 1961—2003 年期间，全球平均海平面以每年 1.8mm（波动范围 1.3～2.3mm）的平均速率上升，其中 1993—2003 年全球平均海平面竟以每年大约 3.1mm（波动范围 2.4～3.8mm）的速率上升。近年来中国海平面上升也是很显著的，据 2013 年 2 月 26 日国家海洋局发布的“2012 年中国海平面公报”，1980 年以来中国沿海海平面上升速率为 2.9mm・a^{-1}，远高于全球平均水平。

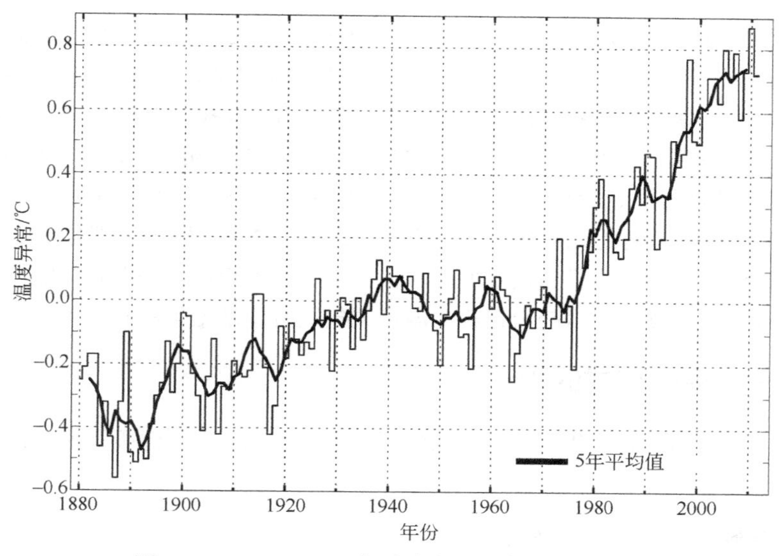

图 1-10 1880—2011 年地球表面温度的变化情况
（资料来源：Harson J E，Ruedy R，Sat M，Lo K. NASA Goddard Institute for Space Studies）

自 1993 年以来，海洋热膨胀对海平面上升的贡献率占 57%，而冰川和冰帽溶解对海平面上升的贡献率大约为 28%，其余的贡献率则归因于极地冰盖的消融。在地球表面温度升高的形势下海平面上升是不可避免的。在温室气体浓度实现稳定之后,热膨胀还将持续多个世纪，最终导致海平面持续上升。若目前地表平均温度上升再持续几个世纪，格陵兰冰盖的消融将导致海平面上升若干米，其对海平面上升的贡献率将大于热膨胀所导致的海平面上升幅度。实际上，即使温室气体浓度稳定在当前的水平，在几个世纪内也无法实现海平面的稳定。

第三是降水量的变化。温室效应的增加对水循环产生重要影响，不仅引起了蒸发、干旱的增加，还在其他区域带来过大的降水量。在 1900—2005 年期间，已在许多区域观测到降水量方面的趋势。相比于气候变暖，这种影响的地域差异性更大。1900—2005 年期间，北美和南美东部、欧洲北部、亚洲北部和中部降水量显著增加，而在萨赫勒、地中海、非洲南部、亚洲南部部分地区降水量减少。由于降水量变化的地域差异性，难以得到全球平均降水量的变化值。但是，据 IPCC 预计，高纬度地区的降水量增加，而大多数副热带大陆地区的降水量可能减少，到 2100 年减幅高达 20%，由此也对区域的水资源变化带来了严重影响。自 20 世纪 70 年代以来，全球受干旱影响的面积已经扩大，而 IPCC 预计到 21 世纪中叶，在高纬度地区（和某些热带潮湿地区）年江河径流量和可用水量会有所增加，而在中纬度和热带的某些干旱区域将会减少，尤其在许多半干旱地区（如：地中海流域、美国西部、非洲南部和巴西东北部），水资源因气候变化将减少。

第四是极端天气事件发生频率增高。极端天气事件如干旱、强降雨、洪水、暴风雪等发生的频率在迅速增高，世界气象组织 2003 年七月指出“随着全球表面温度的继续升高，极端天气发生的频率可能会增加”。IPCC 则认为：自 20 世纪 70 年代以来，人类影响已经促使全球朝着旱灾面积增加和强降水事件频率上升的趋势发展，甚至在一些总降水量保持不变甚至下降的区域比如亚洲东部，强降雨事件的频率也在增加[17]，间接表明这些区域降水次数的减少。干旱或强降雨的经常发生常伴随厄尔尼诺现象或拉尼娜现象，这种趋势近几年变得尤为明显。近几年全球范围内大部分陆地地区的冷昼和冷夜偏暖、偏少，热昼和热夜偏暖、偏多。且这种变化趋势很有可能持续下去，而极度低温天气有逐渐变少趋势，极高温度天气则有逐渐增加的趋势。

1.2.2 气候变化造成的影响

近几年发生的气候变化对农业、水资源、生态系统、人类健康、工业、人居环境和社会均造成了重要影响。

1.2.2.1 气候变化对农业的影响

随着大气中 CO_2 浓度升高，通常带来气温升高和降水量改变等气候变化，从而对农业产生重要的影响。

CO_2 浓度升高对农业的影响首先表现在其对光合作用的影响，影响程度与作物种类有关。C_4 植物适应高温下的低 CO_2 浓度环境，而 C_3 植物则适应低温下的高 CO_2 浓度环境，因此 C_3 植物通常比 C_4 植物对大气 CO_2 浓度的增加更敏感[18,19]。由于 CO_2 浓度的升高，细胞内外 CO_2 浓度差别增大，从而提高光合作用速率，作物产量也呈增加趋势[20]。通常 C_3 类作物增长率明显大于 C_4 类作物，例如在 CO_2 浓度为 550μmol·mol^{-1} 时，C_3 和 C_4 类作物的产量将分别增加 10%～20%和 0%～10%[21]。当然，也有研究结果显示 CO_2 浓度升高并不总是有益于作物产量的增加[22]，原因在于大气中 CO_2 浓度升高不仅影响光合速率，也影响呼吸速率，这种影响对不同的植物是有差别的[23-25]，而且大气中 CO_2 浓度升高还会使作物气孔传导率增加，此外 CO_2 浓度升高对作物产量的影响还存在很多制约因素，例如病虫害、杂草、营养状况、资源的竞争、土壤水分和空气质量等，更与温度和降水量变化有关。

在全球气候变化研究中，温度升高也对作物生长及产量有影响。温度升高，土壤水分的蒸发加剧，温度和降水量的变化会共同导致土壤提供给作物的水分含量的变化，这种变化也与地域有关。另外，温度升高和降水量的变化会影响土壤中微生物的活动，比如温度升高会导致微生物对土壤中有机物的分解加快，当气温升高 2.7℃，凋落物的分解速率提高 6.68%～35.83%[26]，从而导致土壤成分的变化，甚至引起土壤肥力的下降。此外，温度升高还会改变作物的生长速率和生育期，从而影响产量。温度升高延长了作物的全年生长期，这对无限生长习性或多年生作物以及热量不足的地区有利，但对生育期短的作物生长则是不利的。温度升高使作物生长发育速度加快，生长期缩短，减少了作物光合作用积累干物质的时间，引起农作物干物质含量的降低。

降水的变化会引起土壤的蒸发、冠层的蒸腾和土壤水分含量的变化，从而对植物的功能以及水分收支产生影响。在干旱和半干旱条件下，降水格局的变化对农业生态系统机理的影响甚至超过了 CO_2 浓度升高和气温升高等单一因子或两者共同作用的影响[27]。以我国的黄土高原为例，作为典型的雨养旱作农业区，自 1986 年以来降水总量处于减少趋势，对比分析降水变化特征对作物产量的影响表明：对小麦而言，上年 7～10 月和当年 4～6 月多雨可使冬小麦产量每公顷增加 420～720kg，少雨则使冬小麦产量每公顷减少 180～660kg；而对玉米而言，当年 4～9 月多雨可使玉米产量每公顷增加 435kg，少雨则使玉米产量每公顷减少 435kg[28]。

气候变暖所带来的大气中 CO_2 浓度和温度的升高以及降水量的改变均会对农业产生影响，影响程度与区域、时期和作物品种有关。气候变化有可能影响人类的粮食安全，因为气候变化引起降水量的变化，而降水量及其分布对农业生产起着决定性的作用，特别是处于干旱、半干旱、半湿润地区的国家，气候变化将带来更加严峻的挑战。以中国为例，气候变暖导致我国部分地区农作物产量下降，如 1980—2000 年，气候变暖引起中国黄淮海农业区雨养小麦全面减产，其中西部减产幅度大于东部[29]。从全球角度来看，近年因气候变化造成全球粮食减产，如从 2003 年开始全球主要的产粮国：澳大利亚、乌克兰、加拿大等国连续遭受自然灾害，粮食产量下降。由于干旱等气候原因，2004—2006 年澳大利亚小麦产量下降 52%，美国粮食产量下降 13%，欧盟粮食产量下降 14%，直接影响各国的粮食库存，部分国家甚至由粮食出口国变为粮食进口国[30]。

1.2.2.2　气候变化对水资源的影响

气候变化通常会引起降水变化、温度升高、海平面上升及蒸（散）发变化，从而影响水资源[31]。

降水变化是气候变化各因素中影响水资源的直接因素。气候变化使全球水循环速度增加，使降水与流量集中，且降水年变化幅度增大，从而导致干旱与半干旱区水资源受气候变化影响十分显著，主要表现为河川流量减少[31]。年江河径流量和可用水量在高纬度地区呈现增加趋势，而在中纬度和热带的某些干旱区域则呈现减少趋势，导致许多地区遭受更强烈持久的干旱，而另一些地区则由于极端降水事件的频率和强度的增加，导致洪涝灾害的发生。另外，降水变化会直接影响水质，因为在降水过程中，雨水流经地面，会将积聚在地表的污染物冲刷携带进入河流、湖泊，造成流域范围内地表水甚至地下水的污染[32,33]。由于气候变化引起的降水量变化，干旱、洪涝等极端事件发生的概率明显增加。干旱事件的增加会增加水体中部分离子浓度，从而影响水质，而且在干旱条件下，水体溶解氧浓度下降，有机物分解能力升高，水体的稀释和自净能力也会降低，导致水质下降。当然，洪涝灾害会使大量的污染物进入水体，但同时也会在一定程度上对污染物起稀释作用[34]。

气候变化引起的温度升高会增强大气的持水能力，全球和许多流域降水量有可能会增加，但同时蒸发量也增加，从而使水循环速度加快，引起更强的降水和更多的干旱。温度升高还可以使降水的季节分配发生变化，使一个季节（如冬季）降水增加，另一个季节（如夏季）降水减少，从而导致河流全年季节流量的比例失调[31]。在一些区域，温度升高导致降水量的增加速度低于蒸发量的增加速度，较大幅度的升温会导致径流减少，发生干旱事件[35,36]。在另外一些区域，温度升高还会导致积雪融化，这可能会加大洪水出现的频率。另外，气温升高还会对水质产生影响。由于水体温度基本会和附近的空气温度保持一致，因此随着气温的升高，水体温度也会升高[37]，而水体温度升高则可以影响水体的密度、表面张力、黏性和存在形态，还可以改变水温层分布[38]，加速水体中化学反应和生物降解速率等[39,40]。由于水温层分布变化会导致溶解氧含量的变化，从而导致底层还原环境下污染物的积累，而底层污染物可能会因为沉积物的再悬浮作用、暴风雨以及生物扰动等过程释放到水体表面，形成二次污染。水体温度升高还会增加微生物酶的活性，所形成的厌氧环境也可对水体生化反应产生影响。另外，水体温度升高会导致富营养化现象[41-43]，温度对水体富营养化起到决定性影响，因为大部分水华暴发都出现在高温、强光时节[43]，水体温度提前升高会增强微生物的活性进而促进底泥中内源氮和磷的释放[44]使水体中含有较高的营养盐浓度，当水体营养盐浓度达到一定水平时，只要水温、光照等环境条件满足要求，富营养化现象就会加剧[45]，引起藻类的过度繁殖。

如前所述，气候变化会引起海平面上升，进而可扩大地下水与河口区盐渍化的面积，造成沿岸区淡水供应减少，含水层和河口淡水量也会减小甚至撤退，使海平面上升的作用加剧，进而引起更强的盐渍化和咸潮。

全球气候变化会导致温度、日照、大气湿度和风速发生了明显变化，它们进而可影响潜在蒸散发，部分抵消降水增加的效应，并使河川水量减少，进一步加剧降水对减少地表水的影响[31]。

1.2.2.3 气候变化对生态系统的影响

气候变化会对生态系统产生重大影响[46]，20世纪气候变暖主要发生在1910—1945年以及 1976 年以后。尽管不同地区的生物体、种群和群落受到的影响不同，最近的气候变化影响了世界上不同地理分布的生物体[47-50]。20 世纪后三十年的气候变暖对生态系统的影响简述如下。

（1）物候变化

最近物候变化的趋势体现了生态系统对近来气候变化的反应[51]，一些春季发生的物候行为，比如候鸟的迁徙、蝴蝶的出现、两栖动物的产卵、植物的生长和开花都变得更早。事实上，春季物候行为的提早发生从 20 世纪 60 年代就逐渐开始，秋季物候行为也有推迟的现象。几乎所有的物候行为都与春季先前几个月的气温相关，花期较早的品种和草本植物对冬季变暖的反应比花期较晚的品种和木本植物大[52]。鸟类和植物表现出的物候变化经常是一致的[53,54]。不过这种春季物候行为的变化具有地理上的差异性，即使在同一地点，不同物种对气候变化的反应也可能是不一样的。

（2）物种分布范围变化

物种的生存需要一定的温度和降水量范围，而气候变化会影响温度和降水量范围，从而影响物种分布范围[55,56]。随着气候变暖，符合物种生存气候条件的地区也向极地和高海拔方向发展，在 20 世纪物种分布范围向极地方向以及向高海拔方向发展的趋势无论在生物分类群上还是地理范围上都很普遍[47,48,57]。但这种分布范围变化的速率在物种间和物种内有很大差异性，如珊瑚虫的分布对光线有要求，所以会受到海拔限制，对温度变化导致的物种分布范围变化就不明显[58]，另外高山植物海拔分布范围的变化就落后于等温线的变化，大约每十年落后 8～10m[59]，而蝴蝶分布范围的变化速率却能够与等温线向北和向上变化的速率相匹配[60]。

随着气候的变化，邻近区域的物种可能会越过边界并成为生物群的新成员。但是若新的栖息地不能为物种提供比原有栖息地更适合的条件，永久性迁移到新栖息地可能不会发生。另外，气候变化也可能导致不需要的外来物种的入侵。总体而言，物种分布范围的变化趋势和冰川、植物以及昆虫分布范围的趋势是一致的。

（3）群落的组成及群落中物种变化

物种在生态群落中的组合反映了生物体之间的内部联系，同时也反映了生物体与环境之间的关系。快速的气候变化或极端气候事件可以改变群落组成，这种变化通常是不对称的，入侵物种从低海拔和低纬度迁移的速率比当地物种快[61]。这种不对称的结果是群落中生物多样性的增加，如海洋温度升高对珊瑚虫群落结构会产生重要影响。

1.2.2.4 气候变化对人类健康的影响

全球环境变化会影响地球环境系统和生态系统，从而会在许多方面影响人体健康。气候变化对人体健康的威胁主要表现在以下方面：热浪与高温天气、洪灾等极端天气以及传染病事件的增加。

长期以来，一个地区本地居民通过生理、行为、文化的响应来适应当地的气候，而极端天气给当地居民造成的压力会超过其适应限制，从而对其健康带来威胁。

（1）热浪及高温天气

特定国家或地区的人的生活总有一个最优化温度，在此温度下死亡率最小。当温度超过舒适范围后，死亡率上升。温度和死亡率的关系随纬度和气候区域的不同而发生很大的变化。生活在较热城市的人对低温比较敏感，而生活在较冷城市的人对高温比较敏感[62,63]。一些地区房屋抵御寒冷的能力差，这些地区生活的人冬季死亡率比预期的大[63]。热浪以及高温天气对呼吸系统和循环系统有较大影响[64]，还可以增加心脑血管疾病的发病频率[65]。年长人群由于对温度变化的承受能力降低，较容易受到影响[66,67]，心理不健康人群、孩子或者已经患有疾病的人群比正常人更易受影响[68-70]。

（2）干旱洪灾等极端天气事件

极端天气事件会直接增加死伤率。从1992—2001年，有2257起灾害，这些灾害是由于干旱或饥荒、极端气温、洪水、森林火灾、龙卷风和暴风雨造成的。其中发生频率最高的自然灾害是洪灾（43%），有大约10万人死于洪灾，超过12亿人受到洪灾影响。而且在洪灾期间或者洪灾过后很快会出现一些影响身体健康的后果，如外伤、传染病等[71]。人们还可能暴露在有毒污染物中，而随后还可能发生营养不良以及精神健康的紊乱[72,73]。过量降水还使更多的人类污水和动物废弃物进入生活用水和饮用水中，为水生疾病的蔓延提供了可能。

（3）传染病

许多传染病病原体、病媒生物、病原体的复制都对气候变化很敏感[74]，高温尤其会影响媒介和病原体，如沙门氏菌和霍乱细菌在较高温度下能迅速繁殖，而低温、低降水率或缺少病媒生物的栖息地都会限制传染病的传播。此外，应对气候变化所采取的措施也会带来风险，比如在最近几十年里海平面不断上升，一些低海拔的太平洋岛国居民开始搬迁，这种搬迁经常加重营养不良、传染病的传播以及精神健康方面的风险。此外，气候变化可能对生态平衡有扰动，从而引发疫病，传染病也可能由与气候相关的宿主和人类的迁移而导致。

1.2.2.5 气候变化对工业、社会及人居环境的影响

相比于农业和供水服务，工业对气候变化的敏感性相对较低，但也有例外，如位于气候敏感地区（如沿海和洪泛区）的工业设施，以及一些对气候较为敏感的工业部门（如食品加工）[75]。

气候变化对工业活动的直接影响主要是温度以及降水量变化。例如在加拿大，与天气有关的道路交通事故每年的损失至少1亿加元，而在美国超过四分之一的飞机延误是与天气有关的[76]。此外，工业设施往往位于易受极端天气事件影响的地区，卡特里娜飓风事件就是一个例子。当极端事件威胁基础设施如桥梁、道路、管道或传输网络时，经济损失会更大。不过也存在例外，即气候变化可能导致工业和基础设施对气候变化的耐受性增加，例如，一些在温带地区的冻融循环可减轻道路和跑道表面的恶化[77]。

另外，气候变化对工业的间接影响有时也很显著。例如，在食品加工及造纸等原材料易受气候变化影响的工业部门，生产投入会受气候变化的影响。还有，在一些易受气候变化影响的工业部门，如果长期受到气候变化的影响，其区域模式会受到影响[78]。工业生产还会间接受与气候变化相关的政策和市场的影响，从而使技术和地点的选择发生变化，影响工业产品和服务的价格和需求。

人居环境方面，几乎可以肯定，会在各个方面受气候变化的影响。定居点容易受到区域特定事件的影响。发达国家和发展中国家越来越多的人口分布在海边、斜坡、峡谷等一些风险较大的区域。在全球范围内海边人口数在快速增长，但海边聚居点越来越容易受到海平面上升的威胁。在发展中国家一些非正式的聚居点经常建在较危险区域，与气候相关的洪灾，滑坡等灾害对其影响尤其较大。

气候变化导致的海平面上升会对人居环境造成影响，这种影响在海岸基础设施、人口、经济活动上表现得较显著。另外，与气候变化相关的降水量的变化对人居环境也有影响，其显著表现在干旱半干旱等缺水区域以及对冰川和雪水依赖较大的区域。气候变化对人居环境的影响还可以通过其对人类健康的影响来达到。比如，除了热浪和空气污染导致的呼吸窘迫，温度降水量和湿度的变化都会影响疾病的传播，为疾病的爆发创造条件。

虽然人居环境会受到一些直接气候变化的影响，但这些气候变化通常是与其他因素（如城市的建筑条件、卫生条件、水资源状况等）协同作用来影响人居环境[79]。在一些区域，贫困、政治和经济的不平等和不安全等因素非常显著，以至于气候变化对人居环境的影响非常显著。

气候变化对社会的影响通常随区域地理位置的不同而不同。比如现在居住在极地地区或接近冰川区域的居民以及低海拔岛屿国家已经受到了威胁。但越来越多的人认为气候变化引起的社会影响主要由气候变化与经济社会体制间的相互作用决定，而且这种影响的大小也由相应的经济社会体制决定。

1.3 可能的解决方案

有很多研究致力于减少大气中 CO_2 的浓度，归结起来有三种策略：减少 CO_2 产生量；CO_2 的利用以及 CO_2 的捕集与储存[80]。S. Pacala 和 R. Socolow[81]提出了“稳定楔”理论，他们提出五种技术，通过这些技术的组合有望使未来 50 年大气中 CO_2 浓度稳定在 $500mL \cdot m^{-3}$ 以内。这些技术包括：

① 提高能量使用和转化效率。包括提高发电厂效能，提升燃料的使用效能，减少对汽车的依赖，发展高效能建筑物等。

② 燃料代替与 CO_2 的捕集及储存。包括使用天然气资源代替煤、储存和捕集发电厂产生的 CO_2、储存和捕集来自综合燃料电厂的 CO_2 等。

③ 使用核能来代替煤发电。

④ 使用可再生资源。包括使用风能发电、加强太阳能使用和加强可再生燃料（包括氢及生物质能）的利用。

⑤ 加强森林和农业土壤的固碳能力。包括增强对森林的管理和对耕地的管理等。

1.3.1 减少二氧化碳的排放

目前主要提出两种措施来减少二氧化碳的排放，即优化能源结构和提高能量使用效率。

根据 2010 年世界一次能源消费结构图，以煤、石油、天然气为主的化石能源占 88%，核能、水力发电及其他可再生能源消耗的比例仅占总能源消费的 12%。因此能源使用造成的二氧化碳排放很大程度上归因于化石能源的消耗，减少化石能源在能源结构中所占的比重，优化能源结构可以有效减少二氧化碳气体排放。

由于技术与投资方面的限制，发展清洁能源面临一系列新挑战和新困难，而提高能源使用和转化效率以减少二氧化碳排放则更具可行性，如提升燃料的使用效能、减少对汽车的依赖程度、建设更加节能的建筑物、提高发电厂效能等，从而提高抵御能源价格升高带来的风险能力，或降低建造新的能源设施的需求，从而不需要解决因额外的化石能源产生的二氧化碳导致的气候问题。

美国奥巴马政府于 2014 年 6 月 3 日宣布，将通过国家环境保护局发布新规，限令美国所有燃煤电厂削减碳排放量，要在 2030 年前将废气排放量减至比 2005 年水平低 30%。尽管新规可能会导致美国每年的国内生产总值减少 500 亿美元，但奥巴马仍下令环保局在 2015 年发布新条规，充分显示二氧化碳减排已经到了不得不实施的程度了。

1.3.2 CO_2的捕集和储存

CO_2的捕集和储存技术（Carbon capture and storage）是将化石燃料发电、水泥及其他行业中产生的二氧化碳捕获，并将这些二氧化碳运输并在一个储存地点安全储存，以防止其排放入大气中，整个技术包括二氧化碳的捕集、运输和储存过程。

尽管从空气中对二氧化碳进行捕集也是可能的，但从经济性上考虑，在一些集中排放二氧化碳较多的源头，如大型的使用化石燃料或生物质能的设施，捕集二氧化碳的成本较低，是最有效的方案。因为空气中二氧化碳浓度较低，低浓度的二氧化碳会增加要处理的气体的流量[82]。无论从何处捕集而来，二氧化碳在运输之前都要进行分离、提浓和压缩，以液体的形式进行运输。按分离过程在动力系统中的不同位置和不同的循环方式，集中排放二氧化碳的捕集主要分为三种技术：燃烧后脱碳、燃烧前脱碳以及富氧燃烧。从空气中对二氧化碳进行捕集技术还不成熟，但捕集从汽车和飞机排放的二氧化碳应该是可行的，如采用浓盐吸附捕集技术及“绿色自由”（Green Freedom）浓盐吸附技术（具体细节请阅读本书第 3 章）。捕集到的二氧化碳通常是以管道运输至储存地点。目前可能的储存地点包括：地质构造（石油天然气储层、深盐沼池、不可开采的煤储层等），海洋和以矿物碳化的方式进行储存，另外还可以使用陆地生态系统储存和生物储存。

从集中排放的化石燃料发电厂捕集二氧化碳通常会增加发电厂的能源需求，如配套有 CCS 技术的大型发电厂的能源需求会增加 10%～40%，由此会带来额外的生产成本[83]。另外，虽然特殊的地质构造如石油天然气储层、深盐沼池、不可开采的煤储层等是最有前途的储存地点，但是储存的长期安全性难以预测，可能会有二氧化碳从储存地点泄漏的危险[84]。

1.3.3 二氧化碳的利用

现阶段二氧化碳的利用主要分为物理利用和化学利用。

利用二氧化碳的物理性质，在食品和烟草行业、工业、医学及动物屠宰等方面使用二氧化碳，最近也有报道利用超临界二氧化碳、液态二氧化碳进行超临界萃取、聚合反应及干洗等。如在食品和烟草行业，二氧化碳可以制作碳酸饮料、膨化烟丝[85,86]，或用于农产品如果蔬粮食、新鲜鱼肉的保鲜[87,88]。在工业领域，二氧化碳通常被用作驱油剂用于三次采油过程[89]，并被作为保护气应用在气体保护焊领域，还可以作为制冷剂应用在空调制冷领域[90]。在医学和动物屠宰方面，二氧化碳被用于二氧化碳激光器中做新型手术刀以及超脉冲二氧化碳激光治疗机[91]。另外，二氧化碳还可以被用在动物屠宰前的麻醉以及对宠物实施安乐死等。

由于超临界二氧化碳相对于有机溶剂毒性相对较小，并且具有较高传质传热能力和对高分子材料较强的渗透、溶解和溶胀能力，使用超临界二氧化碳进行萃取[92]、清洗印染等领域取得了较大进展，另外还有很多以超临界二氧化碳为溶剂用于聚合反应的研究[93]。液态和超临界二氧化碳还可以作为清洗剂干洗服装，如干冰清洗已经应用到模具、食品、航空及其他特种清洗行业中。

作为碳的最高氧化态，二氧化碳在热力学上高度稳定，二氧化碳的化学利用必须要解决二氧化碳分子的活化问题。目前活化二氧化碳的方法主要包括：生物法、光化学还原、电化学还原、非均相和均相热还原以及过渡金属配位等[80]。二氧化碳化学目前是碳一化学的重要组成部分，可以通过适当的方法以二氧化碳为原料合成小分子或直接固定为高分子材料，如二氧化碳可用于合成尿素、甲醇、水杨酸、线性碳酸酯、环状碳酸酯、无机碳酸盐、异氰酸酯、羧酸以及烃类，二氧化碳还能直接固定为脂肪族聚碳酸酯，具有生物降解性能。

1.3.4 减少二氧化碳排放的政策与工具

温室效应引起的气候变化引起了国际社会的关注。但由于温室效应的全球性特征，理论上讲，只有在国际框架的范围内才有抑制温室效应的可行性。1991 年 2 月，联合国组成气候公约谈判工作组，并于 1992 年 5 月在纽约联合国总部通过《联合国气候变化框架公约》。1992 年 6 月在巴西里约热内卢召开的联合国环境与发展会议期间，143 个国家和区域一体化组织正式签署该公约。1994 年 3 月 21 日，该公约生效，截至 2009 年 10 月共有 192 个缔约方。公约目标在于将大气中温室气体浓度稳定在防止气候系统受到危险的人为干扰的水平上。但是该公约只规定发达国家应该在 2000 年之前将温室气体的排放稳定在 1990 年的水平，没有规定 2000 年后缔约方应具体需承担的义务，也未规定实施机制。从这个意义上说，该公约缺少法律上的约束力。因此，第一次公约缔约方大会于 1995 年 3 月 21 日在德国柏林召开，缔约方认为应该就 2000 年后发达国家应采取的限控措施进行磋商，并制定后续从属的议定书以设定强制排放限制。自 1995 年起，公约缔约方每年召开缔约方会议以评估应对气候变化的进展。

1997 年 12 月在日本京都召开的公约第三次缔约方大会上，气候变化框架公约的缔约方通过了《京都议定书》。议定书表示要遵循气候变化框架公约中“普遍但有区别的责任”原则，发达国家从2005年开始承担减少温室气体排放的法律义务，到2012年，发达国家排放的温室气体的数量要比1990年减少5.2%。而发展中国家由于未大量参与工业化时期二氧化碳的排放，造成现在的气候变化，所以将从2012年开始承担减排义务。具体来说，与1990年相比，2008—2012年欧盟减少8%、美国减少7%、日本减少6%、加拿大减少6%、东欧各国减少5%～8%，而新西兰、俄罗斯和乌克兰可保持不变，爱尔兰、澳大利亚和挪威的排放量分别允许增加10%、8%和1%。

根据2007年气候变化框架公约缔约方第十三届会议通过的《巴厘岛路线图》的规定，2009年在哥本哈根召开的缔约方第十五届会议诞生了《哥本哈根议定书》，以取代2012年到期的《京都议定书》。但是在2009年的哥本哈根会议上，各方对草拟的《哥本哈根协议》内容有很大分歧。最终哥本哈根会议并未能出台一份有法律约束力的协议文本，也未包含促使发达国家减少排放量的有力措施。所以《京都议定书》第二承诺期是2011年在德班举行的公约第十七次缔约方会议的核心议题之一。会议规定了发达国家量化减排指标的《京都议定书》第一承诺期将于2012年底到期。而第二承诺期要在2012年卡塔尔举行的联合国气候变化大会上正式被批准，并于2013年开始实施。

2012年12月8日，在卡塔尔举行的第18届联合国气候变化大会上，通过了《京都议定书》第二承诺期修正案，本应于2012年到期的《京都议定书》被同意延长至2020年。参与会议的相关发达国家和经济转轨国家设定了2013年1月1日至2020年12月31日的温室气体量化减排指标。会议要求发达国家继续增加出资规模，帮助发展中国家提高应对气候变化的能力，会议还对德班平台谈判的工作安排进行了总体规划。但在减排问题上，尽管《京都议定书》第二承诺期定为8年，降低了对发达国家减排力度的要求，但日本、加拿大、新西兰等发达国家仍未接受第二承诺期，俄罗斯也在2012年12月31日宣布将于2013年起退出《京都议定书》的第二承诺期。另外，大会也没有就发达国家减排指标做出强制规定。这些使得全球平均气温上升不超过2℃的目标难以实现。

二氧化碳减排政策工具多种多样，按其作用的范围划分为国际和国内层面的政策工具。国家层次的主要政策工具主要包括排放税（或能源税、碳税）、排放权贸易、复合排放权交易、补贴、政府规制等。国际层次的主要政策工具包括：排放权贸易、联合履约、清洁发展机制、国际排放税（或能源税、碳税）、直接国际资金和技术转移等。

根据《京都议定书》内容，为了促进各发达国家完成温室气体减排目标，建立了旨在减排的3个灵活合作机制——国际排放贸易机制（简称ET）、联合履行机制（简称JI）和清洁发展机制（简称CDM），允许采取以下四种减排方式以完成减排任务[94]。

① 两个发达国家之间可以进行排放额度买卖，即“排放权交易”。难以完成削减任务的国家，可以花钱从超额完成任务的国家买进超出的额度。

② 以“净排放量”计算温室气体排放量，即从本国实际排放量中扣除森林所吸

收的二氧化碳的数量。

③ 可以采用绿色开发机制，促使发达国家和发展中国家共同减排温室气体。

④ 可以采用“集团方式”，即欧盟内部的许多国家可视为一个整体，采取有的国家削减、有的国家增加的方法，在总体上完成减排任务。

目前国际上和国内层面的各种碳排放政策工具有以下几方面[95]。

① 碳税 碳税是指对石化能源征收的消费税。设计的税率由三部分构成：一部分由该能源的含碳量决定，所有固体和液体的矿物能源（包括煤、石油及其各种制品）都要按含碳量缴纳碳税。另一部分是 CO_2 税，根据每吨 CO_2 排放量征收。按 1t 碳等于 3.67t CO_2 换算，很容易将 CO_2 税转换为碳税；第三部分是能源税，是根据消费的能源量来征收的，相对碳税或 CO_2 税，能源税也包括核能和可再生能源[96-98]。

碳税的征收会提高石化能源产品的价格，也间接促进石化资源的节约利用，让非石化能源价格上更具有竞争优势，所得的税收也可以用于减排技术的研究和环境的保护，从而最终使得温室气体排放的减少。

② 排放权交易 二氧化碳排放权交易制度的基本内容是：首先设定二氧化碳排放水平的总额度，然后将这一额度分解成一定单位排放权，将这些排放权分配给排放二氧化碳的经济主体，并允许将排放权进行出售。经济主体如果排放的二氧化碳少于初始分配的额度，就可以出售剩余的额度，而如果排放量大于初始分配的额度，就必须购买额外的额度。

③ 复合排放权交易体系 经济学家将以价格为基础的碳税和以数量为基础的一般排放权交易制度结合起来，就是复合排放权交易体系。这一交易体系共有永久排放权和年度排放权两种类型的排放权，这两者加起来就是经济主体被允许排放的二氧化碳总量。永久排放权决定了经济主体每一年允许排放的二氧化碳量，复合排放权决定了经济主体在一个特定年份允许排放的额度。

④ 财政补贴 财政补贴就是通过国家财政对有利于减少二氧化碳排放的能源及其相关产品如可再生能源、节能技术投资与开发等项目进行补贴，来促进二氧化碳减排。

⑤ 政府规制 政府规制又称政府管制，是指政府运用公共权力，通过制定特定的规则，对二氧化碳排放的个人和组织的行为进行限制与调控。政府规制一般分为政府定价和指令标准两种。前者就是对能源产品价格的直接设定，后者是通过对一些高能耗行业制定标准来限制能耗，促进二氧化碳减排。政府规制是我国以及世界上其他国家经常用到的一种方法。

1.4 未来能源结构下二氧化碳的排放——评述与展望

本章详细论述了工业化进程以来世界能源结构的变迁过程以及未来的发展趋势，并介绍了大气层中二氧化碳含量的变化以及二氧化碳等温室气体导致的气候变化，另外就可能采取的措施以及国际上为抑制气候变化所制定的政策进行了简要介绍。

目前排放二氧化碳较少的核能、水力发电以及太阳能、风能、潮汐地热能等可再生能源尚处于初期发展阶段，到 2030 年全球一次能源消耗还会以石油、煤、天然气等化石能源为主。这样必然将导致二氧化碳排放量的增加。随着各个国家减排压力和能源压力的增大，需要发展较清洁的能源。从主观上来讲，这会迫使二氧化碳的排放速度减缓，比如可能会逐渐增加天然气等在化石能源中消费的比重。从长远来看，核能、水力发电以及其他可再生能源也会逐渐发展。但若要使得清洁能源取得较大进展，更多的要靠技术或者经济因素来推进，比如设法使清洁能源相比于化石能源来讲更高效、更经济、成本更低。另外，一些措施需要落实以使大气中二氧化碳稳定在不会引起气候变化威胁人类生存的水平，比如减少二氧化碳的排放、二氧化碳的储存和二氧化碳的利用，通常在实际操作中，这些措施是综合采用的。

参考文献

[1] 姜忠尽. 国际石油经济，1991，**4**：1-7.

[2] Zhou H，Wang Y M，Zhang W Z，et al. *Green Chem*，2011，**13**(3)：644-650.

[3] Chen S W，Kawthekar R B，Kim G J. *Tetrahedron Lett*，2007，**48**(2)：297-300.

[4] 宋卫东，方彤，王乾坤，等. 电力技术经济，2010，(1)：18-22.

[5] 刘洋. 价格与市场，2010，**2**：27-29.

[6] Dengler J E，Lehenmeier M W，Klaus S，et al. *Eur J Inorg Chem*，2011，(3)：336-343.

[7] Qi C R，Jiang H F. *Sci. China Chem*，2010，**53**(7)：1566-1570.

[8] Bai D S，Duan S H，Hai L，et al. *Chemcatchem*，2012，**4**(11)：1752-1758.

[9] Qi C R，Jiang H F，Liu H L，et al. *Chem J Chin Univ-Chin*，2007，**28**(6)：1084-1087.

[10] Bai D S，Jing H W，Wang G J. *Appl Organomet Chem*，2012，**26**(11)：600-603.

[11] Nakicenovic N. Special report on emissions scenarios. Cambridge：Cambridge University Press，2000.

[12] Agency I E. Energy Technology Perspectives 2010. Paris：IEA Publications，2010.

[13] Agency I E. World energy outlook 2010：executive summary. Paris：IEA Publications，2010.

[14] Agency I E. CO_2 emissions from fuel combustion highlights. Paris：OECD/IEA Publications，2011.

[15] J G J Olivier G J M，J A H W Peters. Trends in global CO_2 emissions. Hague：PBL Netherlands Environmental Assessment Agency，European Commission Joint Research Centre，Institute for Environment and Sustainability，2012.

[16] IPCC. Climate change 2001：the scientific basis. Cambridge：Cambridge University Press，2001.

[17] Jiang J L，Hua R M. *Synth Commun*，2006，**36**(21)：3141-3148.

[18] Policy H W，Johnson H B，Marinot B D，et al. *Nature*，1993，**361**(6407)：61-64.

[19] Poorter H. *Plant Ecol*，1993，**104**(1)：77-97.

[20] Long S P，Ainsworth E A，Leakey A D B，et al. *Science*，2006，**312**(5782)：1918-1921.

[21] Tubiello F N，Soussana J F，Howden S M. *Proc Natl Acad Sci USA*，2007，**104**(50)：19686-19690.

[22] Amthor J S. *Field Crops Res*，1998，**58**(2)：109-127.

[23] Reuveni J，Gale J. *Plant Cell Environ*，2006，**8**(8)：623-628.

[24] Thomas J F，Harvey C N. *Bot Gaz*，1983：303-309.

[25] Thomas R B，Griffin K L. *Plant Physiol*，1994，**104**(2)：355-361.
[26] 王其兵，李凌浩，白永飞，等. 植物生态学报，2000，(6)：687-692.
[27] 孙宏勇，刘昌明，王振华，等. 中国生态农业学报，2007，(06)：18-21.
[28] 王位泰，张天锋，姚玉璧，等. 黄土高原夏半年降水气候变化特征及对作物产量的影响. 干旱地区农业研究，2008，(01)：154-159.
[29] 张宇. 气象，1993，(07)：19-22.
[30] 王航. 粮食科技与经济，2012，(01)：11-12.
[31] 丁一汇. 中国水利，2008，(02)：20-27.
[32] Arheimer B，Andréasson J，Fogelberg S，et al. *AMBIO*，2005，**34**(7)：559-566.
[33] Kaste Ø，Wright R，Barkved L，et al. *Sci Total Environ*，2006，**365**(1)：200-222.
[34] 夏星辉，吴琼，牟新利. 水科学进展，2012，(01)：124-133.
[35] Tate E，Sutcliffe J，Conway D，et al. *Hydrolog Sci J*，2004，**49**(4)：563-574.
[36] 任国玉，姜彤，李维京，等. 水科学进展，2008，**19**(6)：772-779.
[37] Hammond D，Pryce A. Climate change impacts and water temperature. UK: Environment Agency, 2007.
[38] 薛巧英. 环境保护科学，2004，**30**(4)：64-67.
[39] 董悦安. 勘察科学技术，2009，(2)：15-18.
[40] 杨磊，林逢凯，胥峥，等. 环境污染与防治，2007，**29**(1)：22-25.
[41] Carvalho L，Kirika A. *Hydrobiologia*，2003，**506**(1)：789-796.
[42] Grilo T，Cardoso P，Dolbeth M，et al. *Mar Pollut Bull*，2011，**62**(2)：303-311.
[43] Trolle D，Hamilton D P，Pilditch C A，et al. *Environ Modell Softw*，2011，**26**(4)：354-370.
[44] Spears B M，Carvalho L，Perkins R，et al. *Water Res*，2006，**40**(2)：383-391.
[45] Vogel R M，Wilson I，Daly C. *J Irrig Drainage Eng*，1999，**125**(3)：148-157.
[46] Walther G R，Post E，Convey P，et al. *Nature*，2002，**416**(6879)：389-395.
[47] Hughes L. *Trends Ecol Evol*，2000，**15**(2)：56-61.
[48] McCARTY J P. *Conserv Biol*，2002，**15**(2)：320-331.
[49] Wuethrich B. *Science*，2000，**287**(5454)：793-795.
[50] Ottersen G，Planque B，Belgrano A，et al. *Oecologia*，2001，**128**(1)：1-14.
[51] Graßl H，Hupfer P. Climate of the 21st century：changes and risks. Hamburg: Wissenschaftliche Auswertungen，2001.
[52] Post E，Stenseth N C. *Ecology*，1999，**80**(4)：1322-1339.
[53] Ahas R. *Int J Biometeorol*，1999，**42**(3)：119-123.
[54] Bradley N L，Leopold A C，Ross J，et al. *Proc Natl Acad Sci USA*，1999，**96**(17)：9701-9704.
[55] Hoffmann A A，Parsons P A. Extreme environmental change and evolution. Cambridge: Cambridge University Press，1997.
[56] Woodward F I. Climate and plant distribution. Cambridge: Cambridge University Press，1987.
[57] Easterling D R，Meehl G A，Parmesan C，et al. *Science*，2000，**289**(5487)：2068-2074.
[58] Hoegh Guldberg O. *Mar Freshwater Res*，1999，**50**(8)：839-866.
[59] Grabherr G，Gottfried M，Pauli H. *Nature*，2009，**369**(6480)：448; 448.
[60] Karl T R，Knight R W，Easterling D R，et al. *B Am Meteorol Soc*，1996，**77**(2)：279-292.
[61] Sagarin R D，Barry J P，Gilman S E，et al. *Ecol Monogr*，1999，**69**(4)：465-490.

[62] Curriero F C，Heiner K S，Samet J M，et al. *Am J Epidemiol*，2002，**155**(1)：80-87.
[63] Keatinge W，Donaldson G，Cordioli E，et al. *BMJ*，2000，**321**(7262)：670-673.
[64] 程义斌，金银龙，李永红，等. 环境与健康杂志，2009，(03)：224-225.
[65] 李国星，郭玉明，王佳佳，等. 环境与健康杂志，2009，(08)：659-662.
[66] Basu R，Samet J M. *Epidemiol Rev*，2002，**24**(2)：190-202.
[67] McGeehin M A，Mirabelli M. *Environ Health Persp*，2001，**109**(Suppl 2)：185-189.
[68] Bouchama A. *Intens Care Med*，2004，**30**(1)：1-3.
[69] Ledrans M，Pirard P，Tillaut H，et al. *La Revue du praticien*，2004，**54**(12)：1289-1297.
[70] O'Neill M S，Zanobetti A，Schwartz J. *Am J Epidemiol*，2003，**157**(12)：1074-1082.
[71] Gubler D J，Reiter P，Ebi K L，et al. *Environ Health Persp*，2001，**109**(Suppl 2)：223-233.
[72] Reacher M，McKenzie K，Lane C，et al. *Commun Dis Public Health*，2004，**7**：39-46.
[73] Verger P，Hunault C，Rotily M，et al. *Rev Epidemiol Sante*，2000，**48**：2S44-53.
[74] Reeves W C，Hardy J L，Reisen W K，et al. *J Med Entomol*，1994，**31**(3)：323-332.
[75] Ruth M，Davidsdottir B，Amato A. *J Environ Manage*，2004，**70**(3)：235-252.
[76] Andrey J，Mills B，Leahy M，et al. *Nat Hazards*，2003，**28**(2-3)：319-343.
[77] Andrey J，Mills B. *B Am Meteorol Soc*，2002，**83**(11)：1571-1572.
[78] Vose R S，Karl T R，Easterling D R，et al. *Nature*，2004，**427**(6971)：213-214.
[79] Civerolo K，Hogrefe C，Lynn B，et al. *Atmos Environ*，2007，**41**(9)：1803-1818.
[80] Mikkelsen M，Jørgensen M，Krebs F C. *Energ Environ Sci*，2010，**3**(1)：43-81.
[81] Pacala S，Socolow R. *Science*，2004，**305**(5686)：968-972.
[82] Stolaroff J K. Capturing CO_2 from ambient air：a feasibility assessment. Pittsburgh: Carnegie mellon university, 2006.
[83] Bert Metz O D，Heleen de Coninck M L，Leo Meyer. Carbon Dioxide Capture and Storage. UK：Cambridge University Press，2005.
[84] 丁民丞，缪昊. 碳捕集和储存技术（CCS）的现状与未来. 中国电力企业管理，2009，（5）.
[85] Cho K H，Clarke T J，Dobbs J M，et al. Process for impregnation and expansion of tobacco: EP, 0519696. 1998.
[86] Zambelli D. Process for expanding tobacco: EP, 0450569. 1993.
[87] 张瑞宇. 低温与特气，2003，(03)：4-8.
[88] 翁凯江. 福建轻纺，2005，(07)：1-5.
[89] 陈铁龙. 三次采油概论. 北京：石油工业出版社，2000.
[90] 谢华阳，丁攀，王文堂，等. 农业装备与车辆工程，2005，(10)：35-36.
[91] 陈菁，王秋根. 中国中西医结合皮肤性病学杂志，2009，(05)：320.
[92] 程健，申文忠. 天然产物超临界 CO_2 萃取. 北京：中国石化出版社，2009.
[93] Desimone J M，Guan Z，Elsbernd C S. *Science*，1992，**257**(5072)：945-947.
[94] Li G R，Wang X H，Li J，et al. *Chem Res Chinese U*，2005，**21**(4)：505-507.
[95] 刘小川，汪曾涛. 上海财经大学学报，2009，(04)：73-80.
[96] 刘兰翠，范英，吴刚等. 管理评论，2005，(10)：46-54.
[97] 裴克毅，孙绍增，黄丽坤. 节能技术，2005，(03)：239-243.
[98] Baranzini A，Goldemberg J，Speck S. *Ecol Econ*，2000，**32**(3)：395-412.

第2章 集中排放二氧化碳的捕集

尽管二氧化碳的排放主要来自化石资源的消耗，但具体的排放状态多种多样。为方便起见，我们将二氧化碳的排放分为集中排放和分散排放两大类。集中排放以燃煤电厂、水泥厂、发酵厂、矿石加工厂等工业过程集中排放的尾气为主，分散排放则以汽车、卡车等交通工具为代表。除了考虑捕集过程的社会价值，二氧化碳在待处理气体中的浓度、压力和总量是衡量其捕集经济性的关键因素。目前集中排放的二氧化碳捕集技术发展较快，也是本章的主要内容，而对已排入大气中的极稀浓度二氧化碳的捕集技术，将在第 3 章进行讨论。

2.1 二氧化碳捕集的理论基础

现有的 CO_2 捕集技术可分为以下几种：燃烧前脱碳、燃烧后脱碳、富氧燃烧以及工业过程脱碳[1]（图 2-1）。采取哪种方法取决于有关的生产流程或企业的实际情况，同时需考虑气体中 CO_2 浓度、气体压力以及燃料类型（固体或气体）。

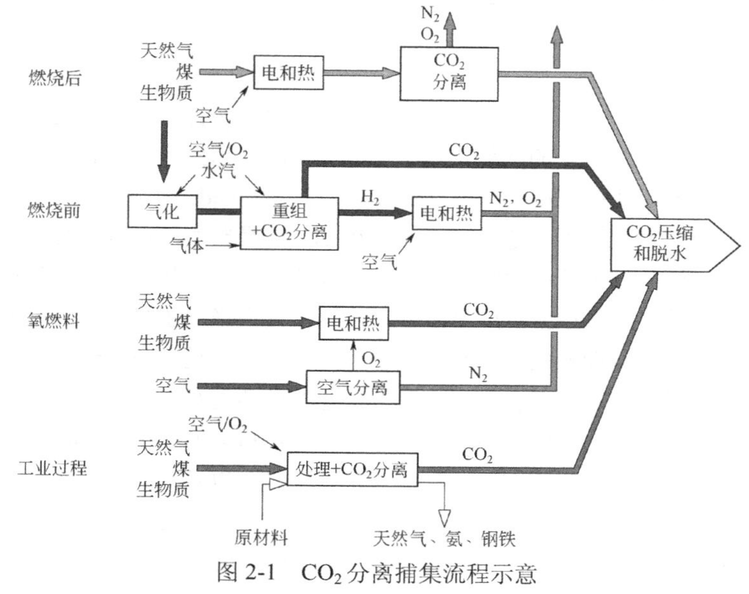

图 2-1 CO_2 分离捕集流程示意

2.1.1 燃烧后脱碳

所谓燃烧后脱碳，是指采用适当的方法在燃烧后排放的烟道气中脱除 CO_2。该技术适用范围广，原理相对简单，与现有电厂匹配性好。目前绝大多数火力发电厂，包括新建和改造电厂，主要采用燃烧后脱碳的方法开展 CO_2 的捕集。由于电厂通常用空气（80%为氮气）助燃，产生的烟道气通常为常压气体且 CO_2 浓度低于 15%。因此，与脱硫（硫化物）或脱硝（脱氮氧化物）不同，脱碳（脱 CO_2）的难点在于 CO_2 的化学性质稳定且排出的二氧化碳常常被空气中的氮气稀释，CO_2 浓度较低（约 15%）。由于燃烧后烟道气体积流量大、CO_2 分压小，导致脱碳过程的能耗较大，设备的投资和运行成本较高，从而致使捕集成本相对较高。尽管有以上缺点，从短期来看，燃烧后脱碳技术在减少温室气体排放方面还是最有潜力的，预期三分之二的发电厂会采用燃烧后脱碳技术。

图 2-2 是燃烧后捕集 CO_2 的路线，其中将烟道气冷却后进行 CO_2 吸收，富 CO_2 液体直接送往再生器。

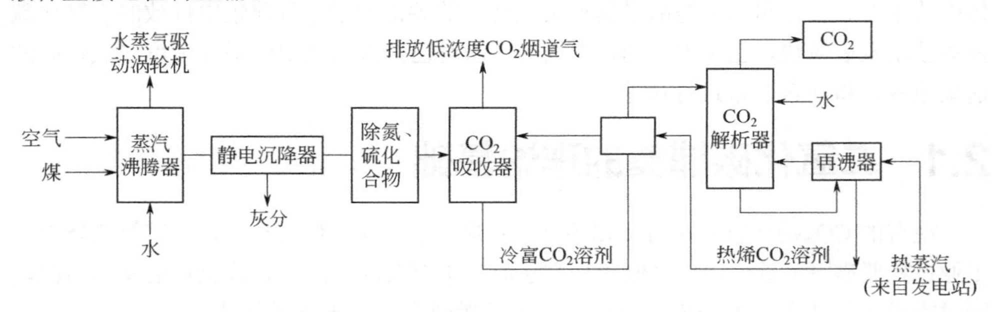

图 2-2 燃烧后捕集 CO_2 的路线

2.1.2 燃烧前脱碳

燃烧前脱碳就是在碳基原料燃烧前，采用合适的方法首先将化学能从碳中转移出来，然后再将碳和携带能量的其他物质进行分离，从而达到脱碳的目的。整体煤气化联合循环发电系统 IGCC（Integrated Gasification Combined Cycle）就是将煤气化技术和高效的联合循环相结合的先进发电技术。IGCC 是最典型的可以进行燃烧前脱碳的系统，由于 IGCC 系统中的气化炉都采用富氧或纯氧加压气化技术，这使得所需分离的气体体积大幅度减小，CO_2 浓度显著增大，从而大大降低了分离过程的能耗和设备投资，成为未来电力行业捕集 CO_2 的优选方案。采用燃烧前脱碳，燃料所具有的热值可转载给氢气等能量载体，即在电厂或其他的热量供给过程中，在期望的能量转化进行之前，就把 CO_2 从过程中分离出去。这里富 CO_2 气体和富 H_2 气体的生产通常通过部分氧化反应[2]、水蒸气重整反应[3]或自热重整反应[4]，以及随后的水煤气变换等过程来完成。如采用 IGCC 系统，燃烧前合成煤气中的 CO 富集度高，且可通过转化反应 ($CO+H_2O \longrightarrow CO_2+H_2$)把 CO 转化为 CO_2 和氢气，转化后 CO_2 的富集度提高到 30%～

40%，再通过成本较低的物理吸收系统将 CO_2 分离，剩下的大部分为理想的富氢燃料气。与燃烧后脱碳方法相比，由于分离与吸收 CO_2 是在未被氮气稀释的合成煤气中进行，减少了分离器的尺寸以及溶剂分离量，原料气气量大幅度减少，仅为燃烧后脱碳的 1%，总压和 CO_2 分压均较高，且原料气不含 O_2、灰尘等杂质，从而大大降低了成本，能耗也大幅度降低。不过，该过程也存在不足之处，一方面是增加燃料气转化反应环节后，会降低总的燃料气效率。另一方面，在转化过程和分离、回收 CO_2 过程时需对煤气进行冷却，同时在溶剂再生过程中均需要冷却，导致能量损失，使系统净输出功降低，效率下降。

2.1.3　富氧燃烧技术

由上述可知，从常规燃烧方式产生的烟道气中捕集 CO_2 的主要问题是由于烟道气中的 CO_2 含量较低，分离设备复杂导致一次投入较高。如能在燃烧过程中大幅度提高燃烧产物中的 CO_2 浓度，则有望降低捕集成本。富氧燃烧技术（O_2-CO_2 燃烧技术）利用空分系统制取富氧或纯氧，然后将燃料与氧气一同输送到专门的纯氧燃烧炉进行燃烧，生成烟气的主要成分是 CO_2 和水蒸气。燃烧后的部分烟道气重新回注燃烧炉，一方面降低燃烧温度，另一方面进一步提高尾气中 CO_2 浓度，最终尾气中 CO_2 浓度可达 95%以上。由于烟道气的主要成分是 CO_2 和 H_2O，可不必分离而直接加压液化回收处理，从而显著降低 CO_2 的捕集能耗。

图 2-3 为富氧燃烧原理示意，由于在制氧的过程中绝大部分氮气已被分离，其燃烧产物中 CO_2 的含量将可达 95%，从而无需分离直接将大部分的烟道气液化回收处理，少部分烟道气（再循环烟气）与氧气按一定的比例送入炉膛进行与常规燃烧方式类似的燃烧过程，再循环烟道气的量基于其理论燃烧温度值与常规空气燃烧温度值相等的原则确定，以保证常规燃烧室的正常工作。

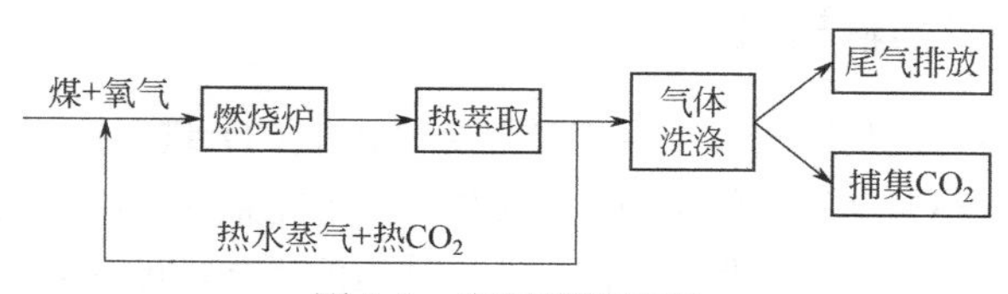

图 2-3　富氧燃烧原理

该技术的主要优点在于[5]：

① 燃烧产物中 CO_2 的浓度高（约 95%），可以直接回收；

② 硫化物 SO_2 也能被液化回收，可省去烟道气脱硫设备；

③ 氮氧化物 NO_x 的生成量减少，因此有可能不用或少用脱氮设备，减少成本；

④ 在常规燃烧中，过量空气确定后燃烧产物的量也相应确定，因此在考虑燃烧与传热最优化设计时从未将烟道气量作为一个可变的因素加以考虑。而采用富氧燃烧技术后，由于燃烧中的 CO_2 再循环的比例是可变因素，即燃烧产物的量是可以选择的，

有可能在燃烧、辐射传热、对流传热等方面作最优化设计，使煤粉的燃烧与燃尽水平、污染物的产生、传热及阻力损失、材料消耗、运行费用等方面达到最优化。

目前大型的富氧燃烧技术仍处于研究阶段，原因在于富氧燃烧技术必须采用专门的纯氧燃烧技术，由于燃烧温度高，对燃烧设备的材料要求很高。此外，富氧燃烧所需的氧气需要由空分系统供给，将大幅度提高一次投资成本。

与不需要考虑 CO_2 捕集的传统工艺流程相比，燃烧后脱碳、燃烧前脱碳和富氧燃烧三个过程都会降低流程的热效率，且要求额外设备和操作单元。由于这些过程通常存在不同气体间的分离过程，尤其是 CO_2 的分离（如从烟道气中或从 $H_2/CO/CH_4/H_2O$ 中分离 CO_2），加上从空气中分离 O_2 的过程，使得工艺流程变得复杂，操作成本提高，因此如何提高这些新流程的能量利用效率，并降低操作成本，是决定其能否在工业上获得规模应用的关键。

燃烧前脱碳被认为是未来最有前景的脱碳技术之一，采用燃烧前脱碳的 IGCC 技术系统也成为国际上新建燃煤电站的重要选择。据不完全统计，截至 2010 年 6 月，世界上已建/在建/拟建的 IGCC 电站工程项目达到 116 个，其中美国有 68 个[6]，全球已建成的 IGCC 电站约有 18 座，煤基的有 6 座。这些项目不仅仅是对 IGCC 技术进行示范，还包括对 CCS 技术的示范。美国近两年来确定的 IGCC 项目，绝大多数都包含了对 CO_2 捕集及封存技术的示范[7]。欧洲拟建的包含 CCS 示范的 IGCC 项目超过 5 座[7]，日本已商业化运行一座 250MW IGCC 示范电站，下一步的目标是在拓展容量的同时，考虑与 CCS 相结合[8]，澳大利亚的 Wandoan 项目及 ZeroGen 中的两个项目均规划了 CCS 的示范。我国的绿色煤电项目也将在第二及第三阶段进行 CO_2 捕集相关技术的示范。

2.2 集中排放二氧化碳的捕集

2.2.1 物理吸附和解析技术

吸附法分离 CO_2 是利用固体吸附剂对混合气体中 CO_2 进行选择性吸附，然后在一定的再生条件下将 CO_2 解析，实现 CO_2 的浓缩。一个完整的吸附工艺通常分为吸附和解析两个过程。根据吸附剂与吸附质相互作用性质的不同，可分为物理吸附和化学吸附。吸附分离 CO_2 的技术可行性由吸附步骤决定，但经济可行性却是由解析过程决定的。根据解析方法不同可分为变压吸附、变温吸附以及变温变压耦合吸附过程等。物理吸附剂选择性较差、吸附容量低，但吸附剂易再生，吸附操作通常采用能耗较低的变压吸附法。化学吸附剂选择性较好，但吸附剂再生比较困难，吸附操作须采用能耗较高的变温吸附法。一般而言，吸附剂与 CO_2 的结合力越强，CO_2 的吸附容量越大，选择性越好，对吸附过程越有利，但同时也意味着解吸过程越难，再生能耗越高。由于温度调节速度较慢，工业规模的 CO_2 吸附分离工艺主要以变压吸附为主。

气体吸附操作是利用多孔固体颗粒选择性吸附一个或几个气体组分，实现气体混合物的分离。通常固体表面性能与其本体结构性能不同，如作用在其表面的力是不饱和的，当暴露在气体中的时候，会与气体分子产生作用力。由于范德华力的作用，吸附质的单层或多层分子会覆盖在吸附剂表面，这种吸附属于物理吸附。当然，若吸附是由于吸附质与吸附剂表面原子间的化学键合作用造成的，则属于化学吸附。

吸附剂是设计吸附装置以及工艺的基础，吸附过程的决定因素一方面是吸附剂的基本物理特性如孔径和分布、比表面积，另一方面，吸附质在吸附剂上的吸附平衡和吸附动力学性能也至关重要。因此，用于 CO_2 捕集的吸附材料通常具备以下特点[9]：

① 在工作环境下对 CO_2 有比较高的吸附选择性和吸附容量；

② CO_2 在吸附剂内有较好的吸附动力学行为；

③ 在多次吸附/解吸循环之后，吸附剂仍有较高的吸附容量；

④ 吸附剂在较大的压差下有足够的机械强度；

⑤ 易于解析。

在吸附过程中，利用吸附剂对不同组分吸附能力的不同，可实现对混合气体中某些目标组分的选择性吸附，进而实现其他组分的提纯。另外，吸附质在吸附剂上的吸附容量随吸附质的分压上升而增加，随吸附温度的上升而下降，从而实现吸附剂在低温、高压下吸附，并在高温、低压下解析再生，上述吸附与再生循环是实现二氧化碳气体连续分离的关键。

2.2.1.1　吸附分离基本原理

吸附剂与吸附质之间通常存在以下三种效应[10]。

① 立体效应　受吸附剂内部孔道形状和大小的限制，只允许小于孔道大小的气体分子进入孔道内而被吸附，从而达到与其他成分分离的目的。

② 动力学效应　利用吸附剂对不同气体的吸附速率的差别，通过缩短循环时间实现混合气体分离的效果，即不平衡吸附。

③ 平衡效应　利用吸附剂对各成分不同的平衡吸附量来达到分离的目的。

基于上述三个效应，混合气体的吸附分离可按以下两个原理来实施。

① 利用吸附剂对各气体组分的选择性不同来分离混合气体　在吸附过程中，强吸附性气体被吸附剂吸附的量较多，所以剩余气体中弱吸附性气体浓度较高，从而在吸附过程中得到高浓度的弱吸附气体；而在脱附过程时，由于吸附剂吸附的强吸附性气体较多，故而低压脱附后可得到较高浓度的强吸附性气体，这样通过高压吸附、低压脱附循环进行即可达到混合气体的分离。

② 利用吸附剂对混合气体中各组分吸附速率的不同分离气体　吸附速率快的气体停留的时间较短，吸附速率慢的气体需停留的时间较长，控制吸附过程的操作时间即可分离气体混合物，该原理适用于分离平衡吸附量相近的气体。

2.2.1.2　吸附分离方式

吸附分离方式可分为两类，即变温吸附法和变压吸附法。

① 变温吸附（Temperature Swing Adsorption，TSA） 根据待分离组分在不同温度下的吸附容量差异而实现分离。由于采用升降温的循环操作，低温下被吸附的强吸附组分在高温下得以脱附，吸附剂得以再生，冷却后可再次在低温下吸附强吸附组分。TSA 法吸附剂容易再生，工艺过程简单、无腐蚀，但存在吸附剂再生能耗大、装备体积庞大、操作时间长等缺点。Grande[11]等将变电吸附（Electricity Swing Adsorption，ESA）应用到 CO_2 吸附分离上，采用整体蜂窝状活性炭为吸附剂，在常压常温下进行吸附，脱附时施加低压电流使吸附剂温度快速升温，该技术本质上仍属于变温吸附法，与其他 TSA 技术不同的是，ESA 技术脱附过程是在吸附剂上直接施加低压电流，利用焦耳效应使吸附剂快速升温达到脱附温度，可以大幅度缩短升温时间。

② 变压吸附（Pressure Swing Adsorption，PSA） 根据吸附剂对不同气体在不同压力下的吸附容量或吸附速率存在差异而实现分离。通过压力升降的循环操作，使得强吸附组分在低分压下脱附，吸附剂得以再生。变压吸附主要有两种途径，一种是高压吸附，减压脱附；另一种是真空变压吸附，即在高压或常压吸附，真空条件下脱附[12, 13]。其基本原理是利用不同分压下吸附剂对吸附质有不同的吸附速率、吸附容量及吸附力，在一定压力下能选择性地吸附混合气体中各组分，因此通过加压除去混合气中需分离的组分，并在减压后使这些组分脱附而使吸附剂再生。为实现连续分离气体混合物，通常采用多个吸附床，并循环变动各吸附床的压力。变压吸附法工艺过程简单，适应能力强，能耗低，但吸附容量有限、吸附解析操作频繁、自动化程度要求较高。近年来，关于变压吸附的研究工作较多，也有实现工业化的报道，但该工艺成本较高，如能在高效吸附剂研制方面取得突破并进一步优化工艺，可望成为一种有竞争力的技术[11]。

图 2-4 为典型的单室变压吸附的操作工艺[14]，烟道气经过冷却后进入吸附室（阶段 1），随着气体温度从烟道气温度降到约 30℃，采用压缩机对烟道气在腔室内加压以实现 CO_2 吸附量的最大化，同时烟道气中的剩余组分离开腔室，随后利用真空减压将 CO_2 从吸附剂中释放出来（阶段 2），然后送往分离罐储存。

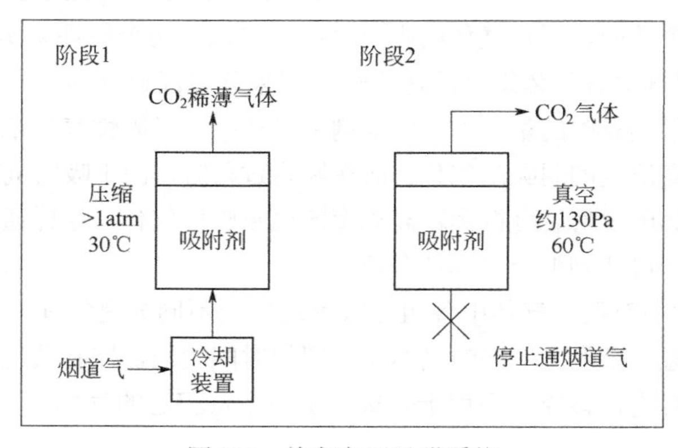

图 2-4 单室变压吸附系统

（1atm=101325Pa，下同）

图 2-5 揭示了单一吸附剂下的双室连续变压吸附操作工艺[15]，两个腔室可进行连续循环升降压操作，首先烟道气被送往其中一个腔室后进行升压实现 CO_2 吸附，然后将压力转移到另一个腔室，前一个腔室吸附完 CO_2 后产生的废气就会引进到现在的腔室。当现腔室升压后，相应的第一个腔室就会降压，CO_2 低压解吸附，从而收集到 CO_2。随着上述循环的持续进行，废气按顺序注入两个腔室中，控制 CO_2 流向一个收集点，剩下的烟道气废气（N_2、O_2 等）则流向另外的收集点。

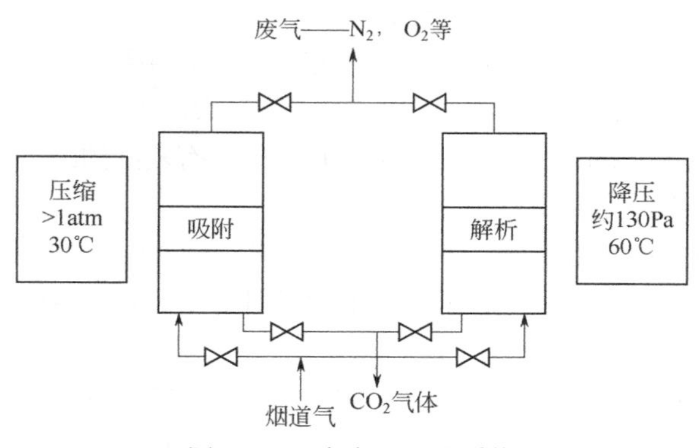

图 2-5　双室变压吸附系统

2.2.1.3　物理吸附的优点和缺点

物理吸附只要求容器能承受小范围的压力改变，而变温分离技术要求设备承受大范围温度变化，同样液体吸收技术则通常面临溶剂同烟道气接触后形成腐蚀性溶液等问题。变压吸附（PSA）同化学吸收一样，其效率依赖于吸附剂的再生能力。如图 2-4、图 2-5 展示的那样，吸附剂在 CO_2 分离过程中可多次重复使用[16-18]。采用吸附方法捕集 CO_2 浓度为 28%～34%（摩尔分数）的能量成本为每吨$6.94，但是当 CO_2 浓度在 10%～11.5%（摩尔分数）时，捕集 CO_2 的能量成本将增加 4 倍[19]。

但是目前物理吸附还难以成为一个独立的过程，问题之一是该体系难以处理低浓度的 CO_2［0.04%～1.5%（摩尔分数）］，好在大多数发电厂的烟道气中 CO_2 的浓度大约为 15%（摩尔分数）。第二个问题是现有吸附剂不能有效地从烟道气中分离 CO_2，由于吸附剂的吸附能力通常依赖于其孔径大小和孔径分布状况，通常以 CO_2 为选择分离的目标分子时，比 CO_2 分子小的气体也能渗透到细孔中，如 N_2 是最常见的填充在吸附剂微孔中的气体，在每一个吸附循环中 CO_2 的分离度降低，从而降低了吸附过程效率。第三个问题就是现有吸附剂的吸附速率相对较慢，通常吸附剂达到最大吸附量的滞留时间需要 20min，当处理大体积烟道气时，这种速度显然太慢，影响吸附效率。

尽管存在上述三个问题，在二氧化碳吸附分离系统中物理吸附仍有重要的应用价值，由于物理吸附需要高 CO_2 浓度才能达到最佳性能，因此可以将其安装在另一个分离系统之后串联使用。当然，若能发现选择性更强、吸附量更大、运转条件更好且更加有效的吸附剂，物理吸附仍然有望成为未来分离 CO_2 的一个切实可行的方法。

2.2.1.4 常见的 CO_2 吸附剂

吸附剂是吸附法捕集分离 CO_2 的关键，通常 CO_2 吸附剂应具备以下条件才具有一定的应用价值[20,21]。

① 对 CO_2 具有优良的选择性吸附。所谓的选择性也就是分离因子，以 α_{AB} 表示，代表了利用吸附剂把某一成分从混合气体中分离出来的难易程度，其定义如式（2-1）所示：

$$\alpha_{AB}=(X_A/X_B)/(Y_A/Y_B) \tag{2-1}$$

X_i 及 Y_i 分别表示平衡条件下吸附相与气相中成分 i 的摩尔分率。当 α_{AB} 等于 1 时表示吸附剂对 A、B 两成分的吸附力相当。α_{AB} 值越大，吸附剂对 A 成分的吸附能力越高。Ruthven[22]指出当 α_{AB} 大于 3 时，吸附过程即具有较好的经济竞争力，而 α_{AB} 低于 2 时，则说明该吸附剂经济性差。

② 对 CO_2 具有高吸附容量。吸附容量是吸附剂最重要的性能指标，通常吸附剂比表面积的大小决定了吸附容量，若吸附剂的吸附容量大则设备可以缩小设备尺寸，提高经济竞争力。

③ 具有良好的使用寿命。对气体中其他成分（如 SO_2、NO_x、Hg 和 H_2O 等）耐受性好，易再生。若吸附剂活性太低或稳定性不够，显然不具备商业化价值。

此外，选择吸附剂的其他条件还有：良好的机械强度和热稳定性、吸附和脱附速率快、价格相对便宜等。

（1）物理吸附剂

如前所述，根据吸附剂与 CO_2 的相互作用情况，吸附剂通常分为物理吸附剂和化学吸附剂。物理吸附剂如活性炭、沸石分子筛是依靠它们特有的笼状孔道结构将 CO_2 吸附到吸附剂表面。这些吸附剂具有无毒、比表面积大以及相对价廉、易得的优点，较多应用于常温或低温吸附，如燃气存储、气体分离、催化反应等方面，但存在吸附选择性低、吸附过程受 H_2O 的影响大且再生能耗大等问题。而化学吸附剂是利用吸附剂表面的化学基团与 CO_2 反应结合而达到吸附分离目的。

目前研究较多的物理吸附剂是多孔固体材料，包括活性炭[23]、活性炭分子筛[24]、活性炭纤维[25]、分子筛[26]、活性氧化铝[27]、硅胶[28]、树脂类吸附材料[29]等，下面进行简单介绍。

① 活性炭　活性炭是一种应用最广泛的吸附剂，是一种多孔颗粒或粉末，也有成型活性炭和活性炭纤维，含碳量约为 90%，它是利用木炭、木屑、椰子壳等的坚实果壳、果核及优质煤等做原料，经过高温炭化，并通过物理和化学方法，采用活化、酸性、漂洗等一系列的工艺过程而制成的黑色、无毒、无味的固体物质，来源广泛、成本较低。活性炭的比表面积通常为 600～2000$m^2 \cdot g^{-1}$[30]，它含有 1000Å（1Å＝0.1nm，下同）以上的大孔，100～200 Å 的过渡孔，以及 20 Å 以上的微孔结构。活性炭性质稳定，不易溶解，耐酸耐碱，且失效后容易再生，因此有很高的吸附性能。活性炭兼有物理吸附和化学吸附作用，其吸附特性主要取决于它的孔隙结构和表面化学结构。

作为 CO_2 的吸附剂，活性炭在常温下吸附性能优良，但由于吸附性能随温度升高下降很快，难以应用在燃煤烟气中 CO_2 的捕集分离领域。

② 活性炭分子筛　活性炭分子筛是一种非极性的炭质吸附剂，是表面充满微孔晶体的黑色颗粒，比表面积约为 $600\sim800m^2 \cdot g^{-1}$，具有疏水性，其吸附主要与范德华力有关，来源于煤及其衍生物、植物的坚果壳或有机高分子聚合物。活性炭分子筛通常通过炭化法、炭沉积法和活化法等方法制备。与活性炭相比，活性炭分子筛孔半径分布概率最高的是在小于 1nm 范围，这正好是永久性气体（常温下不能液化的气体，如 O_2、N_2、H_2、CO 和 CH_4 等）的半径范围，虽然活性炭分子筛的吸附能力不如常规的活性炭，但是它犹如分子筛一样，不仅可阻止大分子进入活性表面，而且能使得不同直径分子在微孔中的扩散速率不同而使其选择性提高，达到气体分离的目的。

③ 活性炭纤维　活性炭纤维是直径为 5～20μm 的纤维炭质吸附剂，是继粉末状活性炭和粒状活性炭之后的第三类活性炭功能吸附材料。将木质素、纤维素、酚醛纤维、聚丙烯纤维和沥青纤维等有机纤维经过预处理、炭化和活化可制备活性炭纤维，具有一定的导电性，耐酸碱和化学稳定性好，且吸附和脱附速率快，缺点是价格高，通常是活性炭的 10 倍以上。

④ 分子筛　分子筛中最主要的是沸石，分子式为 $Al_2O_3 \cdot nSiO_2 \cdot mH_2O$，主要有天然沸石族矿物和合成沸石，具有很大的比表面积（$500\sim1000m^2 \cdot g^{-1}$），因而可用作吸附剂。分子筛具有强的吸附能力，能将比孔径小的分子通过孔道窗口吸附到孔道内部，比孔径大的物质分子则排斥在孔道外面，因而能把形状直径大小、极性程度、饱和程度不同的分子分离开来，即具有“筛分”分子的作用，故称为分子筛。根据分子筛晶型和组成的硅铝比（即 SiO_2 和 Al_2O_3 的摩尔比）不同，可分为 A、X、L、Y 型分子筛。沸石分子筛作为 CO_2 的吸附剂，常用的有 4A、5A、13X 等。分子筛的吸附过程属于物理吸附，温度升高时吸附容量下降较大[31]，而且分子筛对水分有强烈吸附，再生能耗很大[32]，由于与 CO_2 形成竞争吸附，很难应用在烟气分离 CO_2 上。

⑤ 活性氧化铝　活性氧化铝（$Al_2O_3 \cdot xH_2O$）是白色多孔物质，由三水氧化铝经过高温焙烧脱水形成，外形多为球状和柱状。由于活性氧化铝表面存在羟基活性中心和较高浓度的酸性点，因此是一种极性吸附剂。与硅胶相比，活性氧化铝耐热性和耐水性好，便于多次再生。与分子筛相比，活性氧化铝强度好，再生温度低，价格较低，因此成为工业气体干燥剂的主要品种，同时活性氧化铝也可应用于石油的脱硫、催化重整装置上氢气中脱除氯化氢以及氟废气的净化。

⑥ 硅胶　硅胶（$SiO_2 \cdot nH_2O$）是多孔材料，其孔径大小比较一致，在 2～20nm 范围，是高活性气体吸附剂。由于硅胶表面上保留约 5%的羟基，是其吸附活性中心，正是由于它的存在，使硅胶具有一定的极性。硅胶性质稳定，在酸性介质（除氢氟酸外）中也不会被分解，且硅胶吸附主要发生在表面，这使其具有较好的吸附、脱附能力，另外硅胶比表面积大，且具有可控性，可对某一组分进行选择性吸附，而且硅胶制备简单，价格低廉。

⑦ 树脂类吸附剂　大孔吸附树脂是一类不含离子交换基团并具有大孔结构的高分子吸附材料，常用的有聚苯乙烯树脂和聚丙烯酸树脂。大孔吸附树脂的理化性质稳定，且不溶于酸、碱及有机溶剂;对有机物有浓缩和分离的作用，并且不受无机盐类、低分子化合物及强离子的干扰。大孔吸附树脂的吸附性能与范德华力或氢键有关，加之其具有网状结构和高比表面积，使其具有良好的筛选性能。根据树脂的表面性质，大孔吸附树脂可分为极性、中等极性和非极性三类。极性树脂含有酚羟基、酰氨基和氰基等功能基团，可通过静电相互作用吸附极性物质。中等极性树脂含有酯基，其表面具有亲水和疏水基团，不仅可以从非极性溶剂中吸附极性物质，还可以从极性溶剂中吸附非极性物质。非极性树脂是由偶极距很小的单体聚合而制得的，它不含任何功能基团且孔表面的疏水性较强，可通过与小分子内的疏水部分相互作用吸附溶液中的有机物，最适用于从极性溶剂（如水）中吸附非极性物质。球形大孔树脂吸附剂的性能与树脂的结构、孔径、比表面积和极性有关，也与被分离物质的极性、溶液 pH、分子体积、树脂柱的清洗、洗脱液的种类等因素有关。

（2）化学吸附剂

化学吸附剂通过吸附剂表面的化学基团和 CO_2 结合，从而达到分离捕集 CO_2 的目的。化学吸附剂大致可分为以下三类：金属氧化物（包括碱金属和碱土金属类）、类水滑石化合物［Hydrotalcite-like compounds (HTlcs)］以及表面改性多孔材料等。

① 金属氧化物类化学吸附剂　由于 CO_2 是弱酸性气体，因此在一些金属氧化物的碱性位点上更容易被吸附，其中粒子半径和价态均较低的金属氧化物能提供更多、更强的碱性位点。金属氧化物类吸附剂包括氧化锂[33]、氧化钠[34]、氧化钙[35]、氧化铷[36]、氧化铯[37]、氧化钡[38]、氧化铁[39]、氧化钽[40]、氧化铜[41]以及氧化铬[42]等，可吸收 CO_2 形成单齿或多齿物质，其中研究较多的是氧化钙、氧化钠、氧化镁、锆酸锂等。

CO_2 化学吸附在碱性吸附剂上，是由碱土金属氧化物和 CO_2 进行等计量反应，该过程是放热反应[43,44]。

$$MO(s) + CO_2(g) \rightleftharpoons MCO_3(s)$$

利用 CaO 吸附 CO_2 是一种有经济价值的技术，其最大理论吸附量约为 $0.78g \cdot g^{-1}$ CaO，当然吸附量与颗粒大小及比表面积等因素有关，也与前驱物的种类和组成有关。CO_2 的吸附速率和碳酸化作用有关，受限于化学反应速率（通常在较高的温度下速度很快），也与 CO_2 分子运动到未反应吸附位的速率有关，CaO 的 CO_2 吸附量在经过数次循环后快速下降，主要原因是孔的阻塞和吸附剂烧结所致[45]。

MgO 是一种典型的碱性吸附剂，由于和 CaO 相比再生所需能量较低，因此是一种有潜力的 CO_2 吸附材料。CO_2 吸附在 MgO 表面可形成许多不同的化合物，包括单配位碳酸盐、双配位碳酸盐、双碳酸盐、桥接碳酸盐等，所形成的化合物种类和比例由吸附条件和固体表面结构决定[46]。

② 类水滑石化合物　类水滑石类化合物是一类具有层状结构的无机材料，包括混合金属氢氧化物和水滑石（LDHs），其化学组成可表示为$[M_{1-x}^{2+}$、$M_x^{3+}(OH)_2]^{x+}(A^{n-})_{x/n} \cdot mH_2O$[47]，

其中 M^{2+} 为 Mg^{2+}、Ni^{2+}、Co^{2+}、Zn^{2+}、Cu^{2+} 等二价金属阳离子，M^{3+} 为 Al^{3+}、Cr^{3+}、Fe^{3+}、Sc^{3+} 等三价金属阳离子，A^{n-} 则为 CO_3^{2-}、Cl^-、OH^-、SO_4^{2-}、$C_6H_4(COO)_2^{2-}$ 等无机和有机阴离子以及络合阴离子，x 一般在 0.17～0.33 之间。

类水滑石化合物的主体层板化学组成与其层板阳离子特性、层板电荷密度或者阴离子交换量、超分子插层结构等因素密切相关。只要金属阳离子具有合适的离子半径（与 Mg^{2+} 的离子半径 0.072nm 相当）和电荷数，均可形成层板，层间无机阴离子不同，层间距不同。其晶体结构中，层板上金属离子以一定方式均匀分布，且每一个微小的结构单元中的化学组成是不变的。

类水滑石化合物对 CO_2 的脱附过程一般分为三个阶段：a.在温度小于 200℃时脱去层间的水，此时层状结构不变；b.在 250～450℃温度范围内，层板上的 OH^- 脱水，CO_3^{2-} 分解并释放出 CO_2 气体；c.在 450～550℃温度范围内，OH^- 脱除完全，并生成具有较高孔容和比表面积的 Mg-Al-O 混合氧化物。在焙烧温度不高于 500℃时，Mg-Al-O 混合氧化物可恢复至最初的状态，而当焙烧温度高于 600℃时，由于生成了具有尖晶石结构的副产物而导致其结构难以恢复。

水滑石的 CO_2 吸附能力通常低于其他化学吸附剂，且材料中或待分离混合气中水分子的存在会影响其 CO_2 吸附能力，在潮湿的环境中材料 CO_2 吸附能力有略微增加，原因是重碳酸盐的形成，如下所示[48]：

$$MCO_3 + CO_2 + H_2O \rightleftharpoons 2MHCO_3$$

③ 表面改性多孔材料　通过对多孔材料如活性炭、碳纳米管、硅胶、分子筛、聚酯等进行表面改性连接上羟基、羰基等官能团，从而与吸附质发生化学反应或者通过成键方式将吸附质固定下来。性能优良的吸附 CO_2 的多孔材料通常具有以下特点：

a. 孔径较大（大于 2nm）可控，且孔径分布窄;

b. 比表面积高;

c. 有规则的孔道，在纳米尺度有序排列;

d. 易于合成，且成本低廉;

e. 有较好的机械强度，进行表面改性时，孔道结构能保持不变。

多孔材料表面改性的典型例子是活性炭表面氧化或表面还原改性。活性炭表面改性主要是通过酸碱浸泡、浸渍、热处理等方式改变其表面官能团的种类和数量，从而使其具有某些特殊的吸附性能。由于表面改性后活性炭表面存在许多不同性质的官能团，根据官能团种类和数目的不同，活性炭呈现出不同的性质[49, 50]，如酸性、碱性和中性等，同时产生不同的吸附和催化效果。活性炭表面的酸性官能团越丰富，活性炭在吸附极性化合物时具有较高的效率，而碱性官能团较多的活性炭易吸附极性较弱的或非极性的物质。表面官能团的影响在从水溶液中除去无机物和金属离子方面效果显著。

a. 表面氧化处理　表面氧化处理是炭材料改性中常用的方法，活性炭在适当条件下经过强氧化剂处理，可提高其表面酸性官能团的含量，从而提高其对极性物质的吸附能力，常用的氧化剂有浓 H_2SO_4、浓 HNO_3、H_2O_2、O_3 等。Shim 等[51]采用 $1mol\cdot L^{-1}$

的 HNO_3 和 NaOH 分别对沥青基活性炭纤维进行改性，并采用 Boehm 滴定法[52]测定其比表面积和表面官能团含量，发现改性前后比表面积分别从 $1462m^2 \cdot g^{-1}$ 下降到 $976m^2 \cdot g^{-1}$（HNO_3）和 $1226m^2 \cdot g^{-1}$（NaOH），孔容从 $0.70cm^3 \cdot g^{-1}$ 降低至 $0.57cm^3 \cdot g^{-1}$（HNO_3）和 $0.48cm^3 \cdot g^{-1}$（NaOH）。HNO_3 改性使活性炭表面氧化基团（羰基、内酯基、酚羟基等）大幅上升，从而使整体酸度比未改性前提高了 3 倍，而 NaOH 改性后活性炭纤维由于内酯基团的增加，羰基减少，整体酸度同未改性的几乎一样。

Stavropoulos[53]等分别用部分氧气气化、硝酸处理和尿素浸渍对活性炭进行改性，发现氧气气化会使材料比表面积略微下降，气化样品都含羰基和酚羟基，但只有在低温、短时间处理下才能增加活性炭的碱性。HNO_3 处理后，样品含氮量增加，表面积减小，羧基、内酯基、羰基、酚羟基等基团含量增加，且样品几乎没有中和盐酸的能力。尿素处理能增加碱性基团和羰基的含量。表面官能团的存在能影响活性炭对某一污染物的吸附能力，尿素改性的活性炭具有碱性特征，对苯酚有最大的吸附量，而氧气和硝酸改性的活性炭具有酸性特征，对苯酚的吸附量则较低。Nakagawa 等[54]采用不同浓度的 H_3PO_4 和 $ZnCl_2$ 在一定压力下浸渍橄榄石得到了含多孔结构的整体活性炭，与橄榄石相比，降低了颗粒间空间和大孔隙度。与等量的颗粒状活性炭相比，用 $ZnCl_2$ 处理，中孔转变成微孔，大孔和空洞出现了塌陷，而 H_3PO_4 处理后中孔和微孔减小的程度更为明显。Vasu[55]以椰壳活性炭为原料，用硝酸等进行氧化处理，由于氧化过程中形成了表面酸性基团，对 Ni^+ 最大吸附量从改性前的 $0.5813mg \cdot g^{-1}$ 增加到 $0.8881mg \cdot g^{-1}$。

b. 表面还原处理　表面还原改性主要是通过氢气等还原剂在一定温度下对活性炭表面基团进行还原处理，提高活性炭表面含氧基团中碱性基团的含量，减弱活性炭表面的极性，从而提高其对非极性物质的吸附性能。由于活性炭的碱性主要来自其无氧的路易斯碱表面，因此可以采用在 H_2 或 N_2 等还原性气体或惰性气体气氛下高温处理得到更多的碱性基团。也有采用 $NH_3 \cdot H_2O$ 等进行还原处理，如 Pevida 等[56]在 NH_3 氛围下在 200～800℃范围内对活性炭进行改性，在活性炭上引入了氮，增强了其碱性。在 600℃以上处理后，氮主要并入芳香环上，低于此温度氮则转化为更不稳定的基团，如酰氨基等。经过处理的活性炭在常温下对 CO_2 的吸附量从处理前的 7%（质量分数）上升到 8.4%（质量分数）。活性炭经表面还原改性后，氮成功插入了活性炭中（表现为氰基和酰氨基官能团）[57]，在较高温度如 100℃下活性炭的表面碱性会发挥更重要的作用，CO_2 吸附量相对于未处理前有大幅度提高。

2.2.2 物理吸收技术

物理吸收技术是指吸收剂对 CO_2 的吸收是按照物理溶解的方法进行的，所采用的吸收剂对 CO_2 的溶解度高于其他气体组分，且对吸收 CO_2 有一定的选择性，如水（加压水洗法）、*N*-甲基吡咯烷酮、低温甲醇（Rectisol 法）、乙二醇醚（Selexol 法）、碳酸丙烯酯（Flour 法）等。物理吸收技术一般在低温、高压下进行操作，由于吸收剂的吸收能力强，用量较少，吸收剂再生可采用降压或常温气提的方法，无需加热，因而能耗低，且溶剂不腐蚀设备。但由于CO_2在溶剂中的溶解服从亨利定律，因此这种方法仅适用于IGCC电厂等CO_2分压较高的烟道气，且脱碳（或去除CO_2）程度不高[58]。

吸收剂脱碳主要有物理吸收法、化学吸收法和物理化学复合吸收法。在三种吸收方法中物理吸收法总能耗最小，适用于CO_2分压较高，脱碳度要求较低的情况。化学吸收法在吸收剂再生时需加热，能耗较高，适用于CO_2分压较低，脱碳度要求高的情况。物理化学复合吸收法总能耗介于化学吸收法与物理吸收法之间，适用于脱碳度要求较高的情况。

（1）CO_2物理吸收剂的性质

二氧化碳吸收分离过程的优劣很大程度上取决于吸收剂的性质，特别是吸收剂与混合气体之间的相平衡关系，优良的吸收剂通常具备以下性能[59]：

① 对CO_2具有较大的溶解度，而对混合气体中的其他组分溶解度要小，即吸收剂选择性好。

② 吸收剂容易再生，且再生能耗低。

③ 吸收剂的蒸气压要低，以减少吸收和再生过程中吸收剂挥发造成的损失。

④ 吸收剂化学性质稳定，且价格合理。

要找到完全满足以上要求的吸收剂是非常困难的，实际操作中可将多种吸收剂按以上条件进行全面的比较，以便做出经济合理的选择。

（2）物理吸收剂

物理吸收剂分离气体混合物是基于各组分在吸收剂中的溶解度差异以及亨利定律，即一定温度下的气体在液体溶剂中的溶解度与该气体的压力成正比。因此可选用亲CO_2溶剂，提高压力以增加CO_2溶解度，从而使其从混合气体中分离出来，再用降压闪蒸的方法使其解析，达到CO_2捕集的目的。工业上常用的物理吸收剂[60]包括聚乙二醇二甲醚（Selexol™或Coastal AGR®）、*N*-甲基吡咯烷酮（Purisol®）、甲醇（Rectisol®）和碳酸丙烯酯（Fluor Solvent™）等。

聚乙二醇二甲醚（Dimethyl Ether of Polyethylene Glycol或DEPG）是不同乙氧基链长的聚醚混合物［$CH_3O(C_2H_4O)_nCH_3$，n=2～9］，用于从气流中脱H_2S、CO_2及硫醇等酸性气体，相关工艺由美国UOP公司开发成功，又称为Selexol工艺。聚乙二醇二甲醚蒸气压很低，整个分离过程的溶剂损失很小，且具有低毒性和低腐蚀性的优点，但与其他吸收剂相比，聚乙二醇二甲醚的传质速率和塔板效率较低，尤其在低温时对填料和塔板要求较高。

甲醇脱碳工艺由德国Lurgi公司和Linder公司联合开发，又称Rectisol工艺。由于甲醇的蒸气压相对较高，为减少溶剂损失，吸收和解析都在0℃以下进行[61]，因此该工艺又称为低温甲醇法。低温下CO_2的溶解度随温度下降而显著上升，因而操作所需要的溶剂量较少，设备也较小，但低温对设备的要求较高，制冷能耗也较大。

碳酸丙烯酯（PC）吸收工艺是Fluor公司的专利，PC的蒸气压比DEPG稍高，实际工艺中的吸收剂损失很小，且低碳烷烃和 H_2 等在 PC 中的溶解度很小，因此特别适用于合成气脱碳[62]。

N-甲基吡咯烷酮（NMP）法脱碳也是德国 Lurgi 公司的技术，NMP 蒸气压比 DEPG 和 PC 大，但也远小于甲醇，工作温度为室温或−15℃[63]，该工艺对选择性脱除 H_2S 的效果最好。

2.2.3 化学吸收和解析技术

化学吸收和解析技术是指先利用 CO_2 与吸收剂在吸收塔内进行化学反应形成一种弱联结的中间体，然后在还原塔内加热富含 CO_2 的吸收液使 CO_2 解析，同时吸收剂得到再生。具体操作上通常是采用碱性溶液对 CO_2 气体进行吸收分离，然后通过解吸分离出 CO_2 气体，同时对溶液进行再生。

2.2.3.1 化学吸收法

化学吸收法是利用二氧化碳和吸收液间的化学反应将二氧化碳从混合气中分离出来的方法。最初采用氨水、热钾碱溶液吸收二氧化碳，随后发现利用有机胺作 CO_2 吸收剂的效果较好[64]。

① 热钾碱法 该法包括加压吸收阶段和常压再生阶段，吸收温度等于或接近再生温度。采用冷的支路，特别是采用具有支路的两段再生流程可以得到较高的再生效率，从而使脱碳后尾气中的 CO_2 分压降到很低水平。

② 苯菲尔法 该法是在热钾碱法的基础上发展起来的，可有效地将脱碳后的尾气中 CO_2 含量降到 1%～2%。其中“改良苯菲尔法”是在碳酸钾溶液中加入活化剂，以提高 CO_2 的吸收速率并降低 CO_2 在溶液表面的平衡能力。

③ 有机胺吸收法 有机胺法是以胺类化合物吸收 CO_2 的方法，该法出现于 20 世纪 30 年代，是目前工业分离 CO_2 最主要的方法之一。与其他方法相比，有机胺吸收法具有吸收量大、吸收效果好、成本低、可循环使用并能回收到高纯产品的特点，因此应用最为广泛。

2.2.3.2 化学吸收法的基本原理

化学吸收/解析捕集二氧化碳的基本原理体现在吸收剂与 CO_2 的正向、反向化学反应平衡的控制，因此反应条件对传质系数、扩散系数、气液平衡、化学平衡等的影响是化学吸收法最受关注的研究内容，为此提出了几类反应机理，总结如下。

（1）双膜模型

惠特曼（Whitman）在 1923 年提出了双膜理论，按照该理论，不论界面上的流体是滞流还是紊流，传质的阻力主要集中于紧靠界面上的一层滞流不动的膜中，这层膜的厚度要比滞流内层的厚度大，它对分子扩散的传质阻力相当于实际对流过程的阻力[65]。该模型既可用于传热也可用于传质，它把复杂的流动阻力简单归结为一层停滞的薄膜，虽然不尽合理，但对一些带化学反应的气体吸收过程可给出相当可信的传质速率。马友光等[66]发现在距界面0.01mm处测定的浓度仍远离平衡，说明在液面附近确有一个阻力薄层。由于膜的厚度较薄，可以认为在薄膜中不存在质量的累积，因此可以把它看成是稳态传质过程[67]，通常该模型可用于相界面无明显扰动的气-液和液-液传质过程，因为对于湍动反应很激烈的新型传质设备或产生界面自发扰动的液-液系统，停滞膜的存在是不符合实际情况的[68,69]。

根据双膜模型，在浓度不高时某一相内的传质系数 k 为：$k=D/\delta$，其中 D 为扩散系数，δ 为膜厚度，取决于流体力学状态，而且其他条件的影响，如流体的黏度、搅拌速度等都可归因于对薄膜的厚度的影响。由于 δ 为未知数，故 k 并不能从双膜模型本身得出，所以应用该模型求取传质系数是很困难的[70]，这正是其主要不足之处。

（2）渗透模型

1935年希格比（Higbie）提出了渗透模型[71]，其基本要点是：由于气、液两相在界面上接触时间较短，因此不可能像双膜模型所设想的那样建立起一个稳定的浓度梯度。渗透理论假设在界面的液相中有许多微元，任何一个微元和气体接触后，可在很短的时间内使部分气体溶入其中，随后该微元很快进入液体内部与主体会合。由于该模型假设所有的微元在界面上和气体接触的时间是相同的，因此仍然是建立在双膜模型的基础上，而且主要针对从气液界面至液相主体的传质。

当浓度均匀的液体（c_0）与气体接触并开始传质时，在液相界面上立刻达到与气相平衡的浓度 c_1，溶质开始向深度渗入。在初期，即液体与气体的接触时间 θ（被称为“年龄”)很短时，溶质的渗入也很浅，其在界面处的瞬间浓度梯度很大。随着年龄 θ 的增长，溶质的渗入深度逐渐增大，瞬间的浓度梯度和传质速率也随之逐步减小。当 c_1、c_0 及 δ 不变时，浓度分布也不再随 θ 变化，即溶质渗透的过程已经完成，此时浓度梯度和传质速率达到最小值，渗透模型过渡到双膜模型。

因此，按渗透模型预计的传质速率（时间平均值）比双膜模型大，在每次气液接触时间（最大年龄或“寿命”）θ_0 甚短、渗入深度仅占膜厚 δ 的一小部分时，传质系数（时间平均值）k_P 为:

$$k_P=2\sqrt{D/(\pi\theta_0)} \tag{2-2}$$

式中，D，θ_0 分别为扩散系数和气液接触时间。

（3）表面更新理论

Danckwerts[72]认为渗透理论中每个微元在表面和气体有相同的接触时间是不合理的，进而提出了表面更新理论，即把液相分成两个区：一个是主体区，另一个是界面区。在界面区里质量的传递是按渗透模型进行的，但与渗透模型不同的是，这里的微元不是固定的，而是不断地与另一个主体区进行交换，而在主体区内全部的流体达到均匀一致的浓度。这个不断交换就是表面更新的概念，即把渗透模型作为整个传质过程的一部分。表面更新模型的传质系数 k_s（对整个液面的平均值）为：

$$k_s=\sqrt{DS} \tag{2-3}$$

式中，D、S 分别为扩散系数和更新频率，其中更新频率代表表面更新的快慢。显然，液体的湍动越激烈，则频率 S 越大，根据式（2-3），传质系数与扩散系数的1/2次方成正比。与渗透模型相同，这一模型也是针对吸收时的液相传质而提出的。表面更新现象易于从下述的事实看出：在快速流动的明渠或强烈搅拌的容器中，对水面撒些滑石粉，可以看到不断出现的无粉小区域，说明这些区域被其下方涌上来的单元所置换。应用仪器计数，还可以测得更新频率 S，只是现在尚不能在普通情况下测得 S，故这一模型的实际应用也受到很大限制。

由于气、液之间的动力学本质还是个未知的难题[73]，因此通常以众所周知的双膜理论、渗透理论、表面更新理论为基础[74]，对反应吸收过程进行某些假设和简化。但是到目前为止，就传质模型的实际应用来说，仍以最简单的双膜模型应用最为广泛。

2.2.3.3 化学吸收剂

利用液态溶剂或者固态基质进行 CO_2 吸收的过程可从烟道气中分离 CO_2。吸收是一个依赖溶剂的化学亲和力对某一种物质优先溶解的过程，化学吸收法则是通过 CO_2 与化学溶剂发生化学反应来实现 CO_2 的分离，并借助其逆反应进行溶剂再生。在吸收 CO_2 过程中，溶剂是用来溶解烟道气中的 CO_2，而不是氧气、氮气或其他化合物。富含 CO_2 的溶液通常用泵输送到再生柱中，在这里 CO_2 从溶液中脱离，而剩余溶液循环用于下一批烟道气的脱碳。通常 CO_2 吸收装置应该设在脱硫装置之后和烟囱之前，低温和高压是提高二氧化碳吸收效率的最佳条件。此外，大部分溶剂容易被灰尘、硫氧化合物 SO_x（SO_2,SO_3）、氮氧化合物 NO_x（NO_2，NO_3）等所分解，因此二氧化碳吸收必须在静电除尘装置和脱硫装置之后。

（1）醇胺吸收剂

醇胺吸收剂可分为非空间位阻醇胺和空间位阻胺，非空间位阻醇胺有伯胺如一乙醇胺（MEA）、二甘醇胺（DGA）等，仲胺如二乙醇胺（DEA）、二异丙醇胺（DIPA）等，以及叔胺如三乙醇胺（TEA）、*N*-甲基二乙醇胺（MDEA）等。采用一级和二级醇胺作为吸收剂时，醇胺与 CO_2 反应形成两性离子（zwitterion），该两性离子将和胺反应生成氨基甲酸根（carbamate）离子，具体反应机理如下（其中 R 和 R'为直链烷基醇基或 H）

$$\mathrm{RR'NH + CO_2 \rightleftharpoons RR'NH^+COO^-(zwitterion)}$$

$$\mathrm{RR'NH + RR'NH^+COO^- \rightleftharpoons RR'NCOO^-(carbamate) + RR'NH_2^+}$$

总反应为

$$\mathrm{2RR'NH + CO_2 \rightleftharpoons RR'NCOO^- + RR'NH_2^+}$$

因此一级和二级醇胺吸收 CO_2 时会受到热力学的限制，即 1mol 醇胺最大的吸收能力为 0.5mol CO_2。但由于有些氨基甲酸根可能会水解生成自由醇胺：

$$\mathrm{RR'NCOO^- + H_2O \rightleftharpoons RR'NH + HCO_3^-}$$

故其吸收能力有时可能会小幅超过上述限制。尽管采用一级和二级醇胺为吸收剂，其与 CO_2 反应速率快，但 CO_2 吸收容量相对较小。

三级胺的氮原子上没有多余的 H 原子，因而在与 CO_2 反应时不会形成氨基甲酸根，其在吸收过程中扮演 CO_2 水解时的催化剂，而使被吸收的 CO_2 形成碳酸氢根离子（bicarbonate ion），其总反应为（其中 R、R'和 R"为直链烷基醇基）

$$RR'R''N + H_2O + CO_2 \rightleftharpoons RR'R''NH^+ + HCO_3^-$$

空间位阻胺类吸收剂中至少有一个仲氨基与一个仲碳或叔碳原子连接，由于与氮原子相连的碳原子是一带有支链的取代基，有非常明显的空间位阻效应，使氮从不同位置与 CO_2 反应，大大加快了反应速率，理论上 1mol 位阻胺最大吸收 1mol CO_2，吸收剂利用率增加，过程收率提高。此外，由于生成的氨基甲酸盐很不稳定，使 CO_2 更容易解吸，降低了整体的蒸汽消耗。

关于空间位阻胺对 CO_2 的吸收机理，尽管还没有形成一致的理论，但以研究最广泛的 2-氨基-2-甲基-1-丙醇（AMP）为例，通常认为其反应机理与伯胺、仲胺相同，按两性机理进行的主要反应如下[75]：

$$CO_2 + 2AMP \rightleftharpoons AMPCCO^- + AMPH^+$$

$AMPCOO^-$为 AMP 的氨基甲酸盐阴离子，由于空间位阻的影响，又水解生成 AMP 和 HCO_3^-。

$$AMPCOO^- + H_2O \rightleftharpoons AMP + HCO_3^-$$

氨基溶液吸收法是目前最适用于燃煤电厂烟道气脱碳的方法，已经被证实为商业可行，且当今仍在应用。其原因如下：①对稀 CO_2 气流更为有效，比如煤燃烧烟道气中 CO_2 体积含量仅为 10%～12%；②与其他应用于电厂烟道末端的环境控制技术类似，装置可在通常的温度压力下运行。

不过该法也存在一些问题：①高反应热导致冷却成本增大；②高再生能耗引起低压蒸汽流量需求增大，再生塔尺寸变大；③需要大型的填料吸收塔以提供足够的化学反应传质面积；④由于 CO_2 负荷限制，需要足够的胺液循环量；⑤因需克服再生塔内压力损失，导致整体功率损失较大。

单乙醇胺（monoethanolamine）即 MEA，是一种伯胺，价格相对低廉，且分子量在胺类吸收剂中最小，因此其单位质量 CO_2 吸收量较高，目前被广泛应用于天然气脱碳工艺。但是 MEA 的缺点也很明显：第一，MEA 溶液吸收 CO_2 后生成稳定的氨基甲酸盐，解析能耗高，如日本 Rite 的报告显示 MEA 工艺 1t CO_2 的能耗为 4.0GJ；第二，MEA 在有氧气、COS 和 CS_2 气体的环境下容易变质[76]；第三，MEA 解析温度为 120℃左右，高温解析导致溶剂因大量蒸发而损失；第四，MEA 相对于其他醇胺对设备腐蚀性大，在高浓度时通常需要添加防腐蚀剂。

甲基二乙醇胺（methyldiethanolamine，MDEA）是一种叔胺，它与 CO_2 反应生成不稳定的碳酸氢盐，反应热小，再生能耗较低。缺点是 MDEA 水溶液与 CO_2 反应速率较慢，通常需要添加活化剂以提高反应速率（如德国 BASF 公司的改良 MDEA 脱碳工艺），所采用的活化剂有：呱嗪、甲基单乙醇胺、咪唑或甲基取代咪唑等。另外，MDEA 吸收剂还具有蒸气压低、再生损失小、热稳定性好、对设备腐蚀性小、CO_2 分离回收率高等优点，近年来在国内外得到广泛的应用[77]。

甲基单乙醇胺（methyl ethanolamine，MMEA）是一种仲胺，具有良好的溶解二氧化碳性能，能与水、乙醇、苯、乙醚和丙酮等混溶。Ma'mun[78]指出每摩尔 MMEA 的 CO_2 溶解量要稍高于 MEA，同时 MMEA 与 CO_2 反应生成较为稳定的氨基甲酸盐，因此在 CO_2 分压较低时，也有较大的溶解度。

下面以单乙醇胺为例简述典型的化学吸收工艺。如图 2-6 所示，来自化石燃料发电厂的烟道气通过一个含有单乙醇胺的柱状物，其中的单乙醇胺能够选择吸收 CO_2，富含 CO_2 溶液被泵输送至高塔，进行解析释放 CO_2。通常高压和低温有利于吸收，而低压和高温能使溶剂再生。吸收系统中的压力可以是大气压或者控制压力来提高吸收/解析比。变温所需的能耗（尤其是用于释放 CO_2 和再生单乙醇胺的能耗）占据了运转成本的 70%～80%，因此寻找新的溶剂或改进再生技术以降低能耗是该领域的研发重点[79]。

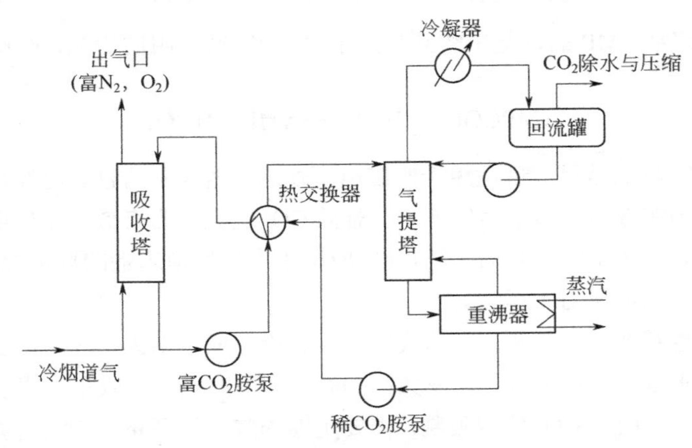

图 2-6 典型化学吸收法捕集烟道气中 CO_2 流程

在图 2-7 中，管道气在进入吸收室之前被冷却，温度应高于气体的冷凝点，因此最低温度应高于气体的冷凝点和溶剂的凝固点。富 CO_2 溶液随后被输送到热交换器，从来自再生器的热流中获得一些热量，然后进入再生器中，加热释放溶液中的 CO_2（最好能降低压力）。脱 CO_2 后的溶液被输送回吸收室再利用，而再生室中产生的 CO_2 通过一个重沸器将水和其他污染物去除，得到较纯的 CO_2 气流。

目前吸收工艺还有很多问题，其中首要问题是溶剂的吸收能力与再生能力的矛盾，因为溶剂的活性在吸收/解析速率间有一个最佳平衡，如果溶剂对溶质有较高吸引力，在低温（30～50℃），较低 CO_2 分压（与浓度成正比）条件下也能吸收 CO_2，但是也导致再生能耗增加。如果溶剂对 CO_2 吸引力很低，再生能耗降低，但是 CO_2 负载量又很低。第二个问题就是烟道气中的氧含量，高氧浓度会腐蚀钢铁设施，造成吸收剂的损失，通常采用受阻胺可减缓吸收剂的损失。第三个问题是吸收剂与酸性气体反应成盐而失效，因为酸性气体如 SO_x 和 NO_x 与胺类形成稳定的盐，其浓度必须控制到 $10mL \cdot m^{-3}$（0.001%）以下，通常需要加一个 SO_x 洗涤器。由于典型的洗涤器只能去除烟道气中 90%的 SO_x，因此使用单乙醇胺为溶剂时，仍然面临吸收剂与 SO_x 和 NO_x 反应成盐而失效的难题。第四个问题是吸收剂的高温耐受性，烟道气在温度大于 100℃情况下不仅降低 CO_2 溶解性能，也能使吸收剂分解，因此在通过 SO_x 洗涤器后，温度最好降到 45℃以下[80]。

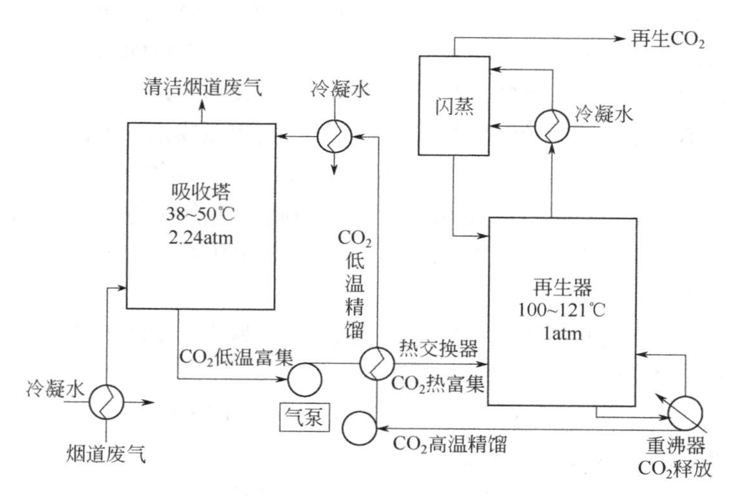

图 2-7 化学吸收工艺示意

化学吸收工艺最大的优势是溶剂容易再生，单乙醇胺在化学工业上的应用已经超过了 60 年，将富 CO_2 溶液送往再生器后，溶剂可以循环使用，因此降低了成本。不同的条件要求选用不同的溶剂，单乙醇胺类液态溶剂对从低 CO_2 分压［<15%（体积分数）］混合气体中分离二氧化碳有竞争力，而氢氧化锂和锆酸锂类固体溶剂对高分压 CO_2［>15%（体积分数）］更实用，因为它们能吸收更多的 CO_2，更容易再生[81]，而且从再生柱中分离的 CO_2 气体流纯度更高，可得到纯度超过 95%的二氧化碳气流，完全满足封存要求。

据 Göttlicher 等[19]的报道，整个吸收过程的成本（不包括运转和维修费用）为每吨$13.95，但是根据 Chakma 等[82]的数据，目前吸收工艺总体成本（包括加入新的溶剂以及运转、维护成本）仍然较高，每吨 CO_2 需要$40～70。除了高再生成本，烟道气中出现的硫氧化合物（SO_x 气体）在吸收过程中能与吸收剂作用形成盐，难以解离。为此，发展了混合吸收剂体系，涉及两个或更多过程协同吸收以分离 CO_2，分离得到的微量气体（NO_x、SO_x、O_2 等）或者储存起来，或者与有害化合物进行反应以消除其危害。

（2）多氮有机胺吸收剂

寻找性能优异的CO_2吸收剂一直是该领域的研究重点，其中具有较高的吸收负荷的一类吸收剂是结构中含有多氮的有机胺。Bonenfant 等[83]发现羟乙基乙二胺（AEE）中的氨基比 MEA 中的氨基吸收CO_2能力要强，但在解析能力方面 AEE 则比 MEA 差，在相同浓度下，再生后的 AEE 比再生后的 MEA 吸收CO_2的能力更强。由于 AEE 的结构中包括了两个氨基，使其比 MEA 溶液更有利于吸收和解析CO_2。施耀等[84]采用混合有机胺如 DETA（二亚乙基三胺）+MDEA（甲基二乙醇胺）、TETA（三亚乙基四胺）水溶液吸收烟道气中的CO_2，在 MDEA 中加入少量烯胺如 DETA 或 TETA，可显著提高CO_2吸收速率和吸收容量，其吸收效果优于常用的 MEA 和 DEA。哌嗪（PZ）作为脱碳溶液活化剂常常见于文献报道，Kohl 等[85]指出哌嗪和 DEA 均能提高吸收CO_2的速率，但在加入量相同时哌嗪的促进作用优于 DEA，而 DEA 对解析速率的促进作用优于哌嗪。不过循环使用性能仍然需要改善，因为以哌嗪水溶液，解析后吸收速率比原来降低 17%，以 DEA 为活化剂时，解析后吸收速率则比原来降低 31%。最近，Aroua 等[86]研究了低压下哌嗪对 MDEA 水溶液吸收CO_2负荷的影响，指出在CO_2分压较低时，添加少量的哌嗪活化 MDEA，可以提高 MDEA 水溶液吸收CO_2的负荷。

（3）氨水吸收剂

氨水吸收工艺与有机胺工艺在操作上是类似的。氨水与CO_2有多种反应，最重要的是氨、CO_2和水反应生成碳酸氢铵：

$$NH_3(l) + CO_2(g) + H_2O(l) \rightleftharpoons NH_4HCO_3(s)$$

另一方面，氨与水反应生成氢氧化铵：

$$NH_3(g) + H_2O(l) \rightleftharpoons NH_4OH(l)$$

水解反应产物NH_4HCO_3与NH_4OH反应生成$(NH_4)_2CO_3$：

$$NH_4HCO_3(s) + NH_4OH(l) \rightleftharpoons (NH_4)_2CO_3(s) + H_2O(l)$$

最后，$(NH_4)_2CO_3$吸收CO_2形成碳酸氢铵：

$$(NH_4)_2CO_3(s) + H_2O(l) + CO_2(g) \rightleftharpoons 2NH_4HCO_3(s)$$

上述所有反应均是可逆反应，基于此反应机理的吸收再生循环工艺需要的反应热远远低于有机胺溶液吸收工艺，因此可降低再生能耗。此外，与有机胺溶液吸收工艺相比，氨水吸收工艺还有如下优点：吸收容量相对较大，吸收再生过程无降解，吸收剂不氧化，吸收剂价格低并且可以在高压条件下再生。氨水还可以与烟气中的其他污染物如SO_x/NO_x反应生成肥料以作为补偿型副产物。氨水吸收工艺存在的一个问题是相对于 MEA 溶液，氨水具有更高的挥发性，而且在温度较高的再生过程中氨损失难以控制。

（4）固体吸收剂

固体吸收剂如氢氧化钙和氢氧化锂等也被用作CO_2吸收剂，但是这类固体吸收剂吸收过程的温度约为 800℃，解析过程约为 1000℃，不过吸收速率相对较快，1h 之内就能达到 50%的吸收，而且能在 15min 内完全再生。

2.2.4　物理与化学联合捕集技术

化学吸收剂吸收量较大，吸收速率较高，分离回收纯度高，但由于发生了化学反应，再生必须通过破坏化学键才能解吸出二氧化碳，因此能耗高，同时化学吸收剂抗氧化能力差，易降解，腐蚀性强，还易出现起泡、夹带现象，因而给工业化应用带来了很多困难。物理吸收剂尽管选择性较差，回收率较低，但其解吸时不需要破坏化学键来产生 CO_2，因而能耗比化学吸收剂低。为了能够找到吸收性能和解吸性能俱佳的吸收剂，一个很自然的想法是采用物理化学复合吸收剂来吸收 CO_2，即吸收 CO_2 时既存在物理吸收又有化学反应，从而兼具物理吸收法和化学吸收法的优点。

工业上常用的物理化学吸收剂有 Sulfinol 和 Amisol 等，其他一些新的复合吸收剂也在研发之中。

2.2.4.1　Sulfinol 吸收剂

萨菲诺（Sulfinol）吸收剂[87]是由环丁砜与二异丙醇胺（DIPA）、水混合而成，通常 Sulfinol 吸收剂中含有 40%～45%（质量分数）的环丁砜，15%（质量分数）的水，其余为 DIPA。环丁砜在常温下是一种无色无味的固体，熔点为 28.5℃，可以和水以任意比互溶，易溶于芳烃及醇类，而对石蜡及烯烃溶解甚微，对热、酸、碱稳定性高。环丁砜是物理吸收溶剂，可以溶解合成气中的酸性气体（二氧化碳或硫化氢），适用于酸性气体含量较高的合成气的净化。二异丙醇胺是化学吸收剂，可以与合成气中的酸性气体发生可逆化学反应。

萨菲诺吸收剂由于添加了大量的环丁砜（30%～64%），国内常将其称为环丁砜法或砜胺法，是 1963 年壳牌公司在乙醇胺法的基础上开发成功的。该吸收剂在低温高压下吸收酸性气体，在低压高温下可解吸而得以再生。考虑到体系较为黏稠，需加入一定量的水以便于吸收。溶液中水的存在有利于降低溶液黏度，有利于传热和再生，通常溶液配方中的水含量应保持在 10%（质量分数）以上。

由于 Sulfinol 吸收剂兼具物理和化学吸收剂的特点及耐酸性气氛，其对二氧化碳和有机硫又有很强的脱除能力，故该工艺以及类似的物理化学混合净化工艺的发展极为迅速。我国于 20 世纪 70 年代末首次成套引进的天然气净化厂就是采用该工艺[88]，解决了原料气中有机硫的脱除问题。

Sulfinol 法吸收二氧化碳的过程包括物理溶解和化学吸收两部分，由于该方法具有酸气负荷高的特点，特别适用于原料气中酸性气体含量高、压力高且含硫的混合气中分离二氧化碳。Sulfinol 法吸收二氧化碳的能耗低，一方面是由于其可以通过闪蒸释放出物理溶解的酸气，减少再生过程的能耗，另一方面则是因为环丁砜的比热容小，30℃下仅为 0.36cal·g^{-1}·℃$^{-1}$（1cal=4.18J，下同），导致砜胺溶液的比热容远低于相应的胺液，在升温的过程中需要的热量较少，在降温的过程中需要的冷却能量也较少，因此解析过程蒸汽消耗量比较低[89]。另外砜胺溶剂溶解有机硫化合物的能力很强，可以脱除有机硫化合物，故该工艺成为最有效的酸气净化工艺，我国川东天然气脱硫就大量采用此方法。不过砜胺溶剂也能够溶解两个碳以上的烃类，增加对重烃的吸收，使酸气中烃含量增加，而且不容易通过闪蒸分离，因此该法不适于重质烃类含量较高的原料气中二氧化碳的分离。

与普通胺的水溶液体系相比，砜胺溶液在CO_2分压较低时两者的平衡溶解度差别不大，但是砜胺溶液特别适用于酸性气体含量高、压力高的原料气，这主要得益于砜胺溶液中环丁砜的物理溶解能力，使得溶液有高酸气负荷，有机硫脱除效率高，分离所得的二氧化碳中总硫含量显著下降。不过，砜胺溶液对重烃的吸收较好，吸收过程中溶液中烃含量会增加，使溶液黏度增大而影响传热，增加了能量消耗。

砜胺溶液中二异丙醇胺也是化学吸收剂，能同时吸收H_2S、CO_2、COS等，相关的化学反应式如下：

$$2R_2NH + H_2S \rightleftharpoons (R_2NH_2)_2S$$
$$(R_2NH_2)_2S + H_2S \rightleftharpoons 2R_2NH_2HS$$
$$R_2NH + H_2O + CO_2 \rightleftharpoons (R_2NH_2)_2CO_3$$
$$(R_2NH_2)_2CO_3 + CO_2 + H_2O \rightleftharpoons 2R_2NH_2HCO_3$$
$$2R_2NH + CO_2 \rightleftharpoons R_2NHCOONHR_2$$
$$2R_2NH + COS \rightleftharpoons R_2NHCOSNHR_2$$

砜胺溶液中高二异丙醇胺含量有利于H_2S和CO_2的脱除，但不利于有机硫的脱除，导致设备腐蚀严重，溶液黏度增大而影响传热，增加了能量消耗。

通常砜胺溶液的黏度较高，是相应胺的水溶液的数倍。水含量对砜胺溶液的黏度有重要影响[90]，水可调节溶液的黏度，水还是传热的载体，加热可使溶液中的水汽化产生二次蒸汽，携带热量的二次蒸汽进入再生塔可与富二氧化碳液体换热。通常提高砜胺溶液中的水含量有利于CO_2的脱除，降低溶液黏度，有利于传热，使再生更容易，但也使溶液热容增加，净化汽水含量增加，增大脱水装置的负荷，使动力消耗增加，而且使溶液吸收酸性气体的能力下降。当砜胺溶液中水的含量过低时，溶液黏度增大、比热容下降，在较高酸气负荷下操作，吸收塔的温度分布会发生显著的变化，反应段上移，导致有机硫的脱除效率大幅度下降。故应严格控制溶液中的砜、水、胺的含量在规定范围内，对装置的稳定运行非常重要。

MEA法回收CO_2的工艺过程中，MEA先与CO_2反应生成不稳定的氨基甲酸盐，当酸性气体分压比较低时，对CO_2的吸收几乎完全是由胺与酸性气体发生化学反应所致，吸收量相对较高。与单纯用水吸收时的吸收量对比，作为物理溶剂的水在低酸性气体分压下的吸收作用是可以忽略的，即使在中等及高酸气分压下，水的吸收作用仍然不明显，化学吸收仍占主要地位，但此时溶液的吸收量已达到每分子胺吸收一分子酸性气体的当量限度。只有在很高的酸性气体分压下，水的作用才变得显著。单纯用水的曲线是负荷与分压成正比的典型物理吸收。不过由于在高吸收量下MEA容易发生降解变质、出现泡沫泛塔等现象，实际吸收量常常只能达到平衡数值的一半。

也有采用改良的萨菲诺法，即采用环丁砜复合吸收剂（环丁砜+MEA）。环丁砜复合吸收剂中，在低分压下胺起主要作用，与纯 MEA 溶剂的吸收效果差不多，吸收量比较高；在高酸气分压下，环丁砜复合溶剂一般能达到很高的吸收量，甚至接近平衡数值，这是因为环丁砜是一种比水好的优良溶剂，吸收量能达到 MEA 的 2 倍，因此吸收量随着酸气分压增高趋向接近环丁砜本身的吸收量。另外，溶剂的再生即酸性气体从溶剂中解吸出来，其本质是随着温度的升高酸性气体的平衡分压增大，与 MEA 溶剂相比，环丁砜复合吸收剂更容易再生。

砜胺复合吸收剂法的优点如下：

① 负荷高，至少能达到平衡值的 85%以上，而 MEA 法的实际吸收量只有平衡数值的约 50%，因此砜胺法的溶剂循环量比 MEA 小，溶剂消耗低。

② 砜胺复合溶剂不易发泡，而且具有一定的抗泡性，在高酸气负荷，有液态烃甚至原油存在时，也不发生泡沫泛塔现象。因此绝大多数的砜胺装置无需加抗泡剂，吸收塔的尺寸设计可以不考虑通常的泡沫容许余量，且运行过程稳定。

③ 砜胺复合溶剂热稳定性好，不易化学降解。因为环丁砜性质十分稳定，COS 和 H_2 均不能使其化学降解，尽管 CO_2 能使二异丙醇胺逐渐降解为噁唑烷酮[89]，但砜胺复合溶剂的降解变质速度比 MEA 低很多，如每处理 $1000m^3CO_2$，仅有 0.4～1.2kg 二异丙醇胺发生降解。

④ 由于砜胺复合溶剂的黏度比相应的胺液高，因此润滑性比较好，腐蚀速率低，即使在高酸性气体负荷下，砜胺复合溶剂对碳钢的腐蚀也很轻，从而延长了泵等设备的使用寿命。

⑤ 砜胺复合溶剂性质比较稳定，挥发性很低，因而蒸发损失及夹带损失很小。另外由于砜胺复合溶剂的比热容要比烷醇胺溶液低，使其在升降温时需要的热能和冷能都比较少，砜胺复合溶剂对热交换器表面的污染很小，热传导系数很高，因此能耗比较低，再生辅助设施的需求量也很少，进一步降低了成本。

⑥ 砜胺复合溶剂几乎能完全脱除原料气中含有的硫醇等有机硫化合物，MEA 则不能。

⑦ 砜胺复合溶剂不同于胺的水溶液，它在凝固时不膨胀，因此管线、热交换器和设备没有破裂的危险。

⑧ 在环丁砜溶液中，环丁砜既是一种物理性吸收剂，也是一种缓蚀剂。所以，环丁砜复配液基本不用添加缓蚀剂，比 MEA 法节省了一部分投入。

当然，砜胺法也存在一些不足：

① 砜胺复合溶剂价格较高，国内环丁砜售价约为每吨 18000 元，MEA 售价仅每吨 10000 元左右。

② 砜胺复合溶剂能吸收原料气中的重质烃和芳烃，因此如果原料气中的重质烃和芳烃的含量超过一定限度，最好将酸性气体先经过一个活性炭吸附装置再通过砜胺复合溶剂进行吸收。

③ 砜胺复合溶剂中环丁砜含量不宜过高，若环丁砜含量太高会造成二氧化碳的解吸困难，加重溶液对塔体腐蚀，还会造成溶液黏度过大，减小各组分扩散系数，使得二氧化碳吸收速率下降。一般在砜胺复合溶剂中环丁砜含量要低于 60%（质量分数），以环丁砜+MEA 复配液为例，一般环丁砜的含量在 40%左右，MEA 15%～20%，其余为水。

④ 砜胺复合溶剂对酸性气体如 CO_2、H_2S、SO_2 等没有选择性，因此若仅仅需要回收 CO_2，而不需要回收 H_2S、SO_2 等气体，通常需要添加一个预处理过程。

2.2.4.2 Amisol 法

Amisol 吸收剂是甲醇和仲胺的混合物，由于吸收液中甲醇含量高，吸收、再生又近乎在常温进行，国内常称为常温甲醇洗。常温甲醇洗吸收液的质量百分组成为 40%有机胺，50%～58%甲醇，2%～10%水，还有少量缓冲剂。从溶液组成不难看出常温甲醇洗实际是从有机胺水溶液脱硫脱碳演变过来的，只是将有机胺水溶液中大部分水换为甲醇。常温甲醇洗是物理化学吸收相结合脱除酸性气体的一种方法，可脱除 H_2S、CO_2、COS、硫醇等有机物，常用于天然气、煤气化制合成气、蒸汽转化合成气和炼厂气等净化等。

采用此法的净化装置投资较省，运行费用低，经减压蒸馏即可再生。由于工艺操作压力低，吸收温度为常温，也是一种较理想的酸性气体净化工艺。

与有机胺水溶液脱硫脱碳一样，常温甲醇洗中有机胺与 CO_2 的反应也是络合反应[91]。CO_2 分子中由于氧的电负性大于碳，碳、氧原子间的共价电子偏向氧原子，使 CO_2 分子两端的氧原子带部分负电荷，中间的碳原子带部分正电荷，当 CO_2 碰到有机胺分子，而且带正电的碳原子正好撞在有机胺氮原子孤电子对方向上时，就互相吸引，配位成键，生成季铵盐中间体 $R^1R^2N^+HCOO^-$：

$$R^1R^2NH + CO_2 \rightleftharpoons R^1R^2N^+HCOO^-$$

上述两性离子 $R^1R^2N^+HCOO^-$ 还可在 OH^- 和 H_2O 等亲核物质进攻下发生水解：

$$R^1R^2N^+HCOO^- + OH^- \rightleftharpoons R^1R^2NH + HCO_3^-$$

$$R^1R^2N^+HCOO^- + H_2O \rightleftharpoons R^1R^2NH + H_2CO_3$$

$$\rightleftharpoons R^1R^2NH_2^+ + HCO_3^- \rightleftharpoons R^1R^2NH + HCO_3^- + H^+$$

由于物理化学吸收法兼有物理吸收和化学吸收的特点，溶剂能适用于较宽的酸气分压范围，但是烷醇胺的种类应根据其物化特性和使用场合来选择，尤其是考虑酸气的吸收能力、选择性、溶剂的降解情况、再生的热耗、腐蚀性、溶剂的来源以及价格等。

由于烷醇胺吸收酸性组分是按化学当量关系而不是按重量比例进行的，因此采用低分子量的烷醇胺较为有利。从选择性来看，烷醇胺是一种有机碱，能同时吸收 H_2S 和 CO_2，但由于它们对 H_2S 的吸收速率大于 CO_2，因此仍表现出一定的选择性吸收能力，其中甲基二乙醇胺（MDEA）具有最大选择性，它们对酸性气体的选择能力依次为 MDEA>DEA（二乙醇胺）>MEA（一乙醇胺）[92]。不过烷醇胺在操作中的降解是一个相当复杂的问题，胺类的降解主要是由于气源和溶剂混入杂质以及与气体中某些组分如 CO_2、COS、CS_2 起反应或局部过热产生的，通常烷醇胺的化学降解程度依次为 MEA>DEA>DIPA（二异丙醇胺）。从再生能耗来看，溶液加热到再生温度所需要的能量除与溶液的比热容有关外，还和酸气的反应热有关，DIPA 的再生能耗最小，MEA 的最大。从腐蚀性来看，也是 DIPA 最小，DEA 次之，MEA 最大。事实上，由于 DIPA 具有再生能耗小，副反应少，腐蚀性小等优点，因而得到广泛应用。

热能消耗是一项非常重要的技术经济指标，决定了该净化技术能否被广泛应用。常温甲醇法由于再生温度低，因而所消耗的热量低于化学吸收法（如 MEA、DEA 法），也低于目前广泛采用的物理-化学吸收法（如砜胺法）。工业操作数据表明，Amisol 法再生时酸气的蒸汽消耗为 0.49～0.54kg·m^{-3}，仅为通常使用其他方法的 1/4～1/6。其次，由于再生温度低，因而可利用工艺过程中的低热值的热源。

另外，胺类在吸收过程中会发生热降解和化学降解，其中与 CO_2、COS、CS_2、O_2 等作用则以化学降解为主，在 Amisol 法操作过程中，与 CO_2、COS 发生副反应引起的烷醇胺消耗要比单独使用烷醇胺溶液低得多。

Amisol 法的工艺流程与常见的烷醇胺法类似。吸收过程在常温和加压下操作，富集液经减压后入常压（或稍高于常压）的热再生塔。由于再生温度比较低（大约 80℃），因而可利用 90℃左右的低位能废热。再生塔包括一个再沸器及一个冷却器，由于溶剂是低沸点溶剂，因而净化气和再生气中的甲醇蒸气用水洗涤后，经蒸馏即可回收。尽管为了从甲醇洗涤液中蒸馏出甲醇需外加热量，但馏出的甲醇蒸气可作为再沸器的热源。Amisol 法的再生酸气主要含 CO_2、H_2S，可视其浓度不同，选择适当方法加以处理。

根据工艺的需要，Amisol 法可采用不同的烷醇胺与甲醇配合使用，由甲醇-烷醇胺-水组成的溶液与一般烷醇胺的差别在于用甲醇替代了其中大部分的水，有如下特点：

① 甲醇的凝固点低（−97.8℃），可在较宽的温度范围内进行吸收操作，另外由于溶剂为物理-化学吸收剂，因而可在较宽的酸气分压范围内使用，溶剂吸收酸气的容量和净化度都能达到较高的水平。

② 由于溶剂中含有大量甲醇，因而对有机硫化物具有很大的亲和力，再加上烷醇胺溶解在甲醇中，也提高了对酸性气体的反应性能。另外，由于甲醇黏度低（0℃时 0.82cP，1cP=1mPa·s，下同），所以该混合溶剂的黏度也低，这样从总体上提高了吸收剂脱除酸性气体以及羰基硫等有机硫化物的性能，因此即使在常温下也能达到与低温甲醇法大致相同的净化度。

③ 由于甲醇是一种低沸点溶剂，因而 Amisol 溶剂的再生温度也低（大约 80℃）。这不仅使再生能耗降低，而且还可利用低位能废热为再生热源。

④ 由于再生温度低，因而与 CO_2、COS 等产生副反应所引起的烷醇胺损失比普通的烷醇胺低。

Amisol法也存在一些不足，一方面为了回收净化气和再生气中甲醇蒸气所形成的稀甲醇溶液，需设置低压甲醇蒸馏装置。另一方面，甲醇具有一定的毒性，在操作时应采取必要的安全措施。

2.2.4.3 复合吸收剂

除了Sulfinol法和Amisol法之外，新型复合吸收剂的研发也很受关注，如利用物理吸收剂和化学吸收剂的混合溶剂作为复合吸收剂，或在保留物理吸收剂本身性质的同时，加入改性剂提高气体在溶液中的溶解性等，一些典型的复合吸收剂如下所述。

① 碳酸丙烯酯（PC）-三乙醇胺（TEA）复合吸收剂　Pohorecki 等[93]设计出碳酸丙烯酯改性的三乙醇胺复合吸收剂，使用PC改性剂能同时保留主溶剂的许多优点，如化学稳定性、低腐蚀性、低挥发性、低可燃性，而且CO_2在PC/TEA复合吸收剂中的溶解度相比纯PC提高了很多。

② *N*-甲基吡咯烷酮（NMP）-乙醇胺复合吸收剂　Murrieta-Guevara 等[94]提出了NMP-MEA/DEA复合吸收剂，该体系是物理吸收剂（NMP）和化学吸收剂（MEA/DEA）的混合体系，添加15%（质量分数，下同）MEA的NMP溶液与纯NMP溶液相比，CO_2溶解度得到了明显提高。

③ PVM的复合吸收剂　Laddha 等[95]研究了一种称为PVM的物理化学吸收剂，PVM是在纯碳酸丙烯酯（PC）中加入6%甲基二乙醇胺（MDEA）、2%水和0.05%活化剂所形成的复合吸收剂，相对于PC，该吸收剂对CO_2有更大的吸收量和更大的吸收速率，同时具有优良的再生性能及不腐蚀设备等特点。

2.2.5 膜分离技术

膜分离技术是利用具有选择透过性的膜来分离混合体系，在分离复合膜两侧的两种或多种推动力（如压力差、浓度差、电位差、温度差等）的作用下，混合体系从原料侧通过复合膜传递到渗透侧，通过这一过程混合体系得到分离、提纯、浓缩或富集。物质通过分离膜的推动力一般分为两种，一种是利用外界的能量，物质可以由低位向高位流动，另一种则是将化学位差作为传质推动力，物质由高位向低位流动。物质通过分离膜的速度受到三方面的影响，一是物质进入膜的速度，二是物质在膜内的扩散速率，三是物质从膜的另一表面解吸的速率。物质通过分离复合膜的速率越大，那么其透过时间就越短，如果混合体系中各物质通过分离复合膜的速率相差非常大，那么分离的效果就会越好。分离膜可为固相、气相或液相，主要有无机膜、金属膜、聚合物膜及固体液体膜等[96]，目前工业应用较多的分离膜为固相分离膜。

聚合物膜的选择性与其同目标分子相互作用的能力密切相关，无论分子是通过与膜相互作用还是通过扩散而分离，原理上都是溶液扩散机理或吸附扩散机理。多孔陶瓷膜和金属膜的分离原理为：只有一定尺寸大小的气体分子才能通过膜的孔隙，这些膜就像是筛子一样，将CO_2从大气体分子中分离出来。来自化石燃料发电厂的烟道气在常压下输送到一个被膜分隔的腔室，CO_2通过膜进入腔室的另一部分，在这里被低压收集（通常为原料压力的10%）。

气体吸收膜也是目前研究较多的，气体吸收膜是固体膜和液体吸收剂的复合，这些含微孔的固体膜中充满了液态吸收剂，CO_2能够选择通过膜，从而被液体吸收剂捕捉和去除，该方法能单独控制气体和液体流，极大减少液泛、沟流、鼓泡等现象[97]。膜的厚度对透过性起重要作用，如10μm厚的膜比100μm厚的膜快20倍[98]。

2.2.5.1 气体膜分离技术

气体膜分离技术（GS）根据不同气体透过膜的速率不同而实现气体分离，其实质是一个压力驱动的过程。与传统的分离技术（低温蒸馏、吸附分离）不同，气体膜分离技术不需要相变过程，因而能耗较低，设备尺寸较小，在减小环境负荷、降低工业成本方面有重要价值[99]。

根据选择透过机制的不同可将CO_2分离膜分为扩散选择膜、溶解选择膜、反应选择膜及分子筛分选择膜四大类。

① 扩散选择膜 扩散选择膜对气体的亲和性不强，主要依靠不同大小的分子在膜内扩散速率的不同来实现分离。目前商用气体分离膜主要有醋酸纤维素（CA）膜、聚酰亚胺（PI）膜、聚砜（PS）膜、聚苯醚（PPO）膜、聚二甲基硅氧烷（PDMS）膜等，其选择透过机制都为扩散选择，不过目前商品膜CO_2选择性还远不能满足捕集CO_2的要求。

② 溶解选择膜 溶解选择膜根据不同组分在膜中溶解度的差异而达到分离目的，这类膜适用于极性相差较大的气体分离。CO_2为四极矩分子，根据相似相溶原理，在膜内引入极性基团可能增加CO_2在膜中的溶解度，进而增加膜对CO_2的透过选择性。通过研究含有不同极性基团的聚合物膜的CO_2/N_2透过分离性能发现，增加羰基、酰氨基等基团会大幅降低CO_2渗透系数，而增加醚氧键则会大幅度提高CO_2渗透系数。

③ 反应选择膜 反应选择膜是通过在膜中引入能与某一组分发生可逆反应的官能团来强化该组分在膜中的传递，这类膜也称促进传递膜。官能团通常称为载体，用于分离CO_2的固定载体膜的载体主要有吡啶基、氨基、羧酸根等，目前含氨基的固定载体膜研究较多。

④ 分子筛分选择膜 分子筛分选择膜中具有与气体分子大小相当的孔结构，通过气体分子与膜中孔大小的比较，决定气体分子能否透过膜以及透过速度的大小。无机多孔膜如玻璃膜、沸石膜、陶瓷膜和炭膜等，其选择透过机制大多为分子筛分选择。与有机高分子膜相比，无机多孔膜具有良好的热稳定性、化学稳定性和机械稳定性，在涉及高温和腐蚀性气体的分离过程中具有很大的优越性。当然这些膜材料也有一些缺点：如成本高、易脆、膜的比表面积低，以及高选择性致密膜（金属氧化物在低于400℃时）所带来的低渗透性等问题。

选择气体膜材料的主要依据是其物理化学性质，如膜材料的渗透性和分离系数、膜的结构和厚度（浸透性）、膜的构造（中空纤维）、膜组件和体系设计等。

膜材料的渗透性和选择性影响气体膜分离过程的经济性。渗透性是化合物穿透过膜的速度，依赖于热力学因素（将原料相和膜相间的物质分开）和动力学因素（如在致密膜扩散或在多孔膜表面扩散）。膜的选择性是膜完成一个给定分离过程（膜对原料物质的相对渗透性）的能力，是获得高回收率和高产品纯度的关键。

膜分离技术中工艺设计十分重要[100]，合适的膜系统（膜组件）对膜选择性和工艺性能有重要影响。如聚合物中空纤维膜大量用于气体分离膜，因为每个中空纤维模块含有成千上万的纤维，比表面积高（$>1000m^2 \cdot m^{-3}$），单位体积生产效率高，可大幅度降低生产成本，适合大规模工业应用[101]。

通常聚合物不能承受高温和苛刻的环境，而且当应用于石化厂、精炼厂、天然气处理厂时，原料气流中的重烃会破坏中空纤维组件，原因在于聚合物暴露在烃或高分压 CO_2 中，即使是低浓度下也能被溶胀或增塑，大大降低其分离能力，甚至导致膜发生不可逆的破坏。通常的解决办法是设计一个合适的气体分离组件，对待分离的混合气体进行预处理和浓缩处理。

与无机多孔材料相比，聚合物膜的自由体积更低，选择性较高，但渗透性较低。此外，聚合物膜在渗透性和选择性方面有一个平衡限制[102]，当选择性增加，渗透性降低，反之亦然。Robeson 整理了不同聚合物膜的渗透数据，发现聚合物膜在小分子气体（如 O_2、N_2、CO_2、CH_4 等）的分离性能（选择性/渗透性）存在上限[103]。增加链刚性和链间分离是提高系统分离性能的方法之一，因为当链间分离变得足够大后，分子链段运动不能控制渗透扩散，从而提高系统的分离性能。

通常采用计算机模拟气体分子扩散通过无定形或半结晶高分子膜的过程，研究在分子水平上气体在高聚物中的传输机理[104,105]，获得气体在聚合物膜中的溶解性和扩散系数。柔性链高聚物如聚硅氧烷、聚顺丁烯、聚乙烯、聚丙烯等最先得到研究，相关的气体传输机理和聚合物结构性能间的关系较为明确。随后的大量研究集中在刚性链或其他复杂高分子如聚电解质或具有催化活性聚合物的结构与气体传输性能关系，如自由体积和气体传输性能的关系。聚合物的自由体积对气体的传输性能具有决定性作用[106]。此外，由于聚合物膜的孔隙和管道的尺寸以及拓扑结构变化很大，有效微孔尺寸分布也对气体传输性能产生重要影响。橡胶高分子呈现高渗透性，其选择性主要受气体不同压缩性质的影响，如聚硅氧烷（PMDS）对可压缩气体有高的渗透系数和高选择性，对蒸气/惰性气体有足够的选择性，因此硅橡胶复合膜几乎用于所有的气体分离系统[107]。聚合物膜分离材料的另一个重要品种是聚酰亚胺（PI），PI 是由二元酸酐和二元胺经缩聚和高温成环反应所制备的一种高性能高分子材料，具有很高的玻璃化转变温度（350℃以上），同时具有优良的化学稳定性、力学性能和热稳定性[108]。聚酰亚胺中空纤维膜已开始应用于 H_2/N_2、O_2/N_2、H_2/CH_4、CO_2/N_2、CO_2/CH_4 等混合气体的分离。目前，在聚合物气体膜分离领域，最大的挑战是如何在保证较高分离因子的同时，大幅提高聚合物膜的 CO_2 透过速率，以满足工业应用的经济性要求。

在几类 CO_2 分离技术中，变压吸附需要能变压的设备，低温蒸馏则需要能够忍受极端温度的设备，而膜分离技术所需要的主要设备就是膜组件和辅助的动力系统，几乎没有运动的部件，不需要再从外界加入其他设备或者材料，投资较低。此外，膜分离过程不存在相变过程，因此能耗较低。尽管气体膜分离技术要求烟道气必须在分离之前稍作压缩（理想压力约为 1.01atm)，但是这个压缩比变压吸附所需要的压力小得多。不过膜分离技术用于烟道气的二氧化碳捕集时，仍面临一个重要难题，即对二氧化碳的选择性和渗透性难以同时满足工业应用的经济性要求，因为选择性好的膜透过性不好，而透过性好的膜还允许除 CO_2 外的其他气体通过，导致 CO_2 的纯度较低，因此需要二级分离。

聚合物膜分离技术目前面临的另一个难题是待分离的混合气体中可能含有某些化学物质，能破坏聚合物中空纤维膜，降低其分离性能[97]。因此需要研究新型的高分子复合膜材料，或研发金属、陶瓷及氧化铝膜，以便更好地抵抗气体进入时所带来的高温（如 350℃）[109]，以及气流通过腔室所引起的压力改变。总之，分离膜对使用环境和工况的稳定性决定了其能否成为 CO_2 捕捉的单独技术，或成为整个系统分离技术的一部分。

2.2.5.2　膜接触器技术

膜接触器技术属于一类广义的膜过程，是膜分离技术与吸收技术相结合且不通过两相的直接接触而实现相间传质的新型膜分离过程，其内容涵盖了渗透萃取、渗透抽提、气体吸收、膜基溶剂萃取、液-液萃取、膜基气体吸收和气提、中空纤维约束液膜等多种分离技术。

膜接触器通常用中空纤维膜把两种流体隔开，两流体接触面在膜孔出口处，组分 i 通过扩散传质穿过接触界面进入膜的另一侧。如图 2-8 所示，传质过程分 3 步进行：从进料相进入膜，然后扩散通过膜，接着从膜下游传递到接收相。

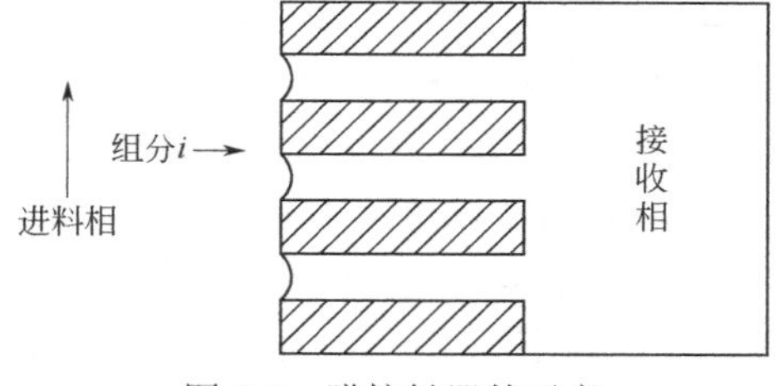

图 2-8　膜接触器的示意

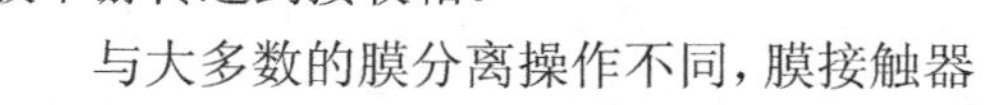

与大多数的膜分离操作不同，膜接触器的分离性能取决于组分在两相中的分配系数，而膜本身则没有分离功能，因此膜接触器用的膜材料不需要对流体有选择性，只充当两相间的一个界面。膜接触器的推动力是浓度差，因此只需要很小的压力差即可实现膜分离过程。

（1）膜接触器的分类

膜接触器的分类比较复杂，按照膜接触器结构可分为平板式膜组件、卷式膜组件、中空纤维膜组件等[110]，其中平板式膜组件和卷式膜组件的架构和制备工艺过于复杂，且不易得到较高的填充率，目前只限于实验室使用，而中空纤维膜组件因其制造工艺简单，能提供较大的比表面积等优点而备受关注。另外，若根据膜两侧流体形态划分[111]，膜接触器可分为气-液膜接触器，液-气膜接触器，液-液膜接触器。也有按膜结构分类的，此时膜接触器可分为多孔膜接触器、无孔膜接触器、复合膜接触器。而按工作原理分类时，膜接触器可分为连续萃取膜接触器、气体吸收膜接触器、气体气提膜接触器、膜蒸馏等。

（2）膜接触器组件

分离膜必须封装成膜组件才能使用，由于中空纤维膜组件能提供最大的比表面积，在膜接触器过程中研究和使用最多。

① 膜组件设计标准　对于过滤装置的传统膜组件设计来说，尽管其改善了传质效率，膜壳侧的流量条件通常是很模糊的。而对于膜气体吸收装置，通常需要膜两侧明确的流量条件来获得好的传质[112]。组件设计的重点包括：纤维规整性（纤维的多分散性和空间排列）、填充密度、相对流向及两相横流等。

② 膜组件分类　根据两相的相对流向，膜组件可以分为平行流组件和错流组件。平行流组件的特征是管程与壳程的流体以并流或逆流的形式平行流动，这是工业上最常用的膜组件，原因在于其制造工艺简单，造价较低。但由于在平行流组件中纤维通常是不均匀装填的，容易导致壳程流体的不均匀分布，进而影响传质效率。错流组件是为了改进平行流组件的不足而发展出来的[113]，其主要特点是引入了多孔中心分配管和折流板，分配管的存在一方面能使中空纤维膜以某种特定形式的编织结构分布在中心分配管周围，从而最大限度地保证了纤维的均匀分布，另一方面促进了流体在壳程的均匀分布。折流板的作用一方面是减少在壳程发生短路的可能性，另外它能产生一个垂直于纤维表面的分速度，从而提高了传质系数。错流组件的缺点是封装困难，而且造价较高，限制了其工业应用。

（3）膜接触器的特点

在开发和设计膜接触器的过程中，一般需考虑以下几个因素：流体流动状态、死角和短路、装填密度、压力损失、稳定性和制造成本等。

最近几年，中空纤维膜接触器受到广泛关注[114]，因为与传统设备如填料塔、喷淋塔、泡罩塔等相比，膜接触器显示出如下优点。

① 运行灵活　气液两相流向中空纤维的相反面（外壳和内腔），因此可以分开操作，一方面消除了液泛、沟流或雾沫夹带等在常规接触器中常见的问题，另一方面使膜接触器在各种流速条件下都能保持恒定的接触面积。

② 更大的传质比表面积　自由扩散柱的传质比表面积仅为 1～10$m^2 \cdot g^{-1}$，填料柱的传质比表面积达到 10～100$m^2 \cdot g^{-1}$，机械促进柱的传质比表面积达到 50～150$m^2 \cdot g^{-1}$，而膜接触器的比表面积达到500～2000$m^2 \cdot g^{-1}$，远大于传统的塔、柱设备等各类接触装置。

③ 经济性更佳　由于膜接触器装置紧凑的特点，能源消耗更低，体积更小，更经济。Falk Pedersen [115]等研究了从近海涡轮机尾气中分离CO_2，相比传统分离柱，膜接触器体积减小了70%，重量减小了66%。Feron 和 Jansen[116]比较了填充柱和膜接触

器从烟道气中清除 CO_2 的情况，发现膜接触器能使吸收器体积减小 10 倍。

此外，采用膜接触器，膜组件的可组合性使设计更加简单，利于线性扩大规模。而且由于膜接触器两相界面的面积已知且恒定，不依赖于操作条件如温度、液体流速等的变化，因此更易预测膜接触器的性能。

另外，当使用黏性液体为吸收剂时，泡罩塔也是膜接触器相对于传统设备的一种优势。Kreulen 等[117]使用单纤维和膜组件，研究了水、甘油混合物对 CO_2 的吸收，发现膜组件对黏性液体显示了更好的性能，因为随着黏度的增加，既降低了泡罩塔的界面面积也降低了传质系数，然而，在膜接触器中，只有传质系数改变。

当然，膜接触器也存在不足之处。由于纤维直径和纤维周围的经脉都很小，气体流和液体流通常是层流的，尽管膜接触器也可以得到湍流，但在现实操作中经济性不够，因为维持湍流耗能很大，且在高液压下膜可能被液体润湿，此时由于膜孔有停滞的液体层存在，会大大降低传质，导致膜接触器的传质系数不如传统设备好。膜接触器的另一个问题是由于膜的存在增加了传质阻碍，不过该问题可以通过膜接触器更大的界面面积来解决。

（4）膜接触器使用时的具体要求

① 液体吸收剂的选择　目前可以选择的液体吸收剂较多，如纯水，或氢氧化钠、氢氧化钾、胺类化合物、氨基酸盐的水溶液等，通常液体吸收剂的选择遵循以下标准。

a. 与 CO_2 反应活性高：当两相接触时，CO_2 和吸收剂在膜孔中发生反应，高的反应性能促使高的吸收速率，而且化学反应可以抑制液相的阻力。

b. 表面张力低：用于吸收 CO_2 的膜通常是疏水的，低表面张力的液体有更大的倾向渗入膜孔中。理想的液体最好不能浸润膜，这样膜在高液压下也能保持充满气体的状态。非浸润膜的传质阻力相对于气液相更小，而在浸润膜中，膜孔停滞液层产生的阻力更大，降低了整体传质速率[114]，即使膜微量润湿（$<2\%$），也能将膜阻力增加到整体传质阻力的 60%[118]。

c. 与膜材料的化学兼容性好：化学兼容性决定了膜组件的长期稳定性，因为吸收剂与膜的反应能润湿膜，使膜表面或孔的形态发生改变，降低临界点压力[114]。

d. 蒸气压低，热稳定性好：对一个不可逆反应，比如 CO_2 与 NaOH，高温能提高化学吸收。然而，如果溶剂易挥发，其蒸气就能充满膜孔，甚至透过膜进入气相[119]，增加总体传质阻力。因此，需要低蒸气压的吸收剂。此外，吸收剂在一定的温度范围内应保证良好的热稳定性和化学稳定性，避免热降解。

e. 容易再生、吸收效率高：如果吸收剂经常需要回收，这个因素就十分重要，另外也应该考虑其吸收效率，操作经济、低 CO_2 负载量是其竞争力的体现。

② 润湿性能　膜润湿性对接触器的操作性具有重要影响[120]，如果吸收剂是无机物的水溶液，表面张力较高，通常不会润湿聚丙烯（PP）、聚四氟乙烯（PTFE）[121]等疏水膜。但是如果吸收剂含有有机化合物，即使是很低的浓度，表面张力也会大幅度降低。当有机化合物的浓度超过了一个临界值，液体表面和膜表面的接触角就会小

于 90°，溶剂就会润湿膜表面，甚至可渗透到微孔膜孔内，通常将有机溶液恰好渗透入膜的浓度称为“最大允许浓度”[121]，由于泵加在液体上的压力，有机化溶液的浓度远小于“最大允许浓度”时，液体就能渗透穿过分离膜。对于一个给定的液体吸收剂，液相进入膜孔的最小压力可通过 Laplace 方程得到[121]：

$$\Delta p = \frac{4\sigma_L \cos\theta}{d_{max}} \tag{2-4}$$

式中，σ_L 为液体表面张力；θ 为液相和膜的接触角；d_{max} 为最大膜孔直径。

增加临界压力的方法一般通过增加液体的表面张力，也可通过改变膜性质来实现。对于一个给定的膜材料和液压的体系，应控制液体的表面张力或活性有机化合物的浓度以防止润湿现象。由于通过降低吸收剂浓度来解决润湿问题会降低吸收效率，因此对于给定的液体，一般通过改变膜性质来提高临界压力，而从 Laplace 方程可以看出，增加临界压力可以有以下两种方法[120]：（a）使用更小孔径尺寸的膜；（b）通过提高液体和膜材料的极性差来增加接触角的余弦值。

为了防止润湿问题，应控制实际压力低于临界压力，通常采用以下方法。

a. 使用疏水膜　用于吸收 CO_2 的溶剂一般是水，疏水膜的接触角较大，可有效减弱润湿现象。最好的疏水膜是聚四氟乙烯膜，但缺点是成本较高，因此成本更低的聚丙烯纤维有更好的商业应用价值。但与聚四氟乙烯相比，聚丙烯化学稳定性较差，如聚丙烯膜与二乙醇胺间可发生化学反应[122]，降低了聚丙烯膜的表面张力及疏水性。

b. 膜表面修饰　除了使用疏水膜，对膜表面进行疏水性修饰也能控制润湿，膜表面的疏水性修饰可通过很多技术来实现，如表面接枝[123]、孔填充接枝[124]、界面聚合[125]及原位聚合[126]，如在聚乙烯膜表面用氟碳材料进行疏水性处理，能大幅度提高疏水性能[127]，也可通过在膜表面覆盖一层非常薄的可渗透膜来缓解润湿问题[128]。

c. 使用复合膜　使用含有致密上层和多孔支撑的膜同样对防止润湿现象非常有效[129]，其中上层膜同液相接触起稳定膜作用，该层膜对目标气体组分渗透性高，并有良好的疏水性以防止水的润湿。

此外，除了疏水性控制之外，更致密的中空纤维膜对原料气的压力有更好的适应性，但是使用这种膜会产生更大的膜阻抗，此时需使用更大的气相压力来补偿。

③ 膜接触器操作条件的控制　膜吸收过程很大程度上依赖于气液体系和所使用的膜。操作条件如液压对整体吸收性能也有很大作用，液相的操作压力通常要比气相高，以阻止气泡形成，避免有价值气体的大量损失，降低分离效率。值得注意的是，膜接触器长期在较高液压下运转，能使膜全部润湿或部分润湿[130]，从而影响分离效率，因此作为膜吸收过程整体设计的一部分，通常必须用液体检查膜的润湿性。

④ 膜长期稳定性　到目前为止，CO_2 膜吸收分离的研究还处于实验室阶段，文献很少报道具有长期稳定性的膜，而从经济运行的角度而言，膜的长期稳定性十分重要。普通的膜应用技术如微过滤技术中，膜污染是一个主要问题，能降低膜性能和膜的长期稳定性。不过在气体吸收应用中，膜接触器对污染不是很敏感，因为没有对流

通过膜孔。然而在实际应用中由于纤维直径很小，如果烟道气含有大量的悬浮颗粒，堵塞可能会成为一个主要问题，因此通常需要一个预过滤过程除去悬浮颗粒。

另外，膜材料的化学稳定性对其长期稳定有很大影响。如溶剂和膜材料间的反应能够影响膜的整体和表面结构，当CO_2的液体吸收剂有腐蚀性质时，膜材料易受化学进攻而影响使用性能[131]，而当溶剂容易诱导多孔膜形态改变时同样能降低膜性能[132]。为保证膜的长期稳定性，保持分离效率，必须研究膜和溶剂的兼容性。目前所使用的膜材料中，聚四氟乙烯膜化学稳定性最好，当然表面处理和使用复合材料也是提高膜化学稳定性的方法。

此外，膜的热稳定性也很重要。因为在高温下，膜材料可能会发生降解或分解，因此对无定形聚合物而言玻璃化转变温度（T_g）是十分重要的参数，而对结晶聚合物而言熔融温度（T_m）是重要参数，一旦超过这些温度，聚合物的性质会发生很大变化。因此，应该使用具有合适T_g的膜材料，在近海从天然气中去除CO_2，可以使用具有中等T_g的膜，因为分离可以在常温下进行；而对于从烟道气中吸收CO_2，需使用具有高T_g的膜，因为烟道气通常是在高温下释放，可能超过100℃。在如此高的温度下，膜材料的热稳定性决定了膜性能和运行的经济性。通常选择含氟聚合物，因为它们具有高疏水性和高化学稳定性。如具有高选择性和高渗透性的氟代聚酰亚胺，有望应用于天然气分离过程[133]，并可能在全蒸发稀释有机物溶液中发挥作用[134]，因此在CO_2膜吸收过程中备受关注。

（5）膜接触器分离CO_2的发展现状

国内于20世纪70年代中期，进行气体分离膜研究，80年代中期投入工业运行。目前，国内开发的气体分离膜主要是用于合成氨工业中氢回收、氮气制备、富氧、二氧化碳/甲烷分离、烃类物质分离等，而应用于分离酸性气体的气体分离膜和膜接触器还处于起步阶段[135]。刘涛等[136]用NaOH作吸收剂，测定了不同条件下聚丙烯膜组件中CO_2-NaOH体系的总传质系数，并建立了计算模型。叶向群等[137]研究了用醇胺类作吸收剂在聚丙烯膜组件脱除空气中的CO_2，建立的数学模型有望用于此过程的放大设计。朱宝库等[138]用NaOH、单一醇胺（MEA）、二乙醇胺（DEA）作吸收剂在膜组件中吸收N_2中的CO_2，结果表明MEA性能最好，NaOH次之，实验条件下CO_2脱除率大于95%。

国外在膜接触器传质过程及吸收液吸收机理的研究方面较为突出，如美国、日本、荷兰、挪威及韩国等已经研究了分离膜的性能、传质机理和应用的可行性等。Rangwala等[118]在研究CO_2/空气-水加NaOH/DEA体系时建立了传质系数方程，可以准确预测不同膜组件的分离效果。Yongtaek等[139]对CO_2-$NaCO_3$体系建立了非线性偏微分方程，用于描述吸收和解吸两个过程，提出液相的最佳流速是使出口的K_2CO_3浓度达到饱和状态时的流速值。Roman等研究了膜接触器中溶液萃取的传质机理[140]。Schöner等[141]重点研究了错流式膜组件壳程的传质过程。Vospernik等[142]在陶瓷膜接触器中对各种有机混合物或CO_2在液-液或气-液模式下的传质过程，并用Wilke-Chang方程较好地模拟了扩散速率。Wu 等[143]对膜组件中不同填充密度对壳程传质性能的影响进行了研究。

尽管国内外对采用膜接触器分离不同混合气体中的二氧化碳进行了广泛的研究，但是目前真正具有经济性的成套技术还很少，亟待加强该领域的工业化应用研究。

2.3 食品级二氧化碳的提纯

2.3.1 食品级二氧化碳的主要应用领域

目前，液体二氧化碳在石油化工、食品、焊接、消防、制冷、医疗、农业及石油开采等领域得到了广泛应用。二氧化碳在食品方面主要用于碳酸饮料、烟丝膨化、食品保鲜等领域。例如：在碳酸饮料中的二氧化碳可起到增加口感，解渴或促进消化等作用，通常每吨碳酸饮料含 0.015～0.02t 二氧化碳。二氧化碳用于烟丝膨化处理，可节省 2%～3%的烟丝，并可提高烟丝质量，据统计每 10 万箱香烟需 3000t 左右的二氧化碳，全球每年有 3000 万箱香烟，需要 90 万吨以上二氧化碳[144]。在食品保鲜领域，近年来国际上广泛使用二氧化碳气调、干冰速冻、液体二氧化碳的保鲜，该方法能控制气体成分，保持适当低温，使水果、蔬菜获得良好的储存效果，从而克服机械冷藏等方式在冷冻储存过程中食品因失水、风干、气化而不能很好保鲜的缺点[145]。2012 年美国二氧化碳年消耗总量已达 1000 万吨，其中食品级二氧化碳为 320 万吨，2012 年国内二氧化碳生产企业 300 余家，总产能超过 800 万吨，但是按照我国人口规模和经济发展速度，二氧化碳产品的发展空间是十分巨大的。

我国目前食品级二氧化碳[146]主要来自化工产品副产的二氧化碳，如：石灰窑、酿酒厂、化肥厂的尾气，二氧化碳天然气、热电站、炼铁厂的烟道气等。不同来源的二氧化碳气源中，对人体有害的烃、苯、硫、醛、醇等杂质的含量有很大不同。由于各种二氧化碳气源组分及含量不同，加工提纯的方法也有所不同。

早在 1989 年，GB 10621—89《食品添加剂—液体二氧化碳（石灰窑法和合成氨法）》[147]规定了以石灰窑窑气和合成氨尾气脱碳再生的食品添加剂液体二氧化碳的技术要求和检验方法，按照 GB 10621—89，二氧化碳纯度应大于 99.5%之外，水分含量低于 0.2%，同时不含亚硫酸、亚硝酸和一氧化碳、硫化氢、磷化氢及有机还原物，无异味，这是一个比较宽泛的标准。1994 年发布的 GB 1917—94《食品添加剂　液体二氧化碳（发酵法）》[148]规定了食品添加剂液体二氧化碳（发酵法）的技术要求、试验方法、检验规则和标志等，适用于以发酵法生产酒精过程中所产生的液体二氧化碳，对纯度、水分、醇类含量进行了量化规定，但对气味、酸度和油分仅做了定性规定，不但指标宽松，而且对人体有害的烃、苯及醛等有害杂质未加限制。而国际饮料技术协会（ISBT）于 1999 年发布的《二氧化碳》[149]标准列出了 21 项技术指标，对杂质种类和含量均做出严格的限定，如表 2-1 所示。

表 2-1 ISBT 于 1999 年发布的《二氧化碳》标准

项目		指标	项目		指标
二氧化碳含量	≥	99.9×10^{-2}	乙醛	≤	0.2×10^{-6}
水分	≤	20×10^{-6}	苯	≤	0.02×10^{-6}
酸度		通过测试	一氧化碳	≤	10×10^{-6}
氧	≤	30×10^{-6}	总硫（除二氧化硫外，以硫计）	≤	0.1×10^{-6}
氨	≤	2.5×10^{-6}	羰基硫	≤	0.1×10^{-6}
一氧化氮	≤	2.5×10^{-6}	硫化氢	≤	0.1×10^{-6}
二氧化氮	≤	2.5×10^{-6}	二氧化硫	≤	10×10^{-6}
不易挥发残留物	≤	10×10^{-6}（肉眼看不见微粒）	气味		无味
不易挥发有机残留物	≤	5×10^{-6}	溶于水		无色、无浑浊
磷化氢	≤	通过测试，最大 0.3×10^{-6}	口味		无
碳氢化合物总量（以甲烷计）	≤	50×10^{-6}（其中非甲烷烃不超过 20×10^{-6}）			

注：表中指标除不易挥发残留物和不易挥发有机残留物为质量分数，其余均为体积分数。

为此，2006 年由原化工部光明化工研究院起草的 GB 10621—2006《食品添加剂—液体二氧化碳》[150]国家标准在 2006 年 12 月正式颁布实施。如表 2-2 所示。

表 2-2 GB 10621—2006《食品添加剂—液体二氧化碳》国家标准

项目		指标	项目		指标
二氧化碳含量	≥	99.9×10^{-2}	甲醇	≤	10×10^{-6}
水分	≤	20×10^{-6}	乙醛	≤	0.2×10^{-6}
酸度		检验合格	其他含氧有机物	≤	1.0×10^{-6}
一氧化氮	≤	2.5×10^{-6}	氯乙烯	≤	0.3×10^{-6}
二氧化氮	≤	2.5×10^{-6}	油脂	≤	5×10^{-6}
二氧化硫	≤	1.0×10^{-6}	水溶液气味、味道及外观		检验合格
总硫（除二氧化硫外，以硫计）	≤	0.1×10^{-6}	蒸发残渣		1×10^{-6}，无味
碳氢化合物总量（以甲烷计）	≤	50×10^{-6}（其中非甲烷烃不超过 20×10^{-6}）	氧气	≤	30×10^{-6}
不易挥发有机残留物	≤	5×10^{-6}	一氧化碳	≤	10×10^{-6}
磷化氢	≤	通过测试，最大 0.3×10^{-6}	氨	≤	2.5×10^{-6}
碳氢化合物总量（以甲烷计）	≤	50×10^{-6}（其中非甲烷烃不超过 20×10^{-6}）	磷化氢	≤	0.3×10^{-6}
苯	≤	0.02×10^{-6}	氰化氢	≤	0.3×10^{-6}

注：1. 其他含氧有机物包括二甲醚、环氧乙烷、丙酮、正丙醇、异丙醇、乙酸乙酯、乙酸异戊酯。
2. 表中指标除不易挥发有机残留物和蒸发残渣为质量分数，其余均为体积分数。

该标准在覆盖范围、检测指标、有害杂质的控制程度等方面等同采纳和参考了1999年国外先进国家的标准，能够满足饮料等食品行业对二氧化碳产品质量的基本要求，但是还需进一步参照国际食品计量、化学计量研究和先进分析技术的发展，与国际计量标准接轨，建立和完善我国食品级二氧化碳检测体系，保证检测数据的准确性、有效性和国际的可比性。

2.3.2 食品级二氧化碳提纯技术

食品级二氧化碳的捕集和提纯技术与二氧化碳来源有关，可分为有如下几类。

2.3.2.1 石灰窑气、锅炉烟道气等低 CO_2 浓度原料气

石灰窑气、锅炉烟道气等二氧化碳原料气的主要特点是二氧化碳浓度低，一般在30%左右，但有机杂质少。由于浓度低，为使其液化，二氧化碳必须具有较高的绝对压力，从而要求设备压力等级高、气耗高，增大动力消耗。另外由于操作压力高，杂质分压也高，易大量溶解在液体二氧化碳中，从而降低了产品纯度。

为此通常采用溶液吸收法或变压吸附法对原料气预处理提浓，将原料气二氧化碳浓度提高到98%。尽管溶液吸收法所得的原料气中二氧化碳纯度高，但会含有对人体有毒有害的有机杂质。变压吸附法预处理提浓虽然避免了使用对人体有毒有害的有机物质，但受其工艺影响，所得的原料气中二氧化碳纯度较低。

目前我国针对石灰窑气、锅炉烟道气等低二氧化碳浓度原料气的预提浓方法一般采用溶液吸收法，其生产食品级二氧化碳的工艺流程如图2-9所示[151]。

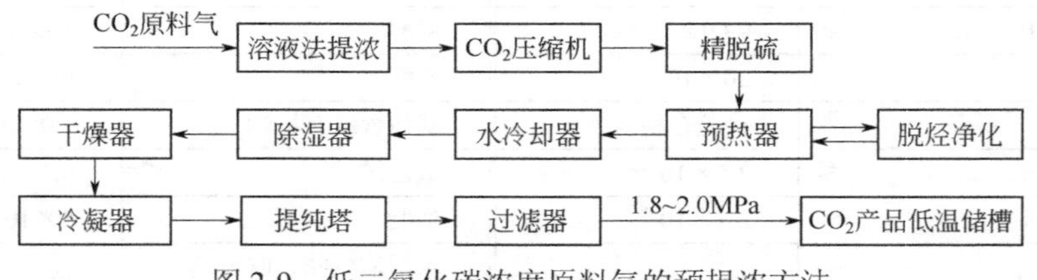

图2-9 低二氧化碳浓度原料气的预提浓方法

2.3.2.2 合成氨脱碳解吸气提纯食品级二氧化碳

目前在合成氨的生产过程中，净化工段脱碳解吸气送往尿素车间，一部分用于生产尿素，还剩一部分富余气体直接排放到了大气。若利用原有的水、电、汽等公用工程，对该部分二氧化碳进行提纯回收，既能解决环境问题，又能产生一定的经济效益。目前合成氨脱碳解析气提纯食品级二氧化碳的工艺流程[152]如下。

自合成氨脱碳系统送来的原料气经水洗后进压缩机一段入口，出口气体经一段水冷器冷却及水分离器分离水分后依次经过三次压缩至 2.6MPa。通过预处理将原料气中脱硫和微量高碳烃脱除，气体进入一级脱硫塔脱硫后，经蒸汽加热器加热到70～80℃，进入二级脱硫塔将硫化物进行精脱。进入变温吸附（TSA）工段对微量杂质进行再一次精脱，并进行深度脱水干燥。将气态二氧化碳通过冷冻方式进行液化，液化后的二

氧化碳进入提纯塔进行分离，提纯塔利用精馏原理工作，利用二氧化碳与其他气体杂质沸点的不同实现二氧化碳的提纯，经提纯精馏可以从塔釜得到合格的二氧化碳产品。

由于原料气为合成氨脱碳解吸气，其二氧化碳含量一般为 90%左右，但含有少量的一氧化碳、氢气、硫化氢、烃类等杂质，尤其是烃、苯等对人体有毒有害的杂质都严重超标。针对以上情况，可以采用两种不同的分离技术进行分离。

（1）变温吸附脱碳

变温吸附根据吸附剂在不同温度下对不同物质的吸附选择性和吸附能力随温度变化而呈现差异的特性，实现气体混合物的分离和吸附剂的再生。工艺流程[153]如图 2-10 所示。

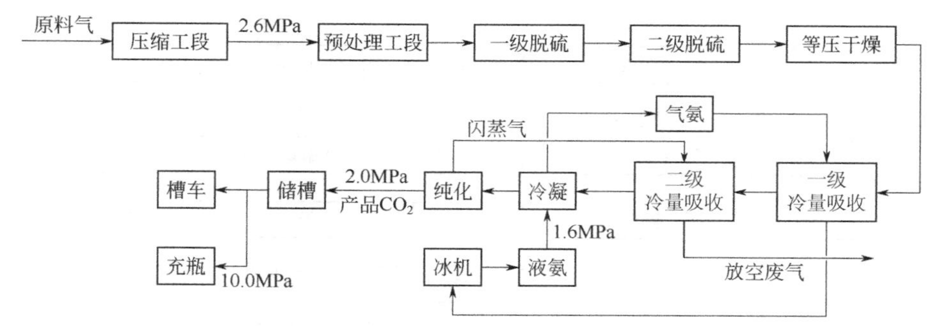

图 2-10　变温吸附脱碳的工艺流程

将原料气进行三级压缩，将压力提高到 2.6MPa，通过预处理将原料气脱硫，同时将微量高碳烃脱除，再进二级脱硫工段将硫化物进行精脱，随后进入变温吸附工段对微量杂质进行再一次精脱并进行深度脱水干燥。将气态二氧化碳冷冻液化，液化后的二氧化碳进入提纯塔进行分离，利用二氧化碳与其他气体杂质沸点的不同实现二氧化碳的提纯，经精馏后从塔釜得到合格的二氧化碳产品。

（2）变压吸附脱碳

利用吸附材料对不同气体在吸附量、吸附速度、吸附力等方面的差异，结合吸附剂的吸附容量随压力变化的特性，在加压时完成混合气体的吸附分离，在降压下完成吸附剂的再生，从而实现气体分离和吸附剂循环使用，其中生产液体产品时配备冷凝和提纯工序。该法的特点是气源纯度适应范围较宽，适合二氧化碳浓度在 20%以上的各种气源，较适合于从低浓 CO_2 气体中提浓 CO_2，但二氧化碳纯度和杂质含量波动大，很难长期保证产品质量稳定，该法所得的二氧化碳产品仅可用于工业和食品行业一般的低档用途。

其工艺流程如下[154]：先将脱碳再生气进行压缩，经气液分离器，分离掉气体中夹带的机械水后进入一级脱硫,将气体中的无机硫脱除之后，气体进入二级脱硫，即先加热气体至 60～100℃，进二级脱硫罐，气体中的有机硫在此进行水解催化反应，将有机硫转化为H_2S，气体冷却至40℃左右进入三级脱硫罐，进一步脱除气体中尚存的少量H_2S，以达到产品中硫含量的控制要求。经脱硫后的再生气通过净化器除去气体中的饱和水分，净化后的气体进一步压缩，送到蒸发冷凝器，气体中的CO_2被液化。含有不凝气的液体 CO_2 进入第一提纯器，经提纯闪蒸进入第二提纯器闪蒸，闪蒸出CO_2中的微量杂质，得到合格CO_2产品。

2.3.2.3 高浓度二氧化碳原料气

此类原料气的纯度一般都在98%以上，杂质少，特别是可燃性的氢、一氧化碳等杂质含量很低，在脱烃净化补氧时，可以采取加空气的形式补氧，少量的空气对各类消耗影响小，流程相对简单，投资较低。生产尿素的企业特别适合生产国际标准的食品级二氧化碳。其工艺流程如图2-11所示[151]。

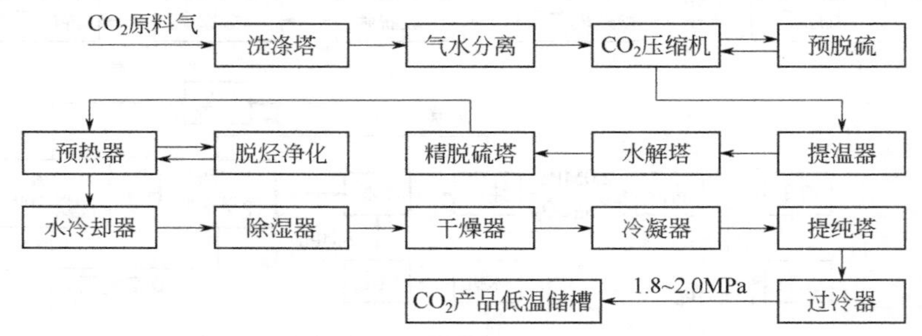

图2-11 尿素企业生产食品级二氧化碳的工艺流程

（1）酒精厂发酵气

一般来说，以淀粉质为原料的酒精发酵气中二氧化碳的浓度可达到99%以上，纯度较高，同时含有少量的其他杂质，如醇、醛、有机酸、酯及微量烃和氧气，这些杂质均比国际饮料技术协会标准高出几百甚至上千倍。虽然这些杂质有一定的水溶性，但要靠单纯的洗涤和洗附达到$\mu L \cdot L^{-1}$级，难度很大，尤其是国际饮料技术协会标准中要求醇类低于$10\mu L \cdot L^{-1}$、醛类低于$0.2\mu L \cdot L^{-1}$、其他含氧有机物（有机酸、酯、酮、醚等）低于$1.0\mu L \cdot L^{-1}$。因此通常采用如图2-12所示的工艺流程[151]。

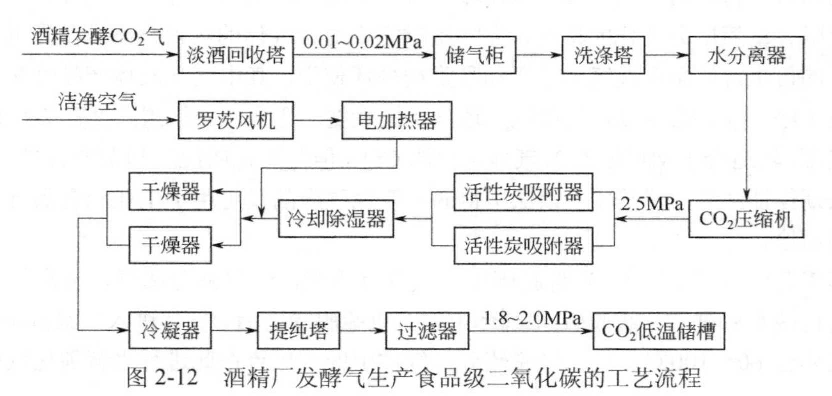

图2-12 酒精厂发酵气生产食品级二氧化碳的工艺流程

（2）油田伴生二氧化碳气源

油田伴生二氧化碳原料气纯度相对较高，但是对人体有毒有害的杂质含量高。除甲烷、氢、氮等组分的沸点低于二氧化碳外，还含有乙烷、硫化氢等这些沸点与二氧化碳沸点接近的杂质，也有沸点高于二氧化碳的油水等其他杂质。

从精馏分离的原理我们知道，相对挥发度越大的混合组分沸点差异越大，越容易分离，反之相对挥发度越小的混合组分越难分离。油田伴生气中既有挥发度大于二氧化碳的组分又有接近于二氧化碳的组分，还有小于二氧化碳的组分。因此，单靠一级精馏分离单元来实现达标分离是不现实的，应采取主副塔两级精馏的工艺路线，第一级精馏分离重组分杂质，第二级精馏分离轻组分杂质。但采用精馏手段使杂质含量控制到$\mu L \cdot L^{-1}$级是不可能的，还应结合吸附和化学的方法。具体可采用如下工艺路线：原料气预处理、预精馏、脱硫、脱烃净化、干燥、液化、精馏、过冷储存。其工艺流程[151]如图 2-13 所示。

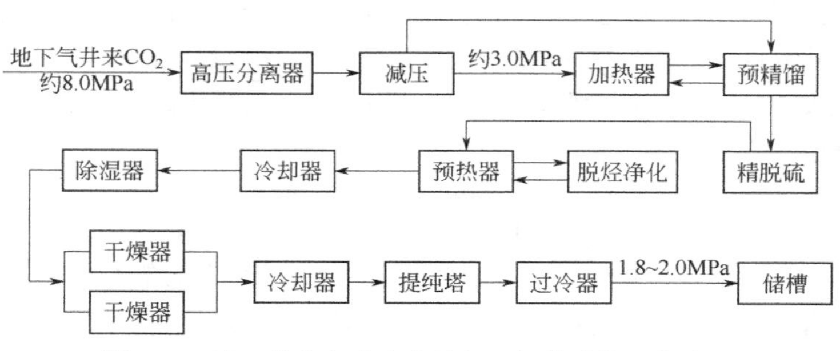

图 2-13　油田伴生气生产食品级二氧化碳的工艺流程

（3）乙二醇废气

自石化公司乙二醇装置来的二氧化碳原料气，经过管线进入二氧化碳缓冲罐，经二氧化碳压缩机增压至 2.5MPa，经过压缩机各段间的水冷器和水分离器分离出大量游离水，再进入吸附干燥器进一步脱除原料气中的饱和水分，使其露点低于−60℃。此时原料气可进入吸附器，通过吸附作用将原料气中的有机物含量降至合格指标（低于 $50\mu L \cdot L^{-1}$），为使食品级二氧化碳产品没有异味，还通过活性炭吸附器对原料气进行处理，之后对其进行液化深冷处理，进入精馏塔进行气液分离，塔釜可得到食品级液体二氧化碳。工艺过程中使用液氨作为冷剂，有助于二氧化碳的冷凝[155]。其工艺流程如图 2-14 所示。

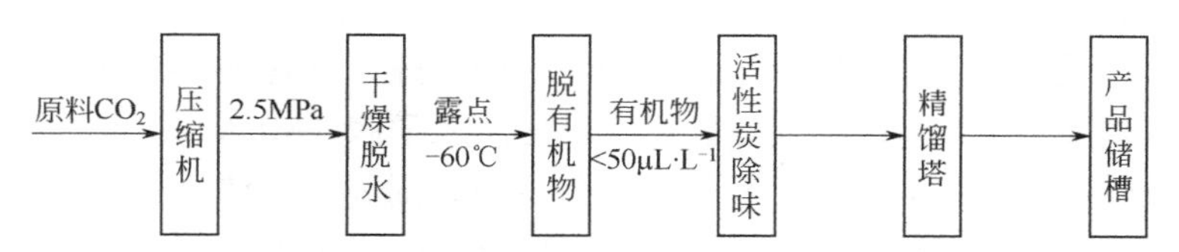

图 2-14　乙二醇废气生产食品级二氧化碳的工艺流程

（4）制氢尾气

制氢装置排放的尾气组分较为稳定，其中二氧化碳含量在97%以上，还有少量的氢气、烃类、硫化物、氮氧化物等杂质。采用精脱硫、催化氧化与精馏组合工艺是制氢尾气生产食品级液体二氧化碳最行之有效的方法，而且生产过程中几乎无“三废”排放。

① 精脱硫技术　由于制氢尾气中存在的 H_2S、COS 含量与二氧化碳自身浓度存在吸附与平衡的制约，影响脱硫剂的硫容和水解剂的活性，造成精脱硫难的问题，为此在传统脱硫过程中加入专用脱硫剂，同时加入水解剂将 COS 通过水解转化成 H_2S，反应方程式如下：

$$COS + H_2O \longrightarrow H_2S + CO_2$$

采用精脱硫及结合传统的活性炭吸附剂，有针对性地脱除 H_2S 及沸点比二氧化碳高、通过精馏无法分离的杂质，保证制氢尾气中总硫低于 $0.1\mu L \cdot L^{-1}$。

② 催化氧化技术　催化氧化技术在精脱硫的基础上增加催化氧化脱氢、脱烃的净化工序，其特点在于：在特种催化剂下利用催化氧化原理，将原料气中的所有可燃性杂质与氧发生氧化反应而脱除，燃烧后产物是水和二氧化碳[156]，过程中没有有毒有害物质产生。

$$2H_2 + O_2 \longrightarrow 2H_2O$$

$$C_nH_{2n+2} + (3n+1)/2O_2 \longrightarrow nCO_2 + (n+1)H_2O$$

由于燃烧反应能够彻底进行，为彻底去除碳氢化合物和含氧有机物提供了保障，再结合使用合理先进的低温提纯技术，产品质量完全可以达到国际饮料协会（ISBT）和 GB 10621—2006 标准[157]。

（5）天然气尾气

天然气尾气中二氧化碳含量相对较高，但也含有氮气、烃类（轻、重）、硫化物（轻硫类化合物如硫化氢、硫化碳等，重硫类化合物如硫醇及有机的单硫或二硫化合物如 RSR，RSSR）等杂质。在原料气中水分的含量是不确定的，在操作过程中都会形成，因此原料气首先经过干燥器去除其中的水分，然后进入精馏塔，部分原料气被压缩为液体二氧化碳，由于重烃和重硫化合物溶于液体二氧化碳中而除去。随后进入氧化室，在这里能将所有的 C_2 烃类化合物及部分的甲烷转化为碳氧化物和水，将气体冷却以除去冷凝水，最后除去甲烷、一氧化碳、氮气等残留污染物后，将二氧化碳液化后去除剩余污染物甲烷，最终制备出食品级二氧化碳[158]。

（6）炼油尾气

炼油尾气是炼油生产过程中排放的污染气体的总称，除含有 H_2S、SO_2、CO 以外，还含有大量的 CO_2 和 N_2。李乃义等[159]采用复合-乙醇胺（MEA）技术回收炼油尾气中的二氧化碳。该工艺主要分为两部分：第一部分是原料气提浓，来自催化装置的烟道气进入洗涤塔，与来自塔顶喷淋的冷却水逆流接触，气体被冷却，粉尘被洗涤，从塔底排出的洗涤水进入沉降冷却池除去夹带的固体粒子，由塔顶排出的气体得以降温，经增压风机升压进入CO_2吸收塔底部，在吸收塔内气体中的CO_2被MEA溶液吸收，未被吸收的尾气在吸收塔上部经冷却洗涤后直接排入大气。二氧化碳富液用泵抽出，加压后升温，然后经再生塔顶部喷淋入塔。富液分解释放出CO_2后成为贫液，由贫液泵送至吸收塔循环使用。富液释放出的二氧化碳、大量的水蒸气及少量的MEA蒸气冷凝后进入二氧化碳脱液罐。第二部分是CO_2精制液化阶段，提浓后纯度为90%以上，温度较低的CO_2经加压后进入脱硫塔，脱硫后的CO_2中总硫含量不大于$0.1\mu L \cdot L^{-1}$，经净化干燥塔脱除水分和其他杂质，气体中的水分达到液化指标要求，再经杀菌、除异味等提纯处理得到食品级二氧化碳。

2.4 二氧化碳捕集新技术

2.4.1 离子液体技术

2.4.1.1 胺类吸收剂存在的问题

以胺类吸收剂为主的捕集技术是从燃煤电厂等集中排放二氧化碳的过程中捕集二氧化碳的通用技术，如单乙醇胺（MEA）、二乙氧基胺（DEA）以及甲基二乙氧基胺（MDEA）等已经广泛用于二氧化碳的收集。不过这些技术还存在很多缺点，主要是捕集效率与成本之间的矛盾[160]，另外胺类试剂的降解有可能会产生腐蚀性的副产物[161,162]。在解吸阶段胺试剂也有损失，再生阶段的能耗及成本也很高[163-165]。总而言之，胺类吸收剂的二氧化碳捕集技术目前仍然存在能耗较高、投资较大、存在物料损耗等问题，为此人们一直在探索新的低能耗高效捕集技术。

一些新颖的二氧化碳捕集技术已经在实验室或工业规模上实现，这些技术包括物理吸收、化学吸收、膜分离、物理/化学吸收、将二氧化碳矿化成碳酸盐等[166-171]。

离子液体也是最近几年发展起来的一种潜在的酸性气体吸收剂[172]。室温下离子液体对二氧化碳较好的溶解性，而离子液体的物理化学性质还可以通过阴阳离子基团的设计而改变，因此可通过对离子液体进行特定的裁剪使其用于二氧化碳的捕集。

离子液体不仅能溶解二氧化碳，且其在宽广的温度区间保持稳定，同时蒸气压很低，几乎可忽略[173,174]，使其成为捕集二氧化碳的理想吸收剂。因为大多数离子液体和二氧化碳之间的相互作用是通过其阴离子与二氧化碳之间弱的路易斯酸碱作用实现的，所以通过很少的热量消耗就能实现处理液的再生。Wappel[175]和Shiflett[176]等的研究表明，在相同处理参数的情况下，离子液体比胺类表现更好，而且可以通过调节离子液体中阴阳离子的不同组合来调节离子液体调节二氧化碳的吸收能力。

2.4.1.2 咪唑基离子液体

目前已经设计了多种离子液体用于溶解二氧化碳，阳离子主要为咪唑基和吡啶基，阴离子则为四氟化硼、六氟化磷、三氟甲基磺酰亚胺、三氟甲基磺酸等。由于和二氧化碳结构上有一定的相似性，早期用于吸收二氧化碳的离子液体中阳离子主要以咪唑为基础[177-182]。通过研究[bmim]PF_6等几种离子液体对二氧化碳的溶解性，探讨二氧化碳-离子液体的相行为，可以找到提高溶解度的方法。

Baltus 等[183]通过改变咪唑环上氮原子所连接的烷基链长度分析二氧化碳其中的溶解性，指出随着烷基链长度的减小，亨利常数从 39bar（1bar=10^5Pa，下同）减小到 30bar，但是与以烷基胺类对二氧化碳溶解度相比仍然有很大差距（如 MEA-CO_2 体系在小于一个大气压下亨利常数大约是 3.16bar），因此需要开发其他离子液体作为二氧化碳的吸收剂。

对咪唑基离子液体而言，咪唑基团和二氧化碳之间的相互作用对其溶解和解析二氧化碳的能力十分重要。这种相互作用与 C2 原子上连接的酸性最强的质子有密切关系。Cadena 等用甲基取代 C2 氢原子[184]，这种结构上的改变导致了吸收过程焓变减小，大约减小 1～3kJ・mol^{-1}。离子液体中阴离子的变化对二氧化碳溶解性的影响也很特殊，Scovazzo 等[185,186]研究了不同阴离子的 emim 基离子液体对二氧化碳的溶解能力，指出其溶解能力按照 Tf_2N^->dca^->OTf^->Cl^-的顺序依次减小。

研究二氧化碳和离子液体的相互作用的报道很多，如 Kazarian 等[187]通过全反射红外线对二氧化碳的弯曲振动进行研究，证明了阴离子-二氧化碳之间存在相互作用，当阴离子是 PF_6 时，二氧化碳溶解速率最快。

2.4.1.3 离子液体的修饰和载体化

氟烷基对二氧化碳有较强的吸附作用，因此将离子液体上的基团进行氟代是增加其对二氧化碳溶解度的常用方法。如[$C_8H_4F_{13}$mim][Tf_2N]的亨利常数是（27.3±0.2）bar，而相同条件下[C_8mim][Tf_2N]的亨利常数是（30±1）bar[188]。尽管在离子液体的阳离子部分进行氟代也可增加其对 CO_2 的溶解性，但是考虑到离子液体的阴离子部分对 CO_2 的溶解性更重要，因此通常采用对阴离子的氟代来增加其亨利常数，从而增加溶解性。如 Brennecke 等使用五氟代乙基、七氟代丙基和九氟代丁基对 PF_6 上的氟原子进行取代，结果显示二氧化碳的溶解性随氟烷基链的增长而增大，但所有的氟代离子液体中二氧化碳的溶解性（物质的量浓度）增加都不大（不超过 10%）[189]。由于氟代离子液体的毒性较大，限制了其作为绿色溶剂的应用。另一方面，氟代离子液体由于黏度较大，用于二氧化碳捕集会大大增加捕集成本。为此，采用含氧官能团的离子液体代替氟代离子液体，如在含醚键的离子液体如 PEG-5 椰油基甲基铵甲基硫酸盐中，二氧化碳的溶解性和[hmim][Tf_2N]差别不大，这是由于氧原子的电负性较大，另外较柔顺的醚基拥有更大的空间使二氧化碳能够与离子液体进行相互作用[189]。同样，含有酯基的离子液体[b2-Nic][Tf_2N]对二氧化碳的溶解行为和 60℃下[hmim][Tf_2N]的溶解性相似，也是比较优良的溶解二氧化碳度溶剂[190]。

Zhang[191]等研究了含有 1,1,3,3-四甲基胍基乳酸阳离子的离子液体对二氧化碳的吸收行为，该离子液体毒性较小，对二氧化碳的溶解性比[bmim][PF_6]优良，而且乳酸阳离子以及烷基胍化合物都能够大规模生产。

Yuan 等[192]设计制备了含有羟基铵盐阳离子的离子液体，其对二氧化碳的溶解性和咪唑基离子液体相似。模拟有机胺类在离子液体上引入氨基官能团，也是增加离子液体对二氧化碳溶解性的方法，该法文献上也称 TSILs 方法，最先被 Bates 等[193]使用，如图 2-15 所示，在咪唑基离子液体的烷基链上引入氨基官能团，通过化学吸收的方式对二氧化碳进行吸收，而且可以实现 ILs:CO_2=2:1 进行定量吸收。Gurkan 等运用该方法设计制备了与二氧化碳进行 1:1 反应的离子液体，[P66614][Met]和[P66614][Pro]与二氧化碳发生化学反应，生成氨基甲酸。Zhang 等[194]也将离子液体(3-aminopropyl)tributylphosphonium amino acid ILs 用于二氧化碳的捕集。结果显示该离子液体可以吸附等物质的量 CO_2，而且可以实现离子液体的回收。不过运用这种氨基功能化的离子液体吸附二氧化碳存在一些问题，首先是这种离子液体在常温下黏度较大，且与 CO_2 发生化学反应后黏度会继续变大，从而降低 CO_2 的传质过程和解析速率。其次是这些离子液体通常需要几步进行合成，成本较高，商业化比较困难。

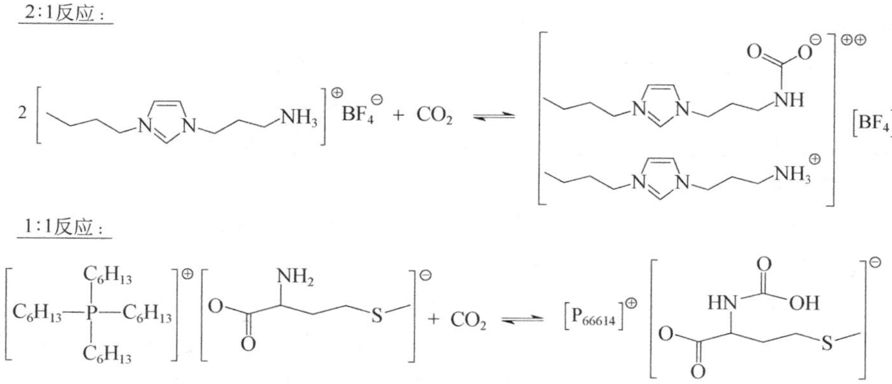

2:1反应：

1:1反应：

图 2-15　TSILs 与二氧化碳的定量反应

为了解决离子液体黏度较大的问题，增加离子液体和二氧化碳的接触面积，可利用负载化的离子液体（SILMs）进行二氧化碳的吸收。Bara 等[195]详细分析了使用负载化的离子液体进行二氧化碳吸收的过程。Scovazzo 等[196]将负载化的离子液体用于从 CO_2/CH_4 混合气体中分离二氧化碳，结果显示负载化的离子液体对二氧化碳有较好的选择性，并且经济上有一定的竞争力。Baltus 等[197]也使用 SLMs 进行二氧化碳的分离，并对此过程进行了经济上的分析，表明这种分离可以和有机胺类对二氧化碳的吸收相竞争。

不过，负载化的离子液体通常不能承受二氧化碳分离过程所需要的压力[198]，为此可采用离子液体聚合物作为骨架用于二氧化碳的吸收，如 Hudiono 等[199]使用了含有聚合离子液体和沸石的复合骨架用于二氧化碳吸收，对从 CO_2/CH_4 中分离二氧化碳有较好的选择性。

2.4.2 多孔金属有机骨架吸附技术

2.4.2.1 多孔金属有机骨架（MOFs）

结晶多孔材料-金属有机骨架（MOFs）有望成为 CO_2 的新的吸收剂。MOFs 中含有机配体桥连的金属节点（单个粒子或者金属簇），有机配体和金属通过强配位键有规律地组合成一维、二维结构，甚至三维网状结构。MOFs 可分为刚硬和柔顺两种类型，刚硬的 MOFs 和传统多孔骨架相似，孔隙率永久不变，而柔顺的 MOFs 在外界刺激比如温度或压力变化的情况下，孔隙率会发生变化，对二氧化碳吸收的效果也会发生变化[200]。

MOFs 是通过所谓的模块化合成方法制备的，将金属离子和有机配体组合在一起可以得到一种结晶多孔的结构[201]。通过真空干燥或者加热的方法除去所用的溶剂致孔，从而使 MOFs 有较大的表面积可以与二氧化碳接触。虽然模块化合成 MOF 的方法比较简单，如何优化反应条件以得到高收率和高结晶度的 MOF 还是一个值得关注的课题，因为即使反应条件中一个微小的变化，如反应物浓度、共溶剂的存在、溶液 pH 值、金属浓度、反应温度及反应时间等，就会对产物有较大影响。即使是同一种金属骨架，在合成过程中也会生成不能用于气体分离的结构。

与其他多孔材料比如活性炭相比，MOFs 有以下优点。

第一，可以通过调节金属节点和有机配体的结构来调节 MOFs 的表面结构及孔隙率，从而调节 MOFs 的性能[202]。

第二，MOFs 在已知的多孔材料中有极高的表面积[203]，可通过调节表面结构、孔隙率、比表面积使 MOFs 应用于二氧化碳的捕集。

第三，MOFs 比较容易规模化制备，有一定的经济价值。相比于烷基胺类吸收剂，固体吸附剂比如金属有机骨架比热容较低，将吸附材料加热到解吸温度时需要的能量较少。如 $Zn_4O\text{-}(BTB)_2$ (MOF-177) 在 25～200℃时，比热容值是 $0.5\sim1.5J\cdot g^{-1}\cdot K^{-1}$，比 20%～40%的 MEA 水溶液小得多[204]，如果这种 MOF 被用于二氧化碳的分离和捕集，将极大降低解析过程中的能耗。

2.4.2.2 CO_2 在 MOFs 中的吸附

MOFs 对二氧化碳的选择性主要体现在以 MOFs 孔径大小为基础的选择性（动力学分离）以及 MOFs 的吸附选择性（热力学分离）。

MOFs 对二氧化碳的动力学分离是指 MOFs 的孔径足够小使得只有动力学半径低于此孔径的分子才能通过，对于 CO_2/N_2 或 CO_2/H_2 混合气而言，由于拥有相似的动力学半径，MOFs 必须具有非常小的孔径才能实现二氧化碳的分离，从而使气体的扩散变慢，因此尽管可以制备孔径大小满足要求的 MOFs[205]，但大多数 MOFs 是通过吸附选择性实现二氧化碳分离的。

MOFs 对二氧化碳的吸附选择性根据混合气体中不同组分和孔表面的相互作用力大小的不同而实现气体分离。对以物理吸附机理为基础的选择性来讲，分离依赖于不同气体分子物理性质的不同，如极化性和四极矩的不同会使某些气体分子的吸收焓比其他分子大。以燃烧后脱碳的 CO_2/N_2 分离为例，由于 CO_2 具有较大的极性（CO_2, $29.1\times10^{-25}cm^{-3}$;$N_2$,$17.4\times10^{-25}cm^{-3}$）和四极矩（$CO_2$, $13.4\times10^{-40}C\cdot m^2$; N_2, $4.7\times10^{-40}C\cdot m^2$），$CO_2$ 和 MOF 之间亲和力更大[206]。此外，利用极性的差别，引入带电荷的基团如暴露的金属阳离子点或引入极性较大的基团均可以使选择性更高[207]。通过气体混合物中的一些组分与 MOF 表面官能团的相互作用也能实现化学吸附，而化学吸附的选择性比物理吸附更大。如在 CO_2/N_2 分离过程中，二氧化碳中的碳原子易被亲核试剂进攻，因此带有强路易斯碱官能团的吸附材料很受重视，如烷基胺水溶液可与带有氨基的金属有机骨架形成 C—N 键，从而提高对二氧化碳的选择性。

吸附容量是评价 MOFs 材料是否适用于二氧化碳捕集的一个重要指标，通常分为二氧化碳吸收率和吸收容量。二氧化碳吸收率是单位重量的 MOFs 材料吸收的二氧化碳量，决定了吸附床所需的 MOFs 的量，二氧化碳吸收容量则是二氧化碳在材料中堆积的密集程度，决定吸附床的体积。这两个参数对决定吸附床的热效率非常重要，而热效率会影响 MOF 再生过程中所需的能量大小。

由于二氧化碳在 MOFs 材料中能够有效堆积并和孔洞的表面接触，MOFs 材料较大的表面积使其对二氧化碳的吸附容量较大。如在 5bar 下，MOF-177 的二氧化碳吸附容量为 $320cm^3\cdot cm^{-3}$，是相同条件下没有 MOF 材料的 9 倍多，也比传统的材料，比如沸石等要高[208]。

除了吸附容量，二氧化碳的吸收焓是决定材料对二氧化碳吸收的另外一个重要参数。吸收焓的大小表示二氧化碳和空洞表面结合的密切程度，但是吸收焓不能太大也不能太小，若收焓太大，材料和二氧化碳结合紧密，MOF 再生消耗的能量就较大；若吸收焓太小，虽然 MOF 容易再生，但对二氧化碳的吸附选择性降低，会增加吸附床的体积。

高压下对二氧化碳吸附容量较大的材料一般拥有较大的表面积，一些 MOFs 尽管表面积适中，但拥有大量吸附位点尤其是暴露的金属阳离子，吸附容量也比较大。由于 MOF 表面积较大，在压力大于 1bar 时，对二氧化碳的吸附容量较高。但对燃烧后脱碳过程而言，燃气压力较低（约 1bar），且二氧化碳的分压很低（约 0.15bar），这时 MOFs 的低二氧化碳分压下的等温吸收性能就非常重要[209]。由于气体吸附性质主要取决于孔洞表面的官能团，可以通过调节孔洞表面基团与二氧化碳的作用力对金属有机骨架进行优化，因为合适的孔洞表面性质不仅可以提高吸附容量及吸附选择性，还能减少再生所需能量。

目前通常接入以下三种官能团提高 MOFs 对二氧化碳的选择性：胺类基团、强极性基团和暴露的金属阳离子点。

① 采用含氮碱性基团对 MOFs 材料进行修饰　含氮官能团增加二氧化碳吸附的主要原因是二氧化碳的四极矩与 MOFs 中杂原子产生的局部偶极之间的相互作用，另外氮原子孤对电子和二氧化碳的酸碱相互作用也能增加二氧化碳的吸附。含氮官能团

增加 MOFs 对二氧化碳吸附的程度与官能团本身性质有关，可采用有三种含氮的官能团对 MOF 进行功能化：含氮杂环（比如吡啶）、芳香胺类（如苯胺类衍生物）和烷基胺类（如乙二胺）。

目前许多带有含氮杂环的 MOFs 材料用于捕集二氧化碳[210-216]，吸附容量较高的 MOFs 往往用一些生物分子如腺嘌呤修饰的[217,218]，由于这些分子中杂原子较多，孔表面极性较大。如 Bio-MOF-11 在 MOF 上修饰了腺嘌呤，表面积仅为 $1040m^2 \cdot g^{-1}$，其吸附容量在 298K 和 0.15bar 下达到了 5.8%（质量分数），而在 1bar 下其吸附容量也比使用芳香胺类基团修饰的 MOFs 大。在含有芳香胺类官能团的 MOFs 中，通常使用 2-氨基对苯甲酸（NH_2-BDC）修饰的 MOFs，在 298K，1.1bar 下 $Zn_4O(BDC)_3$ 吸附容量达 4.6%（质量分数），而 $Zn_4O(NH_2\text{-}BDC)_3$ 的吸附容量为 5.0%（质量分数），而且前者表面积为 $2833m^2 \cdot g^{-1}$，后者表面积为 $2160m^2 \cdot g^{-1}$[208]。由于杂环胺类和芳香胺的共轭作用较强，氮上电子云密度较小，碱性较小，用这类基团对金属有机骨架功能化更多的是增加表面极性，与二氧化碳发生酸碱反应的程度较低，吸附材料的再生也比较容易。如 $H_3[(Cu_4Cl)_3(BTTri)_8(mmen)_{12}]$ (mmen-Cu-BTTri) 是使用二级胺 *N,N*-dimethylethylenediamine (mmen)对 Cu-BTTri 修饰的产物，0.15bar 下吸附容量比 Cu-BTTri 增加了 3.5 倍，达到了 9.5%（质量分数）[219]。

② 强极性基团修饰　在 MOFs 表面接上强极性基团，如羟基、巯基、硝基叠氮等基团，二氧化碳吸附容量的增加与这些基团的极性有关，极性越大，吸附容量越大。

③ 暴露的金属阳离子点修饰　在 MOFs 孔表面形成带有暴露金属阳离子的结构[220-224]，这些金属阳离子是通过真空加热的方法除去和金属配位的溶剂得到的。这些金属离子位点有利于二氧化碳更加接近孔洞表面，从而增加吸收焓并增大气体的储存密度[225-227]。在燃烧后脱碳过程中，这些暴露金属离子点起电荷密集点作用，和四极矩较大的二氧化碳有很强的相互作用。

最早研究关于拥有暴露金属阳离子位点的金属有机骨架集是 $Cu_3(BTC)_2$ [228, 229]，铜轴向上配位的溶剂通过真空加热的方法被除去，由于 Cu^{2+}高电荷密度，这些位点和二氧化碳的相互作用很强，这种金属有机骨架在 1bar 和 298K 下吸附容量高达 15.0%～18.4%（质量分数）[208, 230-233]。大多数暴露金属阳离子位点都是通过溶剂蒸发得到的，但也可以用合成后修饰的方法引入金属离子位点，如对于金属有机骨架 Al(OH)(bpydc)(MOF-253)，由于双吡啶基团和 Al^{3+}之间亲和力较小，其他金属离子如过渡金属离子在生成 MOF-253 后还可以选择性成键，如引入 Cu^{2+} 的 $Al(OH)(bpydc)\cdot 0.97Cu(BF_4)_2$，尽管比表面积由 $2160m^2 \cdot g^{-1}$减小到 $702m^2 \cdot g^{-1}$，但在 298K 和 1bar 下其吸附容量从 MOF-253 的 6.2%增加到 11.7%（质量分数）[234]。

为使 MOFs 用于二氧化碳的吸附/解析过程，通常需要考虑以下性能。

第一，MOFs 的循环性。如 MOF-5 在 1atm 和 30～300℃下，经历 10 个独立的吸附/解析循环后，其对二氧化碳的吸附能力变化幅度为 3.6%，但在 400℃以上，MOF-5

开始经历热分解过程，不再具有吸附二氧化碳的能力。

第二，MOFs的机械稳定性。虽然有零星的关于MOFs结构和力学性能关系的研究[235]，但MOF的力学性能至今还不清晰。而二氧化碳的捕集与分离对MOFs的力学性能稳定性要求较高，在较高压力下，即使结构上或者化学基团的轻微扰动也会对捕集效果产生影响。如对于金属有机骨架$Cu_3(BTC)_2$来说，较高压力（数个GPa）可以使整个点阵体积减小约10%[236]，从而对MOFs材料的压力稳定性或机械稳定性提出了很高的要求。

第三，MOFs的导热性。MOFs的导热性将影响吸附过程中热效率以及解吸附过程的持续时间，如MOF-5的导热性在低于100K时迅速降低，但在100K以上可以保持稳定[237]，热导率为0.32W·m·K，因此不会阻碍MOF-5应用于吸附床。

第四，MOFs的耐水性。在燃烧后脱碳产生的气流中水分是饱和的，大约占体积分数的5%～7%[238, 239]。在处理之前将气流完全干燥成本较高，因此在使用MOFs进行二氧化碳捕集时，要考虑金属有机骨架在水存在时的稳定性以及在少量水存在下，MOFs对二氧化碳的选择性。由于金属节点和有机配体之间由较弱的配位键连接，导致MOFs比沸石等一般骨架材料的化学稳定性和热稳定性均较低。如一般MOFs在水存在下易水解，因为水能取代有机配体与金属成键，从而引起MOF结构的破坏[240]。大多数MOFs有较高的热稳定性，但在水存在下，其热稳定性会变差。如Zn_4O做节点的MOFs在潮湿的空气中就开始分解[241]。因此，在MOF应用于二氧化碳捕集时需要在惰性气体保护下进行。以MOF-5为例，即使活性点在空气中有一点暴露，也会导致Zn—O键的水解，从而使表面积迅速减少[240, 242]。但对于二氧化碳捕集过程中的燃烧后脱碳过程，由于气流中含有大量水分，MOF的化学稳定性成为一个制约因素。

2.4.2.3 改善MOFs化学稳定性的方法

文献报道了一些提高MOF的化学稳定性的方法，如使用azolate为基础的配体代替羧化物配体[211]，这是由于azolate碱性较强，形成的金属—氮键（M—N键）比较强，有助于提高金属有机骨架的热学性能和化学稳定性。一般配体的pK_a值越大，去质子化越容易，形成的M—N键越强，如吡唑（pK_a=14.4）最稳定，咪唑（pK_a=10.0）其次，四唑（pK_a=4.3）最不稳定[243, 244]，因此含有吡唑配体的MOFs如$Ni_3(BTP)_2$(H_3BTP=1,3,5-tris-1*H*-pyrazol-4-yl benzene)在pH值为2～14的沸水中连续14天保持稳定[245]。

采用三价或四价金属阳离子也是增加MOFs耐水性的重要方法，如MIL-100和MIL-101是三价金属簇组成的刚硬骨架，在沸水和蒸汽中均有较高稳定性[246, 247]。同样，四价金属锆为基础的金属有机骨架UiO-66在水中稳定性也很好[248]。

除了增加金属-配体键的强度，还可以在金属有机骨架上引入官能团防止MOFs发生水解。如在一些锌离子和铜离子为基础的MOFs材料上引入疏水性表面结构[249, 250]，或直接在有机配体上引入疏水基团，也可以防止MOFs的水解[251, 252]。

2.5 本章总结与展望

燃煤电厂、水泥厂、发酵厂、矿石加工厂等工业工程集中排放的尾气是二氧化碳的主要排放源，从集中排放的尾气中捕集二氧化碳是当今二氧化碳捕集领域的重中之重，能耗、二氧化碳浓度、压力和总量是目前衡量其捕集经济性的关键因素。尽管以胺类吸收剂为代表的捕集技术已经实现商业化，但从吸附/解析的综合能耗、吸收剂的损耗、设备投资规模和收益等能源和经济因素综合考虑，目前的技术仍然存在很大的改进空间。发展离子液体、MOFs为代表的新一代二氧化碳吸收剂，同时探索膜分离技术等低能耗捕集技术，进一步改进目前设备投资过大、工艺流程过长的瓶颈问题。若能使二氧化碳的捕集成本降低到碳交易税之下，如每吨$20～30，集中排放的二氧化碳捕集技术将展示出很强的生命力。

参考文献

[1] Figueroa J D, Fout T, Plasynski S, et al. *Int J Greenh Gas Control,* 2008, **2**(1)：9-20.

[2] Lozza G, Chiesa P. *J Eng Gas Turb Power,* 2002, **124**(1)：82-88.

[3] Lozza G, Chiesa P. *J Eng Gas Turb Power,* 2002, **124**(1)：89-95.

[4] Andersen T, Kvamsdal H M, Bolland O. *ASME Turbo Expo, München,* 2000.

[5] 阎维平. 中国电力, 1997, **30**(6)：59-62.

[6] 上海科学技术情报研究所. 整体煤气化联合循环(IGCC)技术走向成熟[J/OL]. http://wwwistisshcn/list/listaspx?id=6708, 2010.

[7] H J. *Gas Turbine World,* 2010, **40**(1)：22-25.

[8] 中国科学院上海科技查新咨询中心. 2010, *http://www.hyqb.sh.cn/tabid/337/InfoID/1023/default.aspx.*

[9] Jadhav P, Chatti R, Biniwale R, et al. *Energy Fuels,* 2007, **21**(6)：3555-3559.

[10] Weaver J L, Winnick J. *J Electrochem Soc,* 1983, **130**(1)：20-28.

[11] Alberius P C A, Frindell K L, Hayward R C, et al. *Chem Mater,* 2002, **14**(8)：3284-3294.

[12] Skarstrom C W. *Ann N Y Acad Sci,* 1959, **72**(13)：751-763.

[13] Olajossy A, Gawdzik A,, Budner Z, et al. *Chemical Engneering Research and Design*, 2003, **81**, 474-482.

[14] Meisen A, Shuai X. *Energy Convers Manage,* 1997, **38**：S37-S42.

[15] Federation of Electric Power Companies. *http:// www.fepc.or.jp/english /info /energyandenv /35.html* (accessed July 2001).

[16] Riemer P, Webster I, Ormerod W, et al. *Fuel,* 1994, **73**(7)：1151-1158.

[17] Burchell T D, Judkins R R. *Energy Convers Manage,* 1997, **38**：S99-S104.

[18] Satyapal S, Filburn T, Trela J, et al. *Energy Fuels,* 2001, **15**(2)：250-255.

[19] Göttlicher G, Pruschek R. *Energy Convers Manage,* 1997, **38**：S173-S178.

[20] Yong Z, Mata V, Rodrigues A E. *Sep Purif Technol,* 2002, **26**(2)：195-205.

[21] 罗兴安. 双塔式真空变压吸附法浓缩二氧化碳之研究. 桃园：国立中央大学, 1998.

[22] Ruthven D M. Principles of Adsorption and Adsorption processes. New York: Wiley, 1984

[23] Shigemoto N, Yanagihara T, Sugiyama S, et al. *J Chem Eng Japan,* 2005, **38**(9)：711-717.

[24] Katoh M, Yoshikawa T, Tomonari T, et al. *J Colloid Interface Sci,* 2000, **226**(1)：145-150.

[25] Lee S Y, Park S J. *J Colloid Interface Sci,* 2013, **389**：230-235.

[26] Chung S, Park J, Li D, et al. *Ind Eng Chem Res,* 2005, **44**(21)：7999-8006.

[27] Addiego W P, Bennett M J. US, 2012216676-A1; WO, 2012118587-A1.

[28] Leal O, Bolívar C, Ovalles C, et al. *Inorg Chim Acta,* 1995, **240**(1)：183-189.

[29] Lou S, Liu Y F, Bai Q Q, et al. *Prog Chem,* 2012, **24**(8)：1427-1436.

[30] Hu Z, Srinivasan M. *Micropor Mesopor Mat,* 2001, **43**(3)：267-275.

[31] Khelifa A, Benchehida L, Derriche Z. *J Colloid Interface Sci,* 2004, **278**(1)：9-17.

[32] Hiyoshi N, Yogo K, Yashima T. *Micropor Mesopor Mat,* 2005, **84**(1)：357-365.

[33] Mosqueda H A, Vazquez C, Bosch P, et al. *Chem Mater,* 2006, **18**(9)：2307-2310.

[34] Alcerreca-Corte I, Fregoso-Israel E, Pfeiffer H. *J Phys Chem,* 2008, **112**：6520-6525.

[35] Li H S, Zhong S H, Wang J W, et al. *Chin J Catal,* 2001, **22**：353-357.

[36] Doskocil E, Bordawekar S, Davis R. *J Catal,* 1997, **169**(1)：327-337.

[37] Tai J, Ge Q, Davis R J, et al. *J Phyl Chem B,* 2004, **108**(43)：16798-16805.

[38] Tutuianu M, Inderwildi O R, Bessler W G, et al. *J Phyl Chem B,* 2006, **110**(35)：17484-17492.

[39] Ismail H M, Cadenhead D A, Zaki M I. *J Colloid Interface Sci,* 1997, **194**(2)：482-488.

[40] Udovic T J, Dumesic J. *J Catal,* 1984, **89**(2)：303-313.

[41] Pohl M, Otto A. *Surf Sci,* 1998, **406**(1)：125-137.

[42] Jensen M B, Pettersson L G, Swang O, et al. *J Phyl Chem B,* 2005, **109**(35)：16774-16781.

[43] Feng B, An H, Tan E. *Energy Fuels,* 2007, **21**(2)：426-434.

[44] Lee S C, Chae H J, Lee S J, et al. *Environ Sci Technol,* 2008, **42**(8)：2736-2741.

[45] Choi S, Drese J H, Jones C W. *ChemSusChem,* 2009, **2**(9)：796-854.

[46] Tsuji H, Shishido T, Okamura A, et al. *J Chem Soc, Faraday Trans,* 1994, **90**(5)：803-807.

[47] Yong Z, Mata V, Rodrigues A E. *Ind Eng Chem Res,* 2001, **40**(1)：204-209.

[48] 王春明，赵璧英，谢有畅. 催化学报，2003, **24**(6)：475-482.

[49] 黄伟，贾艳秋，孙盛凯. 化学工业与工程技术，　2006, **27**(5): 39-44.

[50] Yin C Y, Aroua M K, Daud W M A W. *Sep Purif Technol,* 2007, **52**(3)：403-415.

[51] Shim J W, Park S J, Ryu S K. *Carbon,* 2001, **39**(11)：1635-1642.

[52] Boehm H P. *Adv Catal*, 1966, **16**: 179-274.

[53] Stavropoulos G, Samaras P, Sakellaropoulos G. *J Hazard Mater*, 2008, **151**: 414-421.

[54] Nakagawa Y, Molina-Sabio M, Rodríguez-Reinoso F. *Micropor Mesopor Mat*, 2007, **103**: 29-34.

[55] Edwin Vasu A. *Journal of Chemistry,* 2008, **5**(4)：814-819.

[56] Pevida C, Plaza M, Arias B, et al. *Appl Surf Sci,* 2008, **254**(22)：7165-7172.

[57] Plaza M, Rubiera F, Pis J, et al. *Appl Surf Sci,* 2010, **256**(22)：6843-6849.

[58] 张茂，吴少华，李振中. 电站系统工程, 2007, **23**(5)：11-13.

[59] 陈敏恒，从德滋，方图南，等. 化工原理（下）. 北京：化学工业出版社, 2002.

[60] Burr B, Lyddon L. A comparison of physical solvents for acid gas removal. Gas Processors' Association Convention, Grapevine, TX, USA, 2008.

[61] Korens G, Simbeck D, Wilhelm D.Process Screening Analysisof Alternative Gas Treating and Sulur

Removal for Gasification: *Revised Final Report prepared for US department of Energy. US, SFA Inc*., 2002.
[62] Bucklin R, Schendel R. Comparison of Physical Solvents Used for Gas Processing. Houston, TX: Gulf Publishing Company, 1985.
[63] M K. *Gas Production, Weinheim*：*VCH Veriagsgesellschaft mbH,* 1989: 253-258.
[64] 宿辉，崔琳. 环境科学与管理, 2006, **11**：3-4.
[65] 陈甘棠. 化学反应工程. 北京：化学工业出版社, 1995：170-181.
[66] 马友光，宋宝东. 化学工程, 1997, **4**：6-20.
[67] Hagewiesche D P, Ashour S S, Al-Ghawas H A, et al. *Chem Eng Sci,* 1995, **50**(7)：1071-1079.
[68] 八田四郎次. 化学工学, 1963, **271**(11)：843-846.
[69] 只木祯力，前猫四郎. 化学工学, 1963, **27**(2)：66-73.
[70] Sada E, Kumazawa H, Butt M. *J Chem Eng Data,* 1978, **23**(2)：161-163.
[71] 董吉川. 醇胺吸收二氧化碳的研究. 哈尔滨：哈尔滨工程大学, 2000.
[72] 天津大学物理化学教研室. 北京：高等教育出版社, 1996：172-180.
[73] George S C, Babb A L, Hlastala M P, *J Appl Physiol*, 1993, **75**, 2439-2449.
[74] 马友光，白鹏，余国琮. 化学工程, 1996, (6)：7-10.
[75] Bosch H, Versteeg G F, Van Swaaij W P M. *Chem Eng Sci,* 1989, **44**(11)：2723-2734.
[76] Ma'mun S, Svendsen H F, Hoff K A, et al. *Energy Convers Manage,* 2007, **48**(1)：251-258.
[77] 曾群英，关伟宏，王亚丽，等. 化工科技市场, 2008, **31**(6)：12-16.
[78] Ma'mun S. Selection and characterization of new absorbents for carbon dioxide capture. Trondheim: Norwegian University of Science and Technology, 2005.
[79] Veawab A, Aroonwilas A, Chakma A, et al. Solvent formulation for CO_2 separation from flue gas streams. Washington, DC: First National Conference on Carbon Sequestration, 2001.
[80] Chapel D G, Mariz C L, Ernest J. *Aliso Viejo,* 1999.
[81] Riemer P. *Energy Convers Manage,* 1996, **37**(6)：665-670.
[82] Chakma A a T, P. CO_2 Separation from Combus tion Gas Streams by Chemical Reactive Solvents. *Online Library*：*Combustion Canada*.
[83] Bonenfant D, Mimeault M, Hausler R. *Ind Eng Chem Res,* 2005, **44**(10)：3720-3725.
[84] 项菲，施耀，李伟. 环境污染与防治. 2003, **25**(4)：206-208,225.
[85] Kohl A L.Nielson R. *Houston，TX: Gulf Publishing,* 1997：39-41.
[86] Ali B S, Aroua M. *Int J Thermophys,* 2004, **25**(6)：1863-1870.
[87] Xu G, Zhang C, Qin S, et al. *Ind Eng Chem Res,* 1992, **31**(3)：921-927.
[88] 张剑锋. 石油与天然气化工, 1992, **21**(3)：142-149.
[89] 王开岳. 石油与天然气化工, 1980, **4**：49-57.
[90] 大遣仁志，等. 溶液反应的化学. 北京：高等教育出版社, 1985.
[91] Hua L Q, Shuo Y, Lin T J. *Sep Purif Technol,* 1999, **16**(2)：133-138.
[92] Versteeg G F, Swaaij W P M, *Chem. Eng Sci*, 1988, **43**(7)：587-591.
[93] Pohorecki R, Możeński C. *Chem Eng Process,* 1998, **37**(1)：69-78.
[94] Murrieta-Guevara F, Rebolledo-Libreros E, Trejo A. *J Chem Eng Data,* 1992, **37**(1)：4-7.
[95] Laddha S S, Danckwerts P V. *Chem Eng Sci,* 1982, **37**(5)：665-667.
[96] Baltus R, DePaoli D. *Oak Ridge. National Laboratory Environmental Sciences Division Carbon*

Management Seminar Series：*Oak Ridge. TN, June 20,* 2002.

[97] Meisen A, Shuai X. *Energy Convers Manage,* 1997, **38 (Suppl.)**：S37 – S42.

[98] Kovvali A S S, K.K. *Ind Eng Chem Res,* 2002, **41**(9)：2287-2295.

[99] Baker R W. *Ind Eng Chem Res,* 2002, **41**(6)：1393-1411.

[100] Baker R W. *Chichester UK*：*John Wiley,* 2004：287 -335.

[101] Strathmann H. *AICHE J,* 2004, **47**(5)：1077-1087.

[102] Robeson L M. *J Membr Sci,* 1991, **62**(2)：165-185.

[103] Freeman B D. *Macromolecules,* 1999, **32**(2)：375-380.

[104] Gusev A A, Suter U W. *J Chem Phys,* 1993, **99**：2228-2234.

[105] Tocci E, Hofmann D, Paul D, et al. *Polymer,* 2001, **42**(2)：521-533.

[106] Yampolskii Y, Shantarovich V. Chapter6: Positron Annihilation Lifetime Spectroscopy and Other Methods for Free Volume Evaluation in Polymers. *Yampolskii, Yu, Pinnau, I, Freeman, B D.* Materials Science of Membranes for Gas and Vapor Separation. *Chichester:Wiley*, 2006: 192-210.

[107] Baker R W.Chapter 14: Membrane Technology in the Chemical Industry: Future Directions,Membrane Technology: in the Chemical Industry. *Geesthacht:Wiley*, 2006:305-335.

[108] Tanaka K, Okamoto K I. *Chichester, UK:Wiley* 2006：271 -291.

[109] Mowbray J. *Membr Technol,* 1997, (92)：11-12.

[110] Wickramasinghe S R, Semmens M J, Cussler E L. *J Membr Sci,* 1993, **84**(1)：1-14.

[111] 高从堦. 水处理技术, 1999, **25**(4)：312-316.

[112] Feron P H M, Jansen A E. J. *Sep Purif Technol,* 2002, **27**：231-242.

[113] Schoner P, Plucinski P, Nitsch W, et al. *Chem Eng Sci,* 1998, **53**(13)：2319-2326.

[114] Wang R, Li D F, Zhou C,et al. *J Membr Sci*, 2004, **229**, 147-157.

[115] FalkPedersen O. *Energy Convers Manag,* 1997, **38**：S81-S86.

[116] Feron P H M, Jansen A E. *Energy Convers Manag,* 1995, **36**：411-414.

[117] Kreulen H, Smolders C A, Versteeg G F, et al. *J Membr Sci,* 1993, **78**(3)：197-216.

[118] Rangwala H A. *J Membr Sci,* 1996, **112**(2)：229-240.

[119] Kim Y S, Yang S M. *Sep Purif Technol,* 2000, **21**(1-2)：101-109.

[120] Kumar P S, Hogendoorn J A, Feron P H M, et al. *Chem Eng Sci,* 2002, **57**：1639-1651.

[121] Franken A C M, Nolten J A M, Mulder M H V, et al. *J Membr Sci,* 1987, **33**(3)：315-328.

[122] Wang R, Li D F, Zhou C, et al. *J Membr Sci,* 2004, **229**(1-2)：147-157.

[123] Xu Z, Wang J, Shen L, et al. *J Membr Sci,* 2002, **196**(2)：221-229.

[124] Nishikawa N, Ishibashi M, Ohta H, et al. *Energy Convers Manag,* 1995, **36**：415.

[125] Dickson J M, Childs R F, McCarry B E, et al. *J Membr Sci,* 1998, **148**(1)：25-36.

[126] Gabriel E M, Gillberg G E. *J Appl Polym Sci,* 1993, **48**(12)：2081-2090.

[127] Mika A M, Childs R F, Dickson J M, et al. *J Membr Sci,* 1995, **108**(1-2)：37-56.

[128] Kreulen H S, Versteeg C A, van Swaaij G F, et al. *J Membr Sci,* 1993, **78**(3)：217-238.

[129] Nymeijer D C, Folkers B, Breebaart I, et al. *J Appl Polym Sci,* 2004, **92**(1)：323-334.

[130] Li K, Teo W K. *Sep Purif Technol,* 1998, **13**(1)：79-88.

[131] Barbe A M, Hogan P A, Johnson R A. *J Membr Sci,* 2000, **172**(1-2)：149-156.

[132] Kamo J, Hirai T, Kamada K. *J Membr Sci,* 1992, **70**(2-3)：217-224.

[133] Ren J, Chung T-S, Li D, et al. *J Membr Sci,* 2002, **207**(2)：227-240.
[134] Nii S, Takeuchi H. *Gas Separation & Purification,* 1994, **8**(2)：107-114.
[135] 樊亚绒. 塑料加工, 1998, **26**(2)：23-26.
[136] 刘涛，史季芬，徐静年. 化工冶金, 1999, **20**(1)：11-16.
[137] 叶向群，孙亮，张林. 高校化学工程学报, 2003, **17**(3)：237-242.
[138] 朱宝库，陈炜，王建黎，等. 环境科学, 2003, **24**(5)：34-38.
[139] Lee Y, Noble R D, Yeom B Y, et al. *J Membr Sci,* 2001, **194**(1)：57-67.
[140] Gawroński R, Wrzesińska B. *J Membr Sci,* 2000, **168**(1-2)：213-222.
[141] Schöner P, Plucinski P, Nitsch W, et al. *Chem Eng Sci,* 1998, **53**(13)：2319-2326.
[142] Vospernik M, Pintar A, Berčič G, et al. *Catal Today,* 2003, **79–80**(0)：169-179.
[143] Wu J, Chen V. *J Membr Sci,* 2000, **172**(1-2)：59-74.
[144] 李春瑛，张宝成. 计量与测试技术, 2006, **33**(9)：48-49.
[145] 刘健，翟万军. 广东化工, 2009, **36**(9)：158-159.
[146] 钱伯章. 节能与环保, 2006, **7**：12-15.
[147] GB 10621—89.
[148] GB 1917—94.
[149] 国际饮料技术专家协会. 内部资料, 2006：2-6.
[150] GB 10621—2006.
[151] 徐美楠，沈建冲. 氮肥技术, 2008, **29**(2)：10-16.
[152] 宋引文，张艳丽，刘兆军. 化工设计通讯, 2008, **34**(3).
[153] 田树杰，朱艳芳，路秀丽. 河南化工, 2007, **24**.
[154] 王耀林. 小氮肥, 2001, (3)：17-18.
[155] 薛定. 低温与特气, 2004, **22**(3)：17-20.
[156] 李建英. 石油化工环境保护, 2004, **27**(2)：40-42.
[157] 徐美楠，沈建冲. 二氧化碳减排和绿色化利用与发展研讨会, 2008：61-68.
[158] Nobles J E, Swenson L K. US, 4460395. 1984.
[159] 李乃义，赵勇,张延军,胡慧敏. 河南化工, 2004, (5)：27-28.
[160] Yang H, Xu Z, Fan M, et al. *J Environ Sci-China,* 2008, **20**(1)：14-27.
[161] DuPart M, Bacon T, Edwards D. *Hydrocarbon Process,* 1993, **72**(5)：89-94.
[162] Kittel J, Idem R, Gelowitz D, et al. *Energy Procedia,* 2009, **1**(1)：791-797.
[163] Romeo L M, Bolea I, Escosa J M. *Appl Therm Eng,* 2008, **28**(8)：1039-1046.
[164] Yeh J T, Resnik K P, Rygle K, et al. *Fuel Process Technol,* 2005, **86**(14)：1533-1546.
[165] Rao A B, Rubin E S. *Environ Sci Technol,* 2002, **36**(20)：4467-4475.
[166] Figueroa J D, Fout T, Plasynski S, et al. *Int J Greenh Gas Con*，2008, **2**：9-20.
[167] Zeleňák V, Badaničová M, Halamova D, et al. *Chem Eng J,* 2008, **144**(2)：336-342.
[168] Ebner A D, Ritter J A. *Sep Sci Technol,* 2009, **44**(6)：1273-1421.
[169] Song C. *Catal Today,* 2006, **115**(1)：2-32.
[170] Steeneveldt R, Berger B, Torp T. *Chem Eng Res Des,* 2006, **84**(9)：739-763.
[171] Bae Y S, Lee CH. *Carbon*, 2005, **43**：95-107.
[172] Karadas F, Atilhan M, Aparicio S. *Energy Fuels,* 2010, **24**：5817-5828.

[173] Kumełan J, Tuma D, Maurer G. *J Chem Eng Data,* 2006, **51**(5)： 1802-1807.
[174] Kim Y S, Jang J H, Lim B D, et al. *Fluid Phase Equilib,* 2007, **256**(1-2)： 70-74.
[175] Wappel D, Gronald G, Kalb R, et al. *Int J Greenh Gas Control,* 2010, **4**(3)： 486-494.
[176] Shiflett M B, Drew D W, Cantini R A, et al. *Energy Fuels,* 2010, **24**(10)： 5781-5789.
[177] Blanchard L A, Gu Z, Brennecke J F. *J Phys Chem B,* 2001, **105**(12)： 2437-2444.
[178] Urukova I, Vorholz J, Maurer G. *J Phys Chem B,* 2005, **109**(24)： 12154-12159.
[179] Shah J K, Maginn E J. *J Phys Chem B,* 2005, **109**(20)： 10395-10405.
[180] Kamps Á P S, Tuma D, Xia J, et al. *J Chem Eng Data,* 2003, **48**(3)： 746-749.
[181] Anthony J L, Maginn E J, Brennecke J F. *J Phys Chem B,* 2002, **106**(29)： 7315-7320.
[182] Anthony J L, Anderson J L, Maginn E J, et al. *J Phys Chem B,* 2005, **109**(13)： 6366-6374.
[183] Baltus R E, Gulbert son B H, Dai S, et al. J Phys Chem B, 2004, 108(2)： 721-727.
[184] Cadena C, Anthony J L, Shah J K, et al. *J Am Chem Soc,* 2004, **126**(16)： 5300-5308.
[185] Scovazzo P, Kieft J, Finan D A, et al. *J Membr Sci,* 2004, **238**(1)： 57-63.
[186] Camper D, Scovazzo P, Koval C, et al. *Ind Eng Chem Res,* 2004, **43**(12)： 3049-3054.
[187] Kazarian S G, Briscoe B J, Welton T. Chem Commun, 2000, (20)： 2047-2048.
[188] Muldoon M J, Aki S N V K, Anderson J L, et al. *J Phys Chem B,* 2007, **111**(30)： 9001-9009.
[189] Bara J E, Gabriel C J, Carlisle T K, et al. *Chem Eng J,* 2009, **147**(1)： 43-50.
[190] Zhang X, Liu Z, Wang W. *AICHE J,* 2008, **54**(10)： 2717-2728.
[191] Zhang S, Yuan X, Chen Y, et al. *J Chem Eng Data,* 2005, **50**(5)： 1582-1585.
[192] Yuan X, Zhang S, Liu J, et al. *Fluid Phase Equilib,* 2007, **257**(2)： 195-200.
[193] Bates E D, Mayton R D, Ntai I, et al. *J Am Chem Soc,* 2002, **124**(6)： 926-927.
[194] Zhang Y, Zhang S, Lu X, et al. *Chem-eur J,* 2009, **15**(12)： 3003-3011.
[195] Bara J E, Camper D E, Gin D L, et al. *Acc Chem Res,* 2009, **43**(1)： 152-159.
[196] Scovazzo P, Havard D, McShea M, et al. *J Membr Sci,* 2009, **327**(1-2)： 41-48.
[197] Baltus R E, Counce R M, Culbertson B H, et al. *Sep Sci Technol,* 2005, **40**(1-3)： 525-541.
[198] Bara J E, Carlisle T K, Gabriel C J, et al. *Ind Eng Chem Res,* 2009, **48**(6)： 2739-2751.
[199] Hudiono Y C, Carlisle T K, Bara J E, et al. *J Membr Sci,* 2010, **350**(1-2)： 117-123.
[200] Li J R, Ma Y, McCarthy M C, et al. *Coord Chem Rev,* 2011, **255**(15)： 1791-1823.
[201] Sumida K, Rogow D L, Mason J A, et al. *Chem Rev,* 2011, **112**(2)： 724-781.
[202] Wang Z, Cohen S M. *Chem Soc Rev,* 2009, **38**(5)： 1315-1329.
[203] Furukawa H, Ko N, Go Y B, et al. *Science,* 2010, **329**(5990)： 424-428.
[204] Weiland R H, Dingman J C, Cronin D B. *J Chem Eng Data,* 1997, **42**(5)： 1004-1006.
[205] Dinca M, Long J R. *J Am Chem Soc,* 2005, **127**(26)： 9376-9377.
[206] Bae Y S, Lee C H. *Carbon,* 2005, **43**(1)： 95-107.
[207] Li J R, Kuppler R J, Zhou H C. *Chem Soc Rev,* 2009, **38**(5)： 1477-1504.
[208] Millward A R, Yaghi O M. *J Am Chem Soc,* 2005, **127**(51)： 17998-17999.
[209] Mason J A, Sumida K, Herm Z R, et al. *Energ Environ Sci,* 2011, **4**(8)： 3030-3040.
[210] Sumida K, Horike S, Kaye S S, et al. *Chem Sci,* 2010, **1**(2)： 184-191.
[211] Demessence A, D'Alessandro D M, Foo M L, et al. *J Am Chem Soc,* 2009, **131**(25)： 8784-8786.
[212] Prasad T K, Hong D H, Suh M P. *Chem-eur J,* 2010, **16**(47)： 14043-14050.

[213] Chen S S, Chen M, Takamizawa S, et al. *Chem Commun,* 2011, **47**(17)：4902-4904.
[214] Debatin F, Thomas A, Kelling A, et al. *Angew Chem Int Ed,* 2010, **49**(7)：1258-1262.
[215] Barea E, Tagliabue G, Wang W G, et al. *Chem-eur J,* 2010, **16**(3)：931-937.
[216] García-Ricard O J, Hernández-Maldonado A J. *J Phys Chem B,* 2010, **114**(4)：1827-1834.
[217] Stylianou K C, Warren J E, Chong S Y, et al. *Chem Commun,* 2011, **47**(12)：3389-3391.
[218] Gassensmith J J, Furukawa H, Smaldone R A, et al. *J Am Chem Soc,* 2011, **133**(39)：15312-15315.
[219] McDonald T M, D'Alessandro D M, Krishna R, et al. *Chem Sci,* 2011, **2**(10)：2022-2028.
[220] Vimont A, Goupil J M, Lavalley J C, et al. *J Am Chem Soc,* 2006, **128**(10)：3218-3227.
[221] Dincă M, Long J R. *Angew Chem Int Ed,* 2008, **47**(36)：6766-6779.
[222] Wu H, Zhou W, Yildirim T. *J Am Chem Soc,* 2008, **130**(44)：14834-14839.
[223] Dietzel P D C, Besikiotis V, Blom R. *J Mater Chem,* 2009, **19**(39)：7362-7370.
[224] Chen B, Xiang S, Qian G. *Acc Chem Res,* 2010, **43**(8)：1115-1124.
[225] Ma S, Zhou H-C. *Chem Commun,* 2010, **46**(1)：44-53.
[226] Zhao D, Yuan D, Zhou H C. *Energ Environ Sci,* 2008, **1**(2)：222-235.
[227] Sculley J, Yuan D, Zhou H C. *Energ Environ Sci,* 2011, **4**(8)：2721-2735.
[228] Chui S S Y, Lo S M F, Charmant J P H, et al. *Science,* 1999, **283**(5405)：1148-1150.
[229] Vishnyakov A, Ravikovitch P I, Neimark A V, et al. *Nano Lett,* 2003, **3**(6)：713-718.
[230] Yazaydın A O, Snurr R Q, Park T H, et al. *J Am Chem Soc,* 2009, **131**(51)：18198-18199.
[231] Yazaydın A O, Benin A I, Faheem S A, et al. *Chem Mater,* 2009, **21**(8)：1425-1430.
[232] Liu J, Wang Y, Benin A I, et al. *Langmuir,* 2010, **26**(17)：14301-14307.
[233] Aprea P, Caputo D, Gargiulo N, et al. *J Chem Eng Data,* 2010, **55**(9)：3655-3661.
[234] Bloch E D, Britt D, Lee C, et al. *J Am Chem Soc,* 2010, **132**(41)：14382-14384.
[235] Tan J C, Cheetham A K. *Chem Soc Rev,* 2011, **40**(2)：1059-1080.
[236] Chapman K W, Halder G J, Chupas P J. *J Am Chem Soc,* 2008, **130**(32)：10524-10526.
[237] Huang B, Ni Z, Millward A, et al. *Int J Heat Mass Transfer,* 2007, **50**(3)：405-411.
[238] Keskin S, van Heest T M, Sholl D S. *Chem Sus Chem,* 2010, **3**(8)：879-891.
[239] Evan J, Pennline H W. *Ind Eng Chem Res,* 2002, **41**(22)：5470-5476.
[240] Low J J, Benin A I, Jakubczak P, et al. *J Am Chem Soc,* 2009, **131**(43)：15834-15842.
[241] Murray L J, Dinca M, Yano J, et al. *J Am Chem Soc,* 2010, **132**(23)：7856-7857.
[242] Kaye S S, Dailly A, Yaghi O M, et al. *J Am Chem Soc,* 2007, **129**(46)：14176-14177.
[243] Catalan J, Abboud J L M, Elguero J. *Adv Heterocycl Chem,* 1987, **41**：187-274.
[244] Ebert C, Elguero J, Musumarra G. *J Phys Org Chem,* 1990, **3**(10)：651-658.
[245] Colombo V, Galli S, Choi H J, et al. *Chem Sci,* 2011, **2**(7)：1311-1319.
[246] Férey G, Serre C, Mellot-Draznieks C, et al. *Angew Chem Int Ed,* 2004, **43**(46)：6296-6301.
[247] Ehrenmann J, Henninger S K, Janiak C. *Eur J Inorg Chem,* 2011, **2011**(4)：471-474.
[248] Cavka J H, Jakobsen S, Olsbye U, et al. *J Am Chem Soc,* 2008, **130**(42)：13850-13851.
[249] Lin X, Blake A J, Wilson C, et al. *J Am Chem Soc,* 2006, **128**(33)：10745-10753.
[250] Chen Y, Lee J, Babarao R, et al. *J Phys Chem C,* 2010, **114**(14)：6602-6609.
[251] Wu T, Shen L, Luebbers M, et al. *Chem Commun,* 2010, **46**(33)：6120-6122.
[252] Ma D, Li Y, Li Z. *Chem Commun,* 2011, **47**(26)：7377-7379.

第3章 极稀浓度二氧化碳的捕集

3.1 空气中 CO_2 浓度及变化趋势

二氧化碳是空气中的一种痕量组分，平均体积浓度约为 394mL・m^{-3}[1]，空气中二氧化碳的总质量约 3 万亿吨。美国加利福尼亚大学的科学家在太平洋中央夏威夷的茂纳罗亚峰（Mauna Loa）上设立 4 个 7m 高和一个 27m 高的采样塔，每小时采样 4 次，分析二氧化碳浓度的变化情况[2]。记录的数据在联合国海洋与空气组织（NOAA）的官方网站上更新，图 3-1 即是茂纳罗亚峰观测点监测到的最近几年空气中 CO_2 浓度的月平均值的变化曲线。

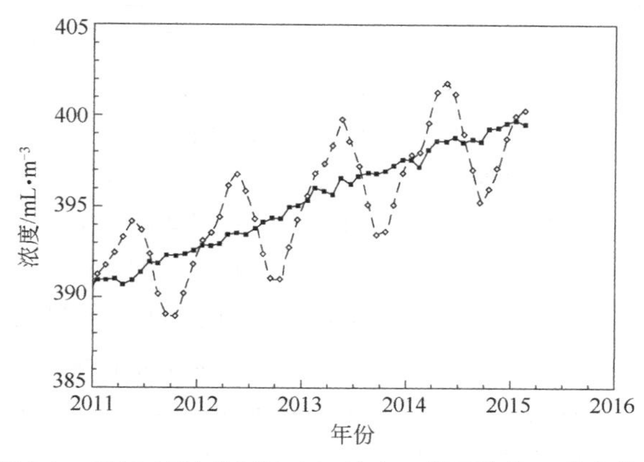

图 3-1　2011 年以来空气 CO_2 浓度（月平均值）的变化

根据对北极冻层中气泡的成分分析，目前二氧化碳浓度至少是过去 80 万年中最高的，而且很有可能是过去 200 万年以来最高的[3]。根据推断，地球最原始的空气于 46 亿年前形成，和地球本体同步伴生，主要由最基本的宇宙物质氢、氦组成，二氧化碳起初并不存在。由于受太阳风的吹拂以及地球高温的冲击，原始空气的组成发生变化。38 亿～35 亿年前，次生空气圈开始形成，对于当时空气的主要成分，说法不一，有理论认为说主要由甲烷和二氧化碳组成，也有认为是 80%水蒸气、10%的二氧化碳以及10%的其他气体，尽管对此有争议存在，但有一点可以确定，此时空气中二氧化碳的浓度是非常高的，以最保守的估计来推断，也至少达到10%。

奥地利因斯布鲁克大学的地质学家施普特尔通过分析6.35亿年前元古代末期形成的沉积岩中的同位素后发现，当时地球空气中的二氧化碳浓度大于12000mL·m^{-3}，二氧化碳含量是现在的32倍。距今约3.55亿年至2.95亿前的石炭纪，当时气候温润，陆地沼泽中遍布各种蕨类植物和早期裸子植物，其中不乏参天巨木。异常茂密的植被加上地质运动活跃，这给煤炭等化石燃料的形成创造了有利条件。而现在地层中所储藏的煤炭中，至少50%在源头上可以追溯到石炭纪时的茂密植被。能孕育出如此巨量的煤炭资源，空气中的二氧化碳必须保持相当高的浓度，给当时的植被吸收用来进行光合作用，将空气中无机形态的碳元素转化为有机体的组成成分，同时将太阳能转化为生物能储藏体内。据推断，石炭纪时，空气中的二氧化碳含量是现在的20倍以上。

三叠纪和早侏罗纪时，地球走出石炭纪—二叠纪大冰期，气温一路攀升，裸子植物和爬行动物大繁盛，是地质史上继石炭纪之后另一个重要的造煤期。当时的二氧化碳浓度也是非常高的，早侏罗纪时期的二氧化碳浓度一度达到4000mL·m^{-3}以上，是现在的十多倍。起始于1.5亿年前至6550万年前的白垩纪，地球物候表现上与侏罗纪相似，同样是地质史上的一个著名高温期，同样是爬行动物大繁盛，二氧化碳浓度为目前的6倍以上，即2000～2400mL·m^{-3}。

根据相应的矿石证据，6500万年到4900万年前的始新世，当时空气二氧化碳浓度高于1125mL·m^{-3}，甚至一度逼升到1700×10^{-6}的峰值，是工业化前空气二氧化碳浓度的5倍以上。3350万年前的渐新世早期，空气中的二氧化碳浓度760mL·m^{-3}，到2350万年前的渐新世晚期，这一数字这降到560mL·m^{-3}。200万年前的更新世，空气二氧化碳浓度降到350～400mL·m^{-3}，基本和现代持平。

工业革命后，人类重新开始向空气中排放大量的CO_2，和工业革命前的280mL·m^{-3}相比，空气中CO_2体积浓度在过去的200多年上涨了40%，2014年达到394mL·m^{-3}。其中大部分的增量（100mL·m^{-3}）是在过去短短60年间完成的。如今，化石燃料提供的能量占世界能源总供给的85%左右，由此产生的CO_2排放量达到每年220亿吨[1]。近年来发展中国家的工业化进程加快，使得世界能源需求快速增加，预计当世界人口总量增至100亿且人均耗能与现在美国人均耗能相同时，整个世界需要的总能量是现在的10倍。因此，除非基于环境的压力而限制化石能源的使用，否则人类对化石能源的需求是没有尽头的，而化石原料的燃烧会使空气中二氧化碳的浓度越来越高，从而对环境带来越来越大的影响。

3.2 气候变暖带来的问题

二氧化碳和其他温室气体的大量排放是导致全球变暖的主要原因[4]。20世纪期间，全球接近地面的空气层温度平均上升了0.74℃[5]。如第2章所论述的，这种气候变暖给地球带来了一系列影响。最近的一个例子是由于海洋温度升高，南极和格陵兰的大陆冰川加速融化，导致海平面上升，淹没沿海低海拔地区，例如大洋洲岛国图瓦卢已被水淹没。全世界有3/4的人口居住在离海岸线不足500km的地方，陆地面积缩小会极大地影响人类居住环境，甚至可能导致战争。

现在的问题是，即使马上开始控制二氧化碳的排放，空气中二氧化碳的浓度仍然会有一个几十年的惯性上升期。因此能否找到一个综合性的方案处理目前空气中二氧化碳浓度升高问题成为世界上最受关注的课题。其中除了利用生物方法固定和消耗二氧化碳外，科学家开始考虑从空气中捕集二氧化碳的可行性。

3.3　从空气中捕集二氧化碳的迫切性

3.3.1　生物体利用二氧化碳的局限性

在自然界碳循环过程中，植被、浮游生物、藻类等利用太阳能进行光合作用从空气中固定CO_2，创造新的生物体。这些生物体经过亿万年，被厌氧生物逐渐转化成如今的煤炭、石油、天然气等化石燃料[6]。然而光合作用将太阳能转化成糖、纤维素、木质素等化学物质的过程效率并不高，是长期而缓慢的。大多数植物的光合效率，一般只有0.5%～2%，即使是转化太阳能效率较高的甘蔗，也仅有8%左右，比太阳能电池效率（商业系统中10%～20%）低很多。当然生物质可以作为生产生物材料和作为有用的化学物质来源，用来燃烧转化成热能或者电能，还可以转化成乙醇、甲醇或生物柴油等液体燃料。但按照目前的世界能源消耗情况，生物质仅能满足能源需求的10%左右。

生物质作为能量来源有许多优点。一方面生物质能源不像其他可再生能源，它可以以化学键的形式稳定地储存能量。而生物质提供的能源形式多种多样，包括固体燃料，如木材或作物残留物；液体生物燃料，如乙醇和生物柴油；气体燃料，如沼气或合成气。另一方面从环保的角度来看，生物能源是植物利用光合作用捕获空气中的CO_2所形成的，整个过程中没有净二氧化碳排放，这无疑可以帮助减缓温室效应带来的气候变化的速度。但是，由于近些年粮食的价格大幅度增长，用粮食作物生产生物乙醇和生物柴油等生物燃料的新能源产业饱受社会舆论的非议[7]。粮食作物越来越高的价格和政策补贴使得大量的森林、草原和牧地被开垦成农田，尤其是在东南亚和美洲。而通过这种方式增加耕地面积的过程中，树叶和其他植物组织腐败过程中产生了大量的CO_2，这些CO_2被称为“CO_2负债”。虽然一些研究认为可以通过使用生物燃料替代化石燃料减少CO_2排放的方式来清还这笔“负债”，但却需要35～450年[8, 9]，这笔“负债”不得不让人对用农作物生产生物能源减少CO_2排放的方式产生质疑[10-13]。除了会排放温室气体，生物能源的生产过程还会对环境产生其他负面影响，例如大量开垦热带雨林来种植单一的甘蔗或是棕榈树会减少生物的多样性；灌溉会用掉大量的水；而肥料和杀虫剂的使用则会危害环境[14-17]。以现在的科技发展水平，如果要用生物能源满足能源需求，则越来越多的耕地需要被用来种植能源作物而不是粮食。如内燃机燃烧的液体燃料可以用纤维素生产，但若完全替代则要求单位面积的土地能生产更多的生物能源[18]。考虑到科技发展水平以及生物质能源自身的局限性，未来生物能源至多能稳定满足人类10%～15%的能源需求[19]。

3.3.2 二氧化碳的捕集和封存技术（CCS）的局限性

CCS是减缓空气中二氧化碳浓度上升速度的一个重要举措，其原理和可行性已经在第2章进行了详细的论述。最近CCS技术在世界范围内也开始有一些实际应用，截至2011年6月，世界上已经有8个正常运转的规模庞大的集成CCS项目，同时在建的大型项目有6个[20]。国际CCS技术研究所在2011年的CCS全球状况报告会议上，74个大规模的集成CCS项目已经被提上日程[21]。其中3个项目的建设已经开始，特别值得关注的项目一个是世界上第二个在发电行业进行的大规模碳捕集工程——加拿大边界大坝（Boundary Dam）项目[22]，另一个是美国在深部咸水层封存二氧化碳的伊利诺伊工业碳捕集与封存（ICCS）项目。这些运行或在建的大型项目每年的CO_2总封存容量将超过3300万吨，相当于减少600万辆汽车的二氧化碳排放量。

现有的CO_2储存项目中有两个特别值得一提：一个是挪威Sleipner沿海深层盐层二氧化碳存储商业化项目，1996年存储了100万吨CO_2，迄今尚未检测到任何泄漏，初步证明将CO_2存储于盐层中具有一定可行性；另一个是加拿大的Weyburn项目，它利用CO_2提高石油采收率，并将CO_2埋存于地下，从2001年开始每年约有200万吨CO_2被存储。但截至目前，还没有足够的经验可以将这两类项目进行推广。

CCS项目存在的最大难题是运输成本太高。管道运输是输送大量CO_2的最经济方法，其成本主要由三部分组成：基建、运行维护以及其他如设计、保险等费用。由于管道运输是成熟技术，其成本下降空间不大，对于250km的距离，管道运输CO_2的成本一般为每吨1～8美元。当然运输路线的地理条件对成本影响很大，如陆上管道成本比同样规模的海上管道高40%～70%。当运输距离较长时，船运将具有竞争力，船运的成本与运距的关系极大。当输送500万吨CO_2到500km的距离，每吨CO_2的船运成本为10～30美元［或5～15美元·$(250km)^{-1}$］。当运距增加到1500km时，每吨CO_2的船运成本为20～35美元［或3.5～6.0美元·$(250km)^{-1}$］，与管道运输成本相当。

以目前的速度，人类每年向空气中净排放150亿吨CO_2[23]，一半来自于发电厂和水泥制造厂之类的集中排放，另一半则来自于家庭和办公室供暖、降温、交通运输工具等分散的排放源[26]，以这样的数百万甚至几十亿的化石原料利用单位作为CO_2的捕集源是难以想象的，技术操作性或是经济可行性均很低。虽然从技术角度来讲，从汽车上直接捕集CO_2是可行的，但成本过高，而且CO_2捕集之后需要运送到封存点，这需要很多庞大而昂贵的配套基础设施。而从飞机上捕集CO_2的可行性则更低，因为这会增加飞机的载重。而以家庭或办公室为基本单位，捕集和运输的成本也过高。

正如前面所论述，目前 CCS 技术主要针对发电厂这样集中、固定的 CO_2 排放源。根据世界政府间气候变化问题组织（IPCC）关于 CCS 的描述，世界上每年排放 CO_2 量超过 10 万吨的排放点的排放总量是 135 亿吨，而每年全球 CO_2 排放量是 257 亿吨[24]，即使集中排放源的二氧化碳全部采用 CCS 技术，且达到 90%的捕集率，仍然会有超过 50%的 CO_2 排放到空气中，使空气中 CO_2 的含量以目前一半的增速，即约是每年 1.1mL • m^{-3} 的速度增加，长期来看这种增速对气候变化的影响还是很严重的。

3.3.3 空气中直接捕获 CO_2 的技术

从空气中除去 CO_2 从概念上讲并不新颖，人们早在几十年前就已经能制备不含 CO_2 的空气[25]，只是目前大部分从空气中直接捕集 CO_2 的技术，最大的目标是生产不含 CO_2 的空气，而不是得到纯净的 CO_2 气体。

自从 19 世纪 30 年代开始，除去空气中 CO_2 的技术就被用来防止设备污染和运转不畅，同时二氧化碳还可以制备干冰[25-27]。另外在如潜水艇和宇宙飞船等封闭的呼吸系统中，必须持续地从空气中吸收多余的 CO_2，使系统中 CO_2 的浓度在一定范围内（通常分压低于 7.6mmHg，1mmHg=133.322Pa，下同），以保证人类的正常生命活动[28-30]。NASA 为空间应用研发了一种吸附剂，其在一个可再生的 CO_2 清除系统中显示了良好的吸附能力，并且呈现出良好的吸附-解附动力学过程[28]。该系统在变压吸附模式下利用真空环境完成此吸附剂的再生，能维持一个 7 个人的密封呼吸环境中（大概每天有 7kg 的 CO_2 排放量）的 CO_2 浓度相对稳定。

维持相对稳定的 CO_2 浓度在医疗行业[31]、采矿和救援以及潜水中[32]都非常重要，如美国环境保护署（EPA）推荐持续暴露的 CO_2 浓度的最大值是 0.1%，而美国国立研究所职业安全及健康研究所（NIOSH）推荐的工作环境中 CO_2 浓度的最大值为 0.5%，同时要求在二氧化碳浓度为 3%的空气中呼吸的时间最长不得超过 10min[33]。考虑到这些标准，在呼吸系统中，当 CO_2 清除装置处理的空气中 CO_2 浓度为 0.1%～0.5%时，就必须再生或是定时更换 CO_2 吸附剂。此外，在碱性燃料电池中，及时清除体系中的 CO_2 也是必须的，否则 CO_2 能够迅速和碱性的电解质溶液（通常是 KOH）反应，严重影响电池性能[34]。虽然碱性燃料电池制造成本低并且还用于空间技术中（比如阿波罗空间战略中或是在空间航天飞机轨道器中），对 CO_2 的敏感性还是阻碍了其更广泛的商业应用[35]。

若能发展具有经济性的直接从空气中捕集 CO_2（DAC）技术，则可稳定甚至降低空气中的 CO_2 含量，对于最终解决二氧化碳问题是十分理想的方案。与 CCS 相比，DAC 具备一定优势[36]。首先是运输优势，DAC 的项目选址相对灵活，而 CCS 需考虑运输问题，即发电厂所需的燃料运输、所捕集的 CO_2 运输封存、生产的电能输运，但 DAC 工厂可直接建在封存点，省去庞大的交通运输成本。另外，公众对建筑新的气体和电力输送的管道及其他基础设施的抵制态度已经成为一个严重的社会问题，CCS

技术的发展无疑会激发这个问题，而 DAC 技术某种程度上能缓解此社会矛盾。第三，由于 DAC 技术基本不需要用到现有的能源输送的基础设施，因此 DAC 系统可以设计得非常大，以发挥规模效应最大的优势。之前 CCS 技术有吸引力的原因之一是它与现有的化石能源体系相容性较好，但这种相容性同时也限制了 CCS 应用的速度和 CCS 工厂的设计规模。一个整合 CCS 技术的发电厂必须在地理位置和规模上和一个现有的发电厂相匹配，过快的建造会增加调整的成本。相反，DAC 设备不是一个能源中介，它只是一个能源使用终端，也就是说 DAC 与现有的能源体系的交点只是它需要现有的能源体系输送正常运行所需的能量。这种性质决定了 DAC 设备的规模只需要与所处的地理环境以及采用的技术相匹配，并且可以按照需求尽快地建造。此外，与生物体利用二氧化碳相比，DAC 直接从空气中捕集和利用 CO_2，效率比生物质要高很多，且理论上 DAC 技术能从任何地方捕集 CO_2，成本几乎恒定，有望真正使维持甚至降低空气中 CO_2 的浓度成为可能。

3.4 DAC 技术的能耗分析

从空气中捕集 CO_2 是从一个体积巨大的混合气体中分离出一种惰性的极稀浓度组分的过程。空气中的 CO_2 分压大概是 40Pa，从这么低的分压捕集二氧化碳，单纯靠物理过程难度还是很大的。考虑到 CO_2 是一种有反应活性的酸性气体，则可选择合适的吸收剂高效吸收气流中的 CO_2，使残余的 CO_2 分压小于 1Pa。随着气流中 CO_2 浓度的减小，提取 CO_2 的难度会增加，同时也需要反应活性更高的吸收剂。

目前空气中 CO_2 的体积浓度大概是 400×10^{-6}，如此低的浓度很大程度上限制了吸收剂的种类，因为对于吸附捕集，消耗的能量只是与捕集的 CO_2 量相关，而与所处理的空气体积无关[37]。与之相反的是，对于加热、降温、气体压缩和膨胀等过程来说，能量消耗与处理的气体体积成正比。除非处理每单位的空气所需的能量非常小，否则总能量需求是极其庞大的。

以交通运输业的 CO_2 捕集来分析，汽油或柴油燃烧产生 1mol 的 CO_2 产生的能量是 650～700kJ。这为 CO_2 捕集技术消耗的能量提供了一种标尺。如果捕获 1mol 的 CO_2 同时会因为能量消耗而产生 1mol 的 CO_2，那么这个过程中碳的零排放是以牺牲能产生大约 700kJ 能量的化石燃料为代价的[38]。

由于发电的方法有很多种，用电量作参比的结果与当地具体的能源结构相关。每排放 1mol 的 CO_2 在美国对应 230kJ 的电量，在德国则是 290kJ 的电量，巴西由于主要以水力发电为主，每排放 1molCO_2 对应的电能是 1700kJ，法国由于主要依赖核电，这一数值高达 1900kJ。我国 85%以上的发电来自化石能源，每排放 1mol 的 CO_2 对应的电能仅仅只有 190kJ。

尽管空气中 CO_2 的浓度非常低，但储量极大。每立方米空气中含 0.016mol 的 CO_2，以汽油或柴油燃烧产生 1mol 的 CO_2 产生的能量为 650～700kJ 计算，每立方米的空气对应的能量约为 10000J。对风力发电而言，风速在 6m • s^{-1} 左右，对应的能量密度是 20J • m^{-3}。这个对比是为了说明风车利用的空气中的能量只是一个空气捕集器所捕集的 CO_2 对应能量的 1/500。也就是说，如果把 CO_2 捕集器和风车装在同一地理位置，前者捕集 CO_2 对应的能量比后者转换的能量高两个数量级。如果一个 CO_2 捕集器空气流通过的截面面积是 1m^2，而气流流速为 6m •s^{-1}，则该截面的能量密度是 120W，CO_2 的流速是 3.7g • s^{-1}。这样一天内这种尺寸的 CO_2 捕集器可捕集 300kgCO_2，大约是美国人均年排放 CO_2 量的 5 倍。从另一方面说，平均每个美国人消耗能量的速率是 10kW，大约是相同截面积的风车转换能量速率的 80 倍。

传统的发电厂应用燃烧后 CO_2 捕集技术，可以作为 DAC 的参考。从经济角度看，空气捕集不会比烟道气捕集的成本高很多，虽然烟道气中 CO_2 的浓度相对高很多，CO_2 捕集也相对容易。以天然气作燃料的发电厂烟道气中 CO_2 的含量是 3%～5%，而以煤作为燃料的发电厂烟道气中 CO_2 的含量是 10%～15%，是空气中 CO_2 浓度的 100～300 倍。两种捕集技术都是以吸收剂为核心的。由于 CO_2 的浓度相对高很多，烟道气需要的吸收剂活性不需要太强，捕集器的尺寸也比空气捕集需求的小很多。空气捕集的优点则在于不需要将处理的空气中的 CO_2 全部捕集，只需保证效率。而烟道气捕集若要达到碳零排放目标，必须对烟道气中所有的 CO_2 进行捕集。

虽然与烟道气捕集器相比，空气捕集器的尺寸大很多，但是空气其绝对尺寸实际上还是比较小。所以，吸附剂与空气接触所需的能量消耗也很小。这种能量消耗用于给液体与气体创造尽量大的接触面积，它不包含将 CO_2 从吸收剂分离所需的能量。在简化的模型中，假设空气的流速是 6m • s^{-1}，那么根据前面的论述，利用风车发电的成本是每千瓦时$0.05，而捕集 CO_2 的成本是每吨$0.5，不过还要加上吸收剂再生的成本，按照 B.Metz 等在烟道气捕集方面的研究工作，烟道气捕集吸收剂再生的成本是每吨数十美元[39]，可见吸收剂再生是 DAC 经济性的关键因素。

从混合气体中分离 1mol 的 CO_2 气体，这个过程的吉布斯自由能可通过公式（3-1）计算[40]

$$\Delta G = RT\ln(\frac{p}{p_0}) \tag{3-1}$$

式中，R 为普适气体常数；T 为气体温度；p 为吸收器出口处 CO_2 的剩余分压；p_0 为待处理的气体的压强，这里把它当做常压。

T=300K 时，p_0=100000Pa，这样吸收剂吸收 CO_2 过程的自由能至少是$|\Delta G|$=20kJ • mol^{-1}。在发电厂烟道气的 CO_2 捕集过程中，分离过程前后 CO_2 的分压都与空气捕集有很大差异，但要求吸收剂在吸收过程快结束时二氧化碳分压非常低的情况下仍有活性。在绝大部分情况下，烟道气的温度都比正常空气温度要高。假设 T=350K，最小的自由能则为 13kJ • mol^{-1}。实际吸收过程产生的吸附放热量要比理论计算的自由能变化大很多倍，至少是在 50kJ • mol^{-1}，因此很多烟道气捕集技术中使用的吸收剂的活性均足以用在 DAC 中。

由于在 CCS 和 DAC 两种 CO_2 捕集技术中，自由能都比较小，而且是与吸收器出口处 CO_2 分压的对数呈线性关系，这保证了两种技术中自由能的差异在各种条件下都比较小。另外，两种 CO_2 捕集技术中 CO_2 与吸收剂分离的过程也相似。所以只要找到一种不会造成环境污染或其他问题的吸收剂，DAC 技术中吸收剂再生环节的成本与目前估算的发电厂烟道气 CO_2 捕集技术的吸收剂再生成本将比较接近[41]，只是目前吸收剂再生成本远远超过吸收剂与气流接触的成本。由于在两种技术中吸收剂与 CO_2 反应的结合能比较接近，空气捕集技术的吸收剂再生成本应该比烟道气捕集技术的小。上述模型虽然过于简化，但这种分析依然能得到以下两个重要的结论。

① 对于一个设计合理的空气捕集设备，吸收剂与气体接触环节的成本不是总成本的压力所在，吸收剂再生的成本才是总成本最大的决定因素。

② 空气捕集技术中吸收剂再生成本应该比烟道气捕集技术中的再生成本低。

我们相信未来通过技术创新，尤其是低再生能耗的吸收剂的研发，能使 DAC 技术真正具有经济性。

3.5 DAC 吸收塔的设计

一个基于化学吸附的 CO_2 吸收器可看作是放置在空气流中的吸收塔，其内表面为对 CO_2 有吸附作用的吸附剂，空气流在与吸附剂表面接触的过程中发生反应，其中的 CO_2 被吸收剂慢慢吸附，被吸附的 CO_2 量与接触面积和接触时间成正比，但是过大的接触面积会增大吸收塔的压力差，同时降低空气流经吸收塔的速度。另外，CO_2 吸收的速率会随着气流中 CO_2 的分压下降而变小，故吸收塔的厚度不应过大，避免 CO_2 的浓度下降过大。在一个风力驱动的过滤系统中，压力差和气流速度之间可以相互调节，这样停滞在吸收塔前端的空气便能够拥有一定速度通过吸收塔。一个精心设计的空气捕集系统的目标是优化气体的流速和 CO_2 的分压下降的程度。在风力驱动的系统中，因为空气阻力和 CO_2 吸收遵循类似的动力学定律。在没有湍流的情况下，黏滞阻力是影响气体流动的最主要因素，而 N_2, O_2, CO_2 的扩散常数比较接近，因此在吸收剂表面的 CO_2 分压比整个气流中 CO_2 的分压低很多，另外动量扩散与 CO_2 的扩散原理虽基本相同，仍存在如下的一些差异。

① 尽管湍流混合有助于 CO_2 传输，但能产生大强度湍流的吸收器会浪费部分压力差，因为这部分压力差形成热能，却无助于输送 CO_2 到吸收剂的表面。

② CO_2 的传送过程与动量沿着压力梯度扩散的过程不一样，动量扩散的效率更高。

③ CO_2 浓度梯度不是决定 CO_2 输送的主要因素，只是部分制约了吸收剂表面从气流中吸收 CO_2 的能力，因此 CO_2 的浓度边界不能达到 0，而且 CO_2 吸收速率比动量扩散的速率小。

空气吸收塔可以选取的几何学构造有很多，通常可将其设计成类似热交换器的构造，这样其表面结构不仅有很多平整的表面，还有与这些表面相切的曲面。或设计成一个有很多狭窄笔直孔道的类蜂巢的结构，这些孔道与汽车排气系统的催化转换器的整体结构类似。也有将吸收塔设计成包含一个以松散纤维为材料的内垫，内垫的厚度足够小，使得通过其表面的气流的雷诺数保持很小的值。

沿着吸收剂表面的黏度阻力会造成动量的损失，但是沿着气流方向的压力梯度则能够弥补这种损失。吸收塔任何一个截面上的动量损失的量是与该界面附件被吸收的 CO_2 量呈比例关系的。而压力差是由吸收塔前端空气的部分停滞来维持的，如果吸收塔中气流的速度比外面的空气流速度小很多，压力差与停滞阻力比较接近，压力差可以表示为：

$$\frac{\rho v^2}{2}$$

式中，ρ 为空气密度；v 为风速。

压力差使吸收塔中空气的流速维持在一个恒定值，虽然气流中 CO_2 浓度逐渐降低，气流的速率却是恒定的。假设一个设计比较保守的空气吸收塔，里面气流的速度为 $1m \cdot s^{-1}$，而外面空气的流速为每秒几米。这种情况下，大部分的热能和一半以上的动能由于吸收塔的阻力而损失，只有很少一部分 CO_2 被吸收[41]。假设 CO_2 捕集的效率是 30%，这样在吸收塔前端的截面上每平方米 CO_2 吸收的速率是 $0.25g \cdot s^{-1}$。采用这种设计的吸收塔每平方米的截面每天大概能捕集 20kg CO_2，而 1t 的捕集量对应是 $50m^2$ 的吸收塔进风口截面积。该设备比我们之前估算的要大很多，主要原因是我们假设吸收塔中气流速度只有风速的 1/6。表明即使在风速小到不适宜利用风力发电的区域，CO_2 捕集器依然能够正常运转。

在 CO_2 体积浓度是 400μL/L 的条件下，若吸收剂吸收 CO_2 的速率为 10～100$\mu mol \cdot m^{-2} \cdot s^{-1}$，对于一个每天捕集 1t CO_2 的装置，吸收剂的外表面积需要达到 2500～25000m^2。

图 3-2 为 Lackner 等 2001 年提出的一种基于 DAC 技术的同时具备发电功能化二氧化碳捕集功能的转换塔的设计[42]。其基本原理是：用泵把水抽到塔顶，水将塔顶的空气冷却，塔顶和塔底的温差产生向下的气流。假如转化塔位于沙漠中，而塔的顶部面积是 $10000m^2$，将塔顶的空气冷却到较低的温度，产生的气流的速度能超过 $15m \cdot s^{-1}$，这个速度意味着每天塔的空气流量可以达到 $15km^3$。流经塔底的气流可以推动风涡轮发电或通过 CO_2 吸收器以达到捕集 CO_2 的目的。根据空气的流量和塔顶可能产生的能量，除去将水抽到塔顶消耗的电能，

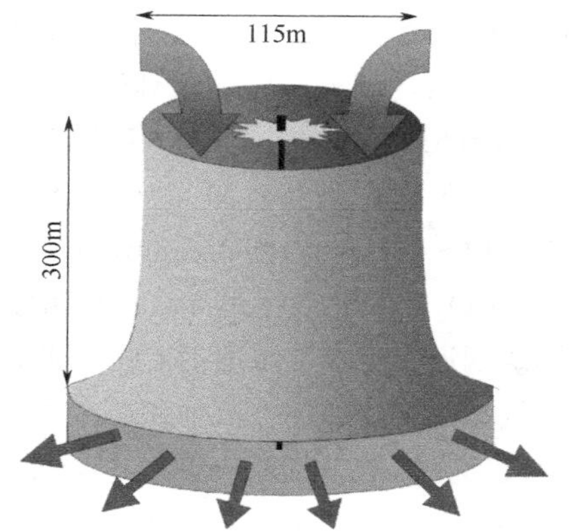

图 3-2　一个同时具备发电功能和 CO_2 捕集功能的转换塔草图

转换塔发电的功率是 3～4MW，而相同的空气流量含 9500t CO_2，这相当于一个 360MW

的发电厂一天产生的 CO_2 量。

3.6 用于 DAC 的吸附剂

DAC 技术中最核心的是用于吸附 CO_2 的吸附剂，且整个 DAC 系统也是基于所选取的吸附剂来设计的。适用于 DAC 技术的吸附剂主要有无机吸附剂、有机胺吸附剂以及离子交换树脂型吸附剂。

3.6.1 无机吸附剂

常见的无机吸附剂有氧化钙、氧化锰、锆酸锂，它们在 300℃以上与 CO_2 的反应速率很快[43]。一些常温吸附剂也具有悠久的历史，如 LiOH 吸附剂长期以来一直应用在宇宙飞船中，同时也被用在潜艇中控制 CO_2 浓度[44, 45]。虽然 LiOH 吸附 CO_2 的能力非常优秀（理论上 1g LiOH 能够吸附 0.91g 的 CO_2），但是该体系再生困难。一些强碱如 NaOH、KOH 和 $Ca(OH)_2$ 也是优良的 CO_2 吸附剂，它们与 CO_2 反应分别生成 Na_2CO_3、K_2CO_3 和 $CaCO_3$，但单位重量吸附剂吸附二氧化碳的量不如 LiOH[46, 47]。

3.6.1.1 无机溶液吸附剂

强碱性 NaOH 溶液吸附剂是 DAC 技术中比较受关注的无机溶液吸附剂。工业上常用的让液体和气体接触并吸附气体的方法是让液体下滴，如果用 NaOH 溶液做吸附剂，可以让 NaOH 溶液沿着装满填充物的吸收塔往下流，而让空气从下到上反方向以一定速率通过吸收塔，CO_2 的吸收效率能够达到 99%以上[48, 49]。早期吸收塔主要用来制备不含 CO_2 的空气，2007 年 Zeman 等[46]首次将这种吸收塔用于空气中 CO_2 的捕集。

吸收过程中因抽取空气和液体吸附剂所需的能量在 30～88kJ·mol^{-1} 之间，由于 CO_2 体积浓度过低，大量的空气要通过吸收塔，为避免压力下降过多以及由此产生的能量耗散，填充塔中的液体吸收器的高度不应该太高，而横截面积则应相对较大。Baciocchi 等[50,51]用 2mol·L^{-1} 的 NaOH 溶液吸附空气中的 CO_2，使 CO_2 的浓度从 500×10^{-6} 降到 250×10^{-6}。包括 NaOH 溶液的再生在内的整个过程所需的能量为每吨 CO_2 12～17GJ，当塔高 2.8m、直径 12m、液气流量比为 1.44、压力降为 100Pa·m^{-1} 时，CO_2 的吸收效率最高。这种吸收塔外观平而开阔，与传统的用于发电厂化石燃料燃烧烟道气中较高浓度的 CO_2 吸收的填充塔差异很大。因为捕集相同质量的 CO_2，烟道气捕集要处理的气流体积至少比空气捕集处理低两个数量级。值得指出的是，由于经过填充塔的空气体积更大，吸收过程中蒸发损失的水量要高很多。Zeman 等的实验结果表明，捕集 1g CO_2，平均损失 90g 水（220mol H_2O/mol CO_2），从而对该工艺的经济性带来了严重挑战[52]。

另外一种吸收塔的设计思路则与发电厂的冷却塔非常相似：在开放的塔中喷洒吸收剂的溶液。Keith 等[53-56]认为这种设计不需要填充材料，可以避免过大的压力降。

如用直径110m，高度120m的模型塔分析DAC过程，用4～6mol·L^{-1}的NaOH溶液吸收空气中50%的CO_2，整个过程（含NaOH的重生、CO_2的捕集和压缩）消耗的能量大约是每吨CO_2 15GJ，其蒸发损失的水量尽管比Zeman吸收塔的低，但依然比较大。2011年Keith等设计了一个高3.7m，直径1.2m的模型塔，用浓度为1.3mol·L^{-1}的NaOH溶液与15℃、65%相对湿度的空气作用，吸收过程中水的损失降低到20mol H_2O/mol CO_2。损失水量随NaOH浓度升高而降低，当NaOH溶液浓度增至7.2mol·L^{-1}时，蒸发损失的水量可以忽略不计。在这种实验条件下，除去吸附剂溶液的再生和CO_2的封存之外，捕集1t CO_2的成本估计在$53～$127之间[55, 57]。在平均液滴直径减小到50μm时最低成本能达到$53，因为液滴越小液相和气相之间的接触作用越强。

NaOH溶液与CO_2反应形成Na_2CO_3溶液，但Na_2CO_3溶液必须再生成NaOH才能有实际应用价值。Na_2CO_3在水中的溶解度非常大，避免了吸收过程中Na_2CO_3固体会在吸收塔内表面堆积，但正是由于如此大的溶解度，Na_2CO_3难以从水溶液中析出而再生，而蒸发大量的水来完成Na_2CO_3溶液的浓缩结晶过程需要巨大的能量。目前一般用苛化作用来完成NaOH的再生，即让Na_2CO_3与$Ca(OH)_2$反应，将生成的$CaCO_3$沉淀分离可就得到NaOH溶液。NaOH溶液再次输送到接触器，而$CaCO_3$被转移到煅烧炉中干燥然后在700℃以上的高温条件下煅烧成石灰（CaO），并释放CO_2气体。石灰与水反应生成$Ca(OH)_2$完成循环，即所谓的钠钙循环（图3-3），其中的能量变化流程则如图3-4所示。

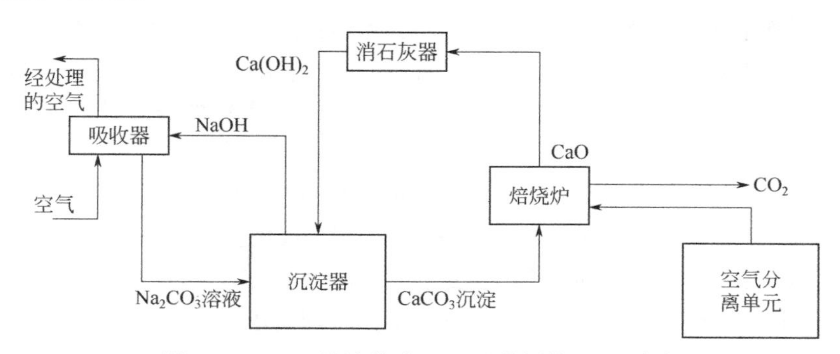

图3-3　NaOH溶液作为CO_2吸附剂的DAC流程

吸收	$2NaOH+CO_2 \longrightarrow Na_2CO_3+H_2O$	$\Delta H_1=-109.4kJ \cdot mol^{-1}$
苛化	$Ca(OH)_2+Na_2CO_3 \longrightarrow CaCO_3+NaOH$	$\Delta H_2=-5.3kJ \cdot mol^{-1}$
煅烧	$CaCO_3 \longrightarrow CaO+CO_2$	$\Delta H_3=+179.2kJ \cdot mol^{-1}$
消和	$CaO+H_2O \longrightarrow Ca(OH)_2$	$\Delta H_4=-5.3kJ \cdot mol^{-1}$

图3-4　NaOH/$Ca(OH)_2$循环（钠钙循环）的反应以及能量变化

上述钠钙循环流程即以卡夫流程为基础，早在1879年就已经被发现，是历史最悠久的化学工艺流程之一。以卡夫流程为基础的硫酸盐法制浆造纸一直被大规模的纸浆和造纸工业所使用。用 NaOH 处理木材，破坏纤维素和木质素的键合作用，生产含纯纤维素的木纸浆。剩下的黑液是木材中有机物（主要是木质素）与 Na_2CO_3。NaOH 的再生就是采用卡夫流程实现的。现在卡夫流程是一项能大规模应用的成熟技术，因此可从卡夫流程能量和成本的角度分析 DAC 钠钙循环过程的可行性。通过高温煅烧的再生过程是钠钙循环中耗能最多的环节，其反应热焓高达 $179.2kJ \cdot mol^{-1}$ CO_2。另外，尽管吸收过程的放热量也很大，但由于是接近室温下的反应，反应热难以利用，只能将一部分生石灰消和过程中产生的热量用于煅烧前干燥 $CaCO_3$。另外，让空气从吸收塔中流通也需要消耗大量能量。

针对碳酸钙的沉淀和脱水技术，Baciocchi 等[50]在 2006 年通过实验和理论推导估计实际应用中每处理 1t CO_2 气体需要消耗的能量是 12～17GJ。Zeman 则认为 CaO 消和过程中放出的部分热量能够用于 $CaCO_3$ 的干燥，这部分能量大概是 $10GJ \cdot t^{-1}$[56]。因此 1mol CO_2 捕集过程需要的能量介于 442～679kJ 之间。前面提到以煤、汽油、甲醇为燃料燃烧每产生 1t 的 CO_2 释放的能量分别是 9GJ、15GJ 和 20GJ[58]。根据不同的发电技术，产生一定电能对应的 CO_2 排放量的差异很大。对美国来说，每产生 1mol 的 CO_2 对应 230kJ 的电量，而德国是 290kJ。巴西由于主要是水电，每排放 1mol CO_2 对应的电量是 1700kJ。法国主要是核电，这一数值高达 1900kJ($43GJ \cdot t^{-1}$)。中国的发电厂由于主要利用化石能源，每产生 1mol 的 CO_2 对应的电量仅仅只有 190kJ ($4.3GJ \cdot t^{-1}$)[25]。以这些数据为参考，以卡夫流程为基础的 CO_2 空气捕集技术消耗的能量非常高，在某些情况下甚至比化石燃料燃烧释放 CO_2 对应的能量值还大。从经济和环境的角度来讲，这种高能耗的技术无疑是可行性很低的。因为用化石燃料的燃烧来为整个捕集过程提供能量违背了 CO_2 捕集的初衷：减少对化石燃料的依赖性以及减少 CO_2 排放。

不过，用其他能源来运行这个过程有可能是有益的。早在 1977 年，Steinberg 等就利用核电进行 CO_2 吸附剂的再生[59]。Sherman 则提议用新一代的高温核能发电来给煅烧炉供热以完成 $Ca(OH)_2$ 的整个再生过程[60]。而发电机产生的热量以及核电厂产生的电能都可以被 CO_2 捕集工厂所利用。Nikulshina 则阐述了利用太阳能再生 $Ca(OH)_2$ 的可行性[61, 62]。

除了采用新能源，通过改进流程的方式减少 DAC 的耗能也很有意义。除了常规的苛化技术，也有用金属氧化物或金属盐将 Na_2CO_3 转化成 $Na_2M_xO_{y+1}$ 和 CO_2，然后将 $Na_2M_xO_{y+1}$ 溶于水生成 NaOH 以完成 NaOH 的重生。用硼酸钠的自动苛化过程也被认为是有前景的，NaOH 的重生过程是通过 Na_2CO_3 与硼酸钠 $NaBO_2$ 反应生成能够水解成 NaOH 的 $Na_4B_2O_5$ 或 Na_3BO_3，但 Na_2CO_3 与 Na_3BO_3 反应生成 CO_2 的反应需在 900～1000℃的高温下进行，这比 Na/Ca 循环的温度还要高，所以这个过程并没有太多的优越性[63, 64]。

钛酸钠的苛化技术主要用于造纸工业中[65]，Stolaroff[55]和 Mahmoudkhani[66]认为这种技术也有应用于 CO_2 捕集的可行性。用钛酸盐的优点在于重生的过程耗能比较低，反应焓是 90kJ·mol^{-1}，远低于 $CaCO_3$ 的 179kJ·mol^{-1}[67]，但是重生过程的反应温度仍需要 800～950℃。总部设在卡尔加里的碳工程公司（CE）发明了利用三氧化二铁进行苛化的技术，即所谓的钠铁循环（图 3-5）[68]，有望降低再生能耗。

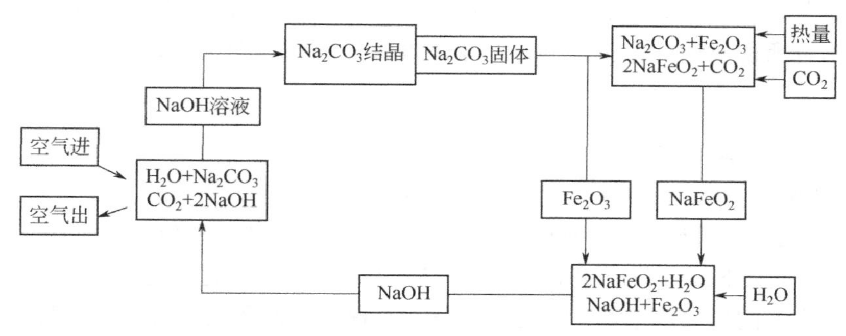

图 3-5　CE 公司发明的空气中捕集 CO_2 的 Na/Fe 循环

KOH 虽然吸附活性比 NaOH 更强，但是价格比 NaOH 高，且产量不到 NaOH 年产量的百分之一。1995 年 Bandi 等人用 KOH 溶液作为吸附剂在 2m 高的填充塔中进行实验。实验结果表明 CO_2 吸附速率随着 KOH 浓度的升高而升高，当 KOH 溶液浓度为 2mol·L^{-1} 时，空气中 70%的 CO_2 被吸附[69]。Stucki 等[70]采用多孔的纤维薄膜材料，KOH 溶液流经多孔材料的时候就可以吸收空气中的 CO_2。

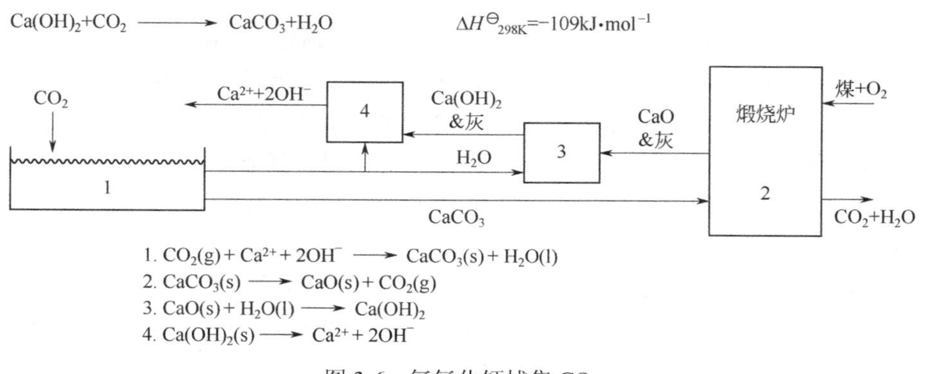

图 3-6　氢氧化钙捕集 CO_2

为了简化捕集过程，也可直接用 $Ca(OH)_2$ 作为吸附剂，并采用不同的吸附结构从空气中捕集 CO_2（图 3-6）。该技术使用一个大而浅的池子，池子中装有静置的或是轻轻搅动的 $Ca(OH)_2$ 溶液。与 CO_2 反应后，$Ca(OH)_2$ 生成 $CaCO_3$，$CaCO_3$ 沉淀并聚集在池底。接着 $CaCO_3$ 被分离、干燥，在煅烧炉中煅烧，煅烧过程释放高浓度的 CO_2 气流[71]。而大规模的煅烧反应，是用石灰石制作水泥的最重要过程。但是这种方式也有很多缺点，首先室温下 $Ca(OH)_2$ 在水中的溶解度只有大约 0.025mol·L^{-1}，使得能够跟 CO_2 反应的 OH^- 的含量很少，限制了 CO_2 的吸收速率，因此大量的 CO_2 从空气中转移到液体表面，使得两相的CO_2浓度建立了平衡。Lackner等[41]指出CO_2吸附速率受CO_2从空气扩散到吸收剂表面过程的限制，而$Ca(OH)_2$和其他无机氢氧化物一样对CO_2的吸附作用非常强，这种强度远远超过从空气中捕获CO_2的能力，因为这意味着再生过程中需要大量能量。目前高再生能耗、强碱的腐蚀、水分流失、溶剂的干燥等是无机溶液吸附剂所面临的几个关键问题，亟需发展能和CO_2发生温和的可逆反应的吸附剂。

3.6.1.2 无机固体吸附剂

Nikulshina等研究了无机固体材料对CO_2的化学吸附[62, 72-74]，并用热动力学和差热分析研究了3种钠基材料的热化学循环过程[72]。25℃时，在CO_2浓度为500×10^{-6}的空气中，固体NaOH反应4h，碳酸盐化的程度只有9%。为保证吸收效率，低的碳酸化速率需要的传质速率很大，这使得整个过程从技术和成本角度可行性很低。但Nikulshina发现以Ca为基础的无机固体材料热化学循环相对较好，$Ca(OH)_2$和CaO的碳酸化速率要比NaOH快得多[74]，在空气流中少量水的催化作用下，80%的CaO能转化成$CaCO_3$，不过$Ca(OH)_2$和CaO的碳酸化反应温度为200～425℃和300～450℃，均比Na循环高很多。因此他们提出利用太阳能为碳酸化过程以及煅烧过程提供所需的能量[73]，但完成整个CaO-$CaCO_3$的循环需要的太阳能是每摩尔CO_2 10.6MJ，几乎比碱金属氢氧化物体系高出一个数量级，影响了这种方法的可行性。

3.6.1.3 分子筛

物理吸附剂对CO_2的选择性比较低，所以用分子筛作为吸附剂从含低浓度CO_2的空气中捕集CO_2并不是理想的选择。虽然分子筛可以被用来制备不含CO_2的空气，但是空气中的水分会大大降低分子筛吸收CO_2的活性，因此在与分子筛作用前，空气需要预先干燥，这使得基于分子筛的DAC系统结构更为复杂、成本更高。不过在干燥的空气中，某些材料的分子筛有非常好的CO_2吸附性能。Stuckert报道了一种含锂离子的二氧化硅基分子筛，在25℃时对空气中的CO_2吸附达到$0.59g\cdot g^{-1}$[75]。混合使用变温吸附和变压吸附方法，在240℃的温度下解吸附，得到的气流中CO_2的含量大于93%。但是与其他类型的分子筛一样，水分对其吸附性能影响很大，当空气相对湿度为80%，其吸附CO_2的能力下降约96%。

3.6.2 负载化的有机胺吸附剂

3.6.2.1 负载化的有机胺吸附剂的分类

已有文献总结了负载的有机胺用作CO_2吸附剂的发展情况[76]。负载化的胺吸附材料可以根据基底与活性材料的相互作用以及材料的制备方法来进行分类[77]，一类是单胺或聚胺通过物理吸附作用与基质（一般是二氧化硅）结合形成的材料，由于结合力较弱，该类材料的活性会因为胺逐渐脱离基质表面而降低；另一类材料是活性胺通过化学键永久与基质相结合，克服胺的挥发性问题，可避免吸收性能的逐渐降低，通过基质表面活性羟基与胺类的“靶向基团”烷氧基硅烷的化学反应。理论上所有表面含活泼羟基的材料（氧化物、金属或聚合物）都能够作为基质永久固定单胺或聚胺[78, 79]。第三类材料是聚胺材料，由无机基质和含胺的单体（如氮丙啶[80, 81]，三聚氰胺[82-84]，L-赖氨酸酸酐[85]）原位聚合生成，如运用化学嫁接技术制备的超支化氨基硅（HAS）、中孔硅土负载的三聚氰胺树状聚合物和硅土负载的聚 L-赖氨酸等，都可用于从高浓度气体或空气中吸收 CO_2。

3.6.2.2　基于胺与基质物理作用的吸附材料

这类吸附材料是基于固体基质与单胺或聚胺的物理吸附作用原理而制备的，其中的基质材料包括二氧化硅、中孔材料（MCM-41、MCM-48、SBA-15）、碳纤维、聚合物等。由于制备过程简单，对这类材料吸附 CO_2 已有系统的研究[86-95]。Olah 制备了系列低分子量到高分子量的有机胺与气相二氧化硅相结合的材料，研究了其稳定性和吸附性能[96]。虽然低分子量和低沸点的胺如五亚乙基六胺（PEH）、四亚乙基五胺（TEP）、单乙醇胺（MEA）和二乙醇胺（DEA）可能会从固体吸附材料上解离下来，但是以二氧化硅为基质的聚氮丙啶（PEIs），尤其是枝化的低分子量吸附材料稳定性很好，并且对 CO_2 吸附能力很好（70℃和常压下，在纯 CO_2 中的吸附量分别是 147mg・g^{-1} 和 130mg・g^{-1}）。

线性 PEI 对二氧化碳的吸附能力为 173mg・g^{-1}，在相同条件下比枝化 PEI 更高，只是线性 PEI 更容易从基质上脱离。Olah 等研究了不同相对分子质量聚乙二醇（PEG-LMW，M_n=400；PEG-HMW，M_n=8,000；PEO，M_n=100,000）对吸附材料性能的影响，指出加入 PEG-LMW 能在维持良好吸附性能的基础上增加材料的解吸附性能，可能由于 PEG-LMW 的黏度比 PEG-HMW 更小，使 CO_2 从吸附位点脱离并释放到气相中更为容易。杂化吸附材料 FS-PEI-50（气态沉降二氧化硅为基底的含 50%PEI 的吸附材料）已经成功应用于空气中吸附 CO_2[97]。

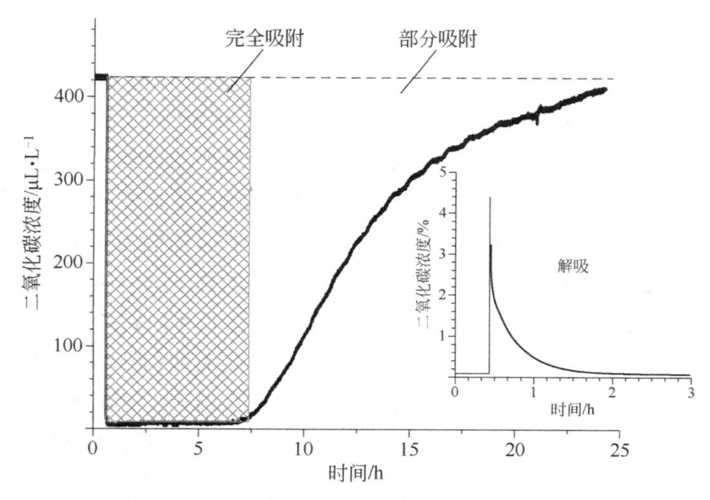

图 3-7　25℃时 FS-PEI-50 的吸附和解附过程

图 3-7 为初始空气中 CO_2 浓度和处理后浓度与时间的关系曲线，第一个阶段气体没有与吸收剂作用，维持初始的 CO_2 浓度（420×10^{-6}），随后与吸附材料作用，空气中的 CO_2 被全部吸收之后，吸附剂开始慢慢饱和，气流中 CO_2 的浓度逐渐升高直到完全饱和。在 CO_2 被全部吸附的阶段，CO_2 负载量是 105.2mg，而之后的饱和过程 CO_2 负载量是 99mg，所以总负载量为 204.2mg。FS-PEI-33（胺负载量为 33%）显示了更强的吸附能力，在相对湿度 67%下，1g 吸附剂的 CO_2 吸附量是 76.6mg，这是目前报道过的在潮湿空气中 CO_2 最大的吸附量。FS-PEI-50 的再生能力可以用变压和变温的混合方法来评价，经过 4 次的吸附-解附过程，吸附剂的吸附能力保持不变。在 85℃左右的变温和扫气法（$335mL\cdot min^{-1}$ 的干燥空气）一起使用，是另一种再生的方式，气流中 CO_2 含量的变化如图 3-9 所示，1h 以内气流中几乎所有的 CO_2 都被吸附。总而言之，这类杂化吸附材料制备简单，成本低，在干燥和潮湿空气中对 CO_2 吸附能力强，再生能力也不错。

由等量的聚氮丙啶和中孔材料 SBA-15 所制备的固体分子筛吸附剂可用于从仿空气混合气（CO_2 在 N_2 中的比例约 400×10^{-6}）中吸附 CO_2，在 75℃时负载量为 $22.5mg\cdot g^{-1}$，且在 20 次的吸附-解附过程后依然具有良好的再生性能[98, 99]。含有 PEI 的第一类固体吸附剂具有很强的 CO_2 吸附能力，原因在于每条链末端存在具有良好反应性能的氨基[100]。不过仲胺的抗氧化性能不佳，通常要引入其他含高比例伯胺的聚合物，确保其在氧化性氛围中有良好的稳定性[101]。通过自由基聚合反应制备的低分子量聚丙烯胺、枝化聚乙烯亚胺以及线形聚乙烯亚胺，这些活性胺与中孔硅基质（MCF）作用制备了 CO_2 吸附材料，含有低分子量聚丙烯胺和枝化聚乙烯亚胺的材料在极稀浓度 CO_2 的气氛中表现出良好的吸附性能。而聚合物含量在 40%左右吸附材料在多次循环中 CO_2 负载量基本维持恒定，表明以 MCB 做基质的低分子量聚丙烯胺、枝化聚乙烯亚胺负载材料在空气捕集 CO_2 技术中有一定的应用前景。

虽然第一类吸附材料比第二类吸附材料制备简单，有更高的活性胺含量，以及更好的吸附性能，但由于基底和活性物质并不是化学键键接的，在再生过程中会出现胺与基底分离，影响稳定性。例如，以锻制二氧化硅为基底的枝化低分子量的 PEI 材料在 70℃时 CO_2 负载量是 $147mg\cdot g^{-1}$，但是和四亚乙基五胺（TEP），五亚乙基六胺（PEH）等寡聚物一样，也会出现不同程度的活性胺与基质逐渐脱离的现象[92]。为此，Choi 等[102]加入四乙基原钛酸盐、3-胺丙基四甲氧基硅烷（APTMS）等添加剂，制备出的吸附材料与不含添加剂材料（CO_2 负载量 $103.8mg\cdot g^{-1}$）相比，在吸附能力轻微下降（两种添加剂分别是 $96.4mg\cdot g^{-1}$ 和 $99.4mg\cdot g^{-1}$）的情况下，显著增强了吸附材料的热稳定性。虽然无机硅材料是应用最广泛的有机胺吸附材料的基质，但是考虑到硅基质的缺点，也采用其他无机材料如铝[100, 103-105]、钛[106]等做基质。由于其结晶性和弱的亲水性，铝基质材料能有效防止材料结构变化和吸附性能的衰退[107]，如在室温和二氧化碳-氩气混合气（CO_2 在氩气中浓度 400×10^{-6}）中，中孔的 γ-铝为基质的 PEI 复合材料比以 SBA 为基质的 15%负载量的 PEI 材料的吸附性能好，且在短时间的变温吸附-解附试验中显示了良好的稳定性。在 105℃时，蒸汽流作用 24h 后，PEI-铝只损失了 25.2%的吸附能力，而中孔 PEI-无机硅材料吸附性能有 81.3%的降低，表明铝基质材料在高温下也是很稳定的。

3.6.2.3 通过化学键与基质永久相结合的吸附材料

Belmabkhout 等[108]在 2010 年利用氨基修饰的无机硅材料（图 3-8）吸收干燥和潮湿空气中的 CO_2。

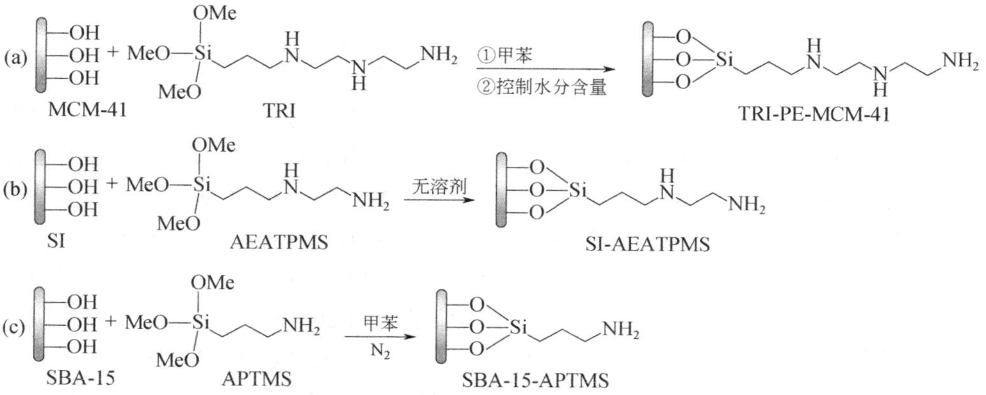

图 3-8 3-[2-(2-氨基乙基胺)氨基乙基]丙基三甲氧基硅烷（TRI）修饰中孔硅

在加入定量的水后，用 3-[2-(2-氨基乙基胺)氨基乙基]丙基三甲氧基硅烷（TRI）修饰充分干燥过的中孔硅（图 3-8），所制备的吸收材料 TRI-PE-MCM-41 无论在干燥和潮湿的条件下，对 CO_2 的选择性都比对 N_2 和 O_2 的选择性高。在温度 25℃和 CO_2 浓度为 400×10^{-6} 条件下 TRI-PE-MCM-41 负载量是 43.1mg • g^{-1}，约为 13X 分子筛的 2 倍，表明胺修饰确实提高了材料对 CO_2 的吸附性能。

TRI-PE-MCM-41 的吸附性能不仅比普通分子筛（MCM-41 和 13X）好，也比碳基材料和金属有机框架结构 MOFs 要好。另外，13X 只有在干燥的空气中才可能具有良好的吸附性能。即使在相对湿度为 24%的空气中，TRI-PEMCM-41 的 CO_2 负载量还是比 13X 的最大负载量高。在含有 1000×10^{-6} CO_2 的 N_2 中进行的吸附-解吸循环试验证实这种复合吸附材料具有良好的吸附速率，且稳定性很高。

采用 TRI-PEMCM-41 吸附材料，结合变压吸附或变温吸附技术，在干燥或潮湿的空气中均能得到纯度 97%的 CO_2 气体。如在相对湿度 40%的潮湿空气中吸附饱和后，这种新材料在气压 150mbar 和 90℃下能够再生，即使连续进行 40 个循环的吸附-解吸过程，依然能保持 88mg • g^{-1} 的 CO_2 负载量。值得一提的是，在潮湿的空气下，材料吸附的水会在解吸环节释放出来，得到的 CO_2/H_2O 混合气可成为利用太阳能合成气体燃料的原材料[109, 110]，但是该技术最适用于太阳能充足但空气中水含量很低的沙漠地区。在 CO_2 浓度为 395×10^{-6} 的干燥空气中，Li-LSX、K-LSX 和 NaX 等分子筛的 CO_2 负载量分别是 36.1mg • g^{-1}、11.0mg • g^{-1} 和 14.1mg • g^{-1}，均比的 4.0mg • g^{-1} 显示了更高的吸附能力。但是，在 CO_2 浓度为 395×10^{-6} 潮湿的空气中，胺修饰的无机硅材料 SBA-15-APTMS 的负载量是 5.72mg • g^{-1}，而分子筛材料则完全丧失了吸附 CO_2 的能力[75]。

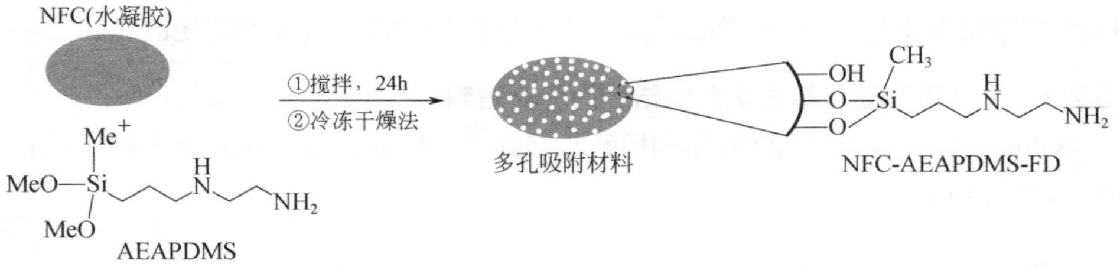

NFC(水凝胶)

①搅拌，24h
②冷冻干燥法

多孔吸附材料

NFC-AEAPDMS-FD

AEAPDMS

图 3-9 AEAPDMS 通过共价键固定到纤维素[87]

纳米原纤化纤维素（NFC）是一种自然界中含量很多的材料，它由纤维素细丝聚集而成，尺寸是几微米长，直径 10～100nm[79]。由于表面有非常多的羟基，这种材料适合被 AEAPDMS 修饰（图 3-9）。通过冻干法可制备[*N*-(2-氨乙基)-3-氨丙基]三甲氧基硅烷与 NFC 的氨基修饰复合吸附材料 NFC-AEAPDMS-FD，表面积为 $7.1m^2 \cdot g^{-1}$，胺的负载量为 $4.9mmol \cdot g^{-1}$（以 N 计）。用 CO_2 浓度为 506×10^{-6} 的空气做 CO_2 的吸附实验，在 25℃和相对湿度 40%下，12h 后 CO_2 负载量是 $61.2mg \cdot g^{-1}$，虽然比 PEI-无机硅复合材料在干燥空气中的 $103.8mg \cdot g^{-1}$ 低[102]，但是 PEI-无机硅复合材料的胺的效率只有 22%，而 NFC-AEAPDMS-FD 材料中胺的吸附效率是 28%。不过这类材料经过 20 次的吸附-解吸循环后，吸附剂的负载量下降到 $30.6mg \cdot g^{-1}$，这比循环前有明显的下降。

3.6.2.4 聚胺类吸附材料

基质化学修饰的材料具有低挥发性和高稳定性特点，而聚胺则具有高氮负载量的优势，为同时利用上述两个优点，Jones 等[111-113]用酸作催化剂催化氮丙啶在 SBA-15 表面进行开环聚合制备了聚胺类吸附材料，如图 3-10 所示。

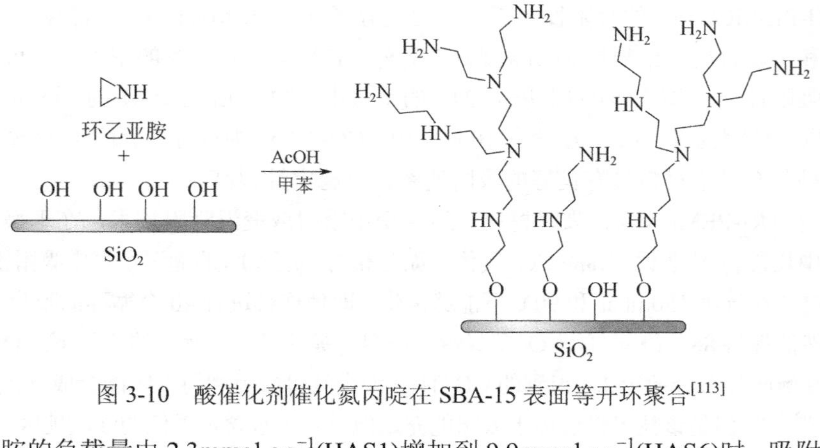

环乙亚胺

AcOH
甲苯

SiO_2

图 3-10 酸催化剂催化氮丙啶在 SBA-15 表面等开环聚合[113]

当胺的负载量由 $2.3mmol \cdot g^{-1}$(HAS1)增加到 $9.9mmol \cdot g^{-1}$(HAS6)时，吸附剂 CO_2 的吸附能力从 $7.0mg \cdot g^{-1}$ 增加到 $75.7mg \cdot g^{-1}$，表明从空气中捕集 CO_2 的能力可以通过控制胺的负载量来调节。当 CO_2 浓度从 10%降到 400×10^{-6} 时，胺负载量较高的 HAS 材料吸附能力几乎不受影响。另外，这种材料的吸附性能在 4 次吸附-解吸循环后可基本保持恒定。不过，由于含氮量较高的吸附材料容易阻塞孔道，进而限制传质过程，导致动力学性能较差，增加了饱和吸附时间。

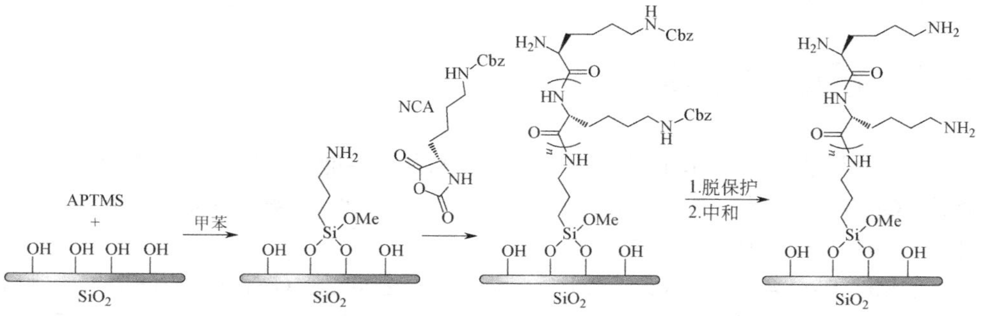

图 3-11 聚 L-赖氨酸刷中孔硅复合吸附材料的合成[85]

Jones 等[85]还合成了聚 L-赖氨酸刷中孔硅复合吸附材料，如图 3-11 所示，通过以下 3 步合成：

① 用 3-氨丙基三甲氧基硅烷修饰煅烧过的 SBA-15；

② 在 APTMS 修饰的 SBA-15 表面进行 N 保护的 L-赖氨酸酸酐的开环共聚反应；

③ 聚合物链段的去质子化。

在 CO_2 浓度为 400×10^{-6} 的干燥氩气混合气中，胺含量为 $2.76mmol\cdot g^{-1}$、$4.84mmol\cdot g^{-1}$ 和 $5.18mmol\cdot g^{-1}$（以 N 计）的条件下，这种新型材料平衡时的 CO_2 负载量分别 $8.4mg\cdot g^{-1}$、$24.6mg\cdot g^{-1}$ 和 $26.4mg\cdot g^{-1}$。吸附-解吸循环试验证实这种活性胺与基质化学键连的聚 L-赖氨酸刷状中孔硅复合吸附材料的稳定性很好，表明其在 DAC 技术中有一定的应用前景。

3.6.3 阴离子交换树脂

Lackner 等将季铵盐接在聚苯乙烯上制备了阴离子交换树脂，用于从空气中吸收 CO_2[58, 114]，其中离子交换树脂的游离氯离子转变为氢氧根离子和碳酸根离子等，以增加树脂的碱性。这种离子交换树脂的 CO_2 负载量可达 $44\sim88g\cdot kg^{-1}$，吸附速率在 $10\sim80\mu mol\cdot m^{-2}\cdot s^{-1}$ 之间，与 $1mol\cdot L^{-1}$ 的 NaOH 溶液的吸附速率相当。

温度过低或湿度过高的气氛均可影响 DAC 装置的正常运转，因此目前 DAC 装置最低使用温度是−5℃，以确保吸附反应速率不会过慢，而在极度湿热条件下，空气的绝对湿度过大，从而降低了树脂的负载量。不过，在凉爽的气候下，CO_2 的捕集是能正常进行的，只是干燥树脂的速率比在沙漠气候中低很多。凉爽的气候可能带来的好处是空气气流使树脂表面保持比较低的温度，这样使水蒸气不会在树脂表面冷凝下来。增大单位量树脂的表面积是目前的主要研究目标之一，由于 CO_2 的吸附速率会受到 CO_2 扩散到树脂内部的速率的限制，减少树脂层的平均厚度将增加单位表面积树脂的吸附速率。目前的树脂的比表面积仅为 $4m^2\cdot kg^{-1}$，若树脂的比表面积增加一个数量级，树脂层的厚度将降低到 0.1mm，所需的树脂量至少减小一个数量级。另一方面，解吸所需的时间也会相对应减少一个数量级，再生设备的体积也相应减小，从而可以利用较少的吸附材料和较小的再生设备，大幅度提高整个装置的捕集效率。

3.7 解吸的技术

除了吸附能力和吸附动力学，固体吸附材料的再生能力也是一个关键的性质。为降低 CO_2 的捕集成本，选取的固体吸附剂需在经过多次（最好是 1000 次以上）的吸附-解吸循环后依然具有稳定的再生能力。

常见的吸附-解附循环为变压吸附及变温吸附。变压吸附（PSA）是 CO_2 在高于常压的条件下被吸附，并在较低压力下解析的过程[115,116]，而真空摆动吸收（VSA）则是在常压下吸附，真空中解附的过程[117,118]。也有采用 PSA 和 VSA 组合的方法，即压力真空摆动吸附（PVSA）[119]，如在比常压高 5.5bar 的压力下吸附，在 50mbar 的真空环境中解吸。

变温吸附（TSA）[120,121]过程中，解吸是用热的氮气或空气加热吸附材料，由于气体的比热容低，所以需要很大体积的气体通过吸附材料。为解决该问题，Grande 发明了电热变温吸附（ETSA），该技术对吸附剂施加电流来加热使 CO_2 从吸附剂表面解吸[10,122]。M. Ishibashi 等也研究了其他再生技术的组合，如温度真空摆动吸附（TVSA）[123,124]，温度压力摆动吸附（PTSA）[116]也能够优化吸附和解析条件以降低成本。Lackner 等[125]则通过挤压聚苯乙烯基质和季铵盐的方法制备出了一种表面平整的层状离子交换材料，运用湿度摆动过程来吸收 CO_2（图 3-12），该过程中树脂表面的羟基和碳酸基团与 CO_2 作用转换成重碳酸盐，并可通过将吸附材料与潮湿空气接触或是直接与水接触来实现解吸，由于解吸过程不需要设备提供高温来产生水蒸气，再生过程大大简化。该方法可从 CO_2 浓度为 400μL/L 的混合气体中吸收 CO_2。

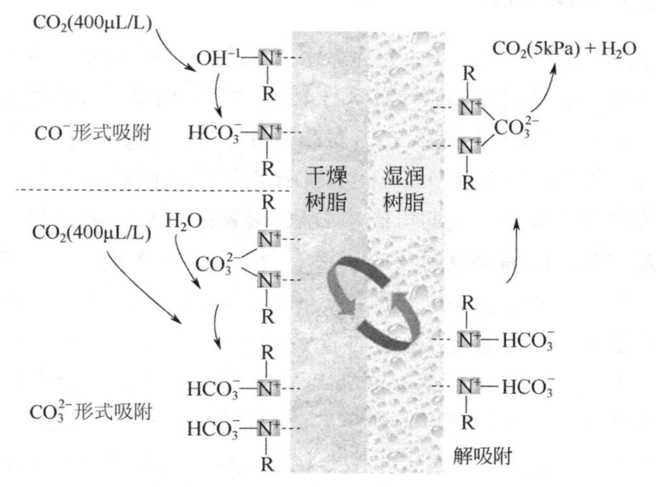

图 3-12 离子交换树脂材料的湿度摆动吸收 CO_2 的过程[125]

3.8 DAC 的费用以及可行性

从空气中直接捕捉 CO_2（DAC）的成本在很大程度上影响利用空气中 CO_2 的整体经济可行性。目前从类似燃煤电厂（10%～15%CO_2）的集中排放的点源中提取 1tCO_2 的成本预计为$30～100，但 DAC 的成本则在$20～1000 之间[126-129]。

Steinberg 等[130]基于 K_2CO_3/$KHCO_3$ 循环开发了 DAC 技术，该技术能以低于 20 美元・t^{-1} 的成本从空气中捕获 CO_2。但 Keith 等[36]利用 Na/Ca 循环技术，CO_2 捕获的成本高达 140 美元・t^{-1}，其中 1/3 是建设成本和维护成本。加拿大的 Carbon Engineering 公司为了更有效地从空气中捕集 CO_2，进一步的发展和优化了 Na/Ca 循环技术，可使成本降低到 49～80 美元・t^{-1}。Lackner 等利用 $Ca(OH)_2$ 作为 DAC 的吸附剂，预计成本为 10～15 美元・t^{-1}，其中吸附剂的再生在成本中所占的比重最高[131]，该技术以甲烷燃烧为煅烧过程提供热量，而由甲烷燃烧所产生的 CO_2 远少于整个过程所捕集到的 CO_2。最近，Lackner 等发展了采用阴离子交换树脂作为吸附剂的 DAC 体系，该体系在湿度摆动吸附实验中显示了良好的吸附-解附性能，每吨 CO_2 捕集所需的成本仅仅在 15 美元・t^{-1} 左右[58]，但加上建造成本和维护成本，该 DAC 体系从空气中捕捉的 CO_2 初始成本会达到 200 美元・t^{-1}，不过这个成本存在规模效应，随着捕集器捕集到 CO_2 量的增多会显著降低，他们预计该体系捕集 CO_2 的长期成本会稳定在 30 美元・t^{-1} 左右。但是，Lackner 和 Keith 提出的 DAC 计划可能低估了空气捕捉的整体成本，早在 2003 年 Herzog 就认为 Keith 等提出的 Na/Ca 循环过程中会产生额外的 1700 美元・t^{-1} 的成本。造成这种巨大差异的原因来自于以下几点。

① Keith 等假定干燥炉的热效应为 80%，而 Herzog 假定干燥炉的热效应仅为 33%。

② Keith 等在成本计算中原料气体的价格设定为价格低廉的自然空气的价格，而不是研究中所用到的用纯净气体混合得到的模拟空气价格。

③ Keith 等没有将像空气压缩、空气循环所需的能量所对应的成本计算在内。

最近由 House[127]和美国物理学会发表的研究表明[132]，利用氢氧化物吸收 CO_2 的 DAC 过程每吨二氧化碳的捕集成本大约分别为 1000 美元和 600～800 美元。因此，目前从空气中直接捕集 CO_2 的技术仍然处于初期阶段，而真正商业化的过程还将与劳动力成本、能量转化效率等诸多因素相关。尽管如此，从空气中直接捕捉 CO_2 技术还是有可行性的，只是需要进行更多的研究来不断优化这项技术并提升它的经济可行性。目前 Carbon Engineering[133]，Kilimanjaro Energy[134, 135]，Global Thermostat[136]和 Climeworks[137]等几个公司已经开始利用几种相对成熟的 DAC 技术，建立小规模的试点。图 3-13 列出了 DAC 的装置和设备模型或实际装置，其中图 3-13（a）是 Kilimanjaro Energy DAC 技术的标准模型；图 3-13（b）则是 NASA 在国际空间站（ISS）中进行试验的基于固态胺的 DAC 技术模型；图 3-13（c）是由 Carbon Engineering 提供的空气 CO_2 捕集装置；图 3-13（d）为 Stinehaven Production 提供的空气 CO_2 捕捉单位阵，又被称为人造树；图 3-13（e）是 Kilimanjaro Energy 提供的利用阴离子置换树脂从空气中捕获 CO_2 的装置模型；而图 3-13（f）则是 Carbon Engineering 位于加拿大亚伯达的 DAC 实际装置。

DAC 所捕集的 CO_2 可作为 C1 原料用于一些实际的生产过程中，比如提高石油采收率（EOR），制备甲醇以及碳氢化合物在内的化学循环（CCR）等，进而提升 CO_2 的附加值，从另一方面间接降低 DAC 的综合成本。此外，空气中的水也能够像 CO_2 一样被分离出来，通过提供纯净水进一步提升该技术的附加价值。

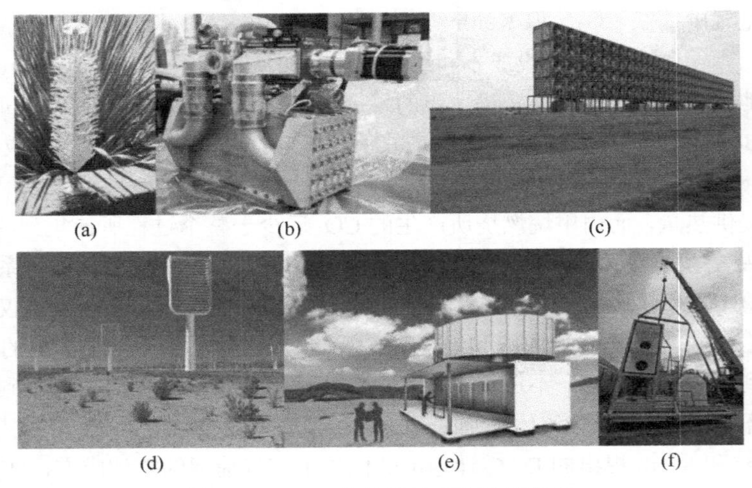

图 3-13 DAC 的设计模型和实际装置

3.9 总结和展望

空气中的 CO_2 能够为人类提供用之不竭的碳元素，从空气中捕集 CO_2 并用于高附加值的化工过程[138-150]，是一个自给自足的碳循环过程，不仅可弥补自然界碳循环的效率和结构不对称的不足，还为人类提供了一个可持续性发展的能源和化工原料。

虽然从二氧化碳捕集的角度来看，目前空气中 CO_2 的浓度（约 400μL/L）是比较低的，但是从空气中直接捕集 CO_2 的技术（DAC）还是具有一定的可行性。从空气中捕集 CO_2 所需能量仅仅只比从火力发电厂废气中回收 CO_2 的能量高 2～4 倍，而 NaOH、KOH 以及 $Ca(OH)_2$ 这样的强碱作为吸附剂能够高效地从空气中吸收 CO_2，吸附过程条件温和，能耗也相对较低，只是吸附剂的再生环节需要比较多的能量。利用 K_2CO_3 作为吸附剂能够降低吸附剂再生过程所需的温度，但是能耗依旧较高。考虑到强碱具有很强的腐蚀性，用化学或者物理方法负载的有机胺吸附剂已成为目前 DAC 技术最热门的研究课题。目前负载化有机胺吸附剂显示了良好的吸附-解吸性能，但是其长期运行的稳定性有待进一步提高。吸附剂的吸附和解附性能是制约 DAC 技术发展的关键，若能找到能耗低、再生能力强、吸附效能高、反应温和的理想吸附剂，我们相信未来 DAC 技术会取得更大的进展，另外若能使吸附和解吸所需的湿度和温度条件能和 DAC 设备所处的地理位置的气候相匹配，也会间接提高该技术的经济性。

参考文献

[1] 全球大气二氧化碳含量实时报告. *http://co2now.org.*

[2] 美国国家海洋和大气管理局全球监测司. *http://www.esrl.noaa.gov/gmd/ccgg/trends.*

[3] 古老冰层揭示季候变迁. *BBC News,* 2006, **4**.

[4] Ma J, Wang J, Wu S, et al. *J Low Carbon Econ,* 2013, 2: 137-143.

[5] 陶红亮. 低碳经济知识读本. 北京：南文博雅, 2015.

[6] 李恒，柯蓝婷，王海涛，等. 低劣生物质厌氧产甲烷过程的模拟研究进展. 化工学报，2014，65(5): 1577-1586.

[7] Gahukar R. *Current Science,* 2009, **96**(1)：26-28.

[8] Fargione J, Hill J, Tilman D, et al. *Science,* 2008, **319**：1235.

[9] Searchinger T, Heimlich R, Houghton R A, et al. *Science,* 2008, **319**：1238-1240.

[10] Grande C A, Rodrigues A E. *Int J Greenh Gas Con,* 2008, **2**(2)：194-202.

[11] Rahimi M, Singh J K, Müller-Plathe F.*J Phys Chem* C, 2015, 119(27): 15232-15239.

[12] Ho M T, Allinson G W, Wiley D E. *Ind & Eng Chem Res*, 2008, 47(14): 4883-4890.

[13] Sorda G, Banse M, Kemfert C. *Energ Policy,* 2010, **38**(11)：6977-6988.

[14] King C W, Webber M E. *Environ Sci Technol,* 2008, **42**(21)：7866-7872.

[15] Matthias S, Niels J. LCA of biogas from different purchased substrates and energy crops. Berne: 2012. *47th LCA Discussion Symposium.*

[16] Scharlemann J P, Laurance W F. *Science-New York Then Washington,* 2008, **319**(5859):43-44.

[17] Doornbosch R, Steenblik R. *Revista Virtual REDESMA,* 2008, **2**(2)：63-100.

[18] Dovì V G, Friedler F, Huisingh D, et al. *J Clean Prod,* 2009, **17**(10)：889-895.

[19] Voith M. *Chem Eng News,* 2009, **87**：23-25.

[20] 国际 CCS 技术研究所. *http://www.globalccsinstitute.com/projects/map.*

[21] 中国 CCS 之项目实施. CCS 技术国际高峰论坛. 北京: 2011.

[22] Haefeli S, Bosi M, Philibert C. Carbon dioxide capture and storage issues–Accounting and baselines under the United Nations Framework Convention on Climate Change (UNFCCC). Paris: 2004.

[23] Pachauri R, Reisinger A. *Climate Change，IPCC fourth assessment report.* New York:2007.

[24] Robert H P, Don W G. *Perry's Chemical Engineering Handbook*. New York: 1997.

[25] Greenwood K, Pearce M. *Transactions of the Institution of Chemical Engineers,* 1953, **31**：201-207.

[26] Rege S U, Yang R T, Qian K Y, et al. *Chem Eng Sci,* 2001, **56**：2745-2759.

[27] Rege S U, Yang R T, Buzanowski M A. *Chem Eng Sci,* 2000, **55**：4827-4838.

[28] Satyapal S, Filburn T, Trela J, et al. *Energ Fuel,* 2001, **15**(2)：250-255.

[29] Huang Z, Chen Z B, Ren N Q, et al. *J Zhejiang Univ Sci A,* 2009, **10**：1642-1650.

[30] Samsonov N, Kurmazenko E, Gavrilov L, et al. *SAE Technical Paper,* 2004：01-2494.

[31] Murray J M, Renfrew C W, Bedi A, et al. *Anesthesiology,* 1999, **91**：1342-1348.

[32] Belmabkhout Y, Serna-Guerrero R, Sayari A. *Chem Eng Sci,* 2010, **65**(11)：3695-3698.

[33] 美国国家职业安全与健康研究所. *http://www.cdc.gov/niosh*.

[34] Kordesch K, Hacker V, Gsellmann J, et al. *J Power Sources,* 2000, **86**：162-165.

[35] Williams M C, Strakey J P, Surdoval W A. *The US Department of Energy, Office of Fossil Energy Stationary Fuel Cell Program,* 2005, **143**：191-196.

[36] Keith D W, Ha-Duong M, Stolaroff J K.Climate Strategy with CO_2 Capture from the Air. Berlin: 2006.

[37] LacknerKS, ZiockH-J, GrimesP. Capturing Carbon Dioxide From Air//*Proceedings of the 24th International Conference on Coal Utilization & Fuel System.* Florida: 1999.

[38] Lackner K S, Grimes P, Ziock H-J. *Los Alamos National Laboratory, LAUR-99-5113,* 1999.

[39] Metz B, Davidson O, De Coninck H, et al. IPCC special report on carbon dioxide capture and storage: Intergovernmental Panel on Climate Change. Geneva (Switzerland): Working Group III, 2005.

[40] Goeppert A, Czaun M, Surya G K, et al. *Energy Environ Sci,* 2012, **5**：7833-7853.

[41] Lackner K S, Wright A. Laminar scrubber apparatus for capturing carbon dioxide from air and methods of use: US, 7833328 B2. 2010.

[42] Richter R. Optimizing geoengineering schemes for CO_2 capture from Air. PPT slides Available at< http://data. tour-solaire. fr/optimized-Cabon-Capture% 20RKR% 20final. pps>(accessed Feb. 2012), 2012.

[43] Choi S, Drese J H, Jones C W. *Chem Sus Chem,* 2009, **2**：796-854.

[44] http://archive.rubicon-foundation.org/4992.

[45] Matty C. *SAE Technical Paper,* 2008：01-1969.

[46] Zeman F. *Environ Sci Technol,* 2007, **41**(21)：7558-7563.

[47] Lackner K S, Grimes P, Ziock H. *The Energy Industry's Journal of Issues,* 1999, **57**(9)：6-10.

[48] Hoftyzer P, Van Krevelen D. *Chem Eng Sci,* 1953, **2**：145-156.

[49] Hoftyzer P, Van Krevelen D. Transactions of the Institution of Chemical Engineers, Proceedings of the Symposium on Gas Absorption, 1954：S60-S67.

[50] Baciocchi R, Storti G, Mazzotti M. *Chemical Engineering and Processing：Process Intensification,* 2006, **45**(12)：1047-1058.

[51] Hänchen M, Prigiobbe V, Baciocchil R, et al. *Chem Eng Sci,* 2008, **63**：1012-1028.

[52] Zeman F. *AIChE Journal,* 2008, **54**(5)：1396-1399.

[53] Keith D, Ha-Duong M, Stolaroff J K. *Climatic Change,* 2006, **74**：17-45.

[54] Stolaroff J K. Capturing CO2 from ambient air: a feasibility assessment. Pittsburgh: 2006. Carnegie mellon university.

[55] Stolaroff J K, Keith D W, Lowry G V. *Environ Sci Technol,* 2008, **42**(8)：2728-2735.

[56] Zeman F. *Environ Sci Technol*, 2007, 41(21): 7558-7563.

[57] 徐纯刚, 李小森, 陈朝阳. 水合物法分离二氧化碳的研究现状[J]. 化工进展, 2011, 30(4): 701-708.

[58] Lackner K. S. *The European physical journal-special topics,* 2009, **176**(1)：93-106.

[59] Steinberg M, Dang V D. *Energy Conversion,* 1977, **17**(2)：97-112.

[60] Sherman S R. *Environ Prog Sustain Energy,* 2009, **28**(1)：52-59.

[61] Nikulshina V, Hirsch D, Mazzotti M, et al. *Energy,* 2006, **31**(12)：1379-1389.

[62] Nikulshina V, Gebald C, Steinfeld A. *Chem Eng J,* 2009, **146**(2)：244-248.

[63] Arosenius AK. Mass and energy balances for black liquer gasification with borate autocausticization. Norrbotten, 2007.

[64] Lindberg D K, Backman R V. *Ind Eng Chem Res,* 2004, **43**(20)：6285-6291.

[65] Nohlgren I M, Sinquefield S A. *Ind Eng Chem Res,* 2004, **43**(19)：5996-6000.

[66] Mahmoudkhani M, Keith D W. *Int J Greenh Gas Con,* 2009, **3**(4)：376-384.

[67] Richards T, Nohlgren I, Warnqvist B, et al. *Nordic Pulp and Paper Research Journal,* 2002, **17**(3)：213-221.

[68] 碳工程有限公司，www.carbonengineering.com.

[69] Bandi A, Specht M, Weimer T, et al. *Energ Convers Manage,* 1995, **36**(6)：899-902.

[70] Stucki S, Schuler A, Constantinescu M. *International journal of hydrogen energy,* 1995, **20**(8)：653-663.

[71] Keith D W, Ha-Duong M. CO_2 capture from the air: technology assessment and implications for climate policy//Greenhouse Gas Control Technologies–6th International Conference: Proceedings of the 6th International Conference on Greenhouse Gas Control Technologies. Kyoto, Japan: 2003.

[72] Nikulshina V, Ayesa N, Galvez M, et al. *Chem Eng J,* 2008, **140**(1)：62-70.

[73] Nikulshina V, Galvez M, Steinfeld A. *Chem Eng J,* 2007, **129**(1)：75-83.

[74] Nikulshina V, Halmann M, Steinfeld A. *Energ Fuel,* 2009, **23**：6207-6212.

[75] Stuckert N R, Yang R T. *Environ Sci Technol,* 2011, **45**(23)：10257-10264.

[76] Wang Q, Luo J, Zhong Z, et al. *Energy Environ Sci,* 2010, **4**(1)：42-55.

[77] Li W, Choi S, Drese J H, et al. *Chem Sus Chem,* 2010, **3**(8)：899-903.

[78] Wurzbacher J A, Gebald C, Steinfeld A. *Prep Pap-Am Chem Soc, Div Fuel Chem,* 2011, **56**：276.

[79] Gebald C, Wurzbacher J A, Tingaut P, et al. *Environ Sci Technol,* 2011, **45**：9101–9108.

[80] Drese J H, Choi S, Lively R P, et al. *Adv Funct Mater,* 2009, **19**(23)：3821-3832.

[81] Hicks J C, Drese J H, Fauth D J, et al. *J Am Chem Soc,* 2008, **130**(10)：2902-2903.

[82] Liang Z, Fadhel B, Schneider C J, et al. *Microporous and mesoporous materials,* 2008, **111**(1)：536-543.

[83] Acosta E J, Carr C S, Simanek E E, et al. *Advanced Materials,* 2004, **16**(12)：985-989.

[84] Yoo S, Lunn J D, Gonzalez S, et al. *Chemistry of materials,* 2006, **18**(13)：2935-2942.

[85] Chaikittisilp W, Lunn J D, Shantz D F, et al. *Chemistry-A European Journal,* 2011, **17**(38)：10556-10561.

[86] Franchi R S, Harlick P J, Sayari A. *Ind Eng Chem Res,* 2005, **44**(21)：8007-8013.

[87] Goeppert A, Meth S, Prakash G S, et al. *Energy & Environmental Science,* 2010, **3**(12)：1949-1960.

[88] Xu X, Song C, Miller B G, et al. *Ind Eng Chem Res,* 2005, **44**(21)：8113-8119.

[89] Xu X, Song C, Andrésen J, et al. *Microporous and Mesoporous Materials,* 2003, **62**(1)：29-45.

[90] Xu X, Song C, Andresen J, et al. Preparation of novel CO2 molecular basket of polymer modified MCM-41//223rd ACS National Meeting, Fuel Chemistry Division Preprint. USA. 2002. 67-68.

[91] Yue M B, Sun L B, Cao Y, et al. *Microporous and mesoporous materials,* 2008, **114**(1)：74-81.

[92] Yue M B, Sun L B, Cao Y, et al. *Chemistry-A European Journal,* 2008, **14**(11)：3442-3451.

[93] Yue M B, Chun Y, Cao Y, et al. *Adv Funct Mater,* 2006, **16**(13)：1717-1722.

[94] Chen C, Yang S T, Ahn W S, et al. *Chemical Communications,* 2009, (24)：3627-3629.

[95] Jiang B B, Kish V, Fauth D, et al. *Int J Greenh Gas Con,* 2011, **5**：1170-1175.

[96] Olah G A, Goeppert A, Meth S, et al. *US, 7795175.* 2010.

[97] Goeppert A, Czaun M, May R B, et al. *J Am Chem Soc,* 2011, **133**(50)：20164-20167.

[98] Wang X, Zhao S, Ma X, et al. *Prep Pap-Am Chem Soc, Div Fuel Chem,* 2011, **56**：267-269.

[99] Wang X, Ma X, Schwartz V, et al. *PhysChem Chem Phys,* 2012, **14**：1485-1492.

[100] Chaikittisilp W, Kim H J, Jones C W. *Energ Fuel,* 2011, **25**(11)：5528-5537.

[101] Chaikittisilp W, Khunsupat R, Chen T T, et al. *Ind Eng Chem Res,* 2011, **50**(24)：14203-14210.

[102] Choi S, Gray M L, Jones C W. *Chem Sus Chem,* 2011, **4**(5)：628-635.

[103] Plaza M, Pevida C, Arias B, et al. *J Therm Anal Calorim,* 2008, **92**(2)：601-606.

[104] Fisher J C, Tanthana J, Chuang S S. *Environmental Progress & Sustainable Energy,* 2009, **28**(4)：589-598.

[105] Chen C, Ahn W S. *Chem Eng J,* 2011, **166**(2)：646-651.

[106] Knöfel C, Martin C, Hornebecq V, et al. *The Journal of Physical Chemistry C,* 2009, **113**(52)：21726-21734.

[107] Gebald C, Wurzbacher J A, Steinfeld A. EP, 2266680A1. 2010.

[108] Belmabkhout Y, Sayari A. *J Am Chem Soc,* 2010, 6312–6314.

[109] Chueh W C, Falter C, Abbott M, et al. *Science,* 2010, **330**(6012)：1797-1801.

[110] Olah G A, Aniszfeld R. US, 7459590. 2008.

[111] Choi S, Drese J H, Chance R R, et al. US, 2011/0179948A1. 2011.

[112] Choi S, Gray M L, Eisenberger P M, et al. *Prep Pap-Am Chem Soc, Div Fuel Chem,* 2011, **56**：277.

[113] Choi S, Drese J H, Eisenberger P M, et al. *Environ Sci Technol,* 2011, **45**(6)：2420-2427.

[114] Lackner K S, Wright A B. PCT2010022399A1, 2010.

[115] Ebner A D, Ritter J A. *Sep Sci Technol,* 2009, **44**(6)：1273-1421.

[116] Mulgundmath V, Tezel F H. *Adsorption,* 2010, **16**(6)：587-598.

[117] Zhang J, Webley P A, Xiao P. *Energ Convers Manage,* 2008, **49**(2)：346-356.

[118] Li G, Xiao P, Webley P, et al. *Adsorption,* 2008, **14**(2)：415-422.

[119] Liu Z, Grande C A, Li P, et al. *Separation and Purification Technology,* 2011, **81**(3)：307-317.

[120] Clausse M, Merel J, Meunier F. *Int J Greenh Gas Con,* 2011, **5**(5)：1206-1213.

[121] Tlili N, Grévillot G, Vallières C. *Int J Greenh Gas Con,* 2009, **3**(5)：519-527.

[122] Grande C A, Rodrigues A E. *Int J Greenh Gas Con*, 2009：1219-1225.

[123] Ishibashi M, Ota H, Akutsu N, et al. *Energ Convers Manage,* 1996, **37**(6)：929-933.

[124] Plaza M, García S, Rubiera F, et al. *Chem Eng J,* 2010, **163**(1)：41-47.

[125] Wang T, Lackner K S, Wright A. *Environ Sci Technol,* 2011, **45**(15)：6670-6675.

[126] Simon A J, Kaahaaina N B, Friedmann S J, et al. *Energy Procedia,* 2011, **4**：2893-2900.

[127] House K Z, Baclig A C, Ranjan M, et al. *Proc Nat Acad Sci,* 2011, **108**：20428-20433.

[128] Pielke J, Roger A. *Environmental Science & Policy,* 2009, **12**(3)：216-225.

[129] McGlashan N, Shah N, Workman M. The potential for the deployment of negative emissions technologies in the UK.Work stream 2, Report 18 of the AVOID programme. London: 2010.

[130] Polak R B, Steinberg M. US, 2012/0003722A1. 2012.

[131] Lackner K S, Grimes P, Ziock H J. Capturing carbon dioxide from air: US, 8715393. 2001.

[132] Direct Air Capture of CO_2 with Chemicals. A Technology Assessment for the APS Panel on Public Affairs, American Physical Society (APS), www.aps.org, 2011.

[133] Keith D W, Mahmoudkhani M, Biglioli A, et al. US, 2010/0064890. 2010.

[134] Wright A B, Lackner K S, Wright B, et al. US, 8088197 2012.

[135] Wright A B, Peters E J. US, 7993432. 2011.

[136] GT 公司 CCS 项目. *www.globalthermostat.com.*

[137] Climeworks 公司 CCS 项目. *www.climeworks.com*.

[138] Olah G A, Goeppert A, Prakash G K S. *J Org Chem,* 2009, **74**：487-498.

[139] Olah G A, Goeppert A, Prakash G K S. *2nd Ed, Weinheim, Germany: Wiley-VCH,* 2009.

[140] Olah G A, Goeppert A, Prakash G K S. *J Am Chem Soc,* 2011, **133**(33)：12881-12898.

[141] Aresta M. Carbon Dioxide as Chemical Feedstock.Hoboken: *Wiley-VCH*, 2010.

[142] Peters M, Köhler B, Kuckshinrichs W, et al. *Chem Sus Chem,* 2011, **4**(9)：1216-1240.

[143] Xiaoding X, Moulijn J. *Energ Fuel,* 1996, **10**(2)：305-325.

[144] Wang W, Wang S, Ma X, et al. *Chem Soc Rev,* 2011, **40**(7)：3703-3727.

[145] Centi G, Iaquaniello G, Perathoner S. *Chem Sus Chem,* 2011, **4**(9)：1265-1273.

[146] Quadrelli E A, Centi G, Duplan J L, et al. *Chem Sus Chem,* 2011, **4**(9)：1194-1215.

[147] Graves C, Ebbesen S D, Mogensen M, et al. *Renew Sust Energ Rev,* 2011, **15**(1)：1-23.

[148] Olah G A. *Catalysis letters,* 2004, **93**(1)：1-2.

[149] Olah G A. *Angew Chem Int Edit,* 2005, **44**(18)：2636-2639.

[150] Shulenberger A M, Jonsson F R, Ingolfsson O, et al. US, 8198338 B2. 2012.

第4章

二氧化碳作为碳氧资源化学固定为小分子化合物

4.1 二氧化碳的分子结构和物化性能

4.1.1 二氧化碳的分子结构

二氧化碳俗称碳酸气，又名碳酸酐。CO_2的分子结构模型如图4-1所示，属典型的直线形三原子分子结构，其结构简式为：O═C═O。由于二氧化碳分子中碳氧键的键长为1.16Å，介于碳氧双键(如乙醛中的C═O键长为1.24Å)和碳氧三键(如CO分子中键长为1.128Å)的键长之间，因此它已具有一定程度的三键特征。有报道认为，在二氧化碳分子中可能存在着离域的大π键，即碳原子与氧原子除了形成两个σ键之外，还形成两个三中心四电子的大π键。

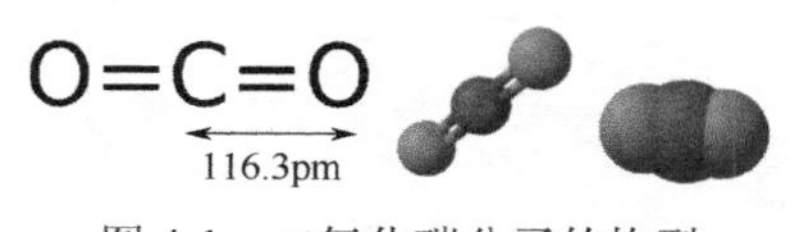

图4-1 二氧化碳分子的构型

CO_2的原子轨道示意图如图4-2（a）所示，其中碳原子的2s轨道上电子的能量是−19.4eV，2p轨道上电子的能量为−10.7eV，氧原子的2p轨道上电子的能量是−15.9eV，这三个轨道上电子的能量比较接近。而氧原子的2s轨道能量则相对较大，约为−32.4eV[1]。CO_2的分子轨道示意如图4-2（b）所示，碳原子和每个氧原子都分别有1个2s原子轨道和3个2p原子轨道（$2p_x$，$2p_y$，$2p_z$）构成，这些原子轨道绕主轴旋转时对应的波函数可能会产生符号变化，符号改变的匹配形式对应的是π键[2]，符号不变的匹配形式对应的则是σ键[3]。二氧化碳的分子轨道由具有相同的、不可约表示的能量相近的原子轨道线性组合而成，原子轨道的最大重叠是二氧化碳分子产生sp杂化的原因[4]。二氧化碳的中心碳原子为sp杂化，由于碳氧原子间存在电负性差异，所以中心碳原子具有一定的Lewis酸性。CO_2最低空轨道的电子亲和能为38eV，是较强的电子受体。但是氧原子中n电子的第一电离能为13.79eV，明显高于CO_2的等电子体CS_2(10.1eV)和N_2O(12.9eV)，属于弱电子给体。CO_2的上述电子结构特性使其具有多种活化反应方式，即不仅可以和金属原子形成不同形式的配位化合物[5-7]，同时也可以与富电子试剂发生成键反应[8]。

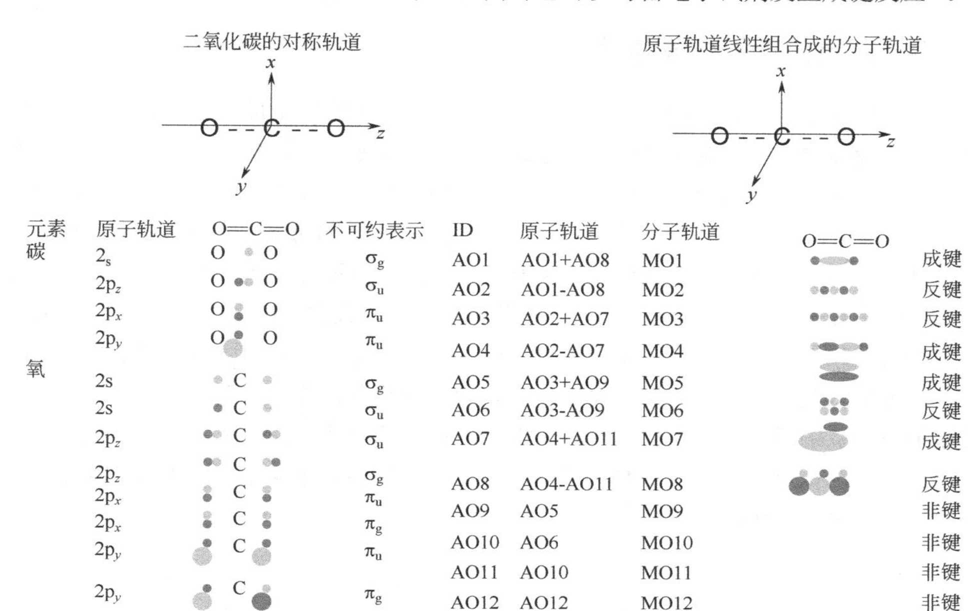

图 4-2　CO_2 的原子和分子轨道示意

4.1.2　二氧化碳的物理性质

CO_2 是无色气体，在较低浓度时没有气味，但是当浓度较高时有刺激性的酸味。在标准温度和压力下，二氧化碳的密度大约是 1.98kg • m^{-3}，约为空气的 1.5 倍。二氧化碳的相图如图 4-3 所示，CO_2 的三相点大约在 518kPa，−56.6℃，在压力低于 520kPa(5.1atm)时 CO_2 不能以液态存在，其临界点为 7432kPa（72.9atm）和 31.26℃[9]。

在高于临界温度 T_c（31.26℃）和临界压力 p_c（7432kPa）下，二氧化碳性质会发生突变，其密度近于液体，黏度近于气体，而扩散系数为液体的 100 倍，具有惊人的溶解能力，可溶解多种物质，因此超临界二氧化碳是目前研究最广泛的流体之一，在超临界萃取方面具有广泛的应用前景。1825 年法国化学家查尔斯（Charles Thilorier）首次发现二氧化碳在 −78.51℃时会升华，所形成的固态二氧化碳俗称“干冰”，可用于冷冻或冷藏。二氧化碳还可以以一种玻璃态存在，类似于硅（石英玻璃）和锗，称为卡博尼亚（carbonia）[10]，但是卡

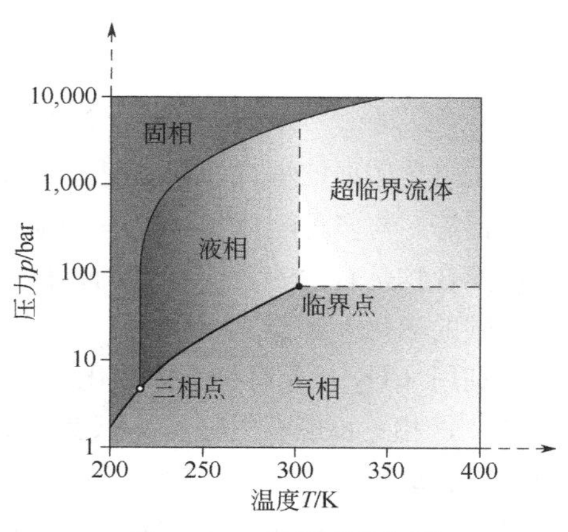

图 4-3　二氧化碳的相图

博尼亚玻璃不稳定，如果恢复正常压力就会变回原状。

4.1.3 二氧化碳的化学性质

二氧化碳是一种弱酸性氧化物，能与一些碱性氧化物发生反应。另外，二氧化碳又是一个较强的配体，能以多种配位方式与金属形成配合物。其中之一是二氧化碳作为独立的配体通过碳原子或氧原子与同种或异种金属直接配位生成单、双或多核配合物［图 4-4(Ⅰ～Ⅴ)］[5,11]，另一种方式是二氧化碳插入到过渡金属配合物的某个键上，这是过渡金属配合物固定二氧化碳的主要途径，这种插入反应是产生催化活性并转化二氧化碳的第一步，所以极其重要。二氧化碳的插入位置主要在 M—C、M—H、M—O、M—S、M—P 和 M—N 等化学键中，插入可以按正常方式[图 4-4 (1)]进行，即碳原子与被插入较富电子的一端连接成键，也可按所谓的反常方式[图 4-4(2)]进行，即碳原子与较贫电子的一端连接形成具有 M—C 键的配合物。CO_2 和很多共聚单体发生阴离子配位聚合反应，主要是 CO_2 及其共聚合单体轮流与催化剂中的金属配位活化，继而插入到金属-杂原子键中[12-15]。

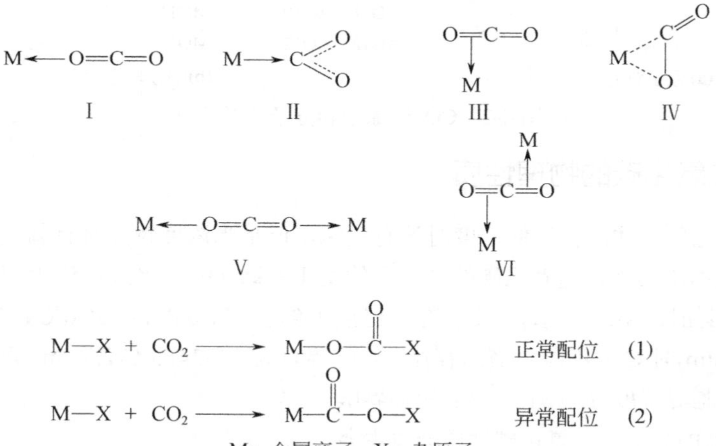

M←O=C=O　　M→C(O)(O)　　O=C=O(↓M)　　M⋯C(=O)⋯O

Ⅰ　　Ⅱ　　Ⅲ　　Ⅳ

M←O=C=O→M　　M↑O=C=O↓M

Ⅴ　　Ⅵ

M—X + CO_2 ⟶ M—O—C(=O)—X　　正常配位　(1)

M—X + CO_2 ⟶ M—C(=O)—O—X　　异常配位　(2)

M：金属离子　X：杂原子

图 4-4　金属-CO_2 配位化合物结构类型

二氧化碳能够被许多金属配合物活化[5,11,16]，金属（如铜、锌、镉、铁、钴、锡、铝、钨等）与多种配体（如羧基、醚、酯、胺、膦等含有氧、氮、磷元素的基团）组成的配合物是有效的活性中心，而在配合物中引入空间位阻大的配位基团能够促进二氧化碳的活化[17]。

利用 CO_2 合成有机小分子化合物是二氧化碳参与的化学反应中很受关注的研究方向[16]，相关反应有望使 CO_2 成为合成能源化学品的主要的 C_1 资源。除了著名的二氧化碳合成尿素氮反应，其他反应如 CO_2 加氢制备甲醇、CO_2 和 CH_4 重整制备合成气和烃、CO_2 与甲醇反应合成碳酸二甲酯等（如图 4-5 所示）也开始备受重视。然而，由于在反应过程中 C 原子的价态发生了改变，合成有机小分子的反应过程中往往需要额外消耗能量或氢，所以如何有效利用 CO_2 合成有机小分子目前依然是很大的挑战。

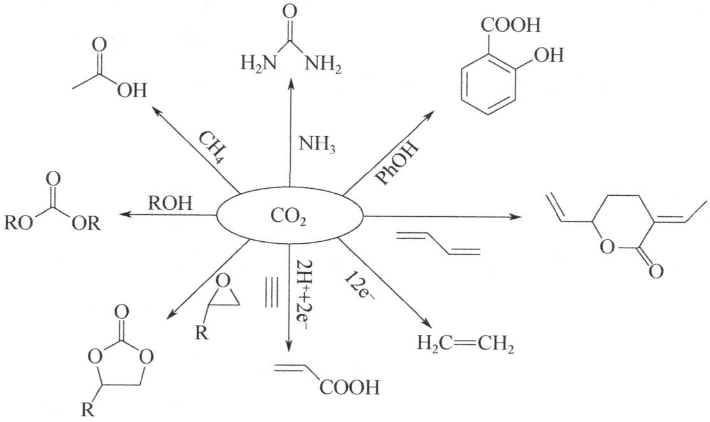

图 4-5　CO_2 作为 C_1 资源与小分子发生的化学反应

4.2　二氧化碳固定为尿素

4.2.1　尿素简介

尿素又称脲或碳酰二胺（NH_2CONH_2），因其含氮量高［46.67%（质量分数）］而成为使用最为广泛的农业肥料，尿素既可单独施用，也可与磷肥、钾肥、腐肥、微肥等组成各种不同系列、不同规格的复混肥料施用于土壤，同时因其 pH 值为中性，因此尿素适用于各类土壤和各种作物，目前约 90%尿素用于农业肥料，是我国用量最大的固体氮肥品种。另外，尿素也是重要的化工原料，其产量的 10%用于工业生产，生产许多化工产品及精细化学品，如三聚氰胺、脲醛树脂、氰尿酸、氯化异氰尿酸、三羟基异氰酸酯、水合肼、盐酸氨基脲、脲烷、氨基磺酸等[18]。

4.2.2　尿素生产理论基础

4.2.2.1　尿素合成反应概述

俄国化学家巴扎罗夫于 1868 年发现的甲铵脱水反应是现代工业合成尿素的基础。工业上都是以液氨和 CO_2 作为合成尿素的原料，其合成反应器中总的反应式为:

$$2NH_3(l) + CO_2(g) \xrightleftharpoons{\text{高温高压}} NH_2CONH_2(l) + H_2O(l) \tag{4-1}$$

该反应是一个放热反应，不过尿素并不是由 NH_3 和 CO_2 一步直接合成的，而是先生成中间产物氨基甲酸铵(NH_2COONH_4，简称甲铵)，然后氨基甲酸铵失去一分子水转变成尿素，反应式如下：

$$2NH_3(\text{l 或 g}) + CO_2(g) \longrightarrow NH_2COONH_4(s) + \Delta H_{AM} \tag{4-2}$$

$$NH_2COONH_4(s) \xrightarrow{\text{熔融}} NH_2COONH_4(l) \rightleftharpoons NH_2CONH_2(l) + H_2O + \Delta H_U \quad (4\text{-}3)$$

反应式(4-3)必须在甲铵熔融液态(甲铵熔点温度 153℃)条件下方能顺利进行。为了保证甲铵处于液态并不使其分解，尿素合成反应必须处于高压。甲铵生成反应[反应式(4-2)]为快速强放热反应，反应物 NH_3 与 CO_2 几乎全部转化为甲铵，甲铵转化为尿素的反应[反应式(4-3)]则是一个弱吸热的可逆反应，反应速率较慢，需要较长时间才能达到化学平衡。

4.2.2.2 反应热效应

在标准状态下，Clark 测得反应式(4-2)的恒容热效应为 151.73kJ・mol^{-1}，换算为恒压值 ΔH_{AM}(0.1MPa，25℃)是 159.09kJ・mol^{-1}，尽管高温、高压条件下的反应热测定较困难，但仍可由热力学盖斯定律按图 4-6 的热循环过程来计算[19]。

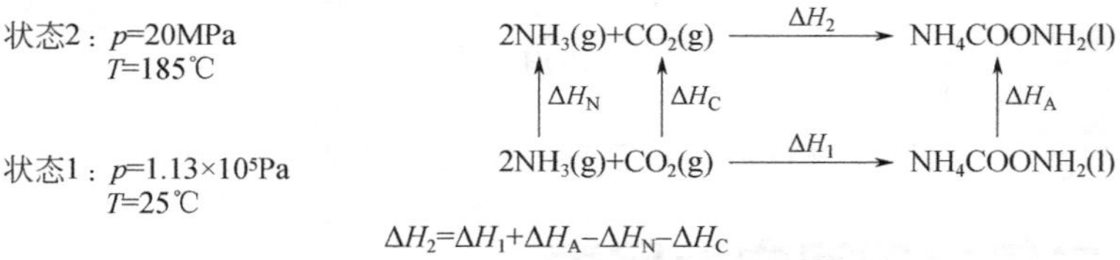

状态2：p=20MPa T=185℃	$2NH_3(g)+CO_2(g)$	$\xrightarrow{\Delta H_2}$	$NH_4COONH_2(l)$
	↑ΔH_N　↑ΔH_C		↑ΔH_A
状态1：p=1.13×10^{5}Pa T=25℃	$2NH_3(g)+CO_2(g)$	$\xrightarrow{\Delta H_1}$	$NH_4COONH_2(l)$

$$\Delta H_2=\Delta H_1+\Delta H_A-\Delta H_N-\Delta H_C$$

图 4-6 高温高压下的热循环过程

利用 NH_3 与 CO_2 在不同压力下的焓的数据，结合甲铵的 C_p 和熔融热数据，可以计算出 20MPa 和 185℃下的 ΔH_{AM}，即 $\Delta H_2 = -108.998$kJ・mol^{-1}。

反应式（4-3）的热效应 ΔH_U 按照 Frejacques 报道为 16.72～20.90kJ・mol^{-1}[20]，按照大塚英二的计算结果为 21.82kJ・mol^{-1}[21]。尿素的合成反应总体热效应约为 −88kJ・mol^{-1}，因此合成塔并不需要外部热能，反而需要移走反应热。

4.2.3 尿素工艺发展概况

尿素的工业发展经历了漫长的过程，1824 年德国化学家武勒（Fvriedrich Wohler）用氰酸与氨反应生成尿素，打破了当时流行的“生命力论”，成为现代有机化学兴起的标志。1932 年美国杜邦公司（Du Pont）用直接合成法制取尿素氨水，1935 年开始生产固体尿素，未反应物以氨基甲酸铵水溶液形式返回合成塔，形成了现代水溶液全循环法的雏形，这期间德、英、美等国相继建成了一批具有相当规模的连续非循环法尿素工厂。此后出现了半循环和高效半循环工艺，工艺改进的方向集中于如何最大限度回收未反应的氨和二氧化碳[22]。继半循环法之后，水溶液全循环法尿素生产工艺在 20 世纪 50 年代开始实现工业化。虽然传统的水溶液全循环法尿素生产技术在它的发源地欧洲几乎惨遭淘汰，但在我国则发展迅速，工艺设计、设备制造已基本实现国产化，目前国内共有约 190 套中、小型尿素装置，总产能约为 2000 万吨・年$^{-1}$。利用先进技术改造现有尿素生产工艺，提高尿素合成转化率及节能降耗新工艺，使其既能满足增产降耗、提高经济效益的需要，又能达到环境保护要求，是当前国内外尿素装置改造的发展方向[23]。目前世界上正在发展中的尿素生产新技术有：斯塔米卡邦 CO_2 气提法、斯那姆氨气提法、蒙特爱迪生等压双循环法（DIR）、三井东压节能新工艺（ACES）、美国尿素技术公司的热循环法（UTI）等。迄今为止国内尿素节能增产及改扩建工程已采用的先进工艺有：CO_2 气提法、氨气提法、双塔工艺、IDR 法等[24]。

4.3　二氧化碳制备环状碳酸酯

环状碳酸酯是一类常用的极性非质子溶剂，由于其具有较高介电常数和良好的电化学稳定性，在锂离子电池电解液中已经得到工业化应用。此外，利用环状碳酸酯的开环反应，它可以作为合成聚碳酸酯的单体和药物中间体，因此环状碳酸酯可广泛应用于能源、纺织、印染等领域，同时在药物和精细化工中间体的合成中也占据重要地位。

4.3.1　催化剂发展史

目前环状碳酸酯的合成方法主要有光气法、酯交换法、环氧化物与二氧化碳耦合法等。前两种方法存在污染重、生产成本高和产品质量欠佳等问题。而以二氧化碳与环氧化物为原料合成有机碳酸酯的路线无其他副产物生成，是一种原子经济的合成路线。此外，二氧化碳与三元[式(4-4)]或者四元环氧化物[式(4-5)]反应可以制得五元或者六元环状碳酸酯。最近烯烃氧化与二氧化碳一步法合成环状碳酸酯[式(4-6)]，合成路线短，成本有望低于环氧化物路线。

$$+ CO_2 \longrightarrow \quad (4\text{-}4)$$

$$+ CO_2 \longrightarrow \quad (4\text{-}5)$$

$$R\text{—CH=CH}_2 + CO_2 + [O] \longrightarrow \quad (4\text{-}6)$$

4.3.1.1　加成法制备环状碳酸酯的催化剂

二氧化碳和环氧化物反应合成环状碳酸酯的催化剂可分为均相催化剂和多相催化剂，均相催化剂主要包括季铵盐、金属配合物、离子液体等，多相催化剂则主要有金属氧化物、负载型金属配合物等。

（1）均相催化剂

① 季铵盐催化剂　目前工业上环状碳酸酯主要由季铵盐（如 Et_4NBr）和碱金属盐（如 KI）催化合成，催化活性较高，但是季铵盐等易溶于环状碳酸酯，不利于催化剂的循环使用，产物提纯难度也较大。2002 年，Calo 等[25,26]用卤化铵盐催化剂在温和

条件下（p_{CO_2}= 1atm）合成了环状碳酸酯，催化活性在很大程度上受阳离子结构和阴离子亲核性的影响，阳离子位阻越大，阴离子离去能力、亲核性越大，催化剂的催化活性就越高。如碘化四丁基铵比氯化四丁基铵有更好的催化效果。Kossev 等[27]研究了 Lewis 酸对铵盐催化性能的影响，指出加入氯化钙可以改善卤化四丁基铵或鏻的性能，当铵盐和氯化钙的摩尔比为 2 时，可达到最优催化效果。Park 等[28]报道四烷基铵盐可以催化 CO_2 和丁基缩水甘油醚的加成反应，催化活性随着烷基链长度的增加而上升，但是当烷基链长度大于 8 个碳后催化活性则难以进一步提高。阴离子对催化活性也有影响，氯离子具有最佳的催化活性，因此四己基氯化铵（THAC）成为催化 CO_2 和丁基缩水甘油醚加成反应的优选催化剂，在 100℃和 9atm 下环状碳酸酯的产率可以达到 81%，转化频率（TOF）值为 $2.7h^{-1}$。

Baba 等[29]发现季铵盐和季鏻盐与有机锡化合物组合可有效催化环状碳酸酯的合成，如 n-Bu_3SnI 和 n-Bu_4PI 组成的催化剂是合成多种环状碳酸酯的催化剂，在 40℃和 49atm 下环氧丙烷的转化率可以达到 100%。此外，有机锑化合物[30]，如 Ph_4SbBr、Ph_3SbBr_2、Me_3SbBr_2，也是合成环状碳酸酯的有效催化剂，产率最高可达 99%。

② 金属有机配合物　1973 年，Pasquale 等[31]首次报道了 Ni(0)配合物催化 CO_2 和环氧化物制备环状碳酸酯的工作，在 100℃下催化环氧乙烷与二氧化碳反应，环状碳酸酯选择性大于 95%。近年来，Cr 或 Co 配合物催化剂的报道很多，如 Kruper 等[32]报道了 4-对甲基卟啉铬（Ⅲ）催化 CO_2 和环氧化物的环化反应，转化率超过 95%。最近 Sakai 等[33]系统研究了配体上接有鏻盐的卟啉催化剂催化 CO_2 与环氧化物的反应，其中 Mg 卟啉催化剂催化活性最高，TON 可以达到 100000。

Nguyen 等[34]使用 Salen 配体代替卟啉以提高催化活性，在 Salen Cr 和助催化剂 4-二甲氨基吡啶（DMAP）下环氧化物与 CO_2 反应的产率最高可达 100%，TOF 可达 $916h^{-1}$。如图 4-7 所示，Salen 配体中二胺主链结构的变化是影响催化活性的重要因素，催化剂 1d 具有更容易插入的配位位点，使得它的活性是外消旋的反式类似物催化剂 1c 的两倍。随着 DMAP 加入量的增加（直到两倍当量），TOF 显著升高，在较低的 CO_2 压力（8bar）和温度（75℃）下，表现出较高的催化活性。吕小兵等[35]报道在季铵盐或季鏻盐的存在下，一系列金属 Salen 化合物都能催化 CO_2 和环氧乙烷反应生成环状乙烯碳酸酯。在 110℃下，Salen Co(Ⅱ)催化环氧乙烷和二氧化碳反应的 TOF 也能达到 $1320h^{-1}$，而在四丁基溴化铵的存在下[36]，Salen Al 催化环氧乙烷与二氧化碳反应的 TOF 可达 $3070h^{-1}$，且催化体系经优化后，可在温和的条件下（25℃，0.6MPa）显示较高的催化活性。施敏等[37]则以 Salen Cu 为催化剂，添加三乙胺后，产率可达 89%～100%，借助于同位素标记实验，他们提出了单金属中心催化机理。

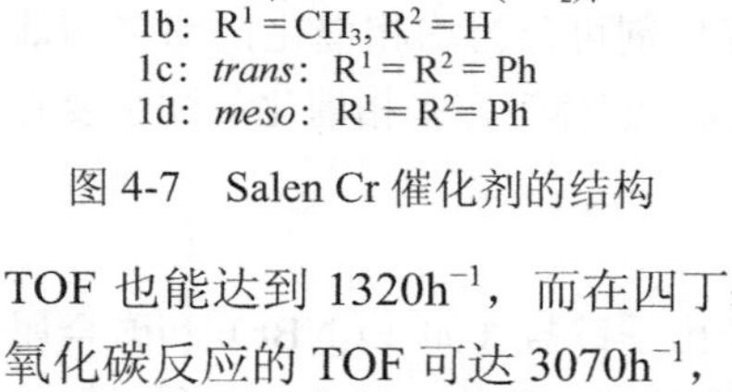

1a：R^1 和 R^2 = *trans*-$(CH_2)_4$-
1b：R^1 = CH_3，R^2 = H
1c：*trans*：R^1 = R^2 = Ph
1d：*meso*：R^1 = R^2 = Ph

图 4-7　Salen Cr 催化剂的结构

此外，卤化 Co(Ⅱ)和季铵盐体系也能较好地催化环状碳酸酯的生成[38]。但是 Co、Cr 等金属毒性较大，催化剂的除去又比较困难，不利于工业化生产，而铁由于其价廉、低毒等优点，最近开始受到研究者的重点关注。2011 年，Williams 等[39]设计合成了一种双中心铁(III)催化剂(图 4-8)，催化环氧化物和 CO_2 的反应，可以选择性制备环状碳酸酯和聚碳酸酯。Rieger 等[40]设计了一种单组分铁(Ⅱ)催化剂（图 4-9），也能催化二氧化碳与环氧丙烷的偶联反应合成碳酸丙烯酯，尤其是在有助催化剂 TBAB 存在的情况下，转化率可达 100%。

Jing 等[41]指出在卟啉钴催化环氧化物与 CO_2 反应的过程中，加入布朗斯特酸可以大幅提高转化率和催化活性，原因在于布朗斯特酸可以与环氧化物形成氢键，促进环氧化物的开环反应。Li 等[42]合成了三金属中心的镁配合物，催化 CO_2 和 CHO 合成环状碳酸酯，产物的选择性较好，顺式产物大于 99%。刘宾元等[43]合成了配体上接有季铵盐的 Salen Al 催化剂，催化环氧丙烷与 CO_2 反应，TOF 可以达到 $850h^{-1}$。Whiteoak 等[44]合成了一种铝配合物，可以在比较温和的条件下合成环状碳酸酯，TOF 达到 $36,000h^{-1}$。

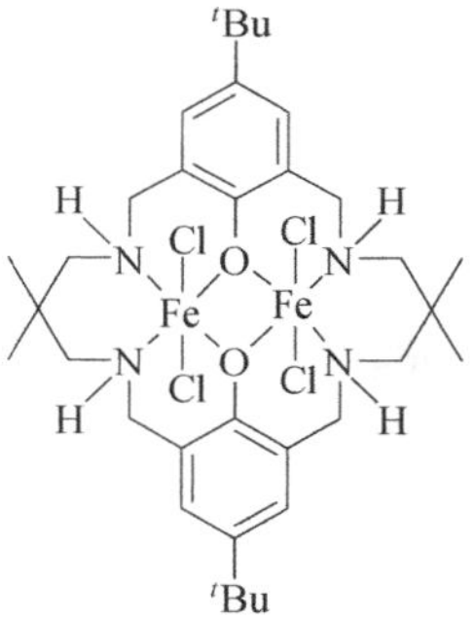

图 4-8 双中心铁（III）催化剂的结构

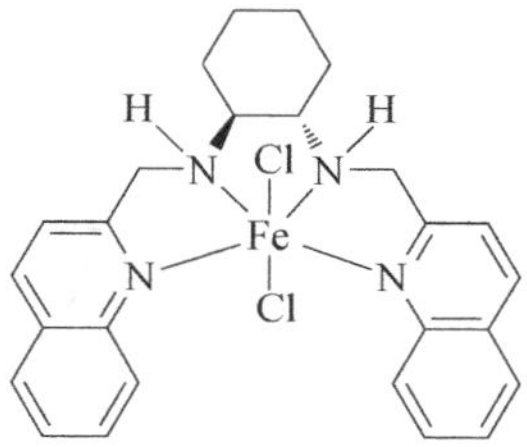

图 4-9 单组分铁（Ⅱ）催化剂的结构

环氧化物的不对称开环反应可制备具有光学活性的环状碳酸酯，Jacobsen 等[45]使用 Salen Co(III)催化剂成功实现了环氧化物的不对称开环和动力学拆分，ee 值高达 97%。受此启发，吕小兵等[46]利用手性 Salen Co(III)化合物和季铵盐成功制备了具有光学活性的环状碳酸酯，ee 值达到 70%。二氧化碳与环氧丙烷的不对称开环反应见式(4-7)。实验还发现季铵盐助催化剂在提高催化活性、对映体选择性等方面起着重要的作用。随后，Berkessel 等[47]使用 Salen Co(III)和 PPNY（Y=F，Cl）作为催化剂，在常压下利用外消旋环氧丙烷成功制备出了 ee 值高达 83%的碳酸丙烯酯。虽然，催化剂对于环氧化物的动力学拆分指数不是很高，但是这为利用 CO_2 作为碳源进行非对称合成提供了一个可行的方案。Jing 等[48]对 CO_2 和外消旋环氧化物的非对称反应作了比较系统的研究，发现助催化剂的阴阳离子均对催化活性和对映体选择性有很大的影响，提出在 25℃和 0.7MPa 的反应条件下，对于 CO_2 和环氧丙烷的反应，催化剂 4b 是最好的催化剂，TOF 达到了 $706h^{-1}$，但是对映选择性很低。此外，Jing 等[49]还对 Salen 配体进行了修饰取代，引入了季铵盐或季鏻盐等基团（图 4-10），得到了很高的催化活性和较高的对映体选择性。在适宜的反应条件下，PC 的产率可以达到 20%以上，ee 值可以达到 75%以上。催化剂的轴向阴离子和鎓盐的阴离子对催化活性和对映选择性影响很大。研究还发现氯有助于提高 ee 值，而碘有助于提高催化活性。Jing 等[50]还利用手性 Salen Co 配合物/手性离子液体为催化剂，催化 CO_2 和环氧化物的不对称环加成反应，合成了具有手性特性的环状碳酸酯，ee 值可以达到 85%以上。

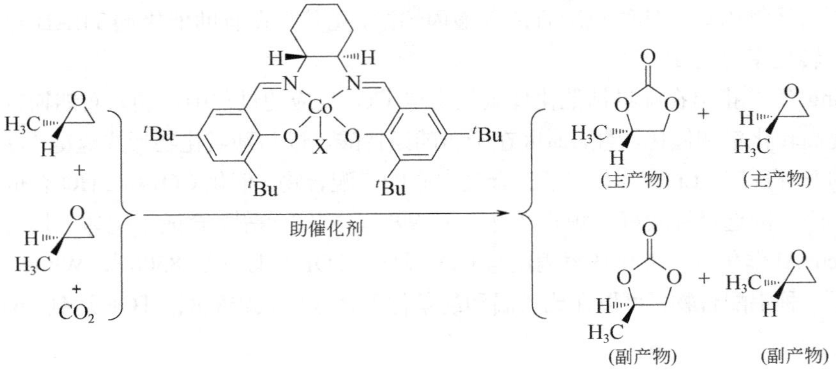

H_3C H + H H_3C + CO_2 —(Salen Co X, ^{t}Bu; 助催化剂)→ H_3C H (主产物) + H H_3C (主产物)；H H_3C (副产物) + H_3C H (副产物)　(4-7)

^{t}Bu　Co　X　^{t}Bu

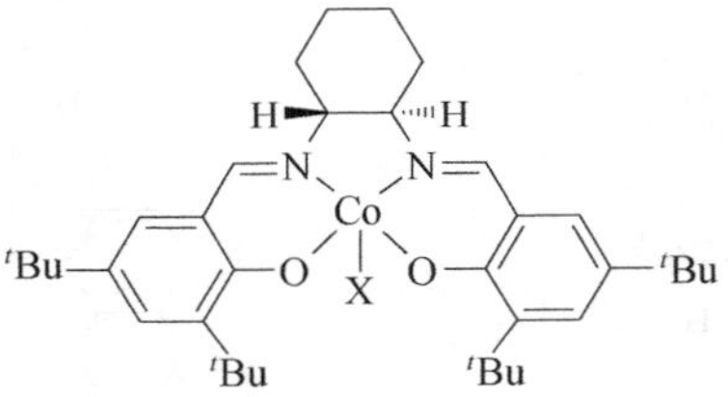

4a：X=OAc;　4e：X=OTs
4b：X=O_2CCCl_3;　4f：X=BF_4
4c：X=O_2CCF_3;　4g：X=PF_6
4d：X=Cl;　4h：X=*p*-硝基苯甲酸盐

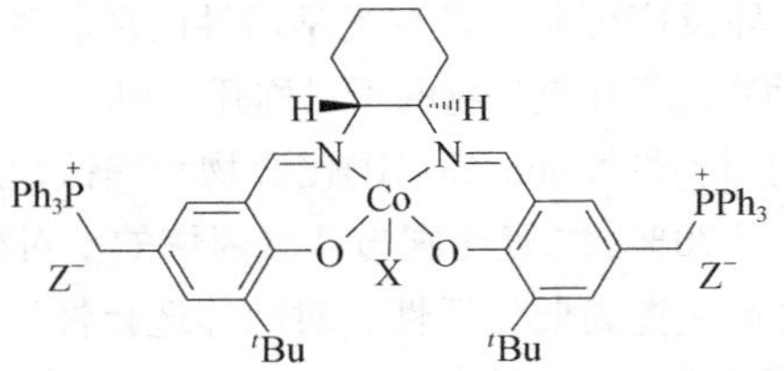

$Ph_3\overset{+}{P}$　Z^-　Co　X　$\overset{+}{P}Ph_3$　Z^-　^{t}Bu

X=OAc, CCl_3CO_2, Cl, OTs, p-$NO_2C_6H_4CO_2$
Z=F, Cl, Br, I

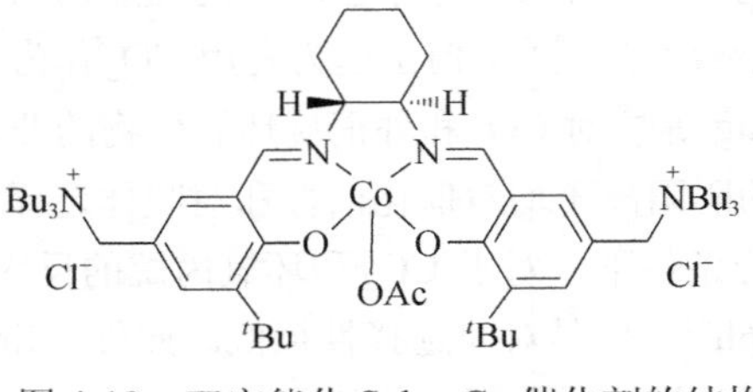

$Bu_3\overset{+}{N}$　Cl^-　Co　OAc　$\overset{+}{N}Bu_3$　Cl^-　^{t}Bu

图 4-10　双官能化 Salen Co 催化剂的结构

③ 离子液体催化剂　尽管碱金属卤化物、金属氧化物、过渡金属配合物、有机碱等都可以催化二氧化碳和环氧化物的反应，但这些催化剂需要较高的反应温度，时间也比较长，有时还需要使用有机溶剂。离子液体具有蒸气压低、毒性小、溶解二氧化碳能力强等特点，许多离子液体如季铵盐、季鏻盐、咪唑盐以及吡啶盐等（图 4-11）已经用于二氧化碳与环氧化物的反应，合成环状碳酸酯。

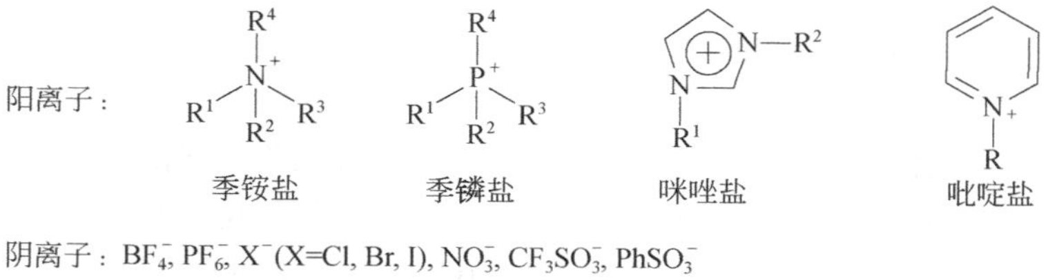

阳离子：

季铵盐　季鏻盐　咪唑盐　吡啶盐

阴离子：BF_4^-, PF_6^-, X^-(X=Cl, Br, I), NO_3^-, $CF_3SO_3^-$, $PhSO_3^-$

图 4-11　常见的几种离子液体

Deng 等[51]采用 1-丁基-3-咪唑四氟化硼（$[C_4\text{-mim}]BF_4$）作为 CO_2 与环氧化物的反应介质和催化剂，在 2.5MPa 和 110℃下反应 6h，产率达到 100%［见式（4-8)］，且该催化体系重复使用四次后，碳酸丙烯酯的产率仅略微下降。Calo 等[25]也报道四丁基卤化铵在没有外加溶剂的情况下可以催化 CO_2 和环氧丙烷的反应，生成碳酸丙烯酯，其中四丁基碘化铵的活性比四丁基溴化铵的要高，因为碘离子的亲核性比溴离子的要强。通常离子液体的催化活性与阳离子的结构和阴离子的亲核性有关，不同阳离子的反应活性顺序为：咪唑阳离子＞吡啶阳离子，而不同阴离子的反应活性为：BF_4^-＞Cl^-＞PF_6^-。

通常高压有利于 CO_2 在离子液体中的溶解，在超临界 CO_2（$scCO_2$）中可能会改善离子液体的催化性能。Kawanami 等[52]采用 1-烷基-3-甲基咪唑盐（$[C_n\text{-mim}]X$）在超临界 CO_2 下催化合成环状碳酸酯，指出阴离子种类和烷基长度对转化率和产物选择性都有决定性的影响，其中，BF_4^-是最有效的阴离子，而当烷基链长度为 8 个碳时，催化效果最好。在 100℃和 CO_2 压力为 14MPa 的条件下，用$[C_8\text{-mim}]BF_4$ 作为催化剂，在 5min 内环氧丙烷的转化率达到 98%。

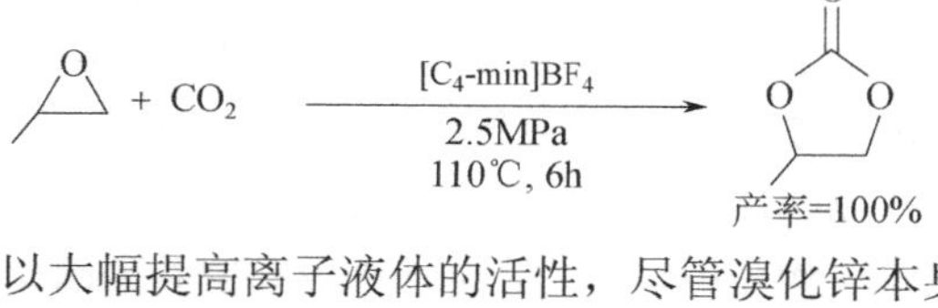

$$\text{环氧丙烷} + CO_2 \xrightarrow[\text{2.5MPa, 110℃, 6h}]{[C_4\text{-min}]BF_4} \text{碳酸丙烯酯（产率=100\%）} \tag{4-8}$$

加入 Lewis 酸可以大幅提高离子液体的活性，尽管溴化锌本身并没有催化活性，但 Kim 等[53]将其加入到$[C_4\text{-mim}]Cl$ 和$[C_4\text{-mim}]Br$ 中可显著提高催化活性，原因在于形成了四卤化双（1-丁基-3-甲基咪唑）锌，而催化活性与四卤化咪唑锌中的卤素基团密切相关，卤原子配体的亲核性越强，催化剂活性越高，存在以下顺序：$[ZnBr_4]^{2-}$＞$[ZnBr_2Cl_2]^{2-}$＞$[ZnCl_4]^{2-}$，不过连接在咪唑基团上的烷基链不利于提高活性。此外，Kossev 等[27]发现加入氯化钙后，卤化四烷基铵或卤化四烷基鏻的催化活性均有所提高，当鎓盐与氯化钙的摩尔比为 2 时效果最佳。

相对于环氧丙烷和环氧乙烷，由于 β 碳原子活性较低，氧化苯乙烯较难转化为碳酸苯乙烯酯。2004 年，Sun 等[54]用 $ZnBr_2$ 和[C_4-mim]Cl 为催化剂，在 80℃条件下，成功合成了碳酸苯乙烯酯，转化率为 93%，选择性为 100%。他们还发现其他的一些金属卤化物与[C_4-mim]Cl 共同作用，也能催化生成碳酸苯乙烯酯，但是不同金属得到的转化率不同，其顺序为：$Zn^{2+}>Fe^{3+}>Fe^{2+}>Mg^{2+}>Li^{+}>Na^{+}$。此外，$ZnBr_2$/TBAB 体系也能催化合成碳酸苯乙烯酯[55]。

（2）多相催化剂

① 金属氧化物催化剂　1997 年，Yano 等[56]将氧化镁作为催化剂合成了环状碳酸酯，转化率超过 40%。2001 年，Bhanage 等[57]研究了金属氧化物催化合成环状碳酸酯的反应，所用的金属氧化物有 MgO、CaO、ZrO_2、ZnO、Al_2O_3、CeO_2、La_2O_3 等。在 *N,N*-二甲基甲酰胺（DMF）中 La_2O_3 显示出较高的转化率（54.1%），而 MgO 则显示出较好的产物选择性（92.0%）。DMF 不仅仅充当溶剂，它还是一种有效的助催化剂，当 DMF 和二氯甲烷共同存在时，Nb_2O_5 显示出更好的催化活性[58]。Yamaguchi 等[59]报道在氧化镁中掺杂氧化铝可提高催化活性，转化率可达 90%，原因在于 Mg-Al 混合氧化物中同时存在着酸性位点和碱性位点，可分别活化环氧化物和 CO_2，从而显示出更好的催化活性。其他的一些酸-碱双官能团体系，如 ZnO-SiO_2[60]、Cs-Si-P 氧化物[61]等，也显示出较高的催化活性。此外，Yin 等[62]制备了 Mg-Zn-Al 混合氧化物，催化 PO 与 CO_2 反应生成环状碳酸酯，得到了较好的催化活性和产物选择性。镧系氧化物和氯化物中同样分别存在碱性位点和酸性位点[63]，Yasuda 等[64]因此制备了镧系元素的氧氯化物来催化合成环状碳酸酯，也取得了较好的催化效果。

② 沸石和蒙脱土催化剂　通过与碱金属氧化物的结合，可以提高沸石的碱性和反应性，Davis 等[65]研究了多种碱金属修饰的沸石对 CO_2 与环氧乙烷环化反应的催化性能，证明碱金属氧化物能提高沸石的催化活性，通常碱金属阳离子电正性越高，活性越高，其活性顺序为：$Na^{+}<K^{+}<Cs^{+}$。尽管碱金属或碱土金属修饰的分子筛对 PO 和 CO_2 的反应均有催化活性，但是用碱金属修饰的分子筛活性更好。少量水的存在可提高碳酸乙烯酯（EC）的生成速率，为此 Doskocil 等[66]解释了催化剂中水的作用：a. 提高催化剂表面的酸性；b. 产生局部碳酸位点以参加反应；c. 提高反应物到达活性位点的传输速度；d. 有效修饰碱金属氧化物，以产生更高的转化频率（TOF）。因此，二氧化碳与环氧化物的环加成反应遵循酸-碱机理。

尽管加入碱金属氧化物和少量水后，可适当提高沸石的催化活性，但是环状碳酸酯的产率仍旧很低（<55%），而加入有机碱或季铵盐作为共催化剂后[67]，催化活性有了很大提高，转化率和选择性分别可达 94.2%和 97%。不同的共催化剂对活性提高的幅度遵循如下顺序：Ph_3P<DMAP<pyridine<Bu_4PBr<Bu_4NBr。

蒙脱土是一种层状黏土矿物，可通过加入过渡金属和碱金属离子来调节其酸碱性。Fujita 等[68]用不同量的 Na^{+}、K^{+}和 Li^{+}去修饰含 Mg、Ni 和 Mg-Ni 的蒙脱土，并将其用于催化 PO 和 CO_2 的偶联反应，其活性受到元素组成的影响，如当进一步用 K^+ 去修饰 Na 修饰过的含 Mg 蒙脱土时，PO 的转化率和 PC 选择性均可提高。

③ 负载型催化剂　相比于金属氧化物和改性沸石等催化剂，均相催化剂如有机碱、金属有机配合物、离子液体等，在偶联反应（或环加成反应）中通常显示出更好的活性和选择性。存在的问题之一是均相催化剂难以从产物中分离出来，这在很大程度上制约了其应用。为此，可以选择将均相催化剂固定到合适的载体上，制成负载型催化剂。

a. 负载型有机碱催化剂　Sartori 等[69]将 7-甲基-1,5,7-三氮杂二环[4.4.0]癸-5-烯（MTBD）负载在分子筛上（图 4-12），用以催化氧化苯乙烯与 CO_2 的偶联反应，碳酸苯乙烯酯的产率和选择性可以达到 90%和 92%，但是反应时间长达 70h。虽然负载之后的 MTBD 活性低于均相的 MTBD，但是负载后的 MTBD 易回收，产物纯化相对容易。

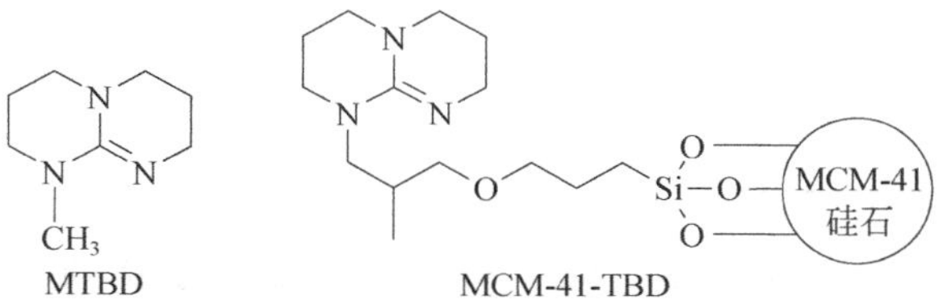

图 4-12　MTBD 负载在分子筛上

除了介孔分子筛，SiO_2 也可以作为有机碱催化剂的载体。Zhang 等[70]制备了负载在 SiO_2 上的胺类催化剂，其中 TBD/SiO_2 催化剂下 PO 的转化率可达 99.5%，PC 的选择性可达 99.8%。但是当用甲基取代 SiO_2 表面的羟基后，PO 转化率由 99.5%迅速降到 0.2%，充分说明羟基对于载体催化剂的活性有重要影响。

b. 负载型金属有机配合物催化剂　以 Salen、卟啉等配体组成的金属有机配合物均相催化剂在 CO_2 与环氧化物反应方面显示出很高的催化活性，但是产物的纯化分离一直是个难题，其中的一个方案是将金属有机配合物固定载体上，制备出稳定、易回收的载体化多相催化剂。Baleizao 等[71]将手性 Salen Cr 配合物负载在 SiO_2 上(图 4-13)，对环氧环己烷的开环显示出很好的对映选择性。吕小兵等[36]将酞菁铝配合物键接在 MCM-41（一种 SiO_2）上，用 Bu_4NBr 作助催化剂，不仅显示出很好的催化活性，且催化剂重复使用 10 次后，仍有较好的催化活性。Wong 等[72]报道了一种负载在吡咯烷鎓盐上的三羰基 Re(Ⅰ)配合物，在重复使用 10 次后，活性只有小幅下降（转化率由 98%下降到 95%）。除了无机材料，聚合物也可以作为载体，用于固定金属配合物，如 Alvaro 等[73]将 Salen Al 配合物负载到聚合物（如 PS、PEA 等）（图 4-14，图 4-15）上，也能有效催化环氧化物与 CO_2 的加成反应。

c. 负载型离子液体催化剂　在合成环状碳酸酯的过程中，虽然离子液体能够通过蒸馏分离出来，但是该过程能耗非常大。为了更好地分离和回收催化剂，负载化是一个重要方案。如图 4-16 所示，Xiao 等[74]将离子液体（3-正丁基-1-丙基咪唑）接枝到

SiO_2上，并与氯化锌组成复合催化体系，可有效催化CO_2与环氧化物的加成反应，TOF可达 $2700h^{-1}$。He 等将季铵盐分别负载到 PEG[75]和 SiO_2[76]上，在超临界CO_2下也取得了较好的效果。Zhao 等[77]将 2-羟丙基三甲基氯化铵固定到壳聚糖上，催化 PO 与CO_2反应，PC 产率可以达到 100%，选择性大于 99%，此催化剂重复使用 5 次后，活性没有明显的下降。Takahashi 等[78]将季鏻盐负载到SiO_2上，此催化剂在固定床反应器上连续使用 1000h，PC 的产率仍保持在 80%以上（图 4-17）。

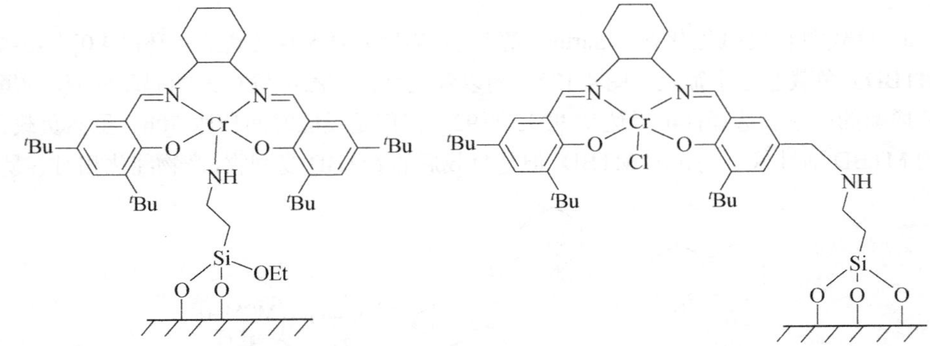

图 4-13 负载在SiO_2上的 Salen Cr 催化剂的结构

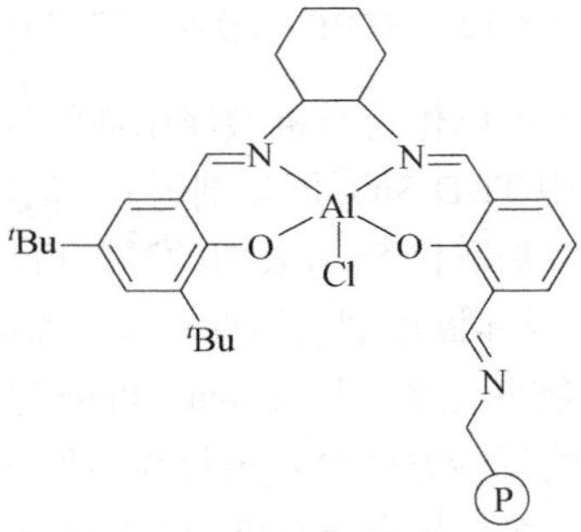

图 4-14 负载在 PS 上的 Salen Al 催化剂的结构

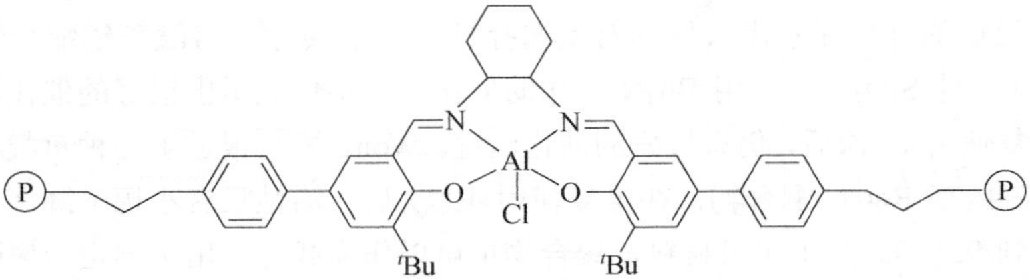

图 4-15 负载在 PEA 上的 Salen Al 催化剂的结构

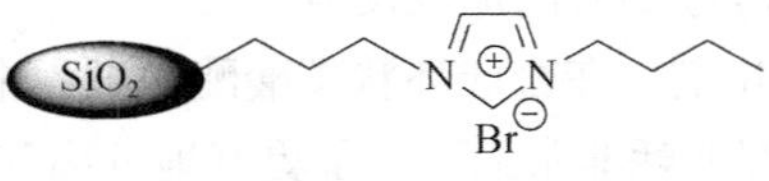

图 4-16 负载在SiO_2上的咪唑盐离子液体

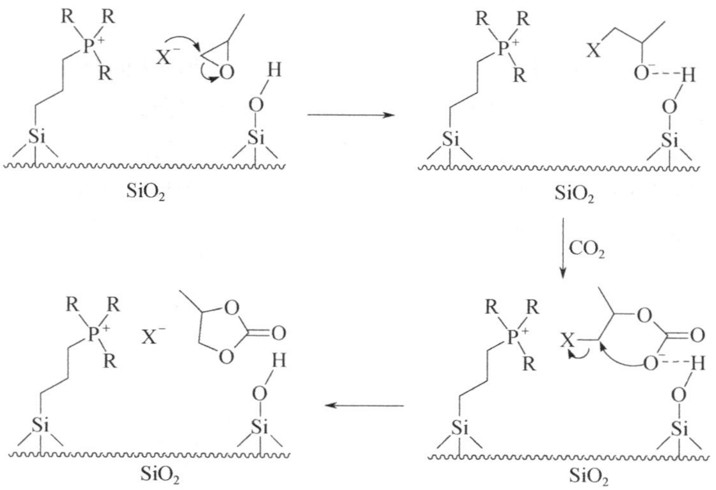

图 4-17　催化剂与载体的协同作用原理

Zhang 等[79]将 1-(2-羟乙基)-咪唑基离子液体共价接枝到交联聚苯乙烯树脂上，以催化环状碳酸酯的合成，催化剂重复回收使用六次后活性没有明显的下降。此外，将带羟基的离子液体接枝到交联二乙烯基苯树脂上，可定量合成环状碳酸酯，且催化剂稳定性好，可重复使用[80]。Xiong 等[81]采用一步法合成了一种交联的聚合纳米微粒，可高效地催化环状碳酸酯的合成。Gao 等[82]合成了一系列聚乙烯醇功能化离子液体，用以催化 CO_2 和环氧化物的反应，此类离子液体可高效催化合成环状碳酸酯，且较易回收，可以多次使用。

此外，利用改性的氨基酸离子液体催化 CO_2 与环氧化物反应，在比较温和的条件（90℃，1atm）下转化率可达 95%[83]，也可将三唑基离子液体负载在分子筛 SBA-15 上催化 CO_2 和环氧化物反应合成环状碳酸酯[84]，催化剂通过过滤回收，重复使用 6 次后，催化活性和选择性没有明显下降。Wang 等[85]将氯化鏻盐负载在含氟的聚合物上，在超临界状态下能够催化 CO_2 和环氧化物生成环状碳酸酯，通过简单的过滤操作回收催化剂，催化剂的活性和选择性也基本保持不变。

Xie 等[86]利用交联的聚二乙烯基苯负载的多相离子液体催化剂［见式（4-9）］，可催化 CO_2 和环氧化物合成环状碳酸酯。此外，分子筛也是一种很好的离子液体载体，如 SBA-15 和 Al-SBA-15 负载的羟基离子液体催化剂[87]，相对于其他的负载型离子液体催化剂显示出更高的催化活性，在 140℃和 2.0MPa 的条件下，反应 1h 后环状碳酸丙烯酯的产率可以达到 98.6%。

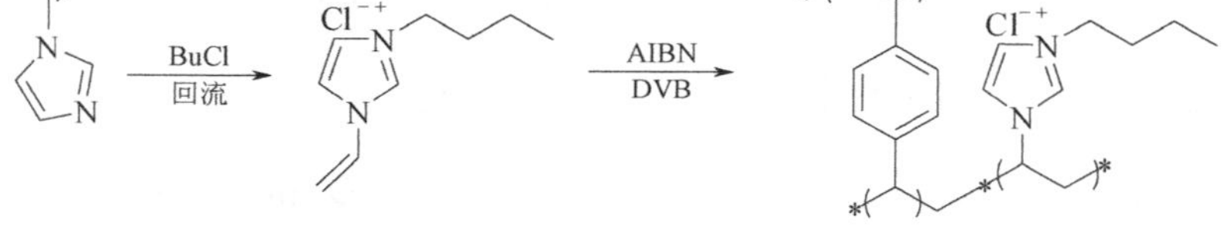

(4-9)

4.3.1.2 烯烃氧化羧化法制备环状碳酸酯

利用烯烃和CO_2直接氧化合成环状碳酸酯是一条非常有潜力的合成路线[式(4-10)]，该方法可以将原来的烯烃氧化和环氧化物羧基化两步反应整合成一步，从而使价格相对低廉且来源丰富的烯烃直接用于合成环状碳酸酯，且免除了从产物中分离环氧化物的步骤。另外，该方法也不需要纯化 CO_2 中所含的分子氧。整个反应过程分两步进行：首先是烯烃氧化成环氧化物，然后环氧化物和 CO_2 发生反应生成环状碳酸酯［见式（4-11）］。

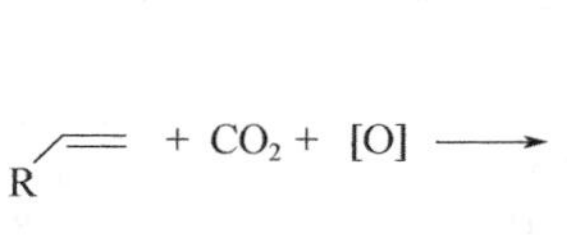

$$\text{R-CH=CH}_2 + CO_2 + [O] \longrightarrow \text{环状碳酸酯(R)} \tag{4-10}$$

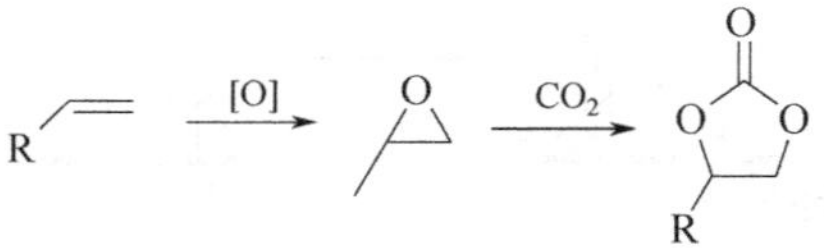

$$\text{R-CH=CH}_2 \xrightarrow{[O]} \text{环氧化物} \xrightarrow{CO_2} \text{环状碳酸酯(R)} \tag{4-11}$$

Sun 等[55]发现在离子液体中苯乙烯转化为碳酸苯乙烯酯的直接氧化羧化是完全可行的（图 4-18），以季铵盐或咪唑盐为催化剂，叔丁基过氧化氢作为氧化剂，碳酸苯乙烯酯的产率可以达到 38%，若以 Au/SiO_2、$ZnBr_2$ 或 TBAB 为催化剂，异丙苯过氧化氢为氧化剂，可进一步使碳酸苯乙烯酯的产率提高到 45%。Aresta 等[88]利用多相催化剂 Nb_2O_5 实现了苯乙烯的氧化羧化，但是由于副产物苯甲醛和苯甲酸的存在，产物碳酸苯乙烯酯的选择性很低（仅为 1%～2%），但当加入 $NbCl_5$ 作为助催化剂后，碳酸苯乙烯酯的产率可以达到 11%。Srivastava 等[67]则以 TS-1 和 Ti 修饰的 MCM-41 为催化剂、H_2O_2 为氧化剂，使氯丙烯的转化率达到 54.6%，产物碳酸氯丙烯酯的选择性为 55.6%，当原料为苯乙烯时，转化率和选择性分别下降到 50.4%和 26%。

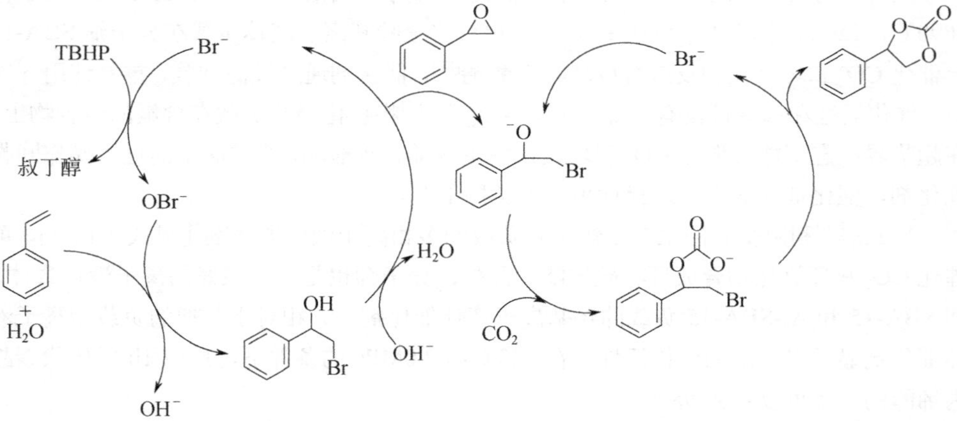

图 4-18　CO_2 与烯烃直接制备环状碳酸酯的可能反应历程

4.3.2 二氧化碳与环氧化物加成反应的机理

1995 年 Kruper 等[32]采用 4-甲基卟啉铬（III）催化 CO_2 和环氧化物加成反应制备

环状碳酸酯，并提出了两个可能的催化机理，即：

① CO_2与环氧化物通过环加成反应直接得到环状碳酸酯［见式（4-12）］；

② CO_2 与环氧化物在催化剂作用下先生成聚碳酸酯，然后解聚得到环状碳酸酯［见式（4-13）］。

（4-12）

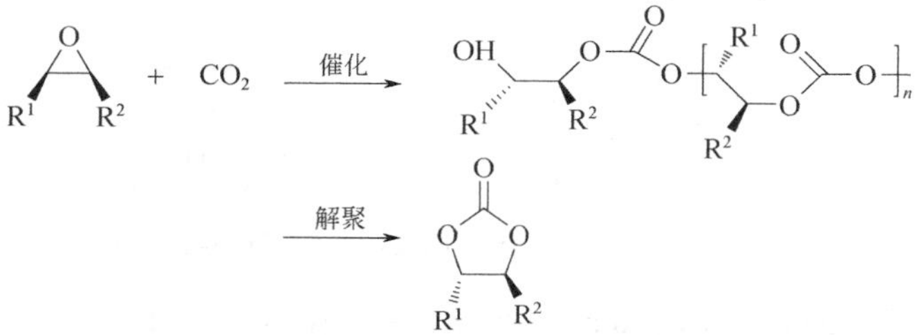

（4-13）

施敏等[37]研究了以 Salen 过渡金属为催化剂的固碳反应，借助于催化结果和同位素标记实验，提出了单金属中心催化机理。他们使用反式氘代环氧化物与二氧化碳反应，只是单一的生成了环状碳酸酯 **A**［见式（4-14）］，因此认为环状碳酸酯的形成是按照路线 a 的进程实现的，Lewis 酸活化环氧化物使其开环，而后再与 CO_2 反应得到相应的氘代环状碳酸酯。而如果按照路线 b 的进程实现，得到的将是环状碳酸酯 **A** 的对映体 **B**［见式（4-14）］。

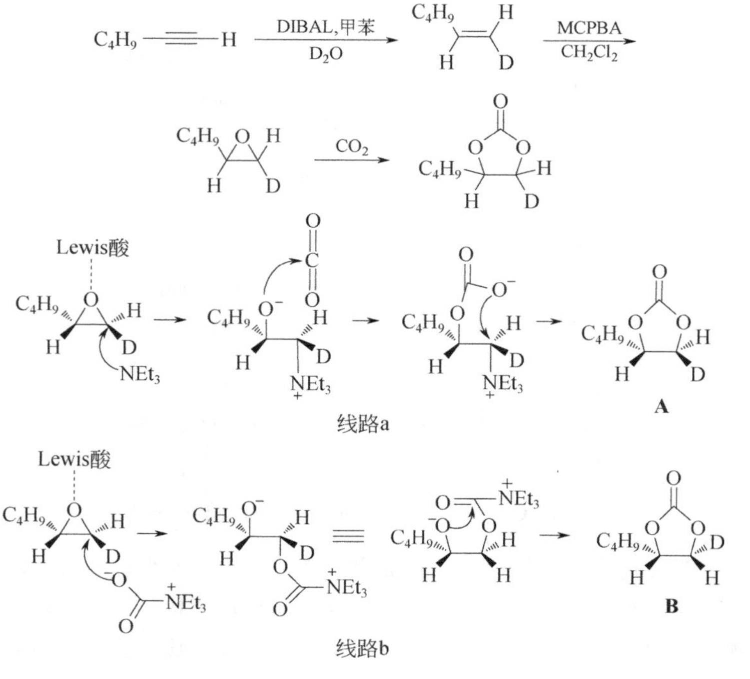

（4-14）

线路a

线路b

Yamaguchi 等[59]发现在氧化镁中掺杂氧化铝可提高催化活性，转化率可达 90%。原因在于 Mg-Al 混合氧化物中同时存在着酸性位点和碱性位点，可以分别活化环氧化物和 CO_2，所以才显示出更好的催化活性（图 4-19）。

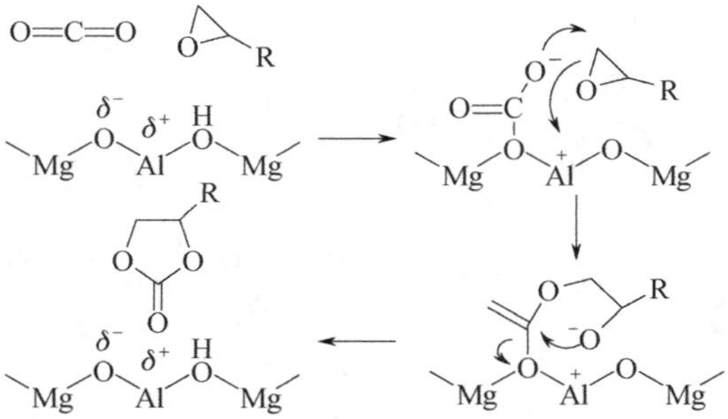

O=C=O　R
δ⁻ δ⁺ H
Mg O Al O Mg → O=C O⁻ R / Mg O Al⁺ O Mg
R
O O / O
δ⁻ δ⁺ H
Mg O Al O Mg ← O R / ⁻O / Mg O Al⁺ O Mg

图 4-19　CO_2 与环氧化物加成反应的可能反应历程

Sun 等[54]采用 $ZnBr_2$ 和[C_4-mim]Cl 催化体系，在 80℃下合成了碳酸苯乙烯酯，转化率为 93%，选择性为 100%，并对反应机理做出了解释［见式（4-15）和图（4-20）］，即：环氧化物首先与 $ZnBr_2$ 配位而得到活化，然后咪唑盐的阴离子进攻环氧化物使之开环，CO_2 插入 Zn—O 键，发生闭环反应最终生成环状碳酸酯。

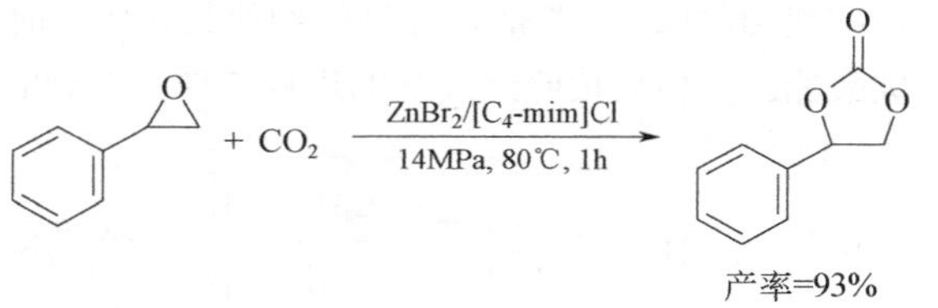

$$\text{styrene oxide} + CO_2 \xrightarrow[\text{14MPa, 80℃, 1h}]{ZnBr_2/[C_4\text{-mim}]Cl} \text{styrene carbonate} \tag{4-15}$$

产率=93%

[C_4-mim]$^+$Cl$^-$　Br　Cl$^-$ $^+$[C_4-mim]
O --- Zn --- O
Ph　Br　Ph
1

Br / Zn---O / Br 1 Ph　Cl$^-$ $^+$[C_4-mim] → Br / Zn—O$^-$ $^+$[C_4-mim] / Br Ph Cl →(CO_2) O=C=O / HBr / Zn—O$^-$ $^+$[C_4-mim] / Br Ph Cl → Br / Zn—O$^-$ $^+$[C_4-mim] / Br / O=C / O / Ph Cl
→ Br / Zn / Br　O O=C O$^-$ $^+$[C_4-mim] / Ph Cl → Br / Zn / Br + O O (O) / Ph + Cl$^-$ $^+$[C_4-mim]

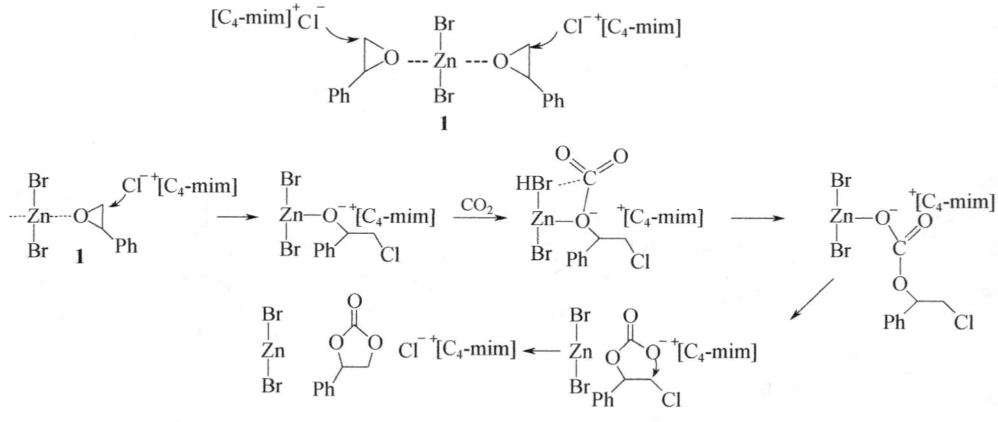

图 4-20　CO_2 与环氧化物加成反应的可能反应历程

Zhang 等[89]发现在很多催化体系（如离子液体）中加入少量的水，可大幅提高环状碳酸酯的产率。他们认为水在催化过程中起到活化环氧化物、促进环氧化物开环和稳定碳酸酯中间体的作用（图 4-21）。进一步研究发现，其他的质子溶剂（如苯酚和乙酸）也能促进环状碳酸酯合成，但与水相比效果相对较差。在水存在下，用 Ph_3PBuI 作催化剂，端基脂肪族环氧化物和氧化苯乙烯的转化率可以达到 83%～95%。

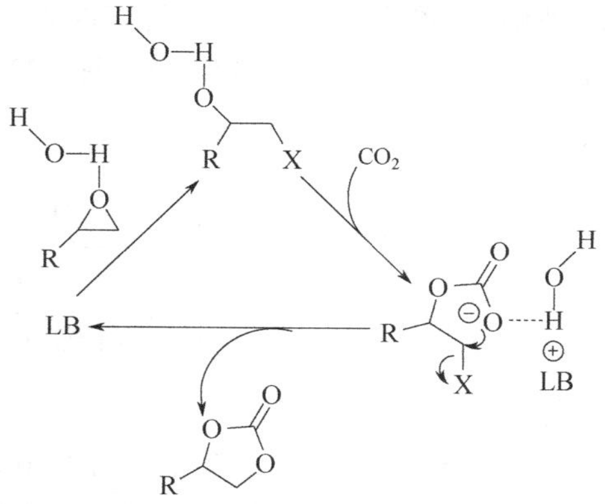

图 4-21 水在 CO_2 与环氧化物加成反应的作用

4.3.3 新型环状碳酸酯的合成和反应性能

环状碳酸酯是一种高附加值的化学试剂和化工原料，自 20 世纪 50 年代商业化以来，环状碳酸酯已经被广泛地用作极性非质子溶剂、锂离子电池电解液以及很多化学品的反应中间体，而且还可作为合成聚碳酸酯和聚氨酯等高分子材料的基本原料。目前除了应用最广的五元环碳酸酯外，六元环碳酸酯也很受重视。其中三亚甲基碳酸酯（TMC）是合成医用高分子材料的重要单体，TMC 在催化剂的作用下可以开环聚合或与其他单体共聚，形成生物相容性很好的医用高分子材料。

1985 年，Baba 等[90]利用碘化四苯基锑为催化剂，催化氧杂环丁烷与二氧化碳反应合成了六元环碳酸酯 TMC［见式（4-16）］。随后 Fujiwara 等[91]同样利用碘化四苯基锑催化氧杂环丁烷与二氧化碳反应生成 TMC，转化率可达 96%。2010 年，Darensbourg 等[92]利用乙酰丙酮氧钒催化剂，在比较温和的条件下，合成了 TMC，最近 Whiteoak 等[93]利用铁系催化剂，催化氧杂环丁烷及其衍生物与 CO_2 反应合成了相应的六元环碳酸酯 TMC。

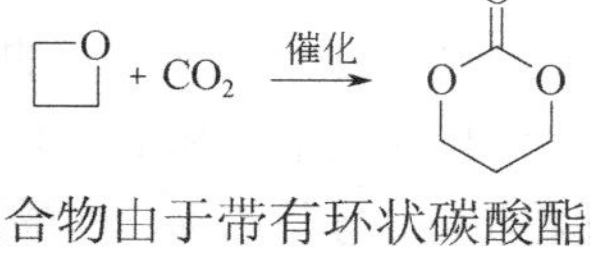

$$\text{氧杂环丁烷} + CO_2 \xrightarrow{\text{催化}} \text{TMC} \qquad (4\text{-}16)$$

含环状碳酸酯官能团的聚合物由于带有环状碳酸酯基团，能与很多化合物反应制备具有一定性能的聚合物[94]。现在合成此类聚合物的方法主要有两种：①带有环状碳酸酯基团的不饱和单体进行共聚反应；②带有环氧基团的聚合物或低聚物与 CO_2 反应生成带有环状碳酸酯基团的聚合物或低聚物。

4.3.3.1 带有环状碳酸酯基团的不饱和单体进行共聚反应

利用含有环状碳酸酯基团的不饱和单体的均聚或共聚反应是合成环状碳酸酯官

能化聚合物的主要方法，从环状碳酸酯官能团在聚合物中的位置来划分，主要分为主链含环状碳酸酯基团和侧链含环状碳酸酯基团两类聚合物。相关的官能化单体有碳酸丙烯酯甲基丙烯酸酯（PCMA）、碳酸丙烯酯丙烯酸酯（PCA）、亚乙烯基碳酸酯、丙三醇碳酸酯乙烯基醚和乙烯基乙烯碳酸酯（VEC）等（图 4-22）。

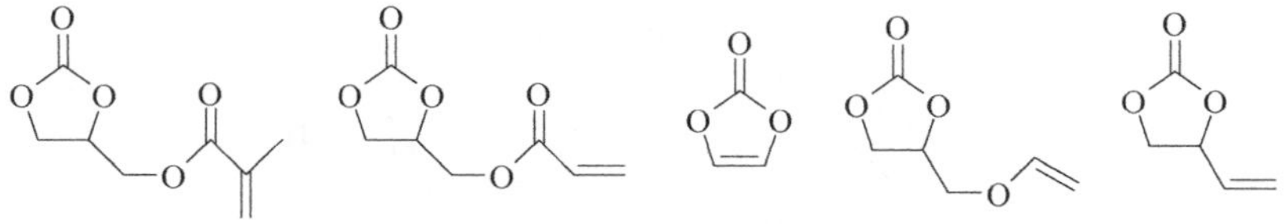

图 4-22 常见的带有环状碳酸酯基团的不饱和单体

（1）主链含环状碳酸酯基团的聚合物

亚乙烯碳酸酯的均聚或共聚可以生成主链上有环状碳酸酯基团的聚合物。Newman 等[95]利用过氧化苯甲酰成功地实现了亚乙烯碳酸酯的均聚反应，指出单体纯度的高低对聚合反应速率和产物分子量有着很大的影响。Krebs 等[96]研究了亚乙烯碳酸酯与偏二氯乙烯和三氟氯乙烯的共聚反应，指出三氟氯乙烯是亚乙烯碳酸酯很好的共聚单体。Hayashi 等[97]则研究了亚乙烯碳酸酯与醋酸乙烯酯、氯乙烯、甲基丙烯酸甲酯等的共聚反应。

亚乙烯碳酸酯是少数具有高反应活性的 1,2-二取代乙烯单体，可以发生均聚反应或与其他单体发生共聚反应，但是亚乙烯碳酸酯单体的合成和纯化均较为困难，限制了其应用领域。

（2）侧链含环状碳酸酯基团的聚合物

① 碳酸丙烯酯甲基丙烯酸酯（PCMA）和碳酸丙烯酯丙烯酸酯（PCA） 通常 PCMA 均聚只生成不溶的交联聚合物[98]，PCA 的均聚物也是如此[99]，不过 Hummer 等[100]使用纯度较好的 PCA 单体合成了可溶性的 PCA 均聚物。Katz 等[101]使用纯度较好的 PCMA 单体也制备了可溶性 PCMA 均聚物，表明这类单体的纯度对其聚合反应影响是很大的。

Kihara 等[102]指出，部分纯化的 PCMA 的本体均聚反应得到的是不溶产物，而在二甲亚砜 DMSO 中进行溶液聚合时可得到能溶于极性非质子溶剂的可溶性产物，原因在于碳酸酯环上的质子可导致链转移或者支化反应的发生，最终可能导致凝胶。

不过，环状碳酸酯官能化单体与其他不饱和单体共聚可以消除均聚时发生的凝胶等问题，Hummer 等[100]成功地将 PCA 与苯乙烯、醋酸乙烯酯、甲基丙烯酸甲酯和丙烯酸甲酯共聚，得到了可溶性共聚物。Wendler 等[103]研究了 PCMA 和苯乙烯的溶液共聚反应，发现当使用二甲基甲酰胺 DMF 为溶剂时，共聚反应的转化率与时间呈线性关系，而当使用甲苯为溶剂时，则发生了沉淀聚合反应，这是因为环状碳酸酯基团是强极性的，所以极性非质子溶剂 DMF 是环状碳酸酯均聚物的良溶剂，而甲苯则是沉淀剂。

② 丙三醇碳酸酯乙烯基醚　Nishikubo 等[104]利用乙烯基缩水甘油醚和 CO_2 反应制备了丙三醇碳酸酯乙烯基醚。用 $BF_3{\cdot}2OEt_2$ 作催化剂，通过阳离子聚合反应可以制备丙三醇碳酸酯乙烯基醚的均聚物，能溶于极性非质子溶剂。丙三醇碳酸酯乙烯基醚还可与电子受体单体如丙烯酸甲酯、马来酸酐、丙烯腈和 *N*-苯基酰亚胺等发生自由基共聚反应。

③ 乙烯基碳酸乙烯酯　Bissinger 等[105]利用 3-丁烯-1,2-二醇与二乙基碳酸酯反应制备了乙烯基碳酸乙烯酯（VEC）。Pritchard 等[106]利用 3,4-环氧-1-丁烯与 CO_2 反应也制备了乙烯基碳酸乙烯酯，并研究了其均聚反应。VEC 单体与其他单体的共聚反应也有很多研究，Webster 等[107]研究了 VEC 与新癸酸乙烯酯的自由基溶液共聚反应，发现共聚物能溶于很多极性溶剂，但是当 VEC 含量较高时（40%～50%），共聚物溶于极性非质子溶剂，根据不同组成共聚物的 T_g 曲线外推法可以得到 VEC 均聚物的 T_g 为 106～144℃。

4.3.3.2　带有环氧基团的聚合物或低聚物与 CO_2 反应生成含环状碳酸酯基团的聚合物或低聚物

自从发现环氧基团可以与 CO_2 反应生成环状碳酸酯基团以来，人们就开始将越来越多的目光转向将带有环氧基团的聚合物或低聚物通过与 CO_2 反应来制备含环状碳酸酯基团的聚合物或低聚物。Kihara 等[102]通过 CO_2 与聚甲基丙烯酸缩水甘油酯的反应来制备 PCMA 均聚物，这个合成路线可以避免 PCMA 直接均聚所引起的凝胶问题。

通过 CO_2 与双酚 A 环氧树脂反应也可以制备环状碳酸酯官能化聚合物。Kim 等[108]研究了不同的季铵盐催化剂对 CO_2 与双酚 A 和双酚 S 环氧树脂反应的影响。

CO_2 与其他一些缩水甘油醚类化合物反应还可以合成多官能团环状碳酸酯[109]。December 等[110]通过 CO_2 与三羟甲基丙烷三缩水甘油醚反应制备了含有三个环状碳酸酯基团的可交联单体，Koenraadt 等[111]也采用类似方法制备了含有三个环状碳酸酯基团的二异氰酸酯三聚体。

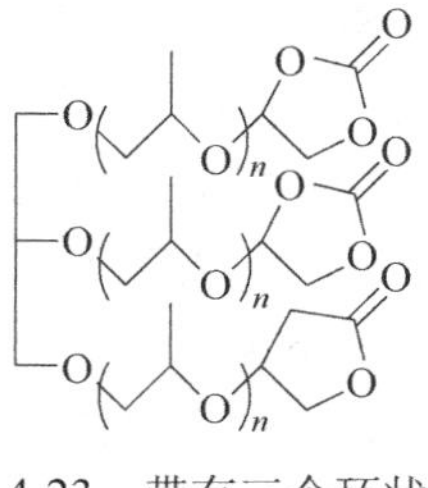

Clements 等[112]通过带有三个环氧端基的聚合物与二氧化碳反应，合成了含三个环状碳酸酯基团的聚合物（图 4-23）。此外，环氧化大豆油由于来源广泛、价格低廉，并可以摆脱对石油资源的依赖而受到特别关注，只是由于其环氧基团浓度较低，需要在较苛刻的条件下反应才能得到较高的转化率（图 4-24）。

图 4-23　带有三个环状碳酸酯基团的聚合物

环状碳酸酯官能化聚合物作为功能单体，与氨基反应可以制备多种聚合物。

（1）线型聚合物

Kihara 等[113]通过双环状碳酸酯与二胺反应制备了线型聚羟基氨酯，由于环状碳酸酯与氨基的高反应性和高化学选择性，聚合反应不会受反应介质的影响，可以在很多溶剂中进行。类似的反应可制备多种多样的线型聚羟基氨酯[114, 115]，这类聚合物的热稳定性受二胺结构等的影响，其中采用芳香族二胺生成的聚合物热稳定性最好，不过由于极性较大以及氢键较强等因素，这类聚合物在很多有机溶剂中是不溶的。

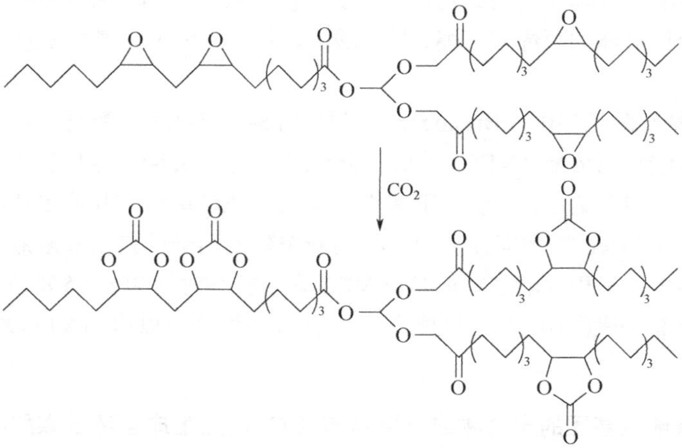

图 4-24 环氧化大豆油制备环状碳酸酯

（2）热固性聚合物

Rokicki 等[116]将双酚 A 环氧树脂中的一部分环氧基团转化为环状碳酸酯基团，并研究了与氨基反应之后聚合物的性质。随着碳酸酯含量的上升，聚合物的交联密度有所下降，这是因为伯胺对于环氧化物来说是双官能度的，而对于环状碳酸酯来说则是单官能度的。但是这类聚合物即使交联密度很低，其力学性能也能得到大幅度提高，这是由于极性环状碳酸酯基团和氨酯基团的存在促进了分子间氢键的形成。

Rokicki 等[117]以环氧树脂为原料制备了一系列环状碳酸酯聚合物，随后将这类产物与环氧-氨基树脂体系混合。他们认为环状碳酸酯树脂的加入可以降低体系的黏度，缩短凝胶时间，降低固化时放热曲线的峰值，同时目标聚合物材料的抗冲击性、弹性和黏附力也得到了提高。

Figovsky 等[118]将具有多个环氧官能团的树脂转化为环状碳酸酯，随后与多元胺反应，得到了网状结构的非异氰酸酯聚氨酯，这类材料的力学性能与环氧官能团和环状碳酸酯官能团的比例密切相关，当环氧基团/环状碳酸酯基团为 4%～12%时，材料的力学性能最好。此外，Webster 等[107]利用 VEC 制得的环状碳酸酯聚合物与低分子量的二元胺和三元胺在 80℃发生固化反应，所得到的涂层具有很好的光泽和硬度。

（3）其他用途

环状碳酸酯官能化聚合物可以用于酶的固定化，如 Chen 等[119, 120]利用碳酸亚乙烯酯聚合物来固定酶。环状碳酸酯官能化聚合物还可以用作与其他聚合物共混，改善聚合物的性能。Park 等[121]研究了（丙烯碳酸酯甲基丙烯酸酯）（PCMA）聚合物与甲基丙烯酸甲酯-丙烯酸乙酯（MMA-EA）共聚物的共混性，指出 MMA-EA 共聚物能以任意比例与聚 PCMA 共混，相对而言，与聚（甲基丙烯酸缩水甘油酯）的共混性则不是很好，不过PCMA与丙烯酸乙酯的共聚物与聚甲基丙烯酸甲酯和聚氯乙烯均有较好的相容性[122]。

4.4 二氧化碳固定为无机碳酸盐

与二氧化碳固定为有机碳酸酯相比，人类使用和生产无机碳酸盐的历史更加久远，其中所熟知的就有石灰石（碳酸钙）和纯碱（碳酸钠）。此外，碳酸镁、碳酸锌和碳酸钾等也是十分重要的碳酸盐。

全世界每年的水泥产量约为25亿吨，水泥正是由石灰石和黏土等混合，经高温煅烧制得。同样玻璃也是由石灰石与石英砂、纯碱等混合，经高温熔融制得，石灰石也是生产玻璃的主要原料。

纯碱是制备玻璃的主要原料，其消耗量占纯碱产量的近50%。纯碱是用二氧化碳、食盐、氨等原料经过多步反应制得，工业上通常使用索尔维制碱法和侯氏制碱法生产。

无机碳酸盐材料一方面来源于矿石开采，另一方面来源于工业生产。通常，在生产过程中会涉及碳酸化步骤。此外，无机碳酸盐也可以从工业废弃物，或者伴随有大量二氧化碳排放的过程来生产，这样不仅减少了二氧化碳的排放量，也生产了有价值的碳酸盐。

本节主要从二氧化碳固定的角度，讨论两种工业上大量生产的无机碳酸盐，即碳酸钠和碳酸钙的制备方法。

4.4.1 二氧化碳固定为碳酸钠

碳酸钠是最重要的化工原料之一，广泛应用于轻工日化、建材、化学工业、冶金、纺织、石油、国防、医药等领域，被誉为“工业之母”。2003年中国碳酸钠产量已经超过美国跃居世界第一。近年来国内化工行业、冶金行业、电子工业、建材行业、装饰行业等快速发展，对纯碱需求十分旺盛，使得中国纯碱产销量呈现连续、稳定的增长，行业开工率保持在90%以上。受下游产业快速增长拉动，预计未来几年中国纯碱将会继续保持较快增长。其制备方法主要有以下几类。

① 吕布兰制碱法　1791年，法国医生吕布兰首先取得专利，以食盐为原料制备纯碱，其完整流程是：首先将氯化钠同硫酸一起共热，得到氯化氢和硫酸钠：

$$2NaCl + H_2SO_4 \xrightarrow{\triangle} Na_2SO_4 + 2HCl\uparrow \quad (4\text{-}17)$$

然后再将硫酸钠同焦炭高温共热，得到硫化钠：

$$Na_2SO_4 + 4C \xrightarrow{高温} Na_2S + 4CO\uparrow \quad (4\text{-}18)$$

最后将硫化钠与石灰石反应，得到碳酸钠和硫化钙：

$$Na_2S + CaCO_3 \longrightarrow Na_2SO_3 + CaS \quad (4\text{-}19)$$

通过综合利用原料使工厂生产硫酸、硫酸钠、盐酸、苛性钠、硫黄、漂白粉等产品。在碱的生产过程中，因为煅烧黑灰，就研制成了旋转炉；因煅烧碳酸钠的需要，就发明了机械烤炉，以及特兰锅、善克式浸溶装置等。这些设备和在设计中采用的原理，一直到现在还为化学界广泛采用。吕布兰工业制碱法的成功，在化工原理、化工设备等各个方面都为现代化大型联合化学工业的发展奠定了基础。

吕布兰制取纯碱主要生产过程在固相中进行，难以连续生产，又需硫酸作原料，设备腐蚀严重，产品质量不纯，原料利用不充分，价格较贵，在投产 50 年后，开始不敌于 1867 年发明的索尔维制碱法（即氨碱法）的竞争，终于在 20 世纪 20 年代被淘汰。

② 索尔维制碱法　它是比利时工程师索尔维（1838—1922 年）于 1867 年发明的纯碱制法。他以食盐（氯化钠）、石灰石（经煅烧生成生石灰和二氧化碳）、氨气为原料来制取纯碱。

索尔维制碱过程是在一个巨大的空心塔中完成的。在塔底部，碳酸钙（石灰石）受热释放出二氧化碳：

$$CaCO_3 \xrightarrow{\text{高温}} CaO + CO_2\uparrow \tag{4-20}$$

在塔顶部，饱和食盐水和氨被注入塔中。CO_2 从下往上鼓泡的过程中，与 NH_3 和水可生成 NH_4HCO_3［式（4-21）］。当 NH_4HCO_3 和 NaCl 这两种可溶性盐混合在一起时，因为 $NaHCO_3$ 溶解度较小，在溶液中含有较高浓度的钠离子和碳酸氢根离子时，就会有碳酸氢钠的晶体析出［式（4-22）］。

$$NH_3 + CO_2 + H_2O \longrightarrow NH_4HCO_3 \tag{4-21}$$

$$NH_4HCO_3 + NaCl \longrightarrow NaHCO_3 + NH_4Cl \tag{4-22}$$

析出的碳酸氢钠经洗涤煅烧就可形成碳酸钠产品，并释放出 CO_2 和水［式(4-23)］。

$$2NaHCO_3 \xrightarrow{\triangle} Na_2CO_3 + CO_2\uparrow + H_2O \tag{4-23}$$

与此同时，生产二氧化碳过程中的副产物 CaO 可与水反应得到 $Ca(OH)_2$［式（4-24）］，$Ca(OH)_2$ 进一步与生产碳酸氢钠时的主要副产物 NH_4Cl 反应，重新生成 NH_3 并进入循环反应［式（4-25）］。

$$CaO + H_2O \longrightarrow Ca(OH)_2 \tag{4-24}$$

$$Ca(OH)_2 + 2NH_4Cl \longrightarrow CaCl_2 + 2NH_3 + 2H_2O \tag{4-25}$$

索尔维制碱法的工业生产流程如图 4-25 所示。

由于索尔维制碱法循环利用了氨，原料为廉价的盐水和石灰石，并以氯化钠为唯一的废弃物，而且实现了连续性生产，食盐的利用率得到提高，产品质量纯净。这使得它远比当时的吕布兰制碱法经济划算，因此该法迅速应用到碳酸钠的生产中。到 1990 年，全世界 90％的碳酸钠是用索尔维制碱法生产的。

但是索尔维制碱法还存在一些问题：首先原料食盐的利用率只有 72％～74％，其余的食盐都随着氯化钙溶液作为废液被抛弃了，这是一个很大的损失。另一方面整个生产过程产生大量氯化钙，两种原料的成分里都只利用了一半——食盐成分里的钠离子（Na^+）和石灰石成分里的碳酸根离子（CO_3^{2-}）结合成了碳酸钠，可是食盐的另一成分氯离子（Cl^-）和石灰石的另一成分钙离子（Ca^{2+}）却结合成了没有多大用途的氯化钙（$CaCl_2$），因此如何处理氯化钙成为一个很大的负担。

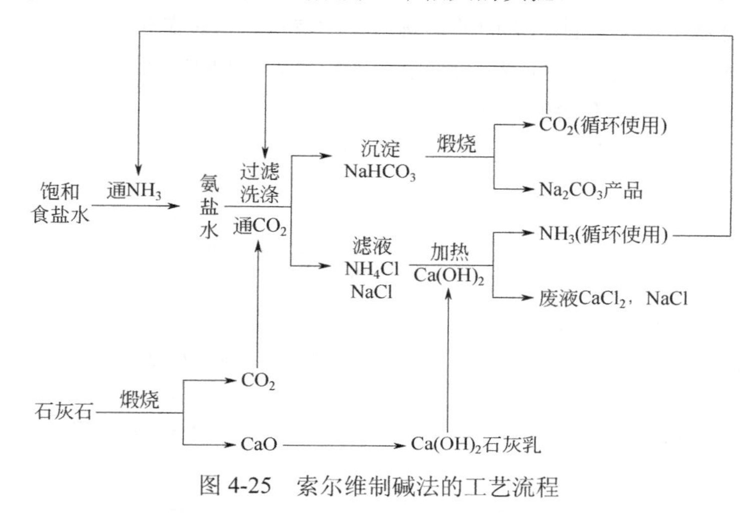

图 4-25 索尔维制碱法的工艺流程

③ 侯氏制碱法 索尔维制碱法的研制成功，使纯碱价格大大降低。英、法、德、美等国相继建立大规模生产纯碱的工厂，并发起组织索尔维公会，对会员国以外的国家实行技术封锁。

第一次世界大战期间，欧亚交通中断，我国所需纯碱由于均从英国进口，一时间纯碱非常短缺，一些以纯碱为原料的民族工业难以生存。1917 年，爱国实业家范旭东在天津塘沽创办永利碱业公司，决心打破洋人的垄断，生产出中国造的纯碱。并于 1920 年聘请当时正在美国留学的侯德榜出任总工程师。为了发展我国的民族工业，侯德榜先生于 1921 年毅然回国就任。他全身心地扑在制碱工艺和设备的改进上，最后终于摸索出了索尔维法的各项生产技术。1924 年 8 月，塘沽碱厂正式投产。1926 年，中国生产的红三角牌纯碱在美国费城的万国博览会上获得金质奖章。产品不但畅销国内，而且远销日本和东南亚。

随后，侯德榜为进一步提高食盐的利用率、改进索尔维制碱法在生产中生成大量 $CaCl_2$ 废弃物这一不足，继续进行工艺探索。最终，侯德榜对索尔维制碱法进行了两处工艺上的改进。首先是把制碱和制氨的生产联合起来，制碱用的氨和二氧化碳直接由氨厂提供，二氧化碳是合成氨厂用水煤气制取氢气的废气。其次是在索尔维制碱法的滤液中加入食盐固体，并在 30～40℃下向滤液中通入氨气和二氧化碳气，使它达到饱和，然后冷却到 10℃以下，结晶出氯化铵，经过滤、洗涤和干燥得到氯化铵产品，制成化工原料或氮肥；其母液基本被氯化钠饱和，又可重新作为索尔维制碱法的制碱原料。新的工艺不仅提高了食盐的利用率（达 98%），由于把制碱和制氨的生产联合起来，省去了石灰石煅烧产生 CO_2 和蒸氨的设备，从而节约了成本，大大提高了经济效益。1943 年，这种新的制碱法被正式命名为“侯氏联合制碱法”。

在低温条件下，向滤液中加入细粉状的氯化钠，并通入氨气，能使氯化铵单独结晶析出的主要原因是利用氯化铵的溶解度在常温时比氯化钠的溶解度大，而当温度降低时，溶解度却又比氯化钠在水中的溶解度小的特点。同时氯化铵在食盐浓溶液中溶解度要比在水中的溶解度小得多，可使氯化铵单独结晶出来。另外，通氨气是利用同离子效应，减小氯化铵在溶液中的溶解度。

侯氏制碱法的工业生产流程如图 4-26 所示：

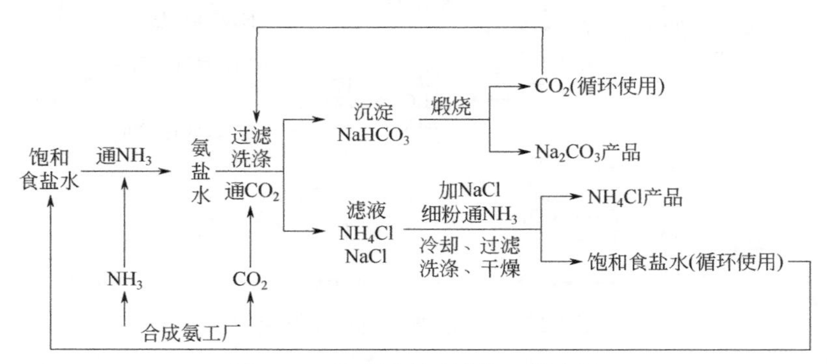

图 4-26 侯德榜制碱法的工艺流程

与索尔维制碱法相比，侯氏制碱法具有以下优点：

a. 食盐的利用率提高到96%以上，应用同量的食盐可以比氨碱法生产更多的纯碱；

b. 综合利用了氨厂的二氧化碳和碱厂的氯离子，同时生产出两种有价值的产品——纯碱和氯化铵。将氨厂的废气二氧化碳，转变为碱厂的主要原料来制取纯碱，这样就节省了碱厂里用于制取二氧化碳的庞大的石灰窑；将碱厂废弃物氯离子（Cl^-）来代替价格较高的硫酸固定氨厂里的氨，制取氮肥氯化铵。

c. 不生成氯化钙，减少了环境污染，降低了纯碱和氮肥的成本，体现了大规模联合生产的优越性。

4.4.2 二氧化碳固定为碳酸钙

碳酸钙是一类重要的化工产品，广泛用于橡胶、塑料、造纸、涂料和油墨、日化用品等行业。根据生产方式的不同，可以将碳酸钙分为重质碳酸钙和轻质碳酸钙。

4.4.2.1 碳酸钙的生产方法

碳酸钙主要原料有大理石、石灰石、方解石、文石、白垩和冰洲石等，沿海地区也常用贝壳做原料。对原料的一般要求是：碳酸钙≥98%（对轻质碳酸钙可放宽至≥96%），酸不溶物≤1.0%，氧化镁≤1.0%。

（1）重质碳酸钙

重钙生产对原料要求比较高，要求原料纯度高（含碳酸钙高），自然白度高（≥90%）。其生产过程是将原料通过机械方法，将高纯碳酸钙原料粉碎研磨至 2μm 粒级水平，又称研磨碳酸钙。其生产工艺分为干法和干湿法两种，为了提高磨矿效率，节约能耗，降低成本，两种方法均可添加助磨剂。干法工艺简单，但电耗比较高，细度要达到2μm粒级的颗粒≥90%比较困难。干湿结合法生产的重钙产品性能、质量较易控制，是目前国内外普遍采用的工艺。工艺流程如图4-27所示。

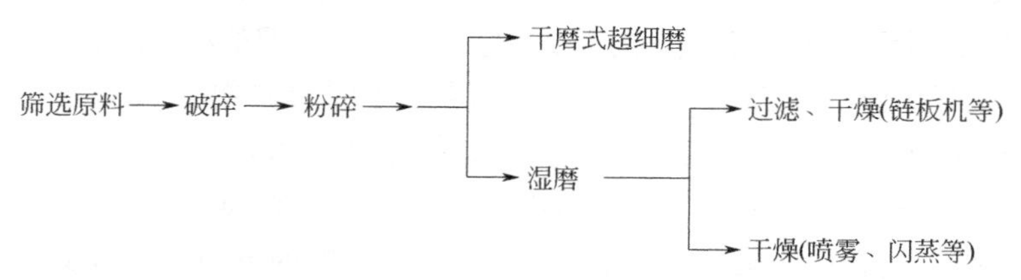

图4-27　制备重质碳酸钙的工艺流程

（2）轻质碳酸钙

将原料经筛选破碎（50～100mm）后和白煤（38～50mm）一起置于炉内在900～1100℃煅烧［煤:原料=1:（8～11）］，使石灰石分解为生石灰和二氧化碳。生石灰用3～5倍的水在约90℃消化1.5～2.0h，然后将过滤除渣的消石灰乳通过碳化塔碳化（控制浓度、时间、温度和压力）得$CaCO_3$浆料，浆料经脱水干燥得产品，工艺流程如图4-28所示。

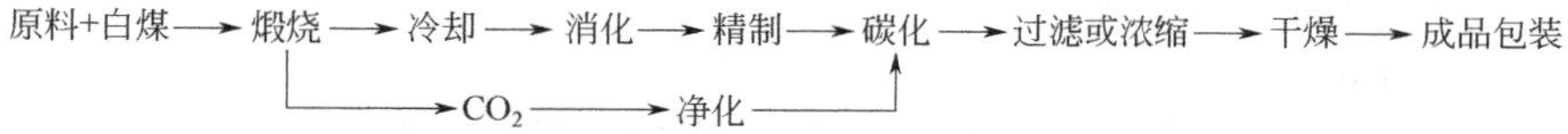

原料+白煤 → 煅烧 → 冷却 → 消化 → 精制 → 碳化 → 过滤或浓缩 → 干燥 → 成品包装

煅烧 → CO_2 → 净化 → 碳化

图4-28　制备轻质碳酸钙的工艺流程

4.4.2.2　二氧化碳固定为纳米碳酸钙

纳米碳酸钙的粒径介于1～100nm，由于其晶体结构和表面电子结构发生很大的变化，产生了普通碳酸钙所不具备的纳米效应，如体积效应、表面效应、量子尺寸效应和宏观量子隧道效应。与普通碳酸钙相比，纳米碳酸钙在补强性、透明性、分散性、触变性等方面都显示出明显的优势，与其他材料微观之间的结合，情况也会发生变化，从而引起宏观性能的变化，在橡胶、塑料、造纸、油墨、胶黏剂、造纸等工业领域具有巨大的应用前景。

纳米碳酸钙的传统生产方法主要有复分解法、碳化法等，而一些新的制备方法如微乳液法、溶胶-凝胶法等是目前国内外的研发重点。

（1）复分解法

复分解法是利用水溶性钙盐（如$CaCl_2$等）与水溶性碳酸盐（如NH_4HCO_3或Na_2CO_3等）进行反应，通过液-固相反应过程制得纳米碳酸钙的方法。通过控制反应物的浓度、温度及碳酸钙的过饱和度或加入适当的添加剂等，可制取粒径≤0.1μm、大比表面积的无定形碳酸钙。以氯化钙和碳酸铵为原料制备纳米碳酸钙的复分解反应如式（4-26）所示。

$$CaCl_2 + (NH_4)_2CO_3 \longrightarrow CaCO_3\downarrow + 2NH_4Cl \qquad (4\text{-}26)$$

一般的制备流程如图4-29所示。

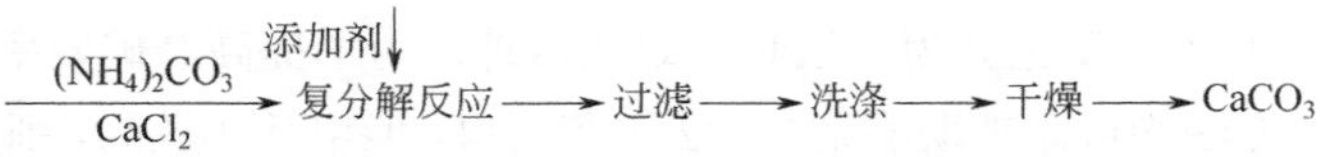

添加剂↓

$\xrightarrow[CaCl_2]{(NH_4)_2CO_3}$ 复分解反应 → 过滤 → 洗涤 → 干燥 → $CaCO_3$

图 4-29 添加剂存在下复分解法制备纳米碳酸钙的工艺流程

该法原理上可获得纯度高、白度好的纳米碳酸钙，不过吸附在碳酸钙中的大量氯离子很难除尽，且生产过程中使用的倾析法需要较长的时间并消耗大量的水，成本较高，经济上不合适。此外在制取不同晶形的碳酸钙方面也存在困难，因此目前国内外工业界很少采用。

根据反应介质的不同，复分解法可分为两个体系，即：Ca^{2+}-H_2O-CO_3^{2-} 和 Ca^{2+}-R-CO_3^{2-} 体系。Ca^{2+}-H_2O-CO_3^{2-} 体系以水为介质，将含 Ca^{2+}的溶液与含 CO_3^{2-} 的溶液在一定条件下混合反应来制备纳米碳酸钙，根据原料的不同又分为氯化钙-碳酸铵法、氯化钙-苏打法、石灰-苏打法等。Ca^{2+}-R-CO_3^{2-}（R 为有机介质）体系是通过有机介质 R 来调节 Ca^{2+}和 CO_3^{2-} 的传质，从而达到控制晶体成核生长的目的。

Yue 等[123]报道了在 PS-b-PAA 溶液中合成球形碳酸钙粒子的方法，Lysikov 等[124]用乙醇(95%，质量分数)做溶剂，通过 NH_4HCO_3 与 $Ca(NO_3)_2$ 反应制得了粒径为 7～10nm 的立方体和球形碳酸钙粒子。庄斌等[125]报道可从氯化钙制备纳米碳酸钙，产物平均粒径 50nm 左右。郁平等[126]采用 $CaCl_2$ 与 NH_4HCO_3 为原料，添加 H_2SO_4 作结晶控制剂，制得无团聚的多孔性超细纳米碳酸钙。

（2）碳化法

碳化法的主要流程如下：首先将石灰石矿煅烧制得氧化钙和二氧化碳窑气，随后将氧化钙消化并将生成的氢氧化钙悬浮液在高剪切力下粉碎，通过多级旋液分离除去颗粒及杂质，再将窑气（二氧化碳气体）通入氢氧化钙悬浮液，加入适当的晶型控制剂形成一定晶型的碳酸钙浆液，经表面处理、脱水、干燥、粉碎，制得纳米碳酸钙。该反应属气-液-固三相反应，通过控制氢氧化钙浓度、反应温度和窑气中 CO_2 浓度、气-液比、添加剂等方法，可制取不同晶形（如立方形、链锁形等）、不同粒径（0.1～0.02μm、≤0.02μm）的纳米碳酸钙，目前该法是国内外制造纳米碳酸钙的主要方法。

根据碳化过程的不同，纳米碳酸钙的生产方法可分为以下四种：间歇鼓泡碳化法、连续鼓泡碳化法、连续喷雾碳化法、超重力碳化法等。

① 间歇鼓泡碳化法　根据碳化塔中是否有搅拌装置，该法又可分为普通间歇鼓泡碳化法和搅拌式间歇鼓泡碳化法两种。间歇鼓泡碳化法的生产过程是：由塔底通入的 CO_2 窑气，被分散成气泡并与精制石灰乳进行碳化反应，通过改变操作条件、添加不同的晶型控制剂等控制产品的晶型和粒径。陈先勇等[127]采用间歇鼓泡碳化法，加入少量复合添加剂 PBTCA 和 CTAB，制得了分布均匀、分散性好、平均粒径为 40nm 的球形纳米碳酸钙粒子。姜鲁华等[128,129]采用鼓泡碳化法，以无机酸为添加剂，制备了粒径小、分散比较均匀的纳米碳酸钙。白丽梅等[130]以石灰石为原料，通过间歇式碳化反应合成了纳米碳酸钙产品。马祥梅等[131]利用氯化钙、氨水和二氧化碳为原料，制得粒度分布均匀、分散性好、平均粒径为 45nm 的球形纳米碳酸钙。徐惠等[132]用此

法制备出针状纳米碳酸钙微粒，并讨论了碳化温度和结晶导向剂用量等因素对纳米碳酸钙粒径和形貌的影响。

搅拌式间歇鼓泡碳化法和普通间歇鼓泡式碳化法最大的区别就是加入了搅拌装置，主要特点是通过搅拌打碎 CO_2 气泡，提高气体分散度，增大气液接触面积来加快反应进程。该法易于转化，且搅拌气液接触面积大，反应较均匀，产品粒径分布较窄，但是设备投资大，操作较复杂，气液接触差，生产效率低，晶形不易控制，影响规模化生产。向兰等[133]采用鼓泡碳化法研究了两种布气方式及添加剂在碳化过程中的作用，提出来制备粒径 0.1μm 左右的超细球形碳酸钙的工艺条件。赵春霞等[134]采用搅拌碳化法，通过加入晶形控制剂，控制添加剂的用量和加入时间等条件制成了片状纳米碳酸钙。

② 连续鼓泡碳化法　该法一般采用两级或三级串联碳化工艺，由于碳化过程分级进行，采用级间进行制冷和表面分散处理，对晶形的成核、成长过程和表面处理分段控制，可得到较好的晶形、较小的粒径及粒径分布的纳米碳酸钙。

③ 连续喷雾碳化法　连续喷雾碳化法是把 $Ca(OH)_2$ 浆液通过压力式喷嘴从塔的顶部向下喷雾，同时从塔的底部向上通入 CO_2 气体，使下喷的 $Ca(OH)_2$ 与上行的 CO_2 充分接触而发生反应。通过控制 $Ca(OH)_2$ 浆液的浓度、流量、液滴直径、气-液比等条件，可在常温下连续制备纳米碳酸钙。徐旺生等[135]研究了多级喷雾碳化法制备纳米碳酸钙的工艺，并讨论了雾化、碳化条件及添加剂量等对纳米碳酸钙粒径的影响，获得平均粒径在 30～40nm 的活性纳米碳酸钙。朱跃斌等[136]对连续喷雾碳化法生产超细碳酸钙工艺进行分析研究，提出了适宜的生产条件。

该法以液体作为分散剂进行气液传质反应，大大增加了气液接触面积，在反应初期易形成大量晶核，可在常温下生产纳米碳酸钙，有别于传统的“低温鼓泡式”碳化模式。该工艺的喷雾碳化与喷雾干燥合称“双喷工艺”。但是由于该工艺投资较高、技术较复杂、操作难度较大，如存在喷嘴雾化与易于堵塞的矛盾，在国内应用并不普遍。

④ 超重力碳化法　超重力碳化法是利用旋转造成一种稳定的、比地球重力加速度高得多的超重力环境，大幅度增加气液接触面积，强化气液之间的传质过程，从而提高碳化速度。陈建峰等[137]将 $Ca(OH)_2$ 悬浊液和 CO_2 气体在超重力反应器中进行碳化反应，制得粒径为 15～40nm、分布较窄的纳米 $CaCO_3$，碳化反应时间较传统方法缩短约 4～10 倍。朱开明等[138]通过实验确定了超重力法制备纳米碳酸钙粒子的最佳反应时间。高明等[139]以 CaO 和 CO_2 为主要原料，使用超重力反应器研究了 $Ca(OH)_2$ 悬浊液浓度、转速和气液比对产品粒径的影响，制备出平均粒径 27nm、粒度分布均匀的六方型纳米碳酸钙粉末产品。与传统的碳化法工艺相比，此法不仅成倍缩短了碳化时间，而且可制备出平均粒径为 15～40nm、分布很窄的超微细碳酸钙产品。

（3）乳液法

乳液法可分为微乳液法和乳状液膜法，其主要特点是控制反应在狭小的区域进行，因而不需晶形控制剂，并且能耗低，气体利用率高。

微乳液法属于 Ca^{2+}-R-CO_3^{2-} 反应系统，有机介质 R 一般为液体油，可分为 W/O

型、O/W 型、油水双连续型 3 种微乳液。该法主要利用微乳液中液滴大小可控的特性，将可溶性碳酸盐与钙盐分别溶于组成完全相同的微乳液中，由于反应被控制在较狭小区域内进行，可得到纳米碳酸钙晶粒，再将其与溶剂分离即可。Niemann 等[140]通过W/O 型微乳液系统制备了纳米碳酸钙，并建立了微乳液法制备纳米粒子的理论模型。Sugih 等[141]也在微乳液中用石灰乳碳化制备纳米碳酸钙粒子，并优化了实验条件。Hu等[142]用亚麻油做表面活性剂，20℃下碳化合成了纳米碳酸钙。徐国峰等[143]采用微乳液法，利用 $Ca(NO_3)_2$ 和 Na_2CO_3，在微乳液界面处发生反应，制得了分散性良好，平均粒径为 10nm 左右的纳米碳酸钙。

乳状液膜法则利用孔径为几微米或几十微米的膜材料作为分散介质，分散相压入到连续相中，被微小孔膜剪切成微小粒径的液滴，进入连续相，从而实现微米尺度的相互混合。吉欣等[144]探讨了不同乳状液的稳定性，并成功制得粒径小于 100nm 的超细碳酸钙微粒。

（4）声化学和其他方法

李根福等[145]在生产过程中经三次超声空化处理，得到纳米碳酸钙，此方法生产成本低，效率高。Sonawane 等[146]研究了声化学碳化法制备纳米碳酸钙晶体，实现了微观高效混合。Wang 等[147]用膜分散微结构反应器碳化制备了纳米碳酸钙，此方法具有混合尺度可控、混合高效的特点。此外，谢元彦等[148]用溶胶-凝胶法，优化反应条件，制备出直径 100～150nm、长约 4m 的碳酸钙晶须。

4.5 二氧化碳固定为水杨酸

水杨酸分子式为 $C_6H_4(OH)COOH$，又名邻羟基苯甲酸，最早用于合成阿司匹林，后来用于合成香料冬青油，20 世纪 70 年代用于合成农药水胺硫磷、甲基异柳磷等杀虫剂，并用于合成直接染料和酸性染料，因此水杨酸是医药、香料、染料、橡胶助剂等精细化学品的重要原料。

4.5.1 水杨酸的合成方法

（1）苯酚法

① 常压法　以苯酚为原料，先与氢氧化钠制成酚钠，在常压下通入二氧化碳进行羧化反应，再用硫酸酸化得到水杨酸。

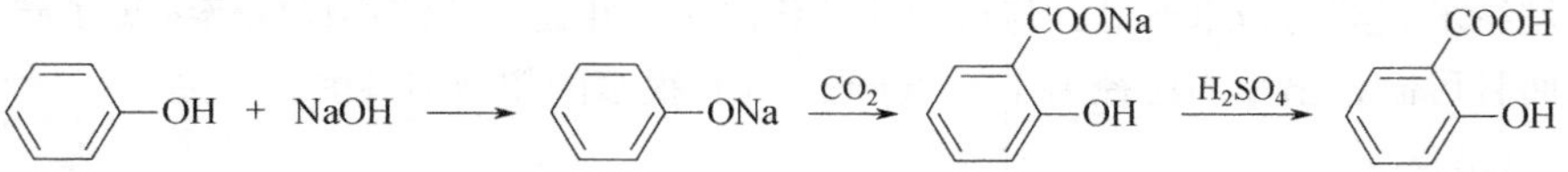

$$C_6H_5OH + NaOH \longrightarrow C_6H_5ONa \xrightarrow{CO_2} C_6H_4(OH)COONa \xrightarrow{H_2SO_4} C_6H_4(OH)COOH \tag{4-27}$$

该法的优点是常压操作，安全性好，设备投入也较少，适用于小规模生产，但是该方法的苯酚消耗较高，且苯酚单程转化率较低，苯酚循环使用能耗也较高。

② 中压法　先将苯酚制成苯酚钠，再在中压下进行羧化反应，生成苯酚甲酸钠，

然后加压进行分子重排,生成水杨酸钠，酸化后制得水杨酸。

$$C_6H_5OH + NaOH \longrightarrow C_6H_5ONa \xrightarrow[0.7\sim0.8MPa]{CO_2} C_6H_5OCOONa$$
$$\xrightarrow[130\sim140℃]{异构化} o\text{-}C_6H_4(COONa)(OH) \xrightarrow{H_2SO_4} o\text{-}C_6H_4(COOH)(OH) \qquad (4\text{-}28)$$

该法的苯酚单程转化率高，成本低，产品质量好，是目前工业上采用的主要方法。

（2）邻硝基甲苯法

该法以邻硝基甲苯为原料，用 $KMnO_4$ 氧化成邻硝基苯甲酸，经氢气还原、重氮化后制得水杨酸。

$$o\text{-}C_6H_4(CH_3)(NO_2) + KMnO_4 \longrightarrow o\text{-}C_6H_4(COOH)(NO_2) \xrightarrow{H_2/Ni} o\text{-}C_6H_4(COOH)(NH_2)$$
$$\xrightarrow[HCl]{NaNO_2} o\text{-}C_6H_4(COOH)(\overset{+}{N}{\equiv}NCl^-) \xrightarrow{H_2O} o\text{-}C_6H_4(COOH)(OH) \qquad (4\text{-}29)$$

不过该法工艺流程长，副反应多，成本高，不适合工业生产。

（3）邻甲基苯磺酸法

该法以邻甲基苯磺酸为原料，先通过氧化反应制备邻羧基苯磺酸，再经碱熔、酸化制得水杨酸。

$$o\text{-}C_6H_4(CH_3)(SO_3H) \xrightarrow{[O]} o\text{-}C_6H_4(COOH)(SO_3H) \xrightarrow{NaOH} o\text{-}C_6H_4(COONa)(SO_3Na)$$
$$\xrightarrow{碱熔} o\text{-}C_6H_4(COONa)(ONa) \xrightarrow{H_2SO_4} o\text{-}C_6H_4(COOH)(OH) \qquad (4\text{-}30)$$

但是该法收率低，且原料来源困难，工业价值不大。

（4）邻甲酚法

先将邻甲酚与乙酐反应，保护羟基，在乙酸钴下用氧气氧化制得乙酸邻羧基苯酚酯，最后水解得到水杨酸。

$$o\text{-}C_6H_4(CH_3)(OH) \xrightarrow{乙酐} o\text{-}C_6H_4(CH_3)(OOCCH_3) \xrightarrow{[O]} o\text{-}C_6H_4(COOH)(OOCCH_3)$$
$$\xrightarrow{NaOH} o\text{-}C_6H_4(COONa)(ONa) \xrightarrow{H_2SO_4} o\text{-}C_6H_4(COOH)(OH) \qquad (4\text{-}31)$$

该法工艺流程长，成本高，工业化价值不大。

4.5.2 水杨酸的应用

水杨酸是医药、香料、染料、橡胶助剂等精细化学品的重要原料。水杨酸本身用作消毒防腐药，用于局部角质增生及皮肤霉菌感染，另外作为医药中间体，用于止痛灵、利尿素、乙酰水杨酸、水杨酸钠、水杨酰胺、优降糖、氯硝柳胺、水杨酸苯酯、对羟基苯甲酸乙酯、次水杨酸铋、柳氮磺胺吡啶等药物的生产。在染料工业中，水杨酸用于生产直接黄 GR、直接耐晒灰 BL、直接耐晒棕 RT、酸性媒介棕 G、酸性媒介黄 GG 等。水杨酸的各种酯类可用作香料，例如水杨酸甲酯可作牙膏等的口腔用香料及其他调味香料和食品香料等。水杨酸在橡胶工业中用于生产防焦剂、紫外线吸收剂和发泡助剂等，水杨酸还可用作酚醛树脂固化剂、纺织印染的浆料防腐剂、合成纤维染色时的膨化剂（促染剂）等。在日用化妆品领域，水杨酸可用于敏感、脂溢肌肤去角质，因为水杨酸有脂溶特性，分子量也较大，可以将作用锁定在浅层角质中，不会影响活性表皮细胞，在稳定性、刺激程度方面都相对优越，产生累积性刺激的机会与发炎程度比一般的果酸少；水杨酸还可用于清除粉刺、缩小毛孔，因为水杨酸的脂溶特性可以通过与脂质融合的方式，渗透进入角质层及毛孔深处，却不会对真皮组织造成刺激，它可以顺着分泌油脂的皮脂腺渗入毛孔的深层，有利于溶解毛孔内老旧堆积的角质层，改善毛孔阻塞，因此可阻断粉刺的形成并缩小被撑大的毛孔及清除毛孔中黑头粉刺。

水杨酸还被广泛用于合成精细化工中间体，如 5-氯水杨酸、3,5-二氯水杨酸、水杨酰苯胺、乙酰水杨酸甲酯、3,5-二碘水杨酸、水杨酰肼、水杨酰肟酸、水杨酰邻苯二胺、3,5-二硝基水杨酸等。

4.6 二氧化碳直接与甲醇反应制备碳酸二甲酯

碳酸二甲酯（DMC）不仅可用作溶剂，还能作为汽柴油等燃料的添加剂，并由于其在有机合成和高分子材料合成方面的广泛应用，被认为是有机合成的“基块”。DMC 可以通过甲基化反应和羧基化反应制得[149]，其合成路线主要有：光气-甲醇法、环状碳酸酯与甲醇的酯交换反应、一氧化碳-亚硝酸甲酯法、甲醇的气相氧化羧化法等。目前最常用的方法是利用 O_2 和 CO 氧化羧化甲醇，因为反应的混合物高度易燃，且甲醇和 CO 毒性较高，该方法的推广应用受到一定限制。二氧化碳直接与甲醇反应制备碳酸二甲酯是具有很高原子经济特征的合成 DMC 的反应（二氧化碳与甲醇的原料利用率高，仅损失一个分子的水，且副产物没有污染），本节我们将做重点介绍。

4.6.1 催化剂发展史

4.6.1.1 二氧化碳直接与甲醇反应制备碳酸二甲酯

尽管二氧化碳是热力学上非常稳定的分子，其活化需要很高的能量，但 CO_2 分子中具有多个潜在的活化位点，分子中的碳呈现 Lewis 酸的性质，可视为亲电中心，而氧具有 Lewis 碱的性质，可视为亲核中心。这就有可能利用 CO_2 作为羰基化试剂使用，当然也要求另一反应物具有与之相匹配的活性位。而甲醇也可以看做是具有活泼氢的有机物，由 CO_2 和甲醇直接合成 DMC，可以看成 CO_2 分子与甲醇直接进行羰基化的合成反应。该反应为平衡反应，平衡常数和甲醇的平衡转化率都很小，因此催化体系设计至关重要。在 CO_2 和甲醇直接合成 DMC 的反应中，目前采用的主要催化体系如下所述。

（1）烷氧基金属有机化合物催化剂

该类催化剂包括碱土金属烷氧基化合物［如 $Mg(OCH_3)_2$］、有机金属锡烷氧基化合物｛如 n-$Bu_2Sn(OCH_3)_2$、n-Bu_3SnOCH_3、$[n$-$Bu_2(CH_3O)Sn]_2O$ 等｝、有机金属钛烷氧基化合物［如 $Ti(OCH_3)_4$、$Ti(O$-i-$Pr)_4$ 等］等含烷氧基的金属有机化合物。有机金属化合物催化剂的作用机理一般为：CO_2 以插入 M—O 键（M 为金属，O 为有机配体氧端）的方式弱吸附于催化剂表面，C═O 弱化形成活性中间体，在其他配体的辅助作用和适宜的反应条件下，活性中间体与催化剂表面呈分子吸附态的甲醇作用生成 DMC 和水，同时催化剂循环使用。这类催化剂最大特点就是有烷基连接的氧原子，由于烷基的给电子效应，氧原子周围电子云密度增强，其孤对电子更容易填充到二氧化碳中碳原子的空轨道，从而有效地活化 CO_2。但是，由于烷氧基金属有机化合物易水解，其寿命与活性明显受产物水的影响，导致其催化效率较低。

江琦等[150]首先采用镁与甲醇反应生成甲醇镁，再在甲醇镁作用下使二氧化碳与甲醇进行气液反应可合成 DMC，加入碘代甲烷助剂能够有效地提高 DMC 的产率，且随着碘代甲烷量的增加，DMC 的产率增加[151, 152]。Dallivet 等[153]采用有机锡金属催化剂，在 20MPa 时 DMC 产率最高，此时反应处于超临界态。Kizlink 等[154]指出 2-丁基-2-烷氧基锡化合物具有较好的催化活性，在反应体系中加入助催化剂（Bu_2Ni）、引发剂等可提高 DMC 产率，在添加脱水剂如 $CaCl_2$、环二己基碳二亚胺等的条件下，DMC 收率可达金属烷氧基催化剂单独催化的 3.3 倍。不过，尽管在有脱水剂和添加剂存在的条件下，DMC 的产率有所提高，但由于反应自身平衡的限制，DMC 的产率仍然很低。Kohno 等[155]报道了 $(Bu_2SnO)_n$ 在高压下可以与 CH_3OH 反应生成 $[Bu_2(CH_3O)Sn$-O-$Sn(OCH_3)Bu_2]_2$，其催化活性与 $[Bu_2Sn(OCH_3)_2]_2$ 相当，他们同时指出钛烷氧基化合物对直接合成 DMC 有催化作用，在添加吸水剂的条件下，DMC 收率可达金属烷氧基化合物的 330%（摩尔分数）[156]。

（2）固体碱催化剂

固体碱催化剂与产物易分离、对设备腐蚀低，还能克服在酸性催化剂中出现积碳的现象，因此可取代液体酸催化剂，减少环境污染[157]。这类催化剂中研究最多的是碱金属碳酸盐，如 K_2CO_3，而碱土金属碳酸盐如 $MgCO_3$ 则没有催化活性。Fang 等[158]采用 K_2CO_3 催化剂在碘代甲烷的存在下，在比较温和的条件下研究了二氧化碳与甲醇的反应，在反应中除了生成 DMC 以外，还有副产物二甲醚（DME）产生，但降低反应温度（如从 100℃降至 80℃）可大幅度降低 DME 的生成量，而 DMC 的产率保持不变。蔡振钦等[159]以 CH_3I 和 K_2CO_3 为催化剂研究了二氧化碳与甲醇的反应，并研究了 CH_3I 的加入量对 DMC 合成的影响[160]，指出液相产物中 DMC 质量分数随 CH_3I 加入量的增大先升高，而后迅速降低，说明在反应中需要一定量的甲基化试剂提供必需的甲基，此外，他们还利用 1-乙基-3-甲基咪唑盐对 CO_2 的溶解性，研究了离子液体 [emim]Br 对 K_2CO_3/CH_3I 催化效果的影响[160]。何永刚等[161]将 K_2CO_3 负载于无机氧化物及分子筛表面，催化二氧化碳和甲醇直接合成 DMC。曹发海等[162, 163]采用连续工艺，用 K_2CO_3 和 CH_3I 在 CO_2 临界点附近催化 CO_2 与 CH_3OH 直接合成 DMC，在 85℃和 7.5MPa 下反应 18h，DMC 的产率最高。

Hong 等[164]考察了不同的碱金属（Li、Na 和 K）催化剂在超临界 CO_2 下与甲醇反应直接合成 DMC 的影响，该反应条件下主要的副产物为二甲醚和含 C_1～C_2 的烃类，不同碱金属化合物的活性顺序依次为：K＞Na＞Li，通常其碳酸盐的活性高于氢氧化物，在 130～140℃和 20MPa 下，以 K_2CO_3 为催化剂，在促进剂 CH_3I 和脱水剂 2,2-二甲氧基丙烷存在下，DMC 的最高产率可达 12％。

（3）乙酸盐催化剂

通常醋酸盐催化剂对 CO_2 与甲醇合成 DMC 的反应具有很高的选择性，但活性远远低于烷氧基金属化合物。二氧化碳与甲醇合成 DMC 的反应对压力敏感，赵天生等[165-167]研究了镍、铜、锰、锌、汞、钴等金属醋酸盐在非超临界和近超临界两种条件下催化 CO_2 与 CH_3OH 反应的情况，指出在非超临界条件、醋酸镍催化剂下 DMC 的产率最高，且副产物醋酸甲酯的产率最低，镁、钴和汞的醋酸盐催化剂也可获得高产率的 DMC，但是在醋酸钠和醋酸铜下只产生醋酸甲酯。其中醋酸镍催化剂下，在 305K、超临界条件下 DMC 是唯一产物，且产率为非超临界条件下的 12 倍之多。除了反应压力，甲醇的浓度对 DMC 的产率和选择性也有明显的影响。

（4）负载型金属催化剂

Bian 等[168-170]将 Cu-Ni 分别负载在多壁碳纳米管、活性炭、热膨胀石墨上，制得了双金属负载催化剂，用于催化 CO_2 与 CH_3OH 反应直接合成 DMC。钟顺和等[171, 172]采用表面改性法将 $Ti_2(OMe)_4$ 和 $Sn_2(OMe)_2Cl_2$ 负载在 SiO_2 上，得到 $Ti_2(OMe)_4/SiO_2$ 和 $Sn_2(OMe)_2Cl_2/SiO_2$ 双核桥联配合物催化剂，双核桥联配合物分别以 Ti—O—Si 和 Sn—O—Ti 键锚定在 SiO_2 表面上，在 140℃和 0.5MPa 下 CH_3OH 的最高转化率可达 5%，DMC 的选择性可达 100%。孔令丽等[173]采用表面改性法和等体积浸渍法制备了 $NiO\text{-}V_2O_5/SiO_2$ 和 $Cu/NiO\text{-}V_2O_5/SiO_2$ 光催化剂，在 CH_3OH 的转化率为 14.2%下 DMC 的选择性可达 89.9%。Wu 等[174]以 Cu-Ni/VSO（$VSO=V_2O_5\text{-}SiO_2$）为催化剂，使用固定床微气态反应器使 CO_2 和甲醇反应连续合成 DMC。Li 等[175]采用 Cu-KF/MgSiO 催化剂，将膜反应器用于 CO_2 和甲醇反应合成 DMC，可使 DMC 的产率和选择性均有所提高。此外，H_3PO_4 修饰的 V_2O_5[176]、有机锡接枝的 SBA-15[177]、负载在聚苯乙烯上的 $n\text{-}Bu_2Sn(OMe)_2$[178]等负载催化体系，也都显示出一定的催化活性。目前虽然多相催化剂的研究取得了一定的成果，但是由于热力学平衡的限制，再加上缺乏合适的脱水技术，上述催化体系离商业化依然有很大距离。

（5）金属氧化物催化剂

Tomishige 等[179]报道了用 ZrO_2 可以选择性催化二氧化碳与甲醇反应，但是由于反应平衡的限制，尽管DMC选择性接近100%，甲醇的转化率却很低，在160℃和5MPa下2h内转化率只有0.34%，而SiO_2、Al_2O_3、TiO_2、ZnO、MoO_3等则没有催化活性，原因在于ZrO_2上存在的酸性和碱性位点，是形成DMC的活性位点[179, 180]。

在ZrO_2中加入磷酸（H_3PO_4），可以提高催化剂的活性，磷酸的负载量和催化剂的煅烧温度对催化剂的活性有很大的影响[181]。其中煅烧温度为400℃的H_3PO_4/ZrO_2（P/Zr=0.05）有最好的催化性能，在130℃和5.0MPa下，2h内DMC的产率可达0.65%。H_3PO_4/ZrO_2（P/Zr=0.05）的催化性能得到改善的主要原因是其中存在的酸-碱双官能团[182]。Jiang等[183]通过溶胶-凝胶方法用12-钨磷酸负载ZrO_2（$H_3PW_{12}O_{40}/ZrO_2$），在相同的反应条件下，$H_3PW_{12}O_{40}/ZrO_2$（$H_3PW_{12}O_{40}$含量为23.2%）催化合成DMC的产率是ZrO_2的9倍。Tomishige等[184]采用CeO_2-ZrO_2催化剂［Ce/(Ce+Zr)=0.2和0.33，在1000℃下煅烧］，其催化活性也优于ZrO_2。

尽管用H_3PO_4、多酸和铈修饰ZrO_2可以提高催化活性，但是由于反应平衡的存在，甲醇的转化率仍旧很低。鉴于在均相催化剂合成DMC的一些反应中，使用脱水的衍生物（如原酸酯和缩醛）作为起始原料，以减少水的影响[185-188]，脱水衍生物（如2,2-二甲氧基丙烷，DMP）还能起到脱水剂的作用，除去水分［见式（4-32）］[189]，因此当反应体系中加入DMP后，甲醇的转化率有望得到提高。但是，DMP的作用与其浓度密切相关，在低DMP浓度下，DMC的形成速率有一定程度的提高，但是当DMP的浓度较高时，由于DMP分解为二甲醚和丙酮，DMC的形成速率反而有所下降。

$$H_2O + (CH_3)_2C(OCH_3)_2 \longrightarrow 2CH_3OH + CH_3COCH_3 \qquad (4\text{-}32)$$

除了CeO_2-ZrO催化剂，CeO_2[190]和$CeO_xTi_{1-x}O_2$[191]也被用来催化CO_2和甲醇直接合成DMC，这些催化剂的活性由高到低的顺序为：

$$CeO_{0.1}Ti_{0.9}O_2 > CeO_xTi_{1-x}O_2\ (x=0.2\sim0.8) > ZrO_2 > CeO_2 > TiO_2$$

（6）酸碱催化剂的组合

催化剂存在的酸-碱双官能团对生成DMC的反应是有利的[192]。当使用缩醛作为脱水剂，在弱碱性锡催化剂［如$Bu_2Sn(OMe)_2$或Bu_2SnO］中加入少量的酸性催化剂［如Ph_2NH_2OTf、$Sc(OTf)_3$等］，反应速率将得到显著提高[188]。为充分发挥酸催化剂的作用，酸的选择至关重要，普通的布朗斯特酸如硫酸和盐酸是没有效果的，而三氟甲烷磺酸或甲苯磺酸的季铵盐效果则较好。此外酸的用量也是至关重要的，当锡与三氟甲烷磺酸季铵盐或三氟甲烷磺酸金属盐等物质的量时，基本没有DMC生成。另外，少量的Ph_2NH_2OTf或$Sc(OTf)_3$可以促进DMC的生成。

除了锡催化剂，在其他催化体系中加入酸催化剂也可以促进DMC的生成。类似催化体系包括V_2O_5+H_3PO_4[176]，ZrO_2+H_3PO_4[181]，以及ZrO_2+杂多酸[183]等。催化剂酸碱性的平衡对反应也是至关重要的，如$H_3PW_{12}O_{40}/Ce_xTi_{1-x}O_2$的酸碱性可通过$NH_3$-TPD和$CO_2$-TPD实验测得，其中$H_3PW_{12}O_{40}/Ce_{0.1}Ti_{0.9}O_2$具有最优的酸碱平衡，在甲醇和

CO_2直接合成DMC的反应中也显示出最好的催化性能[192]。

4.6.1.2 利用CO_2合成碳酸二甲酯的其他方法

（1）CO_2、甲醇和环氧化物一锅法合成DMC

DMC的合成主要采用两步法，即先通过CO_2和环氧化物的环加成反应合成环状碳酸酯，环状碳酸酯再与甲醇进行酯交换反应得到DMC。两步法通常需分离中间产物（如环状碳酸酯）而增加投资和能耗，因此利用CO_2、甲醇和环氧化物一锅法合成DMC的方法［见式（4-33）］受到很大的关注。

$$\text{R-epoxide} + CO_2 + CH_3OH \longrightarrow \text{R-cyclic carbonate} + H_3CO\text{-}C(=O)\text{-}OCH_3 + \text{HO-CH(R)-CH}_2\text{-OH} \quad (4\text{-}33)$$

Bhanage[57]指出尽管MgO对于两步法合成DMC具有很好的选择性，但是即使环氧化物的转化率大于96%，由于环氧化物醇解的原因，DMC的选择性也很低（<30%）。改良的蒙脱土不仅在CO_2和环氧化物的环加成反应中表现出很好的催化活性[68]，在一锅法制备DMC的反应中也显示出良好的催化活性[193,194]，如含Mg的蒙脱土相对于MgO，有更好的DMC选择性，且DMC产率达32.3%[193]。Fujita等[194]研究了含Mg蒙脱土结合碱金属类氢氧化物（NaOH、KOH、LiOH）后的催化性能，随着碱金属离子浓度的升高，环氧丙烷的醇解程度下降，而DMC的产率有所上升。无论如何，对于一锅法而言，催化剂中必须存在温和、强碱性的位点，尽管如此，由于反应平衡和醇解等副反应，DMC的产率仍旧处于较低水平。

作为均相催化剂，碱金属盐或者其混合物在一锅法制备DMC的反应中显示出很好的催化活性[195, 196]。当采用KI和K_2CO_3的混合物（KI和K_2CO_3的质量比为1∶1）为催化剂时，即使环氧乙烷完全转化，DMC的选择性也只达73.0%，而副产物的选择性则低于4.0%[195]。活性成分负载在无机材料上的多相催化剂也可作为一锅法合成DMC的催化剂，Chang等[197]报道煅烧的KI/ZnO和K_2CO_3-KI/ZnO有很好的催化效果，DMC的产率可超过57%，而副产物则低于0.2%，且K_2CO_3-KI/ZnO重复使用4次后，催化活性没有明显的下降。当CaO、MgO和ZnO作为载体时，催化活性和DMC的选择性的排列顺序为：KI/ZnO>KI/MgO>KI/CaO，而相应的碱性位点的强度排序为：CaO>MgO>ZnO，因此碱性位点的强度越高，催化活性和DMC的选择性相对越低。相对于用强碱性的KOH或NaOH掺杂的KI/ZnO，用碱性较弱的K_2CO_3掺杂的KI/ZnO显示更好的催化活性，因此催化剂中存在温和的碱性有利于反应的进行。此外，负载型碱金属盐催化剂，如MgO负载的K_2CO_3和KCl[196]、4A分子筛负载的KOH[198]，都被发现有很好的催化性能。负载型离子液体也被用作一锅法制备DMC的催化剂，如负载在MgO上的胆碱氢氧化物显示出很好的活性，DMC产率达到65.4%[199]。

（2）用CO_2和缩醛（或原酸酯）合成DMC

由于催化剂失活、热力学平衡限制，再加上副产物H_2O引起的DMC水解等原因，

对于用 CO_2 和甲醇直接合成 DMC 的反应来说，有机金属化合物如甲氧基锡，并不是一种很好的催化剂[200]。使用脱水衍生物（如缩醛或原酸酯）作为原料，可以避免 H_2O 的不良影响。但是有关这类反应的多相催化剂的报道却很少。Chu 等报道了聚合物负载的碘化季铵盐（一种碘交换阴离子交换树脂）可有效催化 CO_2 和三甲基原酸酯反应合成 DMC[201]，但是三甲基原酸酯价格昂贵，且为了获得高的 DMC 产率需要加入 P_2O_5，制约了其进一步发展。

4.6.2 脱水剂的使用

二氧化碳和甲醇反应直接制备 DMC 中存在的主要问题是催化剂的分解和碳酸酯的水解，实际上是如何突破热力学的限制以获得高的转化率。通常有两个方法：

① 通过增大 CO_2 的压力和使用有效的脱水剂使化学平衡移动；

② 通过增大 CO_2 的压力和发展有效的催化剂加快反应速率。

在没有脱水剂的情况下，DMC 的产率很低（以甲醇转化率计算只有 1%～2%）。现在使用的脱水剂主要有两种：一种是不能回收的试剂，如双环己基碳化二亚胺（DCC）、原酸酯等，另一种是可回收的试剂，如缩醛和分子筛等。

（1）原酸酯脱水剂

由于相对较高的温度和大量甲醇的存在，用无机脱水剂如沸石等通过物理吸收完全除去反应体系中的水分是比较困难的，Sakakura 等[186]尝试了原酸酯脱水剂，因为原乙酸三甲酯捕获 H_2O，可产生两分子 MeOH 和一分子乙酸甲酯，研究表明即使没有额外加入甲醇，也可以获得很高的 DMC 产率。该反应可以用醇盐或鎓盐催化，而且相对高的 CO_2 压力对于 DMC 的生成是有效的。

尽管用 CO_2 和原酸酯合成 DMC 在热力学上是有利的，但这种方法需要使用相对较贵的原酸酯，而用酯和醇再生原酸酯是相当困难的（图 4-30）。当然，使用其他脱水剂，如 DCC、$Si(OMe)_4$ 和 Mitsunobu 试剂，也会带来同样的问题。因此需要发展更加易得和易回收的有机脱水剂。

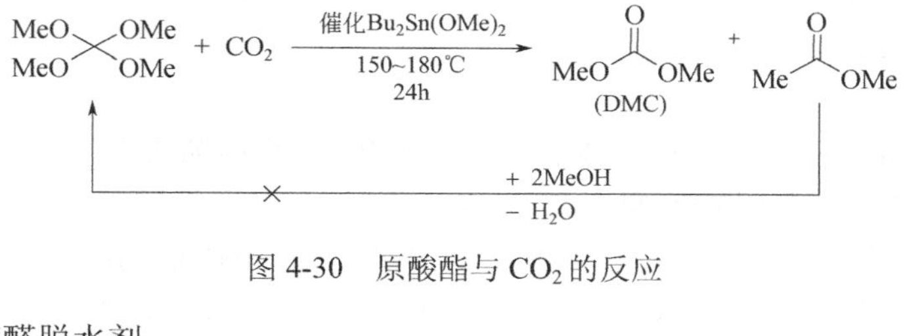

图 4-30　原酸酯与 CO_2 的反应

（2）缩醛脱水剂

为了解决原酸酯方法中的问题，Sakakura 等[202]选择了缩醛作为脱水剂，原因在于缩醛容易由酮再生得到。相比于用原酸酯合成 DMC 路线，缩醛路线有两个特点：

① 在缩醛反应中需要 MeOH，且反应速率与 MeOH 浓度成正比[184, 200]；

② 缩醛反应可在有机烷氧基锡[$R_2Sn(OMe)_2$]催化剂下进行，但是不能在鎓盐催化剂下发生反应。

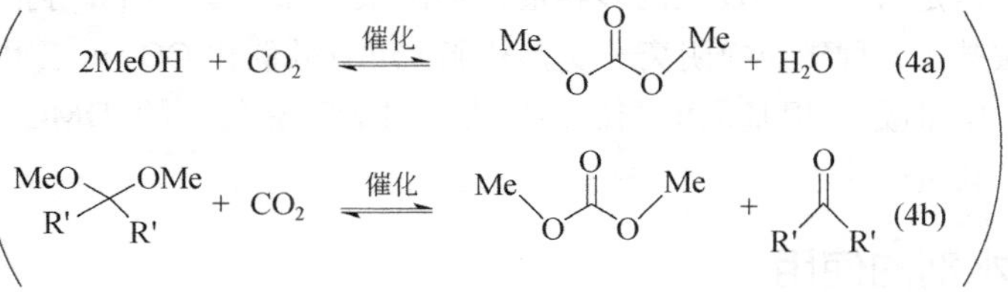

$$2MeOH + CO_2 \xrightleftharpoons{催化} MeOC(=O)OMe + H_2O \quad (4a)$$

$$(MeO)_2CR'_2 + CO_2 \xrightleftharpoons{催化} MeOC(=O)OMe + R'C(=O)R' \quad (4b)$$

图 4-31 缩醛与 CO_2 制备二烷基碳酸酯

表面上图 4-31 显示了 CO_2 和缩醛之间的反应，实际上这是一个醇反应和缩醛脱水反应的组合，甲醇是形成 DMC 的先决条件，而酮的结构则决定了缩醛再生的难易程度。如环己酮与甲醇的缩醛反应，即使在没有脱水剂的存在下，在室温下也容易进行[203]。而采用 2,2-二甲氧基丙烷合成 DMC 的反应则强烈依赖反应压力，在 50atm（1atm=101325Pa）和 150℃下反应体系出现一个明显的气相界面，但到 150atm 和 150℃时则界面基本消失。因此为进一步提高反应速率和选择性，就需在更高压力下进行反应，如 2000atm 下反应的产率可超过 80%。

（3）无机脱水剂

在图 4-30 方程式（4b）中，若缩醛只是充当脱水剂的作用，理论上无机脱水剂如分子筛（MS）也应能促进 DMC 的生成。不过尽管在这方面做了很多的努力，都没有成功，Sakakura 等[202]认为这可能是由于反应温度太高的缘故。实际上，在室温下用 3A 分子筛脱水，可以使 DMC 的产率接近 50%[187]。

4.6.3 CO_2和甲醇反应直接制备 DMC 的反应机理

Bell 等[204]采用原位拉曼光谱和红外光谱研究了 ZrO_2 催化 CO_2 和甲醇合成 DMC 的反应，认为 ZrO_2 同时存在布朗斯特碱羟基基团（Zr-OH）和配位不饱和的 $Zr^{4+}O^{2-}$，这种 Lewis 酸-碱对作为活性中心能有效催化该反应。如图 4-32 所示，他们认为反应包含了三个步骤：

① 甲醇的吸附；

② CO_2 加入到表面的甲氧基基团上，形成单甲基碳酸酯基团；

③ 甲醇与单甲基碳酸酯基团反应生成 DMC。

除了非均相的 ZrO_2 催化剂，均相可溶性催化剂如 $Nb(OCH_3)_5$ 下的 CO_2 和甲醇直接制备 DMC 的反应机理也很受关注。Aresta 等通过实验数据和密度泛函计算结果，提出了如图 4-33 的反应机理[205, 206]，CO_2 首先插入催化剂中的 Nb—O 键形成半碳酸酯中间体，随后两分子的甲醇参与到形成 DMC 的反应中，其中一个与 Nb 中心原子配位，起到路易斯酸的作用，而另一个通过氢键的作用与配位的甲醇相连，进一步活化甲醇，有利于甲基向半碳酸酯中间体的 O 原子上转移，最后分子内发生重排，消去

DMC 和 H_2O，重新得到催化剂 $Nb(OCH_3)_5$。

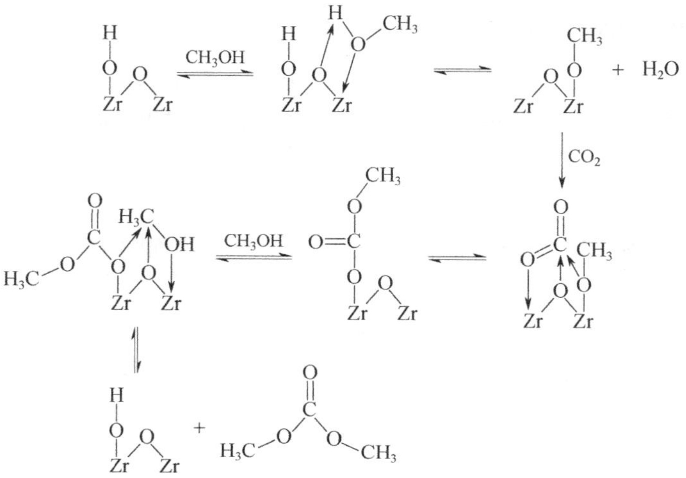

图 4-32　ZrO_2 催化 CO_2 和甲醇合成 DMC 的可能反应过程

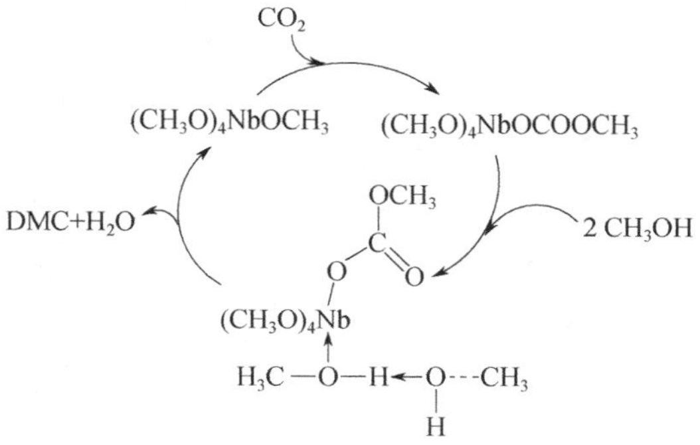

图 4-33　$Nb(OCH_3)_5$ 催化 CO_2 和甲醇合成 DMC 的可能反应过程

锡化合物催化剂的反应机理也很受关注，较典型的有 $Me_2Sn(OMe)_2$[207]，$Bu_2Sn[(OCH(CH_3)_2]_2$[208]和 $Bu_2Sn(OMe)_2$[209, 210]。Sakakura 等提出了 $Bu_2Sn(OMe)_2$ 催化剂下的反应机理，如图 4-34 所示，甲氧化物 **1** 在室温下与等物质的量的 CO_2 反应得到另一种单甲氧化物 **2**，$Bu_2Sn(OMe)(OCO_2Me)$，甲氧化物 **1** 和 **2** 都是双核的，有未反应的桥连甲氧基配体[207]。化合物 **2** 在 300atm 和 180℃下热分解形成 DMC。此外，如图 4-35 所示，在 DMC 形成的条件下尝试着由 **4** 再生 **1**，但结果是生成了二聚体 **5**，却没有生成 **1**。因此，相对于基于 **1** 的催化循环来说，基于 **5** 的催化循环的可能性更大。

CO_2 和甲醇反应直接合成 DMC 的上述几种反应机理具有明显的相似之处。首先 CO_2 与 M—OR 反应生成半碳酸酯中间体 M—OC(O)OR，然后两分子甲醇活化参与反应。为了提供可让 CO_2 插入的 M—OCH_3 基团，反应产生 CH_3O 甲氧基团是必不可少的，而甲醇中的质子则被催化剂的碱性位点所捕获，随后利用催化剂酸性位点上活化的甲醇，半碳酸酯中间体 M—OC(O)OR 发生了甲基化反应，最终得到产物 DMC。

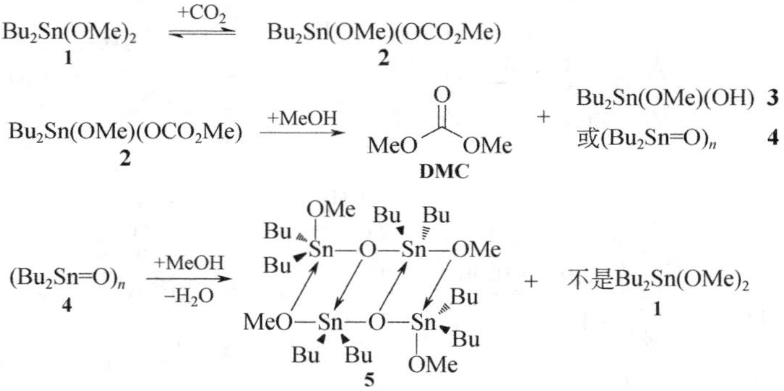

$$\underset{\mathbf{1}}{Bu_2Sn(OMe)_2} \underset{}{\overset{+CO_2}{\rightleftharpoons}} \underset{\mathbf{2}}{Bu_2Sn(OMe)(OCO_2Me)}$$

$$\underset{\mathbf{2}}{Bu_2Sn(OMe)(OCO_2Me)} \xrightarrow{+MeOH} \underset{\mathbf{DMC}}{MeOC(O)OMe} + Bu_2Sn(OMe)(OH)\ \mathbf{3}\ 或(Bu_2Sn{=}O)_n\ \mathbf{4}$$

$$\underset{\mathbf{4}}{(Bu_2Sn{=}O)_n} \xrightarrow[-H_2O]{+MeOH} \mathbf{5} + 不是\underset{\mathbf{1}}{Bu_2Sn(OMe)_2}$$

图 4-34 $Bu_2Sn(OMe)_2$ 催化剂下的反应机理

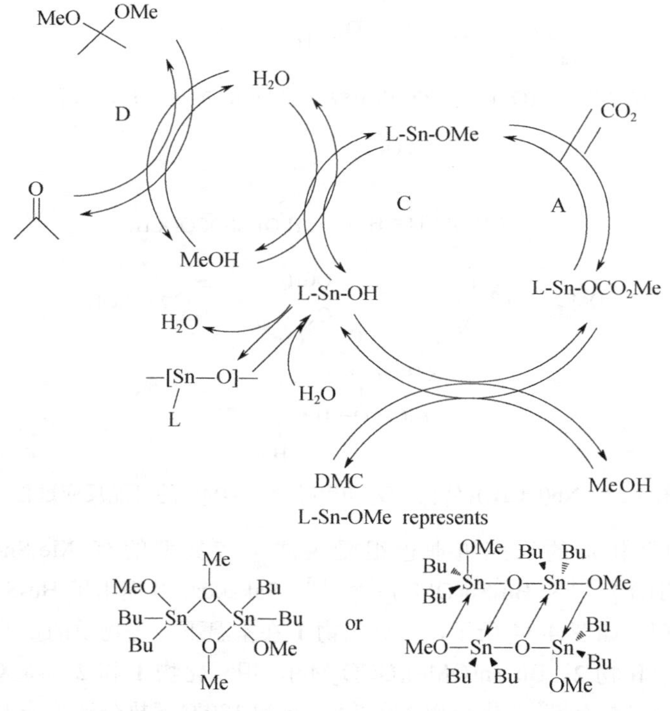

图 4-35 $Bu_2Sn(OMe)_2$ 合成 DMC 的可能催化循环

4.7 二氧化碳制备甲基丙烯酸

甲基丙烯酸（MAA）是生产甲基丙烯酸甲酯（MMA）及其衍生物的重要中间体。传统的甲基丙烯酸生产方法主要有丙酮-氰醇法[211]、异丁烷选择氧化法和叔丁醇氧化法等，这些方法存在着毒性大、生产成本高和环境污染等问题。用二氧化碳和丙烯合成 MAA 是原子经济性反应，在合成化学、碳资源利用和环境保护等方面均有重大的意义，具有重要的研究价值[212]。

4.7.1 基本原理

以二氧化碳和丙烯为原料直接合成甲基丙烯酸，将二氧化碳直接固定制取有机酸，该反应的关键在于二氧化碳的活化及丙烯的定位选择性活化。

（1）二氧化碳的活化

二氧化碳是碳的最高氧化态，热力学上处于稳定状态，所以二氧化碳的活化是其化学利用的关键。尽管活化方式很多，化学吸附活化是最常用也是最重要的。近年来二氧化碳在金属、金属氧化物和金属配合物表面上的吸附和活化的研究取得了较大进展。

Solymosi 等[213]指出，在清洁的 Pt 表面 CO_2 只能弱分子吸附，而在 Cu 表面 CO_2 离解吸附非常有限，但在 Fe、Ni、Re、Al 和 Mg 表面 CO_2 能发生离解吸附。CO_2 与金属原子发生吸附后，其结构和活性均发生较大变化。Graeme 等[214]利用原位傅里叶变换红外光谱研究了二氧化碳在金属表面的吸附，指出 CO_2 能在多晶银催化剂表面发生吸附，而且当 Ag 表面覆盖有氧原子时，可促进 CO_2 的吸附。

二氧化碳化学吸附在氧化物表面的能力取决于氧化物表面吸附位和碱性。钟顺和等[215, 216]研究了金属氧化物活化二氧化碳的行为，指出 CO_2 分子活化的关键在于其 C═O 键的活化，CO_2 卧式吸附态是活化 C═O 键的最佳吸附态形式。如 CO_2 在 M/MSiO 催化剂表面上能发生吸附并形成卧式吸附形态，从而对多相活化固体催化剂的分子设计具有指导价值。

二氧化碳可以被金属配合物催化活化制备多种有机物，而金属配合物活化二氧化碳是绝大多数催化反应进行的重要步骤。金属配合物活化二氧化碳，是将二氧化碳配位到金属中心上，与金属化合物形成配合物，以降低二氧化碳在后续反应中的活化能，从而使“惰性”分子成为化工行业的重要原料。其活化方式主要有两种：①二氧化碳作为配体与金属配合物形成二氧化碳配合物；②二氧化碳插入到金属配合物的某个键上。而后者是金属配合物活化二氧化碳的主要途径。

（2）烯烃的活化

烯烃含有碳碳双键，其活化主要是 C═C 双键的活化和 C—H 键的活化。

在化学反应中，C═C 双键的活化主要体现在加成反应和环化反应。在加成反应中，加成试剂对 C═C 双键亲电进攻，π 键被打开并形成正碳离子中间体，再经亲核进攻，π 键被彻底打开变成 δ 键并形成目的产物；在环化反应中，烯烃在过氧化物或金属催化剂作用下生成环状氧化物[217-219]，研究表明：该环化反应的机理一般是烯烃的 C═C 双键被打开，生成多元环状中间体，再经结构重组生成环状氧化物。在金属催化剂参与的环化反应中，一股与金属表面的羟基氧有关。

在烯烃中，除了 C═C 双键活化外，C—H 键的活化也是很重要的一个方面。在 C—H 键上，通常使用金属氧化物催化剂或贵金属催化剂[220, 221]，C—H 键一般呈弱酸性，所以在金属氧化物催化剂中，Lewis 碱的强度将直接影响活化后的产物，如碱性过强可能导致 C—H 键断裂，最后生成 CO_2 和水；贵金属催化剂一般以 Pt 和 Pd 或其混合物催化剂为主，具体的选择要视反应温度、被活化的烯烃种类以及原料气中氧的含量而定。烯烃在贵金属催化剂表面活化，与金属氧化物催化剂相比，抑制了烯烃的燃烧，减少了 CO_2 和水的生成。

基于以上原因，钟顺和等[222, 223]设计合成了一系列的杂多金属氧化物，催化二氧化碳和丙烯反应合成了甲基丙烯酸，提出了如图 4-36 所示的反应机理，即：二氧化碳与丙烯在催化剂上的循环过程主要经历以下 4 步：①CO_2 在催化剂表面吸附，形成桥式吸附态；②C_3H_6 在催化剂表面吸附，形成分子吸附态；③催化剂同一活性中心上共吸附的 C_3H_6 中═C—H 的 H 亲电进攻吸附 CO_2 的 O 形成羧酸根；④由于 COOH 和 C_3H_6 解离吸附态中 C 的电负性不同，同一活性中心上共吸附的 COOH 亲核进攻 C_3H_6 解离吸附态的 C，生成甲基丙烯酸分子，使催化剂复原，实现催化循环。

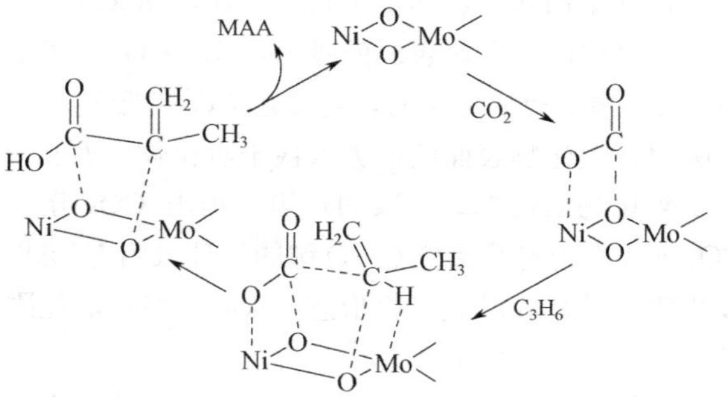

图 4-36 杂多酸催化合成 MAA 的可能反应过程

4.7.2 催化剂发展史

利用二氧化碳和丙烯直接合成甲基丙烯酸，关键在于二氧化碳的活化及丙烯的定位选择性活化，因此催化剂的设计是关键。

早在 1983 年，Hoberg 等[224]就利用 Ni 催化剂催化乙烯和二氧化碳合成了丙烯酸，他们提出了如图 4-37 所示的反应机理[224]，Ni 催化剂首先与乙烯配位，起到活化乙烯的作用，随后发生二氧化碳加成偶联反应，生成环状中间体，再经历 β-H 消去反应和还原消去反应，得到最终产物丙烯酸。

钟顺和等[225]利用负载型 $Ni_2(OCH_3)_2/SiO_2$ 双核金属甲氧基配合物催化剂，催化 CO_2 和丙烯高选择性合成了甲基丙烯酸，丙烯的转化率可以达到 2.35%，产物选择性达到 100%。随后，他们又用 $NiPW_{12}O_{40}$ 催化剂[226]，进一步使丙烯的转化率提高到 2.7%，但是 MAA 的选择性有所下降，只有 96%。他们还利用 NiPMo/TiO_2 催化剂合成甲基丙烯酸[227]，丙烯的转化率可以达到 3.2%。而采用 $Cu_2(OEt)_2/SiO_2$ 催化剂[228]，在超临界条件下丙烯的转化率可达到 5%，MAA 的转化率达到 100%。随后，他们将光催化概念引到甲基丙烯酸的合成反应中来[229, 230]，采用 Cu/WO_3-TiO_2 催化剂，丙烯的转化率为 7.4%，MAA 的选择性超过 95%。反应机理如图 4-38 所示，CO_2 吸附在催化剂表面形成卧式吸附态，在紫外线辐照下，半导体上产生大量光生载流子，金属的聚电子作用使光生电子迁移到表面金属 Cu 上，并通过吸附作用将电子注入 CO_2 的吸附氧端。C_3H_6 中 β 位的 C 吸附在 Cu 位上，H 吸附在 W═O 上，W═O 强吸电子作用使 C—H 键键长增加而活化，β-H 成为光生空穴的捕获剂，可实现光生电子和空穴的有效分离。β-H 亲电进攻吸附在 Lewis 酸位 Ti^{4+}（或 W^{6+}）的 O 上，形成酸根，同一活性中心上共吸附的 COOH 亲核进攻丙烯解离吸附态 β 位 C，生成甲基丙烯酸分子并脱附，使催化剂复原，实现催化循环。

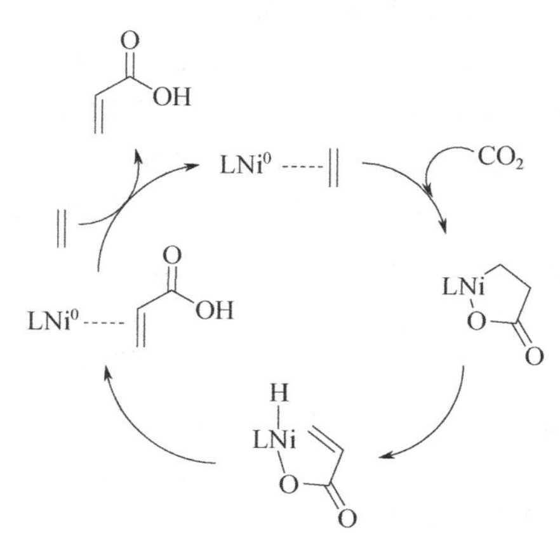

图 4-37　Ni 配合物催化合成丙烯酸的可能反应过程

图 4-37　光催化合成 MAA 的可能反应过程

4.8　评述与展望

工业革命以来，大气中的二氧化碳浓度已经从 1750 年的 280mL · m^{-3} 上升到了 2015 年的 400mL · m^{-3} 以上，预计到 2100 年，可能将达到 570mL · m^{-3}，这将会对全球气候产生深远的影响[231]。因此如何减少二氧化碳排放、降低大气中二氧化碳浓度受到了越来越多的关注。另一方面，二氧化碳作为一种无毒、廉价、储量丰富的 C1 资源，其固定化及资源化是世界各国普遍关注的重要课题之一。

现在工业上每年大约要使用 1.2 亿吨二氧化碳，但是这只占每年总排放量的 0.5%，并且只有总排放量的 1‰用于化学合成。这主要是因为二氧化碳作为碳的最高氧化态，化学性质比较稳定，而且二氧化碳的捕获和收集价格较高。现在二氧化碳固定为无机碳酸盐、尿素、水杨酸、有机碳酸酯等有机化合物已经大规模工业化，为化学工业的原料来源多元化提供了成功的例子。与此同时，随着温室效应的日益严重和世界各国对二氧化碳固定化的研究深入，将二氧化碳固定为甲醇、甲酸、一氧化碳、甲烷等化学品将成为二氧化碳固定化和资源化的最重要的发展趋势之一。

通过催化转化将 CO_2 转化为高附加值的化工产品无疑将是最具有市场潜力、应用前景最为看好的一个途径。这也是这几年来关于 CO_2 催化转化的研究不断升温的主要原因[232]。由于二氧化碳的化学惰性，催化剂的设计仍将是这一领域研究的热点。从能源和经济角度来考虑，必须开发出能在温和条件下使用的高效催化剂，这是 CO_2 化学的未来是否有竞争力的关键。

当然，化工利用 CO_2 的量与化石燃料使用所排放的 CO_2 量之间仍然存在着数量级的差距，不能奢望通过 CO_2 催化转化来实现 CO_2 作为温室气体减排的主要措施，但是，可以预期，CO_2 化学将对未来社会的能源结构和化学产业起到巨大的推动作用，将具有环境、资源和经济效益等多重意义。

参考文献

[1] Jean Y, Volatron F, Burdett J K. An Introduction to Molecular Orbitals. Oxford: University Press, 1993.

[2] Housecroft C E, Sharpe A G. Inorganic Chemistry (3rd ed). Prentice Hall,englewood cliff NJ, 2008:38.

[3] Housecroft C E, Sharpe A G. Inorganic Chemistry (3rd ed).Prentice Hall, englewood cliff NJ,2008:34.

[4] Housecroft C E, Sharpe A G.Inorganic Chemistry (3rd ed).Prentice Hall, englewood cliff NJ,2008:33.

[5] H G D. *Chem Rev,* 1996, **96**(6)：2063-2095.

[6] Leitner W C. *Coord Chem Rev,* 1996, **153**：257-284.

[7] Yin X L, R M J. *Coord Chem Rev,* 1999, **181**：27-59.

[8] Perez E R S R H, Gambardella M T, et al. *J Org Chem,* 2004, **69**(23)：8005-8011.

[9] *National Institute of Standards and Technology,* 2008.

[10] Santoro M, Gorelli F A, Bini R, et al. *Nature,* 2006, **441**(7095)：857-860.

[11] Darensbourg D J, Sanchez K M, Reibenspies J H, et al. *J Am Chem Soc,* 1989, **111**(18)：7094-7103.

[12] Volpin M E K I S. *Pure Appl Chem,* 1973, **33**(4)：567-581.

[13] Darensbourg D J, Bauch C G, Reibenspies J H, et al. *Inorg Chem,* 1988, **27**(23)：4203-4207.

[14] Inoue S. K K. *Rev Inorg Chem,* 1984, **6**：291-355.

[15] Darensbourg D J, Frost B J, Larkins D L. *Inorg Chem,* 2001, **40**(9)：1993-1999.

[16] Kihara N, Hara N, Endo T. *J Org Chem,* 1993, **58**(23)：6198-6202.

[17] Chen L B, Chen H S, Lin J. *J Macromol Sci Chem,* 1987, **24**(3-4)：253-260.

[18] 魏拴杰.水溶液全循环法尿素生产工艺节能降耗技术研究. 青岛：中国石油大学硕士学位论文, 2010.

[19] Rist C G E. *Ind a Engng Chem,* 1993, **10**：109.

[20] Frejacques M. *Chim et Ind,* 1948, **60**(1)：22-35.

[21] 大塚英二. 工业化学杂志, 1960, **63**(8)：1350-1350.

[22] 钱镜清. 水溶液全循环法工艺尿素装置操作指南, 上海：化工部化肥工业信息总站, 2005.

[23] 谷庆合. 小氮肥设计技术, 2005, **26**(3): 11-11.
[24] 李旭初, 李保元. 尿素合成双塔串联工艺在我公司的应用//全国中氮情报协作组第 23 次技术交流会论文集. 烟台: 2005.
[25] Calo V, Nacci A, Monopoli A, et al. *Org Lett,* 2002, **4**(15): 2561-2563.
[26] 钟顺和, 黎汉生. 分子催化, 2000, **14**(1): 37-40.
[27] Kossev K, Koseva N, Troev K. *J Mol Catal A-Chem,* 2003, **194**(1-2): 29-37.
[28] Ju H Y, Manju M D, Kim K H, et al. *J Ind Eng Chem,* 2008, **14**(2): 157-160.
[29] Baba A, Nozaki T, Matsuda H. *Bull Chem Soc Jpn,* 1987, **60**(4): 1552-1554.
[30] Matsuda H, Ninagawa A, Nomura R. *Chem Lett,* 1979, (10): 1261-1262.
[31] De Pasquale R J. *J Chem Soc Chem Commun,* 1973, (5): 157-158.
[32] Kruper W J, Dellar D V. *J Org Chem,* 1995, **60**(3): 725-727.
[33] Ema T, Miyazaki Y, Koyama S, et al. *Chem Commun,* 2012, **48**(37): 4489.
[34] Paddock R L, Nguyen S T. *J Am Chem Soc,* 2001, **123**(46): 11498-11499.
[35] Lu X B, He R, Bai C X. *J Mol Catal A-chem,* 2002, **186**(1-2): 1-11.
[36] Lu X B, Wang H, He R. *J Mol Catal A-chem,* 2002, **186**(1-2): 33-42.
[37] Shen Y M, Duan W L, Shi M. *J Org Chem,* 2002, **68**(4): 1559-1562.
[38] Sibaouih A, Ryan P, Leskela M, et al. *Appl Catal A-gen,* 2009, **365**(2): 194-198.
[39] Buchard A, Kember M R, Sandeman K G, et al. *Chem Commun,* 2011, **47**(1): 212-214.
[40] Dengler J E, Lehenmeier M W, Klaus S, et al. *Eur J Inorg Chem,* 2011, (3): 336-343.
[41] Li B, Zhang L, Song Y, et al. *J Mol Catal A-Chem,* 2012, **363**: 26-30.
[42] Li C Y, Wu C R, Liu Y C, et al. *Chem Commun,* 2012, **48**(77): 9628-9630.
[43] Tian D, Liu B, Gan Q, et al. *ACS Catal,* 2012, **2**(9): 2029-2035.
[44] Whiteoak C J, Kielland N, Laserna V, et al. *J Am Chem Soc,* 2013, **135**(4): 1228-1231.
[45] Jacobsen E N. *Acc Chem Res,* 2000, **33**(6): 421-431.
[46] Lu X B, Liang B, Zhang Y J, et al. *J Am Chem Soc,* 2004, **126**(12): 3732-3733.
[47] Berkessel A, Brandenburg M. *Org Lett,* 2006, **8**(20): 4401-4404.
[48] Chang T, Jing H, Jin L, et al. *J Mol Catal A-Chem,* 2007, **264**(1-2): 241-247.
[49] Chang T, Jin L, Jing H. *Chemcatchem,* 2009, **1**(3): 379-383.
[50] Zhang S, Huang Y, Jing H, et al. *Green Chem,* 2009, **11**(7): 935-938.
[51] Peng J J, Deng Y Q. *New J Chem,* 2001, **25**(4): 639-641.
[52] Kawanami H, Sasaki A, Matsui K, et al. *Chem Commun,* 2003, (7): 896-897.
[53] Kim H S, Kim J J, Kim H, et al. *J Catal,* 2003, 220(1): 44-46.
[54] Sun J M, Fujita S, Zhao F Y, et al. *Green Chem,* 2004, **6**(12): 613-616.
[55] Sun J M, Fujita S I, Zhao F Y, et al. *J Catal,* 2005, **230**(2): 398-405.
[56] Yano T, Matsui H, Koike T, et al. *Chem Commun,* 1997, (12): 1129-1130.
[57] Bhanage B M, Fujita S, Ikushima Y, et al. *Appl Catal A-Gen,* 2001, **219**(1-2): 259-266.
[58] Aresta M, Dibenedetto A, Gianfrate L, et al. *J Mol Catal A-Chem,* 2003, **204**: 245-252.
[59] Yamaguchi K, Ebitani K, Yoshida T, et al. *J Am Chem Soc,* 1999, **121**(18): 4526-4527.
[60] Ramin M, van Vegten N, Grunwaldt J-D, et al. *J Mol Catal A-Chem,* 2006, **258**(1-2): 165-171.
[61] Yasuda H, He L N, Takahashi T, et al. *Appl Catal A-Gen,* 2006, **298**: 177-180.

[62] Yin S, Dai W, Luo S, et al. CN, 101265253, 2014.
[63] Hattori H. *Chem Rev,* 1995, **95**(3)：537-558.
[64] Yasuda H, He L N, Sakakura T. *J Catal,* 2002, **209**(2)：547-550.
[65] Davis R J, Doskocil E J, Bordawekar S. *Catal Today,* 2000, **62**(2-3)：241-247.
[66] Doskocil E J. *J Phys Chem B,* 2005, **109**(6)：2315-2320.
[67] Srivastava R, Srinivas D, Ratnasamy P. *Catal Lett,* 2003, **91**(1-2)：133-139.
[68] Fujita S, Bhanage B M, Ikushima Y, et al. *Catal Lett,* 2002, **79**(1-4)：95-98.
[69] Barbarini A, Maggi R, Mazzacani A, et al. *Tetrahedron Lett,* 2003, **44**(14)：2931-2934.
[70] Zhang X H, Zhao N, Wei W, et al. *Catal Today,* 2006, **115**(1-4)：102-106.
[71] Baleizao C, Gigante B, Sabater M J, et al. *Appl Catal A-Gen,* 2002, **228**(1-2)：279-288.
[72] Wong W-L, Cheung K-C, Chan P-H, et al. *Chem Commun,* 2007, (21)：2175-2177.
[73] Alvaro M, Baleizao C, Carbonell E, et al. *Tetrahedron,* 2005, **61**(51)：12131-12139.
[74] Xiao L F, Li F W, Peng H H, et al. *J Mol Catal A-Chem,* 2006, **253**(1-2)：265-269.
[75] Du Y, Wang J Q, Chen J Y, et al. *Tetrahedron Lett,* 2006, **47**(8)：1271-1275.
[76] Wang J Q, Kong D L, Chen J Y, et al. *J Mol Catal A-Chem,* 2006, **249**(1-2)：143-148.
[77] Zhao Y, Tian H S, Qi X H, et al. *J Mol Catal A-Chem,* 2007, **271**(1-2)：284-289.
[78] Takahashi T, Watahiki T, Kitazume S, et al. *Chem Commun,* 2006, (15)：1664-1666.
[79] Sun J, Cheng W, Fan W, et al. *Catal Today,* 2009, **148**(3-4)：361-367.
[80] Dai W-L, Chen L, Yin S-F, et al. *Catal Lett,* 2010, **137**(1-2)：74-80.
[81] Xiong Y, Wang H, Wang R, et al. *Chem Commun,* 2010, **46**(19)：3399-3401.
[82] Yang Z-Z, Zhao Y-N, He L-N, et al. *Green Chem,* 2012, **14**(2)：519-527.
[83] Gong Q, Luo H, Cao J, et al. *Aust J Chem,* 2012, **65**(4)：381-386.
[84] Cheng W, Chen X, Sun J, et al. *Catal Today,* 2013, **200**：117-124.
[85] Song Q W, He L N, Wang J Q, et al. *Green Chem,* 2013, **15**：110-115.
[86] Xie Y, Zhang Z, Jiang T, et al. *Angew Chem Int Edit,* 2007, **46**(38)：7255-7258.
[87] Dai W L, Luo S L, Yin S F, et al. *Appl Catal A-Gen,* 2009, **366**(1)：2-12.
[88] Aresta M, Dibenedetto A. *J Mol Catal A-Chem,* 2002, **182**(1)：399-409.
[89] Sun J, Ren J, Zhang S, et al. *Tetrahedron Lett,* 2009, **50**(4)：423-426.
[90] Baba A, Kashiwagi H, Matsuda H. *Tetrahedron Lett,* 1985, 26(10)：1323-1324.
[91] Fujiwara M, Baba A, Matsuda H. *J Heterocycl Chem,* 1989, **26**(6)：1659-1663.
[92] Darensbourg D J, Horn Jr A, Moncada A I. *Green Chem,* 2010, **12**(8)：1376-1379.
[93] Whiteoak C J, Martin E, Martinez Belmonte M, et al. *Adv Synth Catal,* 2012, **354**(2-3)：469-476.
[94] Webster D C. *Prog Org Coat,* 2003, **47**(1)：77-86.
[95] Newman M S, Addor R W. *J Am Chem Soc,* 1955, **77**(14)：3789-3793.
[96] Krebs M, Schneider C. *Adv Chem Ser,* 1975, (142)：92-98.
[97] Hayashi K, Smets G. *J Polym Sci,* 1958, **27**(115)：275-283.
[98] Fang J C, S.Hill. US, 2967173. 1961.
[99] Brosse J C, Couvret D, Chevalier S, et al. *Makromol Chem-Rapid Commun,* 1990, **11**(3)：123-128.
[100] Dalelio G F, Hummer T. *J Polym SciPolym Chem,* 1967, **5**：307-321.
[101] Katz H E. *Macromolecules,* 1987, **20**(8)：2026-2027.

[102] Kihara N, Endo T. *Makromol Chem-Macromol Chem Phys,* 1992, **193**(6)：1481-1492.

[103] Wendler K, Fedtke M, Pabst S. *Angew Makromol Chem,* 1993, **213**：65-72.

[104] Nishikubo T, Kameyama A, Sasano M. *J Polym Sci Pol Chem,* 1994, **32**(2)：301-308.

[105] Bissinger W E, Fredenburg R H, Kadesch R G, et al. *J Am Chem Soc,* 1947, **69**(12)：2955-2961.

[106] Pritchard W W. US, 2511942. 1950.

[107] Webster D C, Crain A L. *Prog Org Coat,* 2000, **40**(1-4)：275-282.

[108] Kim M R, Jeon S R, Park D W, et al. *J Ind Eng Chem,* 1998, **4**(2)：122-126.

[109] Marquis E T, Crawford W C, Klein H P. US,5340889. 1994.

[110] December T S, Harris P J. US, 5431791. 1995.

[111] Koenraadt M A A M, Noomen A, Van Den Berg K J, et al. WO, 9724408-A. 2000.

[112] Clements J H. *Ind Eng Chem Res,* 2003, **42**(4)：663-674.

[113] Kihara N, Endo T. *J Polym Sci Pol Chem,* 1993, **31**(11)：2765-2773.

[114] Burgel T, Fedtke M. *Polym Bull,* 1993, **30**(1)：61-68.

[115] Kim M R, Kim H S, Ha C S, et al. *J Appl Polym Sci,* 2001, **81**(11)：2735-2743.

[116] Rokicki G, Lewandowski M. *Angew Makromol Chem,* 1987, **148**：53-66.

[117] Rokicki G, Wojciechowski C. *J Appl Polym Sci,* 1990, **41**(3-4)：647-659.

[118] Figovsky O L, Figovsky L. WO, 9965969-A. 2001.

[119] Chen G H, Vanderdoes L, Bantjes A. *J Appl Polym Sci,* 1993, **47**(1)：25-36.

[120] Chen G H, Vanderdoes L, Bantjes A. *J Appl Polym Sci,* 1993, **48**(7)：1189-1198.

[121] Park S Y, Lee H S, Ha C S, et al. *J Appl Polym Sci,* 2001, **81**(9)：2161-2169.

[122] Park S Y, Park H Y, Lee H S, et al. *J Polym Sci Pol Chem,* 2001, **39**(9)：1472-1480.

[123] Yue L H, Jin D L, Shui M, et al. *Solid State Sci,* 2004, **6**(9)：1007-1012.

[124] Lysikov A I, Salanov A N, Moroz E M, et al. *React Kinet Catal Lett,* 2007, **90**(1)：151-157.

[125] 庄斌，徐超，张兴法. 化工矿物与加工, 2007, **36**(2)：26-28.

[126] 郁平，虞文良，房鼎业. 化学世界, 2007, **47**(12)：720-722.

[127] 陈先勇，唐琴，史伯安，等. 非金属矿, 2005, **28**(002)：1-2.

[128] 姜鲁华，张瑞社. 功能材料, 2002, **33**(005)：545-547.

[129] 张瑞社，杜芳林. 功能材料, 2004, **35**：2819-2822.

[130] 白丽梅，胥睿，韩跃新，等. 非金属矿, 2010, **33**(1)：1-7.

[131] 马祥梅，王斌. 新型建筑材料, 2007, **34**(6)：51-53.

[132] 徐惠，常成功，刘小育，等. 无机盐工业, 2010, (1)：17-19.

[133] 向兰，向英，袁红霞，等. 过程工程学报, 2002, **2**(1)：50-54.

[134] 赵春霞，满瑞林. 无机盐工业, 2002, **34**(005)：11-12.

[135] 徐旺生，何秉忠，金士威，等. 无机材料学报, 2001, **16**(5)：985-988.

[136] 朱跃斌. 湖南化工, 1999, **29**(001)：39-40.

[137] 王玉红，陈建峰. 粉体技术, 1998, **4**(4)：5-11.

[138] 朱开明，刘春光. 北京化工大学学报：自然科学版, 2001, **28**(003)：66-68.

[139] 高明，吴元欣，李定或. 化学与生物工程, 2004, **20**(6)：19-21.

[140] Niemann B, Rauscher F, Adityawarman D, et al. *Chem Eng Process,* 2006, 45(10)：917-935.

[141] Sugih A K, Shukla D, Heeres H, et al. *Nanotechnology,* 2007, **18**：035607.

[142] Hu L, Dong P, Zhen G. *Mater Lett,* 2009, **63**(3-4)：373-375.

[143] 徐国峰，王洁欣，沈志刚，等. 北京化工大学学报：自然科学版, 2009, **36**(5)：27-30.

[144] 吉欣，武国宝. 化学研究, 2002, **13**(3)：44-46.

[145] 李根福，贾继红，李洪擎. CN, 1392101. 2003.

[146] Sonawane S, Shirsath S, Khanna P, et al. *Chem Eng J,* 2008, **143**(1)：308-313.

[147] Wang K, Wang Y, Chen G, et al. *Ind Eng Chem Res,* 2007, **46**(19)：6092-6098.

[148] 谢元彦，杨海林，阮建明，等. 粉末冶金材料科学与工程, 2009, **14**(3)：164-168.

[149] Tundo P, Selva M. *Acc Chem Res,* 2002, **35**(9)：706-716.

[150] 江琦，林齐合，黄仲涛. 华南理工大学学报：自然科学版, 1996, (12)：49-52.

[151] 江琦，李涛. 应用化学, 1999, **16**(5)：115-116.

[152] 江琦，冯景贤. 化学世界, 2000, **41**(10)：533-535.

[153] Dallivet-Tkatchenko D, Chambrey S, Keiski R, et al. *Catal Today,* 2006, **115**(1)：80-87.

[154] Kizlink J, Pastucha I. *Collect Czech Chem Commun,* 1993, **58**(9)：1399-1401.

[155] Kohno K, Choi J C, Ohshima Y, et al. *J Organomet Chem,* 2008, **693**(7)：1389-1392.

[156] Kizlink J, Pastucha I. *Collect Czech Chem Commun,* 1995, **60**(4)：687-692.

[157] 何驰剑，高计皂，万双华. 固体碱催化剂工业研究进展//第六届全国工业催化技术及应用年会论文集. 常州：2009.

[158] Fang S N, Fujimoto K. *Appl Catal A-Gen,* 1996, **142**(1)：L1-L3.

[159] 蔡振钦，徐春明，赵锁奇. 天然气化工：C_1 化学与化工, 2007, **32**(1)：23-26.

[160] 蔡振钦，赵锁奇，徐春明. 石油化工, 2006, **35**(5)：425-428.

[161] 何永刚，淳远，朱建华，等. 无机化学学报, 2000, **16**(3)：477-483.

[162] 曹发海，刘殿华，张海涛，等. 天然气化工：C_1 化学与化工, 2000, **25**(6)：19-21.

[163] 曹发海，刘殿华. 华东理工大学学报：自然科学版, 2000, **26**(3)：248-250.

[164] Hong S T, Park H S, Lim J S, et al. *Res Chem Intermed,* 2006, **32**(8)：737-747.

[165] Zhao T S, Han Y Z, Sun Y H. *Fuel Process Technol,* 2000, **62**(2-3)：187-194.

[166] 赵天生，韩怡卓，孙予罕，等. 燃料化学学报, 1999, **27**(S1)：53-57.

[167] 赵天生，韩怡卓，孙予罕，等. 催化学报, 1999, **20**(2)： 101-102.

[168] Bian J, Xiao M, Wang S, et al. *Catal Commun,* 2009, **10**(8)：1142-1145.

[169] Bian J, Xiao M, Wang S, et al. *J Colloid Interface Sci,* 2009, **334**(1)：50-57.

[170] Bian J, Xiao M, Wang S J, et al. *Appl Surf Sci,* 2009, **255**(16)：7188-7196.

[171] 钟顺和，孔令丽. 燃料化学学报, 2002, **30**(5)：454-458.

[172] 钟顺和，程庆彦，黎汉生. 高等学校化学学报, 2003, **24**(1)：125-128.

[173] 孔令丽，钟顺和，柳荫，等. 化学学报, 2006, **64**(5)：409-414.

[174] Wu X L, Meng Y Z, Xiao M, et al. *J Mol Catal A-Chem,* 2006, **249**(1-2)：93-97.

[175] Li C F, Zhong S H. *Catal Today,* 2003, **82**(1-4)：83-90.

[176] Wu X L, Xiao M, Meng Y Z, et al. *J Mol Catal A-Chem,* 2005, **238**(1-2)：158-162.

[177] Fan B, Zhang J, Li R, et al. *Catal Lett,* 2008, **121**(3-4)：297-302.

[178] Aresta M, Dibenedetto A, Nocito F, et al. *Inorg Chim Acta,* 2008, **361**(11)：3215-3220.

[179] Tomishige K, Sakaihori T, Ikeda Y, et al. *Catal Lett,* 1999, **58**(4)：225-229.

[180] Tomishige K, Ikeda Y, Sakaihori T, et al. *J Catal,* 2000, **192**(2)：355-362.

[181] Ikeda Y, Sakaihori T, Tomishige K, et al. *Catal Lett,* 2000, **66**(1-2)：59-62.
[182] Ikeda Y, Asadullah M, Fujimoto K, et al. *J Phys Chem B,* 2001, **105**(43)：10653-10658.
[183] Jiang C J, Guo Y H, Wang C G, et al. *Appl Catal A-Gen,* 2003, **256**(1-2)：203-212.
[184] Tomishige K, Furusawa Y, Ikeda Y, et al. *Catal Lett,* 2001, **76**(1-2)：71-74.
[185] Sakakura T, Choi J C, Saito Y, et al. *Polyhedron,* 2000, **19**(5)：573-576.
[186] Sakakura T, Saito Y, Okano M, et al. *J Org Chem,* 1998, **63**(20)：7095-7096.
[187] Choi J C, He L N, Yasuda H, et al. *Green Chem,* 2002, **4**(3)：230-234.
[188] Choi J-C, Kohno K, Ohshima Y, et al. *Catal Commun,* 2008, **9**(7)：1630-1633.
[189] Tomishige K, Kunimori K. *Appl Catal A-Gen,* 2002, **237**(1-2)：103-109.
[190] Yoshida Y, Arai Y, Kado S, et al. *Catal Today,* 2006, **115**(1-4)：95-101.
[191] La K W, Song I K. *React Kinet Catal Lett,* 2006, **89**(2)：303-309.
[192] La K W, Jung J C, Kim H, et al. *J Mol Catal A-Chem,* 2007, **269**(1-2)：41-45.
[193] Bhanage B M, Fujita S, Ikushima Y, et al. *Green Chem,* 2003, **5**(1)：71-75.
[194] Fujita S I, Bhanage B M, Aoki D, et al. *Appl Catal A-Gen,* 2006, **313**(2)：151-159.
[195] Cui H Y, Wang T, Wang F J, et al. *Ind Eng Chem Res,* 2003, **42**(17)：3865-3870.
[196] Jiang Q, Yang Y. *Catal Lett,* 2004, **95**(3-4)：127-133.
[197] Chang Y H, Jiang T, Han B X, et al. *Appl Catal A-Gen,* 2004, **263**(2)：179-186.
[198] Li Y, Zhao X Q, Wang Y J. *Appl Catal A-Gen,* 2005, **279**(1-2)：205-208.
[199] De C, Lu B, Lv H, et al. *Catal Lett,* 2009, **128**(3-4)：459-464.
[200] Sakakura T, Choi J C, Saito P, et al. *J Org Chem,* 1999, **64**(12)：4506-4508.
[201] Chu G H, Park J B, Cheong M. *Inorg Chim Acta,* 2000, **307**(1-2)：131-133.
[202] Sakakura T, Kohno K. *Chem Commun,* 2009, (11)：1312-1330.
[203] Iwamoto M, Tanaka Y, Sawamura N, et al. *J Am Chem Soc,* 2003, **125**(43)：13032-13033.
[204] Jung K T, Bell A T. *J Catal,* 2001, **204**(2)：339-347.
[205] Aresta M, Dibenedetto A, Pastore C. *Inorg Chem,* 2003, **42**(10)：3256-3261.
[206] Aresta M, Dibenedetto A, Pastore C, et al. *Top Catal,* 2006, **40**(1-4)：71-81.
[207] Choi J C, Sakakura T, Sako T. *J Am Chem Soc,* 1999, **121**(15)：3793-3794.
[208] Ballivet-Tkatchenko D, Chermette H, Plasseraud L, et al. *Dalton T,* 2006, (43)：5167-5175.
[209] Ballivet-Tkatchenko D, Douteau O, Stutzmann S. *Organometallics,* 2000, **19**(22)：4563-4567.
[210] Ballivet-Tkatchenko D, Jerphagnon T, Ligabue R, et al. *Appl Catal A-Gen,* 2003, **255**(1)：93-99.
[211] Misono M, Nojiri N. *Appl Catal,* 1990, **64**(1-2)：1-30.
[212] 王大文. CO_2和丙烯合成甲基丙烯酸杂多金属氧化物催化剂的制备、表征和反应性能. 天津：天津大学博士学位论文, 2003.
[213] Solymosi F. *J Mol Catal,* 1991, **65**(3)：337-358.
[214] Millar G J, Seakins J, Metson J B, et al. *J Chem Soc-Chem Commun,* 1994, (4)：525-526.
[215] 王建伟, 钟顺和. 化学进展, 1998, **10**(4)：374-374.
[216] 钟顺和, 黎汉生, 王建伟, 等. 催化学报, 2000, **21**(2)：117-120.
[217] Pawelacrew J, Madix R J. *Surf Sci,* 1995, **339**(1-2)：8-22.
[218] Ranney J T, Gland J L, Bare S R. *Surf Sci,* 1998, **401**(1)：1-11.
[219] Watson R B, Ozkan U S. *J Mol Catal A-Chem,* 2003, **194**(1-2)：115-135.

[220] Burch R, Crittle D J, Hayes M J. *Catal Today,* 1999, **47**(1-4)：229-234.
[221] Guo X C, Madix R J. *Surf Sci,* 1997, **391**(1-3)：1165-1171.
[222] 王大文，钟顺和. 燃料化学学报, 2004, **32**(002)：219-224.
[223] 王大文，钟顺和. 高等学校化学学报, 2004, **25**(3)：517-521.
[224] Hoberg H, Schaefer D. *J Organomet Chem,* 1983, **255**(1)：15-17.
[225] 程庆彦，钟顺和. 催化学报, 2003, **24**(7)：558-562.
[226] 王大文，钟顺和. 分子催化, 2003, **17**(5)：347-352.
[227] 王大文，钟顺和. 化学物理学报, 2003, **16**(6)：515-520.
[228] 程庆彦，钟顺和. 化学通报, 2004, **67**(007)：517-523.
[229] 梅长松，钟顺和，肖秀芬. 分子催化, 2005, **19**(3)：161-166.
[230] 梅长松，钟顺和. 高等学校化学学报, 2005, **26**(6)：1093-1097.
[231] Yang H, Xu Z, Fan M, et al. *J Environ Sci-China,* 2008, **20**(1)：14-27.
[232] 靳治良，钱玲，吕功煊. 化学进展, 2010, **22**(6)：1102-1115.

第5章 二氧化碳作为碳氧资源化学固定为高分子材料

如本书第 4 章所述，二氧化碳作为一种无毒、廉价、储量丰富的 C_1 资源，可固定为无机碳酸盐，或尿素、水杨酸、有机碳酸酯等重要有机化合物，也能通过加氢反应固定为甲醇、甲酸等重要化学品，为化学工业的原料来源多元化提供了重要的选择。但二氧化碳分子为线性结构，其结构式为 O═C═O。从结构上看，碳元素处于最高的氧化态，热力学上高度稳定，因此二氧化碳的均聚基本是不可能发生的。由于二氧化碳的惰性，必须使其活化并具有聚合反应的活性，才能突破其热力学的制约。早在 1969 年日本的 Inoue 教授就发现二氧化碳可与环氧化物反应合成脂肪族聚碳酸酯，从而使二氧化碳作为合成高分子的原料成为可能。目前最常用的活化方法是将二氧化碳与金属配位，以降低其反应活化能，以保证反应的顺利进行。

从文献上的报道来看，除了目前研究较多的二氧化碳与环氧化物的共聚反应，二氧化碳还可与炔烃、二卤代物、二元胺、烯烃、二炔、环硫化物、二烯烃、环氮化物等发生共聚或缩聚反应。此外，二氧化碳还可替代光气成为制备聚氨酯和聚碳酸酯的重要原料。本章是本书的核心章节，将在总结二氧化碳固定为高分子材料的历史基础上，重点介绍该领域的最新进展。

5.1 二氧化碳参与的聚合反应

5.1.1 二氧化碳与炔烃/二卤代物的缩聚反应

二氧化碳、二卤代烷与炔烃在 CuI 的催化下可发生三元缩聚反应，其反应式如式（5-1）所示

$$\mathrm{H{-}C{\equiv}C{-}R^1{-}C{\equiv}C{-}H} + CO_2 + \mathrm{X{-}R^2{-}X} \xrightarrow[K_2CO_3]{CuI} \left[\mathrm{O{-}\underset{\underset{O}{\|}}{C}{-}C{\equiv}C{-}R^1{-}C{\equiv}C{-}\underset{\underset{O}{\|}}{C}{-}O{-}R^2} \right]_n + 2KX \quad (5\text{-}1)$$

Qi 等[1]使用 CuI 和无水 K_2CO_3 催化二氧化碳、1,4-二乙炔苯和二溴丁烷聚合，在80℃下反应 24h 得到数均分子量（其实为摩尔质量，下同）约 $6kg \cdot mol^{-1}$ 的聚合物，转化率最高可达 82%。其中不与二溴代烷反应的无机碱如 K_2CO_3 更适于催化反应，极性非质子溶剂如二甲基甲酰胺、二甲基乙酰胺和 *N*-甲基吡咯烷酮等有利于反应的进行。此外，给电子试剂邻菲咯啉（phen）可加快反应速率，提高聚合物的分子量。其可能的反应机理如图 5-1 所示。

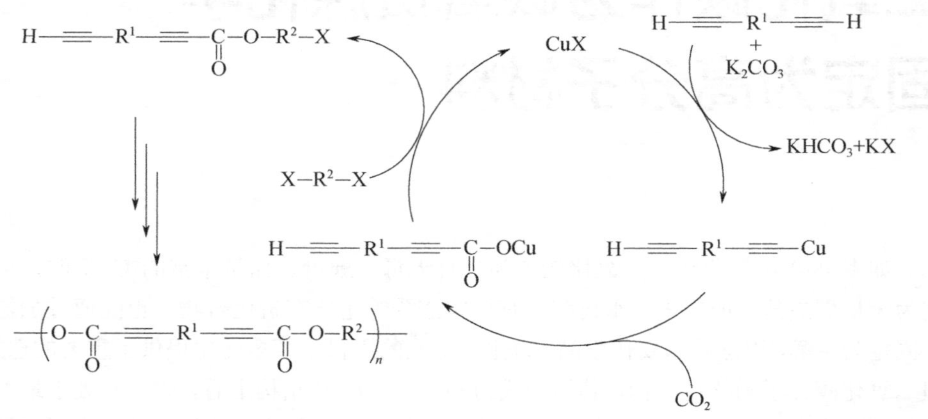

图 5-1 二氧化碳与二卤代烷、炔烃的反应聚合机理示意

5.1.2 二氧化碳与二元胺的缩聚反应

二氧化碳和多元胺反应可以生成低分子量的聚脲，但是反应条件非常苛刻（高温高压）。Yamazaki 等[2]在该体系中加入亚磷酸酯和吡啶，在温和条件下实现了二氧化碳和胺类化合物的缩聚，其反应式如下：

$$CO_2 + H_2N{-}R{-}NH_2 + HO{-}P(OC_6H_5)_2 \xrightarrow{\text{吡啶}} \left[\underset{\underset{O}{\|}}{C}{-}NH{-}R{-}NH\right]_n + (HO)_2POC_6H_5 + C_6H_5OH \tag{5-2}$$

Yamazaki 等研究了多种二元胺与二氧化碳的缩聚，指出提高二氧化碳压力能提高反应速率和增大聚合物的分子量，亚磷酸二苯酯、磷酸芳香酯的引发效率高于二氯磷酸苯酯，而芳香族二元胺比脂肪族二元胺更易与二氧化碳发生缩聚反应。另外，溶剂对聚合影响非常大，对聚合物溶解性较好的溶剂如六甲基磷酸酰胺有利于缩聚反应的进行。

5.1.3 二氧化碳与二元醇钾盐/α,ω-二卤代物的缩聚反应

Soga 等[3]利用冠醚的相转移催化剂的作用，使二氧化碳与二溴代物、二元醇的钾盐缩合聚合得到聚碳酸酯，反应式如下：

$$2nCO_2 + nK{-}O{-}R{-}O{-}K + nX{-}R'{-}X \xrightarrow{\text{冠醚}} \left[O{-}\underset{\underset{O}{\|}}{C}{-}O{-}R{-}O{-}\underset{\underset{O}{\|}}{C}{-}O{-}R'\right]_n + 2nKBr \tag{5-3}$$

R=烷基或环烷基；R'=烷基或芳基；X=Cl 或 Br

该反应实际上也是一种非光气法制备脂肪族聚碳酸酯的路线，只是聚合物产率低，且聚合物分子量小。冠醚对提高聚合物的产率有非常重要的作用，它可使醇钾化合物形成比较松散的离子对，有利于反应的进行。冠醚的种类对产率也有很大影响，18-冠-6-醚产率最高，原因可能是该冠醚的空穴可以与钾离子产生相互作用。

5.1.4 二氧化碳与烯烃化合物的共聚反应

Soga 等[4]报道了二氧化碳与乙烯基类单体在烷氧基铝或三乙酰丙酮铝的催化下，可以生成低分子量的聚合物。其反应机理被认为是二氧化碳先与乙烯基醚生成环状内酯中间体，后者再与乙烯基醚进行阳离子聚合反应，如式（5-4）所示。所得聚合物可溶于一般有机溶剂如乙醚、甲醇、氯仿等。

$$CO_2 + \underset{}{\overset{X}{|}}\!CH{=}CH_2 \longrightarrow \text{(HC(X)–CH}_2\text{–C(=O)–O 四元环)} \xrightarrow{\sim\sim CH_2-\overset{X}{C}H^+} \sim\sim CH_2\overset{X}{C}HO\overset{X}{C}HCH_2\overset{O}{C}H_2\overset{X}{C}H^+ \longrightarrow \longrightarrow -\!\!\left(CH_2\overset{X}{C}HO\overset{X}{C}HCH_2\overset{O}{C}\right)_n\!\!-\!\!\left(CH_2\overset{X}{C}H\right)_{1-n} \quad (5\text{-}4)$$

X=MeO, EtO, *i*-BuO

2014 年，Nozaki 等[5]成功实现了二氧化碳与丁二烯的共聚，该反应首先由二氧化碳与丁二烯生成内酯，再由内酯开环均聚得到产物。该反应成功解决了二氧化碳与烯烃的共聚难题，制得的聚合物中二氧化碳含量达到 33%。

5.1.5 二氧化碳与二炔类化合物的共聚反应

Tsuda 等[6]报道了二氧化碳与不饱和烃类的共聚反应，他们以零价镍为催化剂，合成了数均分子量为 2.1～17.9kg·mol^{-1} 的聚合物，如式（5-5）所示。该共聚反应能否发生取决于炔烃是发生分子内还是分子间环加成。在零价镍络合物催化下，二氧化碳还能与环二炔烃进行共聚反应[7]，得到数均分子量为 7.5kg·mol^{-1} 的聚合物，耐热性能优良，在氮气气氛下起始热分解温度高达为 420℃。

$$R-\!\equiv\!-R'-\!\equiv\!-R + CO_2 \xrightarrow[\substack{THF\text{-}MeCN,70\sim110℃ \\ L=PEt_3或P(n\text{-}C_8H_{17})_3}]{Ni(COD)_2\text{-}2L} \left(\text{吡喃-2-酮环(R, R取代)}-R'\right)_n \quad (5\text{-}5)$$

Tsuda 等还报道了一种在无催化剂的条件下，二氧化碳自发与二炔类发生交替共聚的反应。他们采用二炔胺与二氧化碳反应，如式（5-6）所示，得到数均分子量为 4.4～8.8kg·mol^{-1} 的聚合物。

$$n\,Et_2N-\!\equiv\!-C_6H_4-\!\equiv\!-NEt_2 + n\,CO_2 \longrightarrow \left(\text{4-吡喃酮环(2,6-}NEt_2\text{)}-C_6H_4\right)_n \quad (5\text{-}6)$$

5.1.6 二氧化碳与环硫化合物的共聚反应

Kuran 等[8]采用金属烷基化合物——联苯三酚催化体系实现了二氧化碳与环硫乙烷或环硫丙烷的共聚，其反应式如式（5-7）所示：

$$\text{R—CH(—S—)CH}_2 + CO_2 \longrightarrow \left[CH_2CH(R)SC(=O) \right]_x \left[CH_2CH(R)S \right]_y \quad (5\text{-}7)$$

所得聚合物为白色或灰黄色橡胶态固体，不溶于一般有机溶剂，只溶于三氟乙酸。金属烷基化合物的种类对于共聚合反应有很大的影响，当金属烷基化合物为 $ZnEt_2$ 时，所得产物主要为环硫化合物均聚产物；当金属烷基化合物为 $AlEt_3$ 时，则可获得共聚物。

5.1.7 二氧化碳与环氮化合物的共聚反应

二氧化碳与环氮化合物如氮丙啶在弱电解质酸或路易斯酸催化下进行，甚至可以在无催化剂存在时进行，其反应如式（5-8）所示，可以通过提高聚合反应温度、延长反应时间的方法提高聚合物的产率以及产物中二氧化碳的含量[9]。王献红等采用稀土三元催化剂催化 CO_2 和 2-甲基氮丙啶（MAZ）共聚反应高效地制备了一系列高氨酯含量（63.3%～85.2%）和高分子量（3～31kg・mol^{-1}）的聚（氨酯-胺）（PUA）[10]，发现稀土配合物的加入有利于形成 CO_2 与 MAZ 的配合物，提高了聚合物的氨酯含量和产率；采用 *N*, *N*-二甲基乙酰胺（DMAc）为溶剂制备了 M_w 为 31.0kg・mol^{-1} 的高分子量聚（氨酯-胺）；PUA 在水溶液中展示了温度和 pH 值双重响应，改变聚合物的氨酯含量、分子量，或改变溶液 pH 值和浓度，可以使 PUA 的 LCST 在 30～90℃范围内调节。

$$\text{R—CH(—NH—)CH}_2 + CO_2 \longrightarrow \left[CH_2CH(R)NC(=O) \right]_x \left[CH_2CH(R)N \right]_y \quad (5\text{-}8)$$

5.1.8 二氧化碳与环氧化合物的共聚反应

1969 年日本东京大学的井上祥平首次报道了 $ZnEt_2$-H_2O 可催化 CO_2 和环氧丙烷（PO）的共聚合[11]，生成聚丙烯碳酸酯，成为该领域最受关注的共聚反应。在此后的 40 余年里，科学工作者相继发现多种可与 CO_2 共聚合的环氧单体，如：环氧乙烷、环氧环己烷、环氧环戊烷、环氧氯丙烷、氧化苯乙烯、乙烯基环氧环己烷和多种缩水甘油醚等。在这许多种单体中，最具工业化价值的仍然是最初发现的环氧丙烷，因此二氧化碳与环氧丙烷共聚的内容将在后面的章节中进行详细阐述。本节将主要阐述二氧化碳与其他环氧化物的共聚反应。

5.1.8.1 二氧化碳与环氧乙烷的共聚反应

1969 年，Inoue 采用 $ZnEt_2$-H_2O 为催化剂首次实现了二氧化碳和环氧乙烷（EO）的共聚反应[12]，制备出聚碳酸亚乙酯（PEC）。1997 年，Acemoglu 等[13]采用 $ZnEt_2$/

乙二醇催化该共聚反应，得到了高碳酸酯含量、窄分子量分布的PEC。2012年，王献红等[14]使用双金属氰化物催化二氧化碳-环氧乙烷聚合，通过控制反应温度和压力合成出了碳酸酯含量在1%～44.2%，数均分子量2.7～247kg·mol^{-1}的共聚物，这些共聚物在水中具有可逆的热响应性，其临界相溶温度（LCST）在21～84.5℃之间可以调节。

5.1.8.2　二氧化碳与环氧环己烷的共聚反应

环氧环己烷（CHO）是除环氧丙烷外研究得最多的单体。二氧化碳与环氧环己烷共聚物（PCHC）的分子主链上具有刚性的六元环结构，其玻璃化转变温度在110～120℃之间，比二氧化碳-环氧丙烷共聚物高得多。不过由于主链的刚性六元环结构，导致PCHC脆性很大，熔体加工十分困难，限制了其进一步的应用开发。

对二氧化碳与环氧环己烷的共聚合而言，生成副产物环状碳酸酯（CHC）比生成聚合物的能垒高80kg·mol^{-1} [15]，而共聚物是热力学上稳定的产物，因此在二氧化碳与CHO的共聚反应中，PCHC的选择性很高。

PCHC的立构控制是最近的研究热点。在CO_2与CHO的共聚过程中，通常在其C—O键断裂的同时在进攻位点发生构型反转（S_N2机理），进而得到反式开环产物（图5-2），由于存在这种选择性开环，可以通过选择合适的催化剂和反应条件制备全同、间同或无规结构等不同规整度的聚合物。

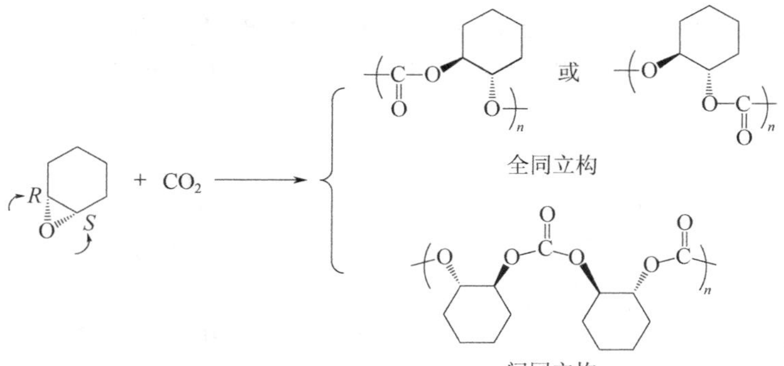

图5-2　二氧化碳与CHO共聚反应中的S_N2机理及其立构聚合物的合成

另一方面，CHO开环插入后在聚合物主链上形成手性位点，因此如果能够选择合适的手性催化剂就有可能控制CHO的开环方式，合成具有不同光学活性的PCHC。此外，由于CHO开环时两个手性中心只有一个发生构型反转，通过这种不对称开环方式可以合成有光学活性的PCHC。Nozaki等[16, 17]利用如图5-3所示的催化剂**1**研究了CHO与CO_2的不对称聚合反应，在40℃和30atm下，该催化剂对不对称立体选择性共聚有较好的活性，聚合产物为完全交替结构，聚合物的数均分子量（M_n）为8.4kg·mol^{-1}，分子量分布指数（PDI）为2.2。PCHC在碱性条件下的水解实验结果显示，反式二醇的ee值为73%。为确定催化剂的活性中心结构，Nozaki分离出了一种具有二聚结构的催化剂分子，进而得到了全同结构的 PCHC（M_n=11.8kg·mol^{-1}，TOF=0.6h^{-1}），但分子量分布很宽（PDI=15.7），ee 值只有 49%。

Coates 等[18, 19]合成了一种具有 C_1 对称的亚胺-噁唑啉结构的锌系催化剂（图 5-3），通过对催化剂配体结构的调整，获得了高立体选择性（*RR*/*SS*=86:14,ee 值 72%）并含 100%聚碳酸酯结构的 PCHC，M_n 和 PDI 分别为 14.7kg·mol^{-1} 和 1.35，T_g 和 T_m 分别达到 120℃和 220℃。

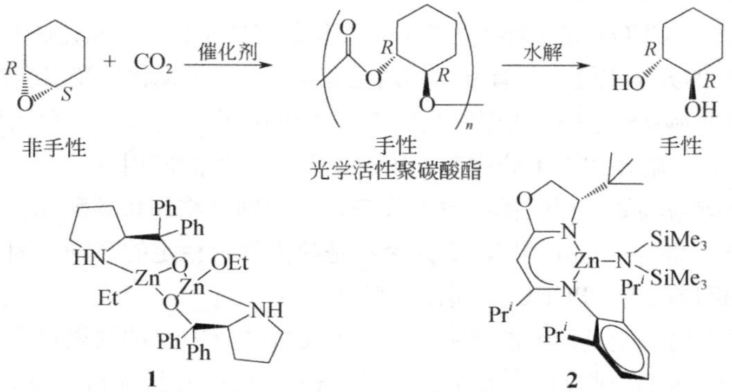

催化剂
水解
非手性
手性
光学活性聚碳酸酯
手性

图 5-3　光学活性 PCHC 的合成及其相应的手性催化体系

2012 年吕小兵等[20]使用不对称的 SalenCoX 催化剂催化非手性的 CHO 与 CO_2 聚合，进一步合成出了高立体选择性（*RR*/*SS*=98:2）的 PCHC，催化剂结构如图 5-4 所示，所得聚合物为结晶型的 PCHC，T_g 和 T_m 分别达到 216℃和 310℃。

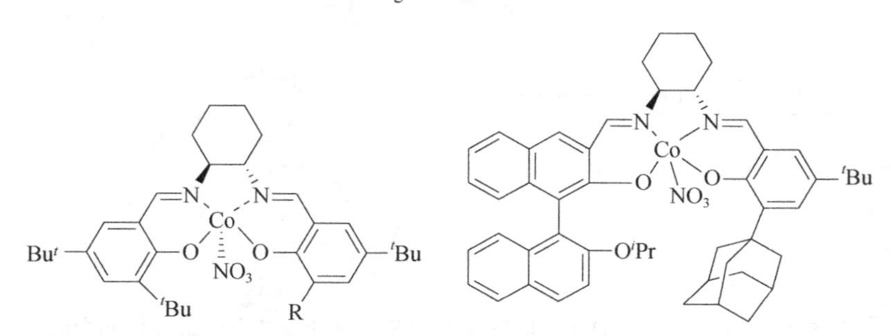

图 5-4　不对称的 SalenCoX 催化体系

5.1.8.3　二氧化碳与环氧丁烷的共聚反应

在 $ZnEt_2/H_2O$ 催化体系下，环氧丁烷的各种异构体都可以与 CO_2 发生共聚反应，得到高交替率的聚碳酸酯[21]，其中 1,2-环氧丁烷的活性最高，反式-2,3-环氧丁烷的活性最低。

5.1.8.4　二氧化碳与环氧氯丙烷的共聚反应

沈之荃等[22]用稀土配位催化剂 $RE(P_{204})_3$-$Al[CH_2CH(CH_3)_2]_3$ 催化环氧氯丙烷与二氧化碳的共聚反应，得到高分子量的聚碳酸酯，二氧化碳固定率为 30%。采用 CO_2

气氛陈化后的 $Y(P_{204})_3$-$Al[CH_2CH(CH_3)_2]_3$ 为催化剂，Al/Y=8 时活性达到了 $3945g \cdot mol^{-1}$（以 Y 计）。

2011 年吕小兵等[23]使用 SalenCoX 催化二氧化碳与环氧氯丙烷的共聚，合成出了碳酸酯含量大于 99%的共聚物，当使用单组分的 SalenCoX 催化剂时，能使副产物环状碳酸酯的含量小于 1%，并通过研究反应动力学，发现环状产物的能垒约比共聚物的能垒高 $45.4kJ \cdot mol^{-1}$。

5.1.8.5 二氧化碳与氧化苯乙烯的共聚反应

1975 年，Inoue 等[24-26]采用 $ZnEt_2/H_2O$ 催化剂催化氧化苯乙烯与二氧化碳的共聚反应，但得到的共聚物分子量很低。2010 年吕小兵等[27]采用 SalenCoX 催化剂催化二氧化碳与氧化苯乙烯的共聚反应，可得到分子量大于约 $86kg \cdot mol^{-1}$ 的共聚物，使用单组分的 SalenCoX 催化剂可以完全得到共聚物，而不生成环状碳酸酯副产物。他们详细研究了氧化苯乙烯与二氧化碳的共聚反应[28]，并对比了该反应与环氧丙烷和二氧化碳共聚反应的异同，发现氧化苯乙烯也存在两种开环方式，但是与环氧丙烷开环反应存在的无规开环方式明显不同的是，氧化苯乙烯的开环以在次甲基—氧键发生选择性断裂为主，如式（5-19）所示：

$$\text{R-epoxide} + CO_2 \longrightarrow \left[\left(CH_2-\underset{R}{CH}-O-\overset{O}{\overset{\|}{C}}-O\right)_x\left(CH_2-\underset{R}{CH}-O\right)_{1-x}\right]_n$$

$$\text{Ph-epoxide} + CO_2 \longrightarrow \left[\left(\underset{Ph}{CH}-CH_2-O-\overset{O}{\overset{\|}{C}}-O\right)_x\left(\underset{Ph}{CH}-CH_2-O\right)_{1-x}\right]_n \quad (5-9)$$

5.1.8.6 二氧化碳与缩水甘油醚类环氧化物的共聚反应

Inoue 等[29]采用 $ZnEt_2/H_2O$ 催化剂合成了缩水甘油/二氧化碳的环状加成产物，如式（5-10）所示。随后他们将缩水甘油上的羟基用三甲基硅基取代后，在同样的反应条件下得到了交替结构的聚合产物。三甲基硅烷缩水甘油的反应活性小于环氧丙烷，通过调节两种单体的比例可以得到不同组成的三元共聚物，经羟基还原后即可得到不同羟基含量的亲水性聚碳酸酯。

$$\text{(glycidol, }CH_2OH\text{-epoxide)} + CO_2 \xrightarrow{ZnEt_2/H_2O} \text{(cyclic carbonate with }CH_2OH\text{)} \quad (5-10)$$

$$\text{(glycidol, }CH_2OH\text{-epoxide)} + Me_3SiCl \xrightarrow{Et_3N} \text{(}CH_2OSiMe_3\text{-epoxide)}$$

缩水甘油与二氧化碳可以在金属氯化物的催化下在常压时发生共聚反应生成一种支化聚碳酸酯[30]，如式（5-11）所示：

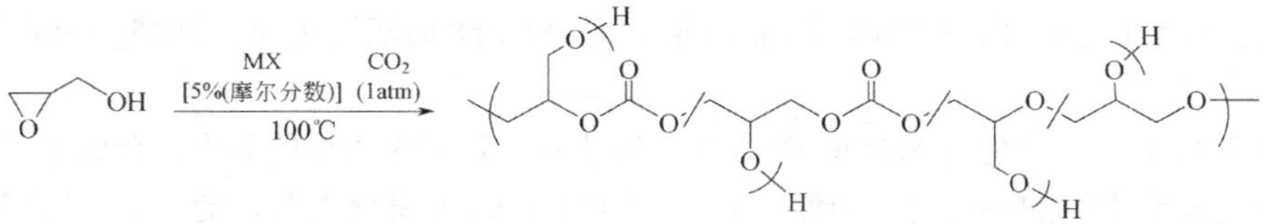

$$\text{glycidol} \xrightarrow[100℃]{\text{MX [5\%(摩尔分数)]} \quad CO_2 \text{ (1atm)}} \text{branched poly(glycidol carbonate)} \tag{5-11}$$

缩水甘油与二氧化碳在 KCl、NaCl 或 CsCl 催化下都能得到交替的聚碳酸酯，但 LiCl 为催化剂时只得到聚醚。该类催化剂催化所得的聚（缩水甘油碳酸酯）具有支化结构。可能的反应机理如图 5-5 所示，缩水甘油受到阴离子（X^-）的亲核进攻后形成金属醇盐（**3** 和/或 **3′**），与 CO_2 反应后形成碳酸阴离子（**4** 和/或 **4′**）。同时 **3** 和 **3′**仍可以与缩水甘油反应生产聚醚，碳酸阴离子与缩水甘油反应形成链增长活性种 **5** 和/或 **5′**。分子内或分子间出现的由羟基到醇盐的质子转移导致了链转移反应的发生，进而形成了支化聚合物。

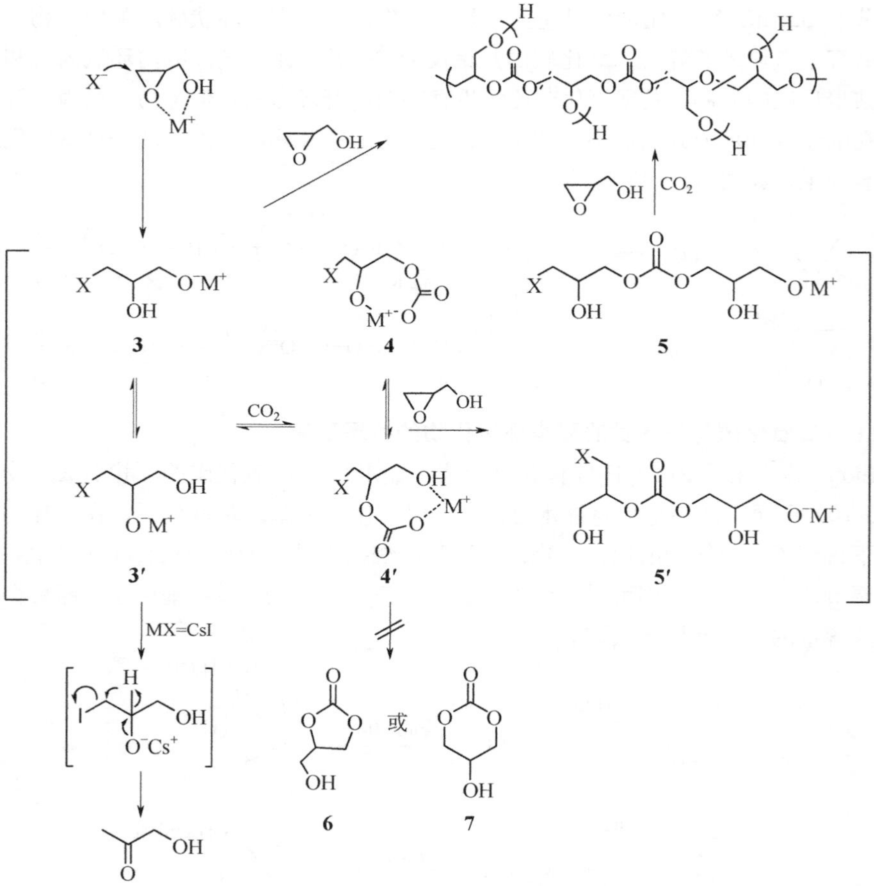

图 5-5 聚（缩水甘油碳酸酯）的合成机理

Lukaszczyk[31]以乙基锌/联苯三酚（2:1）为催化剂，合成了烯丙基缩水甘油醚（AGE）和二氧化碳的共聚物，碳酸酯含量大于 98%。通过间氯过氧苯甲酸可以把双键氧化成环氧基团。为了调节侧链功能基团的数量，Lukaszczyk 等还在 AGE/CO_2 体系中加入含饱和基团的丁基缩水甘油醚（BGE）或异丙基缩水甘油醚（IGE）等第三单体进行三元共聚反应。

Tan[32]等用稀土配合物催化剂得到了碳酸酯含量高于 97%的烯丙基缩水甘油醚和二氧化碳的共聚物 Poly（AGE-co-CO_2）（PAGEC）。以过氧苯甲酰（BPO）为引发剂，以 PAGEC 为前驱体，与 3-(三甲氧基甲硅烷基)丙基-2-甲基-2-丙烯酸酯（MSMA）进行自由基反应可得到含硅的功能化聚碳酸酯，后者在四甲氧基硅烷（TEOS）和盐酸下可通过溶胶-凝胶法制备 PAGEC-SiO_2 纳米复合物（图 5-6）。

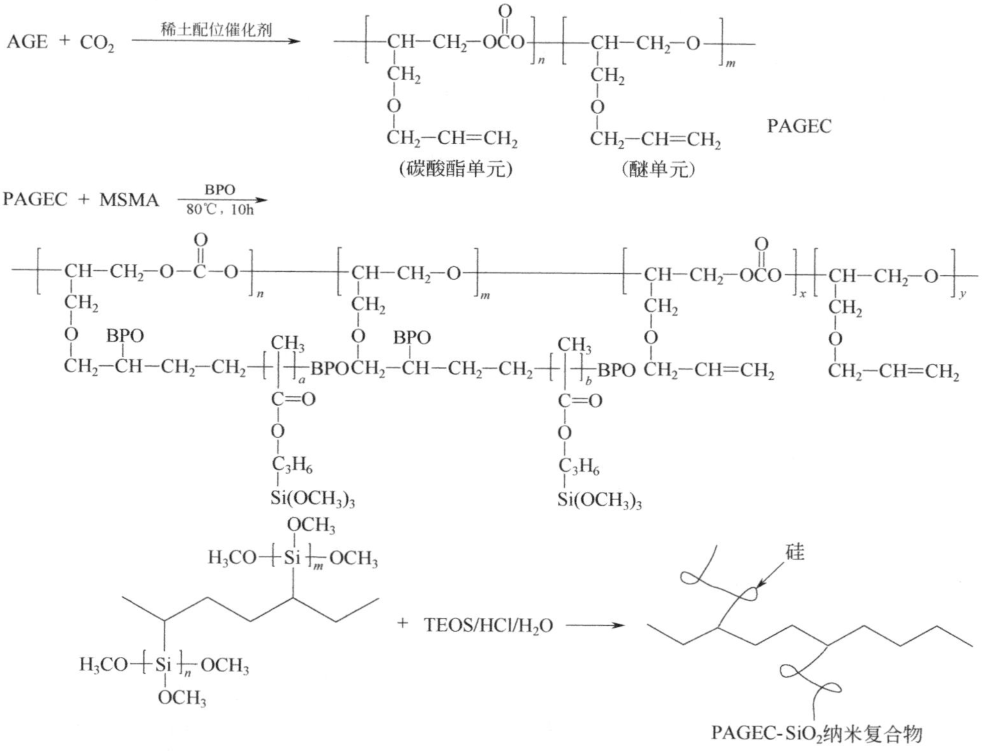

图 5-6　PAGEC-SiO_2 纳米复合物的溶胶-凝胶法制备路线

Inoue 等[33]在 1982 年合成了一种侧链带有碳酸酯键的聚碳酸酯，如图 5-7 所示。这种聚碳酸酯可以在酸性或碱性条件下水解，水解产物为二氧化碳、甘油和相应的醇。其中碱性条件更利于该聚碳酸酯的水解，当 R 为甲氧基时，6 天内即有 60%的共聚物发生水解。进一步研究发现在水解产物中没有检测到低聚物和环状碳酸酯，回收的聚合物与初始实验样品有相同的结构和分子量，表明共聚物分子链一旦开始水解，将快速地完全水解成小分子产物。这种功能性聚碳酸酯具有很好的水解性能，在药物控释领域有一定的潜在应用前景。

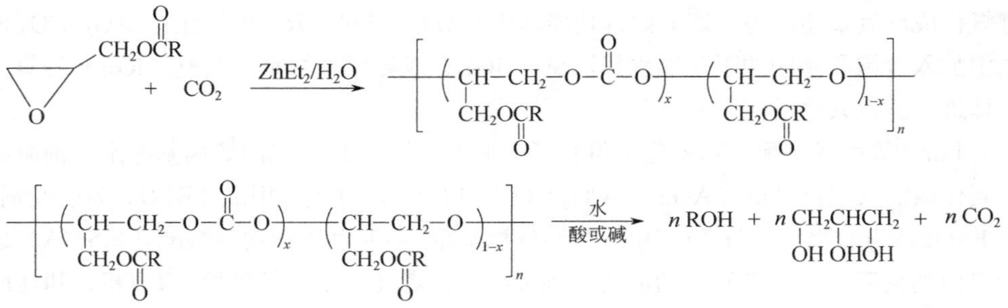

图 5-7　侧链带有碳酸酯键的聚碳酸酯的合成及水解

Jansen[34]以 $ZnEt_2/H_2O$ 为催化剂合成了含硝基苯介晶基团和不同柔性间隔链长度的侧链液晶型聚碳酸酯，如图 5-8 所示，聚合物的数均分子量为 4.3～38kg・mol^{-1}，但分子量分布（PDI）较宽，其碳酸酯含量介于 67%～94%之间。

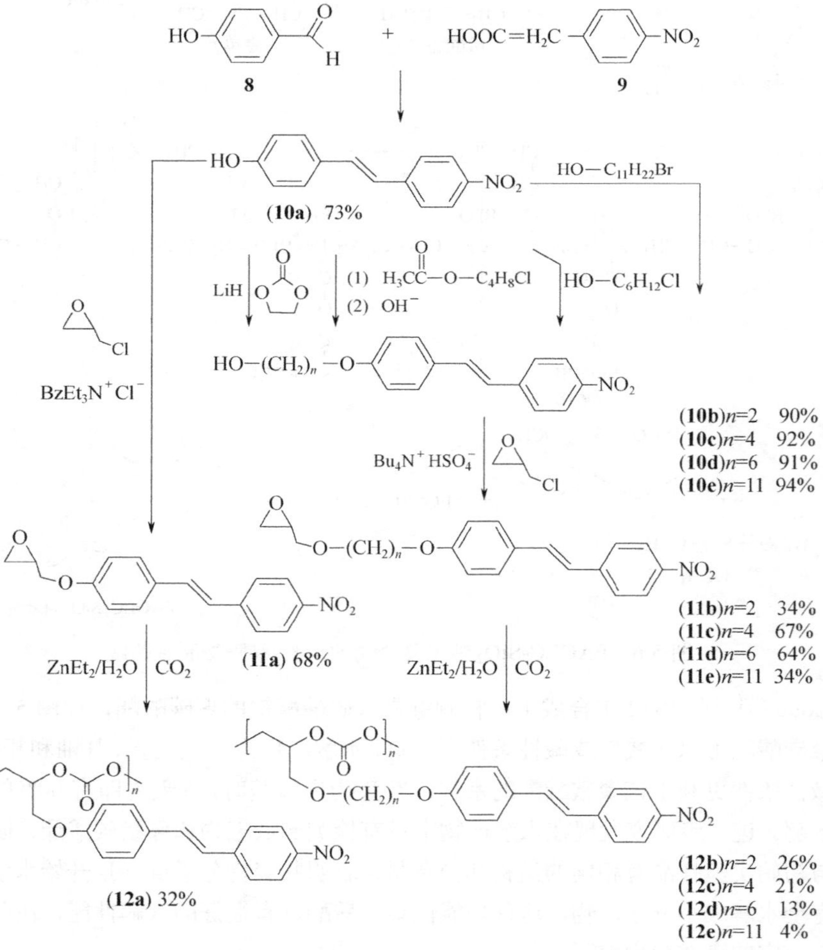

图 5-8　含硝基苯介晶基团和不同柔性间隔链长度的侧链液晶型聚碳酸酯

Jansen 等[35, 36]随后又报道了以苯甲酸苯酯为介晶基团的侧链液晶型聚碳酸酯，其中介晶基团上连有 1～8 个 C 的不同长度的端基，如图 5-9 所示。

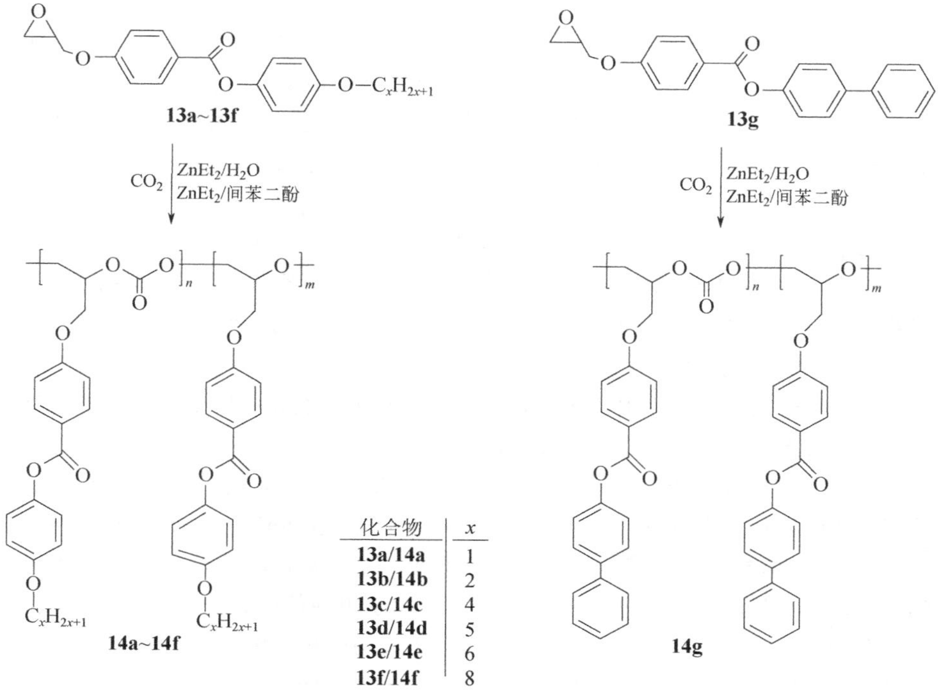

13a~13f　　**13g**

CO_2 $ZnEt_2/H_2O$，$ZnEt_2$/间苯二酚

14a~14f　　**14g**

化合物	x
13a/14a	1
13b/14b	2
13c/14c	4
13d/14d	5
13e/14e	6
13f/14f	8

图 5-9　以苯甲酸苯酯为介晶基团的侧链液晶型聚碳酸酯

上述液晶聚合物在介晶基团连接的端基较短时倾向于形成单层结构，端基较长时则形成双层结构（图 5-9）。聚合物 **14a** 和 **14b** 侧链端基的长度与柔性间隔链的长度近似，形成单层结构。当侧链端基过长时，由于端基较低的极性容易产生相分离而形成双层结构，随着端基长度的增加，清亮点温度和焓变都有明显的升高趋势。尽管玻璃化转变温度与端基长度没有明显的关系，但是玻璃化转变温度和清亮点温度均依赖于分子量，随分子量的增大，相转变温度迅速升高，在重均分子量为 20kg・mol^{-1} 时达到一个平台。

5.1.8.7　二氧化碳与氧化杂丁烷的共聚反应

在环氧化物与二氧化碳的共聚反应中，研究最多的是三元环结构的环氧单体，四元环结构的环氧化物的研究则较少，而理论上包括五元环醚在内的多元环醚也有与二氧化碳发生共聚反应的可能，只是环醚与二氧化碳发生共聚反应的难易及反应活性的大小与其开环的难易程度有关。三元环醚的共聚反应活性最高，原因在于三元环的环张力大，热力学上易于开环，加上 C—O 键是极性键，富电子的氧原子易受阳离子的进攻，缺电子的碳原子易受阴离子进攻；并且，在动力学上三元环醚也极易聚合。

从环醚的聚合热也可以看出其聚合倾向，一般而言，环醚的活性次序为：

环氧乙烷>氧杂环丁烷>四氢呋喃>七元环醚

一般认为四元环醚和多元环醚只能发生阳离子聚合，而二氧化碳与环氧化物的共聚反应通常是通过阴离子配位方式进行的。寻找合适的能引发氧化杂丁烷发生阴离子聚合的配位催化剂是使氧化杂丁烷与二氧化碳发生共聚反应的关键。Koinuma 等[37]在用有机铝催化剂催化二氧化碳和环氧化物的研究工作中发现，用于合成脂肪族聚碳酸酯的环醚并非仅仅限于三元环，四元环醚也可以与二氧化碳发生共聚发应，并成功采用三乙基铝/水/乙酰丙酮催化合成了氧化杂丁烷/二氧化碳共聚物。当采用只能进行阳离子聚合的四氢呋喃作反应溶剂，得到的产物中并没有检测到四氢呋喃链段，从而证明共聚反应是通过阴离子配位方式进行的，但是产率很低，产物中的碳酸酯含量只有 20%，含有较多的醚段。

为提高氧化杂丁烷/二氧化碳共聚物中碳酸酯单元的含量，Baba 等[38, 39]用有机锡卤化物/路易斯碱为催化剂［式（5-12）］，在 Bu_3SnI-PBu_3（1:1）下得到了碳酸酯单元含量大于 99%的聚碳酸酯，但数均分子量低于 1.5kg・mol^{-1}。配体的种类对反应活性和反应产物的选择性都有较大影响，尽管卤化锡的酸性按 $SnCl_4$>Bu_2SnI_2>Bu_3SnI 的顺序依次减弱，但酸性相对较弱的 Bu_3SnI-PBu_3 具有最高的活性，而酸性较强的 $SnCl_4$-PBu_3 体系得到的聚合物包含较多的醚段。由于单独使用 Bu_3SnI 时没有得到任何产物，而 $SnCl_4$、Bu_2SnI_2 则能单独催化氧化杂丁烷均聚得到聚醚，表明在共聚反应过程中氧化杂丁烷并不是通过路易斯酸活化的。由于路易斯碱与锡原子的配位，提高了与锡原子相连的卤原子的亲核性，更有利于进攻氧化杂丁烷使其开环，同时锡的酸性降低也抑制了氧化杂丁烷均聚等副反应的发生。因此，设计和开发合适酸碱性的有机锡配合物对高效催化氧化杂丁烷/二氧化碳共聚生成完全交替结构的脂肪族聚碳酸酯具有重要价值。

$$\text{氧杂环丁烷}\ (H_2C{-}O{-}CH_2{-}CH_2{-}) + CO_2 \xrightarrow{R_mSnX_{4-m},\ \text{碱}} \left[CH_2CH_2CH_2O{-}\underset{\underset{O}{\|}}{C}{-}O \right]_n \quad (5\text{-}12)$$

X=Br, I

m=2或3

氧化杂丁烷和环氧丙烷的环张力分别为 106.7kg・mol^{-1} 和 114.2kg・mol^{-1}，前者仅低了 7.5kg・mol^{-1}，因此能催化环氧丙烷与 CO_2 共聚的催化剂，理论上也有可能催化氧化杂丁烷与二氧化碳共聚反应合成聚碳酸酯。Darensbourg 等[40-42]利用金属 Salen 化合物（图 5-10）和阴离子引发剂作催化剂高效合成了数均分子量高于 10kg・mol^{-1} 的聚（三亚甲基碳酸酯）（图 5-10），在 110℃和 3.5MPa 下加入 2 倍量的 n-Bu_4NCl 时，(salen)Cr(III)Cl 配合物的活性达到 TOF=41.2h^{-1}，远高于相应的 Al 配合物(TOF=8.59h^{-1})。

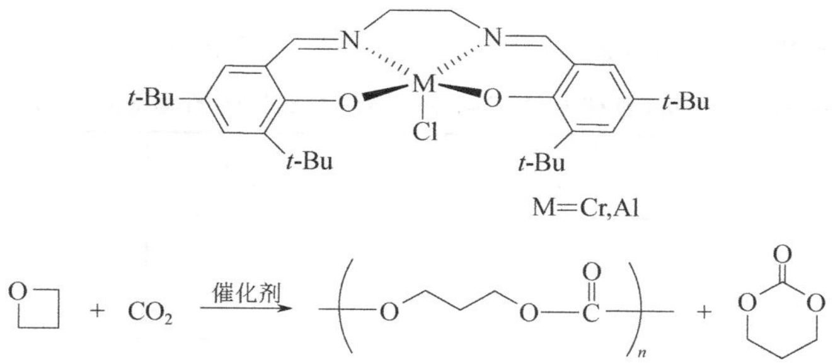

t-Bu N M N t-Bu O O Cl t-Bu t-Bu

M=Cr,Al

O + CO_2 催化剂 → O O C O n + O O O

图 5-10 金属 salen 催化剂下氧化杂丁烷与二氧化碳的共聚反应

5.1.8.8 二氧化碳与其他环氧化物的共聚反应

β-二亚胺锌是一类合成脂肪族聚碳酸酯的高效催化剂，但最初只能催化 CHO/CO_2 的共聚反应。Coates 等对这一催化体系进行了大量研究，通过改变配体结构高效合成了高交替率的二氧化碳-环氧丙烷共聚物（PPC），拓展了 β-二亚胺锌催化剂的应用范围。以此为基础，合成出如表 5-1 所示的脂肪和酯环基聚碳酸酯[43]。从表 5-1 可以看出，环氧化物的烷基链越长，反应的活性和选择性越低。如环氧丁烷的反应活性为 87h^{-1}，明显低于环氧丙烷的 220h^{-1}。而对于环氧丁烷和 1,2-环氧基-5-己烯而言，反应活性衰减的同时也生成了大量的副产物环状碳酸酯，产物的选择性大大降低。

表 5-1 二氧化碳与脂肪/脂环基环氧化物的共聚反应结果

序号	环氧化物	时间/h	催化剂摩尔分数/%	活性 /[molPO/(molZn·h)]	选择性 (聚合物:环状产物)
1	 O	2	0.05	220	87:13
2	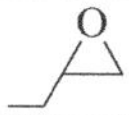 O	4	0.05	87	85:15
3	 O	4	0.1	80	50:50
4	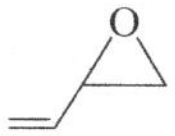 O	24	0.1	20	<1:100
5	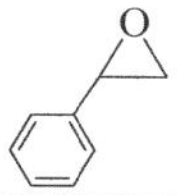 O	6	0.1	87	35:65

表 5-2 列出了含不同取代基的环氧环己烷与 CO_2 的共聚结果。柠檬烯环氧（LO，表 5-2 中的第二个单体）是一种来自于橘子皮的可再生的环氧化物，LO 顺反异构体的混合物与 CO_2 反应的速率很低，可能是由于环己环上的取代基较多，位阻效应影响了环氧单体与活性中心的接触，而且 CO_2 易于与反式异构体反应。相反，乙烯基环氧环己烷（表 5-2 中的第三个单体）反应速率较高，接近环氧环己烷，乙烯基环氧环己烷与 LO 的结构相似，表明甲基的存在降低了 LO 的反应活性，而乙烯取代基的存在

对反应活性的影响较小。

表 5-2　含不同取代基的环氧环己烷与二氧化碳的共聚反应结果

序号	环氧化物	温度/℃	时间/h	催化剂摩尔分数/%	活性 /［molPO/(molZn·h)］
1		50	10	0.1	1890
2		25	120	0.4	37
3		50	10	0.1	1490

5.1.9　二氧化碳参与的三元共聚反应

在二氧化碳和环氧丙烷共聚体系中加入第三单体，有时可以促进共聚反应进行并赋予共聚物以特殊性能。所选择的第三单体包括环氧化物、环状酸酐、己内酯、甲基丙烯酸酯等。第三单体在共聚物中形成不同的结构单元，在一定程度上能改变聚合物的热稳定性和力学性能。

5.1.9.1　二氧化碳、环氧丙烷和其他单体的三元共聚

如式（5-13）所示，在二氧化碳和环氧丙烷的反应中加入含酯键的杂环化合物，可得到三元共聚物[13]，各重复单元在链中的摩尔分数与单体的转化率、产物的分子量及投料比有很大关系。在二氧化碳和环氧丙烷的反应中加入氧化环己烯，可得到热稳定性较高的三元共聚物[44]。

$$\text{(cyclic anhydride, R}^1\text{)} + CO_2 + \text{(epoxide, R)} \longrightarrow \left[\left(\underset{\|}{\overset{}{C}}O \right)_x \left(CH_2\underset{|\atop R}{C}HO \right)_y \left(\underset{\|\atop O}{C} - R_1 - \underset{\|\atop O}{C}O \right)_z \right]_n$$

$$\text{(epoxide, R)} + CO_2 + \text{(cyclohexene oxide)} \longrightarrow \left(CH_2\overset{CH_3}{\overset{|}{C}}H-O\overset{O}{\overset{\|}{C}}O \right)_n \left(O\overset{O}{\overset{\|}{C}}O-C_6H_{10} \right)_m \quad (5\text{-}13)$$

通过环氧丙烷、三甲基硅缩水甘油醚和二氧化碳共聚产物的水解反应，可以制备侧链含羟基的二氧化碳共聚物，从而提高聚合物的亲水性和生物降解速度。在稀土三元催化体系中加入双环氧单体乙二醇二缩水甘油醚、丁二醇二缩水甘油醚或新戊二醇二缩水甘油醚，可制备出数均分子量超过 20 万的聚合物，比不加双环氧单体的二元共聚物的分子量增加一倍，其可能的双增长反应机理如图 5-11 所示[45]。分子量增大

后，聚合物的热稳定性和力学性能均得到明显提高，当聚合物数均分子量从10.9万增大到22.7万时，PPC的起始热分解温度增加了37℃，一定程度上改善了PPC的加工性能。

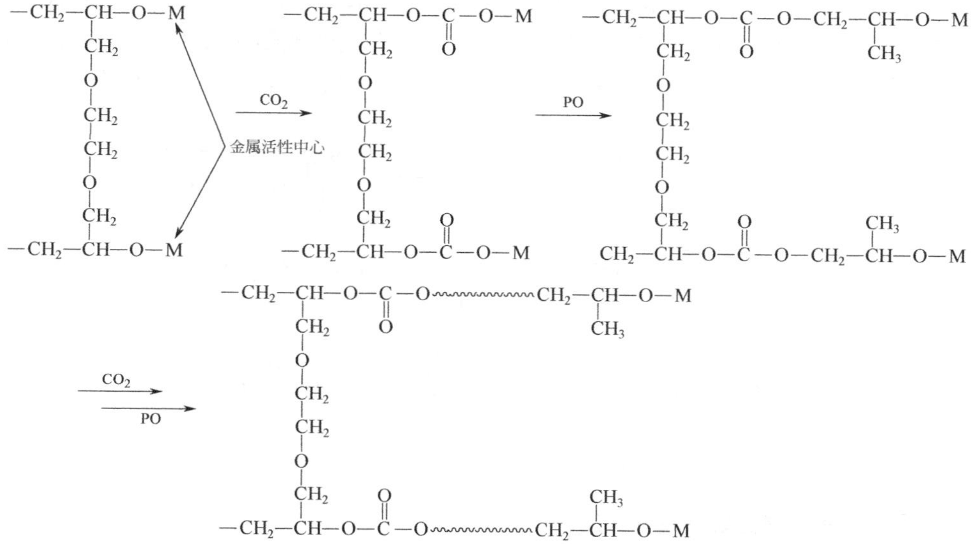

图5-11　三元共聚过程中基于双环氧单体的双增长机理

在稀土三元催化剂催化二氧化碳和环氧丙烷共聚合体系中引入侧链含有不饱和双键的环氧化合物烯丙基缩水甘油醚（AGE），通过侧链双键自由基反应，可获得交联型PPC（图5-12）。经紫外线固化交联后，耐热性能和力学性能与未交联的PPC相比显著提高，共聚物在室温下不发生黏流现象，而且60℃下的尺寸稳定性明显提高。

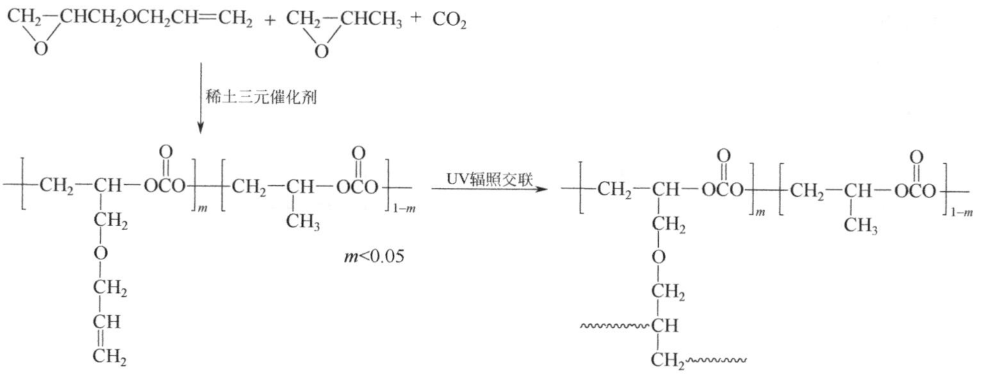

图5-12　二氧化碳、环氧丙烷和AGE三元共聚制备可交联二氧化碳共聚物

5.1.9.2　二氧化碳和其他单体的三元共聚

环氧乙烷与二氧化碳的交替共聚物有着良好的生物降解性和生物相容性，但其力

学性能较差，加入第三单体如环氧丙烷或氧化环己烯，可提高聚合物的力学性能，并可调节产物的降解速率。

Saegusa 等[46]在研究 2-苯基-1,3-二氧代乙烯磷酸酯和乙烯基类化合物反应时发现，在二氧化碳存在下将生成 1:1:1 的三元交替共聚物，数均分子量低于 $2kg \cdot mol^{-1}$。陈立班等[47]采用聚合物负载的双金属催化剂，使甲基丙烯酸酯（MMA）和丙烯氰等乙烯基类单体通过打开 C═C 双键与二氧化碳及环氧化物发生了共聚反应（图 5-13）。

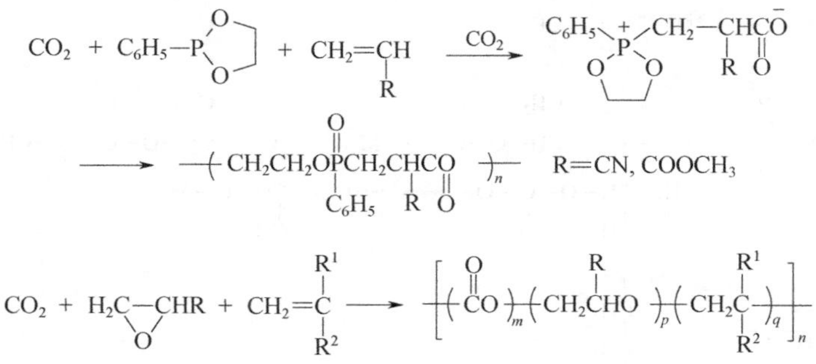

$$CO_2 + C_6H_5-P(OCH_2CH_2O) + CH_2{=}CH(R) \xrightarrow{CO_2} C_6H_5-\overset{+}{P}(OCH_2CH_2O)-CH_2-CH(R)-C(=O)O^-$$

$$\longrightarrow \left(CH_2CH_2OP(=O)(C_6H_5)CH_2CH(R)C(=O)O \right)_n \quad R{=}CN, COOCH_3$$

$$CO_2 + H_2C\overset{O}{—}CHR + CH_2{=}C(R^1)(R^2) \longrightarrow \left[\left(\overset{O}{\overset{\|}{C}}O \right)_m \left(CH_2\overset{R}{\overset{|}{C}}HO \right)_p \left(CH_2C(R^1)(R^2) \right)_q \right]_n$$

图 5-13 二氧化碳参与的三元共聚反应

5.1.9.3 二氧化碳合成嵌段共聚物

通过嵌段共聚改善聚合物性能的方法在工业中已受到广泛的关注，热塑性弹性体就是其中最成功的例子，它使人们获得了可像塑料一样加工成型又具有橡胶弹性体特性的新材料。Santangelo[48]报道了二氧化碳合成嵌段聚合物的方法；在催化剂存在下首先加入第一种环氧化物与二氧化碳共聚一定时间后，再加入另外一种环氧化合物进行聚合，从而制备嵌段聚合物（图 5-14）。Inoue[49]指出卟啉铝催化二氧化碳和环氧丙烷的共聚反应具有活性聚合的特征，即产物的分子量随着时间的增加而增加，且反应结束后再加入单体后共聚反应会继续进行。因此，若用卟啉铝催化 1, 2-环氧丁烷和二氧化碳进行共聚合反应，当 1, 2-环氧丁烷消耗完后再加入环氧丙烷或者环氧乙烷，可以制备双嵌段或者多嵌段共聚物。

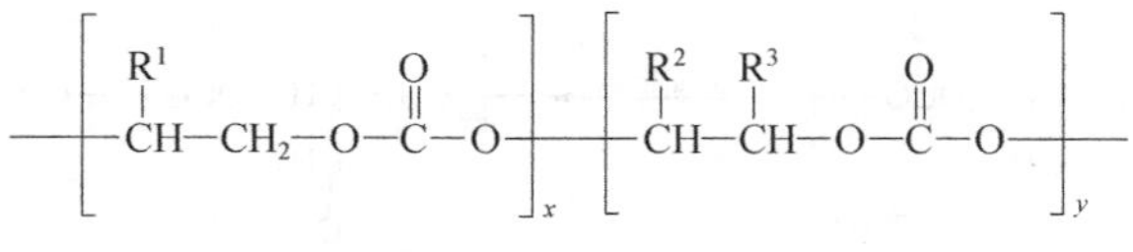

$$\left[\overset{R^1}{\overset{|}{C}H}-CH_2-O-\overset{O}{\overset{\|}{C}}-O \right]_x \left[\overset{R^2}{\overset{|}{C}H}-\overset{R^3}{\overset{|}{C}H}-O-\overset{O}{\overset{\|}{C}}-O \right]_y$$

R^1=H，CH_3，C_2H_5或C_6H_5　　R^2，R^3分别为H，CH_3，C_2H_5或为$(CH_2)_4$

图 5-14 嵌段聚合物的结构式

5.2 二氧化碳-环氧化物共聚物

自 1969 年 Inoue 首次合成出二氧化碳-环氧化物共聚物以来，在各国科学家的不断努力下，催化剂取得了长足的发展，且至今仍在不断地优化。催化剂的进步直接推动了二氧化碳-环氧化物共聚物在理论和应用方面的发展，因此催化剂的发展历史实际上就是二氧化碳-环氧化物共聚物的历史。

二氧化碳与环氧化物共聚反应的催化剂可以分为两类，即非均相催化剂和均相催化剂。本节将对这两类催化剂的发展和存在的问题进行详细的介绍。

5.2.1 非均相催化剂

5.2.1.1 烷基锌-含多活泼氢化合物体系

烷基锌-含多活泼氢化合物是最早应用于二氧化碳和环氧化物共聚反应的一类催化体系[50]。该催化体系一开始只是用于催化外消旋环氧丙烷的开环聚合，随后又被用于环氧化物与环状酸酐的交替共聚合反应，如环氧化物与邻苯二甲酸酐交替共聚生成聚酯的反应[51]，该共聚反应通过两步反应交替进行：

① 烷基锌与酸酐反应生成锌羧酸盐；

② 锌羧酸盐与环氧化物反应重新生成烷基锌化合物。

受此反应的启发，Inoue 推想二氧化碳是碳酸的酸酐，应该能与环氧化物进行共聚合反应。他们首先对二氧化碳参与反应的假想进行了验证，在二乙基锌、乙醇和二氧化碳存在的条件下进行环氧丙烷的聚合实验，30℃条件下连续反应 58 天，所得聚合物的红外谱图中在 $1740cm^{-1}$ 处出现了微弱的红外吸收峰，显示聚合物中存在羰基，证实二氧化碳可以与 Zn-OEt 反应形成羧酸锌盐，并且羧酸锌盐可以进攻环氧丙烷[11]。随后 Inoue 进行了二氧化碳与环氧丙烷共聚合试验[12]，以苯为溶剂，$ZnEt_2/EtOH$、$ZnEt_2/H_2O$、$AlEt_3$、$AlEt_3/H_2O$ 和 $CdEt_2/H_2O$ 等为催化剂，在常压下进行聚合。在此系列反应中，$ZnEt_2/H_2O$ 催化体系下产生了不溶于甲醇的白色产物，升高二氧化碳气体压力（5.0～6.0MPa），生成的均聚物量减少，主要生成不溶于乙醇的共聚物。这些不溶物在 $1745cm^{-1}$ 和 $1250cm^{-1}$ 处出现了很强的吸收峰，可以归属为环氧丙烷与二氧化碳共聚物的碳酸酯基团。$ZnEt_2$ 与 H_2O 的比例直接影响催化体系的活性，单独使用 $ZnEt_2$ 时仅生成环氧丙烷的均聚物，当 $ZnEt_2$ 与 H_2O 摩尔比为 1 时，催化活性最高。$ZnEt_2/H_2O$(1:1)体系不仅可以催化二氧化碳与环氧丙烷共聚，还可以催化二氧化碳与其他环氧类化合物的共聚合，包括氧化苯乙烯、环氧乙烷和环氧异丁烯等。

尽管 Inoue 的 $ZnEt_2/H_2O$(1:1)催化体系催化 CO_2 与 PO 共聚反应的活性仅为 $0.12h^{-1}$，但是这个发现很是难得，因为一开始共聚物的含量很少，需要非同寻常的耐心和扎实的知识积累。也正是这个发现，开创了二氧化碳固定为高分子材料的历史先河。

此后的研究中，Inoue 等又考察了多种含活泼氢化合物与等物质的量 $ZnEt_2$ 形成的混合物，包括 $ZnEt_2$/伯胺[52]、$ZnEt_2$/多元酚[53, 54]、$ZnEt_2$/羧酸[55]等。其中 $ZnEt_2$/伯胺体系可以有效地催化二氧化碳与环氧化物共聚反应，但是活性要低于 $ZnEt_2/H_2O$ 体系，如 $ZnEt_2$/苯乙胺的催化活性仅为 $0.06h^{-1}$，而烷基锌-甲醇与烷基锌-仲胺体系虽然与 $ZnEt_2/H_2O$ 一样可以催化环氧丙烷均聚，却几乎无法催化 CO_2 与环氧化物共聚。在此基础上 Inoue 提出了 $ZnEt_2/H_2O$（1:1）体系引发聚合反应的机理：催化体系首先与 CO_2 反应生成碳酸盐中间体，该中间体进攻 PO 使其开环生成烷氧基锌类化合物，随后 CO_2 插入和 PO 开环继续交替进行，交替生成金属碳酸盐和金属烷氧基化合物，进而形成交替共聚物。一般地，CO_2 与烷氧基锌的反应速率要远高于环氧丙烷与碳酸锌盐的反应速率。

Inoue 等进一步分析了 $ZnEt_2/H_2O$ 与 $ZnEt_2/CH_3OH$ 两种体系的区别，认为最根本的区别在于前者具有重复的 Zn—O 键结构，而后者却没有，致使后者与 CO_2 迅速反应后，无法继续顺利引发 PO 的开环。由此推广到 $ZnEt_2$/伯胺和 $ZnEt_2$/仲胺体系，$ZnEt_2$/伯胺体系可以形成重复的 Zn-NR 基团，而后者没有，因此重复的 Zn—O 或 Zn—N 键的存在是能否催化 CO_2 与 PO 共聚的根本原因。同样道理，$ZnEt_2$ 与二元羧酸和羟基羧酸组合可以顺利催化反应，如对苯二甲酸、间羟基苯甲酸等，而一元羧酸如苯甲酸则不能催化形成共聚物。

根据以上推断，Inoue 认为 ZnR_3/二元酚体系可能具有较高的催化活性[52]。实验结果也证实了这一想法，$ZnEt_2$/间苯二酚（1:1）体系表现出了最高的催化活性，$TOF=0.17h^{-1}$，而烷基锌与一元酚和邻苯二酚组成的催化体系在催化该反应时几乎没有活性。另外，乙基锌与混合酚体系如 $ZnEt_2$/间苯二酚/一元酚（1:0.5:0.5）体系也表现出了较高的催化活性，而单独的 $ZnEt_2$/间苯二酚（1:0.5）与 $ZnEt_2$/一元酚体系均没有催化活性。

在 Inoue 工作的基础上，Kuran 研究了 $ZnEt_2$/联苯三酚（Pyrogallol）和 $ZnEt_2$/邻氨基酚（*o*-aminophenol）催化体系[56]，与 $ZnEt_2$/间苯二酚不同，上述两种催化体系在合适的比例下为均相催化体系，$ZnEt_2$/Pyrogallol（2:1）体系活性最高，该体系可能发生了如式（5-14）所示的反应，从而形成相应的活性中心。

$$2(C_2H_5)_2Zn + C_6H_3(OH)_3 \longrightarrow C_6H_3(O\text{-}Zn)(O\rightarrow)(O\text{-}ZnC_2H_5) + 3C_2H_6 \qquad (5\text{-}14)$$

为了探讨 $ZnEt_2$/多元酚体系活性中心的形成机理，Kuran 研究了 $ZnEt_2$/间苯二酚体系的制备及其催化 CO_2/PO 共聚的过程[57]。$ZnEt_2$ 与间苯二酚的反应主要分两步进行，首先是 $ZnEt_2$ 与一半的间苯二酚迅速反应生成中间体 **15**（放出乙烷），再与剩余的间苯二酚缓慢反应生成 **16**，**16** 被认为是催化 CO_2 与 PO 共聚合的活性中心［式（5-15）］。

$$2\,ZnEt_2 + C_6H_4(OH)_2 \longrightarrow \underset{\mathbf{15}}{C_6H_4(OZnC_2H_5)_2} + 2C_2H_6$$

$$\mathbf{15} + C_6H_4(OH)_2 \longrightarrow \mathbf{16} + C_2H_6 \qquad (5\text{-}15)$$

（**16**：O—Zn，O，OH，O—Zn—C_2H_5）

$ZnEt_2$ 与 H_2O 或多元酚等含氧类化合物组合后，可以得到活性较高的催化剂，而 $ZnEt_2$ 与脂肪族胺或氨基酚等含氮类化合物组合后活性较低，说明 N 取代氧原子之后不利于催化 CO_2 与 PO 的共聚反应。此外，当采用电负性较弱的硫取代氧，如硫代间苯二酚代替间苯二酚时，其活性也低于 $ZnEt_2$/间苯二酚体系[58]。

除了锌化合物之外，铝、镁、镉、铝等金属的化合物也可催化 CO_2 与环氧化物的共聚合反应，有机铝化合物可得到分子量低且醚段含量较高的聚合物，有机镁化合物活性则很低，仅得到微量聚合物，而钙和锂化合物则不能催化该共聚反应。

按照式（5-15）的 $ZnEt_2$-多质子化合物催化体系的催化机理，具有氧（或氮）原子桥连结构的多锌聚集态对共聚反应是必要的，相邻的两个锌原子起到了协同效应，而具有重复结构的 Zn—O—，Zn—N—键是反应的活性中心，通过反应单体 CO_2 与环氧化物在 Zn—O(N)—键间的交替插入来实现聚合物链的增长，共聚合反应总体上符合阴离子配位聚合机理。通常多活泼氢化合物与 $ZnEt_2$ 更倾向于形成这种活性聚集态，而单活泼氢化合物则不利于这种聚集态的形成，所以不具有催化聚合反应的能力。

5.2.1.2 金属羧酸盐催化体系

Soga 等[59, 60]研究了金属羧酸盐和碳酸盐催化体系，指出锌、钴、钙、铝、铬等的羧酸盐对二氧化碳和环氧丙烷的共聚反应有催化活性，且不同金属所得聚合物的结构各不相同，其中锌、钴和钙能得到 CO_2 和环氧化合物的交替共聚物，锌的催化活性最好；铝、铬、镍、镁等催化所得的聚合物的分子量和酯单元含量都很低；醋酸锡只能催化环氧丙烷的均聚反应；即使在 18-冠-6-醚的存在下，羧酸钾和碳酸钾也不能催化 CO_2 和环氧丙烷的共聚合反应，只能得到环状碳酸酯。Soga 等[61]还将 $Zn(OAc)_2$ 催化剂负载在多种金属氧化物载体上，制备出较高活性的载体催化剂，不同载体下的催化活性顺序为：$SiO_2 > \gamma\text{-}Al_2O_3 > MgO$。

Inoue[62]研究了锌、钙、铝类金属羧酸盐催化体系，发现锌和钙的羧酸盐能够催化得到交替共聚物，而铝羧酸盐条件下聚合物的酯单元含量一般小于 20%。

Soga 等[61]以氢氧化锌和氧化锌为锌源制备了多种二元羧酸锌化合物，发现羧酸锌的配体结构是影响聚合反应收率的重要因素，二元羧酸锌的催化活性大于醋酸锌，其中戊二酸锌的催化活性最高，且所得聚合物几乎具有完全交替的结构。

1995 年 Darensbourg[63]利用戊二酸锌在超临界二氧化碳中催化 CO_2 与 PO 进行共聚反应，聚合产物中含有少量的环状碳酸酯副产物。Beckman[64]报道了一种由全氟烃衍生的马来酸单酯和 ZnO 组成的催化体系，在超临界 CO_2 条件下催化 CO_2 和 CHO 的聚合反应。他们指出由于全氟烃取代基增加了催化剂在超临界 CO_2 中的溶解性，所以聚合反应具有了部分均相反应的性质，该反应在 100℃时活性最高，TOF 为 $8.8h^{-1}$，聚合物的碳酸酯单元含量大于 90%，重均分子量可以达到 $180kg \cdot mol^{-1}$。

戊二酸锌由于其低毒、制备简单、原料便宜等原因已经用于工业化的生产中。戊二酸锌的制备有几种方法，其中锌的来源包括氧化锌、氢氧化锌、醋酸锌、硝酸锌、高氯酸锌和乙基锌等，戊二酸的来源有戊二酸、戊二酸酐、戊二酸甲酯和戊二腈等。所有这些锌源和酸源虽然都生成戊二酸锌，但是催化活性差别很大。

尽管戊二酸锌已被应用多年，但它的结晶构型直到 2000 年才被报道[65,66]。如图 5-15 所示，其结晶构型是一种由四个羰基桥联一个锌原子，戊二酸基团或折叠弯曲或直线延伸的一种特殊的构型。这种特殊的构型导致了两种金属环的存在，从而形成化合物的多孔性，而这种多孔性结构会使单体在聚合时不易扩散流动。这一研究发现表明戊二酸锌的活性全部集中在其表面。

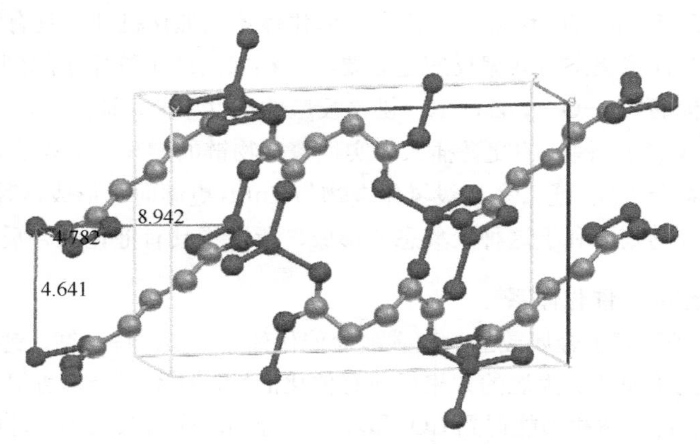

图 5-15　戊二酸锌的结晶构型

从戊二酸锌的结晶构型分析，若要提高戊二酸锌的反应活性，增大其比表面积是最有效的方法，目前文献上采用的主要是以下四种方法[67]，均在不同程度上提高戊二酸锌的反应活性。

① 不同的搅拌过程：电磁搅拌或机械搅拌。

② 制备后修饰：研磨或者超声。

③ 引入添加剂：一些大比表面积的物质。

④ 加入控制其生长的物质：嵌段共聚物或一元酸。

尽管文献上对戊二酸锌的结构做了详细描述，但是一直没有确定其活性中心。MALDI-TOF 图谱显示所得聚合物的端基为—OH，说明在该体系中，起始活性中心为 Zn—OH[68]。早期 Inoue 等[69]的研究指出用乙基锌与戊二酸得到的戊二酸锌活性非常低，可能是因为含有锌-烷基基团，而用 SO_2 活化戊二酸锌可使其活性提高，进一步说明 Zn—O 键对活性的重要性。

在很长的一段时间里，人们以为只有戊二酸为酸源制得的戊二酸锌才有高活性，Meng 等指出戊二酸的同系物如丁二酸、己二酸和庚二酸制备的催化剂也具有活性[70]。当用与戊二酸锌同样的方法处理时，所得到的己二酸锌（$TOF=5.65h^{-1}$）与庚二酸锌（$TOF=5.2h^{-1}$）的活性与戊二酸锌很接近[71]，而丁二酸锌（$TOF=0.07h^{-1}$）的活性则比较低。在这四种羧酸锌体系中，目前只有丁二酸锌与戊二酸锌的结构被报道过[72, 73]，在丁二酸锌中，合适的Zn—Zn键距离（一般认为Zn—Zn键距离为3～5Å为最合适共聚的距离）只在一个*hkl*平面上找到，而在戊二酸锌中，在每一个*hkl*平面上都能找到合适的Zn—Zn键距离，据此可以总结为：若想高效催化聚合，至少需要两个Zn—Zn键在空间上相互接近。

5.2.1.3　稀土三元催化剂

许多稀土金属配合物对环氧化合物如环氧乙烷（EO）、环氧丙烷（PO）、环氧氯丙烷（ECH）等环氧化物的开环聚合反应都有很高的活性。1991年沈之荃等[74]采用稀土催化剂［$Y(P_{204})$-$Al(i\text{-}Bu)_3$-甘油］进行CO_2与环氧丙烷的共聚，在较短的时间内制备了高分子量且分子量分布较窄的聚碳酸亚丙酯，该反应中当Al/Y=8、甘油与Al的比例为0.6和0.4时，催化活性可达到245g聚碳酸酯·mol^{-1}（以Y计）。稀土配位催化剂［$RE(P_{204})_3$-$Al(i\text{-}Bu)_3$］在CO_2气氛中陈化后，能够高效催化环氧氯丙烷（ECH）和CO_2共聚，得到高分子量的共聚物[22]。通过对不同稀土磷酸盐催化剂的研究，发现$Lu(P_{204})_3$-$Al(i\text{-}Bu)_3$催化剂显示较高的收率，在60℃和3～4MPa下聚合24h，催化活性可达3945g·mol^{-1}（以Lu计），但产物中碳酸酯含量较低（低于24%）。而$Y(P_{204})_3$-$Al(i\text{-}Bu)_3$尽管催化活性相对较低，仅为1846g·mol^{-1}(以Y计)，但产物中碳酸酯含量有所提高（达到30%）。紫外光谱及XPS的研究结果表明，该催化体系中稀土元素的价态没有发生变化。根据磷元素的核磁共振光谱，推测$Y(P_{204})_3$-$Al(i\text{-}Bu)_3$的结构为图5-16所示的双金属络合物。

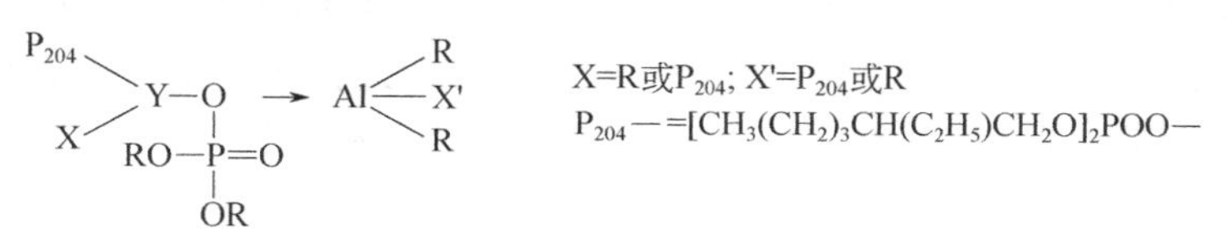

图5-16　$Y(P_{204})_3$-$Al(i\text{-}Bu)_3$活性中心的可能结构

郭锦棠等[75]考察了不同稀土磷酸盐与$Al(i\text{-}Bu)_3$/甘油（glycerin）形成的络合催化体系对环氧氯丙烷（ECH）和CO_2共聚反应的影响，其中$Y(P_{204})_3$-$Al(i\text{-}Bu)_3$-glycerin的催化活性最高。这类催化剂还能够催化ECH、CO_2和环氧树脂的三元共聚，所得聚合产物的分子量较高，但是聚合物中酯单元的含量较低。此外，$Y(P_{204})$-$Al(i\text{-}Bu)_3$体系也能催化CO_2与烯丙基缩水甘油醚、氯乙基缩水甘油醚和苯基缩水甘油醚等多种环氧化物的共聚反应。

Tan等[76]以$Y(F_3COO)_3$和$ZnEt_2$分别替代$Y(P_{204})_3$和烷基铝组成稀土催化剂体系，催化效率得到了进一步的提高，所得聚合产物为高交替共聚物，酯单元含量在95%以上。利用此类催化剂还能实现二氧化碳和环氧环己烷的共聚反应，以及二氧化碳、环氧丙烷和环氧环己烷的三元共聚反应，并已制备了相应的嵌段共聚物。

王献红等[77]发展了$Ln(CCl_3COO)_3$-glycerin-$ZnEt_2$体系，用于CO_2与环氧化合物的共聚反应，在60～70℃和3～4MPa条件下催化活性可达5×10^4g·mol^{-1}（以Ln计）。

如表 5-3 所示，相关共聚反应的结果与 $ZnEt_2$-glycerine 二元体系相比，$Nd(CCl_3COO)_3$-$ZnEt_2$-glycerin 三元体系的活性更高，最大可提高约 60%。同时还发现在一定范围内增加稀土配合物的用量，有利于提高催化活性，当 Zn/Nd（摩尔比）为 20 时，催化活性达到最大值。

表 5-3　稀土配合物对二氧化碳和环氧丙烷共聚反应的影响

样品	$N_d/\times 10^{-4}$mol	产率/g	M_n	M_w/M_n
1	0	22.4	59000	3.09
2	1.3	25.2	69000	3.14
3	3.1	26.8	76000	2.67
4	9.1	36.0	100000	4.30
5	13	25.0	93000	2.21

从表 5-3 中还可看出，稀土化合物的加入提高了共聚物的分子量，当 $Nd(CCl_3COO)_3$ 的物质的量从 0 增加到 9.1×10^{-4}mol，共聚物的数均分子量由原来的 5.9×10^4 增加到 1.0×10^5。当稀土三元体系中的 $Nd(CCl_3COO)_3$ 的物质的量为 9.1×10^{-4}mol，即 Zn/Nd≈20 时，催化活性和共聚物的分子量都达到最大值。

稀土三元催化体系还能缩短聚合反应诱导期，不同催化体系下共聚物收率对时间的关系如图 5-17 所示，加入稀土配合物后，聚合反应的诱导期从 1h 缩短至 30min 以内。这可能是由于稀土配合物的加入有利于 PO 的活化所致。因为在二氧化碳与环氧丙烷的共聚反应中，一般认为在链增长过程中，环氧丙烷的插入是慢反应，是决定共聚反应速率的决速步骤，而二氧化碳的插入是快速进行的。因此，任何有利于 PO 的配位活化的因素，都会有利于共聚反应的进行，加快引发速率，减小反应诱导期。稀土化合物 $Ln(CCl_3COO)_3$ 能够引发 PO 均聚反应，表明稀土化合物有利于 PO 的活化，因此对缩短诱导期是有利的。

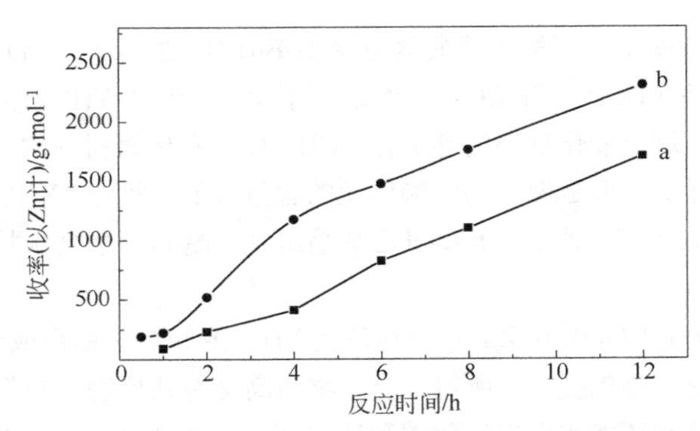

图 5-17　乙基锌/甘油二元催化剂 a 和稀土三元催化剂 b 下的共聚反应

稀土三元催化剂的催化活性与催化剂合成过程中各组分的加入顺序有关[77, 78]，最佳的加入顺序是：$Nd(CCl_3COO)_3$、甘油、$ZnEt_2$，即首先 $ZnEt_2$ 与甘油原位形成

Zn—O—Zn 键，此时氧原子是供电子基，可以与 Nd 原子配位形成双金属催化剂，这可能是其高催化活性的一个原因。若先加入 $Nd(CCl_3COO)_3$、$ZnEt_2$ 再加入甘油，则会减少被认为是交替共聚的活性位点 Zn—O—Zn 键的形成。当采用 UV-vis 光谱跟踪稀土三元催化体系 $[(C_6H_4(OH)COO)_3Y/glycerin/ZnEt_2]$的制备过程时，发现吸收曲线的形状和最大吸收波长都发生了变化，证明稀土化合物与甘油/$ZnEt_2$ 体系之间确实发生了络合作用。

稀土三元催化剂中，稀土配合物扮演着重要角色。通过选用不同取代基及取代位置的芳香羧酸类和磺酸类稀土配合物，与烷基锌和甘油组成稀土三元催化体系[79, 80]，取代基的性质、取代位置对单体的插入速率有重要影响，这可能是由于不同配体的稀土配合物导致活性中心的电子结构发生变化，从而影响单体的配位活化。所得 PPC 的分子量分布受到取代基在苯环上取代位置的影响，间硝基苯甲酸钇三元催化剂所得聚合物的分子量分布为 6.6，而邻位和对位取代的硝基苯甲酸钇催化所得聚合物的分子量分布较宽，分别为 12.1 和 11.4。由间位取代的不同配体稀土羧酸盐 $Y(m\text{-}RC_6H_4COO)_3$ ($R = H, NO_2$ 和 OH)、甘油和 $ZnEt_2$ 组成的三元催化剂能够高效催化二氧化碳和环氧丙烷的交替共聚反应，产物中酯单元的含量均在 97%以上。

王献红等对不含取代基的磺酸/羧酸类稀土三元催化剂进行 XPS 研究，发现稀土络合物的加入提高了活性中心的锌内层电子结合能 $Zn(2p_{3/2})$，有助于形成缺电性（氧化态）较强的活性中心，推其原因是由于活性中心的氧化态增加（缺电性增强），使得带有孤电子对的环氧化合物更容易与缺电性的稀土催化活性中心发生配位反应［式(5-16)，通常认为这步反应是二氧化碳与环氧丙烷共聚反应的决速步骤］，从而加快了聚合反应速率，提高了催化活性。

$$\text{(R-epoxide)} + L_nM{-}Nu \longrightarrow L_nM \leftarrow O(\text{epoxide-R}),\ Nu \quad (5\text{-}16)$$

缺电子稀土催化剂　　　利于环氧开环

在稀土三元催化体系中，烷基锌的影响十分重要。通过合成二乙基锌、二丙基锌、二丁基锌、二异丙基锌、苯基锌等不同的烷基锌，制备了相应的稀土三元催化剂，含支链烷基的烷基锌的催化活性小于相应的含相同主链碳原子数的烷基锌。而对于烷基锌而言，随着烷基锌中烷基碳原子数的增加，催化活性逐渐减小，不过使用二苯基锌制备的稀土三元催化剂是个例外，其活性高于基于二乙基锌制备的稀土三元催化剂。

PPC 的玻璃化转变温度约为 36℃，而且与部分结晶的聚乙烯不同，PPC 是一种无定形材料，因此 PPC 的热性能和力学性能较差，限制了 PPC 的规模化应用。尽管可通过物理共混方法改善 PPC 的性能，但难以从根本上改变 PPC 本身的理化性能。若能改变 PPC 的链结构，则有可能从本质上改变 PPC 的理化性能。

分子量是聚合物链结构的重要组成部分，较高的分子量是高分子材料具有优异性能的前提。王献红等通过在 $Y(Cl_3COO)_3$-$ZnEt_2$-glycerin 三元催化体系或在环氧丙烷和

CO_2 聚合反应体系中引入少量双环氧单体如乙二醇二缩水甘油醚（EGDE）、丁二醇二缩水甘油醚（BUDE）或新戊二醇二缩水甘油醚（NPDGE）（图 5-18），制备了数均分子量超过 20 万的 PPC[45,77]，而单纯采用 $Y(Cl_3COO)_3$-$ZnEt_2$-glycerin 三元催化体系催，所得 PPC 的数均分子量通常只在 10 万左右。这可能是由于双环氧加入后，金属烷氧基活性中心会进攻双环氧使之两端分别开环，形成了双活性中心，聚合物链在两个活性中心同时增长，从而得到了高分子量的聚碳酸酯。

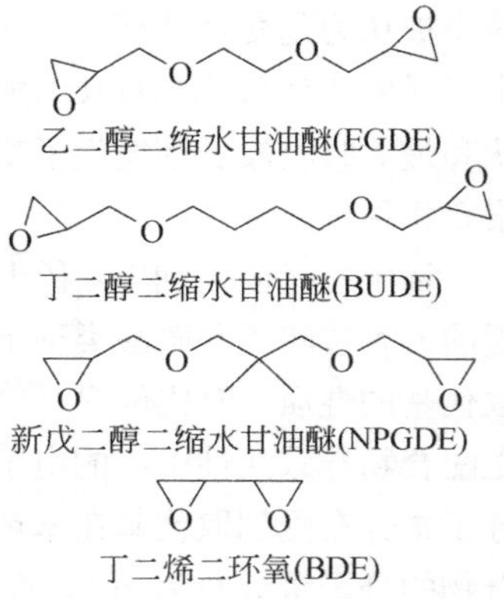

乙二醇二缩水甘油醚(EGDE)

丁二醇二缩水甘油醚(BUDE)

新戊二醇二缩水甘油醚(NPGDE)

丁二烯二环氧(BDE)

图 5-18 一些双环氧化合物单体的结构式

由于非均相体系的复杂性，$Y(Cl_3COO)_3$-$ZnEt_2$-glycerin 三元催化体系的活性中心结构仍然不十分清楚。按照 Shen[74]和 Tan[76]的结果，在催化剂配制过程中，$ZnEt_2$ 和甘油首先形成锌-氧活性中心，然后稀土金属与该锌-氧结构形成新的双金属活性中心。如图 5-19 所示，二氧化碳与环氧化合物既可以在—Zn—O—键交替插入，也可以在—Y—O—键交替插入，从而实现聚合物的链增长，稀土化合物的引入可以提高共聚反应的产率并提高聚合物的分子量。

基于上述现象和事实，提出了“双增长”的反应机理。即：双环氧单体首先与稀土三元催化剂配位，形成“双增长”活性中心，然后 CO_2 和 PO 分别插入该活性中心，实现“双增长”。双环氧单体与 $ZnEt_2$ 等摩尔比时，反应体系中基本上是“双增长”活性中心，反应所得聚合物分子量超过 20 万；双环氧与 $ZnEt_2$ 摩尔比小于 1 时，反应体系中同时存在“双增长”和“单增长”活性中心，导致聚合物分子量降低、分子量分布变宽；双环氧与 $ZnEt_2$ 摩尔比大于 1 时，聚合物分子量降低，可能是未与催化剂配位形成活性中心的双环氧具有链转移能力，从而降低了聚合物的分子量[81]。

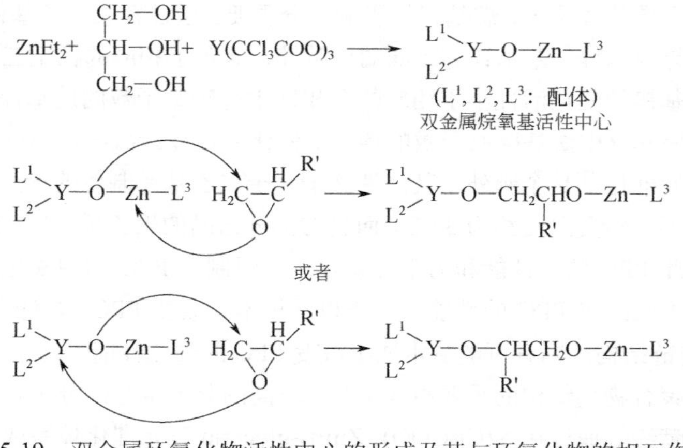

$ZnEt_2$ + CH_2—OH / CH—OH / CH_2—OH + $Y(CCl_3COO)_3$ ⟶ L^1, L^2 >Y—O—Zn—L^3

(L^1, L^2, L^3：配体)

双金属烷氧基活性中心

L^1, L^2 >Y—O—Zn—L^3 + H_2C—C(H)(R')—O ⟶ L^1, L^2 >Y—O—CH_2CHO—Zn—L^3 (R')

或者

L^1, L^2 >Y—O—Zn—L^3 + H_2C—C(H)(R')—O ⟶ L^1, L^2 >Y—O—CHCH$_2$O—Zn—L^3 (R')

图 5-19 双金属环氧化物活性中心的形成及其与环氧化物的相互作用

5.2.1.4 双金属氰化物催化剂

双金属氰化物（DMC）催化剂是20世纪60年代美国通用轮胎公司开发的一种用于环氧化物均聚的催化剂，其基本结构式如下：

$$M_{1a}[M_{2b}(CN)_c]_d \cdot xM_1X_e \cdot yL \cdot zH_2O$$

式中，M_1，M_2 为金属离子，可分别为 Zn^{2+}、Co^{2+}、Co^{3+}、Ni^{2+}、Fe^{3+}、Fe^{2+}等，M_1X_e为水溶性金属盐；L为有机配体，通常为含杂原子的水溶性化合物，如醇、醛、酮、醚等；x 和 y 值通常难以准确限定，这也是双金属催化剂制备过程重复性差的原因之一。

与KOH催化剂相比，双金属氰化物可高效催化环氧丙烷（PO）均聚，且所得产物的分子量分布很窄，对环境气氛不敏感，因此在聚醚均聚方面备受重视，20世纪90年代开始就已成功用于环氧丙烷均聚的工业化生产。

DMC催化剂的中心金属对催化活性有显著影响，1966年美国通用轮胎公司首先用Fe-Zn双金属氰化物催化环氧丙烷（PO）均聚，当把中心金属Fe替换成Co后，其催化活性显著增加，因此Co-Zn双金属氰化物成为DMC催化剂的代表。由于结晶度低的双金属氰化物具有较高的催化活性，故许多工作都是以降低催化剂的结晶度为基础进行的。

1985年陶式化学公司的Kruper[82]首先用Fe-Zn双金属氰化物催化二氧化碳和环氧丙烷的共聚合反应。作为一类二氧化碳共聚反应的新型催化剂，双金属氰化物显示了很高的催化活性，但是所得聚合物不仅分子量较低，碳酸酯含量也很低。不过因其高催化活性的突出特点，它仍然引起研究人员的广泛兴趣，焦点在于如何提高聚合物的选择性并提高聚合物的分子量。下面将对近几年在DMC催化剂的研究工作做简要的介绍。

（1）DMC的结构

DMC催化剂一般是由一种金属盐与另一种金属的氰化物（在有机配合物参与下）通过沉淀反应制得：

$$M^{II}X_2 + M^{I}_3[M^{III}(CN)_6] + L/H_2O \longrightarrow M^{II}_3[M^{III}(CN)_6]_2 \cdot x\,M^{II}X_2 \cdot yL \cdot zH_2O$$

式中，M^{I}一般为碱金属，例如K；M^{II}一般为2价金属，如 Zn^{2+}、Co^{2+}、Fe^{2+}、Ni^{2+}等；M^{III}一般为过渡金属，如 Co^{3+}、Fe^{3+}、Co^{2+}、Fe^{2+}等；X一般为卤素；L一般为含氧的有机配体；x，y，z 分别为催化剂中 $M^{II}X_2$，L及 H_2O 的相对含量，通常具有不确定性，这是DMC催化剂面临的难题之一。

① DMC的晶体结构 纯的DMC是高度结晶的，一般含有 x 个结晶水，是普鲁士蓝的同系物，其晶胞为立方面心结构。通常在 $M_3[M'(CN)_6]_2 \cdot xH_2O$ 的晶胞中，M′为八面体中心，M为四面体中心，其晶胞结构如图5-20所示。

② DMC的红外光谱 自由的氰基在红外光谱中的吸收峰位置为[ν(CN)]：2080cm^{-1}，在 $K_3[Co(CN)_6]$中，氰基的吸收峰位置为[ν(CN)]：2133.4cm^{-1}，而在 $Zn_3[Co(CN)_6]_2$ 中，氰基的吸收峰位置为[ν(CN)]：2195.9cm^{-1}。在 $K_3[Fe(CN)_6]$中，氰

基的红外吸收峰位置为[ν(CN)]：2039cm^{-1}，而在 $Zn_3[Fe(CN)_6]_2$ 中氰基的吸收峰位置为[ν(CN)]：2096cm^{-1}。氰基的吸收峰位置[ν(CN)]向高波数移动，说明氰基（CN）不仅作为 σ 电子供体与 Co 或 Fe 相连，而且以 Π 电子供体与 Zn 相连，形成以氰基桥连的双金属化合物[83, 84]。其结构如图 5-21 所示。

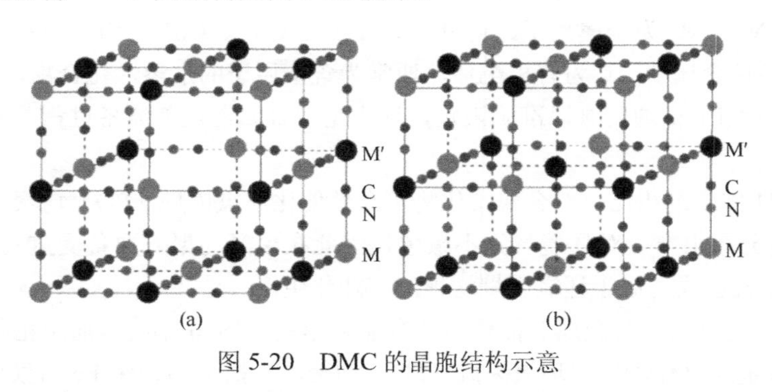

图 5-20 DMC 的晶胞结构示意

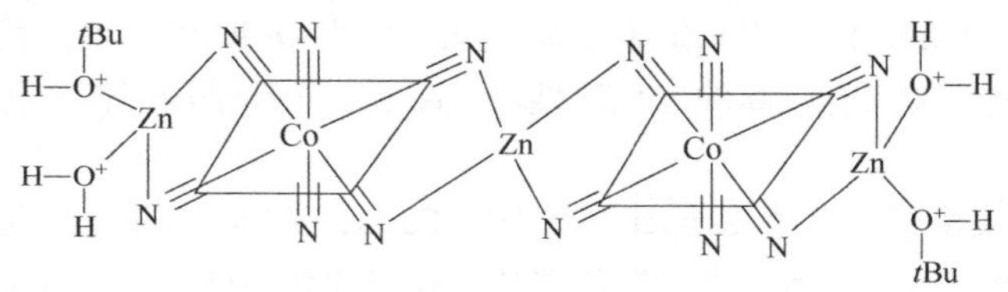

图 5-21 Zn-Co 双金属氰化物的结构

③ DMC 催化剂的 X 射线衍射谱图　对高结晶度的 DMC 催化剂而言，其 X 射线衍射图（XRD）中会出现尖锐的衍射峰。当 DMC 的结晶度较低时，其 X 射线衍射图中出现的尖锐衍射峰很少或者都是比较钝的峰。图 5-22 是完全结晶的普鲁士蓝 $Zn_3[Co(CN)_6]$和低结晶度的 DMC 的 X 射线衍射图。

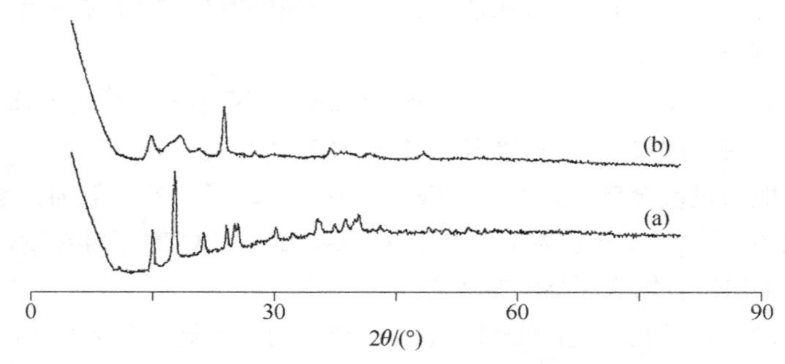

图 5-22 普鲁士蓝 $Zn_3[Co(CN)_6]_2$(a)和双金属氰化物催化剂（b）

（2）DMC 催化剂下脂肪族聚碳酸酯的合成

1985 年，陶氏化学公司的 Kruper 等[82]首先用 $Zn_3[Fe(CN)_6]$/乙二醇二甲醚(DME)催化体系催化 PO/CO_2 共聚反应。随后壳牌公司的 Kuyper 等[85]制备了 $Zn_3[Co(CN)_6]$ •

xZnCl$_2$・yH$_2$O・zDME・mHCl/ZnSO$_4$ 和 Zn$_3$[Co(CN)$_6$]・2DME・6H$_2$O/ZnSO$_4$，用于催化二氧化碳和环氧丙烷共聚，并制备了含多羟基端基的聚碳酸酯，但聚合物中二氧化碳固定量最高为 13.4%，而且环状碳酸酯含量较高。1996 年陈立班等[86]采用聚合物负载的 DMC 催化 PO/CO_2 的共聚反应，并用含 1～10 个活泼氢的物质做调节剂，得到脂肪族聚碳酸酯多元醇，其数均分子量在 2～20kg・mol^{-1} 的范围内可调，聚合物中碳酸酯含量为 30%。

在对β-二亚胺催化剂催化二氧化碳和环氧丙烷共聚反应的研究中，Coates[87]指出即使β-二亚胺催化剂结构有轻微的改变，也会对其催化活性产生很大影响。考虑到 Zn 的电子结构对单体配位影响很大，而 DMC 催化剂的区域结构与β-二亚胺催化剂结构相似，戚国荣等[88]将 DMC 的中心金属由 Fe 换成 Co 以改变 Zn 的电子结构，所制备的 Zn$_3$[Co(CN)$_6$]催化剂可催化环氧环己烷和 CO_2 的共聚反应，合成了分子量在 5～20kg・mol^{-1}，碳酸酯含量在 43%～47%的共聚物，TOF 值达到 1670h^{-1}[89]。随后他们采用 PPG-400 为活化剂，将 Zn$_3$[Co(CN)$_6$]用于催化 PO 和 CO_2 的共聚反应，制备了分子量为 2.6～3.8kg・mol^{-1}，碳酸酯含量为 30%左右的低分子量 PPC，活性达到 2kg 聚合物・g^{-1} 催化剂，其中环状碳酸酯含量为 12%～28%。Kim[83]采用纳米多金属氰化物催化 CHO 和 CO_2 的共聚反应，制备了分子量为 3.4～5.1kg・mol^{-1}，碳酸酯含量在 5%～60%的 PCHC，TOF 值为 50h^{-1}。戚国荣等研究了不同中心金属和部分氰基（CN）取代后的 DMC 对 PO 和 CO_2 的共聚反应的影响，发现 Fe, Co, Ni 是有效的中心金属，而将部分 CN 取代后则催化效果变差。Kim[90]还研究了在微波诱导下 DMC 对 CHO 和 CO_2 的共聚反应，Dharman[91]则发现 DMC 与季铵盐 Bu$_4$NBr 组成的催化体系可催化多种环氧化物与二氧化碳的偶联反应，但产物几乎全部为环状碳酸酯。

由于二维结构的双金属更有利于单体配位，Coates 曾认为二维结构的双金属 M[M′(CN)$_4$]应该比三维结构的双金属 M$_3$[M′(CN)$_6$]$_2$ 的活性高。为此 2006 年他们采用与制备 Zn$_3$[Co(CN)$_6$]$_2$ 相同的方法，将 K$_3$[Co(CN)$_6$]换成 K$_2$[M′CN$_4$]，其中 M′为二价的金属 Ni、Pt、Pd，制备了二维双金属氰化物[92]，用于催化 PO 和 CO_2 的共聚反应，但实际催化性能如催化活性、聚合物选择性等还不如三维结构的 DMC。

Coates 研究了含水的二维 DMC 的晶体结构，如图 5-23 所示。晶胞中 Pd 为平面形，Co 为八面体中心，晶胞中有六个结晶水，结晶水与 Co 之间以配位键连接，与 Pd 之间只有弱的相互作用，水分子之间以氢键连接。

需要指出的是，在 Coates 报道的四氰基双金属氰化物只有完全脱水才具有催化活性，若晶胞中含有结晶水，则没有催化活性。

目前 DMC 催化二氧化碳和环氧丙烷共聚的工作主要借鉴其催化环氧丙烷均聚的结果，在聚合的过程中通常加入含活泼氢的化合物作为活化剂，但是这种含活泼氢的化合物可与活性中心的金属原子配位，与环氧丙烷竞争活性中心的金属原子，从而对共聚反应产生阻聚效应。另外，含有活泼氢的化合物在聚合过程中，还可以作为链转移剂，从而降低产物的分子量，活泼氢化合物对于聚合物的影响如图 5-24 所示。

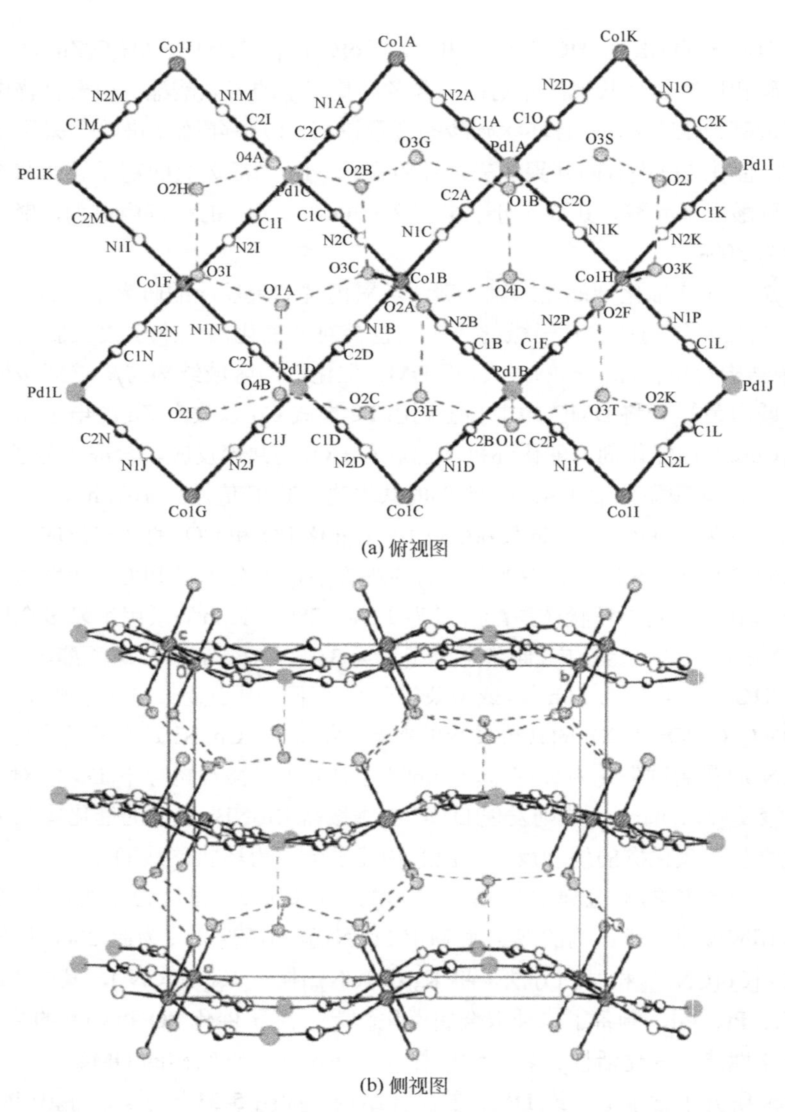

(a) 俯视图

(b) 侧视图

图 5-23 $Co(H_2O)_2$-$[Pd(CN)_4]\cdot 4H_2O$ 的 X 射线衍射图的俯视图和侧视图

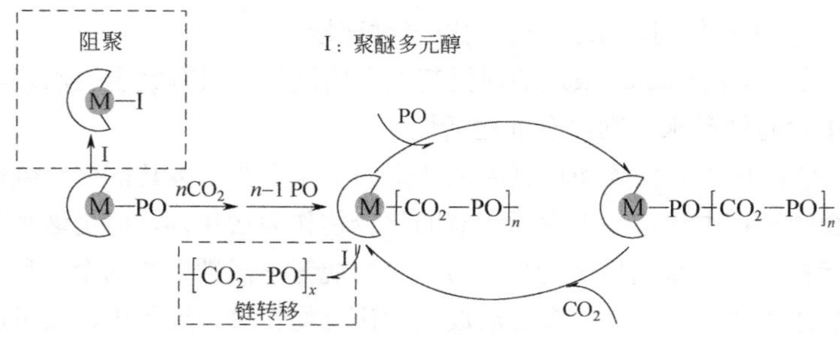

图 5-24 含活泼氢化合物在二氧化碳和环氧丙烷共聚过程中的作用

王献红等[93]直接用 DMC 催化二氧化碳和环氧丙烷的共聚反应，在 90℃下聚合 10h，催化剂的催化活性达到 $60.6kg \cdot g^{-1}$，产物中环状碳酸酯的含量低于 1%，聚合物的数均分子量超过 $100kg \cdot mol^{-1}$，但是聚合物中的碳酸酯含量仅为 34%～49%。若降低 DMC 催化剂的结晶度，可以在 50℃和 7MPa 下得到碳酸酯含量约为 90%的聚合物。与此同时，戚国荣等指出，当在 DMC 催化剂中加入咪唑类、季铵盐等化合物时，可将所得的聚合物碳酸酯含量提高到 95%以上。

前面提到，稀土三元催化剂的优点是能得到高分子量、高碳酸酯含量的共聚物，缺点是催化活性相对较低。而 DMC 催化剂优点是活性高，缺点是所得共聚物碳酸酯含量较低。王献红等[94]综合上面两种催化剂的优缺点，研究了一种基于稀土三元催化剂和 DMC 的组合型催化剂，组合催化剂的活性大于两种催化剂单独使用时的活性，组合催化剂并不是简单的叠加，而是两种催化剂有一种协同效应。

DMC 催化剂用于催化环氧化物与二氧化碳共聚合已有近 30 年的历史了，但由于催化剂本身活性中心的不明确使其难以进行反应机理研究，2001 年，Darensbourg 等[95,96]曾设计合成了一种结构类似 DMC 的均相催化剂，但是其活性与非均相的 DMC 催化剂相比差距较大。

5.2.1.5 负载催化剂

通常认为，含多元活泼氢的化合物与 $ZnEt_2$ 所形成的—Zn—O—Zn—结构是二氧化碳和环氧化物共聚反应的活性中心。而金属氧化物如 Al_2O_3、SiO_2 及 MgO 等含金属氧键，且表面含有一定量的易与 $ZnEt_2$ 反应的羟基（式 5-32），因此 Soga 等[60,97]将 $ZnEt_2$-H_2O 体系中的水换成含表面羟基的无机氧化物如 γ-Al_2O_3，再与 $ZnEt_2$ 反应，形成 Al—O—Zn 结构，显示了一定的催化活性。

$$\rangle Ai-OH + ZnEt_2 \longrightarrow \rangle Ai-O-Zn-Et + EtH \quad (5\text{-}17)$$

Soga 等[60]还研究了其他载体，如 SiO_2、MgO、ZnO、ThO_2、TiO_2、Cr_2O_3、ZrO_2 等氧化物，$Mg(OH)_2$ 和 $Ca(OH)_2$ 等氢氧化物，以及 Mg(OH)Cl 等。各种载体对负载催化剂的催化活性影响很大，催化活性顺序为：

$$MgO > SiO_2 > \gamma\text{-}Al_2O_3 > Mg(OH)_2 > ZnO > ThO_2 \approx TiO_2 \approx Mg(OH)Cl \approx ZrO_2 \approx Cr_2O_3$$

其中以 MgO 为载体时，收率可达到 1.5g 聚合物/催化剂，聚合物的数均分子量可达到 $79kg \cdot mol^{-1}$。他们在研究载体孔径对催化效率的影响时，发现大孔径有利于提高催化效率。这是因为 $ZnEt_2$ 分子较小，可以渗入到各种孔径（2.2nm，8.5nm，20.5nm）的载体孔内，即便是最小的孔内形成的活性种也有潜在的催化活性。只是当聚合开始后，聚合物会在各个活性种上开始增长，而小孔内的活性种会被形成的聚合物“堵死”在孔内，单体无法扩散进入被堵死的孔内，活性种因此无法继续参与聚合。大孔内的活性种出现此种情况的可能性要低得多，因而催化效率高于小孔载体负载的催化剂。

Kuran 等[98]在研究 $ZnEt_2$ 与多元醇反应的基础上，提出了如图 5-25 所示的活性中心结构，他们认为起催化作用的活性种是由酚氧锌或烷氧锌—O—Zn—O—中的氧与相邻的 EtZnO 中的锌配位而成。由 $ZnEt_2$ 与苯酚形成的只含—O—Zn—O—结构单元，其共聚活性低于上面的配位结构，而 $ZnEt_2$ 与多元酚形成只含 EtZnO 结构单元，因此没有共聚活性。乙基锌氧化物（EtZnX; X= OPh, OPrOPh, Et）与 γ-Al_2O_3 反应所得的负载型催化剂被用于二氧化碳和环氧丙烷的共聚合，在 70℃下共聚合 20h，聚合物收率达到 1.35g 聚合物/催化剂，共聚物几乎为完全交替结构，相对分子质量在 2 万～4 万之间，不过反应过程中还有部分副产物环状碳酸酯生成。

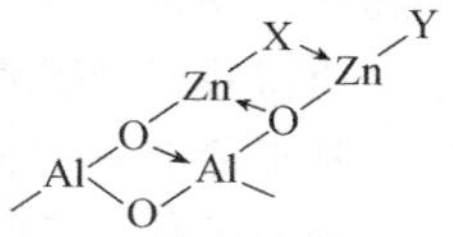

图 5-25 γ-氧化铝负载乙基锌的活性中心

陈立班等[99]利用含有羧基的聚合物作为载体负载 $ZnEt_2$，使催化剂对环境气氛如空气和水变得稳定，以聚苯乙烯-丙烯酸共聚物（PSAA，PS:AA=1:1）为载体时得到的催化活性较高，可能的催化剂活性中心如式（5-18）所示。当 Zn/COOH 的摩尔比为 1:1 时，在 80℃反应 18h 后，聚合物收率可达 1500g • mol^{-1}(以 Zn 计)。

$$—CH_2\underset{\mid \atop Ph}{C}HCH_2\underset{\mid \atop COOH}{C}H— + ZnEt_2 \longrightarrow —CH_2\underset{\mid \atop Ph}{C}HCH_2\underset{\mid \atop COOEt}{C}H— + EtH \qquad (5\text{-}18)$$

戚国荣等[100]合成了一种负载型双金属氰化络合物催化剂，可以催化包括环氧丙烷在内的多种环氧化物与二氧化碳的共聚，且负载化使得催化剂的活性组分得以充分地利用，并易于从聚合产物中除去。

王献红等[101]将稀土三元催化剂负载在无机氧化物上，他们研究了两种负载方法和几种氧化物。一种方法是先将 $Y(CCl_3OO)_3$ 和甘油负载在氧化物上，然后再滴加 $ZnEt_2$，这样制得的催化剂活性低于未负载的催化剂；另一种方法是将配制好的稀土三元催化剂负载在氧化物上，这种负载方法能够使催化活性提高 16%～36%。他们还研究了不同氧化物负载对活性的影响，发现活性按照α-Al_2O_3<MgO<ZnO ≈ SiO_2<γ-Al_2O_3 的顺序依次升高，其中使用 γ-Al_2O_3 负载时稀土三元催化剂的活性最高。

对均相催化剂的负载化工作也有报道。Holmes[102]曾经尝试将卟啉铬负载到聚合物微球上，在 4-二甲氨基吡啶（DMAP）存在下，催化 CO_2 和 CHO 在超临界二氧化碳中进行共聚反应，制备了交替聚合物，数均分子量在 2.2～7.1kg • mol^{-1} 之间，分子量分布较窄（PDI=1.2～1.7），聚合反应保留了均相反应的一些优点，但是在重复使用三次后，催化剂的活性有较大幅度下降。

Jones 等[103]报道了以二氧化硅为载体的负载型 *β*-二亚胺锌催化体系，二氧化硅载体为中孔的 SBA-15 和孔径均一的 CPG 多孔玻璃，在 50℃和 0.7MPa 下，催化活性在 60～110h^{-1} 之间，所得聚合物的碳酸酯含量大于 92%，数均分子量在 8.7～13.3kg •mol^{-1} 之间，分子量分布为 1.03～1.28。

非均相催化剂由于合成简单、所得共聚物颜色较浅，在工业化应用方面具有较强的优势，但其活性还有待提高，同时其非均相结构导致表征困难，难以对其催化机理进行可靠的研究。为此更多的科研工作者把研究兴趣放在了结构明确的均相催化剂上。

5.2.2　均相催化剂

5.2.2.1　金属卟啉类催化剂

受植物光合作用的启发，Inoue 等首先尝试了二氧化碳在可见光条件下与金属卟啉的反应，发现二氧化碳可在助催化剂 1-甲基咪唑和光照条件下与四苯基卟啉铝发生配位反应，为金属卟啉类催化剂的研究奠定了基础。

（1）铝卟啉催化剂

1978 年，Inoue 等[104]发现四苯基卟啉铝化合物可催化二氧化碳与环氧丙烷的共聚反应生成二氧化碳共聚物（PPC），如图 5-26 所示。

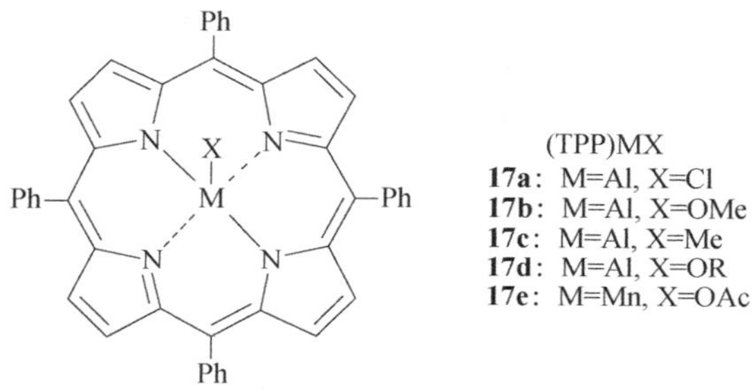

图 5-26　卟啉铝和卟啉锰催化剂

催化剂 **17a** 和 **17b** 可催化环氧丙烷（PO）均聚生成 PPO，分子量分布为 1.07～1.15，表明这一反应具有活性聚合的特征。催化剂 **17b** 还可以催化环氧丙烷与二氧化碳共聚，在 20℃和 0.8MPa 的条件下，反应 19 天可以得到碳酸酯含量为 40%、数均分子量为 3.9kg/mol^{-1} 的共聚物，分子量分布同样很窄，为 1.15。当采用季铵盐或季鏻盐作为助催化剂时，不仅能提高催化剂的活性，更能使聚合物的碳酸酯含量提高到 99%，如采用等当量的 $EtPh_3PBr$ 与催化剂 **17a** 组成二元催化剂，在 20℃和 4.8MPa 下，可得到数均分子量为 3.5kg • mol^{-1} 的聚合物（TOF=0.18h^{-1}），其碳酸酯含量＞99%[105]。同时该催化体系对环氧乙烷（EO）/CO_2 和环氧环己烷（CHO）/CO_2 的共聚反应也有活性，同样可得到窄分子量分布的共聚物，其中聚碳酸乙烯酯（PEC）中碳酸酯含量为 70%，数均分子量为 5.5kg • mol^{-1}，分子量分布 1.14，而聚碳酸亚环己酯（PCHC）中碳酸酯含量大于 99%，数均分子量为 6.2kg • mol^{-1}，分子量分布为 1.06。

1999 年 Ree 等[106]利用 TPPAlCl 与 PO 反应制备了 TPPAl（PO）$_2$Cl 催化剂，以 Et_4NBr 为助催化剂，在室温和 5.15MPa 下催化二氧化碳与环氧丙烷反应，产物主要包括环状碳酸酯（PC）和含有醚段的低分子量聚碳酸酯，低聚物中醚段含量大约为 30.7%，两者的比例分别为 21.9%（摩尔分数）和 78.1%（摩尔分数）。随着 PO 加入量的增加，产物中环状副产物和低聚物中醚段含量都会上升。当用 TPPAl(PO)$_2$Cl 单独催化二氧化碳与环氧丙烷共聚时，其反应速率明显减慢，反应 7 天后 PO 转化率仅为 63.6%，但生成的产物中环状副产物明显减少，仅为 4.25%（摩尔分数），然而低聚物中醚段含量极高，达到 80%，证明季铵盐的加入可以抑制醚段的生成。TPPAlCl/Et_4NBr 体系的催化活性略低于 TPPAl(PO)$_2$Cl/Et_4NBr，聚合物分子量也略低。因此 Ree 认为在共聚反应过程中，PO 首先插入 Al—Cl 键中，随后二氧化碳与 PO 单体竞争插入，不同的是二氧化碳插入后只能伴随 PO 插入，而 PO 可以多个重复插入，因此导致了聚合物中醚段的存在。

Chisholm 等[107]制备了不同卟啉配体与金属 Al 的配合物（图 5-27），指出含氟配合物 TFPPAlCl 体系比传统的 TPPAlCl 体系的活性略高，而 OEPAlCl 体系的活性略有下降，但总体来说，他们的催化体系活性仍然较低。

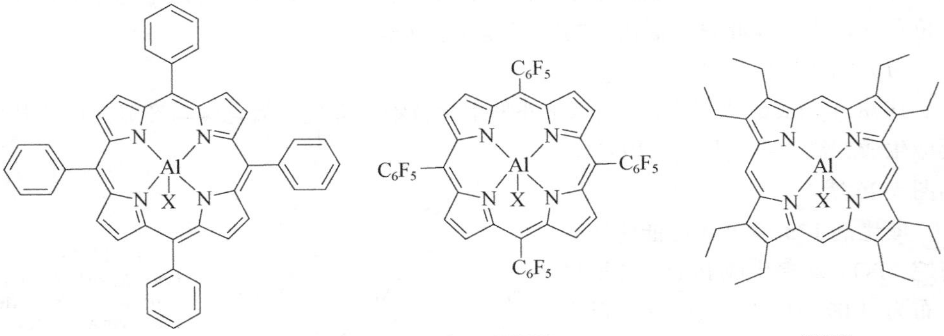

(TPP) (TFPP) (OEP)

图 5-27 含取代基的卟啉铝催化剂

金属卟啉催化体系最大的缺点是聚合反应速率慢，聚合反应往往需要进行 12～23 天，同时所得聚合物分子量较低，只能得到数均分子量 6kg·mol^{-1} 左右的聚合物。Inoue 认为聚合过程中存在快速的链转移反应是造成分子量偏低的原因，因此提出了“不死聚合”的反应机理，即高分子链在金属中心与链转移剂之间进行快速的链转移反应，多个分子链可以在同一个金属活性中心进行链增长反应，由于链转移速率远大于链增长速率，因此可以得到分子量分布非常窄的聚合物。

Inoue 探讨了卟啉铝/季铵盐催化二氧化碳与环氧化物共聚的反应机理。由于单独的卟啉铝催化活性极低，且生成的聚合物中含有大量的醚段，而单独的季铵盐与季鏻盐更是不能催化该聚合反应，只有与卟啉铝共同组成催化体系时才能催化二氧化碳与环氧化物的共聚反应。研究还发现，聚合物分子数为活性中心金属卟啉分子数的两倍，所得聚合物分子量为理论分子量的一半。因此 Inoue 认为共聚合过程中二氧化碳的插入和环氧化物的开环交替进行，聚合物链同时从金属卟啉的两侧增长（图 5-28）。

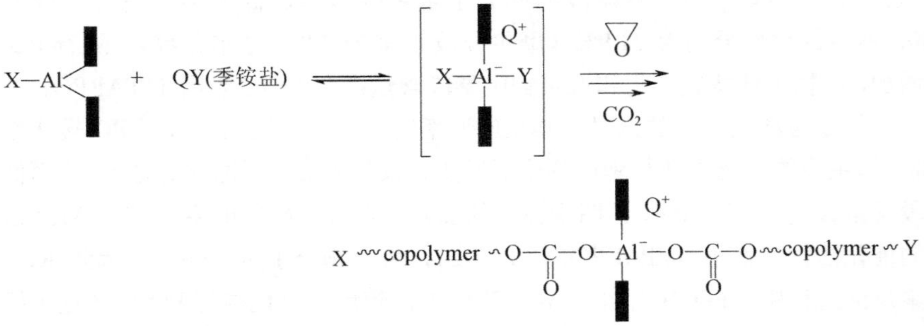

X—Al + QY(季铵盐) ⇌ [X—Al^-—Y Q^+] —(环氧化物, CO_2)→

X ~copolymer ~O—C(=O)—O—Al^-—O—C(=O)—O~copolymer~ Y Q^+

图 5-28 卟啉铝/季铵盐催化体系下二氧化碳与环氧化物的共聚合机理

虽然在金属卟啉体系中，环氧化物转化率可以达到 100%，但聚合时间往往需要几天甚至十几天，因此，反应速率慢一直是困扰该催化体系的难题。

那么，聚合反应速率慢的原因是什么？如图 5-29 所示，单中心金属催化二氧化碳与环氧化物共聚合一般分以下两步进行：①催化剂活性中心催化环氧化物开环；②二氧化碳插入形成新的活性中心。在该反应过程中，由于二氧化碳不可能连续插入链段中，二氧化碳插入速率远远要快于环氧化物的开环速率，才能保证生成的聚合物具有高的碳酸酯链段。同时，环氧化物的开环速率决定着整个聚合反应的速率，催化剂对环氧化物开环活性越高，则共聚合反应活性越高，反之亦然。因此，四苯基卟啉铝催化二氧化碳与环氧化物共聚速率慢是由于四苯基卟啉铝对环氧化物的开环能力差造成的。实际上，四苯基卟啉铝催化环氧丙烷均聚时，为了达到 100%的转化率通常需要 6 天时间，说明其开环聚合速率很慢，因此加快环氧化物的开环速率是提高金属卟啉催化二氧化碳与环氧化物共聚合活性的有效途径。

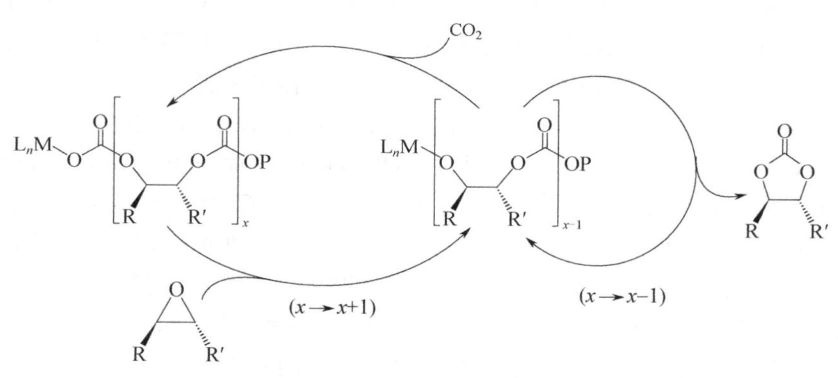

图 5-29　环氧化物与二氧化碳共聚反应的机理

大位阻 Lewis 酸的加入可以加速聚合反应的进行，如环氧丙烷(PO)在 TPPAlCl 催化下进行室温聚合[108]，在单体/催化剂比例为 200 时，反应 7h 后单体的转化率为 19.8%。若向聚合体系中加入单体量 0.25%(摩尔分数)的大位阻 Lewis 酸 18(图 5-30)，聚合体系瞬间剧烈放热，在 3min 内转化率达到 85.5%，此时的聚合速率为原来的 400 倍。因此大位阻 Lewis 酸的加入明显加快了环氧化物的开环速率。

对于大位阻 Lewis 酸加速环氧化物开环的原因，Inoue 做了如下的分析：卟啉铝是体积极大的反离子，聚合反应在垂直于其平面的方向上进行，因此，体积庞大的反离子与立体阻碍作用大的 Lewis 酸，由于空间阻碍而不能直接反应，各自起着不同的作用。亲核性的增长活性中心对单体进行加成，而大位阻 Lewis 酸对单体进行配位使其活化(如图 5-31)，两者相互配合使聚合反应加速进行。

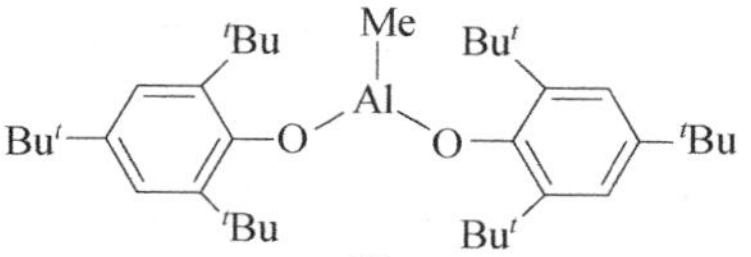

18

图 5-30　大位阻 Lewis 酸 18 的结构

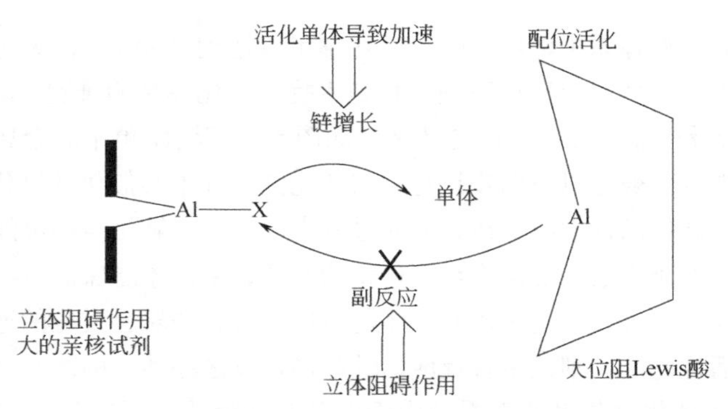

图 5-31 高速活性聚合的机理

王献红等[109]系统研究了四苯基卟啉铝［(TPP)AlCl］体系催化二氧化碳/环氧环己烷的共聚反应。当体系中只存在（TPP）AlCl 时，催化活性极低，且所得聚合物以醚段为主；当采用四乙基溴化铵（Et_4NBr）为助催化剂时，在 60℃下反应 9h，TOF 可达 36.1h^{-1}，共聚物中碳酸酯含量可达 97.9%。进一步引入大位阻 Lewis 时，其 TOF 可达 44.9h^{-1}，比(TPP)AlCl/Et_4NBr 体系约提高 25%。在多元催化剂体系中，催化剂的组分配比是影响催化活性的重要因素。在(TPP)AlCl/Et_4NBr/Lewis 酸催化体系中，当 Et_4NBr/(TPP)AlCl=1 时具有最大催化活性 TOF=44.9h^{-1}，而当 Et_4NBr/(TPP)AlCl=0.5 时，催化活性迅速下降到 30.1h^{-1}。过高的 Et_4NBr/(TPP)AlCl 摩尔比也不利于聚合反应的进行，如 Et_4NBr/(TPP)AlCl=5 时，催化活性只有 32.8h^{-1}。在保持 Et_4NBr 与(TPP)AlCl 摩尔比为 1 不变的情况下，大位阻 Lewis 酸与(TPP)AlCl 摩尔比的变化会影响聚合反应的收率，当 Lewis 酸/(TPP)AlCl=0.125 时聚合反应速率最快，60℃下反应 9h，其转化率达到 81.8%。随着 Lewis 酸与(TPP)AlCl 摩尔比的升高，其反应活性下降，转化率降低，当 Lewis 酸与(TPP)AlCl 摩尔比从 0.125 提高到 2 时，其转化率从 81.8%下降到 27.1%。过量大位阻 Lewis 酸的加入会导致聚合物链中醚段的增加，可能是由于过量的 Lewis 酸会使得环氧环己烷的开环速率加快，打破了环氧化物开环与二氧化碳插入交替进行的平衡，导致聚醚产物的增加。

（2）钴卟啉催化剂

受到卟啉铬催化剂的启发，2004 年 Nguyen 等采用二价的卟啉钴/4-二甲氨基吡啶体系催化二氧化碳与环氧丙烷环合成环状碳酸酯[110]，转化数可达 16h^{-1}，但是将卟啉钴 TPPCo 氧化为三价的 TPPCoCl 后，不仅生成环状碳酸酯的催化活性提高了 50 多倍，达到了 826h^{-1}，还发现生成了聚碳酸酯。Sugimoto 等[111]采用 $TPPCo^{III}Cl$ 催化二氧化碳与环氧化物共聚合，并加入了多种助催化剂，如 4-二甲氨基吡啶、吡啶、甲基咪唑、三苯基膦、三乙胺等，他们发现 4-二甲氨基吡啶为助催化剂时效果最好，在 80℃和 5MPa 下催化 CO_2 和 CHO 的共聚反应，24h 后产率可达 99%，且该体系并未产生环状副产物。$TPPCo^{III}Cl$/DMAP 体系也可以催化二氧化碳与环氧丙烷（PO）的共聚反应，反应 24h 后产率也可达 99%，所得聚合物碳酸酯含量＞

99%，数均分子量约 15kg · mol^{-1}。王献红等[112]利用 $TPPCo^{III}Cl/PPNCl$［双(三苯基正膦基)-氯化铵］体系催化二氧化碳与环氧丙烷的共聚反应（图 5-32），在 25℃和 2.0MPa 下反应 5h，生成分子量为 48kg · mol^{-1} 且几乎 100%交替的 PPC，转化率可达 62.7%，TOF 为 $188h^{-1}$。上述共聚反应具有良好的 PPC 选择性，生成环状碳酸酯的选择性低于 1%，表明 $TPPCo^{III}Cl/PPNCl$ 体系是一种很好的催化二氧化碳与环氧丙烷共聚合的催化剂，具有催化活性高、产物高交替和产物 PPC 选择性好的特点。所得聚合物的 ^{13}C-NMR 谱图分析（图 5-33）表明，该聚合物的头尾结构高达 92.8%，说明该催化体系可以实现聚合过程中环氧丙烷的区域选择性开环，从而制得高头尾结构的 PPC。

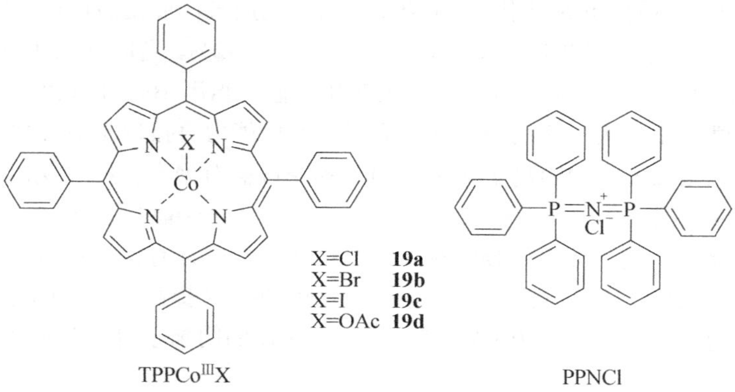

X=Cl **19a**
X=Br **19b**
X=I **19c**
X=OAc **19d**

$TPPCo^{III}X$ PPNCl

图 5-32 卟啉钴催化剂及三苯基膦盐助催化剂

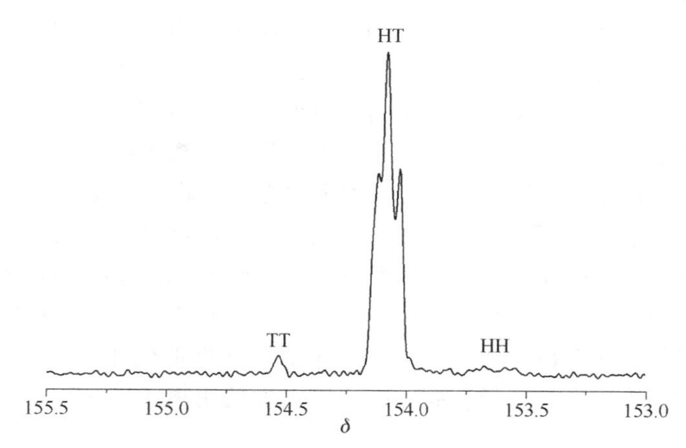

图 5-33 在卟啉钴催化体系下合成的 PPC 的 ^{13}C-NMR 图谱

他们还研究了不同助催化剂对反应活性的影响，所得结果列于表 5-4。

表 5-4 助催化剂对二氧化碳和环氧丙烷共聚合反应的影响

编号	助催化剂	TOF/h^{-1}	选择性(PPC)/%	碳酸酯含量/%	M_n/×10^{-4}	PDI(M_w/M_n)	H-T/%
1	PPNCl	188	99	99	4.8	1.17	92.8
2	Et_4NBr	112	89	99	4.6	1.18	93.1
3	Bu_4NCl	122	92	99	2.9	1.10	88.5
4	Bu_4NBr	114	90	99	2.7	1.25	93.7
5	Bu_4NI	NA	NA	NA	NA	NA	NA

注：NA 表示没有得到相关产物。

从表 5-4 中可以看出，季铵盐的阳离子和阴离子的性质都对聚合反应有重要影响，以阳离子位阻较小的 Bu_4NCl 代替 PPNCl 为助催化剂时，催化活性由 188h^{-1} 下降到 122h^{-1}，聚合产物选择性也明显降低，由 99%下降到 92%。当以 Bu_4NBr 作为助催化剂取代 Bu_4NCl 时，催化剂活性并无太大变化，但是当用 Bu_4NI 作助催化剂时，催化体系的活性几乎丧失。说明季铵盐阴离子的亲核能力直接决定着催化体系的催化活性。具有强亲核能力的阴离子如 Cl^-、Br^-的季铵盐对聚合反应表现出很高的催化活性。亲核能力很弱的 I^-作为季铵盐的阴离子时，则不能催化聚合反应。不仅如此，阴离子离去能力（电负性）的强弱对聚合物选择性也同样有很大影响，弱离去能力（强电负性）的阴离子可以有效地抑制环状产物的生成，提高聚合物的选择性，如具有弱离去能力的亲核性阴离子（如 Cl^-）作为季铵盐的阴离子时，生成聚合物的选择性>99%。

季铵盐的阳离子同样强烈影响聚合反应的结果，体积较大的阳离子对提高催化活性和区域选择性是有利的。由表 5-4 可见，随着阳离子体积的增大，由 Et_4NBr 到 Bu_4NCl，再到 PPNCl，TOF 从 112h^{-1} 提高到 188h^{-1}。有苯环结构阳离子的 PPNCl 表现出良好的催化活性，所得到的聚碳酸酯还具有相当高的区域规整度（头尾含量 92.8%）。这可能是因为 PPNCl 氮原子周围的大位阻取代基对氮离子上的正电荷起到很好的“蔽笼”效应，很大程度上削弱了阴、阳离子间的静电吸引作用，提升了阴离子的亲核能力，进而使活性得到大幅提高。此外，PPNCl 与常规季铵盐的不同之处还在于，它不易吸水，很容易得到无水的结晶物，大大减少了引入反应体系的微量水分，而其他季铵盐则容易发生吸水现象。因为 CO_2 和环氧化物的聚合反应具有阴离子聚合性质，水分子的存在会引起不可逆的副反应，造成活性和分子量的下降，这也是 PPNCl 之所以具有优异的助催化性能的重要原因之一。因此，由大体积阳离子与亲核性强、离去能力弱的阴离子形成的季铵盐是理想的助催化剂。

此外，TPPCoX 的轴向配体 X 对共聚反应活性的影响也有系统研究，相关结果列于表 5-5。

表 5-5　钴配合物中轴向配体 X 对共聚反应的影响

编号	催化剂	温度/℃	产率/%	TOF/h^{-1}	选择性(PPC)/%	碳酸酯含量/%	M_n/×10^4	PDI(M_w/M_n)	H-T/%
1	2a	25	62.7	188	99	99	4.8	1.17	92.8
2	2b	25	64.1	192	96	99	5.3	1.25	87.7
3	2c	25	13.1	39	75	96	2.1	1.13	67.8
4	2d	25	NA	NA	NA	NA	NA	NA	NA

注：NA 表示没有得到相关产物或数据。

从表 5-5 中可以看出，具有弱离去能力的轴向配体能有效抑制环状产物的生成，同时提高反应活性，如离去能力弱的 Cl^-或 Br^-作为轴向配体时，都能与 PPNCl 以很高的催化活性催化聚合反应，TOF 分别为 188h^{-1}和 192h^{-1}。当以离去能力较强的 I^-作为轴向配体时，催化体系的活性急剧下降到 39h^{-1}，并伴有大量环状碳酸酯的生成，且 PPC 选择性只有 75%。而当 $TPPCo^{III}$(OAc)用于该反应时则只有环状碳酸酯生成。

同样，助催化剂的浓度对催化活性也有重要影响。对于 **19a**/PPNCl 体系，当 PPNCl/$TPPCo^{III}$Cl=1 时体系具有最佳催化活性，聚合物选择性和区域规整性（头尾结构含量）也达到最佳，随着 PPNCl/$TPPCo^{III}$Cl 比率的继续增加，催化活性呈明显下降趋势。当 PPNCl/$TPPCo^{III}$Cl=4 时，TOF 值降低到 94h^{-1}，只有 PPNCl/$TPPCo^{III}$Cl=1 时的 1/2，并且伴有大量的环状碳酸酯生成，聚合物选择性只有 78%，头尾结构含量降低到 86%。

助催化剂的浓度不仅影响聚合反应速率、聚合物选择性和区域规整性，对聚合物的分子量及其分布影响也很大。在 $TPPCo^{III}$/PPNCl 催化体系中，若 PPNCl/$TPPCo^{III}$=1 时，聚合产物的分子量大约是其理论计算值的 1/2，同时聚合物的分子量呈现双峰分布状态（图 5-34）。按照 Schulz-Zimm 统计方法，每一个峰分别体现了很窄的分子量分布。由此推断在 $TPPCo^{III}$ 分子平面两侧有两个引发活性中心。如图 5-35 所示，其中一个活性中心在 $TPPCo^{III}$Cl 配体 Co(III)-Cl 上，而季铵盐 PPNCl 的阴离子 Cl^-与中心金属钴配位形成另一个活性中心，由于两个活性中心所处电子环境不同，导致了不同的引发和增长速度，进而形成分子量的双峰分布。

为了进一步验证双引发双增长的机理，还考察了 PPNCl 与 **19a** 的比率对聚合产物分子量和分子量分布的影响。随着 PPNCl/**19a** 比率的增加，分子量下降，这与助催化剂可以引发聚合的推断相一致，助催化剂的加入导致产生更多的活性中心，因此分子量会相应下降。从分子量分布来看，当 PPNCl/**19a** 比率由 0.5 增加到 4 时，聚合物分子量分布逐渐由明显的双峰分布转变为单峰分布（如图 5-36 所示），说明 PPNCl 与中心金属钴配位后形成的活性中心的引发能力要明显高于 Co(III)-Cl 活性中心。

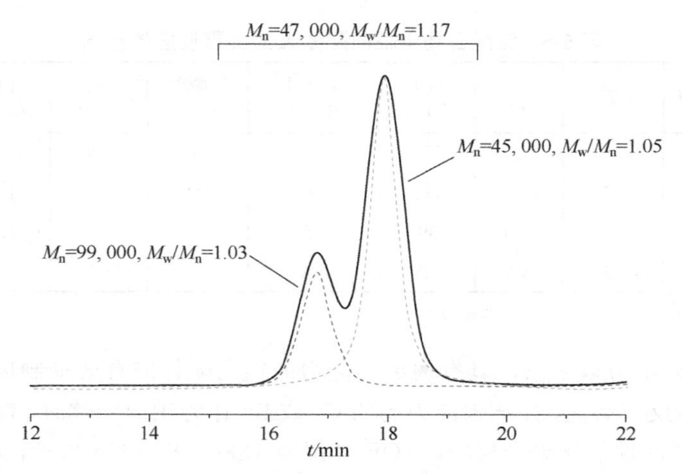

图 5-34 卟啉钴催化体系所得的 PPC 的凝胶色谱

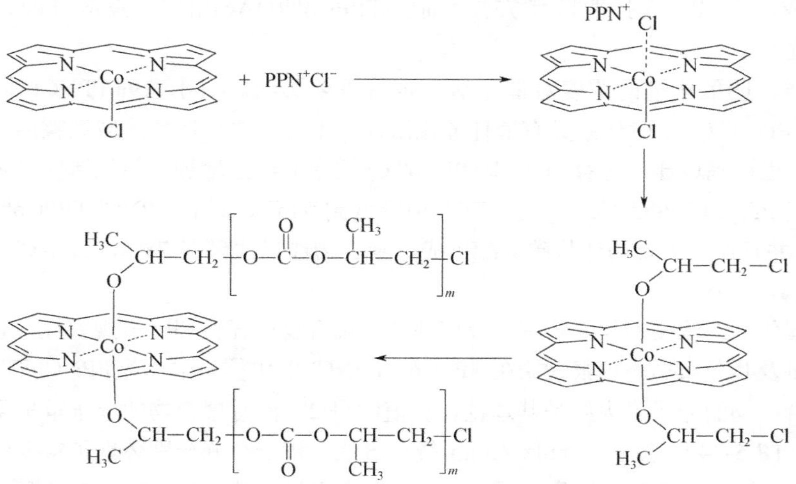

N Co N N N Cl + PPN^+Cl^- → PPN^+ Cl N Co N N N Cl

H_3C CH—CH_2—Cl O (Co) O H_3C CH—CH_2—Cl

H_3C CH—CH_2—[O—C(=O)—O—CH(CH_3)—CH_2]$_m$—Cl O (Co) O CH—CH_2—[O—C(=O)—O—CH(CH_3)—CH_2]$_m$—Cl H_3C

图 5-35 卟啉钴平面结构的双活性中心增长机理

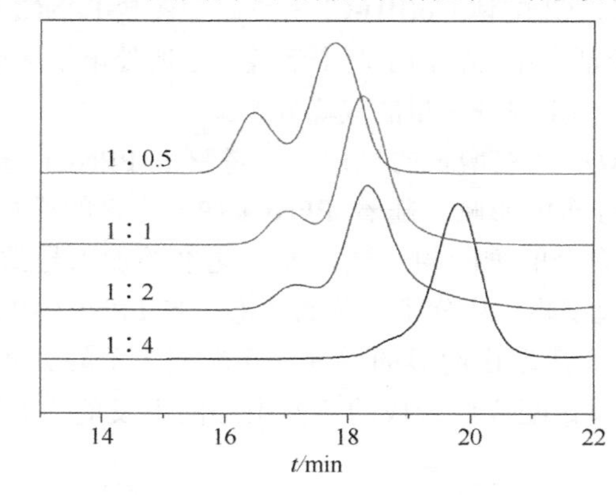

图 5-36 聚合产物的 GPC 谱图随 PPNCl 与配合物 **19a** 比例变化情况

值得指出的是：采用TPPCo^{III}Cl/PPNCl催化体系催化二氧化碳与环氧丙烷共聚时，延长反应时间并没有环状副产物的明显生成，并且随着反应时间的延长，聚合产物分子量也相应地增长，反应进行24h后，单体转化率可以达到80.3%，聚合物数均分子量高达115kg·mol^{-1}，并且聚合产物中高聚物选择性依然高达96%，仅生成少量的环状副产物。

2012年Rieger等[113]合成了一系列具有不同取代基的钴卟啉催化剂，如图5-37所示，催化剂**20b-20e**/PPNCl显示出了比**20a**/PPNCl更高的活性。在25℃和3MPa下，**20a**/PPNCl的TOF为62h^{-1}，而**20b**～**20e**/PPNCl依次为79h^{-1}、90h^{-1}、90h^{-1}、98h^{-1}，而**20f**/PPNCl体系则只能生成环状碳酸酯。

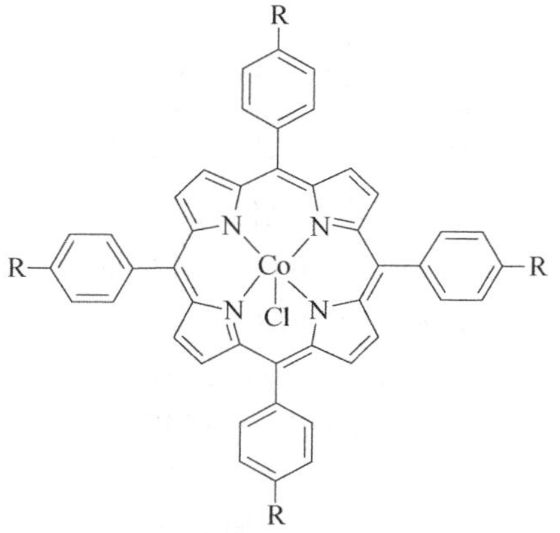

R	CoCl
H	**20a**
OMe	**20b**
OEt	**20c**
O^{n}Pr	**20d**
O^{i}Pr	**20e**
NO_2	**20f**

图5-37　不同取代基的卟啉钴催化剂

受到SalenCo工作的启发，2012年王献红等[114]将助催化剂连接到卟啉配体上，合成出双官能团的卟啉钴催化剂（如图5-38所示），即同一个催化剂分子中同时含一个Lewis酸金属中心与Lewis碱中心。

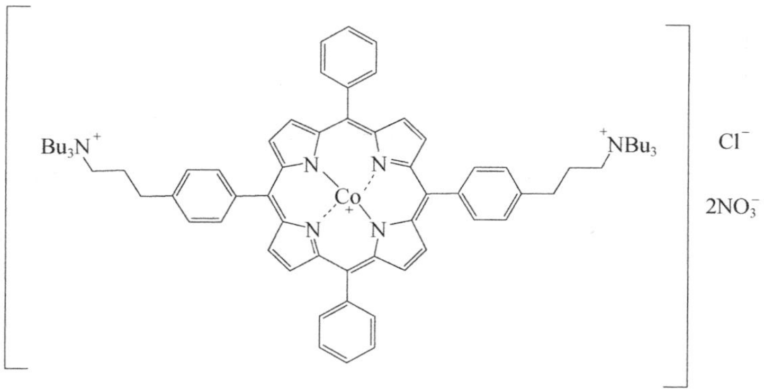

图5-38　双官能化卟啉钴催化剂

他们利用该催化剂催化二氧化碳/环氧丙烷的共聚反应，所得实验结果列于表5-6。

表 5-6 双官能化卟啉钴催化剂催化二氧化碳/环氧丙烷共聚合

编号	PO/cat	温度/℃	压力/atm	时间/h	TOF/h^{-1}	选择性(PPC)/%	碳酸酯含量/%	M_n/kg·mol^{-1}	PDI
1	1500	25	1	24	20	30	85	15	1.8
2	1500	25	40	2	120	97	99	18	1.7
3	1500	50	40	2	495	96	99	40	1.3
4	1500	60	40	2	90	70	93	26	1.6
5	5000	50	20	4	70	65	90	35	1.7
6	5000	50	30	4	102	91	98	36	1.6
7	5000	50	40	4	120	94	99	38	1.5
8	5000	50	55	4	90	96	99	38	1.6
9	5000	50	40	12	76	94	99	38	1.5
10	5000	50	55	12	120	94	99	37	1.6
11	5000	50	55	24	77	50	98	30	1.8
12	10000	50	55	12	77	93	98	39	1.5
13	10000	50	55	24	67	93	99	38	1.5
14	50000	50	55	12	20	52	90	41	1.4
15	100000	50	55	24	6	50	85	40	1.5
16	500	80	50	24	20	40	99	8.8	1.3
17	1500	25	20	5	188	99	99	48	1.2

该催化剂能在常温常压（25℃，1atm）下催化二氧化碳与环氧丙烷共聚合反应的发生，当升高温度与压力，反应速率急剧加快，在50℃、4MPa的条件下，TOF最高可达496h^{-1}，大约是传统双组分卟啉钴（TPPCoCl/PPNCl）活性的3倍。这种双官能团的催化剂还有一个特点，即能在极低的催化剂浓度下催化共聚反应的发生，如表5-6所示，当PO/cat=100000时，催化剂仍有活性，而TPPCoCl/PPNCl体系只能在较高的催化剂浓度（PO/cat=1500）下才有活性。

为了使该催化剂能在更高的温度下稳定以达到更高的催化活性，他们合成了如图5-39所示的带4个季铵盐基团的双官能化卟啉钴催化剂，用于二氧化碳/环氧丙烷的共聚反应，所得实验结果列于表5-7。

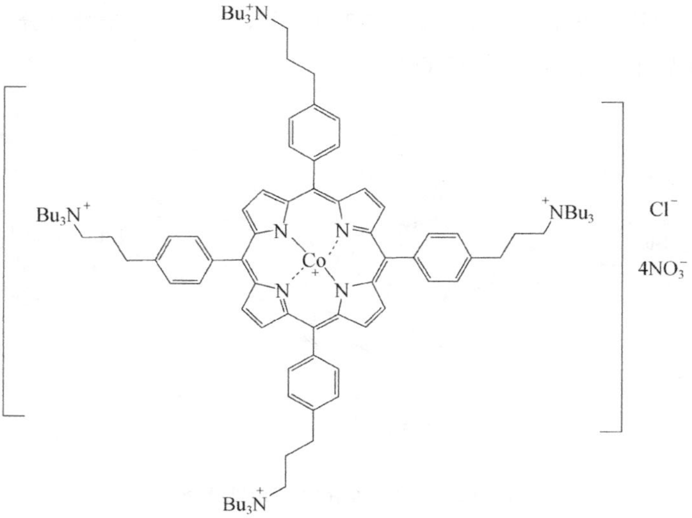

图 5-39 带4个季铵盐基团的双官能化卟啉钴催化剂

表 5-7　双官能化卟啉钴催化剂催化二氧化碳/环氧丙烷共聚合

编号	PO/cat	T/℃	P/atm	t/h	TOF/h^{-1}	选择性(PPC)/%	碳酸酯含量/%	M_n /kg・mol^{-1}	PDI
1	1500	25	40	2	95	85	95	13	1.9
2	1500	50	40	2	260	50	90	15	1.8
3	1500	60	40	2	85	30	85	14	1.8
4	5000	50	40	4	90	60	95	21	1.7

不过由表 5-7 可以看出，这种催化剂并没有达到预期的效果，不仅活性较低，副产物环状碳酸酯也较多。其原因在于在 TPPCoCl/PPNCl 体系中，TPPCoCl 与 PPNCl 的配比直接影响催化活性与产物的选择性，但有一个最佳的配比，当 PPNCl 过多，超过最佳配比时，就会导致活性的下降，带 4 个季铵盐基团的双官能化卟啉钴便因为存在过多的季铵盐，导致催化活性的下降。

（3）其他金属卟啉催化剂

1995 年 Kruper 等[115]发现 4-对甲苯基卟啉铬配合物（图 5-40）在胺的存在下可高效催化 CO_2 和环氧化合物反应合成环状碳酸酯，其中环氧化物包括环氧丙烷、环氧环己烷等在内的多种环氧化合物，但产物中只有低分子量的聚碳酸酯生成，而且生成的聚碳酸酯在高温反应条件下很容易分解成环状碳酸酯。Holmes[116]将 Kruper 的催化剂做了进一步改进，合成了可以溶解在超临界二氧化碳中的氟取代四苯基卟啉铬，利用 Lewis 碱如 4-二甲基氨基吡啶（DMAP）为助催化剂，在超临界条件下（110℃，22.5MPa）进行 CO_2 与 CHO 的共聚反应，催化活性达到 173h^{-1}，所得聚合物的分子量分布为 1.08～1.50，聚合物中碳酸酯含量较高（90%～97%）。在该反应体系中，超临界 CO_2 既作为单体参与聚合反应，同时起到了反应介质的作用。聚合压力对聚合反应有很大影响，在较低的反应压力下（0.55MPa）仅能得到低聚物，并且聚合产率很低。压力提高到 13.8MPa 时聚合产率和聚合物分子量都有了明显提高。继续提高压力到 22.8MPa，聚合产率反而下降，这可能是由于超临界条件下相行为变化引起的。与卟啉铝催化剂相比，虽然化合物(TFPP)CrCl(**22**)的催化活性有了很大提高，但是所得聚合物的分子量同样很低(M_n=1.5~9.4kg/mol^{-1})。

2003 年 Inoue 将卟啉锰作为二氧化碳与环氧化物的共聚反应催化剂[117]，在 80℃和 5.0MPa 下催化二氧化碳与环氧环己烷共聚，24h 后产率可达 78%，碳酸酯含量超过 99%，数均分子量 6.7kg・mol^{-1}，分子量分布指数为 1.3。当反应压力降到 0.1MPa 时，聚合速率虽然比 5.0MPa 时明显下降，却依然发生了共聚合反应，24h 后产率为 14%，碳酸酯含量 87%，但数均分子量只有 0.9kg・mol^{-1}，分子量分布为 1.5，不过 48h 后数均分子量升到 3kg・mol^{-1}，分子量分布指数为 1.6。

必须指出的是，卟啉锰在催化二氧化碳与环氧丙烷反应时只能得到环状碳酸酯。此外，尽管加入季铵盐和季鏻盐类助催化剂可以提高卟啉铝催化剂的活性以及聚合物中碳酸酯含量，但若在卟啉锰催化剂中加入三苯基膦等助催化剂，反而会使反应减慢，分子量下降。

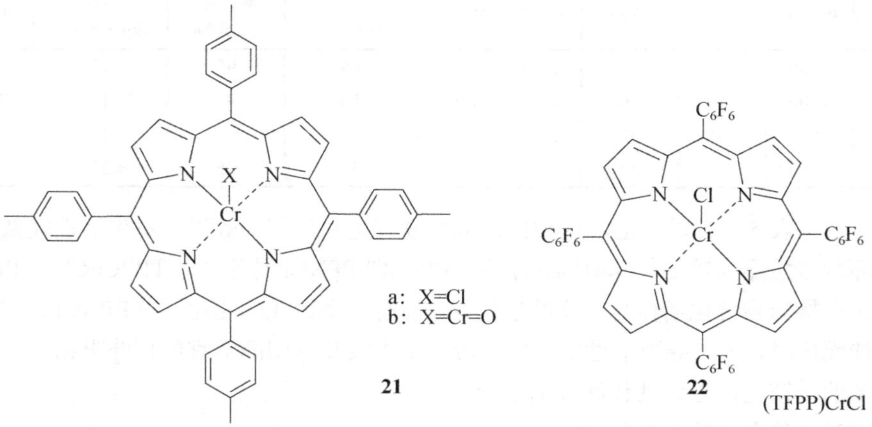

a：X=Cl
b：X=Cr=O

21

22

(TFPP)CrCl

图 5-40 卟啉铬催化体系

2012 年 Sakai 等[118]合成了一系列基于二价金属（Zn、Mg、Cu、Co 等）的双官能化卟啉催化剂，为结构如图 5-41 所示。

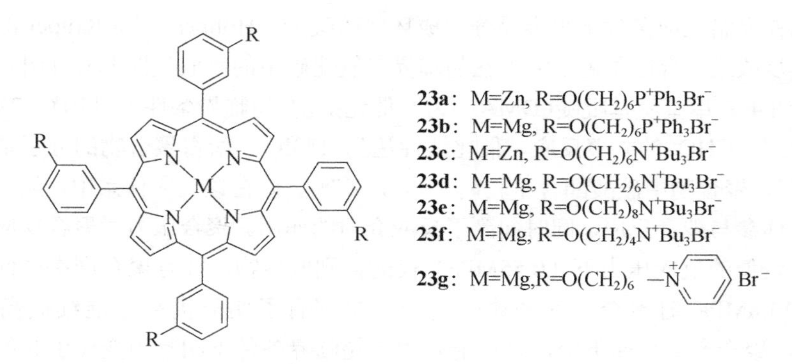

图 5-41 双官能化卟啉锌、镁催化体系

虽然该体系不能催化二氧化碳和环氧丙烷进行交替共聚得到 PPC，但是对合成环状碳酸酯具有很好的活性，在 120℃、1.7MPa 的条件下，催化剂 **23d** 在浓度为 0.0008%（摩尔分数）时，TOF 最高可达 103000h^{-1}。

5.2.2.2 锌酚化合物催化剂

1986 年 Geerts 等[119]合成了一系列结构明确的锌酚类化合物并用于环氧化物和二氧化碳的共聚，这也是一类均相催化体系（图 5-42）。

随后 Darensbourg 等[120]指出，对于锌酚类化合物 **24a**～**24d**，不同的 R 取代基对活性的影响较大，当催化环氧环己烷和二氧化碳的共聚反应时，**24d** 活性最高，可达 1441g・g^{-1}（以 Zn 计），其余 **24a**、**24b**、**24c** 依次为 602、477、677g・g^{-1}（以 Zn

计）。而锌酚类化合物二聚体 26a～26d，活性较低，仅为 88g·g^{-1}（以 Zn 计）。可惜的是对于更具工业化前景的环氧丙烷，这一类催化剂不能催化它与二氧化碳共聚。但他们发现化合物 **25a** 能催化环氧环己烷/环氧丙烷/二氧化碳三元共聚，当以 1:1:1 投料时，所得的三元共聚物中含有 20%的碳酸丙烯酸单元，70%的碳酸环己烯酯单元和 10%的醚段。

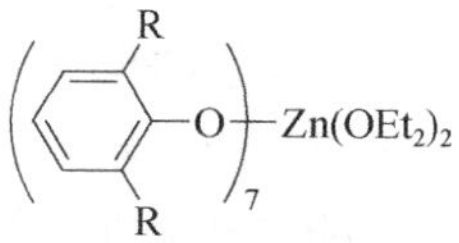

24a：R=Ph
24b：R=^{i}Pr
24c：R=^{t}Bu
24d：R=Me

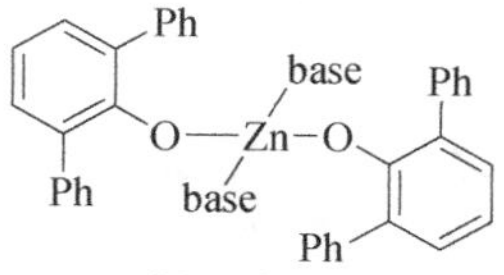

25a：base=OEt_2
25b：base=THF

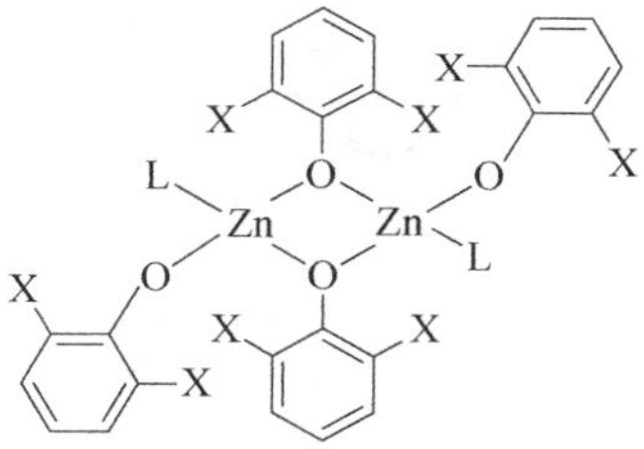

26a：X=F, L=THF
26b：X=Cl, L=THF
26c：X=Br, L=THF
26d：X=F, L=PCy_3

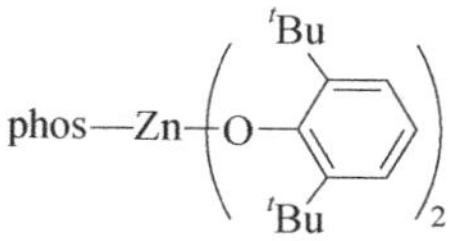

27a：phos=PPh_2Me
27b：phos=PCy_3

图 5-42　锌酚盐类催化体系

Darensbourg[121]合成了含卤素取代的酚氧基锌配合物（图 5-43），由于卤素取代基的位阻相对较小，催化剂形成了双核锌的结构形式，催化活性大小的顺序为 F>Cl>Br，尽管卤素取代的酚氧基锌催化剂的催化活性不及甲基取代物，但是它对水分没有烷基取代催化剂那样敏感，长时间暴露在空气中仍旧保持催化活性。^{19}F-NMR 分析结果表明在聚合物中有不同环境的 F，表明反应起始是由单体对 Zn—O 键的亲核加成开始的。

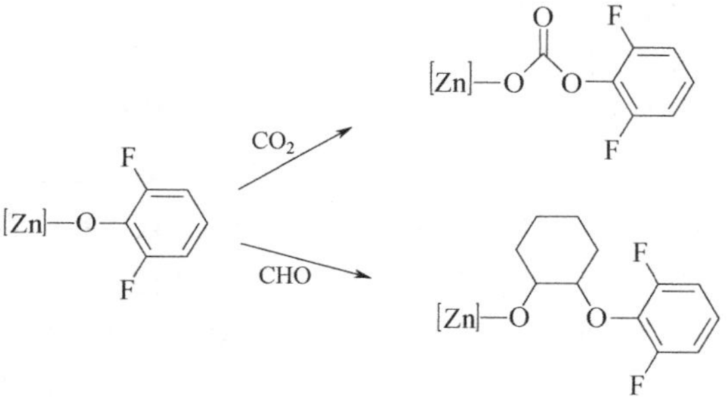

图 5-43　卤素取代的酚氧基锌配合物

虽然酚锌盐类配合物可以催化二氧化碳与环氧化物发生共聚合反应，但是因为缺乏合适的光谱分析手段，难以对其催化机理加以分析。镉配合物与锌配合物具有很多相似的化学性质，但 Cd 配合物可以通过多核 NMR 进行分析，所以 Cd 配合物是研究锌配合物结构的合适的模型化合物。因此 Darensbourg[122]合成了几类酚镉氧化合物（图 5-44），其中 **28**a 和 **28**b 上络合有 CHO 和 PO，据此推测其有可能引发二氧化碳与环氧化物聚合。同时 Darensbourg 还合成了双酚镉衍生物作为模型化合物，即配合物 **29**a～**29**c，在镉中心呈现一个扭曲四面体结构，并且周围有 CHO 和 exo-2,3-环氧降莰烷等环氧化物与之配位。在无配位溶剂的情况下，可以合成二聚的三维镉酚盐，若加入配位溶剂如 THF，则重新生成单分子的镉酚盐。与酚锌盐类催化剂不同，双酚镉和[(tp)CdOAc]不能催化二氧化碳与环氧化物发生共聚合反应，但是却可以催化二氧化碳与环氧丙烷反应生成环状碳酸酯。

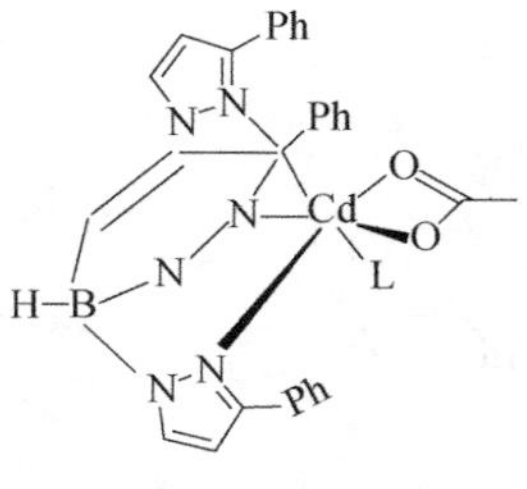

28a：L=PO
28b：L=CHO
28c：L=THF

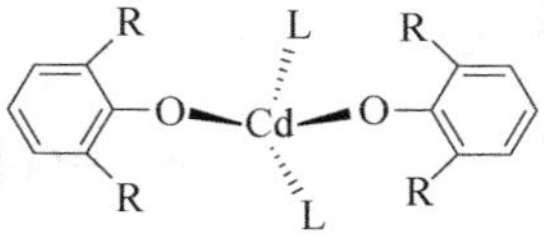

29a：R=Ph, L=THF
29b：R=^{t}Bu, L=CHO
29c：R=^{t}Bu, L=exo-2,3-环氧降莰烷

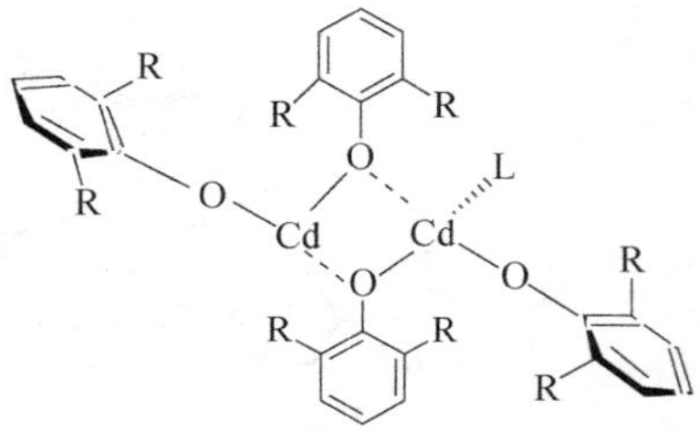

30a：R=^{t}Bu
30b：R=Ph

图 5-44　酚镉盐类配合物

5.2.2.3　*β*-二亚胺锌催化剂

近年来 *β*-二亚胺配体（BDI）在催化 CO_2 和环氧化物共聚反应中的引起了很大关注[123]，这种配体不仅保留了至关重要的空配位点，还能通过配体设计来改变配合物的立体和电子特性，对研究二氧化碳/环氧化物的共聚合机理有重要价值。目前基于 BDI 的催化剂大多是与金属锌的配合物，这些催化剂能在非常温和的条件下催化二氧化碳和环氧化物共聚，虽然大部分只对 CHO/CO_2 有共聚活性，但通过对配合物结构进行调节，也有可能催化 PO/CO_2 共聚。

通过调节配体基团、配体的空间效应和电子效应等可以改变 *β*-二亚胺锌结构（图 5-45），从而导致其催化活性的较大差异[124-126]。如苯环邻位取代基的位阻大小对聚合反应活性的影响很大，若采用位阻较小的甲基取代后，则失去催化活性，而位阻较大的异丙基或乙基取代的化合物 **31a**、**31b** 对 CO_2/CHO 的共聚反应都表现出相当高的催化活性[87]，TOF 分别为 431h^{-1} 和 360h^{-1}。具有不对称结构的化合物 **31c** 则表现出了更高的催化活性，TOF 达到 729h^{-1}。配体上取代基的电子效应同样对聚合反应有着重要的影响，如果在有机配体上引入强吸电子基团，同样会使催化活性大为提高，如采用化合物 **31d** 作为催化剂，反应进行 20minTOF 就可达 917h^{-1}。

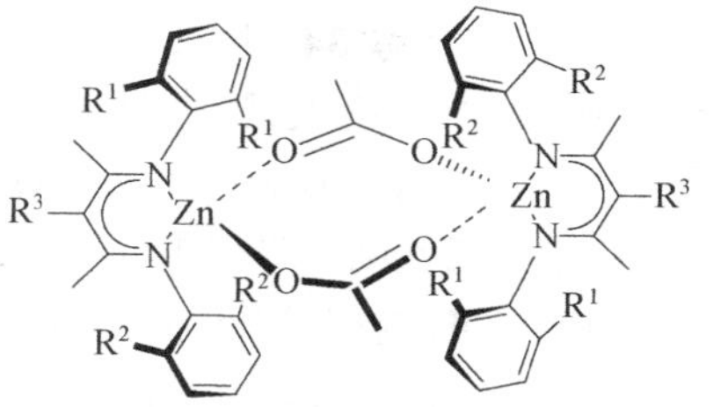

31a：R^1, R^2=^{i}Pr, R^3=H
31b：R^1, R^2=Et, R^3=H
31c：R^1=^{i}Pr, R^2=^{i}Et, R^3=H
31d：R^1, R^2=Et, R^3=CN
31e：R^1=^{i}Pr, R^2=^{i}Et, R^3=CN

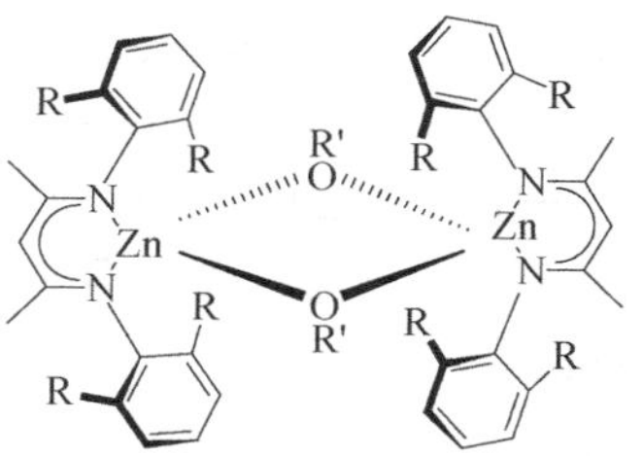

32a：R=^{i}Pr, R'=Me
32b：R=Et, R'=Me
32c：R=^{i}Pr, R'=^{i}Pr
32d：R=Et, R'=^{i}Pr

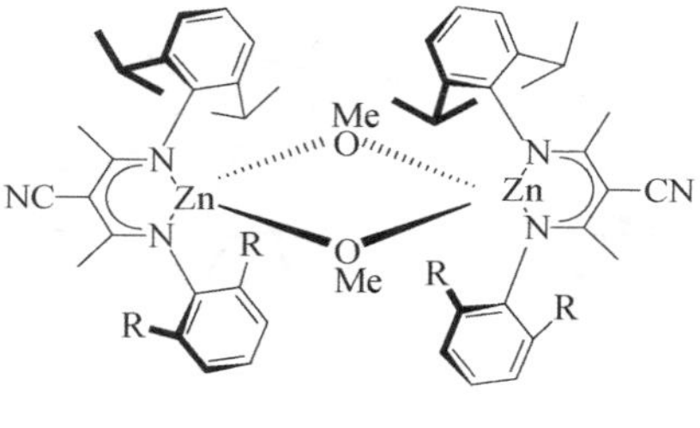

33a：R=^{i}Pr
33b：R=Et

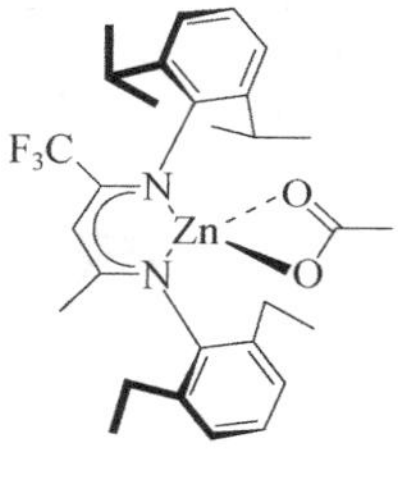

34

图 5-45　*β*-二亚胺锌类配合物的结构

此类催化剂通常只有二聚体才对共聚合反应有活性，因为二聚体中两个金属被阴离子配体桥联，使其在空间上非常接近，从而与单体发生相互作用得到相应的共聚物。对 *β*-二亚胺锌而言，在固态时大部分都以二聚体的形式存在，但在液态时存在一个单体-二聚体的平衡[127, 128]，该平衡受到温度、催化剂的浓度、配体的空间特性等的影响，若在非常低的催化剂浓度下，则基本以单体的形式存在，所以低浓度下该催化剂会失活。

如前所述，大部分催化体系中金属-金属间的距离大约在 3～5Å 之间，而对于二聚体形态的 *β*-二亚胺锌体系，金属-金属间的距离可以进行调节，如可以通过改变配体邻位的取代基来进行调节。一般来说，大位阻的取代基会使 Zn—Zn 之间的距离增大，且使单体在溶液中的比例增大，导致催化活性降低。

Coates 详细研究了二亚胺锌类催化剂下二氧化碳与环氧丙烷的共聚合反应[129]，指出反应压力和温度对聚合产物影响很大。在 50℃和 2.0MPa 条件下，不对称的催化剂 **31e**（图 5-45）只生成环状碳酸丙烯酯，TOF=50h^{-1}。反应温度降低到 25℃后，环状产物的生成受到明显抑制，反应产物中 PPC 与 PC 的比例约为 85:15，TOF=47h^{-1}，聚合物中碳酸酯含量高达 99%，玻璃化转变温度 38℃，数均分子量 43.3kg・mol^{-1}，分子量分布为 1.09，所得 PPC 不具有区域规整结构，说明聚合过程中 PO 的α和β位同时发生开环反应。对配体进一步加以修饰，制得配合物 **34**（图 5-45），在 25℃和 0.7MPa 下活性可达 TOF=235h^{-1}，所得聚合物中碳酸酯含量高于 99%，M_n=36.7kg・mol^{-1}，M_w/M_n=1.13，但是产物中聚合物选择性仅为 75%。当反应压力提高到 3.5MPa，聚合物选择性可以提高到 93%，催化活性则下降到 TOF=138h^{-1}。

Chisholm[130, 131]研究了大体积的 ^{t}BuOH 和 Ph_3SiOH 为引发剂的可能性，发现单分子的配合物 **35** 和 **36**（图 5-46）可以高效催化 CHO 与 CO_2 共聚，并且配合物 **36** 还可以催化二氧化碳与 PO 反应形成环状碳酸酯。不过，[(BDI)ZnN^iPr_2]虽然可以与 CO_2 反应生成配合物 **37**，但却不能催化二氧化碳与环氧化物的共聚合。

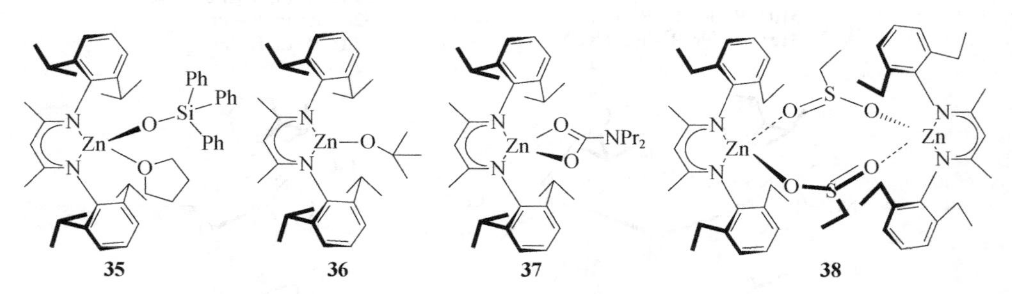

图 5-46 单分子及双分子型二亚胺锌类配合物

Riger[132]发现乙基亚硫酸盐可以催化二氧化碳与环氧化物共聚合反应，受此启发，将 SO_2 通入（BDI）ZnEt 溶液中可以合成配合物 **38**，该配合物可以有效催化 CHO 与 CO_2 共聚，其活性与 **31a**(图 5-45)相当。此外，通过 4,4′-二苯氨基甲烷与 2,4-乙酰基丙酮反应还合成了 BDI 的多聚体，但在催化 CHO 与 CO_2 共聚时 TOF 仅为 11.3h^{-1}。

OMe
Zn
N N
R
Zn
N N
S
Si(OMe)$_3$

39

40a：R=OMe
40b：R=N$(SiMe_3)_2$

图 5-47 负载的二亚胺锌催化剂

Yu[103]将二亚胺锌负载在硅胶上，制备了载体化催化剂 **39** 和 **40**（图 5-47），在 50℃和 0.7MPa 下，载体化催化剂的活性分别为 110h^{-1}，60h^{-1} 和 65h^{-1}，所得聚合物的碳酸酯含量大于 92%，数均分子量 8.7～13.3kg・mol^{-1}，分子量分布为 1.03～1.28。

Coates 研究了[(BDI)ZnOR]催化 CO_2 与 CHO 共聚的机理，如图 5-48 所示，在共聚合引发阶段，CO_2 插入烷氧基锌键，室温条件下单分子烷氧基锌 **32c** 可与 CO_2 反应生成 **41**，X 射线分析显示 **41** 为一类桥联二聚体。CHO 的插入反应如图 5-48 所示，**31d** 插入 CHO 后经过数天反应就可以生成 **42**，X 射线衍射分析表明 **42** 在固态时也是

一类桥联二聚体，桥联二聚体 **41** 和 **42** 可作为推测共聚合机理时的中间体的模型化合物。因为 CO_2 可以快速与 **32c** 反应，因此 CHO 的插入被认为是共聚反应的决速步骤，动力学研究表明，聚合反应对 CO_2 为零级反应，对 CHO 为一级反应。

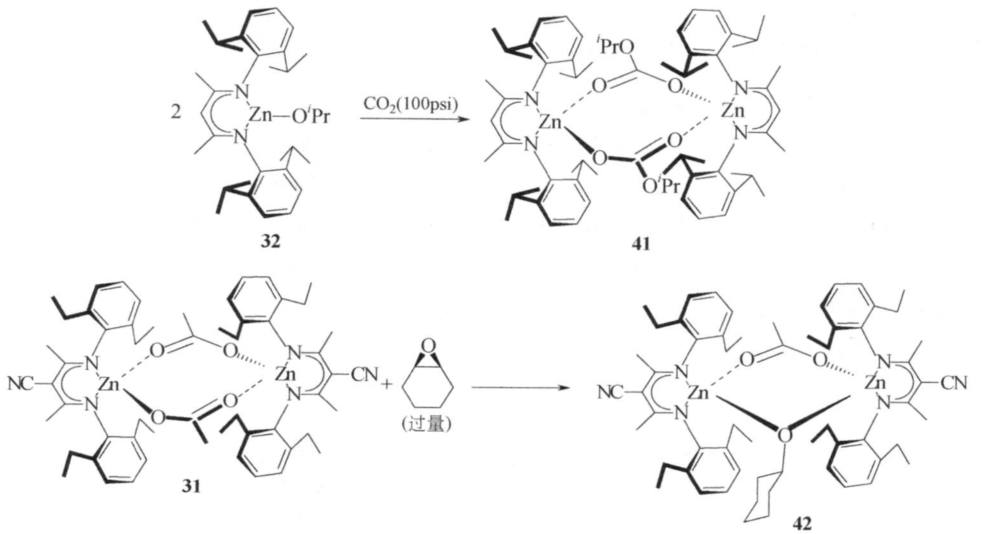

图 5-48 [(BDI)ZnOR]催化 CO_2 与 CHO 共聚的机理（1psi=6894.76Pa，下同）

X 射线四圆衍射的结果表明，*β*-二亚胺类络合物结构是围绕着锌离子的一个四面体结构，其二聚体为双核锌结构。Coates 认为双核结构才是催化剂的活性态，双核结构过于松散或过于稳定都不利于聚合反应的进行。CO_2 的插入和环氧烷烃的开环过程都是以二聚形式的双金属过渡态进行的。动力学研究证明聚合反应对不同的亚氨基锌化合物反应级数为 1.0～1.8。在此基础上，Coates 提出了双金属链增长过渡态的反应机理（图 5-49）。

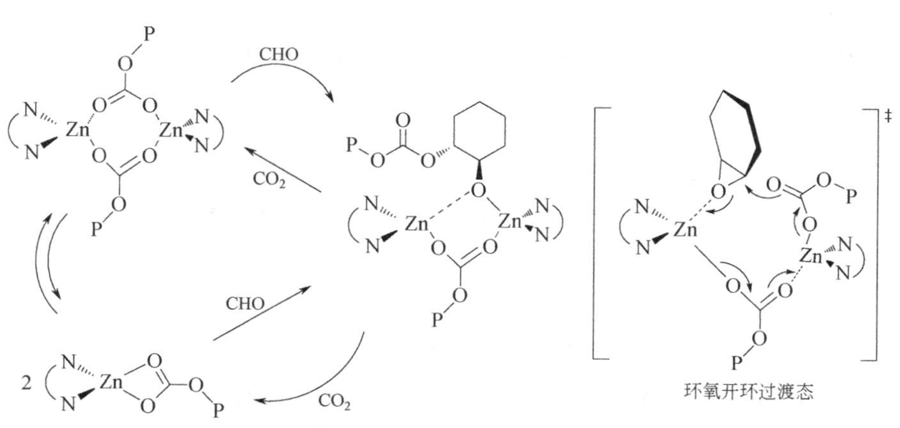

图 5-49 双金属链增长过渡态的反应机理

受到 Coates 的双金属链增长模型的启发，Lee 合成了单分子双核锌配合物[127]，该催化剂克服了浓度效应的影响，即使在很低的催化剂浓度条件下([Zn]/[CHO]=1:16800)，仍然表现出相当高的催化活性，得到的 PCHC 的数均分子量最高达到 284kg·mol^{-1}。单核二亚氨基锌配合物在同样的浓度下，催化活性非常低，这可能是由于在低浓度时很难生成高活性的双核物种的缘故。

5.2.2.4 金属 Salen 配合物催化剂

如图 5-50 所示，通常将金属希夫碱（Shiff base）配合物称之为金属 Salen 催化剂，源自 *N,N'*-双（水杨醛乙二胺），现在 Salen 的意义已扩充到各类希夫碱衍生物，比如化合物 **43b**［有文献称作 Salcy，源自 *N,N'*-双（3,5-二叔丁基亚水杨基-1,2-环己二胺）］化合物 **43c**［有文献称作 Salphen，源自 *N,N'*-双(3,5-二叔丁基亚水杨基-1,2-邻苯二胺)］，由于结构相仿，一般都归为 Salen 型化合物。Salen 体系是到目前为止研究得最多的一种催化体系，下面按中心金属种类对该催化体系进行详细的介绍。

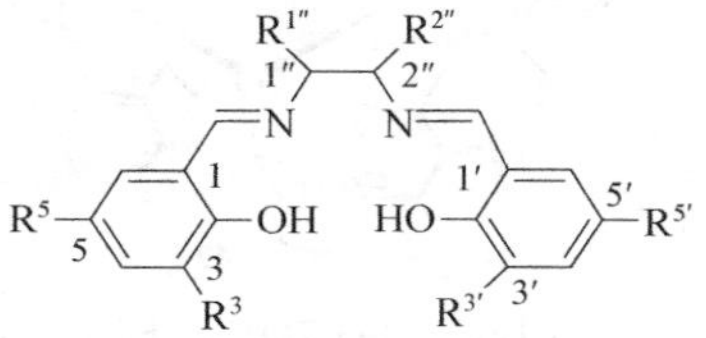

43a：$R^{1''}$, $R^{2''}$=H, R^3=$R^{3'}$=R^5=$R^{5'}$=H

43b：$R^{1''}$, $R^{2''}$=*trans*—(CH_2)—, R^3=$R^{3'}$=R^5=$R^{5'}$=*t*-Bu

43c：$R^{1''}$, $R^{2''}$=—C_4H_4—, R^3=$R^{3'}$=R^5=$R^{5'}$=*t*-Bu

图 5-50 金属希夫碱配合物

（1）SalenCr 催化体系

Jacobsen 利用手性铬成功实现了环氧化物的不对称开环，受此启发 2001 年 Darensbourg[133]用配合物 **44**（图 5-51）为催化剂、*N*-甲基咪唑（*N*-MeIm）为助催化剂，实现了二氧化碳与环氧环己烷的共聚反应。与此同时，Nguyen 和 Paddock[134]也报道了利用包括配合物 **44** 在内的多种 SalenCrCl 配合物在 DMAP 存在下可催化 CO_2 与脂肪族环氧化物反应，可 100%的转化为环状碳酸酯，所用的环氧化物包括环氧丙烷、环氧氯丙烷、环氧丁烷和氧化苯乙烯等，催化剂活性可达 127～254h^{-1}。

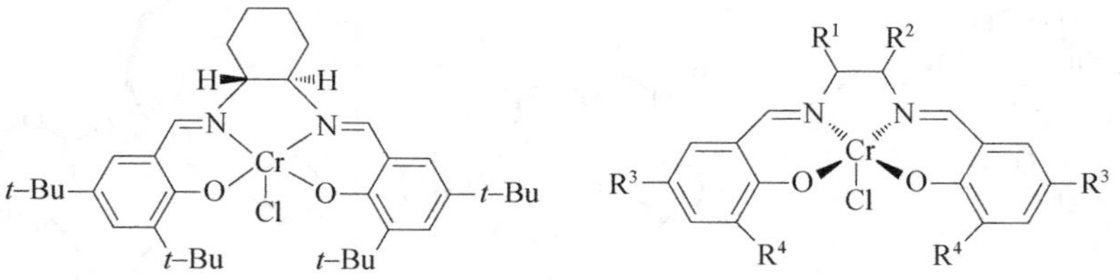

44 **45**

图 5-51 SalenCrCl 催化剂

Darensbourg 对催化剂 **44** 进行了 X 射线结构分析[135]，发现 N、O 配体与中心金属 Cr 处于同一平面，Cr 中心上连有与平面垂直的氯基团，在 80℃和 5.85MPa 下，配合物**44**可以单独催化CHO与CO_2共聚合制备高碳酸酯含量的PCHC，但反应活性较低，TOF仅为$10.4h^{-1}$。与卟啉铬类催化剂一样，可以通过加入有机碱（如*N*-MeIm）来提高催化活性，如加入5倍的*N*-MeIm，TOF可提高到$32.2h^{-1}$。这是因为SalenCr单独催化该反应时存在一个较长的反应诱导期，而加入助催化剂可缩短反应时间。事实上，通过红外线检测技术研究聚合反应过程，证实适量加入*N*-MeIm后明显缩短了聚合反应的诱导期，但并不能完全消除诱导期，而过量有机碱的加入则会延长诱导期。

与二亚胺锌类催化剂一样，Salen配体的电子效应、空间效应、助催化剂以及轴向引发基团会直接影响对环氧化物/CO_2聚合反应活性和选择性。在二胺骨架上如果引入大位阻取代基，将抑制底物与中心金属的配位，对反应是不利的。保持R^3\$R^4$为叔丁基不变，改变$R^1$、$R^2$基团，当$R^1$、$R^2$为位阻较大的叔丁基时，80℃时催化活性为$0.8h^{-1}$，远低于$R^1$、$R^2$为H时的活性（$35.7h^{-1}$）。这主要是因为空间位阻过大，导致反应过程中单体难以迅速与中心金属作用。相反，改变二胺骨架取代基的电子效应，对催化剂的催化活性影响较小，当二胺骨架分别为次乙基、亚苯基和环己基时，催化剂活性分别为$35.7h^{-1}$, $36.2h^{-1}$和$35.5h^{-1}$[136]。

Salen配体苯环上取代基对催化剂的性能也有影响，其空间位阻大小会直接影响Salen配合物在环氧化物中的溶解性，若空间位阻为小于叔丁基的取代基，溶解性很差；而若苯环上引入供电性的甲氧基，或者用亲核性更强的叠氮基替代氯离子作为引发剂，都会使催化剂活性提高。除此之外，改变SalenCrX轴向配体也同样会对聚合反应产生影响，将轴向配体上的Cl用叠氮N_3取代以后，催化活性明显提高，80℃下TOF可达$46.9h^{-1}$。

尽管在催化CO_2与CHO共聚时，Salen配体的空间位阻效应以及轴向配体的变化对其活性影响很大，但最主要的影响因素还是助催化剂。Darensbourg[137]尝试了很多路易斯碱助催化剂，发现含氮有机碱、有机磷化合物、季铵盐和季鏻盐作为助催化剂都可以表现出很好的催化活性。其中阴离子型助催化剂效果最佳，优于有机碱、有机磷化合物等中性助剂，原因在于这些离子型助剂加入后明显缩短了反应诱导期。其阴离子的不同对活性影响的差别很大，影响顺序依次为N_3>Cl>Br>I。双（三苯基磷）亚胺盐（PPN^+）类助催化剂效果要明显优于季铵盐n-Bu_4N^+。其中的一个原因可能是PPN盐是疏水类物质，易于分离、纯化和干燥，而四烷基铵盐则需要多次重结晶来保证纯度和去掉水分。Darensbourg等[137]在优化各种影响因素后，在80℃和3.5MPa下催化CHO/CO_2共聚反应，TOF高达$1153h^{-1}$。

Rieger等[138]认为催化剂中金属间的距离对共聚反应有很大影响，因此合成了一种双金属中心的基于Salen配体的催化体系（**46**、**47**），如图5-52所示，该催化剂通过不同的碳链长度来调节两个金属中心的距离。不过所得催化剂的活性要略小于相应的单金属的salenCrCl体系（**48**），只是双金属催化体系在低浓度下表现出了较好的活性，以配合物**46**为例，在60℃和40bar下，当[环氧丙烷]/[催化剂]=2000时，TOF约为$49h^{-1}$，当[环氧丙烷]/[催化剂]=20000时，TOF约升至$82h^{-1}$，而在同样的条件下，配合物**48**

的 TOF 则由 $67h^{-1}$ 降至 $7h^{-1}$。

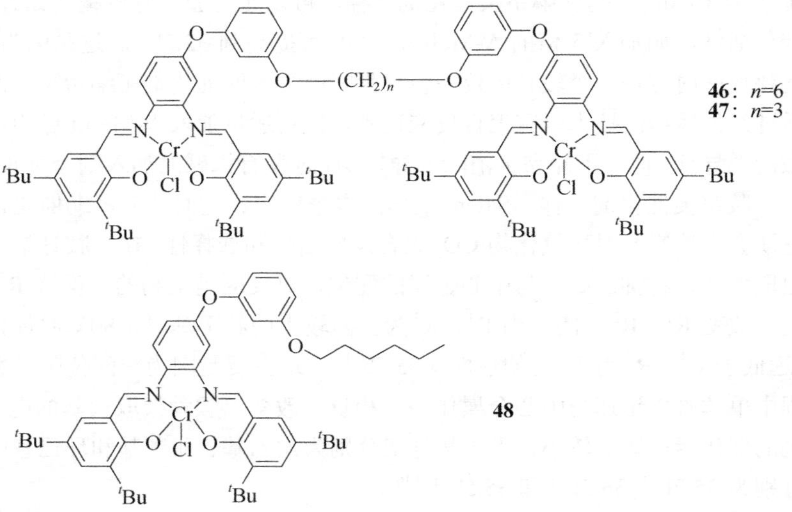

46：n=6
47：n=3

48

图 5-52 单核及双核 salenCrCl 催化剂

（2）SalenCo 催化体系

1997 年 Jacobsen 等[139, 140]指出手性四齿希夫碱钴配合物（SalenCoX）可以有效催化外消旋环氧烷烃的水解动力学拆分过程，得到手性环氧烷烃和手性二醇，该结果对研究环氧烷烃的不对称开环反应有重要参考价值。因为 CO_2 与环氧丙烷 PO 的交替共聚反应同样涉及 PO 开环过程，手性 SalenCoX 配合物催化剂应该能对产物的区域和立体选择性有重要影响。2003 年 Coates 等[141]合成了图 5-53 中 SalenCo 催化体系（**49a**），在助催化剂的存在下，TOF 约 $70h^{-1}$，所得共聚物中碳酸酯含量高达 99%。

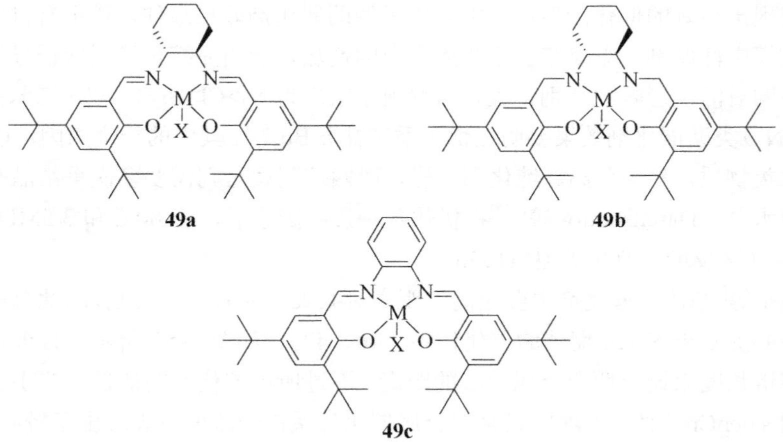

49a

49b

49c

图 5-53 SalenCoX 催化体系

与金属卟啉体系一样，助催化剂也是影响金属 Salen 催化体系活性的重要因素。一般来说，对于离子型助催化剂，高活性以及高选择性的助催化剂包含大位阻的阳离子和离去能力弱的阴离子。对阳离子而言活性顺序大致如下：$[PPN]^+$>[*n*-$Hept_4N]^+$>[*n*-$Bu_4N]^+$>[*n*-$Et_4N]^+$；而对阴离子而言，则大致遵循如下顺序：Cl^{-1}>Br^{-1}>I^{-1}>ClO_4^{-1}；对于中性助催化剂，大位阻的 Lewis 碱（DMAP）要比位阻较小的碱（*N*-MeIm）好，其原因可能是位阻较小的碱易与金属配位，从而阻止了环氧化物的配位，使活性降低。

Rieger 等[81]合成了 SalphenCo 型催化体系（**49c**）并用于催化环氧丙烷与二氧化碳聚合，发现只有 DMAP 作为助催化剂时才有活性，若不加助催化剂则既不生成共聚物 PPC，也不生成环状碳酸酯 PC。当助催化剂浓度过高时，在聚合物的链末端会存在一个助催化剂与链的配位平衡，聚合物链会与金属脱离而发生“背咬”反应，因此他们认为，若想要取得高选择性的聚合物，助催化剂加入的量最多不能超过金属 Salen 的 2 倍当量。

助催化剂也会有一定的负作用[142]，因为它能与金属中心竞争参与环氧丙烷的配位，使聚合反应的诱导期延长，相比于饱和型 Salen 体系（**49b**），不饱和的 Salen 体系 **49a** 受到的影响更大。SalenCo 体系（**49b**）在加入中性 Lewis 碱作为助催化剂时，不仅能大幅度提高活性，所得聚合物的区域选择性及立体选择性也有显著提高，其主要原因是配体上 sp^3 杂化的给电子 N 降低了金属中心的 Lewis 酸性。相比于刚性结构的 Salen 型配体，饱和的 Salen 型配体更容易弯曲扭转，易形成一个五配位的配合物，这样在金属的八面体结构中会在金属平面或轴向位置形成一个空位点，有利于环氧化物的配位[143]。

虽然 SalenCo 体系在助催化剂的作用下，活性有了很大的提高，但随着反应温度的升高，产物选择性有所下降，另外如何进一步提高催化活性也一直困扰着科研工作者。

双组分催化体系有一个明显的缺点，即催化体系在较低的催化剂浓度下就会失去活性，原因可能是在低浓度下，离子之间的距离太远，不能产生相互作用来催化反应进行。为了克服这一缺点，可将助催化剂连接在配体上，这样助催化剂始终悬挂在金属中心的周围，从而不受催化剂浓度的限制。2006 年 Nozaki 等[144]在 Salen 配体上连接哌啶基团，合成了如图 5-54 所示的催化剂，可在 60℃高效催化 CO_2 与 PO 的共聚，TOF 达到 $602h^{-1}$，聚合物选择性 90%。这比双组分的 SalenCo 催化剂选择性更高，原因在于当与 Co 相连的两个—OAc 引发环氧丙烷开环进行聚合反应时，会形成具有亲核能力的聚合物链，但由于哌啶季铵盐会质子化聚合物链末端负离子，降低其亲核能力，使其无法发生分子内的“回咬”反应而形成环状碳酸酯，而且经过另一个“哌啶鎓手臂”去质子化后，可以继续同单体反应完成交替共聚过程。但是随着聚合物的生成，反应体系黏度增加，抑制了转化率的进一步提高，这可以通过加入乙二醇二甲醚（DME）来提高转化率，从而提高聚合物的分子量，其初步的共聚反应机理如图 5-55 所示。

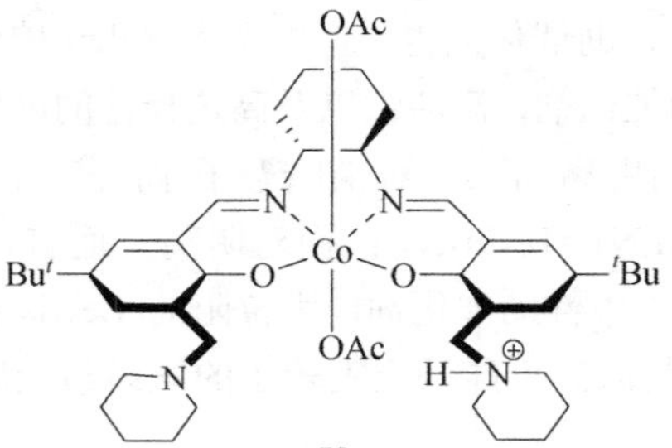

50

图 5-54 带哌啶基团的单组分 SalenCoOAc 催化剂

$PO+CO_2$

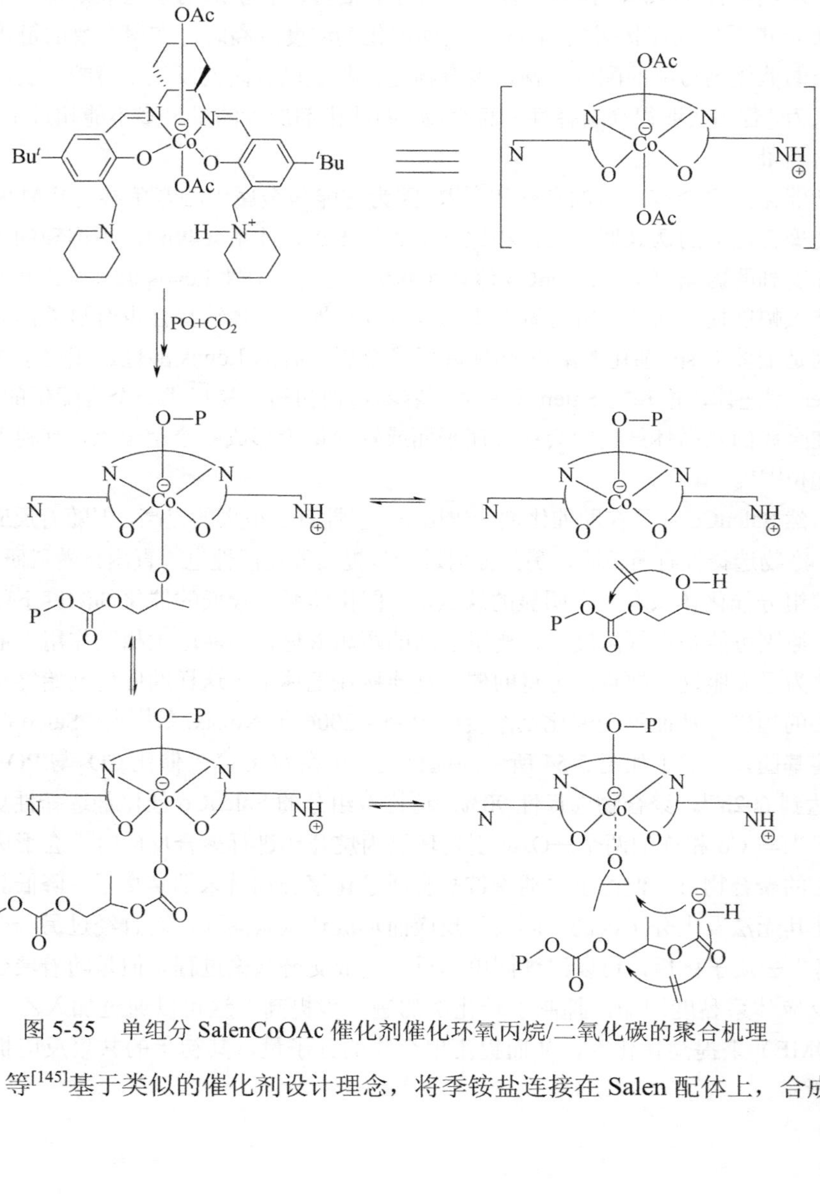

图 5-55 单组分 SalenCoOAc 催化剂催化环氧丙烷/二氧化碳的聚合机理

Lee 等[145]基于类似的催化剂设计理念，将季铵盐连接在 Salen 配体上，合成出了如图5-56的催化体系。

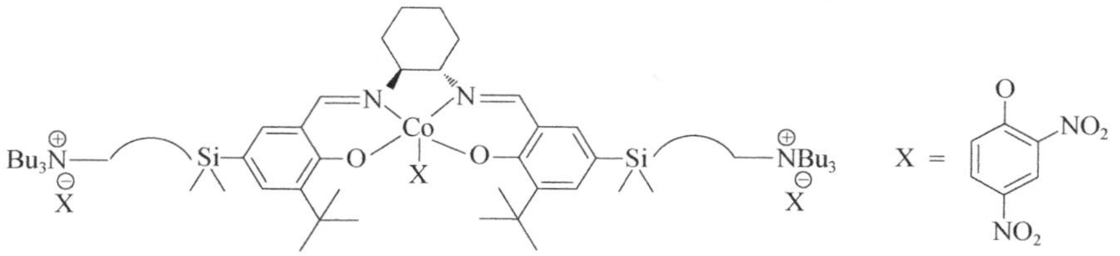

$Bu_3\overset{\oplus}{N}$ $\overset{\ominus}{X}$ Si N Co N O X O Si $\overset{\oplus}{N}Bu_3$ $\overset{\ominus}{X}$ X = O NO_2 NO_2

图5-56 带季铵盐的单组分SalenCoX催化剂

Lee等采用该催化体系，在90℃和2.0MPa下，当[环氧丙烷]/[催化剂]比率为25000时，TOF达到$3500h^{-1}$。即使在[环氧丙烷]/[催化剂]比率为50000时，TOF依然高达$3200h^{-1}$，且生成聚合物的分子量较高（M_n=53～95kg・mol^{-1}）、分子量分布较窄（PDI=1.19～1.35），聚合物选择性约为90%。值得指出的是，在同样的反应条件下，SalenCoX/PPNCl体系只生成环状碳酸酯，甚至完全失去活性。2008年他们在Salen配体上连入四个季铵盐单元，合成出了图5-57所示的催化剂[146]。该催化剂不仅活性极高（TOF=$26000h^{-1}$），只需通过一小段硅胶柱即能除去催化剂，并且除掉的催化剂能够重复利用且保持活性不变。

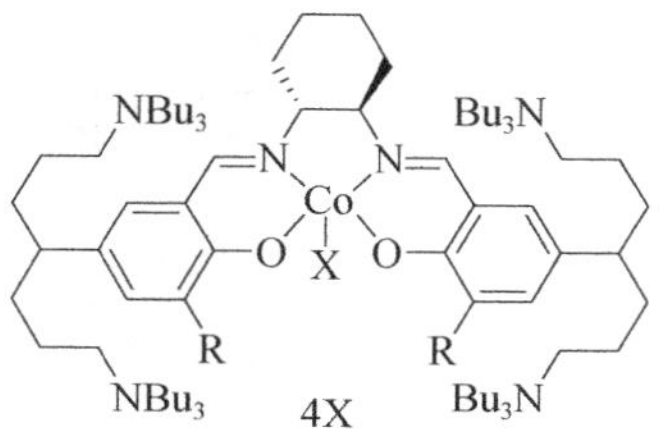

NBu_3 Bu_3N N Co N O X O R R NBu_3 4X Bu_3N

51：R=^{t}Bu
52：R=^{i}Pr
53：R=Me

图5-57 带四个季铵盐单元的单组分SalenCoX催化剂

该催化体系的活性受R取代基的影响非常大，当R为甲基时催化活性最高，当[环氧丙烷]/[催化剂]=25000时，在15min内环氧丙烷转化率可达25%，相应的TOF=$26000h^{-1}$，PPC选择性99%，聚合物碳酸酯含量大于99%。当继续增大[环氧丙烷]/[催化剂]比率至100000时，可合成出分子量为28.5kg・mol^{-1}的聚合物。不过，尽管该体系中催化剂浓度很低，聚合物中Co的残余约为26mg・kg^{-1}，仍然需要进行分离才能满足可堆肥生物降解塑料对重金属离子的限制标准。

Lee等[147, 148]指出，该催化体系中配体上的N并不与金属配位，取而代之的是季铵盐的阴离子与金属配位，这样就不形成传统的五配位结构，而形成一种特殊的两齿配位结构（如图5-58所示），他们认为这种特殊的结构可能是催化剂具有高活性的原因。当R变成大位阻的取代基（如*t*-Bu）时，由于位阻效应阻止了这种两齿配位结构的形成，所以活性有所下降。

他们还研究了不同阴离子对催化活性的影响，尝试将图5-58中的X替换为2,4,5-三氯苯酚、4-硝基苯酚和2,4-二氯苯酚，所有的这些阴离子虽然在活性上不如2,4-二硝基苯酚，但是他们都能形成类似的两齿结构，而且活性在 8300～16000h^{-1}之间。

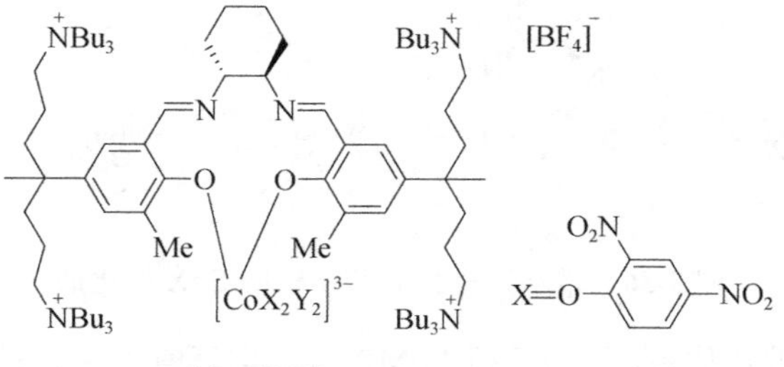

54：(Y=X)
55：(Y=X⋯H⋯X)

图 5-58 单组分 SalenCoX 催化剂中的特殊配位结构

2009 年吕小兵等[149]将有机碱 TBD 连接在 Salen 配体上，合成出了高活性的单组元双功能催化剂，如图 5-59 所示。

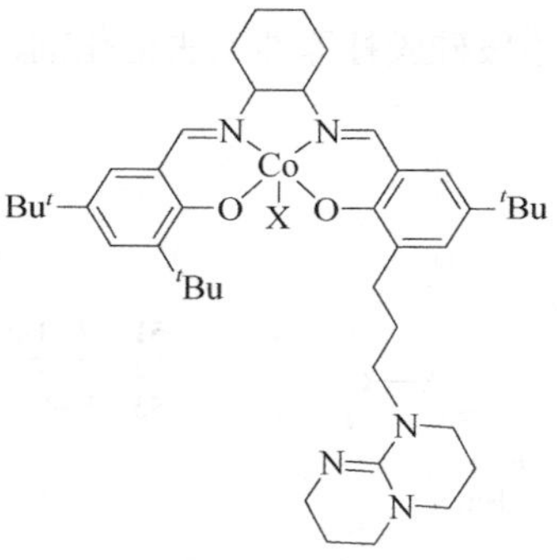

56a：$X=NO_3$
56b：X=OAc
56c：$X=BF_4$

图 5-59 带 TBD 的单组分双功能 SalenCoX 催化剂

催化剂 **56b** 在 100℃和 2.5MPa 下，当[环氧丙烷]/[催化剂]=10000 时，TOF 最高可达 10882h^{-1}。对于这种催化剂的高活性的原因，他们认为主要是连接在配体上的季铵盐或有机碱能够在聚合中使中心金属 Co 稳定在三价，因为三价 Co 对交替共聚是有高活性的，而二价 Co 则容易生成环状产物。他们提出了如下的共聚反应机理：首先悬挂在配体上的 TBD 促使环氧丙烷开环并使之与金属配位，同时金属轴向的 Co—X 键断裂使 X 基团离去，然后 CO_2 快速插入在 Co—O 键之间，同时另一环氧丙烷在另一端与 Co 配位，然后形成 Co—O 键，随后 CO_2 快速插入，上述过程交替进行就形成了共聚物。

除了单核的金属 Salen 配合物，多核金属 Salen 配合物也很受关注。2010 年 Nozaki 等[150]合成出了基于 Salen 配体的双核 SalenCo 催化体系（图 5-60），并且合成了含不同碳链长度的一系列配体，用于环氧丙烷与二氧化碳的聚合。在 22℃和 5.3MPa 下反应 2h，催化剂 **57～60** 对应的 TOF 依次是 150h^{-1}、130h^{-1}、180h^{-1}、140h^{-1}。而对应的单金属中心 Salen 体系，在同样的反应条件下，TOF 约为 100h^{-1}。可见双核 Salen 催化体系的活性略高于对应的单核体系。值得指出的是：两个金属中心的最佳距离不但能加快共聚反应的进行，也能加快环氧丙烷的均聚，导致聚合物中醚段含量的上升。

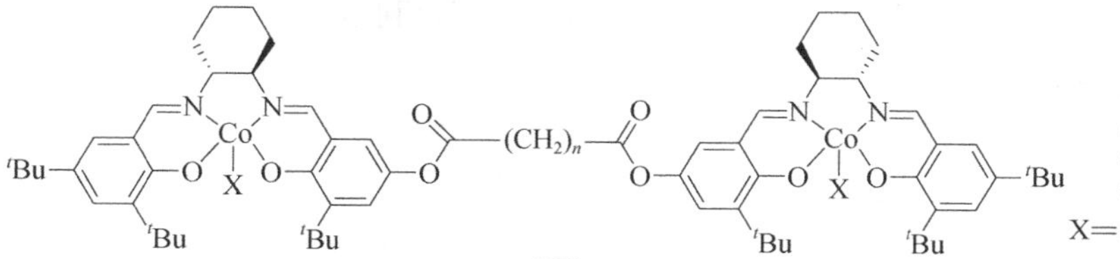

57：n=10
58：n=7
59：n=4
60：n=3
X=OC(=O)C_6F_6

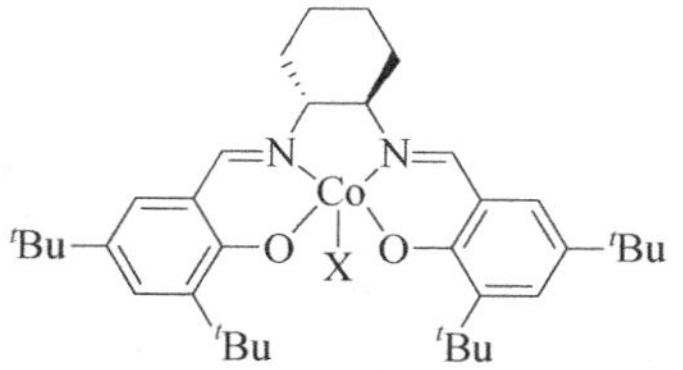

61

图 5-60　单核及双核 SalenCoX 催化体系

这种双核催化体系的一个特点就是在较低的催化剂浓度下活性损失不大，如采用催化剂 **59**，当[环氧丙烷]/[催化剂]=3000 时，TOF 约为 150h^{-1}，而在这一浓度下，催化剂 **61** 的 TOF 约为 20h^{-1}。

SalenCoX 是近年来引人注目的一种催化体系，单组元双官能化的 SalenCoX 体系的出现，使该体系的活性达到 20kg 聚合物 • g^{-1} 催化剂的水平，而且此类催化剂能从聚合物中除去并重复利用，使该体系显示了一定的工业化前景。

（3）SalenAlX 催化体系

2004 年吕小兵等[151]发现(Salen)AlX/n-Bu_4NY 体系可以在 25℃和 0.6MPa 下催化环氧乙烷、环氧丙烷、氧化苯乙烯等与 CO_2 反应，可 100%转化为环状碳酸酯。研究还发现(Salen)AlEt/18-crown-6KI 二元催化剂也能催化 s-PO 与 CO_2 反应生成 s-PC，其 ee 值大于 99%。Darensbourg[152]利用 SalenAlX 配合物（图 5-61）与一系列季铵盐和中性有机碱组合可催化 CHO/CO_2 的聚合反应，成功制得 PCHC。对于 SalenAl 配合物，吸电子的 Salen 配体有利于提高催化活性，这正好与先前提到的 SalenCr 催化剂相反。相同条件下，SalenAl 配合物的催化活性要低于 SalenCr。如在 80℃和 3.5MPa 下进行共聚反应，SalenAlX 催化 CO_2 与 CHO 共聚，TOF 在 5.2～35h^{-1}之间。

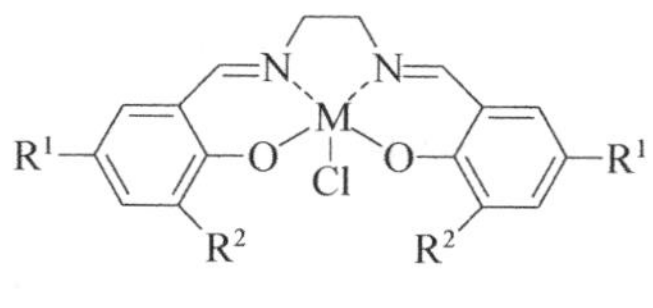

62：M=Al

图 5-61　SalenAlCl 配合物的结构

2005 年 Inoue[153]报道了铝的四齿希夫碱配合物与季铵盐助催化剂一起催化 CO_2 和 CHO 的共聚合，发现微量水的加入能引发生成新的活性中心，从而导致分子量的下降。这类似于卟啉铝体系的“不死聚合”现象，会导致分子量分布加宽，甚至在 GPC 谱图上出现双峰，而使用经过严格干燥的催化剂与助催化剂，所得的聚合物的 GPC 曲线则呈单峰分布。

2012 年刘宾元等[154]合成了一系列双官能化的 SalenAlX 配合物（图 5-62），并用于环氧化物/二氧化碳反应合成环状碳酸酯，如表 5-8 所示，双官能化的 SalenAlX 配合物显示出了中等催化活性。他们还做了催化剂的再回收利用实验，发现回收的催化剂活性略有下降。

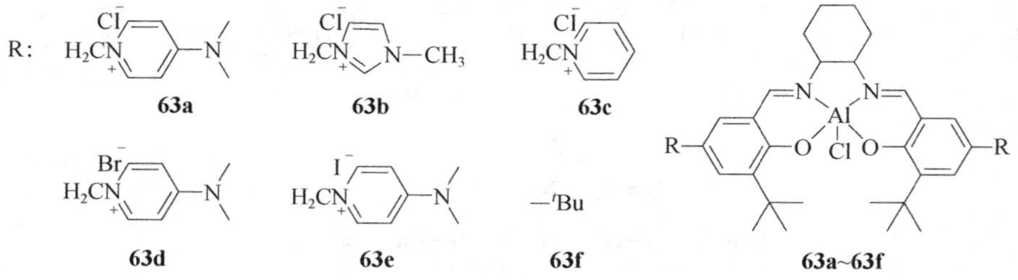

图 5-62　双官能化的 SalenAlX 催化剂

表 5-8　双官能化的 SalenAlX 催化二氧化碳/环氧丙烷生成环状碳酸酯

编号	催化剂	时间/h	收率/%	TOF/h^{-1}
1	**63a**	5	74.3	297
2	**63b**	5	66.7	266
3	**63c**	5	51.1	204
4	**63f**	5	12.9	51
5	**63a**	2	65.0	650
6	**63d**	2	66.3	663
7	**63e**	2	44.2	442
8	**63f**/BDAPC	2	24.4	244
9	BDAPC	2	0.2	13.5

5.2.2.5　手性脯氨醇类催化剂

1999 年 Nozaki 等[155]采用脯氨醇类衍生物和二乙基锌反应制备了脯氨醇锌手性催化剂，用于催化环氧环己烷与二氧化碳交替共聚，实现了环氧化合物的不对称开环，合成出具有手性主链的聚碳酸酯（图 5-63）。为了验证环氧化物的不对称开环反应，将聚碳酸酯在 NaOH 溶液中水解，得到反式 1,2-环己二醇水解产物，其 ee 值最高可达 70%。

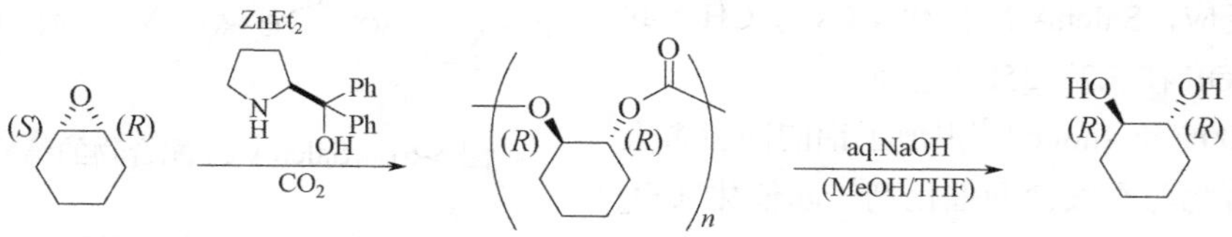

图 5-63　脯氨醇锌手性催化剂

Nozaki 研究了图 5-64 中脯氨醇锌手性催化剂 **64** 的单晶衍射图片[17]，证明该催化剂呈二聚体的结构，两个 Zn 中心通过一个扭曲的四面体构型相桥联，并测得 Zn—Zn 之间的距离为 3.00Å。该催化剂可用于催化环氧环己烷与二氧化碳共聚反应，在 40℃

甲苯溶液中可得到完全交替的共聚物，但其 ee 值小于 50%，他们推测可能是配体与金属中心分离导致金属周围的手性氛围丧失。为此，他们在反应体系中加入乙醇，从而形成了新的 Zn—OR 键，这些新的金属-烷氧基团能作为活性中心引发反应的进行，聚合物的 ee 值可提高到 75%。

Nozaki 等还用 *R*、*S* 对映异构体合成出了图 5-64 中的手性配合物（**65**）[156]，用来催化环氧环己烷与二氧化碳的不对称共聚合，不过催化活性要低于前面所报道的配合物。

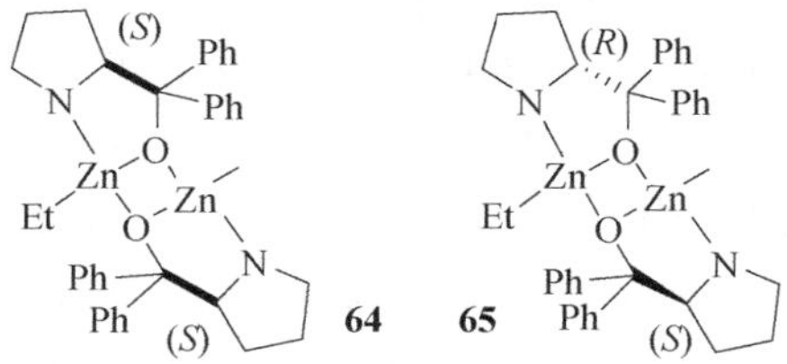

图 5-64　脯氨醇锌手性催化剂的结构

5.2.2.6　均相稀土金属配合物催化体系

非均相稀土三元催化剂可以高效催化二氧化碳与环氧丙烷共聚制备高分子量的脂肪族聚碳酸酯，但单活性位点的稀土金属催化剂见图 5-65。用于催化 CO_2 和环氧烷烃共聚反应的研究并不多见，2005 年 Hou[157]和 Hultzsch[158]分别报道了稀土金属配合物作为 CO_2 与环氧烷烃共聚反应催化剂的研究工作。

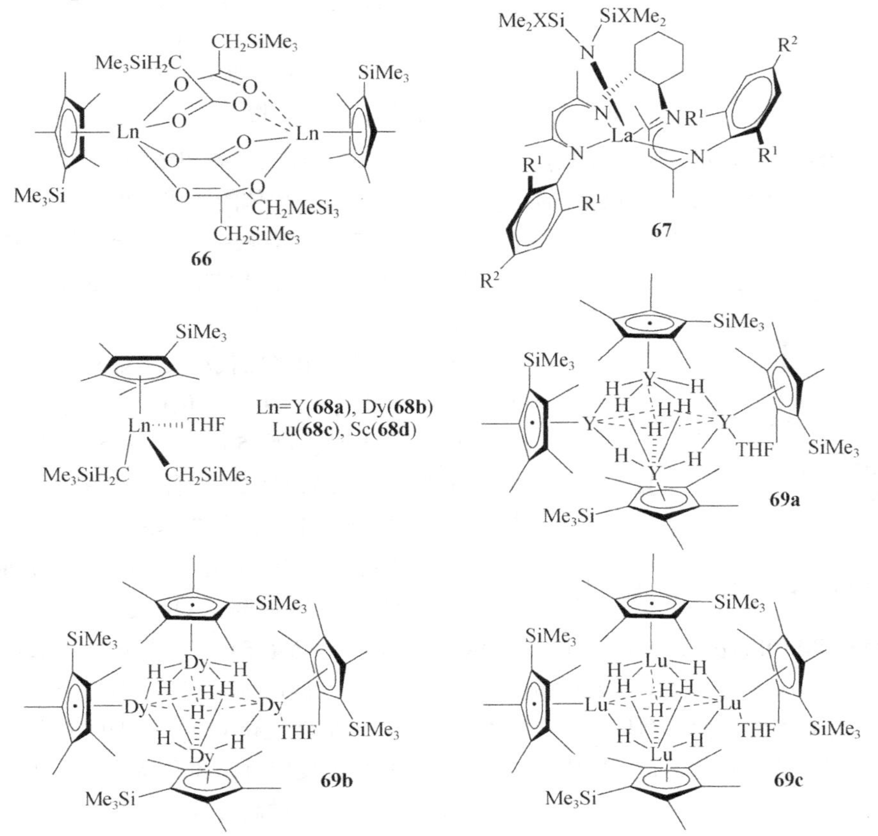

图 5-65　均相稀土三元催化剂

Hou 等[157]合成的单茂稀土金属配合物 **66** 对 CHO 的开环均聚和 CHO/CO_2 的交替共聚反应都表现出较高的催化活性。以 **68a**～**68c** 和相应的氢化物 **69a**～**69c** 为催化剂，在 70～110℃和 1.2MPa 下催化 CHO 与 CO_2 共聚合，可生成数均分子量为 14～40kg・mol^{-1} 的聚碳酸酯，分子量分布介于 4～6 之间，聚合物中碳酸酯含量为 90%～99%，催化活性可达 1000～2000g 聚合物・(mol Ln^{-1}・h^{-1})。由于 Sc 的烷基配合物 **68d** 可以高活性的催化 CHO 开环均聚，因此催化共聚反应时生成的聚合物含有大量的醚段（碳酸酯含量约 23%）。研究还发现，CO_2 很容易插入配合物 **68a**，**68c** 和 **68d** 的烷基-金属键，生成 CO_2 桥联的双核金属化合物 **70a**～**70c**（图 5-66），这种双核化合物对聚合反应同样表现出较好的催化活性。这种双核化合物很可能就是催化剂的活性结构，共聚反应的发生可能是 CO_2 首先插入金属烷氧键，形成了碳酸盐结构，进而亲核进攻 CHO 致使其开环参与共聚反应。

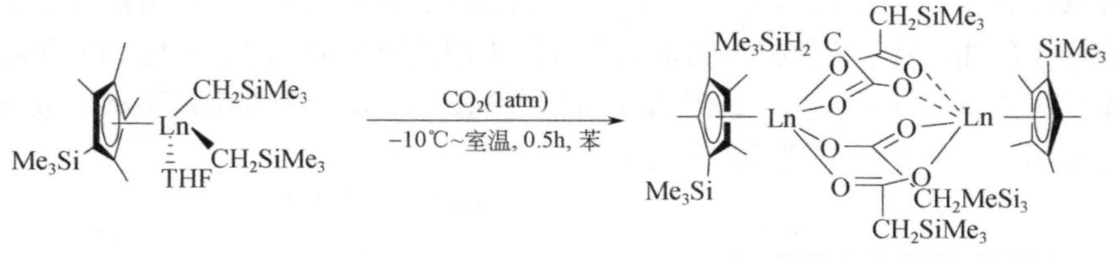

CO_2(1atm)
−10℃~室温, 0.5h, 苯

Ln=Y(**70a**), Lu(**70b**), Sc(**70c**)

图 5-66 CO_2 桥联的双核金属化合物

Hultzsch[159]则设计了一系列β-二亚胺配体，进而合成了镧和铱的多种配合物 **71**（图 5-67），用于催化 CHO/CO_2 的共聚反应。通过改变配体的取代基可以调节催化剂的活性和催化所得产物的碳酸酯含量，当 R^1=Et, R^2=H, X=Me 时，聚合物的碳酸酯含量可以达到 92%，TOF=12.7h^{-1}，M_n=13.5kg・mol^{-1}，PDI=1.6。

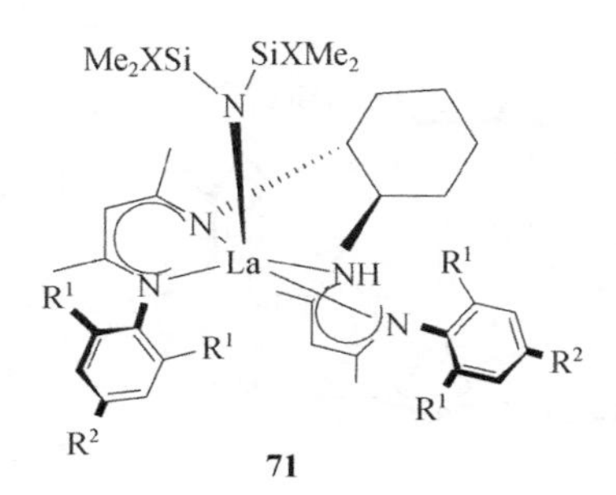

图 5-67 β-二亚胺稀土类配合物

Hou 等[160]将单（取代环戊二烯基）稀土双烷基配合物经过氢解、去烷基化得到单茂基稀土氢/芳氧基双核配合物（图 5-68），X 射线衍射分析证明 **74a~74c** 分子结构是 C2 对称的二聚体，两个金属原子通过氢桥连接，而芳氧基配体以端接、反式构型方式分别与两个金属配位。配合物 **74a~74c** 在常压、低温下迅速与 CO_2 反应生成产物如 $[(C_5Me_4SiMe_3)Ln(\mu\text{-}\eta:\eta\text{-}O_2CH)(\mu\text{-}\eta:\eta\text{-}O_2COAr)]_2$ [(Ln = Y (**75a**), Dy (**75b**), Lu (**75c**))。X 射线衍射结果表明两个$(C_5Me_4SiMe_3)$Ln 单元由醛基和碳酸酯基连接，在分子中心形成两个相互垂直的平面八圆环。配合物 **74a~74c** 可以成功催化 CO_2 与 CHO 共聚合。不同的金属活性中心对聚合反应影响较小，而延长聚合反应时间和升高反应温度会使聚合物的产率增加，相应的聚合物分子量也增加。但温度过高会导致解聚等副反应，产物的分子量分布会变宽，所得聚合物中碳酸酯的含量都大于 92%，最高达 99%，因此该催化剂实现了环氧环己烷与二氧化碳的高交替共聚合反应。

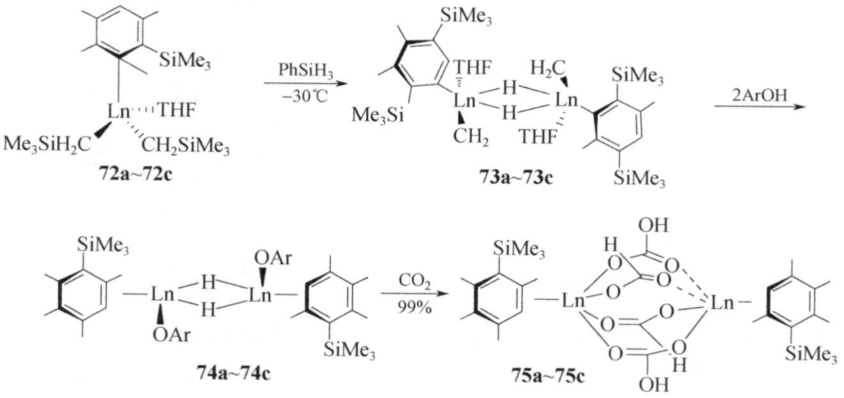

图 5-68　单茂基稀土氢/芳氧基双核配合物

Cui 等[161]合成了多种双烷基稀土配合物（图 5-69），用于催化 CO_2 与 CHO 共聚时均表现出一定的活性。配合物中心金属的半径越大，配体位阻越小，越有利于催化 CO_2 与 CHO 共聚。其中β-二亚胺钇的双烷基配合物 **76a** 在 130℃和 1.5MPa 下，以二氧五环为溶剂，催化 CO_2/CHO 共聚，活性可达 $47.4h^{-1}$，是活性很高的均相稀土配合物催化剂。所得聚合物中碳酸酯含量高于 99%，数均分子量约 $19kg \cdot mol^{-1}$，分子量分布为 1.7。此催化剂体系催化所得聚合物中碳酸酯含量与溶剂有关，二氧五环为溶剂时碳酸酯含量最高，可能是由于二氧五环可以与稀土金属配合物配位改变其催化行为。这类催化剂虽然成功实现了催化 CHO/CO_2 共聚，但遗憾的是并不能催化 CO_2 与 PO 的共聚反应。

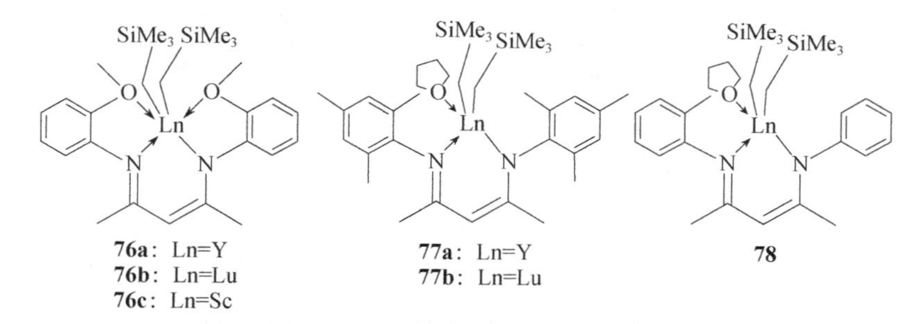

图 5-69　双烷基稀土配合物

5.2.2.7　双核锌配合物催化体系

2003 年 Coates 等[162]合成了一种双金属中心的配合物，如图 5-70 所示，该配合物是先由 BODDI 配体与二乙基锌反应，然后再与乙酸反应得到的。不过虽然 Coates 指出该配合物具有催化二氧化碳与环氧化物共聚的活性，但文献中并没有给出实验数据。

2005 年丁奎岭等[163, 164]将双核 TrostZn 配合物用于环氧环己烷与二氧化碳的共聚反应，如图 5-71 所示，该配合物是由 Trost 配体与二乙基锌反应得到，在 80℃和 30bar

下，TOF 约为 140h^{-1}，且聚合物的选择性高达 99%。该催化体系还能在极低的二氧化碳压力下反应，即使压力为 1bar 时，TOF 仍然可以达到 3h^{-1}。

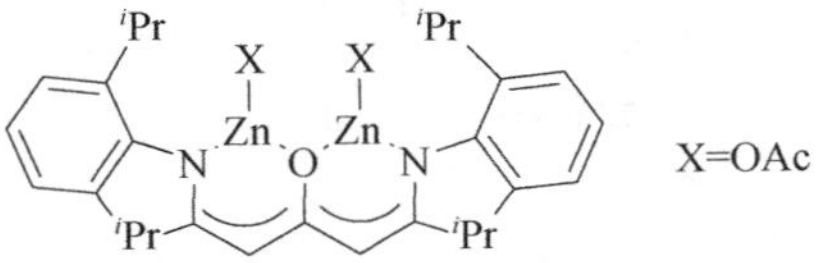

图 5-70 双核锌配合物的结构

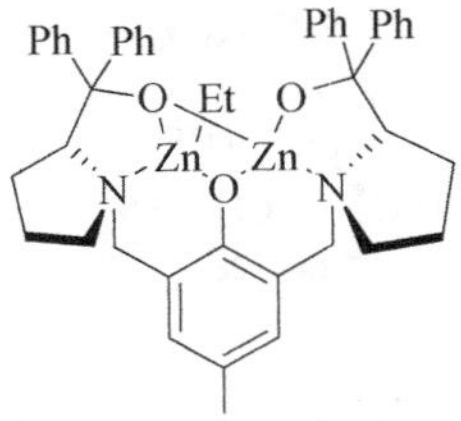

图 5-71 双核 TrostZn 配合物

2005 年 Lee 等[165]将酰苯胺-醛亚胺配体与二乙基锌反应，然后再用 SO_2 活化，制得了图 5-72 所示的“闭合型”（closed）与“开放型”（open）的双核锌配合物，两种双核锌配合物中 Zn—Zn 之间的距离分别是 4.69Å 与 4.88Å。这个 Zn—Zn 距离与前面报道的 β-二亚胺锌体系接近。开放型配合物具有较高的活性，且能在极低的催化剂浓度下催化聚合反应，当[环氧环己烷]/[催化剂]=17000 时，TOF 仍达到 200h^{-1}，且所得聚合物分子量约为 28kg • mol^{-1}，碳酸酯含量 90%。而闭合型配合物却没有活性，可能是该型配合物使环氧化物难以接近金属中心的原因。

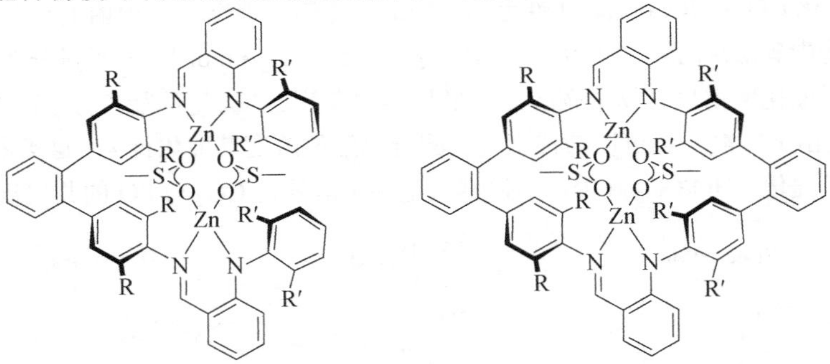

“开放型”　“闭合型”

R：Me, Et, ^{i}Pr
R′：Me, Et, ^{i}Pr

图 5-72 开放型与闭合型双核锌配合物的结构

Lee 等[166]还合成了一种氟取代的开放型双核锌配合物，如图 5-73 所示，该配合物中 Zn—Zn 之间的距离约为 4.82Å，比之前报道的无氟配合物略小，该配合物可在极低的催化剂浓度下（[环氧环己烷]/[催化剂]=50000）下催化环氧环己烷与二氧化碳的共聚反应，TOF 最高可达 2860h^{-1}，比之前报道的无氟配合物大幅度提高，原因可能是吸电子的氟基团影响了中心金属的 Lewis 酸性，增加了 CO_2/环氧化物键的强度。但该配合物也有一个缺点，相比于无氟配合物，所合成的聚合物碳酸酯含量较低，这可能跟反应速率过快有关。

2007 年 Limberg 等[167]报道了双核 xanthdim-Zn 型配合物，如图 5-74 所示，其中

R 基氟取代前后的配合物中 Zn—Zn 之间的距离分别为 4.92Å 和 5.60Å。前面提到的双核锌配合物都是两种金属以“面对面”的形式排列，而这种配合物中两个金属中心是以一种平行的方式排列的。

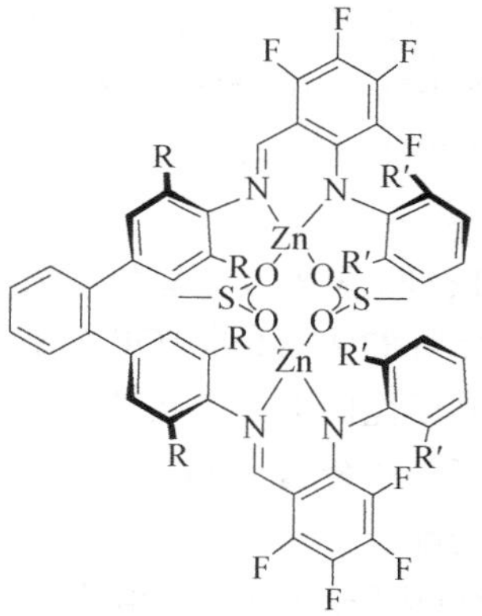

R：Me, Et, ^{i}Pr
R′：Me, Et, ^{i}Pr

图 5-73　F 取代的开放型双核锌配合物

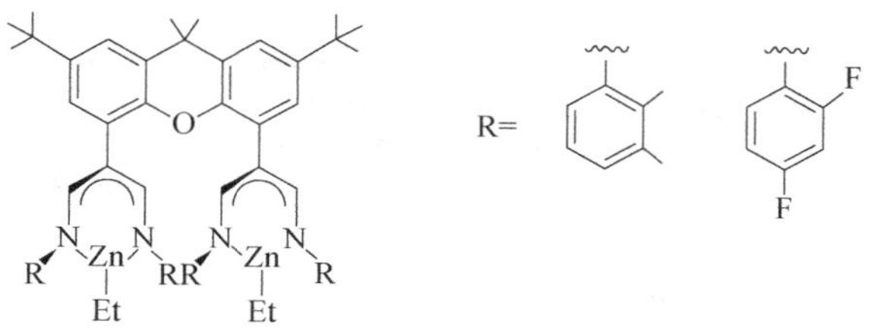

图 5-74　双核 xanthdim-Zn 型配合物的结构

与前面几种配合物不同，双核 xanthdim-Zn 型配合物无法用 SO_2 对金属中心进行活化，但是带有乙基的金属中心仍能催化环氧环己烷与二氧化碳共聚。其中 R 基无氟配合物催化剂所得聚合物中碳酸酯含量为 50%，若使用甲苯作溶剂来稀释催化剂浓度，所得聚合物碳酸酯含量能提高到 91%。而 R 基氟取代的配合物所得聚合物几乎全为醚段（碳酸酯含量仅为 8%），原因可能是金属中心的 Lewis 酸性过强导致环氧化物开环速率过快。

Harder 等[168]合成了一系列双核β-diiminato-Zn 型配合物，如图 5-75 所示，配合物 **79~81** 中 Zn—Zn 之间的距离依次为 8.17Å、6.10Å、3.79Å，用于环氧环己烷与二氧化碳共聚反应，配合物 **79** 与 **80** 的 TOF 可分别达到 $129h^{-1}$ 与 $36h^{-1}$，催化活性的差别可能与配合物 **79** 中 Zn—Zn 之间的距离更适合共聚反应有关。当用 SO_2 活化配合物时，配合物 **79** 的 TOF 可达到 $262h^{-1}$，同时所得聚合物的分子量超过 $100kg \cdot mol^{-1}$，碳酸酯含量达到 99%。

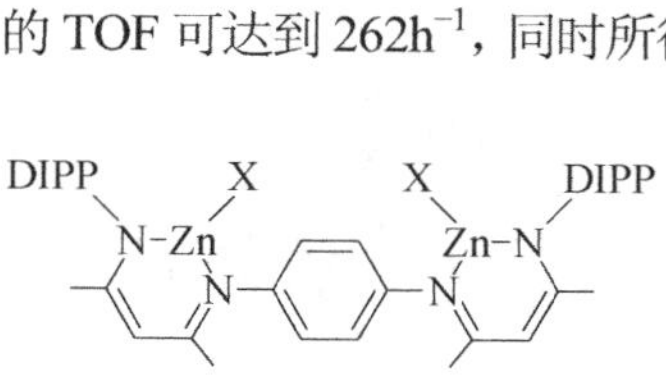

79 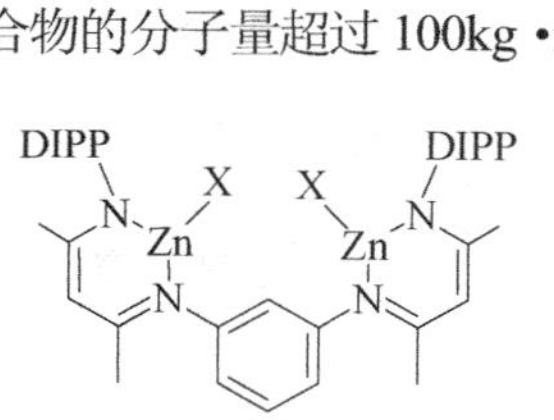　**80** 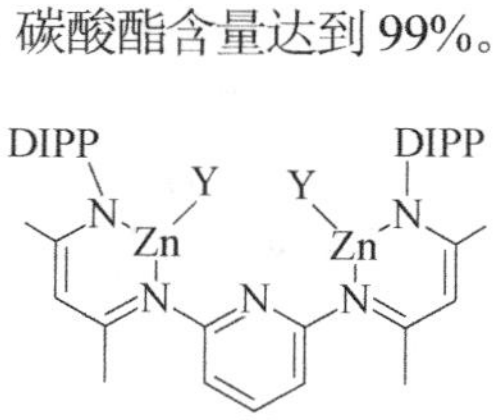　**81**

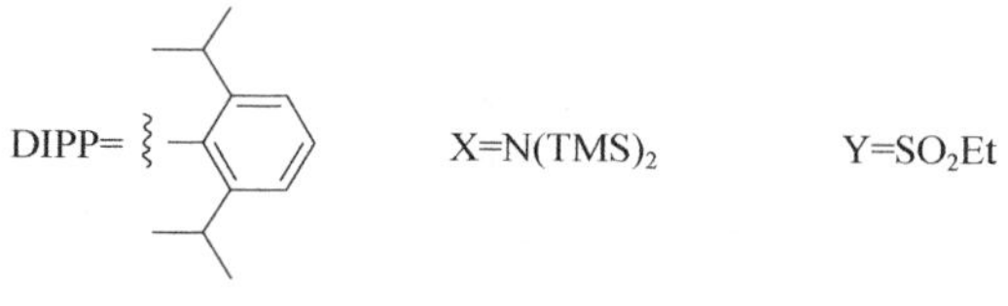

DIPP=　X=$N(TMS)_2$　Y=SO_2Et

图 5-75　双核β-diiminato-Zn 型配合物

图 5-75 中的配合物 **81** 没有催化活性，可能是杂环上的 N 改变了 Zn 的配位，降低了中心金属的 Lewis 酸性，阻止了环氧化物的配位。

5.2.2.8 双核 Robson 型配合物催化体系

2009 年 Williams 等[169,170]报道了一种基于 Robson 型配体的双核 Zn 配合物，并用于催化环氧环己烷与二氧化碳共聚反应，如图 5-76 所示，配合物中 Zn—Zn 之间的距离为 3.11Å。配合物 **82** 能在 1bar 的二氧化碳压力下催化共聚反应，TOF 约为 $25h^{-1}$。

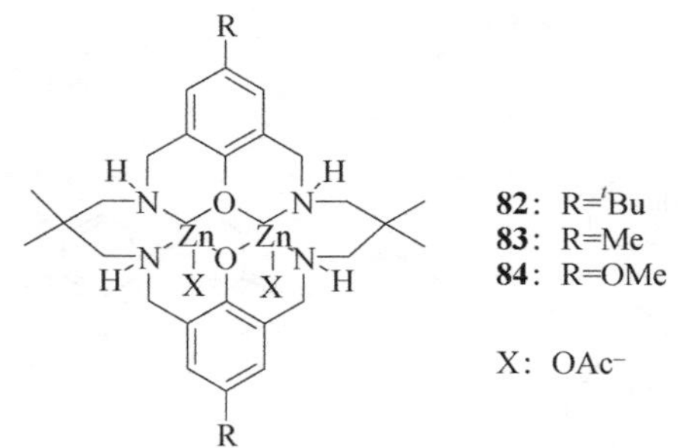

图 5-76 Robson 型配体的双核 Zn 的配合物

配合物中的 R 基变为甲基和甲氧基后，得到的配合物 **83** 和 **84** 的 TOF 分别为 $8.3h^{-1}$、$6h^{-1}$，其活性低于 **82**，可能是甲基或甲氧基降低了中心金属的 Lewis 酸性导致与环氧化物的配位变弱。

后来 Williams[171]使用相同的配体，将中心金属换为 Co，制备了图 5-77 所示的配合物，配合物 **85a**、**85b** 中 Co—Co 之间的距离约为 3Å，**85a** 中两个钴中心均为二价，而 **85b** 中一个钴为二价，另一个钴为三价。当催化环氧环己烷与二氧化碳共聚时，在 1bar 的二氧化碳压力下，**85a**、**85b** 的 TOF 分别为 $410h^{-1}$ 和 $480h^{-1}$。此外，以钴为中心的配合物与以锌为中心的配合物相比，不仅仅是活性得以提高，所得产物的选择性也有提高：锌配合物所得聚合物中环状产物为 4%，而钴配合物所得聚合物中环状产物为 1%。对于这种配合物在低二氧化碳压力下具有活性的原因，Williams 认为可能是配体本身的配位灵活性以及两个相互接近的金属使两齿配位的羧酸键更易形成。

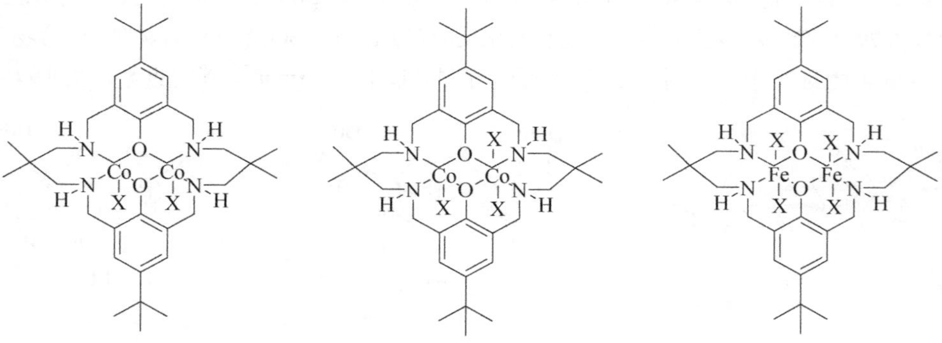

X=OAc⁻ **85a**　　X=OAc⁻ **85b**　　X=Cl⁻ **85c**

图 5-77 Robson 型配体的双核 Co、Fe 的配合物

随后 Williams 继续报道了基于 Fe 的双核 Robson 型配合物[172]，这种双核 Robson-Fe

型配合物与之前的钴配合物相比活性较差，在 80℃和 10bar 下催化 CO_2/CHO 共聚，TOF 约为 $107h^{-1}$；在加入助催化剂 PPNCl 的条件下，能催化环氧丙烷与二氧化碳生成环状碳酸酯，TOF 约为 $25h^{-1}$。

2012 年 Williams 等[173]将中心金属换成 Mg，合成了图 5-78 所示的配合物。

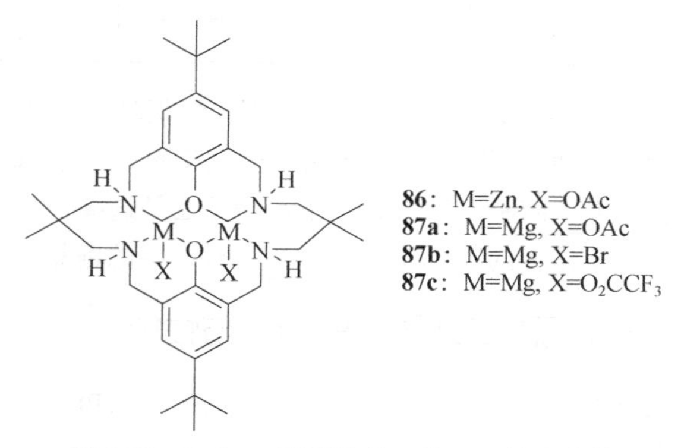

图 5-78　Robson 型配体的双核 Mg 的配合物

该配合物可催化环氧环己烷与二氧化碳共聚，在加入 H_2O 作为链转移剂的条件下，最高 TOF 可达 $750h^{-1}$，这一 TOF 约是其他已报道的 Mg 系催化剂的 20 倍，而且生成的环状副产物<1%，聚合物中碳酸酯含量>99%。

5.2.2.9　四价金属 BOXDIPY 型配合物

2011 年 Nozaki 等[174]采用四价金属（Ti，Zr，Ge，Sn）为中心金属，设计并合成了如图 5-79 所示的 BOXDIPY 型配合物。

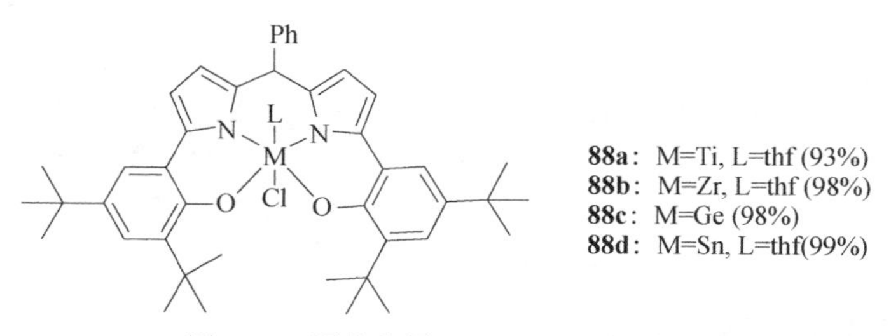

图 5-79　四价金属 BOXDIPY 型配合物

以 Ti 为中心的配合物 **88a** 可催化环氧丙烷/二氧化碳共聚，TOF 最高约为 $33h^{-1}$，共聚物的碳酸酯含量为 98%，但是产物选择性不高，环状副产物约为 30%，且共聚物的数均分子量仅为 $14kg \cdot mol^{-1}$。配合物 **88c**、**88d** 无论是活性还是产物选择性都略低于配合物 **88a**，而配合物 **88b** 则只能生成环状碳酸酯。

他们还研究了四种配合物催化环氧环己烷/二氧化碳的共聚反应，所得结果如表 5-9 所示。

表 5-9 四价金属 BOXDIPY 型配合物下二氧化碳与环氧环己烷的共聚反应结果

编号	化合物编号	收率/%	TOF/h^{-1}	碳酸酯含量/%	M_n/g·mol^{-1}	PDI
1	**88a**	45	76	99	13000	1.27
2	**88b**	5	8	54	1100	1.25
3	**88c**	36	60	99	14000	1.12
4	**88d**	10	17	75	2500	1.73

从表 5-9 中可看出配合物 **88a** 在催化二氧化碳和环氧环己烷的共聚反应中仍显示优于其他三种配合物的活性。四价金属配合物的出现拓展了二氧化碳/环氧化物共聚催化剂的设计范围，虽然以上四种配合物无论是在活性还是选择性方面不及 Salen 型配合物，但相信通过科研工作者的不断努力，应该会有一定的前景。

5.2.3 二氧化碳-环氧丙烷共聚物的结构与性能

在二氧化碳共聚物中，二氧化碳与环氧丙烷的共聚物（PPC）是研究最为深入，也最有工业化价值的品种。

前面介绍了许多二氧化碳与环氧丙烷的共聚反应，在生成聚合物（PPC）的同时还伴随副产物环状碳酸酯的生成，所以产物选择性是合成 PPC 首先要考虑的内容。但是，从 PPC 的结构与性能考虑，其链结构是决定其物化性能的根源所在，PPC 的链结构所包含的四个方面，即分子量及其分布、酯段（或醚段）的相对含量、立体化学、端基结构，也是决定 PPC 性能的关键。因此本节将主要探讨 PPC 不同链结构的存在形式及其化学控制方法（图 5-80），揭示 PPC 的物化性能，给出 PPC 的结构-性能的基本关系。

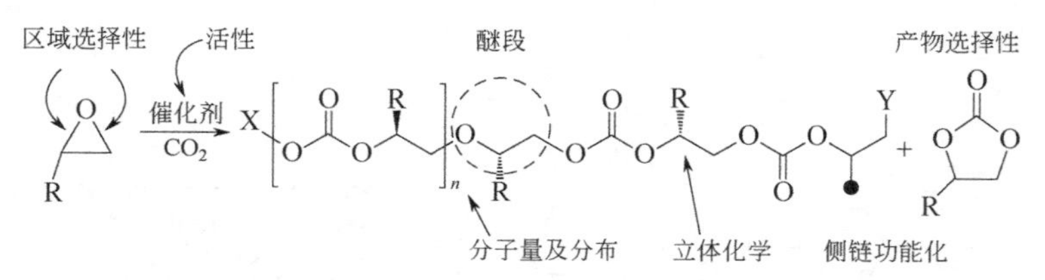

图 5-80 PPC 的链结构

5.2.3.1 PPC 的链结构

（1）PPC 的分子量

分子量是聚合物链结构最重要的内容之一，高分子量是一类聚合物成为高分子材料的前提[175, 176]。因此自 20 世纪 60 年代末 PPC 被发现以来，PPC 的分子量控制一直受到广泛关注。PPC 的分子量与催化剂密切相关，Inoue 利用 $ZnEt_2$/水、$ZnEt_2$/间苯二酚、$ZnEt_2$/伯胺及 $ZnEt_2$/间羟基苯甲酸等非均相催化剂催化二氧化碳和环氧丙烷共聚合，所得 PPC 的数均分子量（M_n）在 3 万～15 万之间。Kuran 的 $ZnEt_2$/连苯三酚催化体系所得的 PPC 数均分子量最高可达 18.9 万。但是这些催化体系的催化效率通常低于 30g·mol^{-1}·h^{-1}（以 Zn 计），且聚合反应时间很长（>40h）。沈之荃等利用三元稀土催化剂[Y(P_{204}) $_3$-Al(i-Bu)$_3$-甘油]催化二氧化碳与环氧丙烷的共聚，可以得到高分子量的聚合物，但 CO_2 的固定率只有 30%。采用羧酸锌为催化剂，可以得到数均分子量超过 14 万的 PPC，但聚合反应时间长达 40h。由稀土配合物-乙基锌-多元醇构成的稀土三元催化剂，则可在 8h 内得到数均分子量超过 12 万的 PPC。

一些均相催化剂如铝卟啉也可以用于催化二氧化碳与环氧丙烷的共聚，虽然所得的聚合物的分子量分布很窄，但聚合物分子量只有数千。Coates 和 Darensbourg 等报道高活性的 β-二亚胺锌催化剂和具有区域立体选择性的 Salen 催化剂，这些催化体系得到的聚合物分子量也普遍不高。Nozaki 教授对 Salen 催化剂进行了改进，通过在 Salen 配体上引入哌啶基团来抑制“回咬”反应的发生，得到数均分子量超过 8 万的 PPC，但聚合反应时间长达 116h。韩国 Lee 教授进一步发展了这一思想，直接将助催化剂接入 Salen 配体骨架，得到双官能化的 Salen 催化剂，该催化剂可以在极低的催化剂浓度下得到数均分子量达 10 万甚至 30 万的 PPC，显示出均相催化剂对控制聚合物分子量方面的潜力。

（2）PPC 的主链结构

在二氧化碳与环氧丙烷共聚合反应过程中，如图 5-80 所示，理论上会同时伴有醚键（环氧丙烷均聚）、酯键（环氧丙烷与二氧化碳交替共聚）和酸酐键（二氧化碳均聚）的竞争反应。其中，二氧化碳连续插入形成酸酐键很难发生，因为该反应在热力学上是不利的，但环氧丙烷连续插入的副反应经常会出现，导致在 PPC 主链上形成聚醚结构。因此如何降低醚段含量，实现二氧化碳和环氧丙烷的交替共聚形成高碳酸酯含量的 PPC，是该领域关注的焦点之一。

PPC 的 ^{1}H-NMR 谱图中，位于 δ4.2 和 δ5.0 的吸收峰，分别对应 PPC 碳酸酯单元中 CH_2 和 CH 的特征吸收，醚段的 CH_2 和 CH 的吸收峰位于 δ3.4～3.9 处。聚合物中碳酸酯单元的含量可由公式：$CU=(A_{5.0}+A_{4.2})/(A_{5.0}+A_{4.2}+A_{3.4\sim3.9})$计算得到[177]。

在 PPC 合成化学中，为了充分利用廉价的二氧化碳单体，降低 PPC 的成本，通常希望制备高碳酸酯含量的 PPC，另外，二氧化碳共聚物中醚段含量的增大不仅会提高聚合物的成本，还会在很大程度上降低聚合物的生物降解性，同时也会改变聚合物的其他性质，如 PPC 中醚段增多通常会降低聚合物的玻璃化转化温度。有效地降低聚醚结构的含量，可以采用调节催化剂，或者提高 CO_2 压力等方法。当然，醚段增多也会使 PPC 表现出其他特殊性质，如当聚醚链段达到一个较大值时（80%），PPC 就会在超临界 CO_2 中表现出优异的溶解性[178]。

（3）PPC 的区域结构

环氧丙烷有一个不对称的手性碳原子，在开环反应过程中存在 α 断裂 C_α—O(CH_2—O)和 β 断裂 C_β—O(MeCH—O)两种可能的开环方式（图 5-81）[179-181]。开环反应的断裂方式决定了聚合物的区域结构[182, 183]，在 PO 的均聚反应中，单一的 β 断裂开环得到的聚合物是结晶性的聚环氧丙烷，表现出等规结构（图 5-82）。随着催化剂的变化，环氧丙烷的开环均聚还能生成无定形聚合物，如二乙基锌-甲醇、异丙醇铝-氯化锌催化得到的聚合物中尽管有头-尾结构，含量却低于 0.6%，主要表现为无定形态，而二乙基锌/水、三乙基铝/水以及异丙基铝催化所得的聚合物都为完全无规的结构。

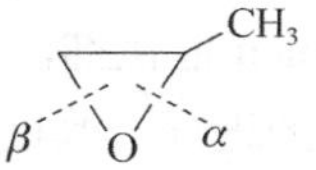

图 5-81 环氧丙烷开环方式

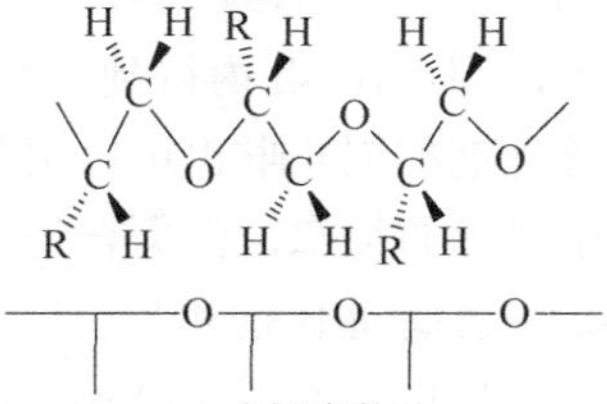

全同立构

图 5-82 等规结构的聚环氧丙烷

而在 CO_2 与环氧丙烷的共聚反应中，二氧化碳是一个完全对称的线形三原子分子，环氧丙烷分子中却含有一个不对称的手性碳原子，存在两种可能的开环方式（图 5-81）。因此环氧丙烷分子中 C—O 键的断裂方式从根本上决定了共聚产物 PPC 的区域结构。根据聚合过程中环氧丙烷开环方式的不同，CO_2 与环氧丙烷开环共聚生成的 PPC 存在头头（H-H）、头尾（H-T）及尾尾（T-T）三种区域结构(图 5-83)[184]。

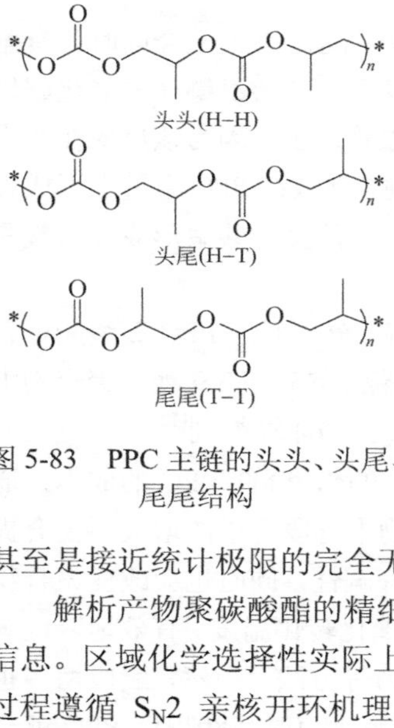

头头(H–H)

头尾(H–T)

尾尾(T–T)

图 5-83 PPC 主链的头头、头尾、尾尾结构

如图 5-84 所示，PPC 的羰基碳原子的 ^{13}C-NMR 信号在δ154 附近呈现出三组分裂峰。Lednor[184]最早对这三组峰进行了指认，分别归属为尾尾连接（T-T, δ154.7）、头尾连接（H-T, δ154.2）、头头连接（H-H, δ153.7）三种区域化学结构。聚合物头尾连接含量可以通过三种信号的积分面积进行计算：

$$HT = A_{154.2} / (A_{154.2} + A_{154.7} + A_{153.7})$$

目前多数催化体系得到的 PPC 都是区域无规的，甚至是接近统计极限的完全无规结构（H-H:H-T:T-T=1:2:1）。

解析产物聚碳酸酯的精细结构，可以得到更多关于聚合过程中价键断裂和形成的信息。区域化学选择性实际上体现的是环氧丙烷开环方式的结果。通常环氧丙烷开环过程遵循 S_N2 亲核开环机理，更容易发生在位阻较小的亚甲基碳原子上。但在 CO_2 与环氧丙烷的共聚反应中，多数催化体系得到的都是区域无规的 PPC，表明此时开环步骤也具有部分碳正离子或 S_N1 反应的性质。当开环发生在次甲基碳上时，手性碳的构型可能会发生翻转，所以对聚合反应的立体化学控制也受到区域选择性的影响。

与环氧丙烷开环制备聚环氧丙烷一样，CO_2 与环氧丙烷共聚物的区域结构也取决于所用的催化体系。Lednor 计算出了 $ZnEt_2$-H_2O 和 $ZnEt_2$-间苯二酚体系催化得到的 PPC 的区域结构组成，这两类催化体系下所得产物的头-尾结构含量介于 68%～75% 之间，表明聚合物中头-尾结构占优势。王献红等[79]在研究稀土三元催化剂

$[Y(RC_6H_4COO)_3$-glyc erin-$ZnEt_2]$催化 CO_2 与 PO 共聚时，发现不同配体的稀土盐 $Y(RC_6H_4COO)_3$(R =—H, —NO_2, —OH 和—CH_3)对 PPC 区域结构有一定的影响，取代位置和取代基性质的差别可使 PPC 头尾结构的摩尔分数在 68.4%～75.4%的范围内变化。该催化体系下所得聚合产物的头-尾结构含量均大于 68%（摩尔分数），高于随机开环的统计结果[50%(摩尔分数)]，说明稀土三元催化体系对二氧化碳与环氧丙烷的共聚合反应具有一定的区域选择性，倾向于开环生成位阻小的结构单元。另外，所得聚合物中含有的头-头和尾-尾结构几乎是等量的，与 Lednor 的结果一致。

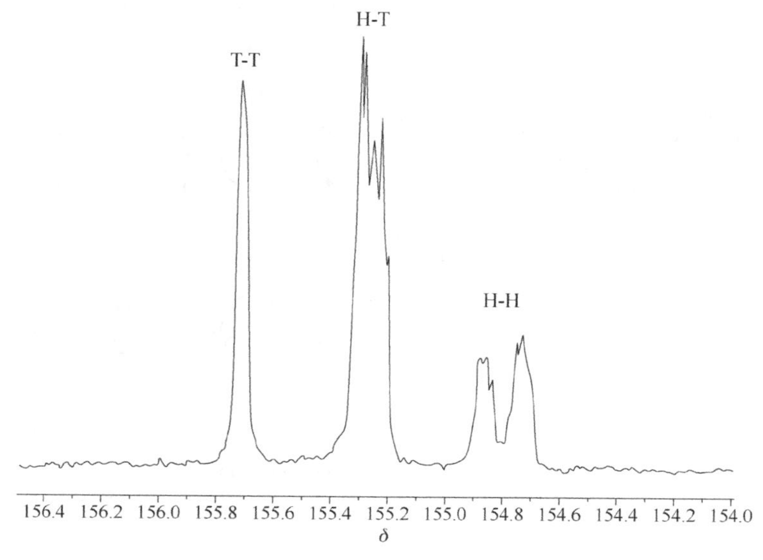

图 5-84　PPC 的 ^{13}C-NMR 谱图

SalenCo 及卟啉钴催化体系下的共聚反应也有着较好的区域选择性。Coates 利用 Co(Salcy-3)OAc 催化 CO_2 与 PO 的交替共聚合[141]，在 25℃和 5MPa 下活性 TOF=59h^{-1}，PPC 的头-尾结构含量可达 80%，明显高于 Co(Salcy-1)OAc 和 Co(Salcy-2)OAc 的 70% 和 75%，也高于稀土三元催化剂。吕小兵等通过加入路易斯碱助催化剂与(R, R')SalcyCoX 组成二元催化体系，所得聚合物中头-尾链接单元的含量超过 95%。王献红等[114]利用新型双官能化的卟啉钴催化体系，也将产物中的头-尾链接单元提高到 95%以上。

（4）PPC 的立体结构

由于环氧丙烷含有一个甲基侧基，因此与聚丙烯一样，PPC 也存在立体异构现象。区域规整结构的 PPC 从立体化学的角度可分为等规[图 5-85(a)，mmm]、间规[图 5-85(b),rrr]、杂规[图 5-85(c),mrm]、半规[图 5-85(d)]、无规[图 5-85(e)]等精细结构(图 5-85)[185]：如果侧甲基都以相同的构型排列在聚合物主链平面的同一侧，即为等规结构 PPC；如果侧甲基都以相反的构型交替排列在聚合物主链平面的两侧，则为间规结构 PPC；如果侧甲基以任意的构型无规排列在聚合物主链平面的两侧，则为无规结构 PPC。

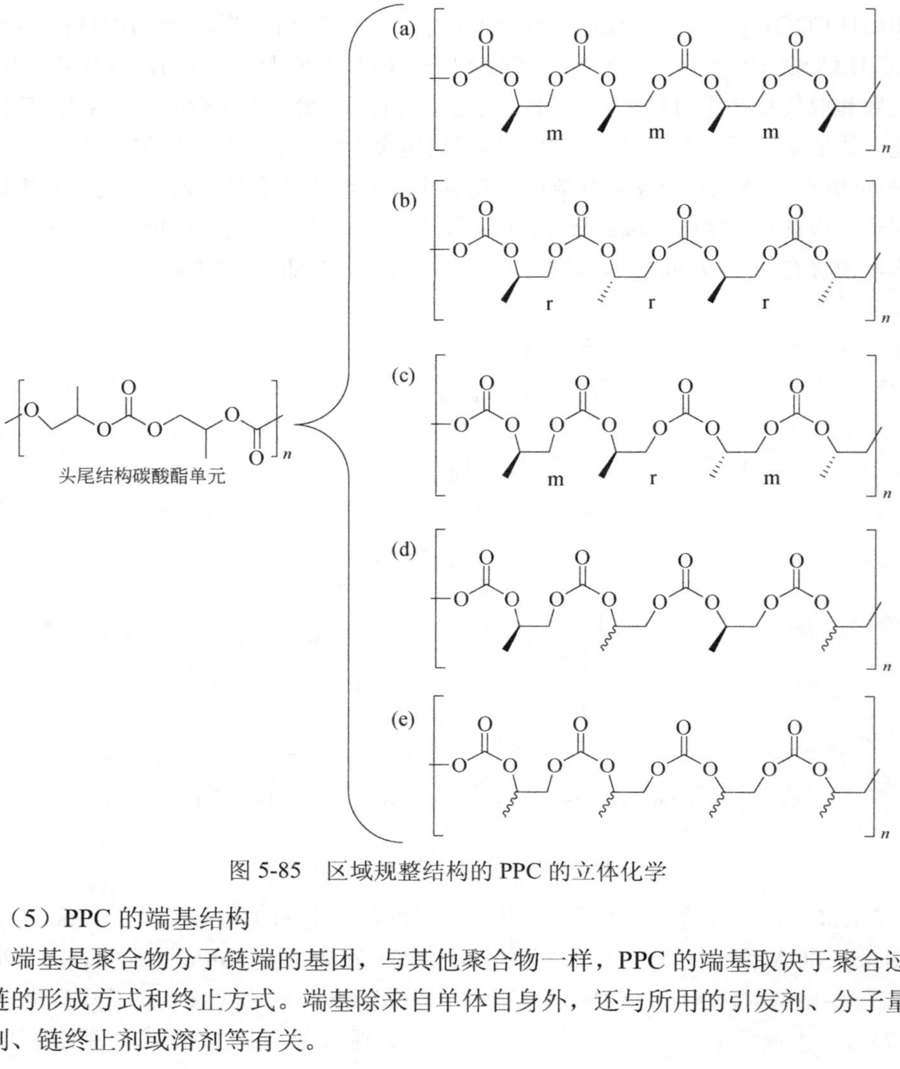

头尾结构碳酸酯单元

图 5-85 区域规整结构的 PPC 的立体化学

（5）PPC 的端基结构

端基是聚合物分子链端的基团，与其他聚合物一样，PPC 的端基取决于聚合过程中链的形成方式和终止方式。端基除来自单体自身外，还与所用的引发剂、分子量调节剂、链终止剂或溶剂等有关。

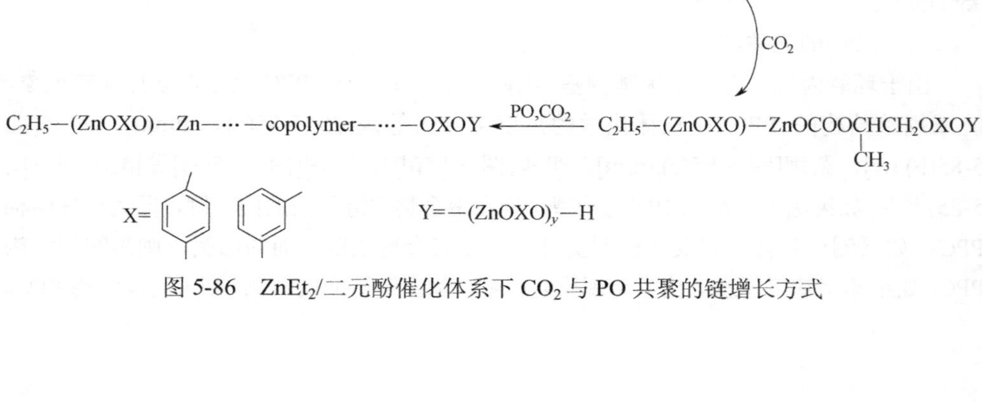

C_2H_5—(ZnOXO)—ZnOXOY + PO ⟶ C_2H_5—(ZnOXO)—ZnOCH(CH_3)CH_2OXOY

$\xrightarrow{CO_2}$ C_2H_5—(ZnOXO)—ZnOCOOCH(CH_3)CH_2OXOY $\xrightarrow{PO,CO_2}$ C_2H_5—(ZnOXO)—Zn—⋯—copolymer—⋯—OXOY

X= (对亚苯基、间亚苯基)　　Y=—$(ZnOXO)_y$—H

图 5-86 $ZnEt_2$/二元酚催化体系下 CO_2 与 PO 共聚的链增长方式

反应所采用的催化剂体系对于共聚产物 PPC 的端基结构有很大影响。Inoue[54]研究了 $ZnEt_2$/二元酚催化体系催化 CO_2 与 PO 的共聚合反应，反应过程如图 5-86 所示，聚合物的紫外光谱表明在聚合物末端存在芳香基团。Soga 在醋酸存在下，利用醋酸钴作为催化剂催化二氧化碳与环氧丙烷共聚合，发现聚合产物的分子量随醋酸加入量的增加明显下降，聚合物的核磁分析发现，聚合物链一端为醋酸酯基团，这是因为醋酸引起的链转移反应所产生的。

Chisholm[186]利用飞行时间质谱、核磁共振碳谱和氢谱分析了戊二酸锌催化所得 PPC 的分子链结构及链末端的情况，发现 PPC 的端基为—OH 与—H 基团。PPC 的端基对其热稳定性影响很大，端羟基的存在会使聚合物在高温条件下极易发生降解，其主要原因是端羟基的存在可引发“回咬”反应，从而产生解拉链反应生成环状碳酸酯，因此未封端的 PPC 的热稳定性较差。Inoue[187]根据热裂解谱图、热失重谱图和特性黏数的变化曲线，提出了 PPC 的热降解机理。他认为 PPC 开始热降解时，首先端基断裂失去 CO_2，之后发生解拉链降解形成相应的环状碳酸酯，该机理至今仍然得到广泛的认可。而 Dixon 等[188]研究了封端 PPC 的热降解反应，认为未封端的 PPC 只发生解拉链降解，得到相应的环状碳酸盐，并不发生无规降解反应，不过该结论仅限于特定的温度区间，通常在高温如 170℃以上，无规断链还是存在的。

提高热稳定性的一个重要方法就是对 PPC 的端基进行封端。Dixon 还研究了以 O—C、O—P、O—S 键代替羟基中的 O—H 键的体系，发现末端羟基封端后聚合物的热降解温度可提高 20～40℃。常见的封端剂有过氧化物、乙酰氯、苯并咪唑硫醇、三价磷复合物、有机磷酸酯复合物等，加入少量的封端剂[1%(摩尔分数)左右]即可有效提高 PPC 的热稳定性。

刘景江等[189]通过熔体反应的方法，用马来酸酐对 PPC 进行封端，PPC 的热稳定性明显改善，核磁和红外分析结果表明封端后的 PPC 发生了偶联反应。董丽松等[190]采用溶液法，利用马来酸酐、苯甲酰氯和醋酸酐等对 PPC 进行封端，PPC 的热分解温度可以提高到 230℃以上。

利用马来酸酐等小分子封端剂可以有效防止热降解发生，提高聚合物的热稳定性，但是这些小分子封端剂在熔融封端过程中易挥发，在冷却过程中未反应的小分子封端剂易在熔体表面析出。为了克服这些问题，王献红等[191]合成了顺丁烯二酸酐二元共聚物和顺丁烯二酸酐三元共聚物等高分子封端剂。这类高分子封端剂不仅克服了小分子封端剂存在的上述问题，其封端后的 PPC 起始热分解温度比小分子封端的 PPC 提高了 30℃。

陈立班[192]、王献红等[193]利用双金属催化剂催化二氧化碳与环氧丙烷共聚，可以得到低分子量的聚碳酸酯醚多元醇，该低分子量的聚合物可用于聚氨酯工业，将在本章第三节进行详细介绍。

（6）PPC 的交联结构

交联反应能使高分子材料在外场（温度、压力、剪切等）作用下抵抗分子链甚至分子间的滑动/流动，改善材料的耐热性、强度、尺寸稳定性及抗溶剂等性能[194]，更重要的是化学交联不存在物理共混所面临的相容性问题。交联反应已经用于聚乳酸和聚丁二酸丁二酯的改性[195-197]，但由于 PPC 分子链中缺少可交联基团，不能像聚烯烃那样发生分子链间的交联，若要使其交联，通常需引入其他不饱和基团来实现。目前引入双键等不饱和键的方法主要有共混引入和聚合过程中引入两种方法。

① 共混法引入不饱和键的交联 PPC　PPC 可以通过采用与多官能团单体共混的方法引入不饱和键，其产物可以在高能辐照的条件下发生交联。对于一般聚合物而言，在高能辐照下多会同时发生交联和降解，若交联占主要因素，则称为交联型高分子，若发生降解反应为主，则被称为辐照降解型高分子。表 5-10 列出了电子束（EB）辐照对 PPC 的分子量和力学性能的影响。辐照剂量为 20kGy 时，PPC 的拉伸强度和分子量均出现下降，但并不明显，聚合物仍然保持了良好的力学性能。说明 PPC 本身具有一定的抗辐照能力，为其应用在医疗器械方面进行辐照消毒提供了可能。随着辐照剂量继续增加到 100kGy，聚合物分子量出现剧烈下降，由原来的 57kg・mol^{-1} 下降到 15kg・mol^{-1}，表明 PPC 的分子量在强辐照剂量下降解非常剧烈。由于聚合物分子量下降，聚合物材料力学性能迅速恶化，辐照后材料的拉伸强度只有 22.9MPa，比辐照前降低了近一半。

表 5-10　电子束辐照对 PPC 的分子量和力学性能的影响

剂量/kGy	M_n/×10^{-4}	σ/MPa
0	5.7	38.5
20	4.0	36.6
50	2.5	30.7
80	1.6	26.7
100	1.5	22.9

因此 PPC 是一种典型的辐照降解型高分子材料，本身不能发生明显的辐照交联行为。为使 PPC 形成交联结构，一个方法是将多官能团单体通过熔融共混引入到 PPC 中后，通过电子加速器辐照交联的方法来制备交联 PPC，多官能团单体包括二聚乙二醇二甲基丙烯酸酯（n=2, 2G）、四聚乙二醇二甲基丙烯酸酯（n=4, 4G）、三烯丙基异氰脲酸酯（TAIC）、三羟甲基丙烷三丙烯酸酯（TMPTA）和季戊四醇三丙烯酸酯（PETA）等。其中 TAIC 加入后，强化辐照交联的效果最好。通过调节 TAIC 的加入量和辐照的强度可以得到不同交联度的 PPC。

图 5-87 为含有 8%（质量分数）TAIC 的 PPC 经过不同辐照剂量辐照后的红外谱图，其中 1645cm^{-1} 处的吸收峰是双键的伸缩振动特征吸收峰，可以看出，共混后未经辐照的样品在 1645cm^{-1} 的特征峰明显，而随着辐照剂量的增加，该特征峰逐渐减弱，当辐照剂量为 100kGy 时，该特征峰已基本消失，说明随着辐照剂量的增加，TAIC 逐渐反应，形成交联的 PPC，致使体系中的双键逐渐消失。

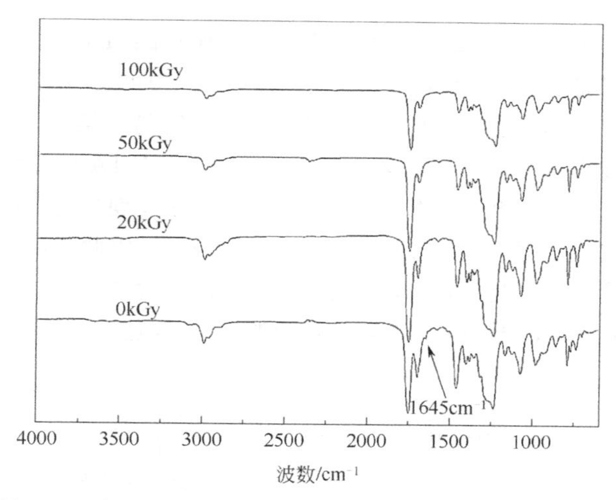

图 5-87　含 8%TAIC 的 PPC 在不同辐照剂量下的红外谱图

图 5-88 为不同分子量 PPC[数均分子量分别为 40kg · mol^{-1}(PPC4)、60kg · mol^{-1}(PPC6) 和 80kg · mol^{-1} (PPC8)]在强化交联剂 TAIC 作用下的凝胶含量与辐照剂量的关系。如图所示，当 TAIC 用量固定为 8%（质量分数）时，随着辐照剂量的增加，凝胶含量升高，这主要是由于交联反应数目增多造成的。其中 PPC8 的凝胶含量随剂量增加而升高的趋势在 50kGy 后变缓，高于 80kGy 时甚至出现下降趋势，原因在于交联与降解反应是竞争反应，在较高辐照剂量下降解反应增加，凝胶含量随剂量的变化变缓。另外，还可以看到，在相同剂量下，PPC 的分子量越大，生成的凝胶含量越多，越有利于辐照交联，尤其是分子量为 40kg · mol^{-1} 和 80kg · mol^{-1} 的样品辐照后凝胶含量差距更大。这是辐照过程存在交联和降解反应的证据之一，因为大分子量的 PPC 辐照后降解速率相对较慢，所以相比于小分子量 PPC，大分子量 PPC 与交联剂 TAIC 辐照交联产物的分子量更大，而当 PPC 的分子量到 60kg · mol^{-1} 之上时，分子量对辐照产物的影响开始减弱。

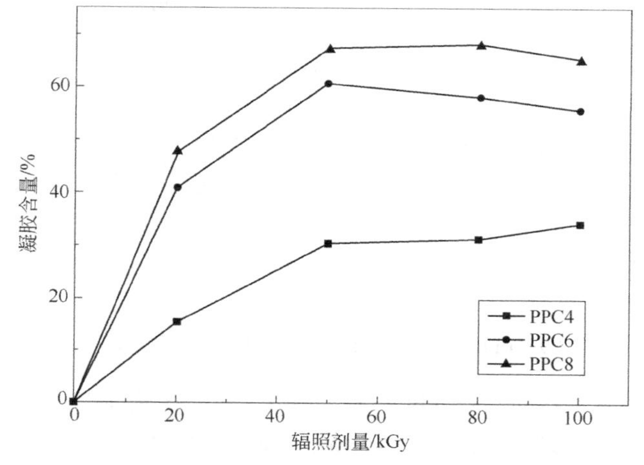

图 5-88　含 8%TAIC 的 PPC 的凝胶含量与辐照剂量的变化情况

PPC在TAIC存在下可以进行辐射交联，其原因在于：TAIC存在C═C双键，在射线的作用下容易打开，从而起到交联作用，其反应机理可采用图5-89所示的反应式来说明。PPC在高能电子射线条件下会产生自由基，容易与TAIC分子中被打开的双键发生作用，形成交联网络。上述反应机理也得到了PPC/TAIC辐射交联过程中红外光谱图的佐证：随着辐照剂量的增加，1645cm^{-1}处代表双键的特征吸收峰逐渐消失，说明双键对射线比较敏感，容易被打开而参加化学反应，因此消耗较快。这与凝胶含量随辐射剂量的变化规律是一致的，即开始阶段，凝胶含量增加较快，到达一定剂量后，因为TAIC的消耗，再加上辐照降解反应的发生，凝胶含量增加趋势变缓。

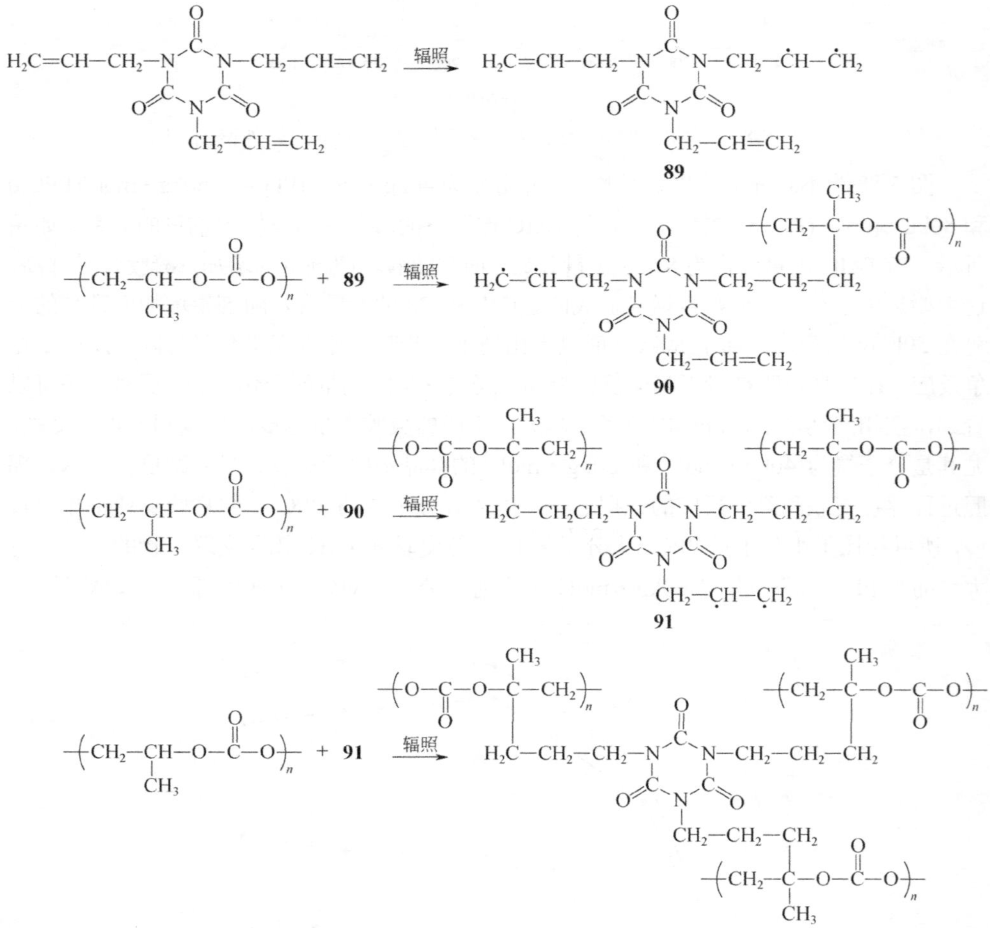

图5-89 PPC在多官能团单体TAIC存在下的交联反应

② 共聚法引入双键的交联PPC 在二氧化碳与环氧丙烷共聚反应中，加入少量含碳碳双键的环氧化物如烯丙基缩水甘油醚（AGE）作为第三单体，在基本上不影响聚合反应收率的前提下，得到一种侧链带碳碳双键的可交联PPC（图5-90），随后通

过引发其侧链双键的自由基聚合反应，即可获得交联型 PPC。

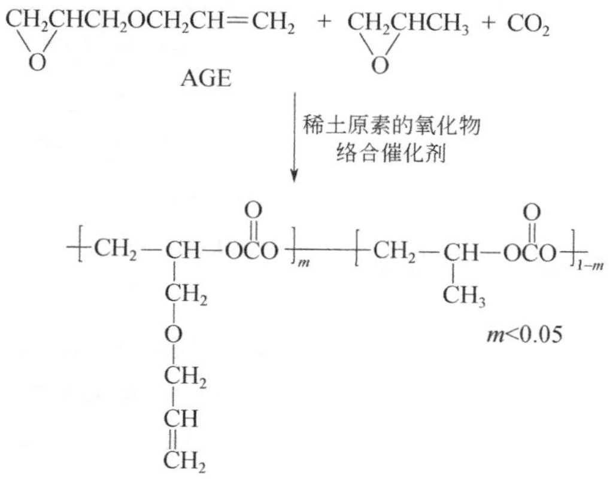

$$\underset{\text{AGE}}{\underset{\diagdown O \diagup}{CH_2CHCH_2OCH_2CH{=}CH_2}} + \underset{\diagdown O \diagup}{CH_2CHCH_3} + CO_2$$

$$\xrightarrow{\text{稀土原素的氧化物络合催化剂}}$$

$$\left[CH_2-\underset{\underset{\underset{\underset{\underset{CH_2}{\|}}{CH}}{|}}{\underset{CH_2}{\underset{|}{\underset{O}{\underset{|}{CH_2}}}}}}{CH}-O\overset{O}{\overset{\|}{C}}O \right]_m \left[CH_2-\underset{CH_3}{\underset{|}{CH}}-O\overset{O}{\overset{\|}{C}}O \right]_{1-m}$$

$m<0.05$

图 5-90　侧链含双键的可交联 PPC 的合成

图 5-91 为侧链含碳碳双键的可交联 PPC 的 ¹H-NMR 谱图，图中位于 δ4.2 和δ5.0 处的吸收峰分别对应于 PPC 碳酸酯单元中 CH_2 和 CH 的特征吸收，而在δ3.4～3.7 处，由环氧丙烷均聚产生的醚段的 CH_2 和 CH 的吸收峰很弱，表明 CO_2、PO 及少量 AGE 的三元共聚与 PO 和 CO_2 二元共聚时的情况类似，所得聚合物为完全交替的聚碳酸酯[198]。此外，可交联 PPC 的 ¹H-NMR 谱图中除了存在代表 PPC 的所有信号外，还出现了 AGE 结构单元的特征信号：δ 5.80～6.00（$-CH{=}$），δ 5.15～5.30($=CH_2$)，表明共聚物中存在双键，AGE 单元成功的嵌入 PPC 聚合物链的骨架中。

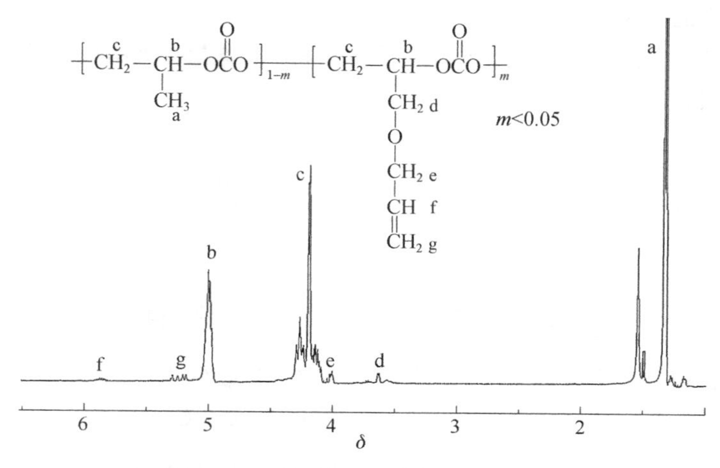

图 5-91　可交联 PPC 的 ¹H-NMR 谱图

如图 5-92 所示，侧链带双键的 PPC 在光引发剂存在条件下，通过紫外辐照的方法可以制备出交联 PPC，并可通过调节侧链双键数量和辐照的剂量得到不同交联度的 PPC。

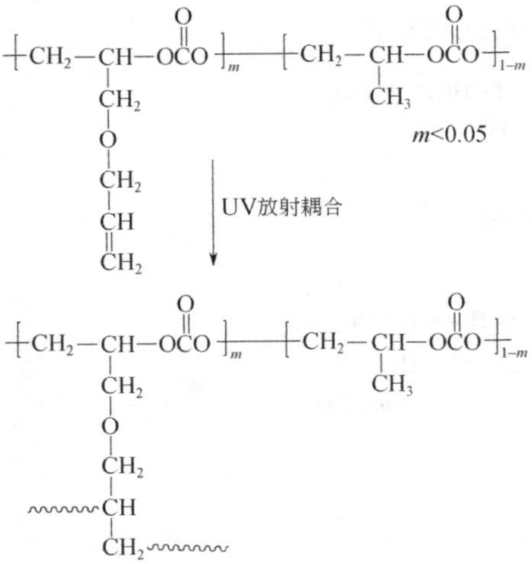

$$\left[\mathrm{CH_2-CH(CH_2OCH_2CH{=}CH_2)-OC(O)O}\right]_m\left[\mathrm{CH_2-CH(CH_3)-OC(O)O}\right]_{1-m}\quad m<0.05$$

UV放射耦合

$$\left[\mathrm{CH_2-CH(CH_2OCH_2CH(\sim\sim)CH_2\sim\sim)-OC(O)O}\right]_m\left[\mathrm{CH_2-CH(CH_3)-OC(O)O}\right]_{1-m}$$

图 5-92 含双键 PPC 紫外辐照交联

可交联 PPC 在紫外辐照交联后的凝胶含量与交联分子量如表 5-11 所示，普通 PPC 辐照后凝胶含量为 0，即没有交联成分，此时两个交联点之间的平均分子量（M_c）即为 PPC 的数均分子量（115kg·mol^{-1}）。当 PPC 中碳碳双键含量达到 0.08kg·mol^{-1}聚合物时，凝胶含量达到 65.3%，M_c 降为 14kg·mol^{-1}，当 PPC 中碳碳双键含量达到 0.36kg·mol^{-1}聚合物时，凝胶含量提高到 85.1%，M_c 则降低到 8.7kg·mol^{-1}，表明聚合物的交联度大幅度增加。

表 5-11 可交联 PPC 在紫外辐照后的凝胶含量与交联分子量

样品	不饱和键含量/mol·kg^{-1}	凝胶含量/%	M_c/kg·mol^{-1}
PPC0	0	0	115
PPC1	0.08	65.3	14
PPC3	0.24	77.8	12
PPC5	0.36	85.1	8.7

5.2.3.2 PPC 的性能

（1）PPC 的物化性能

二氧化碳-环氧化物共聚物是由碳酸酯单元和少量聚醚单元组成的线性高分子，其分子结构如图 5-93 所示。

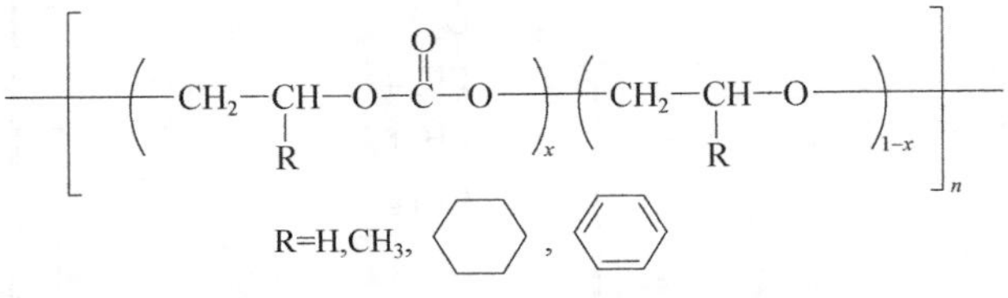

$$\left[\left(\mathrm{CH_2-CH(R)-O-C(=O)-O}\right)_x\left(\mathrm{CH_2-CH(R)-O}\right)_{1-x}\right]_n$$

R=H,CH$_3$, 环己基, 苯基

图 5-93 二氧化碳-环氧化物共聚物的结构

高分子材料的分子链结构和凝聚态结构决定了其最终性能。从 PPC 主链结构来看，它是一类脂肪族聚碳酸酯，主链上存在醚键（—C—O—C—），使得链段容易发生内旋转，增大了链的柔性。尽管其主链上存在极性较大的羰基 $\mathrm{-C(=O)-}$，但由于受羰基两侧的 C—O 键影响，主链上的酯基 $\mathrm{-O-C(=O)-O-}$ 成为弱极性基团，使得整个 PPC 分子的极性并不大。与主链含苯环的芳香族聚碳酸酯相比，脂肪族聚碳酸酯链则要柔顺得多，且因其主链有较短的亚烷基，容易在碱或酸催化下发生水解而断裂，具有良好的生物降解性能，同时易溶于各类极性有机溶剂如丙酮、氯仿、二氯乙烷、碳酸二甲酯等。

从 PPC 的凝聚态结构上看，其动态力学分析（DMA）谱图上只有一个玻璃化转变和一个玻璃态松弛[199, 200]，广角 X 射线散射（WAXD）表明 PPC 没有结晶峰，且差示扫描量热法（DSC）证明 PPC 没有熔融峰，说明 PPC 整体上呈无定形态，低温或拉伸取向结晶性也很差。

为便于对比，表 5-12 总结了文献报道的部分二氧化碳-环氧化物共聚物的性能。表 5-12 中除了列出 PPC 的性能之外，还列出了包括二氧化碳-环氧乙烷共聚物（PEC）、二氧化碳-氧化-2-丁烯共聚物（PBC）、二氧化碳-环氧环己烷共聚物（PCHC）、二氧化碳-氧化苯乙烯共聚物（PStC）在内的相关性能。由于各个文献中经常有聚合物分子量及其分布的差异，为了全面、客观描述二氧化碳共聚物的性能，表 5-12 中的数据并没有取自同一文献，而是综合了多篇文献的工作，并尽量结合作者课题组积累的数据给出相对合理的总结。

表 5-12　一些二氧化碳-环氧化物共聚物的基本物化性能

性能	PEC	PPC	PBC	PCHC	PStC
玻璃化转变温度 T_g/℃	0～10	30～41	60	110～115	76～80
弹性模量 E/MPa	2～5①	993②	2190②	—	2400②
拉伸强度/MPa	5～10①	30～40②	30～40②	—	54.1②
密度/$t \cdot m^{-3}$	1.43	1.2～1.3	1.18	—	1.27
介电常数（10^3Hz）	4.32	3.0	—	—	3.25
体积电阻率/Ω • cm	10^{16}	10^{16}	—	—	—
折射率 n	1.470	1.463	1.470	—	—
燃烧热/$MJ \cdot kg^{-1}$	13.9	18.5	21.2	—	—
吸水性（23℃）/%	0.4～0.7	0.4～0.7	—	—	—
热分解温度③T_d/℃	180～220	180～220	—	240～280	—

① 拉伸速率 200mm • min^{-1}。

② 拉伸速率 10mm • min^{-1}。

③ 空气中 0.05g 样品从 120℃开始以 2.5℃ • min^{-1} 升温速度加热至失重 5%时的温度。

表 5-12 可以看出，侧基对聚合物的性能影响很大。侧基增多和尺寸变大，一方面使分子链刚性增加，内旋转位垒增大，导致聚合物强度、玻璃化转变温度增高，断裂伸长率和冲击韧性下降；另一方面又使分子链间距增加，分子间作用力减弱，降低了聚合物的 T_g、T_m，进而使力学性能变差，对特定的聚碳酸酯而言，两方面的综合影响决定了聚合物的性能。此外，侧基对聚合物的热稳定性和氧化稳定性也有影响。为此，可以通过采用各种结构不同的环氧化物与 CO_2 共聚，制备具有不同性能的聚碳酸酯。值得指出的是，表 5-12 中所列的几种聚碳酸酯材料均为绝缘体，其介电常数在 3～4.5

之间，且聚合物的燃烧热相对于聚乙烯（4.64×10^4kJ·kg^{-1}）也较低。

Thorat 等[201]系统研究了具有不同链结构的脂肪族聚碳酸酯的物理性能，指出聚合物的 T_g 随侧基柔顺性的增加而降低，其顺序为聚碳酸亚丙酯>聚碳酸亚乙酯>聚碳酸亚戊酯>聚碳酸亚己酯>聚碳酸亚辛酯。具有较长侧基的聚碳酸亚戊酯、聚碳酸亚己酯和聚碳酸亚辛酯的 T_g 远低于室温，在室温下力学强度很低。主链引入脂环基的聚碳酸亚环己酯（或称二氧化碳-环氧环己烷共聚物）(PCHC)，由于分子链刚性较大，T_g 超过 110℃，远高于上述几种脂肪族聚碳酸酯。从应力-应变曲线可以看出，室温下 PCHC 的弹性模量最高，但断裂伸长率不到 1%，因此在室温下 PCHC 是一种脆性材料，而 PEC 则是弹性体材料，断裂伸长率大于 600%，PPC 的力学性能介于两者之间。从热重分析仪（TGA）获得的起始热分解温度数据表明，这几种脂肪族聚碳酸酯的热稳定性随侧基碳原子数的增加而提高，具有刚性主链的 PCHC 的热稳定性最好。

Thorat 等[202]还研究了上述几种脂肪族聚碳酸酯的化学结构对其剪切流变行为的影响。相对于其他几种脂肪族聚碳酸酯，PEC 和 PPC 有更明显的剪切变稀行为，它们开始出现剪切变稀行为的临界剪切速率更高，原因在于 PEC 和 PPC 没有侧基或侧基很小，因此其分子链间距小，分子链之间的相互作用力相对较强，只有在高剪切速率下，这种作用力才被完全破坏，但之后聚合物黏度会迅速下降。而具有较长侧基的聚戊烯碳酸酯、聚己烯碳酸酯和聚辛烯碳酸酯，由于分子链间距大，分子链之间易于滑动，所以在较低的剪切速率下就表现出剪切变稀行为。PCHC 主链上有大的脂环基，分子链较其他几种脂肪族聚碳酸酯刚性更强一些，因此它的临界黏度值也最高。

（2）PPC 的热学性能

从应用角度考虑，玻璃化转变温度是指聚合物链段开始运动的温度，是橡胶长期使用的下限温度，也是塑料长期使用的上限温度。另一方面，热稳定性是材料加工中必须注意的问题，其中热分解温度是表征材料热稳定性的重要参数。

PPC 的 T_g 和热稳定性通常可以采用差示扫描量热法（DSC）和热失重（TG）等方法进行研究。早在 1975 年，Inoue[187]就详细研究了 PPC 的热分解性，发现温度在 200℃时 PPC 热失重率不到 10%，并提出了 PPC 的热降解机理，包括解拉链过程和无规链断裂。解拉链过程被认为是活化能较低的降解途径，在较低温度下（130℃）可发生此反应，聚合物中存在从催化剂转化而来的金属氧化物或盐时容易加速解拉链反应，而 PPC 的无规链断链降解通常发生在较高温度下（170℃以上）。Dixon 等[188]发现只有解拉链降解受到抑制时才发生无规降解，而无规降解的温度要高于发生解拉链降解的起始温度，所以封端后的脂肪族聚碳酸酯热分解温度会有所提高。

PPC 的解拉链降解反应如图 5-94 所示，该反应通过活化的分子链末端进攻主链上相邻单元的碳原子，发生“回咬”形成小分子的环状碳酸丙烯酯（PC）副产物，从而导致 PPC 分子量逐渐降低。此过程要求 PPC 分子链末端由相邻的 CO_2 和 PO 单元组成，也就是解拉链过程中，如果末端变成连续的 PO 单元或其他结构单元，反应将被终止，因此醚键含量较高的 PPC 或者加入第三单体共聚的聚合物都比 CO_2-PO 的交替共聚物更稳定。回咬反应可能由两种途径进行，一种情况是端羟基或醇化物对羰基碳原子进行亲核进攻，另一种情况是碳酸基末端或带有易离去基团的碳酸盐进攻电负性的碳原子，如图5-94所示[203]。

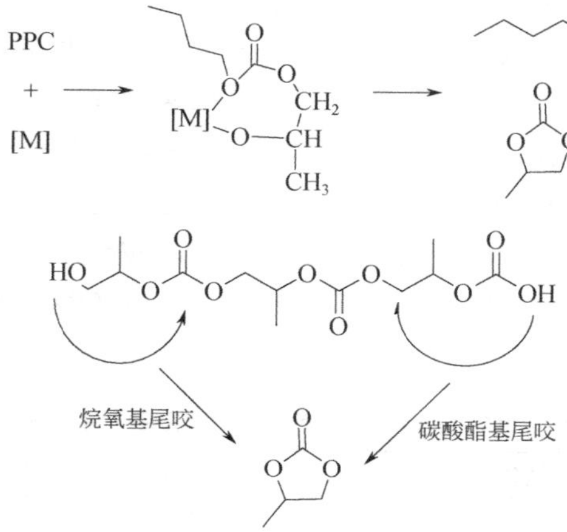

图5-94　PPC的回咬反应过程

在较高温度下或解拉链降解受到抑制时，PPC分子能够发生无规断裂反应，分子链中的碳酸酯基团断裂，释放出CO_2，同时得到含有不饱和链段的PPC，如图5-95所示。Kuran等[204]在30℃和二乙基锌催化下，用碳酸二乙酯处理PPC，观察到乙烯的生成，证明PPC发生无规链断裂时有不饱和单元产生。PPC的无规链断裂机理不同于聚醚树脂，聚醚树脂发生降解时有末端酮基生成，可以通过添加抗氧剂来抑制，而在PPC中添加抗氧剂并不能避免其降解，这也从另一方面说明PPC的降解不是自由基引发的氧化过程。与解拉链过程相比，PPC的无规链断裂降解基本不受残余催化剂和辐照的影响[205]。

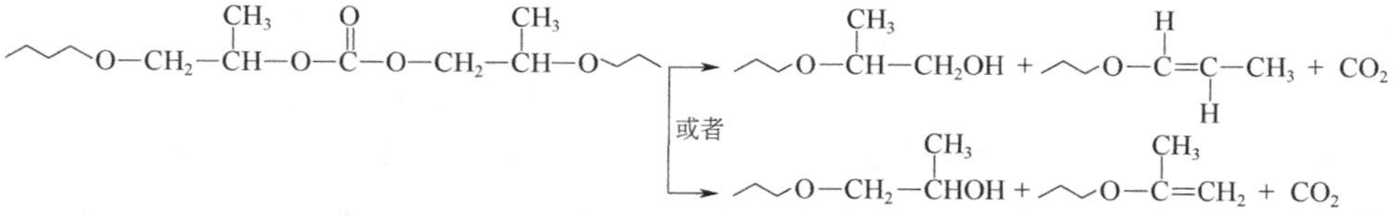

图5-95　PPC的无规链断裂机理

环状碳酸丙烯酯（PC）是CO_2和PO共聚及PPC降解过程中的副产物，也是一种常用的高沸点溶剂，与PPC相容并可成为潜在的增塑剂，导致PPC的玻璃化转变温度降低，对最终产品性能有很大影响[206]。

总结文献的研究结果，笔者认为影响PPC热学性能的主要因素有分子量、端基、聚合物化学组成、残余金属催化剂含量、区域结构、醚段含量等，具体介绍如下所述。

① 分子量　改善PPC热稳定性的方法之一是提高其分子量，从而减少端羟基浓度，减少发生解拉链降解的概率[207]。如表5-13所示，当PPC的数均分子量从

50kg·mol^{-1}增加到360kg·mol^{-1}时，PPC的玻璃化转变温度从33℃提高到39℃，而5%热分解温度能提高30℃，不过聚合物热分解温度并没有随分子量的增大呈线性增加。其原因在于当聚合度很大时，聚合物链端羟基浓度很小，可以忽略不计，此时进一步提高分子量对PPC热分解温度的影响不大[78]。

另外，分子量的增加会使玻璃化转变温度增加，特别是当分子量较低时，这种影响更为明显。当分子量超过一定程度以后，玻璃化转变温度随分子量的增加变得不明显。这是因为在分子链的两头各有一个末端链段，从自由体积概念出发，末端链段的活动能力要比链中的链段来得大。分子量越低，末端链段比例越高，所以玻璃化转变温度也越低。随着分子量的增大，末端链段的比例不断减少，所以玻璃化转变温度不断增加，分子量增大到一定程度后，链端链段的比例可以忽略不计，此时分子量对玻璃化转变温度的影响就不明显了。

表5-13 PPC的T_g和热分解温度随分子量的变化

M_n/kg·mol^{-1}	分子量分布指数(PDI)	T_g/℃	$T_{d,5\%}$/℃
50	2.06	33.2	201.8
105	2.13	35.3	207.3
158	2.36	36.1	213.1
211	1.72	36.8	217.5
280	2.79	37.6	228.1
360	2.03	39.1	232.6

② 封端　采用合适的封端剂与PPC的端羟基反应，使其转变为稳定的端基，也可以显著提高其热稳定性。如前所述，常见的封端剂有酸酐、乙酰氯、甲烷磺酰氯、异氰酸酯、氯代硅烷、苯并咪唑硫醇、三价磷复合物、有机磷酸酯复合物等[190, 208, 209]。未封端脂肪族聚碳酸酯只发生解拉链降解，得到相应的环状碳酸酯，而不易发生无规降解；封端会抑制解拉链降解反应的发生，但对无规降解影响不大。因此封端后首先发生无规降解，然后才发生解拉链降解。

③ 三元共聚改变化学组成　加入第三单体共聚也是改善PPC热稳定性的一种方法。第三单体加入后，当降解从链端发展到第三单体链节时，即可停止解拉链式降解。肖红戟等[210]合成了CO_2、PO、（甲基）丙烯酸酯类的三元共聚物，其热稳定性大幅度提高，可能是由于第三单体的引入在分子链中嵌入了不同的结构单元，再加上共聚物分子量的增大所致。陈立班等[211]将邻苯二甲酸酐（PA）和顺丁烯二酸酐（MA）等单体与二氧化碳和环氧丙烷进行多元共聚，在共聚物中引入芳香基团或不饱和基团，从而改善热稳定性。王献红等[45]通过加入双官能度缩水甘油醚单体，与CO_2和环氧丙烷在稀土三元催化体系下制备的共聚物，分子量可达200kg·mol^{-1}，同时起始热分解温度提高了37℃。此外，PPC中的端羟基与异氰酸酯反应，或与其他种聚合物形成互穿网络结构，都可以大幅度提高热分解温度[212-214]。

④ 残余金属氧化物或金属盐　聚合物中残留的催化剂或因催化剂转化生成的金

属盐都会对聚合物的热分解性能有重要影响，残留催化剂含量高，会使热分解更容易进行，从而使PPC的热分解温度降低。

采用稀土三元催化剂直接聚合得到的PPC通常含有0.2%（质量分数）的金属氧化物（自催化剂分子的失活过程转化而来），其5%热分解温度低于170℃。而当PPC经过纯化后金属氧化物含量降至5×10^{-6}（质量分数），其$T_{d,5\%}$值可上升到240℃以上，因此除去残余金属氧化物或金属盐是改善PPC稳定性的一个重要途径[215]。同样的情况也发生在PCHC上，金属锌含量低于5×10^{-6}（质量分数）的PCHC，比含量为4400×10^{-6}（质量分数）的PCHC的T_d高56℃，相应的热分解活化能则分别为190kg・mol^{-1}和146kg・mol^{-1}，两者差距达到44kg・mol^{-1}[216]。

⑤ PPC分子链区域规整性　分子链的区域规整性尤其是头尾结构含量，是影响PPC玻璃化转变温度的一个重要因素，但头尾结构含量对PPC热学性能的影响必须在聚合物的分子量达到一定值后才会变得明显。

通常在稀土三元催化体系下制备的PPC的头尾结构含量在70%左右，玻璃化转变温度为35℃左右[80]。如采用金属Salen配合物催化剂体系，由于聚合产物数均分子量低于50kg・mol^{-1}，即使能得到头尾结构含量达到95%的PPC，其玻璃化转变温度和热分解温度也没有发生明显变化。

但是，若采用给电子试剂改善稀土三元催化体系，可以制备出数均分子量超过100kg・mol^{-1}且头尾结构含量大于80%的PPC，相对于分子量类似的头尾结构含量为70%的PPC，其玻璃化转变温度可提高6～8℃[217]。采用钴卟啉/PPNCl催化体系可制备出数均分子量为110kg・mol^{-1}、头尾结构含量为90%的PPC，其T_g也达到44.5℃[112]。

因此，我们有理由相信，在确保聚合物的分子量超过50kg・mol^{-1}的前提下，提高头尾结构的含量，PPC的玻璃化转变温度会有所提高。

⑥ 醚段含量　PPC中的醚段含量也是影响其T_g的重要因素。如在双金属催化剂（DMC）催化体系下合成的PPC，其醚段含量为40%～60%，而T_g只有8℃[218]。

（3）PPC的力学性能

对于大部分应用而言，高聚物的力学性能比其他物理性能显得更为重要，它直接决定了材料的使用范围。高聚物力学性能直接与其结构因素有关，包括聚合物的化学组成、分子量及其分布、支化、交联、凝聚态结构等。此外，外部因素如增塑及填料等也会改变聚合物的力学性能。

拉伸试验是研究材料力学性能的常用方法之一。通过拉伸时的应力-应变曲线表征，能够获得材料的拉伸强度、弹性模量、断裂强度、断裂伸长率等基本力学性能参数。其中，弹性模量反映了材料抵抗形变的能力，是材料刚性的量度，断裂伸长率则是材料延展性的量度。

分子量是影响高聚物力学性能的重要因素。聚合物的分子量很低时，分子间作用力很小，当受到外力作用时，分子链迅速发生滑移，力学强度很差。只有聚合物的分子量达到临界值后，聚合物分子链间形成一定的物理交联，聚合物才显示出强度特性。

当分子量较低时，因为化学键比分子间作用力大得多，强度主要取决于分子间作用力，因为分子间作用力随聚合度增大而增大，强度也随之提高。当聚合度很大时，以至分子间力的总和超过了化学键能，此时化学键的拉断已有可能，强度主要取决于化学键能的大小，不再依赖分子量。但无论如何，聚合物分子量的增大有利于提高材料的机械强度。

由于 PPC 的玻璃化转变温度通常在 35℃左右，因此环境温度对 PPC 的力学性能影响很大。当环境温度小于聚合物的 T_g 时，聚合物表现出大的模量和高的拉伸强度。当环境温度接近或高于 T_g 时，由于聚合物链的链段运动变得容易，其力学性能就会发生很大的变化。

图 5-96 为不同分子量的 PPC 的储能模量随温度的变化情况[45]，储能模量在 T_g 附近发生了很大变化，在 T_g 以下（35℃以下），当 PPC 的数均分子量为 109kg・mol^{-1} 时，储能模量为 4300MPa，当 PPC 的数均分子量为 227kg・mol^{-1} 时，其储能模量高达 6900MPa，分子量增加 1 倍，储能模量增加了 150%。但是 PPC 的储能模量在玻璃化转变温度之上时迅速下降，如在 50～70℃之间时，对分子量为 227kg・mol^{-1} 的 PPC，其储能模量从 6900MPa 下降到 38MPa，而对分子量为 109kg・mol^{-1} 的 PPC，此时储能模量仅为 8.6MPa，因此尽管分子量仅相差 1 倍，储能模量却相差了 4 倍，这也与 PPC 为无定形材料是相符的。总体而言，提高 PPC 的分子量对改善其力学性能是有利的，尤其是在玻璃化转变温度之上，这种效果更为显著。

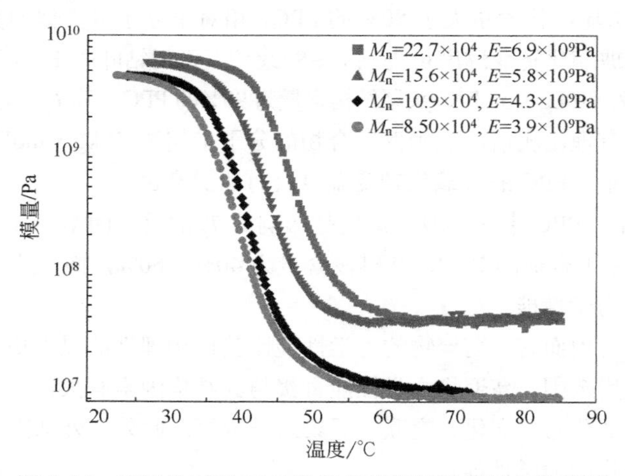

图 5-96 不同分子量 PPC 的储能模量随温度的变化情况

PPC 的拉伸强度和弹性模量略高于聚乙烯和聚丙烯，因此有一定的应用空间。针对 PPC 耐温性不足和脆性较大的问题，可以通过共混的方法，引入氢键、电荷转移、离子-离子、离子-偶极强相互作用等，进一步改善其力学性能，拓宽应用领域。

（4）PPC 的流变性能

PPC 的熔体流变性能是确定其熔融加工参数的依据，如前所述，PPC 在高温下容易发生解拉链反应，封端是抑制解拉链反应的重要手段。为此，有必要明确封端前后

PPC 的熔体行为。图 5-97 为 PPC 经过马来酸酐封端前后的熔体黏度随温度的变化情况，其中 PPC 的数均分子量为 100kg · mol^{-1}，马来酸酐的用量为 1%（质量分数）。封端前 PPC 的熔体黏度在 130℃开始下降，150℃以后下降趋势更为明显，表明在 130℃时已经开始解拉链降解。而马来酸酐封端后的 PPC（MA-PPC）的熔体黏度在 145℃开始下降，提高了 15℃，而且 175℃以后开始快速下降，提高了 25℃。因此封端确实使 PPC 的熔体黏度的温度稳定性有了明显改善。

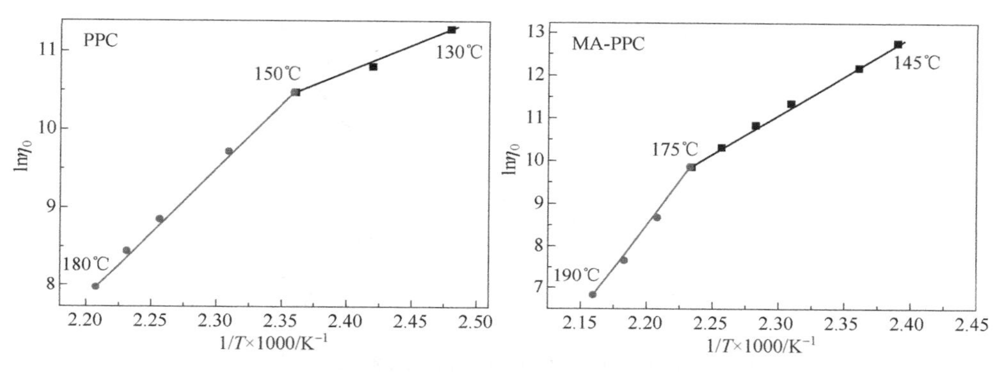

图 5-97 封端前后 PPC 的熔体黏度随温度的变化

PPC 封端前后链段运动的活化能随温度的变化趋势如图 5-98 所示，通常链段运动的活化能 E_a 在玻璃化转变温度附近变化很大，对未封端的 PPC 而言，当温度从 315K（42℃）升高到 350K（77℃）时，其活化能从 510kg · mol^{-1} 降低到 46kg · mol^{-1}，下降超过 10 倍。而对 MA-PPC 而言，活化能从 280kg · mol^{-1} 下降到 170kg · mol^{-1}，仅下降了 64%。因此封端后 PPC 链段运动明显受限，对温度的稳定性也明显增强。

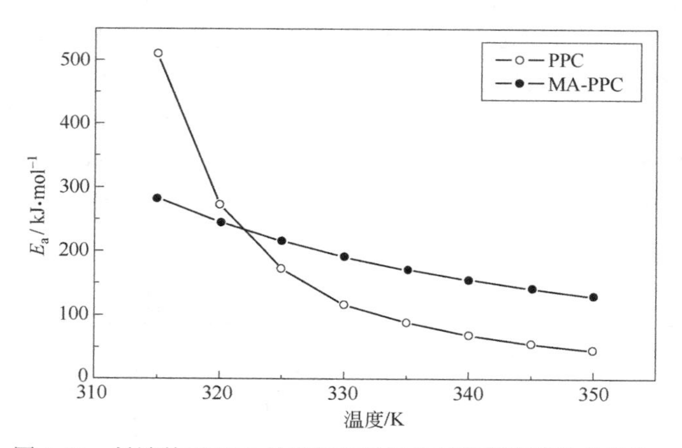

图 5-98 封端前后 PPC 的链段运动活化能随温度变化的趋势

PPC 的线膨胀系数(α)随温度的变化也是该材料能否在一定温度下使用的重要参数。图 5-99 为马来酸酐封端的 MA-PPC 在不同温度下的线膨胀系数。通常线膨胀系数并不随温度而发生线性变化，30℃以下的线膨胀系数为4.05×10^{-5}，对应于聚合物处于玻璃态，随后线膨胀系数开始升高一直到2.48×10^{-3}（50℃左右），相当于高弹态。值得指出的是，在50～70℃存在一个准平台，这一特性是PPC可以在60～70℃下使用的重要依据。

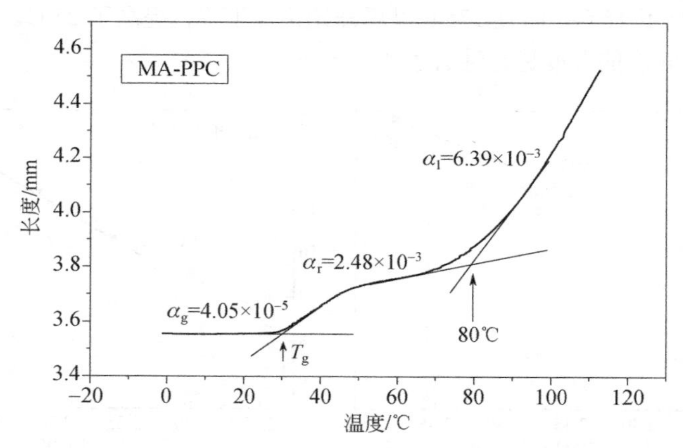

图5-99 封端后PPC的线膨胀系数随温度的变化

（5）PPC的阻隔性能

早期已有文献报道PPC是阻气性能较好的材料[219]，但是由于未能稳定制备一定规模（100kg级）的PPC，长期以来一直难以得到准确的阻隔性能数据。王献红等最近采用工业化生产的PPC（数均分子量12万～13万），并吹制成薄膜，获得了气体透过率的数据。表5-14所示，PPC的氧气透过率低于$20cm^3\cdot m^{-2}\cdot d^{-1}\cdot atm^{-1}$，气体阻隔性能比其他生物降解塑料如聚丁二酸丁二醇酯（PBS），聚乳酸（PLA），Ecoflex（德国BASF公司生产的一种脂肪族-芳香族共聚酯）要优越得多。当采用三层共挤出方法做成Ecolex/PPC/PBS薄膜时，氧气透过率降至$9.3cm^3\cdot m^{-2}\cdot d^{-1}\cdot atm^{-1}$，显示多层薄膜的阻氧性能得到了进一步的提高。由于全部采用聚酯材料，阻水性能还是较差（水汽透过率高于 $50g\cdot m^{-2}\cdot 24h^{-1}$），若采用低密度聚乙烯与PPC做成三层共挤薄膜LDPE/PPC/LDPE，不仅氧气的透过率降至$9.5cm^3\cdot m^{-2}\cdot d^{-1}\cdot atm^{-1}$，水的透过率也低于$10g\cdot m^{-2}\cdot 24h^{-1}$，是一种优良的高阻隔薄膜。

表5-14 不同聚合物薄膜的阻隔性能

材料名称	H_2O透过率 $/g\cdot m^{-2}\cdot 24h^{-1}$	O_2透过率 $/cm^3\cdot m^{-2}\cdot d^{-1}\cdot atm^{-1}$
双向拉伸聚对苯二甲酸乙二醇酯（BOPET）	100	60～100
双向拉伸聚丙烯（BOPP）	—	2000
高密度聚乙烯（HDPE）	20	1400
尼龙-6(PA6)	150	25～40
聚偏二氯乙烯（PVDC）	0.4～1	＜1
乙烯-乙烯醇共聚物（EVOH）	20～70	0.1～1

续表

材料名称	H_2O 透过率 /g·m^{-2}·$24h^{-1}$	O_2 透过率 /cm^3·m^{-2}·d^{-1}·atm^{-1}
聚碳酸亚丙酯（PPC）	40～80	10～20
聚丁二酸丁二醇酯（PBS）	—	1200
聚乳酸（PLA）	325	550
Ecoflex(BASF)	170	1400
Ecoflex/PPC/PBS 三层共挤膜	52	9.3
LDPE/PPC/LDPE 三层共挤膜	5.3	9.5

（6）PPC 的降解性能

由于 PPC 主链上存在脂肪族碳酸酯单元，一直被认为是一类生物降解高分子材料，但是文献上对 PPC 生物降解性能的报道很少，尤其是高分子量 PPC（数均分子量大于 100kg·mol^{-1}）的生物降解性能报道更少。

通常高分子量 PPC 在土壤掩埋或中性缓冲溶液中降解速率较慢，但是 Luinstra 等[220]指出，数均分子量为 50kg·mol^{-1} 的 PPC 在堆肥条件下 69 天内可以被降解。王献红等在中国塑料制品质量监督检验中心测试了数均分子量为 110kg·mol^{-1} 的 PPC 的堆肥降解情况。试验按照 GB/T 19277—2003(IDT ISO 14855：1999) 标准进行，生物降解速率通过检测放出的二氧化碳来计算。图 5-100 为生物降解速率随时间的变化情况。在开始的 20 天内，PPC 的降解很缓慢，降解不到 10%。随后降解速率开始加快，45 天内降解了 25.8%，然后降解进一步加快，在 95 天内降解了 63.5%，说明 PPC 是可以生物降解的。开始阶段降解速率缓慢的原因之一是由于 PPC 属于疏水材料，细菌很难附着，只有当降解开始发生后，PPC 的疏水性能下降，亲水性增强，降解速率才不断加快。因此，改善 PPC 的亲水性可能是加速其生物降解的重要途径。

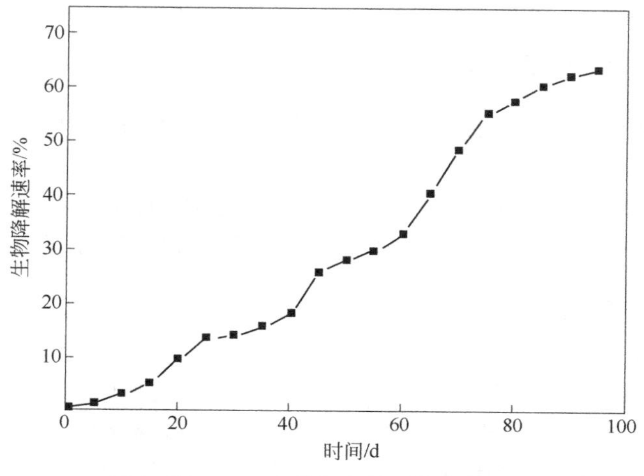

图 5-100　PPC 在堆肥条件下的降解情况

另一方面，由于PPC主链上存在酯键，容易发生水解反应，尤其是在高温下水解更易发生，因此PPC在熔体加工前必须干燥除水。在室温下PPC的水解并不显著，在碱的催化下其水解速率会明显加快。在碱催化水解后的PPC中碳酸酯含量依然维持在80%以上，但其数均分子量在最初的2～6h内就可下降50%[221]。

PPC的水解速率与其浓度有关，当PPC的浓度为0.1g·L^{-1}时，在50℃下降解8h，其分子量变为18.5kg·mol^{-1}；当PPC的浓度为0.5g·L^{-1}时，其分子量最终变为33.7kg·mol^{-1}。

PPC的水解反应可用于制备低分子量的聚合物，降解时间和碱浓度是影响低分子量PPC产率和碳酸酯含量的关键因素：当碱（NaOH）浓度为0.25g·L^{-1}时，48h内低分子量聚合物收率为90%，聚合物中碳酸酯含量超过80%；当碱浓度提高到2.0g·L^{-1}时，低分子量聚合物的收率下降到60%。因此提高碱浓度会减少低分子量聚合物的收率。在PPC的碱催化水解过程中，第一阶段以无规降解反应为主，随着降解反应的进行，由于端羟基的出现和增多，解拉链降解反应开始占优势，一个可能的机理如图5-101所示。

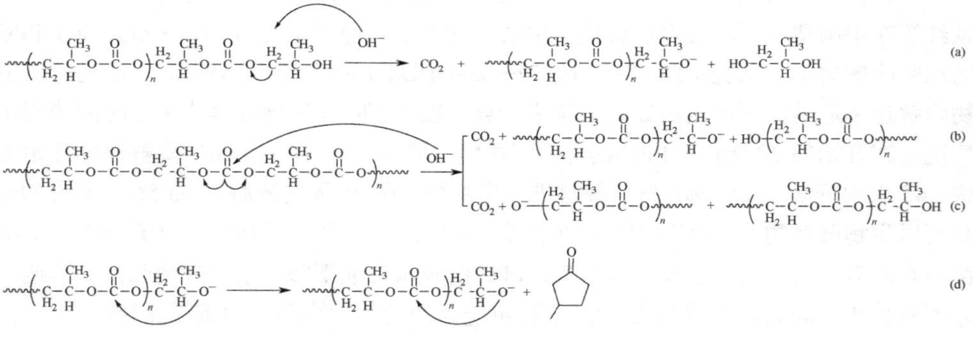

图5-101 碱催化下PPC水解反应的机理

5.2.4 二氧化碳基塑料的改性

根据上节对PPC性能的描述，PPC是可完全生物降解的一种脂肪族聚碳酸酯，链柔性较大，呈无定形态，分子链间相互作用力较小，玻璃化转变温度较低。因此PPC存在低温脆性、对热敏感及室温黏流较大等缺陷，通常不能单独使用。将PPC与不同高分子材料共混是提高其热学和力学性能，拓展其使用范围的最重要途径。

5.2.4.1 与生物可降解材料的共混

（1）PPC与聚乳酸的共混

聚乳酸（PLA）是生物降解塑料的标志性品种，也是脂肪族聚酯。左旋或右旋聚乳酸具有良好的结晶性能，玻璃化转变温度在55℃左右。聚乳酸已经有很长的工业化历史（早在1992年就有千吨级的工业化生产线），目前已经开发出了注塑、薄膜、纤维等成型加工技术，并在包装材料、纤维和非织造物等方面得到一定程度的应用。

于九皋等[222]采用单螺杆挤出机制备了不同比例的 PPC/PLA 共混物，尽管 FTIR 结果表明 PPC 与 PLA 间存在偶极-偶极相互作用，共混物的 DSC 曲线上仍出现了两个玻璃化转变温度。且当 PLA 的质量分数从 100%下降到 30%时，共混物的 T_g 从 57℃降低到 54℃，而 PPC 含量从 100%下降到 30%时，共混物 T_g 从 22℃上升到 43℃，说明二者可能只是部分相容。PLA 的加入一定程度上提高了共混体系的热稳定性，在 PLA/PPC（70/30）的共混体系中，PPC 的分解活化能（Et）为 200.6kJ・mol^{-1}，PLA 的 Et 为 228.8kJ・mol^{-1}，而纯 PPC 的 Et 只有 56.0kJ・mol^{-1}，纯 PLA 的 Et 为 213.9kJ・mol^{-1}，充分说明共混体系比单组分聚合物有更好的热稳定性，这与 PPC 和 PLA 分子间的特殊相互作用及二者较强的界面黏结力有关。

富露祥等[223]利用机械共混法，将 PLA 与 PPC 按不同比例在转矩流变仪中进行熔融共混（150℃，8min），制备了 PLA/PPC 共混物，发现 PPC 的加入赋予了 PLA/PPC（50/50）体系较好的韧性，断裂伸长率由原来的 2%提高到 23.8%，而其拉伸强度下降不大（由 43MPa 变为 35MPa）。共混物的熔体黏度对温度较敏感，因此可以通过调节加工温度来调节体系的熔体黏度。此外，当加工温度较低时，提高剪切应力将会使共混体系黏度明显下降，但当加工温度升高到 160℃以上，剪切应力变化对体系的黏度影响较小。由于 PLA 和 PPC 的加工热稳定性较差，所以可以在一定的温度范围内，通过调节剪切应力来改变体系的熔体黏度，避免 PLA 和 PPC 在加工过程中的热分解。

王淑芳等[224]通过溶液浇铸法制备了 PPC/PLA 共混物，发现 PPC 和 PLA 为部分相容的共混体系，共混体系的热失重温度依赖于共混物的组成。拉伸力学试验和土壤悬浊拟环境培养降解实验表明，随着 PPC 含量的增加，共混物的拉伸强度和弹性模量降低，而生物降解速率却显著提高。推测 PPC 的降解产物有端羧基（—COOH）和端羟基(—OH)，可能对 PLA 的降解有催化加速作用。因此，在某些比例下(80/20 或 60/40)，降解进行到一定时间（如 16.5 天）后，PPC/PLA 共混物的降解速率比纯的 PPC 还要快。

总而言之，PPC 与 PLA 共混不仅可以改善材料的力学性能，还可以改善材料的生物降解性。PPC/PLA 是力学性能和降解性能互补的共混体系，该体系可以用来制备吹塑和注射成型产品。

（2）PPC 与聚ε-己内酯、聚β-羟基丁酸酯-β-羟基戊酸酯的共混

陈利等[225]对 PPC 与聚ε-己内酯（PCL）的共混体系进行了研究，当 PPC 质量分数低于 30%时，PPC 可分散在 PCL 非晶相中，体系完全相容。当 PPC 质量分数高于 30%时，体系部分相容，在偏光显微镜下可以看到 PCL 的球晶结构被破坏，PCL 晶体分散于无定形态的 PCL 和 PPC 混合相中。

聚β-羟基丁酸酯-β-羟基戊酸酯（PHBV）是由细菌发酵方法制备的热塑性脂肪族聚酯，也是一类结晶性高分子，具有优异的生物降解性能和生物相容性。低羟基戊酸酯含量的 PHBV 尽管耐温超过 100℃，但脆性很大。刘景江等[226]采用熔融共混法制备了 PPC/PHBV（70/30）共混材料，他们指出 PHBV 与 PPC 熔融共混过程中发生了酯交换反应，两组分间存在较强的相互作用，产生一定的相容性。通过研究该合金的熔

融结晶行为和等温结晶动力学，得到了加入 PPC 后 PHBV 的熔融和结晶过程参数，如表 5-15 所示。共混样品的结晶温度比纯 PHBV 低 8℃，过冷度 Δt 值相差 0.12℃，结晶初始温度（t_{onset}）低将近 6℃。共混样品的 t_c 值向低温方向移动，说明其结晶变得较困难，结晶所需的位垒增加，因此 PPC 的存在阻碍了 PHBV 的结晶。从 $t_{onset}-t_c$ 数据可以看出，纯 PHBV 低于共混样品，说明纯 PHBV 结晶速率较快。PPC 的引入降低了 PHBV 的结晶速率，增大了分子链规整折叠排列的空间位阻，造成晶粒粒径分布较宽。共混物熔融温度 t_m 比 PHBV 低 4℃，结晶度（X）从 60.99%降到 51.05%，表明加入 PPC 使 PHBV 结晶完善程度降低，片晶厚度减小。

表 5-15 PPC 对 PHBV 结晶行为的影响

样品	PPC 含量（质量分数）/%	t_c/℃	$t_{c(onset)}$/℃	Δt/℃	ΔW/℃	ΔH_c/J • g^{-1}	S_1 (tanα)
纯 PHBV	—	109.4	116.1	77.6	1.0	−76.0	7.9
PHBV/PPC	70	101.3	110.7	77.7	1.4	−18.1	2.7

注：t_c 为结晶放热峰温度；S_1 为初始放热斜率（即放热峰高温侧拐点处斜率），与成核速率有关；$t_{c(onset)}$ 为放热峰高温侧切线与基线交点所对应的温度；ΔW 为放热峰半高宽，用来表征结晶的晶粒粒径分布的宽窄；$t_{c(onset)}-t_c$ 为整个结晶速率量度，其值越小，结晶速率越快。

由 DSC 测定等温结晶样的熔融温度，外推得到平衡熔点，纯 PHBV 的平衡熔点为 187.1℃，共混物的相应值是 179.0℃，平衡熔点的降低证明两组分间确实有一定的相互作用。

表 5-16 为 PHBV/PPC 共混物的力学性能，与纯 PHBV 相比，共混物的力学性能发生了巨大变化，从脆性材料转变为具有一定韧性的材料[227]。

表 5-16 纯 PHBV 及其共混物力学性能

PHBV/PPC（质量比）	屈服应力/MPa	断裂应力/MPa	断裂伸长率/%	拉伸模量/MPa	吸收能量/mJ
100/0	38.2	38.2	4.0	1515	25.3
30/70 机械共混物	17.7	9.7	74	1096	428
70/30 反应共混物	3.8	3.6	1300	66.6	4236

不过，溶液共混的结果与熔融共混差距很大，董丽松等[228]对溶液共混得到的 PPC/PHBV 共混物进行了研究，DSC 曲线上不同比例共混物存在两个 T_g 值，基本没有变化，说明 PPC 与 PHBV 相容性很差，但对于不同比例的 PPC/PHBV 共混物，其球晶生长速率基本相同。我们认为溶液与熔融共混存在差距的原因在于，熔融共混时两个组分发生了端基的酯交换反应，从而产生了一定的相容性，而溶液共混则没有酯交换反应发生，因此体系表现出了原始的不相容性。

杨冬芝等[229]分别采用溶液共混和熔融共混法制备了聚β-羟基丁酸酯（PHB）和

PPC 的共混物，发现随着共混物中 PHB 含量的增加，共混物断裂强度增大，PPC 的加入可明显改善材料脆性，断裂伸长率从纯 PHB 的 8.0%增大到 844.6%。PPC 的存在可以抑制 PHB 的结晶过程，降低 PHB 的熔点，拓宽其熔融加工窗口，但是当 PHB 质量含量≥40%时，共混物熔点均出现在 156℃附近，几乎与共混物组成无关，进一步表明若没有酯交换反应发生，PHB 与 PPC 的相容性是比较差的。

（3）PPC 与聚丁二酸丁二醇的共混

聚丁二酸丁二醇酯（PBS）是丁二酸和丁二醇经缩聚反应合成的脂肪族聚酯，高分子量的 PBS 力学性能优异，热变形温度为 115℃，具有类似于 PE、PP 的理化性能，加工性和生物相容性较好。

采用熔融共混法制备的 PPC/PBS 共混物是部分相容体系，当 PBS 含量为 10%（质量分数，下同）时二者是相容的，与纯 PPC 相比，共混物的玻璃化转变温度下降 11℃，且有更好的抗冲击强度和拉伸强度。DSC 结果表明，随着 PPC 含量增加，共混体系的起始结晶温度升高，说明 PPC 的加入抑制了 PBS 的结晶。当 PBS 含量大于 10%时，利用偏光显微镜可以观察到结晶引起的相分离，随着 PBS 的含量增加，球晶尺寸和密度也都逐渐增大，部分形成 PBS 连续相[230]。

王献红等[231]采用熔融共混的方法制备了 PPC/PBS 共混物和 PPC/PBS/DAOP（邻苯二甲酸二烯丙酯）增塑共混物，并对共混物的相容性、热性能、结晶性和力学性能进行了研究。结果表明 PPC/PBS 共混物相容性差，PPC 对 PBS 的结晶度影响很小。PBS 的加入提高了共混物的起始热分解温度($T_{d,5\%}$)，当共混物中 PBS 含量从 10%增加到 90%时，共混物的 $T_{d,5\%}$分别增加 15℃到 59℃。DAOP 对 PPC/PBS 共混物有增塑作用，当 PPC/PBS/DAOP 的比例从 30/70/0 变化到 30/70/30 时，共混物 T_g 下降了 36.9℃。与 PPC/PBS 共混物相比，组成优化的增塑共混物 PPC/PBS/DAOP(30/70/5)的断裂伸长率和断裂能最大可提高 31 倍和 34 倍，分别达到 655.1%和 3.4J・m^{-2}，因此引入 DAOP 拓宽了 PPC/PBS 共混材料的使用温度窗口。

（4）PPC 与淀粉、纤维素等的共混

董丽松等[232]将廉价丰富的玉米淀粉与 PPC 共混，期望得到性能优异的全生物降解材料，FTIR 测试表明 PPC 分子链上的碳酸酯基团和玉米淀粉中羟基之间存在氢键作用，这种相互作用抑制了 PPC 链段的自由内旋转，从而提高了 PPC 的玻璃化转变温度，同时，淀粉的加入还可以提高共混物的热稳定性。

富露祥等[233]制备了接枝率较高的马来酸酐酯化淀粉，并采用熔融共混法制备了淀粉/PPC/马来酸酐酯化淀粉共混物，研究了酯化淀粉加入量对共混物的力学性能和微观形态的影响。他们发现加入马来酸酐酯化淀粉的样品（淀粉/PPC/马来酸酐酯化淀粉质量比=20:40:40）最大断裂伸长率为 9.84%，比未加入酯化淀粉的样品（淀粉/PPC/马来酸酐酯化淀粉质量比=60:40:0）增加了近 4 倍，但拉伸强度没有很大变化，只是弹性模量略有下降，说明马来酸酐酯化淀粉的加入，可以提高共混体系的力学性能。SEM 照片显示，马来酸酐酯化淀粉的加入提高了淀粉/PPC 两相间的黏结性，降低了淀粉与 PPC 的界面张力，提高了共混体系的相容性。

莫志深等[234]采用溶液共混方法制备了马来酸酐封端的 PPC/乙基纤维素共混物（MA-PPC/EC）。研究结果表明共混物存在单一玻璃化转变温度，揭示了 MA-PPC 和 EC 在非晶区相容，DSC 曲线显示有明显的液晶相出现。并且富 EC 共混物的固相-液晶相转变温度、液晶相-各向同性态转变温度和转变焓均随 EC 含量增加而增加。另外在 MA-PPC 中混入 EC，热分解温度会提高，特别是质量比为 90:10 的 MA-PPC/EC 共混物热分解温度的增加最为明显。

（5）PPC 与聚乙二醇的共混

聚乙二醇（PEG）是由环氧乙烷均聚而成的线性高分子，具有良好的亲水性，且热稳定性高于 PPC。将 PEG 与 PPC 共混，可以改善 PPC 的亲水性，提高其热稳定性。张亚男等[235]采用溶液共混法制备了 PPC 与 PEG 的共混物，发现两个组分相容性较好，共混物的亲水性随 PEG 组分的增加而增强。且共混物的玻璃化转变温度最高可达 51℃，热分解温度 $T_{d,95\%}$最高达到 410℃，分别比纯 PPC 提高了 29℃和 130℃，有望用于制备高性能的包装材料。

（6）PPC 与十八烷基羧酸的共混

十八烷基羧酸（OA）是一种双亲性分子，王笃金等[236]将 OA 与 PPC 进行溶液共混，得到 PPC/OA 复合材料。由于 PPC 分子链与 OA 分子中的羧基形成较强的氢键作用，共混物在没有刚性介晶单元存在的情况下形成了热致性液晶，并显示出很好的耐热性，复合材料的 $T_{d,5\%}$最高可达 264.1℃，超过了纯 PPC（$T_{d,5\%}$为 179℃）和 OA（$T_{d,5\%}$为 197.5℃）两种组分各自的热分解温度，这是分子间氢键作用抑制 PPC 解拉链降解的典型结果。

5.2.4.2 引入非生物降解材料的功能强化研究

聚对乙烯基苯酚（PVPh）可作为一种质子给体聚合物，其 4-位羟基可以和质子受体聚合物通过氢键相互作用，这是改善相容性的一个重要措施。莫志深等[237]研究了 PPC 和 PVPh 的相容性以及他们之间的氢键作用。不同比例 PPC/PVPh 共混物有单一的并且依赖组成变化的 T_g，表明 PPC 与 PVPh 是相容的。但是实验测得的 T_g 偏离 Fox 方程的计算值，说明 PVPh 的羟基还与 PPC 的氧官能团之间存在相互作用，并得到了 FTIR 和 XPS 结果的证实。

聚氯乙烯（PVC）是用量巨大的通用塑料，其软性制品需要大量的增塑剂，但目前常用的小分子增塑剂存在着易挥发、耐久性差等缺点。黄玉惠等[238]开展了低分子量（20kg・mol^{-1}）PPC 作为 PVC 的高分子增塑剂的研究，但是 PPC 单独作增塑剂，不能明显降低 PVC 的黏流温度，也不能显著抑制 PVC 的降解，而当丁腈橡胶（NBR）与 PPC 反应形成交联互穿网络结构弹性体后，再作为 PVC/PPC 体系的偶联剂则有良好的增容作用，偶联剂的用量、NBR/PPC 比例、NBR 中含腈量、偶联剂硫化程度等对共混体系力学性能均有较大影响。

胡平等[239]采用经硅烷偶联剂KH750改性处理的羟基磷灰石（HA）与PPC共混制备复合材料，该复合材料力学强度介于塑料和橡胶之间，具有良好的力学回复性和一定的形状记忆效应。当HA含量为20%时，断裂伸长率达到315%，弹性回复率可达98%。DSC分析表明，复合材料的玻璃化转变温度受HA影响不大，保持在35℃左右。

王献红等[240]研究了PPC与蒙脱土的插层共混，他们首先利用阳离子交换法，以十六烷基三甲基溴化铵（HTAB）改性钠基蒙脱土制备了有机改性蒙脱土（OMMT），OMMT的层间距达到了2nm，比普通的钠基蒙脱土增加了0.74nm，然后采用熔融插层法制备了插层-絮凝型PPC/OMMT复合材料。当OMMT含量为5%（质量分数）时，复合材料的弹性模量较纯PPC树脂提高了61.8%，且玻璃化转变温度（T_g）提高了2.4℃，热分解温度提高了32.3℃。因此，OMMT对大幅度提高PPC的弹性模量具有很大的潜力。在PPC的加工过程中，与少量有机改性蒙脱土的插层共混，不仅有益于PPC物理力学性能的改善，还可提高PPC的氧气阻隔性，但透明性还需进一步改进。

PPC的玻璃化转变温度较低，且呈无定形态，通常难以单独使用，将PPC与其他有机高分子材料或无机材料共混是提高其热学和力学性能、拓展其使用范围的重要途径。

5.3 二氧化碳基聚氨酯

5.3.1 二氧化碳制备聚碳酸酯醚多元醇

5.3.1.1 催化剂发展史

目前在二氧化碳与环氧化合物共聚制备聚碳酸酯方面取得了重要进展，已经发展了系列高活性、高选择性催化剂，但是以二氧化碳与环氧化合物为原料，通过不死聚合制备可用于聚氨酯工业的低分子量聚碳酸酯多元醇的研究报道并不多[241-244]，其中一个主要的原因是在进行不死共聚合时，体系中存在可作为链转移剂的醇、羧酸、胺等含活泼氢的化合物，使催化剂失活或者大幅度降低活性。不死聚合是指在聚合反应过程中，体系中的含活泼氢化合物在与聚合物增长链发生快速的链转移反应，所形成的新活性中心可继续引发聚合反应，这样，快速链交换反应及链增长反应同时发生，从而实现聚合物分子量及末端官能团的控制[245, 246]。目前用于二氧化碳与环氧化合物共聚合成低分子量聚碳酸酯多元醇的催化体系还非常有限，研究最多的是双金属氰化物催化剂[241, 242]，另外从催化活性和分子量控制角度来看，近年新开发的季铵盐功能化的Salen-Co催化剂也是一个很好的选择[247, 248]。

双金属氰化物催化剂（double metal cyanide complex, DMC）最早由美国橡胶轮胎公司的Milgrom等开发，用于催化环氧丙烷均聚制备聚丙二醇[249-251]。DMC一般是由一种金属盐与另一种过渡金属的氰化物盐在有机配合物存在下通过沉淀反应制得：

$$M^{II}X_2 + M^{I}_3[M^{III}(CN)_6] + L / H_2O \longrightarrow M^{II}_3[M^{III}(CN)_6]_2 \cdot x\,M^{II}X_2 \cdot yL \cdot zH_2O$$

式中，M^{I}一般为碱金属，例如K、Na、Ga、Li等；M^{II}一般为2价金属，如Zn^{2+}、Co^{2+}、Fe^{2+}、Ni^{2+}等；M^{III}一般为过渡金属，如Co^{3+}、Fe^{3+}、Co^{2+}、Fe^{2+}等过渡金属；X一般为F^-、Cl^-、Br^-、I^-、OH^-、CO_3^{2-}、NO_3^-等；L一般为含氧的有机配体，如小分子醇，低聚物醇，醛，酮，酯，环醚等；x, y, z分别为催化剂中$M^{II}X_2$，L及H_2O的相对含量。

DMC是普鲁士蓝的一种同系物，完全结晶的$M_3[M'(CN)_6]_2$一般含有2～4个结晶水，具有三维立体网络结构，其晶胞结构为立方面心，M'为八面体中心，M则为四面体中心。

DMC的传统制备方法是将过渡金属氰化物盐的水溶液滴加到金属盐的水溶液中形成沉淀，再用有机配体，如二氧六环、丙酮、正己烷、乙二醇二甲醚等处理沉淀物，然后干燥制得DMC产物[249-251]，使用有机配体处理之后的DMC可表现出更高的催化活性。在制备DMC的过程中，H_2O分子及Cl^-会包覆于晶胞中，并会与金属中心配位，在聚合反应时抑制环氧单体的配位，降低反应活性。此外，反应生成的碱金属离子会与催化剂中负电性的CN结合，也会降低催化活性。当采用$K_3[Fe(CN)_6]$这种变价金属氰化物盐制备Zn-Fe基DMC时，在干燥DMC的时候会有相当一部分Fe(III)与Cl^-发生氧化还原反应而被还原成Fe(II)，还原生成的Fe(II)残留在催化剂中无法分离，会降低Zn-Fe基双金属氰化物的催化活性。为此，通常采用有机配体处理，交换出晶胞中的水及Cl^-，从而达到提高催化剂活性的目的。

Zn-Co基DMC的催化活性比Zn-Fe基DMC更高，且可在少量水存在下催化环氧单体均聚制备低分子量聚醚二元醇，所得的聚醚二元醇是聚氨酯的重要原料。与传统碱催化法制备的聚醚二元醇相比，采用DMC催化剂制备的聚醚二元醇具有不饱和度低、分子量分布窄等优点，且可以制备较高分子量的聚醚二元醇[252, 253]。

Bi Le-Khac指出，在制备Zn-Co基双金属氰化物催化剂时，以叔丁醇及低分子量的聚醚多元醇做有机配体所制备的催化剂表现出最高的活性，单体物质的量转化频率（TOF）超过20molPO • (mol Co)$^{-1}$ • h^{-1}[大于2kg PO • (gCo)$^{-1}$ • min^{-1}][254, 255]。通过催化剂的粉末X射线衍射结果分析，发现在小分子醇或者小分子醇与低分子量聚醚多元醇共同作为有机配体时制备的DMC是一种低结晶度化合物，而在没有有机配体或者只使用低分子量聚醚多元醇做有机配体时制备的双金属氰化物催化剂则具有很高的结晶度，显然低结晶度DMC的活性要比高结晶度DMC的高很多。

Bi Le-Khac还详细研究了制备Zn-Co基DMC的过程中的加料顺序及有机配体的添加方式对催化性能的影响[256]，将$K_3[Co(CN)_6]$溶液加入到过量的$ZnCl_2$溶液中所制备的DMC的结晶度要比反向添加所制备的DMC的低，但活性较高。在$ZnCl_2$溶液中或$K_3[Co(CN)_6]$溶液中先添加叔丁醇做有机配体所制备的DMC活性最高，其次是将生成的浆状物用叔丁醇处理后再采用均化器处理后制备的DMC，而将金属盐水溶液与金属氰化物水溶液直接混合后再加叔丁醇处理所制备的DMC的催化活性最低。按照美国专利 US 6018017 制备的催化剂结晶度一般都小于 30%，最低可以低至 1%，而传统的方法制备的 DMC 结晶度一般要大于 35%。这种低结晶度的催化剂在催化环氧丙烷聚合时表现出更高的催化活性和较短的诱导期，且制备的聚醚二元醇的不饱和度很低[256]。

由于 DMC 是一种非均相催化剂，其具体结构目前还不明确，因此其聚合反应机理目前仍然停留在推测阶段。通常原子吸收光谱及元素分析可以给出 DMC 的结构简式，如 $Zn_3[Co(CN)_6]_2 \cdot xZnCl_2 \cdot y\ t\text{-}BuOH \cdot zH_2O$（$x$、$y$、$z$ 通常不是整数）。一般在制备双金属氰化物催化剂时，金属盐如 $ZnCl_2$ 是过量的，而有机配体和水的含量则与干燥条件有关，因此，通过元素分析及原子吸收光谱确定的催化剂的经验结构简式中各组分之间是一种非计量的关系，经验结构式中的 x、y、z 的值具有不确定性[257]。

X 射线衍射可用来表征 DMC 的结晶度，但是完全结晶的 DMC 对环氧单体聚合反应没有活性，在 X 射线衍射谱中会表现出几组尖锐而强烈的衍射峰，分别对应不同的晶面，如 17.6°（2 0 0），24.8°（2 2 0），35.2°（4 0 0），39.6°（4 2 0）等[258]。当在有机配体存在时，随着金属盐 $ZnCl_2$ 过量越多，催化剂的结晶度逐渐降低。在 X 射线衍射谱中表现出几组衍射包，表明催化剂的结晶度明显降低。通常低结晶度的 DMC 对环氧单体的均聚表现出非常高的催化活性。

X 射线光电子能谱可用来表征催化剂中各个元素的电子结合能，活性中心金属的电子结合能越高，则其配位能力越高，通常有利于提高催化剂的活性。此外，X 射线光电子能谱可以表征催化剂表面元素的分布情况，而非均相催化剂催化的化学反应其实是表面催化，因此研究催化剂表面的元素分布就显得非常重要。扫描电子显微镜可以用来观察催化剂的表面形貌，催化剂的表面形貌对其催化反应性能有直接的影响。傅里叶变换红外光谱则可用来间接证明催化剂的结构。自由的氰基在红外光谱中的吸收峰位置[ν(CN)]为 $2080cm^{-1}$，在 $K_3[Co(CN)_6]$ 中氰基的吸收峰位置[ν(CN)]为 $2133.4cm^{-1}$，而在 $Zn_3[Co(CN)_6]_2$ 中氰基的吸收峰位置[ν(CN)]为 $2195.9cm^{-1}$。氰基的吸收峰位置[ν(CN)]向高波数移动，说明氰基（CN）不仅作为 σ 电子供体与 Co 相连，而且以 Π 电子供体与 Zn 相连，形成以氰基桥连的双金属化合物[259]。从 X 射线光电子能谱的表征结果中也可以得出与红外表征结果相似的结论。Coates[260, 261]认为二维结构的双金属 $M[M'(CN)_4]$ 催化剂应该比三维结构的双金属 $M_3[M'(CN)_6]_2$ 的活性高，因为二维双金属更有利于单体配位。2006 年，戚国荣[262, 263]与 Coates[260, 261]分别制备出了一种二维 DMC，他们采用与制备 $Zn_3[Co(CN)_6]_2$ 相同的方法，将 $K_3[Co(CN)_6]$ 换成 $K_2[M'CN_4]$，其中 M'为二价金属 Ni、Pt、Pd，制备出 $Zn[NiCN_4]$ 等四氰基双金属氰化物。Coates 对含水 DMC 的晶体结构进行了表征，晶胞中 Pd 为平面形，Co 为八面体中心，晶胞中有六个结晶水，结晶水与 Co 之间以配位键连接，与 Pd 之间只有弱的相互作用，水分子之间以氢键连接。需要指出的是，在 Coates 报道的四氰基双金属氰化物中，若晶胞中含有结晶水，则无催化活性，只有完全脱水后才具有催化活性。2008 年，张兴宏等[264]采用溶胶-凝胶方法制备了二氧化硅与 Zn-Co 基双金属氰化物的杂化催化剂，这种催化剂具有纳米片层结构，对二氧化碳与环氧环己烷共聚反应表现出较高的催化活性，每克催化剂可以得到 7.5kg 的聚合物。黄亦军等[265, 266]制备了 $CaCl_2$ 掺杂的 Zn-Co 基双金属氰化物催化剂并用于环氧丙烷的均聚，发现少量 $CaCl_2$ 掺杂的催化剂表现出更短的反应诱导期及更高的催化活性，而掺杂前后催化剂的结晶度变化不大。

除了双金属氰化物催化剂，双官能化的催化剂及双金属中心催化剂也是目前二氧化碳与环氧化合物共聚合催化剂研究的热点，并被用于二氧化碳聚合物多元醇的制备。2003 年，Coates 等[267]报道了第一个 Salen-Co(III)催化体系用于催化二氧化碳与环氧丙烷共聚反应，聚合物选择性超过 99%，碳酸酯单元含量大于 90%，单体物质的量转化频率小于 100。2004 年吕小兵等[268]利用 Salen-Co(III)/n-Bu_4NY 二元体系催化二氧化碳和环氧丙烷共聚，在保持高的聚合物选择性和高碳酸酯单元含量的同时，催化活性也得到了很大提高，达到了 $371h^{-1}$。但是这种二元体系不能在更低的浓度或较高的温度下高效催化二氧化碳与环氧化合物的共聚反应制备聚碳酸酯，因为浓度太低时，二元组分中两种组分之间的协同作用会减弱或消失，导致聚合物选择性明显下降，产生较多的副产物环状碳酸酯，而在较高的温度下进行聚合反应时，金属中心会发生氧化还原反应导致活性降低。2006 年 Nozaki 等[144]报道了一种哌啶功能化的 Salen-Co(III)催化剂，由于哌啶官能团与增长链之间的静电相互作用可以抑制回咬反应的发生，从而提高了聚合物的选择性。Lee 等[247,248]在 2007 年和 2008 年分别报道了两种季铵盐功能化的 Salen-Co(III)催化剂，这种双官能化的催化剂可以在更低的浓度下和较高的温度下催化二氧化碳与环氧丙烷共聚合反应制备完全交替的聚碳酸酯。在 80℃和环氧丙烷/催化剂的摩尔比为 150000 的条件下，催化活性高达 $12400h^{-1}$，聚合物选择性为 96%，并且这种季铵盐功能化的催化剂可以通过简单的硅胶板过滤回收，回收后的催化剂可以连续使用 5 次而没有明显的失活现象。该催化剂是目前催化二氧化碳与环氧化合物共聚制备聚碳酸酯活性最高的催化剂，后来 Lee 也利用该催化剂成功制备聚碳酸酯多元醇[247, 248]。Williams 等[269, 270]报道的双核锌催化剂也可用来合成聚碳酸酯二元醇，所合成的聚碳酸酯二元醇可以引发丙交酯聚合形成 PCL-PCHC-PCL 三嵌段共聚物，并且该催化剂可以在水做链转移条件下催化氧化环己烯与 CO_2 共聚制备聚碳酸环己烯酯二元醇。

5.3.1.2 二氧化碳基聚碳酸酯醚多元醇的合成

双金属氰化物最初用来催化环氧单体均聚或共聚制备聚醚多元醇，陶氏化学公司的 Kruper 等[271]在美国专利 US4500704 中将其用于催化二氧化碳与环氧化合物共聚合，制备了聚碳酸酯醚，但催化效率很低，每克催化剂只能得到 44g 聚合物，且碳酸酯含量很低。由于双金属氰化物本身的催化特性，要利用该催化剂催化二氧化碳与环氧化合物共聚反应所得的二氧化碳基聚碳酸酯-醚多元醇中碳酸酯单元含量始终低于 80%，制备完全交替的聚碳酸酯多元醇的难度很大。

双金属氰化物在催化环氧单体均聚制备聚醚多元醇时，通常需要添加含活泼氢化合物做链转移剂以控制聚醚多元醇的分子量及官能度，由于链转移反应速率远远大于聚合反应速率，因此含活泼氢化合物不会使催化剂失活，聚合反应和链转移反应均可顺利进行[252, 253]。这种在活泼氢化合物存在下进行的聚合反应称为“不死聚合反应”，即在聚合反应引发后形成的增长链与含活泼氢化合物发生链转移反应后会形成新的活性中心，新形成的活性中心可以继续引发聚合反应，因此聚合物的分子量与官能度可以通过链转移剂的用量及种类来控制，是一种不同于传统意义上的“活性聚合”[245, 246]。利用双金属氰化物这种可催化“不死聚合”的特性，就可以催化二氧化碳与环氧化物共聚制备出聚碳酸酯醚多元醇，进而作为聚氨酯的原料使用。

1986 年，Kuyper 等[241]在专利 EP 0222453A2 中报道了一种以二价金属盐作助催化剂的双金属氰化物体系。所制备的聚碳酸酯醚多元醇的分子量可以控制在 1000～2000g·mol^{-1}，产物中碳酸酯单元含量为 5%～15%，但是环状碳酸酯副产物含量很高，可达 12.8～31.5%（质量分数）。陈立班等[86]利用有机螯合剂负载的 Zn-Fe 基双金属氰化物 $P_aM^{II}X_b[ML_cX_d]_e(H_2O)_f(M^{I}X)_9$ 催化二氧化碳与环氧丙烷的共聚反应，在活泼氢化合物链转移剂下制备了聚碳酸酯醚多元醇。反应时间长为 24h，聚合物中碳酸酯单元含量小于 40%，数均分子量在 2000～20000g·mol^{-1} 之间，但是所制得的聚合物颜色较深，必须进一步清除残余催化剂。2004 年 Hinz 等[272]在 US 6173599B1 中报道了聚碳酸酯醚多元醇的制备方法，该方法以基于 $Zn_3[Co(CN)_6]_2$ 的 DMC 为催化剂，以甘油与环氧化合物的加成物为链转移剂，在催化二氧化碳与环氧丙烷共聚的同时加入少量的单醇，但是所制备聚合物多元醇中碳酸酯单元含量不超过 15%，重均分子量在 2000～3000g·mol^{-1} 之间，聚碳酸酯醚多元醇的分子量分布介于 1.31～1.54 之间。在 US 6762278B2 中，Hinz 等先用离子交换树脂处理 $K_3[Co(CN]_6]$，使 K^+ 与 H^+ 交换，生成 $H_3[Co(CN]_6]$，然后利用 $H_3[Co(CN]_6]$ 与 $Zn(CH_3COO)_2\cdot 2H_2O$ 制备得到 DMC，该 DMC 在链转移剂的存在下，催化二氧化碳与环氧丙烷共聚制备聚（碳酸酯-醚）多元醇，但是碳酸酯单元含量不超过 20%，重均分子量在 3000～5000g·mol^{-1} 之间，分子量分布在 1.16～1.73 之间[273]。Mijolovie 等[274]在 US 2010/0048935A1 中用两种链转移剂 S_R 和 S_C 对聚合反应进行调节，S_R 为起始加入的链转移剂，而 S_C 则为其后连续加入的链转移剂，它们可以是同种类链转移剂，也可以是不同种类的链转移剂，用在基于 $Zn_3[Co(CN)_6]_2$ 的 DMC 催化二氧化碳与环氧丙烷的共聚反应，环状碳酸酯含量小于 5%（质量分数），所制备的聚（碳酸酯-醚）多元醇数均分子量在 2000g·mol^{-1} 左右，分子量分布在 1.17～1.51 之间，活性在 6.6kg·g^{-1}DMC 左右，但是碳酸酯单元含量不超过 15%。海德等[275]在中国专利 CN 101511909A 中采用非晶的基于 $Zn_3[Co(CN)_6]_2$ 的 DMC 制备了聚（碳酸酯-醚）多元醇，其碳酸酯单元含量在 1%～35%之间，数均分子量在 3000g·mol^{-1} 左右，但是环状碳酸酯含量在 9%～52%（质量分数，下同）之间，且该方法中单体转化率很低，活性也较低。

采用双金属氰化物催化二氧化碳与环氧单体进行“不死共聚合”反应制备低分子量聚碳酸酯醚多元醇的研究多见于专利报道，而详细研究该方法的文献非常少。戚国荣等[276]采用基于 $Zn_3[Co(CN)_6]_2$ 的双金属氰化物催化剂，以相对分子质量为400的低聚丙二醇做链转移剂，催化活性达到 2kg · g^{-1} DMC，所制备的聚碳酸酯醚多元醇的数均分子量在 2500～4000g · mol^{-1} 之间，碳酸酯单元含量在 17%～45%之间，但是聚合物选择性低，产物中环状碳酸酯副产物含量普遍大于 12%，最高超过 30%。如何在保持较低数均分子量（2000g · mol^{-1} 以下）前提下提高聚碳酸酯醚多元醇中碳酸酯单元含量，并降低副产物环状碳酸酯含量是亟需解决的两个难题。

由于副产物环状碳酸酯的生成以及二氧化碳的插入反应均是由热力学控制的，因此低温共聚反应有利于提高碳酸酯单元含量，并可抑制环状碳酸酯副产物的生成。王献红等[277]利用高活性的 Zn-Co 基双金属氰化物为催化剂，系统研究了不同分子量的低聚丙二醇作链转移剂下反应条件对二氧化碳与环氧丙烷“不死共聚合”的影响。他们利用质谱及端基滴定方法证明了所制备的聚合物是两端为羟基的聚碳酸酯醚二元醇，在 50℃和 6.0MPa 下，可以制备出碳酸酯单元含量为 62.5%，分子量为 3700g · mol^{-1} 的聚碳酸酯醚二元醇。产物中环状碳酸酯副产物含量只有 2.5%。进一步的研究结果表明，采用较低分子量的聚丙二醇为链转移剂有利于提高聚碳酸酯醚二元醇中碳酸酯单元含量，但是会降低催化活性，并延长聚合反应的诱导期。当然，也可以通过增加链转移剂用量来制备较低分子量的聚碳酸酯醚二元醇，但通常会伴随着碳酸酯单元含量及催化活性的下降，环状碳酸酯含量也随之增加。另一方面，降低反应温度或提高反应压力，也能提高聚合物中碳酸酯单元含量，不过反应时间会延长，催化剂活性也会下降。

通常利用低分子量二元醇作链转移剂时的诱导期较长，要制备低分子量和高碳酸酯单元含量的聚合物需要很长的反应时间。如制备碳酸酯单元含量为 62.5%，分子量为 3700g · mol^{-1} 的聚碳酸酯醚二元醇通常需要 50h，这是由于链转移剂中的羟基能与环氧丙烷同时对催化剂活性中心进行竞争配位，抑制了单体的配位。为此，王献红等[297]采用配位能力弱的二元羧酸作链转移剂，因为二元羧酸配位能力弱，且不含醚结构，有利于缩短反应时间，并提高聚合物中的碳酸酯单元含量。他们首先采用癸二酸作链转移剂，发现聚合物的分子量与环氧丙烷/癸二酸的配比成良好的线性关系，因此可以据此精确控制聚碳酸酯醚二元醇的分子量，并可以制备分子量小于 2000g · mol^{-1}，碳酸酯单元含量大于 40%的聚碳酸酯醚二元醇。

通过研究环氧丙烷随时间的转化率变化，王献红等发现以癸二酸作链转移剂时聚合反应的诱导期只有 25min，而采用二聚丙二醇作链转移剂时，聚合反应的诱导期超过 6h，因此癸二酸是一种更适合的链转移剂。进一步的研究结果表明，随着温度的降低以及聚合反应压力的上升，催化剂活性会逐渐下降，但仍然高于 1.0kg · g^{-1} 催化剂。通过优化聚合反应条件，在 50℃和 4.0MPa 下可制备出碳酸酯单元含量为 75%、数均分子量为 1500g · mol^{-1} 的聚碳酸酯醚二元醇，其分子量分布指数只有 1.11。

通过质谱研究聚合物链结构随时间的变化，发现在反应初期，末端基为叔丁氧基端基，癸二酸并没有进入到聚合物链中，随着环氧丙烷转化率的升高，癸二酸开始插入到聚合物链中，形成两末端为羟基的聚碳酸酯醚二元醇。据此他们提出了癸二酸做链转移剂，双金属氰化物催化二氧化碳与环氧丙烷进行“不死共聚合”的机理[297]（图 5-102）。

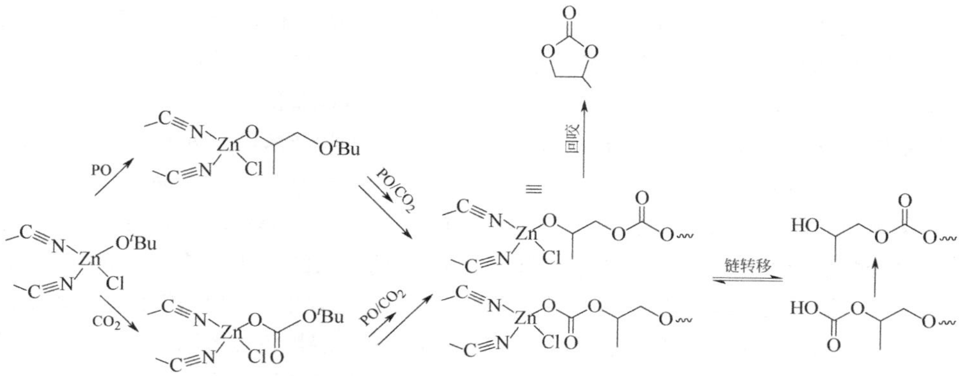

图 5-102 双金属氰化物催化二氧化碳与环氧丙烷进行“不死共聚合”的机理

在该反应中，首先二氧化碳或者环氧丙烷插入到活性中心引发聚合反应，接着环氧丙烷与二氧化碳交替插入形成碳酸酯单元，或者环氧丙烷连续插入形成醚单元，在链增长的同时存在增长链与链转移剂之间的快速交换反应，从而形成末端为羟基的聚合物。聚合过程中形成的环状碳酸酯副产物也是源于回咬反应的结果。

双金属氰化物在催化二氧化碳与环氧化合物进行“不死共聚合”中表现出良好的催化性能，但由于该催化剂本身固有的催化特性，还很难制备完全交替的聚碳酸酯多元醇。2010 年，Lee 等[247]采用季铵盐官能化的 Salen-Co(III)催化剂在己二酸存在的条件下催化二氧化碳与环氧丙烷进行“不死共聚合”，制备了具有完全交替结构的聚碳酸酯二元醇，所得聚碳酸酯二元醇的分子量可以通过环氧单体/己二酸的配比进行精确控制。随后他们又采用磷酸及其衍生物做链转移剂，利用这种季铵盐官能化的 Salen-Co(III)催化剂催化二氧化碳与环氧丙烷进行“不死共聚合”反应，制备了聚合物主链含磷的聚碳酸酯二元醇及三元醇，由此聚合产物制备的聚氨酯表现出较好的阻燃效果[248]。

季铵盐官能化的 Salen-Co(III)可以催化二氧化碳与环氧化合物进行“不死共聚合”反应，并制备出具有完全交替结构的聚碳酸酯多元醇，且分子量可以进行精确控制。双金属氰化物也能通过调节聚合反应条件，催化二氧化碳与环氧化合物进行“不死共聚合”反应制备碳酸酯单元含量高达 75%的聚碳酸酯醚多元醇。这两种催化体系具有互补性，可同时用于催化二氧化碳与环氧化物的共聚反应，实现对聚碳酸酯多元醇的结构和分子量的精确控制。

5.3.2 二氧化碳基聚氨酯的结构与性能

二氧化碳基聚氨酯主要是指在合成聚氨酯时所采用的二元醇或者多元醇来源于CO_2，目前这方面的研究仍较少，下文将做简单介绍。

2011 年，Lee 等[248]采用磷酸及其衍生物做链转移剂，如磷酸[$P(O)OH_3$]、苯基磷酸[$PhP(O)OH_2$]和二苯基磷酸[$Ph_2P(O)OH$]等，采用季铵盐功能化的 Salen Co(III)催化剂催化二氧化碳与环氧丙烷进行不死共聚合制备了主链含有磷元素的聚碳酸酯多元醇，如图 5-103 所示。聚碳酸酯多元醇的分子量可以通过磷酸或其衍生物与环氧丙烷的摩尔比精确控制。研究者将采用苯基磷酸作链转移剂制备的聚碳酸酯二元醇与甲苯二异氰酸酯反应制备聚氨酯。研究发现，如果将合成的聚碳酸酯二元醇分离出来后再与甲苯二异氰酸酯反应时，所制备的聚氨酯的分子量一般比较低且不易控制，如果在二氧化碳与环氧丙烷共聚合结束后，所制备的聚碳酸酯二元醇不经过分离直接与甲苯二异氰酸酯反应可以制备分子量为 58900g・mol^{-1} 的聚氨酯，其分子量分布为 4.61，玻璃化转变温度为 42℃。制备的含磷聚氨酯具有阻燃的效果，当使用气体点火器点燃制备的聚氨酯时会很快熄灭，熄灭后，燃烧部分会有一层黑色覆盖物。一般认为含磷聚合物燃烧时，磷元素会被氧化成磷酸，之后磷酸与脱氢的聚合物发生酯化反应形成一种黑色碳化保护层。他们进一步采用锥形量热仪测定了二氧化碳-环氧丙烷共聚物（PPC）、含磷聚氨酯（TPU，磷含量约 4000μg・g^{-1}）和聚苯乙烯（PS）的燃烧试验参数，如总烟化率、比消光面积、总热释放量、热释放速率、质量损失速率以及点燃所需时间，结果如表 5-17 所示。

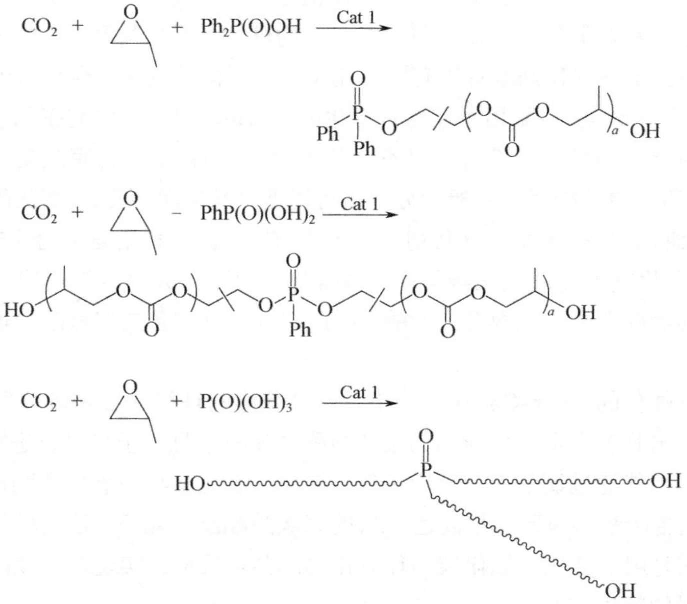

CO_2 + [环氧丙烷] + $Ph_2P(O)OH$ —Cat 1→

CO_2 + [环氧丙烷] + $PhP(O)(OH)_2$ —Cat 1→

CO_2 + [环氧丙烷] + $P(O)(OH)_3$ —Cat 1→

图 5-103 二氧化碳与环氧丙烷不死共聚合制备含磷聚碳酸酯多元醇

表 5-17 PPC、TPU（含磷聚氨酯，磷含量约 4000μg・g^{-1}）和 PS 的锥形量热仪测试数据

样品	TSR①/m^2・m^{-2}	ASEA②/m^2・kg^{-1}	ALMR③/g・s^{-1}	THR④/MJ・s^{-1}	PHRR⑤/kW・m^{-1}	T⑥/s
PPC⑦	297	13	0.024	79	1104	193
TPU⑦	171	14	0.015	50	911	131
PS⑧	2560	830	0.014	69	762	316

① 燃烧释放总烟量。
② 平均比消光面积。
③ 平均质量损失率。
④ 燃烧释放总热量。
⑤ 最快放热速率。
⑥ 燃烧时间。
⑦ 样条厚度为 3mm。
⑧ 样条厚度为 2mm。

PPC 和含磷聚氨酯 TPU 释放的总烟率比聚苯乙烯低，仅为聚苯乙烯燃烧的 1/10，它们的平均比消光面积约是聚苯乙烯燃烧时的 1.7%，在这个意义上说 PPC 也具有一定的“阻燃”效果。此外，TPU 的总燃烧放热是 50MJ・m^{-2}，燃烧时间为 131s，而 PPC 的燃烧总放热量为 7950MJ・m^{-2}，燃烧时间 193s，而且 TPU 的平均质量损失速率（0.015g・s^{-1}）也比 PPC(0.024g・s^{-1})少。2012 年，Lee 等[278]又通过改变链转移剂种类合成了 PPC 二元醇，然后直接和异氰酸酯反应制备聚氨酯，并且通过改变异氰酸酯的种类研究了不同结构的 PPC 二元醇和二异氰酸酯对聚氨酯性能的影响。他们以 1,2-丙二醇做链转移制备了分子量为 4100g・mol^{-1} 的 PPC 二元醇，分子量分布为 1.05，然后和二苯基甲烷二异氰酸酯（MDI）进行扩链反应，合成的聚氨酯的分子量为 37800g・mol^{-1}，分子量分布为 4.25。当用 1,4-苯基二异氰酸酯（PPDI）代替 MDI 时，合成的聚氨酯的分子量有所降低，但也能得到分子量为 28900g・mol^{-1} 的聚氨酯。当改用甲苯二异氰酸酯（TDI）时，合成的聚氨酯的分子量降低到 23700g・mol^{-1}。当采用 PPDI 和 TDI 合成聚氨酯时，所得的聚氨酯的分子量比用 MDI 合成的聚氨酯的分子量低是因为 PPDI 和 TDI 的反应活性比 MDI 低。利用 MDI 制备的聚氨酯的玻璃化转变温度可达 49℃，要比 PPC 二元醇的 28℃高许多，也比用 PPDI 和 TDI 制备的聚氨酯的玻璃化转变温度高，这是因为利用 MDI 制备的聚氨酯中含有更多的刚性苯环的缘故。为了进一步提高所合成的聚氨酯的玻璃化转变温度，他们采用对苯二甲酸和 2,6-萘二酸替代 1,2-丙二醇作链转移制备 PPC 二元醇，然后再和 MDI 反应制备聚氨酯，所得到聚氨酯的玻璃化转变温度分别达到了 49℃和 60℃。

5.4 非光气路线制备聚碳酸酯

聚碳酸酯种类较多，可分为芳香族聚碳酸酯、脂肪族聚碳酸酯、酯环族聚碳酸酯等，实际使用最广泛的仍然是双酚 A 型聚碳酸酯，一种最典型的芳香族聚碳酸酯。双酚 A 型聚碳酸酯是一种无色透明的热塑性工程塑料，具有优异的热力学性能，如耐冲击性优良、拉伸强度高、压缩强度大和弯曲强度高、同时具有耐热耐寒性能等，因此双酚 A 型聚碳酸酯是发展最快的聚碳酸酯。

双酚 A 型聚碳酸酯的合成方法主要是光气法。它以光气为羰基源，可分为直接光气法和间接光气法[279]：直接光气法是在互不相溶的二氯甲烷和碱性水溶液的混合溶剂中，利用光气与双酚 A 直接进行界面缩聚制得；间接光气法是先利用光气与苯酚进行反应制得碳酸二苯酯，然后再进行酯交换反应制得高分子量聚碳酸酯。无论直接光气法还是间接光气法，其使用的羰基源都是光气，光气具有强毒性，强污染性，因此非光气法合成聚碳酸酯一直是该领域的重要发展方向。

非光气法主要是先从碳酸二甲酯与苯酚反应制备碳酸二苯酯，然后再利用碳酸二苯酯与双酚 A 进行酯交换反应制备双酚 A 型聚碳酸酯。该方法不需要洗涤和干燥工艺，相比于界面缩聚工艺，该方法操作起来简单，没有副产物，几乎不造成污染，并且所得到的聚碳酸酯纯度较高，因而透明度高，适合作为光学材料使用。并且在生产过程中，苯酚可以循环使用，降低了生产成本，还避免了剧毒物质光气的使用，是一种绿色工艺。

5.4.1 碳酸二甲酯的制备方法

碳酸二甲酯是一种无色液体，其熔点为 4℃，沸点为 90℃，密度接近 1，可以与水及很多有机溶剂互溶，是一种非常有用的有机中间体。它可以替代传统的有毒的甲基化试剂，如硫酸二甲酯、碘甲烷等，也可以作为甲氧基化试剂和羰基化试剂，因此近年来如何实现碳酸二甲酯的高效和高选择性合成受到了极大关注[280]。

目前碳酸二甲酯的制备方法包括甲醇的氧化羰基化法、酯交换法、尿素醇解法以及利用二氧化碳与甲醇直接合成碳酸二甲酯等，如图 5-104 所示。

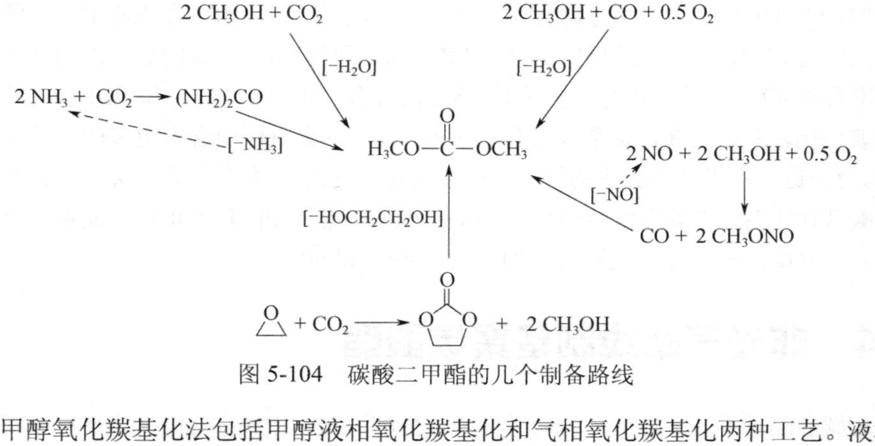

$2\ CH_3OH + CO_2$ [$-H_2O$]

$2\ CH_3OH + CO + 0.5\ O_2$ [$-H_2O$]

$2\ NH_3 + CO_2 \longrightarrow (NH_2)_2CO$ [$-NH_3$]

$H_3CO-C(=O)-OCH_3$

$2\ NO + 2\ CH_3OH + 0.5\ O_2$ [$-NO$] $CO + 2\ CH_3ONO$

[$-HOCH_2CH_2OH$]

环氧乙烷 $+ CO_2 \longrightarrow$ 碳酸乙烯酯 $+\ 2\ CH_3OH$

图 5-104 碳酸二甲酯的几个制备路线

甲醇氧化羰基化法包括甲醇液相氧化羰基化和气相氧化羰基化两种工艺。液相氧化羰基化法以 CO、O_2 和液体 CH_3OH 为原料进行反应制备碳酸二甲酯，意大利的Enichem 公司在 1983 年采用基于 CuCl 的淤浆催化体系，在间歇式反应器中实现了液相甲醇氧化羰基化方法的工业化，反应产物中包含 50%～70%未反应的甲醇，30%～40%的碳酸二甲酯和 2%～5%的水，反应过程还产生二氧化碳，可作为碳源进行循环利用生产 CO。未反应的甲醇经分离后重新进入反应器。用于甲醇液相氧化羰基化生产碳酸二甲酯的催化剂主要是非均相的 Cu 基催化剂。

Enichem 工艺中，碳酸二甲酯的选择性和产率严重依赖于 Cl 与 Cu 的摩尔比，当 Cl/Cu 为 1 时，碳酸二甲酯的选择性最高。对碳酸二甲酯的产率而言，当 Cl/Cu 小于 1 时，碳酸二甲酯的产率变化不大；当 Cl/Cu 超过 1 时，碳酸二甲酯的产率明显降低，因此，Cl/Cu 的摩尔比为 1 时是对碳酸二甲酯的产率及选择性均较好的一个条件。Enichem 公司曾采用单独的 CuCl 为催化剂，并且在反应过程中添加盐酸以抑制反应过程产生的水所造成的催化剂失活，确保 Cl/Cu 基本不变，然而盐酸严重影响碳酸二甲酯的选择性，造成氯甲烷和甲醚等副产物的生成。此外，这种工艺由于氧气的存在而使其具有一定的危险性，因为在一氧化碳富集区，氧气含量超过 4.0%就有爆炸危险[281]。

甲醇气相氧化羰基化法是以甲醇、一氧化碳和一氧化氮为原料制备碳酸二甲酯。UBE 公司在其生产草酸二甲酯的基础上，对其催化体系进行了改进，用于生产碳酸二甲酯。他们利用 $PdCl_2$ 及另外一种金属氯化物，如 Bi、Fe 和 Cu，进行共浸渍负载于活性炭上，这种催化剂在一氧化碳存在下将亚硝基甲酯（CH_3ONO）转化为碳酸二甲酯。双金属催化体系生产碳酸二甲酯的选择性超过 92%，催化活性约是 Enichem 催化体系的 3 倍。

UBE 公司采用两个反应器分两步合成碳酸二甲酯，第一步先从一氧化氮、甲醇及氧气生产亚硝基甲酯，该反应可在无催化剂条件下在 60℃液相中进行。为了保证合成碳酸二甲酯是在无水体系中进行以保持催化剂活性，第一步反应生成的水需要除去。第二步反应在固定床反应器中，以碳负载的 $PdCl_2$ 催化剂催化一氧化碳与亚硝基甲酯在气相条件下转化为碳酸二甲酯，反应体系中同时添加了经过惰性气体稀释的氯化物。反应产物经过吸附柱分离为冷凝和不冷凝部分，未反应的亚硝基甲酯和一氧化氮可循环进入反应器中。该方法的优点在于避免了水、甲醇及碳酸二甲酯的接触，避免了分离困难，因为水、甲醇和碳酸二甲酯会形成共沸体系而难以分离。然而该反应也存在一定的缺点，第一步反应剧烈放热，CH_3OH 与 NO 和 O_2 混合时有爆炸危险，而且 NO 以及中间产物亚硝基甲酯是有毒物质[281]。

酯交换法是通过甲醇与碳酸乙烯酯或碳酸丙烯酯的酯交换反应制备碳酸二甲酯，而碳酸乙烯酯或碳酸丙烯酯则由二氧化碳与环氧乙烷或环氧丙烷进行环加成反应制得。酯交换法在生成碳酸二甲酯的同时可以得到乙二醇或者丙二醇，因此该工艺无污染，并且以温室气体二氧化碳作为原料，具有 100%的原子经济性，是一种制备碳酸二甲酯的绿色工艺。酯交换法最早采用可溶性的碱金属化合物或有机碱催化剂，如氢氧化钠、氢氧化钾、碳酸钾、甲醇钠、季铵盐、三乙胺等，但是这些均相催化剂难以与产物分离，因此非均相催化剂得到更多的关注。目前非均相催化剂主要有复合金属氧化物、碱金属硅酸盐、碱处理的分子筛和负载的离子液体等。何良年等[282]以NaZSM-5分子筛为催化剂催化甲醇与碳酸乙烯酯进行酯交换反应制备碳酸二甲酯，以5%（摩尔分数）浓度的催化剂在70℃反应3h，碳酸二甲酯的产率达到77%，选择性高达97%。NaZSM-5是一种已经商业化的分子筛，在催化碳酸乙烯酯与甲醇进行酯交换制备碳酸二甲酯时，通过简单的过滤可以将催化剂分离，分离后的催化剂仍然保持催化活性。邓有全等[283]将$Zn(OAc)_2 \cdot 2H_2O$和$Y(NO_3)_3 \cdot 6H_2O$通过共沉淀法制备了Zn/Y复合氧化物，用于催化甲醇和碳酸乙烯酯的酯交换反应制备碳酸二甲酯，研究表明适量的钇可明显提高催化活性，当Zn/Y为3时，在400℃焙烧后催化剂的活性达到236mmol·g^{-1}·h^{-1}，中强碱性位点（7.2<pH<9.8）的存在是该催化剂表现出高催化活性的重要原因。与产物分离后的催化剂经过350℃焙烧后可以再生，再生后的催化剂在回收利用六次后催化活性没有明显降低，碳酸二甲酯的产率仍可达65%。Park等[284]采用CMC-41负载的离子液体催化碳酸乙烯酯和甲醇的酯交换反应，随着负载的季铵盐烷基链的增长，碳酸乙烯酯的转化率增加，催化活性增加，延长反应时间和提高反应温度也有利于提高催化活性。张锁江等[285]采用K_2CO_3-碱二元体系在水存在下催化二氧化碳、环氧乙烷和甲醇反应，一锅法制备碳酸二甲酯。K_2CO_3-碱二元体系中的一种组分催化二氧化碳与环氧乙烷进行环加成反应，而水的存在有利于环加成反应进行，另一种组分催化碳酸乙烯酯与甲醇进行酯交换反应，在这两步反应中，两种组分互不影响，季铵盐/K_2CO_3体系、吡啶盐/K_2CO_3体系和KI/K_2CO_3体系都是有效的催化体系。以KI/K_2CO_3催化体系为例，在60℃反应1.5h，同时常压蒸馏移除碳酸二甲酯，环氧乙烷可以完全转化成碳酸乙烯酯，碳酸二甲酯的产率可达99%。KI/K_2CO_3可以回收重复利用，当重复利用12次后活性仍然没有明显降低。

尿素醇解法制备碳酸二甲酯是Heitz[286]于1982年提出的一种合成路线。二氧化碳与尿素反应生成碳酸二甲酯，同时也生成NH_3，将NH_3回收与CO_2反应可以重新制备尿素，因此该合成路线只消耗了甲醇和二氧化碳，被认为是一种绿色工艺而受到了重视。该反应可以分为两步，第一步是甲醇与尿素反应生成氨基甲酸酯和氨气，这一步是热力学有利的反应，第二步是氨基甲酸酯再与甲醇反应生成碳酸二甲酯，但这一步是热力学不利的反应，整个反应的自由能在100℃时为+12.5kJ·mol^{-1}，因此整个反应仍然是热力学不利的反应。通过在反应体系中添加BF_3，使得其与生成的NH_3转化成NH_3BF_3沉淀，从而使反应向产物方向移动，然而氨基甲酸酯仍然为反应的主要产物。BASF公司采用洗脱气体N_2带走生成的NH_3以提高碳酸二甲酯的产率，但是效果仍然不理想，氨基甲酸酯仍然是主要产物。2002年，张继炎等[287]研究了金属氧化物催化下的尿素醇解反应，指出ZnO是一种催化活性较高的催化剂，以8%（质量分数）的ZnO为催化剂，在尿素与甲醇的摩尔比为20时，在180℃反应9h，碳酸二甲酯的最高收率可达22.6%。在反应过程中，由于反应中间产物氨基甲酸酯会扩散并滞留于ZnO的微孔内，使其比表面积下降，活性位点减少，可通过焙烧再生，使ZnO

的催化活性恢复到原来的 90%以上。杨伯伦等[288]以多聚磷酸为催化剂催化尿素的醇解反应，其中多聚磷酸还起到了 NH_3 吸附剂的作用。当甲醇与尿素的摩尔比为 14、多聚磷酸与尿素的摩尔比为 1 时，在 0.8MPa 的二氧化碳氛围中于 140℃反应 4h，碳酸二甲酯的产率可达到 67.4%，副产物 NH_3 进行回收利用。孙予罕等[289]研究了固体碱催化尿素的醇解反应，其中 CaO 是活性最高的催化剂，在 180℃反应 11h，碳酸二甲酯和氨基甲酸酯的选择性分别为 15.83%和 55.7%。固体碱的催化效果是因为其碱性位与甲醇中的活泼氢发生相互作用从而对甲醇起到活化作用，当使用氨基甲酸酯为原料时，催化剂的催化效果没有明显变化，因此他们认为固体碱主要对第二步反应起作用，即氨基甲酸酯与甲醇反应生成碳酸二甲酯。杨伯伦等[290]以高沸点给电子的聚乙二醇二甲醚做溶剂，指出硬脂酸锌是该体系最好的催化剂，在最优的反应条件下碳酸二甲酯的产率可达 28.8%。孙予罕等[291]采用催化蒸馏技术减少尿素醇解制备碳酸二甲酯的反应过程中的副反应，他们以 ZnO-Al_2O_3 为催化剂，在催化蒸馏反应器中催化尿素醇解反应，碳酸二甲酯产率可达到 60%～70%。该催化蒸馏反应器包括气提、反应和精馏三部分，反应部分为填充有催化剂的反应柱。尿素的甲醇溶液从顶部进入反应器，甲醇从底部进入反应器。因为尿素和氨基甲酸酯具有较高的熔点和沸点，它们向下流动并流经反应部分，碳酸二甲酯和氨气一经生成会以蒸馏方式离开反应区，因为氨气的沸点以及碳酸二甲酯与甲醇的共沸温度均低于尿素和氨基甲酸酯的沸点，因此这个工艺可使反应向最终产物方向移动，并可抑制副反应发生，从而大幅度提高碳酸二甲酯的产率。

二氧化碳与甲醇直接制备碳酸二甲酯，理论上是直接利用二氧化碳制备高附加值化工产品的绿色途径，因此受到了较大关注。然而由于该反应的副产物水会使得碳酸二甲酯发生水解，加上二氧化碳是一种热力学稳定的化合物，如何使该平衡反应向产物方向高效移动仍然是难以解决的问题。

提高二氧化碳压力和向体系中添加脱水剂使反应向产物方向移动是提高碳酸二甲酯产率的方法之一。如图 5-105 所示，在不使用脱水剂时，碳酸二甲酯的产率非常低（1%～2%），当采用合适的脱水剂时，碳酸二甲酯的产率明显提高。一般使用的脱水剂可以分为可回收利用和不可回收利用两种，Sakakura 等[292]研究了三甲基原酸酯作为一种有机脱水剂在二氧化碳和甲醇制备碳酸二甲酯反应中的作用，1mol 三甲基原酸酯吸收 1mol 水可以产生 2mol 甲醇和 1mol 乙酸甲酯。令人惊讶的是，以 $Bu_2Sn(OMe)_2/Bu_4PI$ 作催化剂，在 30MPa，180℃反应 72h，在没有甲醇存在下，三甲基原酸酯与二氧化碳反应就可以生成碳酸二甲酯（图 5-106）。以三甲基原酸酯计算，碳酸二甲酯的产率可以达到 70%，选择性达到 75%。因此利用二氧化碳与三甲基原酸酯制备碳酸二甲酯是热力学有利的反应，然而三甲基原酸酯比较昂贵，且不能通过酯与醇再生。考虑到缩醛可以与醇反应再生，随后他们采用缩醛作为脱水剂[293]。与三甲基原酸酯不同，使用缩醛脱水剂的体系中需要有甲醇存在，且反应速率与甲醇浓度成正比。当采用 $Bu_4Sn(OMe)_2$/酸作催化剂，缩醛做脱水剂时，在 180℃和 30MPa 下反应 24h，碳酸二甲酯的产率可达 40%。

$$2\,CH_3OH + CO_2 \xrightleftharpoons{\text{催化剂}} H_3CO-\overset{O}{\overset{\|}{C}}-OCH_3 + H_2O$$

图 5-105 提高碳酸二甲酯的产率的几个途径

注：反应需增加CO_2压力并加入脱水剂使平衡正向移动催化剂应具有较高活性以加速反应

由于锡类催化剂是一种有毒的催化剂，钛系和锆系催化剂的毒性相对较低，因此他们随后发展了 $Ti(OMe)_4$/酸催化剂，在 180℃和 30MPa 下反应 24h，碳酸二甲酯的产率也可以达到 24%，当使用聚醚替代酸时，在相同的反应条件下碳酸二甲酯的产率还可提高到 55%[294]。

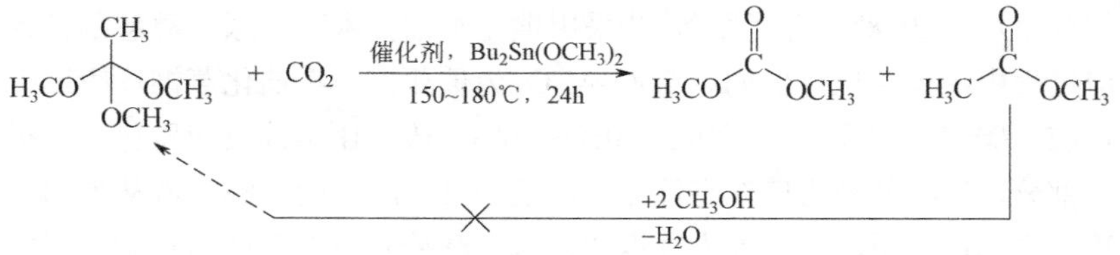

$$CH_3C(OCH_3)_3 + CO_2 \xrightarrow[150\sim180℃,\ 24h]{\text{催化剂},\ Bu_2Sn(OCH_3)_2} H_3CO-\overset{O}{\overset{\|}{C}}-OCH_3 + H_3C-\overset{O}{\overset{\|}{C}}-OCH_3$$

+2 CH_3OH

−H_2O

图 5-106 三甲基原酸酯与二氧化碳反应生成碳酸二甲酯

如果三甲基原酸酯和缩醛在该反应过程中只起到脱水剂的作用，那么无机物如分子筛也同样具有较好的除水效果，但是分子筛作脱水剂的实际效果并不明显[295]。Sakakura 等[296]认为，分子筛作脱水剂之所以对提高碳酸二甲酯产率没有明显的提高，是因为二氧化碳与甲醇直接制备碳酸二甲酯的反应温度较高，因此他们采用 $Bu_4Sn(OMe)_2$ 作催化剂，MS-3A 分子筛做脱水剂，在室温和 30MPa 下反应 72h，碳酸二甲酯的产率也可达 50%。

除了在二氧化碳和甲醇反应体系中添加脱水剂提高碳酸二甲酯的产率外，发展高效催化剂是一个主要方向。Tomishige 等[297]报道 ZrO_2 可以选择性催化二氧化碳与甲醇直接反应制备碳酸二甲酯，虽然碳酸酯二甲酯的选择性高达 100%，然而由于反应平衡的限制，在 5.0MPa 和 160℃下反应 2h，甲醇的转化率只有 0.34%。由于 ZrO_2 表面的酸性位和碱性位是有效的活性中心，因此改变添加酸的种类和用量可调控酸碱平衡。如 Ikeda 等[298]利用 H_3PO_4/ZrO_2 二元体系催化二氧化碳与甲醇反应制备碳酸二甲酯，加入磷酸后可在较低的温度下使反应加速。

胡长文等[299]采用溶胶-凝胶法制备了 $H_3PW_{12}O_{40}/ZrO_2$ 催化剂，在相同条件下，催化活性是 ZrO_2 的 9 倍。Sakakura 等[300]也发现向 $Bu_4Sn(OMe)_2$ 催化体系中添加酸催化剂如 Ph_2NH_2OTf 和 $Sc(OTf)_3$ 等可明显提高反应速率。

二氧化碳压力也是影响碳酸二甲酯产率的一个重要因素[296]，无论在热力学还是动力学上，较高的反应压力都可以加速反应，如图 5-107 所示，提高二氧化碳压力可以促使反应向目标产物方向移动，提高碳酸二甲酯的产率。

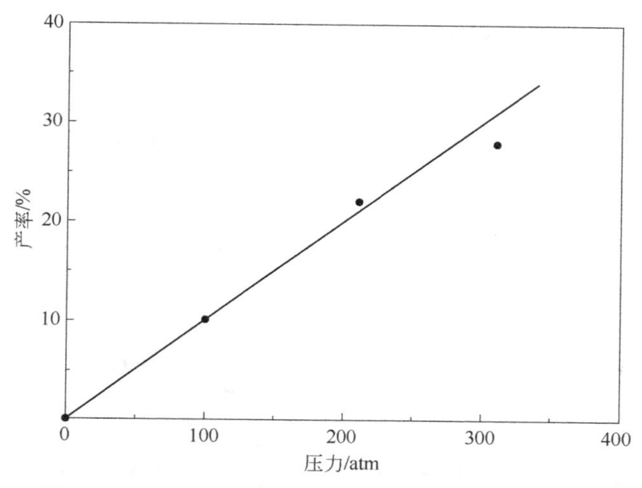

图 5-107　二氧化碳压力对 CO_2 与 CH_3OH 反应的影响

5.4.2　从碳酸二甲酯制备碳酸二苯酯的方法

碳酸二苯酯（Diphenyl carbonate，DPC）主要用来合成聚碳酸酯，可以通过光气法、苯酚的氧化羰基化法、苯酚与 CO_2 直接氧化羰基化法及苯酚与碳酸二甲酯酯交换法等方法来合成。其中苯酚与碳酸二甲酯的酯交换反应是非光气路线制备碳酸二苯酯的主要路线。一般认为碳酸二甲酯与苯酚进行酯交换反应制备碳酸二苯酯是通过两步反应完成的，如图 5-108 所示，首先是碳酸二甲酯与苯酚进行酯交换反应得到甲基苯基碳酸酯，然后再与苯酚反应制得碳酸二苯酯，或者甲基苯基碳酸酯分子间发生歧化反应生成碳酸二苯酯和碳酸二甲酯，而碳酸二甲酯可以作为原料循环利用。在反应过程中会发生苯酚与碳酸二甲酯发生氧甲基化反应生成苯甲醚的副反应，该反应消耗了苯酚，降低了苯酚的利用效率且降低了碳酸二苯酯的纯度，增加了分离成本，因此如何抑制这种副反应的发生是提高碳酸二苯酯的产率和选择性的关键。碳酸二甲酯与苯酚酯交换反应的机理如图 5-109 所示，在碳酸二甲酯分子中有两个反应位点，一个是 sp^2 杂化的羰基碳中心，一个是 sp^3 杂化的甲基碳中心，羰基碳可以被认为是硬酸中心，而甲基碳可以被认为是软酸中心。在苯酚分子中，由于氧原子上的孤对电子与苯环共轭，因此氧原子的亲核性降低，可被认为是软碱中心。根据软硬酸碱理论，软酸软碱是热力学更易发生的反应，因此氧甲基化反应要比酯交换反应更易发生，苯甲醚会是主要产物[301]。

Rivetti 等[302]报道了由碳酸二甲酯与苯酚进行酯交换的热力学平衡常数和标准吉布斯自由能。在 298K 和一个标准大气压下，在图 5-108 中，反应（5-19）的反应平衡常数 K_{eq298} 为 6.3×10^{-5}，$\Delta_r G_m^\ominus$ 为 $2.38\times10^4 J\cdot mol^{-1}$，反应（5-20）的反应平衡常数 K_{eq298} 为 1.2×10^{-5}，$\Delta_r G_m^\ominus$ 为 $2.80\times10^4 J\cdot mol^{-1}$，反应（5-21）的反应平衡常数 K_{eq298} 为 0.19，$\Delta_r G_m^\ominus$ 为 $4.18\times10^3 J\cdot mol^{-1}$，因此碳酸二甲酯与苯酚进行酯交换反应制备碳酸二

苯酯室温下在热力学上是不利的。

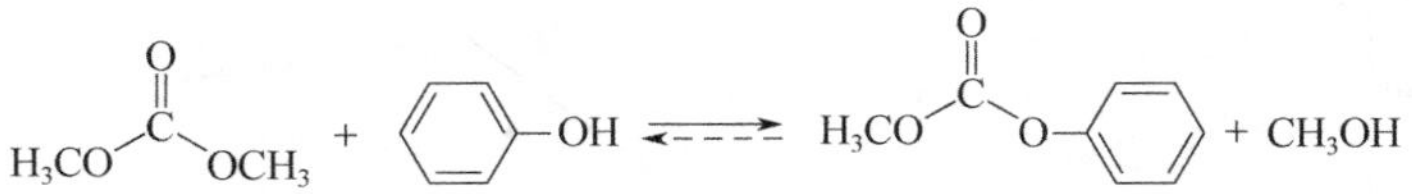

$H_3CO-C(=O)-OCH_3$ + C_6H_5-OH ⇌ $H_3CO-C(=O)-O-C_6H_5$ + CH_3OH (5-19)

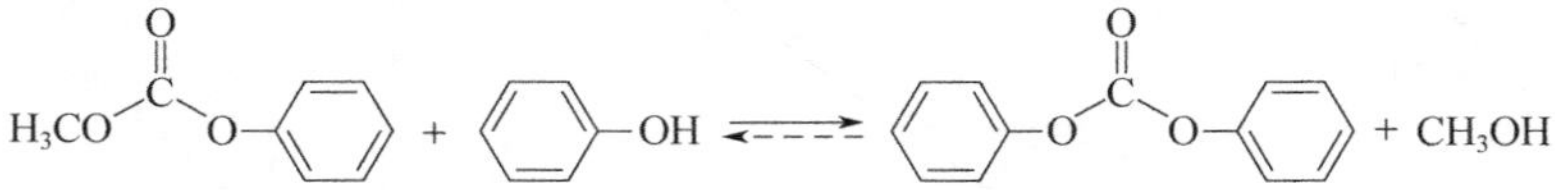

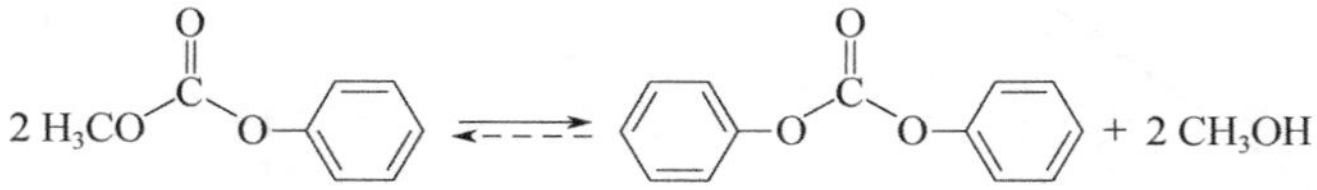

$H_3CO-C(=O)-O-C_6H_5$ + C_6H_5-OH ⇌ $C_6H_5-O-C(=O)-O-C_6H_5$ + CH_3OH (5-20)

2 $H_3CO-C(=O)-O-C_6H_5$ ⇌ $C_6H_5-O-C(=O)-O-C_6H_5$ + 2 CH_3OH (5-21)

$H_3CO-C(=O)-OCH_3$ + C_6H_5-OH ⇌ $H_3CO-C_6H_5$ + CH_3OH + CO_2 (5-22)

图 5-108　苯酚与碳酸二甲酯的酯交换反应合成碳酸二苯酯

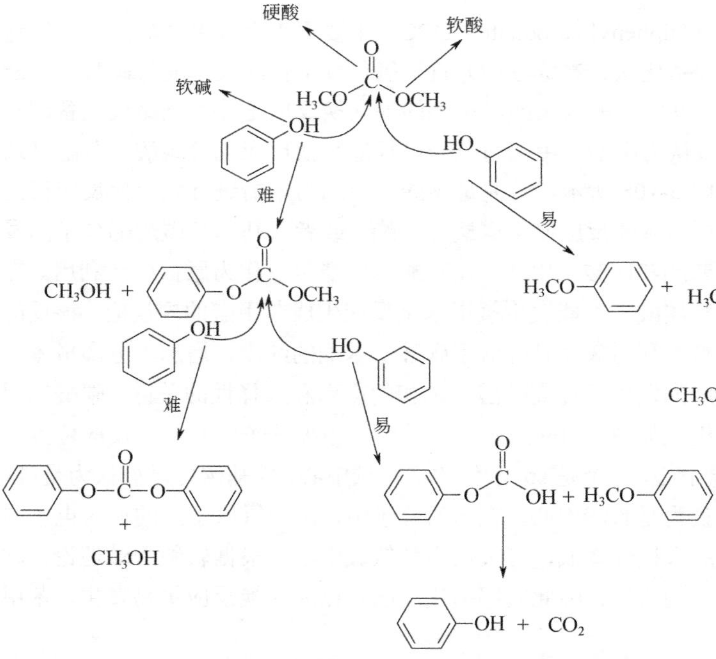

硬酸
软酸
软碱
H_3CO OCH_3
OH
HO
难
易
CH_3OH +
OCH_3
H_3CO +
H_3CO OH
$CH_3OH + CO_2$
OH
HO
难
易
+
CH_3OH
OH + H_3CO
OH + CO_2

图 5-109　碳酸二甲酯与苯酚的酯交换反应机理

同样针对图 5-108 中的几个反应，邢爱华等[303]报道了在温度为 453K 下的反应（5-19）、（5-20）和（5-21）的自由能变，反应（5-19）的$\Delta_r G_{453}$为 1.83×10^4J・mol^{-1}，反应（5-20）的$\Delta_r G_{453}$为 1.56×10^4J・mol^{-1}，反应（5-22）的$\Delta_r G_{453}$为−6.12×10^4J・mol^{-1}，因此在 453K 时酯交换反应在热力学上仍然是不利的，而氧甲基化生成苯甲醚的副反

应是热力学上有利的。通过及时转移副产物甲醇从而使得平衡向产物方向移动虽可以提高碳酸二苯酯产率，但仍然受热力学限制，因此选择具有合适酸碱性的催化体系作酯交换反应催化剂是一个研究重点。

李光兴等[304]研究了 Lewis 酸催化碳酸二甲酯与苯酚的酯交换反应，在 160～190℃和常压下，苯酚、碳酸二甲酯与 $AlCl_3$ 的摩尔比为 4∶1∶0.06 时反应 14h，碳酸二苯酯的产率为 22.5%，选择性为 87.5%。

王公应等[301]研究了一系列硬酸做催化剂下碳酸二甲酯与苯酚的酯交换反应，当使用 $ZnCl_2$ 和 $FeCl_2$ 作催化剂时，酯交换反应选择性分别为 90.7%和 97.9%，当使用 $FeCl_3$、$SnCl_4$、$Ti(OBu)_4$ 和 n-Bu_2SnO 作催化剂时，酯交换反应选择性几乎均为 100%。然而当使用 $AlCl_3$ 作催化剂时，会产生 1.5%的苯甲醚，他们认为这是由于甲基苯基碳酸酯进行脱羧反应生成的。虽然 $FeCl_3$、$SnCl_4$ 以及 $AlCl_3$ 表现出较好的酯交换反应选择性，然而其催化活性仍然太低，并且由于氯离子的存在会造成设备腐蚀。

随后王公应等又分别选择 Cu_2O 和 CaO 作为弱碱和强碱，与 n-Bu_2SnO 组成酸碱二元组合体系，该体系保持了 n-Bu_2SnO 催化剂所具有的 99.9%选择性，同时催化活性明显提高。在 n-Bu_2SnO/Cu_2O 体系下碳酸二甲酯的转化率从 n-Bu_2SnO 的 29.7%提高到 50.8%，碳酸二苯酯的产率为 15.4%。然而在 n-Bu_2SnO/CaO 组合体系下，碳酸二甲酯在该催化剂作用下的转化率可达 62.1%，但是碳酸二苯酯的产率只有 2.4%，而苯甲醚的产率为 50.2%，酯交换选择性很低。

李光兴等[305]指出 $Sm(OTf)_3$ 可以较好地催化碳酸二甲酯与苯酚的酯交换反应制备碳酸二苯酯，当苯酚与碳酸二甲酯的摩尔比为 4、催化剂与碳酸二甲酯的摩尔比为 1∶70，在 190℃反应 12h，碳酸二甲酯的转化率为 34.4%，碳酸二苯酯的产率为 31.1%，甲基苯基碳酸酯的产率为 2.1%，苯甲醚的产率为 1.2%，每摩尔催化剂在 12h 内对碳酸二苯酯的转化数为 21.8。对催化剂进行回收利用三次后，催化活性及二苯基碳酸酯的产率稍有下降。

王延吉等[306]研究了铅与锌的复合氧化物对碳酸二甲酯和苯酚酯交换反应，碳酸二苯酯的产率可达到 45.6%，其中 Pb_3O_4 是主要的活性种，而无定形的 ZnO 起到促进作用。李光兴等[307]采用 Mg-Al 水滑石催化碳酸二甲酯与苯酚的酯交换反应，在 160～180℃下反应 10h，碳酸二甲酯的转化率为 31.9%，碳酸二苯酯和甲基苯基碳酸酯的产率分别为 14.7%和 11.6%，酯交换反应的选择性为 82.4%。他们采用不同 Zn/Al 摩尔比的水滑石催化碳酸二甲酯与苯酚的酯交换反应[308]，Zn-Al 水滑石对酯交换反应具有较高的催化活性和酯交换选择性，在 150～180℃下反应 12h，碳酸二甲酯的转化率为 55.9%，碳酸二苯酯和甲基苯基碳酸酯的产率分别为 25.3%和 27.0%，酯交换选择性达到 93.6%。他们还研究了有机阴离子柱撑的水滑石催化碳酸二甲酯与苯酚的酯交换反应[309]，与水滑石前驱体的催化效果相比，有机阴离子柱撑的水滑石的催化活性和酯交换选择性明显提高，其中以 $C_4H_4O_4^-$、$C_6H_8O_4^-$、$C_{10}H_{16}O_4^-$和 $C_7H_5O_2^-$柱撑的水滑石的催化选择性均高于 90%，比水滑石前驱体的催化选择性至少要高 10%。以 $C_6H_8O_4^-$

柱撑的水滑石为催化剂，在150～185℃反应10h，碳酸二甲酯的转化率和酯交换选择性分别达到43.8%和93.2%，碳酸二苯酯和甲基苯基碳酸酯的产率分别为16.5%和24.2%。

王公应等[310]指出含有*n*-BuSn(O)OH的二元催化体系可以催化碳酸二甲酯与苯酚的酯交换反应，其中*n*-BuSn(O)OH-CuI催化体系在150～180℃下反应10h，碳酸二甲酯的转化率达到67.2%，碳酸二苯酯和甲基苯基碳酸酯的产率分别为59.6%和40.2%。他们还研究了SmI_2作为催化剂下碳酸二甲酯与苯酚的酯交换反应[311]，在150～180℃下反应10h，碳酸二甲酯的转化率为52.8%，甲基苯基碳酸酯的产率为26.5%，碳酸二苯酯的产率为22.8，副产物苯甲醚产率为2.8，酯交换反应的选择性为93.4%。

胡望明等[312]研究了PbO与其他金属氧化物的复合体系催化碳酸二甲酯与苯酚的酯交换反应，采用$PbO-Yb_2O_3$体系，在160℃下反应16h，碳酸二甲酯的转化率为56.87%，碳酸二苯酯的产率为17.10%，甲基苯基碳酸酯的产率为33.24%，但副产物苯甲醚的含量达到6.53%。

王公应等[313]研究了V/Cu复合氧化物下碳酸二甲酯与苯酚的酯交换反应，在150～180℃反应9h，碳酸二苯酯和甲基苯基碳酸酯的产率分别为15.6%和20.2%，酯交换选择性为96.8%。该复合催化体系重复利用3次后，催化活性明显下降，苯酚的转化率从最高的37.0%下降到23.7%，但当失活的催化剂在550℃的空气氛围里热处理5h，其催化活性与最初制备的催化剂相当。他们还研究了环戊二烯基钛催化剂下碳酸二甲酯与苯酚的酯交换反应[314, 315]，通过改变环戊二烯基钛催化剂的结构，可以提高碳酸二苯酯和甲基苯基碳酸酯的产率，以环戊二烯基二苯基钛作催化剂，在150～180℃反应10h，苯酚的转化率可达47.6%，碳酸二苯酯和甲基苯基碳酸酯的产率分别为23.2%和23.9%，酯交换反应的选择性为98.9%。他们采用水热法合成了含杂原子的介孔分子筛Me-HMS[316]，其中Ti-HMS显示出最好的催化效果，且其催化活性非常接近面内Ti的含量，在150～180℃反应9h，苯酚的转化率达到31.4%，碳酸二苯酯和甲基苯基碳酸酯的产率分别为16.8%和14.6%，酯交换选择性为99.9%，无苯甲醚副产物生成。他们还将12-磷酸钼金属盐作为催化剂用于碳酸二甲酯与苯酚的酯交换反应[317]，在150～180℃反应12h，苯酚的转化率可达31.0%，碳酸二苯酯甲和基苯基碳酸酯的选择性分别为66.1%和29.0%，苯酚转化数为74.8。他们也尝试了V_2O_5催化剂下碳酸二甲酯与苯酚的酯交换反应[318]，该催化剂回收后能直接使用，但催化活性明显下降，原因在于催化剂的晶型发生了改变，因此将回收的催化剂在空气中加热处理后，其催化活性基本可以完全恢复。他们还尝试了Mo-Cu双金属氧化物体系[319]，当体系中Mo/Cu为等摩尔比时，苯酚的转化率、碳酸二苯酯和甲基苯基碳酸酯的产率均达到最大值，分别为49.9%、24.4%和21.0%，此时酯交换选择性为91.0%。

李振环等[320]采用介孔MoO_3/SiMCS-41在液相体系中催化碳酸二甲酯与苯酚的酯交换反应，反应活性中心为具有四面体结构的MoO_4^{2-}和多聚的八面体结构的钼的氧化物，反应4h后甲基苯基碳酸酯的产率为39.6%。

Lee 等[321]将二氧化硅负载的二氧化钛和 TiMCM-41 用于催化碳酸二甲酯与苯酚的酯交换反应，产物中甲基苯基碳酸酯占 99.3%以上，苯酚的转化率最高为 12.54%。

Bhanage 等[322]研究了 Brønsted 和 Lewis 酸离子液体与 n-$\mathrm{Bu_2SnO}$ 结合催化碳酸二甲酯与苯酚的酯交换反应，离子液体的加入可明显提高碳酸二苯酯的产率，其中对甲苯磺酸做负离子的离子液体和金属卤化物做 Lewis 酸前驱体制备的离子液体与 n-$\mathrm{Bu_2SnO}$ 的组合体系均可同时提高催化活性和碳酸二苯酯的选择性，在 180～200℃反应 12h，苯酚转化率为 35%，碳酸二苯酯产率为 12.8%，酯交换选择性为 99.9%，且无苯甲醚副产物生成。

最近，王公应等[323]发现乙酰丙酮氧锌可以催化碳酸二甲酯与苯酚的酯交换反应，在 150～180℃下反应 9h，苯酚的转化率为 42.4%，碳酸二苯酯的产率为 18.7%，无苯甲醚副产物生成，同时催化剂经过过滤回收干燥后，再于 180℃热处理后反复回收利用 5 次，催化剂活性基本不变，酯交换选择性仍然可达 99.9%。

碳酸二甲酯与苯酚的酯交换反应由于热力学因素限制，碳酸二苯酯的产率普遍比较低，且产物中生成的甲醇与碳酸二甲酯形成的共沸物增加了反应工艺流程和生产成本，另外反应过程中有苯甲醚副产物生成，很难在保证较高活性的同时保持较高的酯交换选择性，也增加了工业应用的难题。1994 年 Dow 化学公司[324, 325]采用碳酸二甲酯与乙酸苯酯进行酯交换的路线生产碳酸二苯酯，该反应具有较高的转化率和酯交换选择性。如图 5-110 所示，该反应可分为两步，第一步是碳酸二甲酯与乙酸苯酯进行酯交换反应生成碳酸甲苯酯和乙酸甲酯，然后碳酸甲苯酯再与乙酸苯酯反应生成碳酸二苯酯，也可由碳酸甲苯酯发生歧化反应生成碳酸二苯酯。

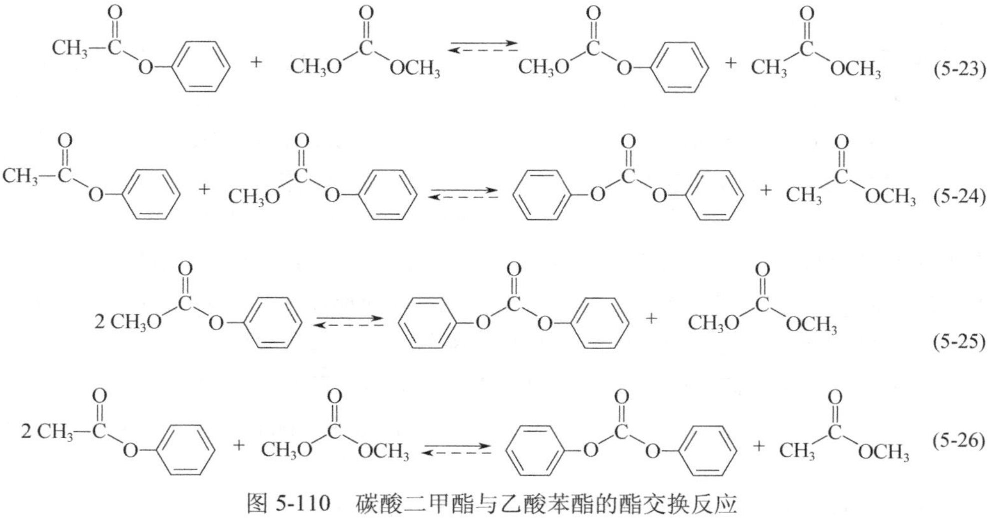

$$\mathrm{CH_3C(O)OC_6H_5} + \mathrm{CH_3OC(O)OCH_3} \rightleftharpoons \mathrm{CH_3OC(O)OC_6H_5} + \mathrm{CH_3C(O)OCH_3} \tag{5-23}$$

$$\mathrm{CH_3C(O)OC_6H_5} + \mathrm{CH_3OC(O)OC_6H_5} \rightleftharpoons \mathrm{C_6H_5OC(O)OC_6H_5} + \mathrm{CH_3C(O)OCH_3} \tag{5-24}$$

$$2\,\mathrm{CH_3OC(O)OC_6H_5} \rightleftharpoons \mathrm{C_6H_5OC(O)OC_6H_5} + \mathrm{CH_3OC(O)OCH_3} \tag{5-25}$$

$$2\,\mathrm{CH_3C(O)OC_6H_5} + \mathrm{CH_3OC(O)OCH_3} \rightleftharpoons \mathrm{C_6H_5OC(O)OC_6H_5} + \mathrm{CH_3C(O)OCH_3} \tag{5-26}$$

图 5-110　碳酸二甲酯与乙酸苯酯的酯交换反应

王公应等[326]采用 Benson 基团贡献法对该酯交换反应进行了热力学分析，计算出了不同温度下各个反应的吉布斯自由能变和反应速率常数，如表 5-18 所示。

表 5-18　不同温度下的 $\Delta_r G^\ominus(T)$和 $K_p(T)$

温度/K	反应(5-23)		反应（5-24）		反应（5-25）		反应（5-26）	
	$\Delta_r G^\ominus$	K_p	$\Delta_r G^\ominus$	K_p	$\Delta_r G^\ominus$	K_p	$\Delta_r G^\ominus$	K_p
373	−9950	24.8	−6390	7.85	3560	0.317	−16300	194
400	−10500	23.5	−7020	8.25	3480	0.351	−17500	194
423	−11000	22.8	−7580	8.64	3410	0.38	−18600	197
453	−11700	22.1	−8360	9.19	3300	0.417	−20000	203
473	−12100	21.7	−8890	9.6	3220	0.414	−21000	209

从表 5-18 可以看出，当将反应温度控制在 100～200℃时，图 5-95 中的反应(5-23)和反应（5-24）的吉布斯自由能变均为负值，因此这两个反应在该温度范围内均可以自发进行，且反应速率比较大，而反应（5-25）的吉布斯自由能变在该温度范围内均为正值，且反应速率很低，因此反应（5-25）受热力学控制。总反应（5-26）的吉布斯自由能为负值，反应速率常数在 200 左右，因此总反应是热力学有利的，而温度对吉布斯自由能和反应速率常数影响较小说明总反应对温度依赖性较小。

目前碳酸二甲酯与乙酸苯酯进行酯交换反应的催化体系总体与碳酸二甲酯与苯酚酯交换反应的催化体系相近。在 20 世纪 80 年代，Snamprogetti 公司采用钛酸四丁酯作催化剂，在 150℃催化碳酸二甲酯与乙酸苯酯的酯交换反应，4h 后乙酸苯酯转化率达到 97%，碳酸二苯酯的选择性达到 80%，甲基苯基碳酸酯选择性为 18%[327]。Illuminati 等[328]采用钛酸四甲酯作催化剂，在 150℃采用反应蒸馏方式反应 4h，碳酸二苯酯的选择性为 80%，碳酸甲苯酯的选择性为 18%，乙酸苯酯的转化率达到了 97%。沈荣春等[329]采用 n-Bu_2SnO、$Ti(OC_2H_5)_4$ 和 $Ti(OC_4H_9)_4$ 催化碳酸二甲酯与乙酸苯酯的酯交换反应，有机钛类催化剂的催化效果优于有机锡类催化剂。王公应等[330]也采用金属乙酰丙酮氧化合物催化碳酸二甲酯与乙酸苯酯的酯交换反应，以乙酰丙酮氧钛为催化剂，在 180℃反应 4h，碳酸二甲酯的转化率为 74.9%，碳酸二苯酯和碳酸甲苯酯的选择性分别为 38.9%和 56.9%。他们还研究了多种金属氧化物对碳酸二甲酯与乙酸苯酯的酯交换反应的影响[331]，采用 MoO_3 作催化剂，在 180℃反应 6h，碳酸二甲酯的转化率为 74.0%，碳酸二苯酯和碳酸甲苯酯的选择性分别为 39.5%和 56.7%。他们还将 TiO_2-SiO_2 催化剂用于碳酸二甲酯与乙酸苯酯的酯交换反应[332]，在 170℃反应 7h，碳酸二甲酯的转化率达到 79.21%，碳酸甲苯酯与碳酸二苯酯的总选择性为 93.66%。他们也制备了二氧化硅负载的 TiO_2-MoO_3 体系[333]，在 170℃反应 7h，碳酸二甲酯的转化率为 77.55%，碳酸二苯酯的选择性为 49.4%，碳酸甲苯酯和碳酸二苯酯的总选择性为 87.2%。

此外，除了本节所述的可通过碳酸二甲酯参与的酯交换反应制备得到碳酸二苯酯之外，还可以通过苯酚和一氧化碳氧化羰基化法制备[334-336]，以及通过草酸二甲酯与苯酚进行酯交换反应制备[337-340]，因本书主题所限，本节不再赘述。

5.4.3　碳酸二苯酯与双酚 A 的缩聚反应

上节已经对非光气法制备碳酸二甲酯与碳酸二苯酯做了较详细的介绍，本节将重点介绍碳酸二苯酯与双酚 A 的酯交换反应制备双酚 A 型聚碳酸酯，其反应式如下：

$$n\ \mathrm{HO{-}C_6H_4{-}C(CH_3)_2{-}C_6H_4{-}OH} + n\ \mathrm{C_6H_5{-}O{-}\overset{\displaystyle O}{\overset{\|}{C}}{-}O{-}C_6H_5} \xrightarrow[250\sim300℃]{催化剂} *\!\!\left[\mathrm{O{-}C_6H_4{-}C(CH_3)_2{-}C_6H_4{-}O{-}\overset{\displaystyle O}{\overset{\|}{C}}}\right]_n\!\!* + 2\ \mathrm{C_6H_5{-}OH} \tag{5-27}$$

与间接光气法一样，非光气路线中双酚 A 与碳酸二苯酯的熔融酯交换反应都是在催化剂和高温、高真空条件下进行的，先是生成低分子量的聚碳酸酯预聚物，然后再经过缩聚反应制备高分子量的双酚 A 型聚碳酸酯。熔融酯交换反应不使用有机溶剂二氯甲烷，也无废水产生，不使用钠盐，因此不会造成设备腐蚀。

用于碳酸二苯酯与双酚 A 进行熔融酯交换反应的催化剂在 1990 年以前主要是一些可以用于酯交换反应或者酯化反应的传统催化剂，即碱性催化剂和 Lewis 酸催化剂。碱性催化剂包括碱金属或者碱土金属的氧化物、氢氧化物、硼氢化物、有机或者无机盐类等，Lewis 酸催化剂包括过渡金属的氧化物、醋酸盐、烷氧基化合物等。这些催化剂虽然可以制得高分子量的双酚 A 聚碳酸酯，但反应在较高的温度下进行，反应过程中伴随着较多的副反应发生，使得产物呈现较深的颜色，严重影响聚碳酸酯的外观甚至热力学性能。

20 世纪 90 年代之后，开发出了几种新型含氮含磷类催化剂，从而制备出无色的高分子量双酚 A 聚碳酸酯。如 1995 年 GE 公司在专利 CN1098419A 中报道了以有机胺六氢-2*H*-嘧啶并[1,2-*a*]嘧啶及其衍生物为催化剂，催化碳酸二苯酯与双酚 A 进行熔融缩聚反应，可以高效制得无色聚碳酸酯，该催化剂可在反应后期高温和真空条件下分解并与聚碳酸酯分离，因此不会造成聚合物出现颜色或影响性能[341]。1995 年的 US5432250 中也报到了有机碱如 4-二甲氨基吡啶、4-二甲基咪唑、2-甲基咪唑等可催化碳酸二苯酯与双酚 A 反应制备无色高分子量聚碳酸酯[342]。1998 年 US5854374 中报道了一种四氟化硼季磷盐高效催化碳酸二苯酯与双酚 A 的酯交换反应，反应时可以选择性添加硼酸或者具有一定位阻的苯酚类抗氧剂，制备的聚碳酸酯分子量高，且透明性好[343]。

2001 年 Ignatov 等[344]研究了一系列碱金属化合物、碱土金属化合物、过渡金属化合物、稀土化合物以及有机杂环化合物对碳酸二苯酯与双酚 A 的酯交换预聚反应的动力学，发现碱金属和碱土金属化合物的催化活性最高，但也会催化聚碳酸酯分解和其他一些副反应的发生。过渡金属化合物的催化活性普遍较低，稀土化合物特别是乙酰丙酮镧则是一种比较有前景的催化剂。对 LiOH、Bu_2SnO 和 $La(acac)_3$ 催化碳酸二苯酯与双酚 A 的酯交换反应而言，Bu_2SnO 的催化活性较低，且得到的聚碳酸酯分子量不高，而 $La(acac)_3$ 和 LiOH 可在较短的反应时间内能得到较高分子量的聚碳酸酯，反应活性均较高，其中 La(acac)$_3$ 对催化聚碳酸酯的分解反应活性非常低，所得到的聚碳酸酯的热稳定性与通过界面缩聚法制备的聚碳酸酯相当[345]。

值得指出的是，在熔融酯交换反应中，需要及时移除副产物苯酚以增加聚碳酸酯的分子量。但是，随着聚合物分子量的增加，反应体系的黏度增大，需要在更高的温度下除去苯酚，因而增加了聚碳酸酯的变色可能性。可能的解决方案之一是采用超临界 CO_2 技术，因为苯酚在超临界 CO_2 中具有很好的溶解性，并且超临界 CO_2 的溶胀作用可以增加聚合物链的运动能力和自由体积，有利于除去副产物，另外溶胀作用也造成了聚合过程中聚合物比表面积增大，反应速率得到加快。

Gross 等[346]分别以分子量为 2500g・mol^{-1} 和 5000g・mol^{-1} 的双酚 A 聚碳酸酯在超临界 CO_2 下进行溶胀试验，研究了超临界 CO_2 对聚碳酸酯预聚物的溶胀行为，发现低分子量预聚物在 235℃和 13.6MPa 下可以溶胀 33%，在 34MPa 下则可溶胀 50%，而聚碳酸酯分子量对其溶胀率影响不大。他们还研究了在超临界 CO_2 中双酚 A 与碳酸二苯酯的熔融缩聚反应，以三苯基硼酸三苯基磷盐作催化剂，首先将碳酸二苯酯与双酚 A 加热到 160℃将反应物熔化并保持 10min，之后逐渐升温到 270℃并保持 1h，该过程中以氩气带走副产物苯酚，之后再以 1～2mL・min^{-1} 的速率通入超临界 CO_2 萃取副产物苯酚，聚碳酸酯分子量随着超临界 CO_2 压力的增加而得到进一步提高。

如前所述，熔融酯交换反应中为了除去副产物苯酚一般要在高真空高温条件下进行，因此会导致聚碳酸酯颜色加深，并且制备的双酚 A 型聚碳酸酯一般结晶度比较低。近年来发展的一种固相缩聚法可以制备更高结晶度的双酚 A 型聚碳酸酯，并进一步提高其力学性能、热稳定性和化学稳定性等。

固相缩聚反应是将预聚物在其玻璃化转变温度和熔融温度之间的温度范围内进行缩聚反应以增加聚合物分子量，一般在至少比其熔融温度低 3℃的温度下进行。1993 年 Iyer 等[347]研究了双酚 A 型聚碳酸酯的预聚物与双酚 A 的二钠盐的固相缩聚反应，在固相缩聚过程中，聚碳酸分子量增加，所制得的双酚 A 型聚碳酸酯的结晶度在缩聚过程中也会增加。1994 年 Radhakrishnan 等[348]研究了固相缩聚法制备的双酚 A 型聚碳酸酯的结晶结构，制备了一种具有片晶结构的结晶性聚碳酸酯，而商业化的双酚 A 聚碳酸酯通常是球晶结构。

在固相缩聚法中，为了防止聚合物粒子之间黏结，低分子量双酚 A 聚碳酸酯预聚物需要先进行结晶处理，一般可以通过溶剂诱导[349]或者加入成核剂[350]的方式使预聚物结晶，但溶剂诱导结晶需要使用大量的有机溶剂如二氯甲烷和丙酮等。不过在超临界 CO_2 中双酚 A 聚碳酸酯薄膜不但可以发生结晶，其缩聚过程中的苯酚副产物还可以被超临界 CO_2 除去，因此在超临界条件下进行固相缩聚反应也是可行的方案之一。

1999 年 Gross 等[351]研究了在超临界 CO_2 条件下双酚 A 聚碳酸酯预聚物（数均分子量为 2.5kg・mol^{-1}）的固相缩聚反应，首先将无定形预聚物在超临界 CO_2 中进行结晶处理，在 70～90℃和 20.8MPa 下其结晶度可达 28%，随后在 160℃下进行固相反应，在 12h 后分子量增加到 6.5kg・mol^{-1}。当反应在 180℃下进行 12h 后聚碳酸酯的分子量增加到 11kg・mol^{-1}，在 180℃、205℃和 230℃下各反应 2h，再在 240℃反应 6h 后，聚碳酸酯分子量可以增加到 14kg・mol^{-1}。而且随着聚碳酸酯分子量的增加，聚碳酸酯的结晶度也随之增加，聚碳酸酯（分子量 14kg・mol^{-1}）的结晶度增加到约 50%，聚合物熔点则从预聚物的 197℃增加到约 260℃。

2001 年 Gross 等[352]研究了超临界 CO_2 下的双酚 A 聚碳酸酯固相缩聚反应，双酚 A 聚碳酸酯预聚物（分子量为 4.5kg・mol^{-1}）在结晶预处理过程中分子量没有变化，其结晶度为 18%，随着反应温度及 CO_2 压力及流速的增加，CO_2 对聚碳酸酯中的无定形区域的溶胀作用导致聚碳酸酯自由体积增加，分子链末端运动能力增强，反应活性增强，并可将所生成的苯酚副产物及时带出反应体系。

在超临界 CO_2 条件下，通过控制 CO_2 压力及流速，固相缩聚反应可以在低于聚碳酸酯的玻璃化转变温度 60℃的条件下进行，避免了较高的反应温度下发生副反应而造成聚碳酸酯颜色加深现象的发生，从而制备出光学性能优良的双酚 A 聚碳酸酯。不过，虽然固相缩聚与熔融缩聚相比有一些优点，但实际生产中仍然采用熔融缩聚工艺制备双酚 A 聚碳酸酯。

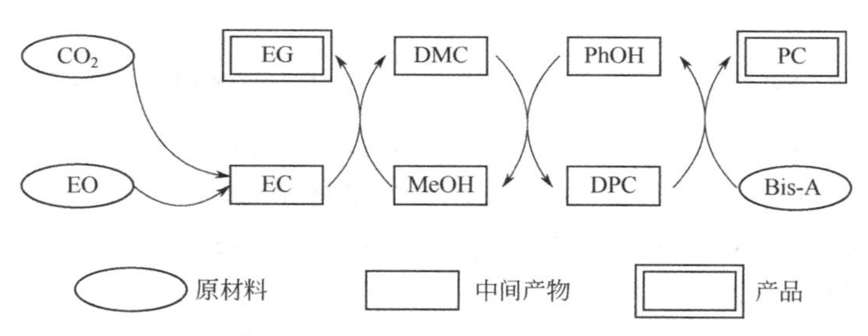

图 5-111　日本朝日化成公司（Asahi Kasei）的非光气法合成双酚 A 聚碳酸酯工艺

早在 2002 年台湾采用 Asahi Kasei 公司的专利技术实现了非光气法合成双酚 A 型聚碳酸酯的工业化，该技术以二氧化碳、环氧乙烷和苯酚为原料，联产双酚 A 聚碳酸酯和高纯乙二醇。如图 5-111 所示，首先 CO_2 与环氧乙烷反应生成碳酸乙烯酯，碳酸乙烯酯与甲醇进行酯交换反应生成乙二醇和碳酸二甲酯，之后碳酸二甲酯与苯酚反应制备碳酸二苯酯，最后双酚 A 与苯酚进行熔融酯交换反应制备双酚 A 聚碳酸酯。生产过程中甲醇与苯酚均进行循环利用，整个工艺只消耗了 CO_2、环氧乙烷和苯酚，实现了零排放零污染，成为世界上第一条非光气法制备双酚 A 聚碳酸酯的生产线[353]。

5.5　非光气路线合成聚氨酯

聚氨酯是 1937 年由德国化学家 Bayer 率先合成的分子链重复单元中含—N(H)—C(O)O—键的一类聚合物，主要通过有机多元醇与多异氰酸酯的聚加成反应制得，根据多元醇的种类可以分为聚醚型、聚酯型和聚碳酸酯型聚氨酯。目前已经被用来制造发泡塑料、纤维、弹性体、胶黏剂、合成革、涂料、医用材料等，并广泛应用于交通、建筑、纺织、航空、医疗等领域。据统计，中国已经成为聚氨酯的世界市场中心，在2011年时需求量已达680万吨[354]。

异氰酸酯最初是由硫酸二烷基酯与氰酸钾的复分解反应制得的，目前光气法成为制备异氰酸酯的主要方法，并大规模应用于实际生产。光气是一种剧毒气体，一旦泄漏会对环境和人体造成严重危害，同时光气法制备异氰酸酯是通过伯胺与光气反应制得，副产4倍量的HCl。在可持续发展的大战略下，非光气法合成异氰酸酯是目前最受关注的异氰酸酯合成路线。

5.5.1 非光气路线制备异氰酸酯

非光气路线制备异氰酸酯的一个重要反应是*N*-取代氨基甲酸酯的热分解反应，这是一个利用二氧化碳的绿色途径，因为*N*-取代氨基甲酸酯可以通过碳酸二甲酯、环状碳酸酯和CO_2等非光气路线制备，而碳酸二甲酯和环状碳酸酯均可利用CO_2为原料进行制备。伯胺与碳酸二甲酯反应制备氨基甲酸酯的反应如式（5-28）所示：

$$R{-}NH_2 + CH_3O{-}\overset{\overset{\displaystyle O}{\|}}{C}{-}OCH_3 \xrightarrow[\gamma\text{-}Al_2O_3]{\text{回流}} R{-}NH{-}COOCH_3 + CH_3OH \qquad (5\text{-}28)$$

1994年Ono等[355]研究了$Pb(OAc)_2$和PbOH催化苯胺和碳酸二甲酯反应制备*N*-甲基-苯基氨基甲酸酯，在180℃反应1h，苯胺的转化率可达97%，*N*-甲基苯基氨基甲酸酯的选择性为95%。2000年Sauthey等[356]利用γ-Al_2O_3催化胺与碳酸二甲酯反应制备氨基甲酸酯，不过氨基甲酸酯的产率仍然较低。

2002年邓友全等[357]采用离子液体催化脂肪族胺与碳酸二甲酯反应来制备烷基氨基甲酸酯，采用BMimCl为催化剂时，在170℃下*N*-环己基氨基甲酸酯的选择性为82.7%，而*N*-环己基-*N*-甲基氨基甲酸酯的选择性为14.2%，环己烯和*N,N*-二甲基环己基胺的选择性分别只有0.46%和2.9%。当采用$BMimBF_4$和$BMimPF_6$作催化剂时，*N*-环己基氨基甲酸酯的选择性分别为78.5%和80.6%。当采用$BMimHSO_4$做催化剂时，*N*-环己基氨基甲酸酯的选择性则只有46.9%，没有环己烯生成，但是有38.5%为*N*-甲基-*N*-环己基氨基甲酸酯，表明HSO_4^-对催化该反应不利。此外，阳离子中的取代基烷基链长度对催化活性和产物选择性影响较大，当采用$EMimBF_4$作催化剂时，*N*-环己基氨基甲酸酯的选择性为84.7%，比采用$BMimBF_4$作催化剂时要高，然而当采用$HMimBF_4$作催化剂时，*N*-环己基氨基甲酸酯的选择性仅为23.3%，副产物环己烯和*N,N*-二甲基环己基胺的选择性则分别为4.1%和60.8%。$BeMimBF_4$和$EMimBF_4$也表现出较好的催化效果，*N*-环己基胺基甲酸酯的选择性分别为82.7%和85.3%，环己烯均为0.4%，*N,N*-二甲基环己基胺则分别为0和0.3%。当采用正丁基胺、正己基胺、二正丁基胺和*N*-苯基-*N*-甲基胺作底物，采用BMimCl作催化剂，所制得的氨基甲酸酯的选择性大于 99%。

张国华等[358]采用酸碱双功能化的离子液体 1,[2(1-哌啶)乙基]-3-甲基咪唑三氯化铅（[PEmim]$PbCl_3$）催化苯胺和碳酸二甲酯反应制备 *N*-甲基苯基氨基甲酸酯。[PEmim]$PbCl_3$ 作催化剂时，甲基-*N*-甲基-*N*-苯基氨基甲酸酯的产率为 72%，而采用碱性催化剂 1, [2, (1-哌啶)乙基]-3-甲基咪唑氯化物和 $PbCl_3$ 分别作催化剂时，*N*-甲基苯基氨基甲酸酯的产率分别为 47%和 6%。原因在于酸碱双功能化的离子液体[PEmim]$PbCl_3$ 中的阳离子部分的碱性位点可以活化苯胺，而阴离子部分的酸性位点可以活化碳酸二甲酯，酸碱位点分别增加了苯胺的亲核性和碳酸二甲酯的亲电性，从而使得反应可以顺利进行。

赵新强等[359]采用离子液体/醋酸锌催化苯胺和碳酸二甲酯反应制备 *N*-甲基苯基氨基甲酸酯，当采用可溶性的离子液体如[emim]PF_6 和[bmim]PF_6 时，苯胺的转化率均在 90.0%以上。其中 $Zn(OAc)_2$-[bmim]PF_6 体系表现出最高的选择性，在 170℃下反应 4h，苯胺的转化率达 99.8%，*N*-甲基苯基氨基甲酸酯的选择性达到 99.1%。他们认为 $Zn(OAc)_2$ 中的羰基氧会与离子液体中的 C—H 形成氢键，这样 OAc—与 Zn 的配位发生变化从而有利于 Zn 对碳酸二甲酯羰基碳的活化，有利于苯胺的亲核进攻，最终形成 *N*-甲基苯基氨基甲酸酯。他们还研究了催化剂的重复使用性能，将反应后产物进行过滤、蒸馏后回收离子液体，对其进行红外表征后发现离子液体的结构没有发生变化。利用回收的离子液体再与 $Zn(OAc)_2$ 一起催化苯胺与碳酸二甲酯反应，催化性能基本没有变化。

胺在无催化剂存在时也可与碳酸二甲酯反应生产氨基甲酸酯，只是转化率低，且产物选择性差。当采用超临界 CO_2 作反应介质时，单体转化率和产物选择性明显提高。Aresta 等[360, 361]研究了超临界 CO_2 中胺与碳酸二甲酯反应生成氨基甲酸酯的机理，认为胺先与 CO_2 反应生成中间体氨基甲酸盐，之后氨基甲酸盐再与碳酸二甲酯反应生成氨基甲酸酯，如式（5-29）所示：

$$2RNH_2 + CO_2 \rightleftharpoons RNHCO_2^-RNH_3^+ \xrightarrow{DMC} RNHCO_2CH_3 \qquad (5\text{-}29)$$

Selva 等[362]在 $ScCO_2$ 和无催化剂下利用胺与碳酸二甲酯反应制备氨基甲酸酯。在常规溶剂中，胺与碳酸二甲酯反应生成甲基氨酯，环己基胺与碳酸二甲酯反应得到的甲基氨酯的产率为 35%，而在超临界 CO_2 下，环己基胺与碳酸二甲酯反应生成氨基甲酸酯的产率提高到 50%，辛胺或癸胺与碳酸二甲酯反应生成氨基甲酸酯的产率在 77%～83%之间。130℃时和 8atm 下，氨基甲酸酯的选择性最高为 87%，且随着时间延长而下降。在超临界条件下，当在 90atm 下，氨基甲酸酯的选择性增加到 96%，原因在于 CO_2 压力的增加抑制了氨基发生甲基化的副反应。

Waldman 等[363]发现伯胺与 CO_2 在有机碱催化剂下可反应生成氨基甲酸离子盐，生成的氨基甲酸离子盐在亲电的脱水剂存在下，可以在非常温和的条件下分解生成异氰酸酯，且产率很高，如式（5-30）所示：

$$\mathrm{RNH_2 + CO_2 + Base \xrightleftharpoons{CH_3CN} RN(H)CO_2^- BaseH^+ \xrightarrow[Base]{OPCl_3} RNCO} \quad (5\text{-}30)$$

在 1～4 当量的有机碱如三乙胺等的存在下，将 CO_2 通入到伯胺溶液中可生成氨基甲酸离子盐，再加入 1 当量的 $POCl_3$ 或者 PCl_3，发生放热反应生成异氰酸酯。2007 年郭登银等[364]利用二氧化碳与 1,6-己二胺反应制备六亚甲基二异氰酸酯，当三乙胺与己二胺摩尔比为 3:1 时，在−5℃和 0.55MPa 下，六亚甲基二异氰酸酯的产率为 73.85%。

张吉延等[365]利用负载化 $Zn(OAc)_2$ 催化苯胺与碳酸二甲酯反应制备 *N*-甲基苯氨基甲酸酯，然后与甲醛反应生成二甲基亚甲基二苯基-4,4-二氨基甲酸酯，再通过热分解反应制备二苯基甲基二异氰酸酯（MDI），当碳酸二甲酯与苯胺的摩尔比为 7 时，在 150℃下反应 8h，甲基苯基氨基甲酸酯的产率可达 78%，选择性为 98%。

其他的非光气合成异氰酸酯路线还有：硝基苯与一氧化碳直接还原羰基化法，或芳香胺与二特丁基二碳酸酯反应法等。早在 1967 年，Hardy 和 Bennett[366]提出将硝基化合物与一氧化碳发生还原反应羰基化一步制得异氰酸酯，而工业上采用的是两步法制备异氰酸酯，即先将硝基苯还原成苯胺，之后再与光气反应转化成异氰酸酯取代苯，如图 5-112 所示。对一步法而言，硝基苯经 CO 还原羰基化直接制备异氰酸酯是一个热力学有利的反应，其反应焓变 $\Delta H_r=5.38\times10^6 \mathrm{J\cdot mol^{-1}}$，可以避免光气的使用，但该反应需要在贵金属 Pd 和 Rh 催化剂下进行[367]。1991 年，Cenini 等[368]发现在含杂原子的有机配体如氮邻菲罗啉及其衍生物活化后，以 2,4,6-三甲基苯磺酸（TMBA）为助催化剂，在 180℃和 4.0MPa 一氧化碳压力下，铝基载体负载的 Pd 催化剂可以有效催化硝基苯还原羰基化反应制备异氰酸酯。在反应后的溶液中而可以发现催化剂的金属化合物，这有可能是由于在反应过程中形成了均相催化剂。金属氧化物和氯化物如 $FeCl_3$、$MoCl_5$、V_2O_5 和 Fe_2O_3 也是较好的助催化剂，有助于 CO 插入到金属氮键或者可以有助于脱羧反应，使反应在更温和的条件下进行。

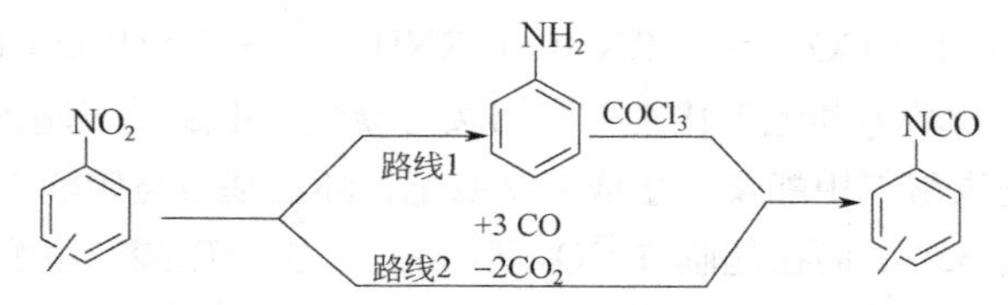

图 5-112 硝基苯与一氧化碳直接还原羰基化法

硝基苯与一氧化碳直接还原羰基化法的均相催化机理如图 5-113 所示：首先是在贵金属催化剂和一定压力的 CO 下，硝基苯形成环状中间体 **89**，然后经过脱羧反应转化成中间体 **90**，紧接着 CO 插入中间体 **90** 形成中间体 **91**，之后再脱羧形成中间体 **92**，中间体 **92** 经过与 CO 反应最终转化成异氰酸酯。在反应过程中，中间体 **90** 也会发生副反应而生成副产物 **93** 和 **94**。

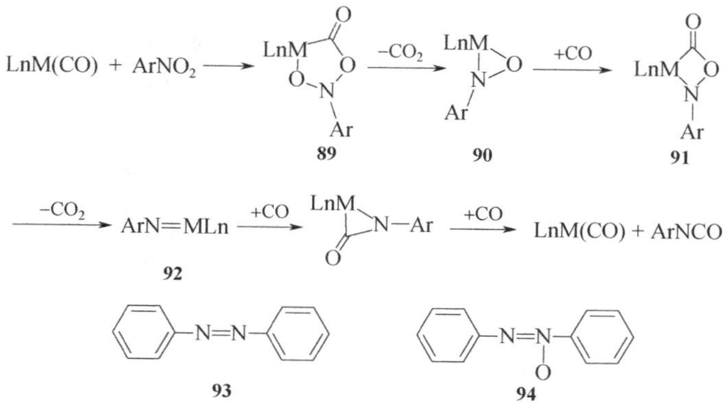

图 5-113　硝基苯与一氧化碳直接还原羰基化法的均相催化机理

Knölker 等[369]通过脂肪胺或者芳香胺与二叔丁基二碳酸酯在含氮的有机碱亲核试剂催化下反应可以制得脂肪族或者芳香族异氰酸酯，且产率较高。如添加一定量的二甲氨基吡啶（DMAP），苯胺与 1.4 当量的二叔丁基二碳酸酯在乙腈溶液中室温反应 10min 即可生成异氰酸酯，根据取代基的不同，异氰酸酯的产率在 41%～99%。当采用 2 位和 6 位取代的苯胺作底物时，异氰酸酯的产率都在 93%以上，其中邻位为异丙基取代基的苯胺产率最高。但是位阻小的苯胺，如对甲氧基苯胺，转化成异氰酸酯的产率会较低，因为生成的异氰酸酯与反应体系中生成的叔丁醇反应而被消耗掉了。当采用 2,4,6-三甲基-1,4-二氨基苯或 2,2,6,6-四甲基-4,4-亚甲基二苯胺与二叔丁基二碳酸酯反应时，可以制得二异氰酸酯，产率分别为 84%和 93%。具有位阻的脂肪胺在同样的条件下与二叔丁基二碳酸酯反应也可以较高产率制得相应的异氰酸酯，如 1,1,3,3-四甲基丁胺制备的异氰酸酯的产率为 97%。但是采用叔丁基胺和异丙基胺制备的异氰酸酯需要及时地与反应过程中生成的叔丁醇分离，不然会降低异氰酸酯的产率。他们提出的反应机理如图 5-114 所示。

在反应体系中首先是 DMAP、$(Boc)_2O$ 与中间产物 **95** 形成平衡，然后氨基进攻中 **95** 的特丁氧基羰基形成中间体 **96**，然后 **96** 通过质子转移形成 **97**，然后 **97** 分解为叔丁醇和 **98**，然后 **98** 失去碳酸叔丁酯形成中间产物 **99**，同时碳酸叔丁酯脱去一个 CO_2 形成叔丁醇，促使平衡向中间产物 **99** 方向移动，最后中间产物 **99** 转化为异氰酸酯和 DMAP。理论上讲，中间产物 **97** 也可以失去 DMAP 形成 CO_2、叔丁醇和 **100**，但是根据异氰酸酯产物分析，反应是按照路线 A 进行的。

赵博等[370]采用 1,5-二萘胺与二（三氯甲基）碳酸酯反应制备了 1,5-二萘二异氰酸酯。二（三氯甲基）碳酸酯（$0.1g \cdot mL^{-1}$）与 1,5-二萘二胺（$0.01g \cdot mL^{-1}$）在 90℃下反应 3.5h，1,5-二萘二异氰酸酯的产率为 85.3%。采用 Joback 和 Benson 法获得了反应热力学参数，在 298.15K，标准反应焓 $\Delta_r H^{\ominus}=2.8\times10^5 J \cdot mol^{-1}$，标准吉布斯自由能变为 $\Delta_r G^{\ominus}=-1.27\times10^5 J \cdot mol^{-1}$，因此该反应是热力学有利的反应。

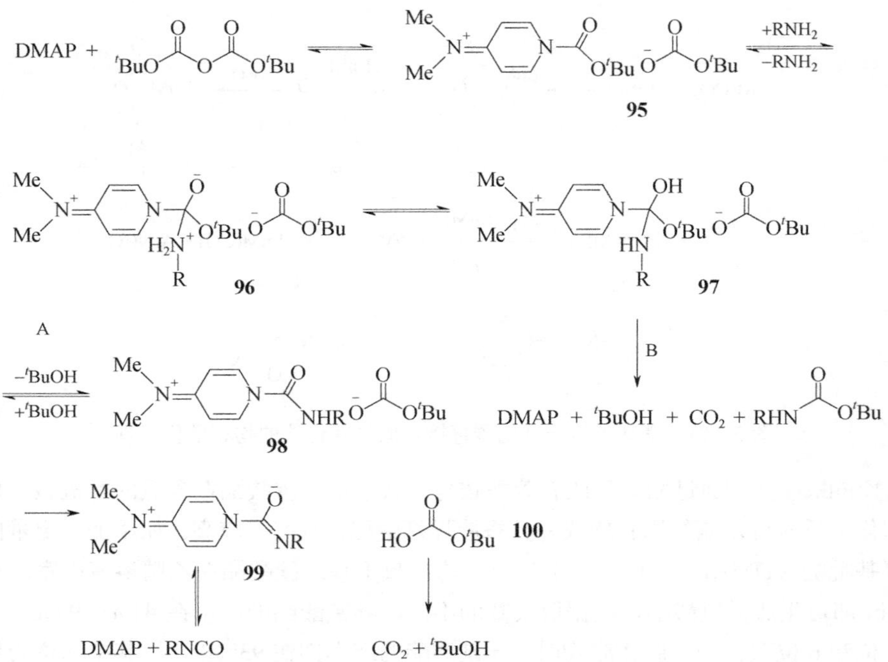

图 5-114 含氮有机碱催化下脂肪胺或芳香胺与二叔丁基二碳酸酯的反应机理

5.5.2 非异氰酸酯路线制备聚氨酯

近年来，非异氰酸酯路线制备聚氨酯开始受到人们的关注。非异氰酸酯路线制备聚氨酯是利用分子中含有两个或多个环状碳酸酯小分子/低聚物与二元胺/多元胺反应，合成聚氨酯。如式（5-31）所示，氨基与环状碳酸酯反应生成氨酯键的同时，在β碳原子上会同时生成一个羟基，羟基会与相邻的羰基发生氢键作用，增加聚氨酯的耐水解性和化学稳定性，而其拉伸强度以及尺寸稳定性与传统的聚氨酯相近[371]。

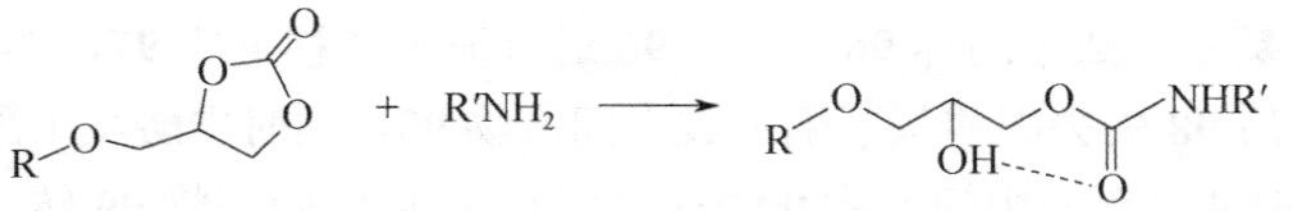

(5-31)

2010 年 Boyer 等[372]以油酸甲酯经过环氧化反应制备了分子内和分子末端含有环氧官能团的脂肪酸二酯，然后环氧基团再经过与 CO_2 反应制备分子内和分子末端环状碳酸酯功能化的脂肪酸二酯，所生成的脂肪酸二酯与脂肪族二胺反应可制备出聚氨酯，其中末端环状碳酸酯功能化的脂肪酸二酯与二元胺的反应活性要高于分子环状碳酸酯功能化的脂肪酸二酯。所制备的聚氨酯分子量在 $13.5kg \cdot mol^{-1}$ 左右，玻璃化转变温度在−15℃附近。

2011 年 Helou 等[373]利用含环状碳酸酯端基的聚三亚甲基碳酸酯与己二胺反应制备了聚氨酯。作者采用了两条合成路线：第一条路线首先在 1,3-丙二醇存在下，以

β-二亚胺锌催化剂催化三亚甲基碳酸酯进行不死开环聚合制备分子量可控的聚碳酸酯二元醇，然后再与马来酸酐反应进行封端得到端羧基的聚碳酸酯，之后再与碳酸甘油酯发生酯化反应得到双末端均为环状碳酸酯的聚碳酸酯，最后利用己二胺进行扩链反应制得聚氨酯；第二条路线是采用碳酸甘油酯作链转移剂，β-二亚胺锌催化剂催化三亚甲基碳酸酯进行不死开环聚合，制备一端为羟基一端为环状碳酸酯的低聚物，之后再用马来酸酐反应将羟基转化成羧基，最后利用一端为羧基的低聚物与一端为羟基的低聚物进行酯化耦合制得末端均为环状碳酸酯的聚三亚甲基聚碳酸酯，最后再与己二胺反应制备聚氨酯。

2012 年，Bähr 等[374]将柠檬烯中的双键经过环氧化之后再与 CO_2 反应制备了双末端为环状碳酸酯的柠檬烯，然后再与二元胺如 1,4-丁二胺、1,6-己二胺、1,12-十二烷胺或异佛尔酮二胺反应制备聚氨酯，如图 5-115 所示。聚氨酯的分子量可以通过控制二元胺与柠檬烯环状碳酸酯的摩尔比进行控制，如采用柠檬烯碳酸酯与多元胺反应则可得到热固性聚氨酯，通过增加多元胺的官能度可以同时提高聚氨酯的弹性模量和玻璃化转变温度。

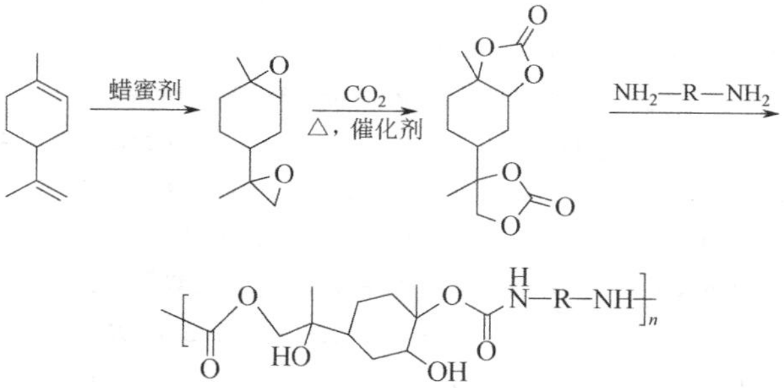

蜡蜜剂　CO_2 △，催化剂　$NH_2—R—NH_2$

图 5-115　柠檬烯环状碳酸酯与二元胺反应制备聚氨酯

采用二元环状碳酸酯与二元胺反应制备聚氨酯是一条绿色的合成聚氨酯路线。由于环状碳酸酯可通过环氧化合物与 CO_2 进行环加成反应制得，目前该反应已经研究得相当透彻，如环氧丙烷与 CO_2 的环加成反应制备碳酸丙烯酯已经可以满足大规模工业化的要求，因此非异氰酸酯路线合成聚氨酯从原料来源是有保障的。

5.6　评述与展望

自从井上祥平教授发现二氧化碳可以合成高分子材料以来，历经 40 余年，期间一些二氧化碳共聚物如二氧化碳-环氧丙烷共聚物为代表的二氧化碳基塑料已经实现了工业规模的生产，基于二氧化碳多元醇合成聚氨酯的研究也开始具有工业化价值，使二氧化碳固定为高分子的基础研究显示了很强大的生命力，成为备受世界各国的科研机构和工业部门关注的研究方向。

另一方面，作为二氧化碳固定为高分子材料的延伸，非光气路线合成聚碳酸酯、非光气路线合成聚氨酯、非异氰酸酯路线合成聚氨酯的工作也得到了广泛重视，其中非光气路线合成聚碳酸酯已经实现了工业化。

上述进展使我们有理由相信二氧化碳可以作为合成高分子材料的重要原料。当然，基于二氧化碳为原料合成高分子材料目前在工业上还是处于初级阶段，在性价比上面临传统路线和传统材料的激烈竞争。发展高效和高选择性的二氧化碳活化和转化催化体系，开发具有工业化价值的聚合新方法和新工艺，同时研究聚合物的成型加工新技术，是该领域的主要发展趋势，也是能否将二氧化碳作为具有竞争力的高分子工业大宗原料的关键。

参考文献

[1] Oi S, Fukue Y, Nemoto K, et al. *Macromolecules,* 1996, **29**(7)：2694-2695.

[2] Yamazaki N, Higashi F, Iguchi T. *J Polym Sci, Polym Lett Ed,* 1974, **12**(9)：517-521.

[3] Soga K, Toshida Y, Hosoda S, et al. *Die Makromol Chem,* 1978, **179**(10)：2379-2386.

[4] Soga K, Hosoda S, Tazuke Y, et al. *J Polym Sci, Polym Lett Ed,* 1975, **13**(5)：265-268.

[5] Nakano R, Ito S, Nozaki K. *Nat Chem,* 2014, **6**(4)：325-331.

[6] Tsuda T, Morikawa S, Sumiya R, et al. *J Org Chem,* 1988, **53**(14)：3140-3145.

[7] Tsuda T, Hokazono H, Toyota K. *J Chem Soc, Chem Commun,* 1995, **0**(23)：2417-2418.

[8] Kuran W, Rokicki A, Wielgopolan W. *Die Makromol Chem,* 1978, **179**(10)：2545-2548.

[9] Soga K, Chiang W Y, Ikeda S. *J Polym Sci Pol Chem,* 1974, **12**(1)：121-131.

[10] Gu L, Wang X H, Chen X S, et al. *J Polym Sci Pol Chem,* 2011, **49**(24)：5162-5168.

[11] Inoue S, Koinuma H, Tsuruta T. *J Polym Sci, Pol Lett ,* 1969, **7**(4)：287-292.

[12] Inoue S, Koinuma H, Tsuruta T. *Die Makromol Chem,* 1969, **130**(1)：210-220.

[13] Acemoglu M, Nimmerfall F, Bantle S, et al. *J Control Release,* 1997, **49**(2–3)：263-276.

[14] Gu L, Gao Y, Qin Y, et al. *J Polym Sci Pol Chem,* 2013, **51**(2)：282-289.

[15] Darensbourg D J, Yarbrough J C, Ortiz C, et al. *J Am Chem Soc,* 2003, **125**(25)：7586-7591.

[16] Nozaki K, Nakano K, Hiyama T. *J Am Chem Soc,* 1999, **121**(47)：11008-11009.

[17] Nakano K, Nozaki K, Hiyama T. *J Am Chem Soc,* 2003, **125**(18)：5501-5510.

[18] Cheng M, Darling N A, Lobkovsky E B, et al. *Chem Commun,* 2000, **0**(20)：2007-2008.

[19] Coates G W, Moore D R. *Angew Chem Int Edit,* 2004, **43**(48)：6618-6639.

[20] Wu G P, Ren W M, Luo Y, et al. *J Am Chem Soc,* 2012, **134**(12)：5682-5688.

[21] Inoue S, Matsumoto K, Yoshida Y. *Die Makromol Chem,* 1980, **181**(11)：2287-2292.

[22] Shen Z, Chen X, Zhang Y. *Macromol Chem Phys,* 1994, **195**(6)：2003-2011.

[23] Wu G P, Wei S H, Ren W M, et al. *J Am Chem Soc,* 2011, **133**(38)：15191-15199.

[24] Hirano T, Inoue S, Tsuruta T. *Die Makromol Chem,* 1975, **176**(7)：1913-1917.

[25] Hirano T, Inoue S, Tsuruta T. *Die Makromol Chem,* 1976, **177**(11)：3237-3243.

[26] Hirano T, Inoue S, Tsuruta T. *Die Makromol Chem,* 1976, **177**(11)：3245-3253.

[27] Wu G P, Wei S H, Lu X B, et al. *Macromolecules,* 2010, **43**(21)：9202-9204.

[28] Wu G P, Wei S H, Ren W M, et al. *Energ Environ Sci,* 2011, **4**(12)：5084-5092.

[29] Inoue S. *J Macromol Sci A,* 1979, **13**(5)：651-664.

[30] Motokucho S, Sudo A, Sanda F, et al. *J Polym Sci Pol Chem,* 2004, **42**(10)：2506-2511.

[31] Łukaszczyk J, Jaszcz K, Kuran W, et al. *Macromol Rapid Comm,* 2000, **21**(11)：754-757.

[32] Tan C S, Juan C C, Kuo T W. *Polymer,* 2004, **45**(6)：1805-1814.

[33] Takanashi M, Nomura Y, Yoshida Y, et al. *Die Makromol Chem,* 1982, **183**(9)：2085-2092.

[34] Jansen J C, Addink R, Mijs W J. *Mol Cryst Liq Cryst Sci Techn,* 1995, **261**(1)：415-426.

[35] Jansen J C, Addink R, te Nijenhuis K, et al. *Macromol Chem Phys,* 1999, **200**(6)：1407-1420.

[36] Jansen J C, Addink R, te Nijenhuis K, et al. *Macromol Chem Phys,* 1999, **200**(6)：1473-1484.

[37] Koinuma H, Hirai H. *Die Makromol Chem,* 1977, **178**(1)：241-246.

[38] Baba A, Meishou H, Matsuda H. *Die Makromol Chem, Rapid Commun,* 1984, **5**(10)：665-668.

[39] Baba A, Kashiwagi H, Matsuda H. *Organometallics,* 1987, **6**(1)：137-140.

[40] Darensbourg D J, Ganguly P, Choi W. *Inorg Chem,* 2006, **45**(10)：3831-3833.

[41] Darensbourg D J, Moncada A I. *Macromolecules,* 2009, **42**(12)：4063-4070.

[42] Darensbourg D J, Moncada A I, Choi W, et al. *J Am Chem Soc,* 2008, **130**(20)：6523-6533.

[43] Joseph J B, Martin K P. Feedstocks for the future： Renewables for the Production of Chemicals and Materials. *Washington*：*American Chemical Society,* 2006.

[44] Darensbourg D J, Holtcamp M W. *Macromolecules,* 1995, **28**(22)：7577-7579.

[45] Tao Y, Wang X, Zhao X, et al. *Polymer,* 2006, **47**(21)：7368-7373.

[46] Saegusa T, Kobayashi S, Kimura Y. *Macromolecules,* 1977, **10**(1)：64-68.

[47] 肖红戟，杨淑英，陈立班．高分子材料科学与工程, 1995, **11**(4)：32-36.

[48] Santangelo J G W J J, Sinclair R G. *US, 4665136,* 1987.

[49] Aida T, Inoue S. *Macromolecules,* 1981, **14**(5)：1166-1169.

[50] Inoue S, Tsuruta T, Furukawa J. *Die Makromol Chem,* 1962, **53**(1)：215-218.

[51] Tsuruta T, Matsuura K, Inoue S. *Die Makromol Chem,* 1964, **75**(1)：211-214.

[52] Inoue S, Kobayashi M, Koinuma H, et al. *Die Makromol Chem,* 1972, **155**(1)：61-73.

[53] Kobayashi M, Inoue S, Tsuruta T. *Macromolecules,* 1971, **4**(5)：658-659.

[54] Kobayashi M, Tang Y L, Tsuruta T, et al. *Die Makromol Chem,* 1973, **169**(1)：69-81.

[55] Kobayashi M, Inoue S, Tsuruta T. *J Polym Sci, Pol Lett,* 1973, **11**(9)：2383-2385.

[56] Kuran W, Pasynkiewicz S, Skupińska J, et al. *Die Makromol Chem,* 1976, **177**(1)：11-20.

[57] Kuran W, Pasynkiewicz S, Skupińska J. *Die Makromol Chem,* 1976, **177**(5)：1283-1292.

[58] Kuran W, Rokicki A, Wilińska E. *Die Makromol Chem,* 1979, **180**(2)：361-366.

[59] Soga K, Hyakkoku K, Ikeda S. *Die Makromol Chem,* 1978, **179**(12)：2837-2843.

[60] Soga K, Hyakkoku K, Ikeda S. *J Polym Sci Pol Chem,* 1979, **17**(7)：2173-2180.

[61] Soga K, Imai E, Hattori I. *Polym J,* 1981, **13**(4)：407-410.

[62] Inoue S, Takada T, Tatsu H. *Die Makromol Chem, Rapid Commun,* 1980, **1**(12)：775-777.

[63] Darensbourg D J, Stafford N W, Katsurao T. *J Mol Catal A-Chem,* 1995, **104**(1)：L1-L4.

[64] Super M, Berluche E, Costello C, et al. *Macromolecules,* 1997, **30**(3)：368-372.

[65] Zheng Y Q, Lin J L, Zhang H L, Kristallogr Z. *New Cryst Struct,* 2000, **215**(4)：535-536.

[66] Kim J S, Kim H, Ree M. *Chem Mater,* 2004, **16**(16)：2981-2983.

[67] Meng Y Z, Du L C, Tiong S C, et al. *J Polym Sci Pol Chem,* 2002, **40**(21)：3579-3591.
[68] Chisholm M H, Navarro Llobet D, Zhou Z. *Macromolecules,* 2002, **35**(17)：6494-6504.
[69] Kobayashi M, Inoue S, Tsuruta T. *J Polym Sci Pol Chem,* 1973, **11**(9)：2383-2385.
[70] Wang J T, Shu D, Xiao M, et al. *J Appl Polym Sci,* 2006, **99**(1)：200-206.
[71] Zhu Q, Meng Y Z, Tjong S C, et al. *Polym Int,* 2003, **52**(5)：799-804.
[72] Bowden T A, Milton H L, Slawin A M Z, et al. *Dalton T,* 2003, **0**(5)：936-939.
[73] Pan J, Zhang G, Zheng Y, et al. *J Cryst Growth,* 2007, **308**(1)：89-92.
[74] Chen X, Shen Z, Zhang Y. *Macromolecules,* 1991, **24**(19)：5305-5308.
[75] 郭锦棠，孙经武，张颖萍，高峰，王新英. 高分子材料科学与工程, 1999, **15**(3)：57-60.
[76] Tan C S, Hsu T J. *Macromolecules,* 1997, **30**(11)：3147-3150.
[77] Liu B, Zhao X, Wang X, et al. *J Polym Sci Pol Chem,* 2001, **39**(16)：2751-2754.
[78] Liu B, Zhao X, Wang X, et al. *Polymer,* 2003, **44**(6)：1803-1808.
[79] Quan Z, Wang X, Zhao X, et al. *Polymer,* 2003, **44**(19)：5605-5610.
[80] Quan Z, Min J, Zhou Q, et al. *Macromol Symp,* 2003, **195**(1)：281-286.
[81] Eberhardt R, Allmendinger M, Rieger B. *Macromol Rapid Comm,* 2003, **24**(2)：194-196.
[82] Kruper W J S D J. *US 4500704,* 1983.
[83] Yi M J, Byun S H, Ha C S, et al. *Solid State Ionics,* 2004, **172**(1–4)：139-144.
[84] Srivastava R, Srinivas D, Ratnasamy P. *J Catal,* 2006, **241**(1)：34-44.
[85] Kuyper J L P W, Pogany G A. *US, 4826887,* 1989.
[86] 陈立班，黄斌. *CN, 1032010,* 1996.
[87] Moore D R, Cheng M, Lobkovsky E B, et al. *Angew Chem Int Edit,* 2002, **41**(14)：2599-2602.
[88] Chen S, Qi G R, Hua Z J, et al. *J Polym Sci Pol Chem,* 2004, **42**(20)：5284-5291.
[89] Chen S, Hua Z, Fang Z, et al. *Polymer,* 2004, **45**(19)：6519-6524.
[90] Dharman M M, Ahn J Y, Lee M K, et al. *Green Chem,* 2008, **10**(6)：678-684.
[91] Dharman M M, Yu J I, Ahn J Y, et al. *Green Chem,* 2009, **11**(11)：1754-1757.
[92] Robertson N J, Qin Z, Dallinger G C, et al. *Dalton T,* 2006, **0**(45)：5390-5395.
[93] Li Z F, Qin Y S, Zhao X J, et al. *Eur Polym J,* 2011, **47**(11)：2152-2157.
[94] Dong Y L, Wang X H, Zhao X J, et al. *J Polym Sci Pol Chem,* 2012, **50**(2)：362-370.
[95] Darensbourg D J, Adams M J, Yarbrough J C. *Inorg Chem,* 2001, **40**(26)：6543-6544.
[96] Darensbourg D J, Adams M J, Yarbrough J C, et al. *Inorg Chem,* 2003, **42**(24)：7809-7818.
[97] Soga K, Hyakkoku K, Izumi K, et al. *J Polym Sci Pol Chem,* 1978, **16**(9)：2383-2392.
[98] Listoś T, Kuran W, Siwiec R. *J Macromol Sci A,* 1995, **32**(3)：393-403.
[99] Chen L B, Chen H S, Lin J. *J Macromol Sci A,* 1987, **24**(3-4)：253-260.
[100] 张兴宏，陈上，戚国荣. *CN, 101003622,* 2007.
[101] Lu H W, Qin Y S, Wang X H, et al. *J Polym Sci Pol Chem,* 2011, **49**(17)：3797-3804.
[102] Stamp L M, Mang S A, Holmes A B, et al. *Chem Commun,* 2001, **0**(23)：2502-2503.
[103] Yu K, Jones C W. *Organometallics,* 2003, **22**(13)：2571-2580.
[104] Takeda N, Inoue S. *Die Makromol Chem,* 1978, **179**(5)：1377-1381.
[105] Aida T, Ishikawa M, Inoue S. *Macromolecules,* 1986, **19**(1)：8-13.
[106] Jung J H, Ree M, Chang T. *J Polym Sci Pol Chem,* 1999, **37**(16)：3329-3336.

[107] Chatterjee C, Chisholm M H. *Inorg Chem,* 2011, **50**(10)：4481-4492.
[108] Sugimoto H, Kawamura C, Kuroki M, et al. *Macromolecules,* 1994, **27**(8)：2013-2018.
[109] Qin Y S, Wang X H, Zhao X J, Wang F S. *Chinese J Polym Sci,* 2008, **26**(2)：241-247.
[110] Paddock R L, Hiyama Y, McKay J M, et al. *Tetrahedron Lett,* 2004, **45**(9)：2023-2026.
[111] Sugimoto H, Kuroda K. *Macromolecules,* 2007, **41**(2)：312-317.
[112] Qin Y S, Wang X H, Zhang S B, et al. *J Polym Sci Pol Chem,* 2008, **46**(17)：5959-5967.
[113] Anderson C E, Vagin S I, Xia W, et al. *Macromolecules,* 2012, **45**(17)：6840-6849.
[114] Wu W, Qin Y, Wang X, et al. *J Polym Sci Pol Chem,* 2013, **51**(3)：493-498.
[115] Kruper W J, Dellar D D. *J Org Chem,* 1995, **60**(3)：725-727.
[116] Mang S, Cooper A I, Colclough M E, et al. *Macromolecules,* 1999, **33**(2)：303-308.
[117] Sugimoto H, Ohshima H, Inoue S. *J Polym Sci Pol Chem,* 2003, **41**(22)：3549-3555.
[118] Ema T, Miyazaki Y, Koyama S, et al. *Chem Commun,* 2012, **48**(37)：4489-4491.
[119] Geerts R L, Huffman J C, Caulton K G. *Inorg Chem,* 1986, **25**(11)：1803-1805.
[120] Darensbourg D J, Holtcamp M W, Struck G E, et al. *J Am Chem Soc,* 1998, **121**(1)：107-116.
[121] Darensbourg D J, Wildeson J R, Yarbrough J C, et al. *J Am Chem Soc,* 2000, **122**(50)：12487-12496.
[122] Darensbourg D J, Wildeson J R, Lewis S J, et al. *J Am Chem Soc,* 2002, **124**(24)：7075-7083.
[123] Johnson L K, Mecking S, Brookhart M. *J Am Chem Soc,* 1996, **118**(1)：267-268.
[124] Moore D R, Cheng M, Lobkovsky E B, et al. *J Am Chem Soc,* 2003, **125**(39)：11911-11924.
[125] Cheng M, Moore D R, Reczek J J, et al. *J Am Chem Soc,* 2001, **123**(36)：8738-8749.
[126] Byrne C M, Allen S D, Lobkovsky E B, et al. *J Am Chem Soc,* 2004, **126**(37)：11404-11405.
[127] Lee B Y, Kwon H Y, Lee S Y, et al. *J Am Chem Soc,* 2005, **127**(9)：3031-3037.
[128] van Meerendonk W J, Duchateau R, Koning C E, et al. *Macromol Rapid Comm,* 2004, **25**(1)：382-386.
[129] Allen S D, Moore D R, Lobkovsky E B, et al. *J Am Chem Soc,* 2002, **124**(48)：14284-14285.
[130] Chisholm M H, Huffman J C, Phomphrai K. *J Chem Soc, Dalton Trans,* 2001, **0**(3)：222-224.
[131] Chisholm M H, Gallucci J, Phomphrai K. *Inorg Chem,* 2002, **41**(10)：2785-2794.
[132] Eberhardt R, Allmendinger M, Luinstra G A, et al. *Organometallics,* 2002, **22**(1)：211-214.
[133] Darensbourg D J, Rainey P, Yarbrough J. *Inorg Chem,* 2001, **40**(5)：986-993.
[134] Paddock R L, Nguyen S T. *J Am Chem Soc,* 2001, **123**(46)：11498-11499.
[135] Darensbourg D J, Yarbrough J C. *J Am Chem Soc,* 2002, **124**(22)：6335-6342.
[136] Darensbourg D J. *Chem Rev,* 2007, **107**(6)：2388-2410.
[137] Darensbourg D J, Mackiewicz R M. *J Am Chem Soc,* 2005, **127**(40)：14026-14038.
[138] Vagin S I, Reichardt R, Klaus S, et al. *J Am Chem Soc,* 2010, **132**(41)：14367-14369.
[139] Jacobsen E N, Kakiuchi F, Konsler R G, et al. *Tetrahedron Lett,* 1997, **38**(5)：773-776.
[140] Tokunaga M, Jay FL, Kakiuchi F, Jacobsen E N. *Science,* 1997, **277**：936-938.
[141] Qin Z, Thomas C M, Lee S, et al. *Angew Chem Int Edit,* 2003, **42**(44)：5484-5487.
[142] Darensbourg D J, Mackiewicz R M, Rodgers J L, et al. *Inorg Chem,* 2004, **43**(19)：6024-6034.
[143] Rao D Y, Li B, Zhang R, et al. *Inorg Chem,* 2009, **48**(7)：2830-2836.
[144] Nakano K, Kamada T, Nozaki K. *Angew Chem Int Edit,* 2006, **45**(43)：7274-7277.
[145] Noh E K, Na S J, Sujith S, et al. *J Am Chem Soc,* 2007, **129**(26)：8082-8083.
[146] Sujith S, Min J K, Seong J E, et al. *Angew Chem Int Edit,* 2008, **47**(38)：7306-7309.

[147] Yoo J, Na S J, Park H C, et al. *Dalton T,* 2010, **39**(10)：2622-2630.
[148] Na S J, Sujith S, Cyriac A, et al. *Inorg Chem,* 2009, **48**(21)：10455-10465.
[149] Ren W M, Liu Z W, Wen Y Q, et al. *J Am Chem Soc,* 2009, **131**(32)：11509-11518.
[150] Nakano K, Hashimoto S, Nozaki K. *Chem Sci,* 2010, **1**(3)：369-373.
[151] Lu X B, Zhang Y J, Liang B, et al. *J Mol Catal A-Chem,* 2004, **210**(1–2)：31-34.
[152] Darensbourg D J, Billodeaux D R. *Inorg Chem,* 2005, **44**(5)：1433-1442.
[153] Sugimoto H, Ohtsuka H, Inoue S. *J Polym Sci Pol Chem,* 2005, **43**(18)：4172-4186.
[154] Tian D, Liu B, Gan Q, et al. ACS Catal, 2012, **2**(9)：2029-2035.
[155] Nozaki K, Nakano K, Hiyama T. *J Am Chem Soc,* 1999, **121**(47)：11008-11009.
[156] Nakano K, Hiyama T, Nozaki K. *Chem Commun,* 2005, (14)：1871-1873.
[157] Cui D M, Nishiura M, Hou Z M. *Macromolecules,* 2005, **38**(10)：4089-4095.
[158] Hultzsch K C, Gribkov D V, Hampel F. *J Organomet Chem,* 2005, **690**(20)：4441-4452.
[159] Vitanova D V, Hampel F, Hultzsch K C. *Dalton T,* 2005, **0**(9)：1565-1566.
[160] Cui D, Nishiura M, Tardif O, et al. *Organometallics,* 2008, **27**(11)：2428-2435.
[161] Zhang Z, Cui D, Liu X. *J Polym Sci Pol Chem,* 2008, **46**(20)：6810-6818.
[162] Allen S D, Moore D R, Lobkovsky E B, et al. *J Organomet Chem,* 2003, **683**(1)：137-148.
[163] Xiao Y L, Wang Z, Ding K L. *Chem-eur J,* 2005, **11**(12)：3668-3678.
[164] Xiao Y L, Wang Z, Ding K L. *Macromolecules,* 2006, **39**(1)：128-137.
[165] Lee B Y, Kwon H Y, Lee S Y, et al. *J Am Chem Soc,* 2005, **127**(9)：3031-3037.
[166] Bok T, Yun H, Lee B Y. *Inorg Chem,* 2006, **45**(10)：4228-4237.
[167] Pilz M F, Limberg C, Lazarov B B, et al. *Organometallics,* 2007, **26**(15)：3668-3676.
[168] Piesik D F J, Range S, Harder S. *Organometallics,* 2008, **27**(23)：6178-6187.
[169] Kember M R, Knight P D, Reung P T R, et al. *Angew Chem Int Edit,* 2009, **121**(5)：949-951.
[170] Kember M R, White A J P, Williams C K. *Inorg Chem,* 2009, **48**(19)：9535-9542.
[171] Kember M R, White A J P, Williams C K. *Macromolecules,* 2010, **43**(5)：2291-2298.
[172] Buchard A, Kember M R, Sandeman K G, et al. *Chem Commun,* 2011, **47**(1)：212-214.
[173] Kember M R, Williams C K. *J Am Chem Soc,* 2012, **134**(38)：15676-15679.
[174] Nakano K, Kobayashi K, Nozaki K. *J Am Chem Soc,* 2011, **133**(28)：10720-10723.
[175] 马德柱. 高聚物的结构与性能 北京：科学出版社, 1995.
[176] 黄安平，朱博超，贾军纪，朱雅杰. 甘肃石油和化工, 2007, 21(2): 20-28.
[177] Chen X H, Shen Z Q, Zhang Y F. *Macromolecules,* 1991, **24**(19)：5305-5308.
[178] Sarbu T, Styrance T, Beckman E J. *Nature*, 2000, 405:165-168.
[179] Price C C, Osgan M, Hughes R E, Shambelan C. *J Am Chem Soc,* 1956, **78**(3):690-691.
[180] Pierre L E St, Price C C. *J Am Chem Soc,* 1956, **78**(14):3432-3436.
[181] Price C C, Osgan M. *J Am Chem Soc,* 1956, **78**(18):4787-4792.
[182] Parker R E, Isaacs N S. *Chem Rev,* 1959, **59**(4):737-799.
[183] Oguni N, Watanabe S, Maki M, Tani H. *Macromolecules*, 1973, 6(2):195-199.
[184] Lednor P W, Rol N C. *J Chem Soc-Chem Commun,* 1985, (9)：598-599.
[185] Chisholm M H, Zhou Z P. *J Am Chem Soc,* 2004, **126**(35)：11030-11039.
[186] Chisholm M H, Navarro Llobet D, Zhou Z P. *Macromolecules,* 2002, **35**(17)：6494-6504.

[187] Inoue S, Tsuruta T,et al. *Appl Polym Symp*, 1975, 26(2) :257-267.
[188] Dixon D D, Ford M E, Mantell G J. *J Polym Sci, Polym Lett Ed,* 1980, **18**(2) :131-134.
[189] Lai M F, Li J, Yang J, Wang J F, Liu J J. *Acta Polym Sin,* 2003, (6) :895-898.
[190] Peng S, An Y, Chen C, et al. *Polym Degrad Stabil,* 2003, **80**(1)：141-147.
[191] 王献红，王佛松，闵加栋，等. CN, 200510017297. 2005.
[192] Zhang N Y, Chen L B, Yang S Y, et al. *Acta Polym Sin,* 2000, (6)：741-745.
[193] Gao Y G, Gu L, Qin Y S, et al. *J Polym Sci Pol Chem,* 2012, **50**(24)：5177-5184.
[194] 张国强，金晓丹，汪根林，江平丹. 中国塑料, 2006, **20**：19-22.
[195] Jin F, Hyon S-H, Iwata H, et al. *Macromol Rapid Comm,* 2002, **23**(15)：909-912.
[196] Kim D J, Kim W S, Lee D H, et al. *J Appl Polym Sci,* 2001, **81**(5)：1115-1124.
[197] Mitomo H, Kaneda A, Quynh T M, et al. *Polymer,* 2005, **46**(13)：4695-4703.
[198] Liu B Y, Zhao X J, Wang X H, et al. *J Polym Sci Pol Chem,* 2001, **39**(16)：2751-2754.
[199] Udipi K, Gillham J K. *J Appl Polym Sci,* 1974, **18**(5)：1575-1580.
[200] 张志豪，张宏放，莫志深，等. 应用化学, 2002, **19**：1027-1031.
[201] Thorat S D, Phillips P J, Semenov V, et al. *J Appl Polym Sci,* 2003, **89**(5)：1163-1176.
[202] Thorat S D, Phillips P J, Semenov V, et al. *J Appl Polym Sci,* 2004, **93**(2)：534-544.
[203] Luinstra G A, Haas G R, Molnar F, et al. *Chem-eur J,* 2005, **11**(21)：6298-6314.
[204] Kuran W, Górecki P. *Die Makromol Chem,* 1983, **184**(5)：907-912.
[205] Liu B, Chen L, Zhang M, et al. *Macromol Rapid Comm,* 2002, **23**(15)：881-884.
[206] 刘保华，张敏，余爱芳，陈立班. 高分子材料科学与工程, 2004, (3)：1011-1015.
[207] Kuran W, Listos T. *Macromol Chem Phys,* 1994, **195**(3)：1011-1015.
[208] 彭树文，董丽松，庄宇钢，陈成. *CN,* 1306022. 2001.
[209] 杨淑英，彭汉，黄斌，陈立班. 石油化工, 1993, **22**(11)：730-734.
[210] 肖红戟，杨淑英，陈立班. 高分子材料科学与工程, 1995, **11**(4)：32-36.
[211] 杨淑英，陈立班. 催化学报, 1992, **13**(2)：156-159.
[212] Chen L B. *Proceedings of International Symposium on Chemical Fixation of Carbon Dioxide. Nagoya:* 1991:253.
[213] 邹新伟，杨淑英，陈立班. 化学通报, 1998, (10)：55-57.
[214] 王东山，陈立班，杨淑英. 化学世界, 1998, **39**(8)：395-398.
[215] Qin Y, Wang X. *Biotech J,* 2010, **5**(11)：1164-1180.
[216] Li G F, Qin Y S, Wang X H, et al. *J Polym Res,* 2011, **18**(5)：1177-1183.
[217] Tao Y, Wang X, Chen X, et al. *J Polym Sci Pol Chem,* 2008, **46**(13)：4451-4458.
[218] Lu L, Huang K. *Polym Int,* 2005, **54**(6)：870-874.
[219] Dixon D D F M E. US, 4142021. 1979.
[220] Luinstra G A. *Polym Rev,* 2008, **48**(1)：192-219.
[221] 马庆伟，秦玉升，赵晓江，等. 高分子学报, 2010, (2)：217-221.
[222] Ma X, Yu J, Wang N. *J Polym Sci Pol Phys,* 2006, **44**(1)：94-101.
[223] 富露祥，谭敬琢，秦航，李立. 塑料工业, 2006, **34**(11)：14-16.
[224] 王淑芳，陶剑，郭天瑛，等. 离子交换与吸附, 2007, **23**(1)：1-9.
[225] Chen L, Huang Y H, Song M, Cong G M. *Chinese J Polym Sci,* 1992, **10**(4)：294-298.

[226] Li J, Lai M F, Liu J J. *J Appl Polym Sci,* 2004, **92**(4)：2514-2521.

[227] Li J, Lai M F, Liu J J. *J Appl Polym Sci,* 2005, **98**(3)：1427-1436.

[228] Peng S, An Y, Chen C, et al. *J Appl Polym Sci,* 2003, **90**(14)：4054-4060.

[229] 杨冬芝，胡平. 塑料, 2006, **35**(4)：24-27.

[230] Zhang H L, Sun X H, Chen Q Y, Ren M Q, Zhang Z H, Zhang H F, Mo Z S. *Chinese J Polym Sci,* 2007, **25**(6):589-597.

[231] 周庆海，高凤翔，王献红，等. 高分子学报, 2009, **3**：227-232.

[232] Peng S W, Wang X Y, Dong L S. *Polym Composite,* 2005, **26**(1):37-41.

[233] 富露祥，于昊，那海宁，等. 塑料, 2008, **37**(3)：61-63.

[234] Zhang Z H, Zhang H L, Zhang Q X, et al. *J Appl Polym Sci,* 2006, **100**(1):584-592.

[235] 张亚男，汪莉华，卢凌彬，等. 精细化工, 2008, **25**(2)：130-133.

[236] Yu T, Zhou Y, Zhao Y, et al. *Macromolecules,* 2008, **41**(9)：3175-3180.

[237] Zhang Z, Mo Z, Zhang H, et al. *J Polym Sci Pol Phys,* 2002, **40**(17)：1957-1964.

[238] Wang S, Huang Y, Cong G. *J Appl Polym Sci,* 1997, **63**(9)：1107-1111.

[239] 王贵林，胡平，郎稚娣. 中国塑料, 2006, **20**(2)：61-64.

[240] 周庆海，高凤翔，卢慧敏，等. 高分子学报, 2008, **1**：1123-1128.

[241] Kuyper. EP, 0222453 A2. 1986.

[242] Jan Kuyper P W L, George A. Pogany. US, 4826952. 1989.

[243] Guertler C, Hofmann J, Mueller T E, et al. WO2011117332-A1 WO2011117332-A1 29 Sep 2011 C08G-065/26 201169.

[244] ALLEN S D, Cherian A E, Gridnev A A, et al. WO, 2010029362 A1. 2010.

[245] Asano S, Aida T, Inoue S. *J Chem Soc-Chem Commun,* 1985, (17)：1148-1149.

[246] Inoue S. *J Polym Sci Pol Chem,* 2000, **38**(16)：2861-2871.

[247] Cyriac A, Lee S H, Varghese J K, et al. *Macromolecules,* 2010, **43**(18)：7398-7401.

[248] Cyriac A, Lee S H, Varghese J K, et al. *Green Chem,* 2011, **13**(12)：3469-3475.

[249] Jack Milgrom A O. US, 3278457. 1966.

[250] Robert Joseph A O. US, 3278458. 1966.

[251] Jack Milgrom A O. US, 3404109. 1968.

[252] Huang Y J, Qi G R, Wang Y H. *J Polym Sci Pol Chem,* 2002, **40**(8)：1142-1150.

[253] Kim I, Ahn J T, Ha C S, et al. *Polymer,* 2003, **44**(11)：3417-3428.

[254] Bi Le-Khac. US, 5637673. 1997.

[255] Le-Khac B. US, 5482908. 1996.

[256] Le-Khac B. US, 6018017. 2000.

[257] Zhang X H, Hua Z J, Chen S, et al. *Appl Catal A-gen,* 2007, **325**(1)：91-98.

[258] Lee I K, Ha J Y, Cao C, et al. *Catal Today,* 2009, **148**(3-4)：389-397.

[259] Yi M J, Byun S H, Ha C S, et al. *Solid State Ionics,* 2004, **172**(1-4)：139-144.

[260] Robertson N J, Qin Z, Dallinger G C, et al. *Dalton T,* 2006, (45)：5390-5395.

[261] Coates G W, Lee S, Qin Z, Robertson N J. US2008051554. 2008.

[262] Chen S, Ma M Y, Xiao Z B, et al. *T Nonferr Metal Soc,* 2006, **16**：S293-S298.

[263] Chen S, Xiao Z, Ma M. *J Appl Polym Sci,* 2008, **107**(6)：3871-3877.

[264] Sun X K, Zhang X H, Liu F, et al. *J Polym Sci Pol Chem,* 2008, **46**(9)：3128-3139.
[265] Huang Y J, Zhang X H, Hua Z J, et al. *Macromol Chem Phys,* 2010, **211**(11)：1229-1237.
[266] Huang Y J, Zhang X H, Hua Z J, et al. *Chinese Chem Lett,* 2010, **21**(8)：897-901.
[267] Qin Z Q, Thomas C M, Lee S, et al. *Angew Chem Int Edit,* 2003, **42**(44)：5484-5487.
[268] Lu X B, Wang Y. *Angew Chem Int Edit,* 2004, **43**(27)：3574-3577.
[269] Kember M R, Copley J, Buchard A, et al. *Polym Chem-UK,* 2012,**3**(5)：1196-1201.
[270] Kember M R, Williams C K. *J Am Chem Soc,* 2012,**134**(38)：15676-15679.
[271] Kruper J, William J, Swart D J. Us, 4500704. 1985.
[272] Werner Hinz J W, Edward Michael Dexheimer, Raymond Neff. US, 6713599. 2004.
[273] Werner Hinz E M D, Edward Bohres, Georg Heinrich Grosch. US, 6762278. 2004.
[274] Darijo Mijolovic M K, Michael Stoesser, Stephan Bauer, Stephan Goettke. US, 20100048935. 2010.
[275] 海德 K.W.，麦克丹尼尔 K.G.，海斯 J.E. 沈 J.. CN, 101511909. 2009.
[276] Chen S, Hua Z J, Fang Z, et al. *Polymer,* 2004, **45**(19)：6519-6524.
[277] Gao Y, Qin Y, Zhao X, et al. *J Polym Res,* 2012, **19**(5)：9878.
[278] Lee S H, Cyriac A, Jeon J Y, et al. *Polym Chem-UK,* 2012, **3**(5)：1215-1220.
[279] 陈启昌，石林， 李晓光,王鸿生. 化工科技, 2012, **05**：81-84.
[280] Delledenne D, Rivetti F, Romano U. *J Organomet Chem,* 1995, **488**(1-2)：C15-C19.
[281] Keller N, Rebmann G, Keller V. *J Mol Catal A-chem,* 2010, **317**(1-2)：1-18.
[282] Yang Z Z, Dou X Y, Wu F, et al. *Can J Chem,* 2011, **89**(5)：544-548.
[283] Wang L, Wang Y, Liu S, et al. *Catal Commun,* 2011, **16**(1)：45-49.
[284] Kim D W, Lim D O, Cho D H, et al. *Catal Today,* 2011, **164**(1)：556-560.
[285] Wang J Q, Sun J, Shi C Y, et al. *Green Chem,* 2011, **13**(11)：3213-3217.
[286] Heitz Walter. EP, 0061672. 1982.
[287] Zhao X, Wang Y, Shen Q, et al. *Acta Petrol Sin,* 2002, **18**(5)：47-52.
[288] Sun J J, Yang B L, Wang X P, et al. *J Mol Catal A-chem,* 2005, **239**(1-2)：82-86.
[289] Wang M H, Wang H, Zhao N, et al. *Catal Commun,* 2006, **7**(1)：6-10.
[290] Yang B, Wang D, Lin H, et al. *Catal Commun,* 2006, **7**(7)：472-477.
[291] Wang M, Wang H, Zhao N, et al. *Ind Eng Chem Res,* 2007, **46**(9)：2683-2687.
[292] Sakakura T, Saito Y, Okano M, et al. *J Org Chem,* 1998, **63**(20)：7095-7096.
[293] Sakakura T, Choi J C, Saito P, et al. *J Org Chem,* 1999, **64**(12)：4506-4508.
[294] Kohno K, Chol J C, Ohshima Y, et al. *Chemsuschem,* 2008, **1**(3)：186-188.
[295] Kizlink J, Pastucha I. *Collect Czech Chem C,* 1995, **60**(4)：687-692.
[296] Choi J C, He L N, Yasuda H, et al. *Green Chem,* 2002, **4**(3)：230-234.
[297] Tomishige K, Sakaihori T, Ikeda Y, et al. *Catal Lett,* 1999, **58**(4)：225-229.
[298] Ikeda Y, Sakaihori T, Tomishige K, et al. *Catal Lett,* 2000, **66**(1-2)：59-62.
[299] Jiang C J, Guo Y H, Wang C G, et al. *Appl Catal A-gen,* 2003, **256**(1-2)：203-212.
[300] Choi J C, Kohno K, Ohshima Y, et al. *Catal Commun,* 2008, **9**(7)：1630-1633.
[301] Du Z, Xiao Y, Chen T, et al. *Catal Commun,* 2008, **9**(2)：239-243.
[302] Rivetti F. *Cr Acad Sci II C,* 2000, **3**(6)：497-503.
[303] Xing A H, Zhang M Q, He Z M, et al. *Anal Bioanal Chem,* 2006, **384**(2)：551-554.

[304] 李光兴，梅付各，莫婉玲,浦永佳. 精细化工, 2000, **03**：170-172.
[305] Mei F M, Li G X, Nie J, et al. *J Mol Catal A-chem,* 2002, **184**(1-2)：465-468.
[306] Zhou W Q, Zhao X Q, Wang Y J, et al. *Appl Catal A-gen,* 2004, **260**(1)：19-24.
[307] Mei F M, Pei Z, Li G X. *Org Process Res Dev,* 2004, **8**(3)：372-375.
[308] Yu Q Q, Wang S, Bai R X, et al. *Chem J Chinese U,* 2005, **26**(8)：1502-1506.
[309] Huang J M, Wang S, Bai R X, et al. *Chinese J Catal,* 2006, **27**(2)：103-105.
[310] Du Z P, Kang W K, Cheng T, et al. *J Mol Catal A-chem,* 2006, **246**(1-2)：200-205.
[311] Niu H Y, Guo H M, Yao H, et al. *J Mol Catal A-chem,* 2006, **259**(1-2)：292-295.
[312] Hao Y A N Hu, Wangming, S Luming. *J Chem Eng Chinese Univ,* 2007, **21**(1)：146-149.
[313] Tong D S, Chen T, Yao J, et al. *Chinese J Catal,* 2007, **28**(3)：190-192.
[314] Niu H Y, Guo H M, Yao J, et al. *Acta Chim Sinica,* 2006, **64**(12)：1269-1272.
[315] Niu H, Yao J, Wang Y, et al. *Catal Commun,* 2007, **8**(3)：355-358.
[316] Luo S, Chen T, Tong D, et al. *Chinese J Catal,* 2007, **28**(11)：937-939.
[317] Chen T, Han H, Yao J, et al. *Catal Commun,* 2007, **8**(9)：1361-1365.
[318] Tong D S, Yao J, Wang Y, et al. *J Mol Catal A-Chem,* 2007, **268**(1–2)：120-126.
[319] Tong D, Chen T, Ma F, et al. *React Kinet Catal L,* 2008, **94**(1)：121-129.
[320] Li Z, Cheng B, Su K, et al. *J Mol Catal A-chem,* 2008, **289**(1-2)：100-105.
[321] Joshi U A, Choi S H, Jang J S, et al. *Catal Lett,* 2008, **123**(1-2)：115-122.
[322] Deshmukh K M, Qureshi Z S, Dhake K P, et al. *Catal Commun,* 2010, **12**(3)：207-211.
[323] Li B, Tang R, Chen T, et al. *Chinese J Catal,* 2012, **33**(4)：601-604.
[324] Rand C L T H. US, 5276134. 1994.
[325] Rand C L T H.US, 5349102. 1994.
[326] Ping C A O, Y Xiangui, Yue W, et al. *Nat Gas Chem Ind,* 2008, **33**(2)：43-46.
[327] 王立慧，马飞，李建国，等. 工业催化, 2012, **01**：7-12.
[328] Gabriello Illuminati U R, Renato Tesei. US, 4182726. 1980.
[329] 张志豪，张宏放，莫志深，等. 应用化学, 2002, **19**(11)：1027-1031.
[330] Cao P, Yang X, Tang C, et al. *J Mol Catal(China),* 2010, **24**(6)：492-498.
[331] Cao P, Yang X, Ma F, et al. *China Pet Process Pe,* 2011, **40**(10)：1037-1041.
[332] Wang L, Yang X, Liu L, et al. *China Pet Process Pe,* 2012, **41**(7)：770-777.
[333] Wang L, Yang X, Wang G. *Chinese J Synth Chem,* 2012, **20**(5)：550-555.
[334] Ishii H, Goyal M, Ueda M, et al. *Appl Catal A-gen,* 2000, **201**(1)：101-105.
[335] Song H Y, Park E D, Lee J S. *J Mol Catal A-chem,* 2000, **154**(1-2)：243-250.
[336] Vavasori A, Toniolo L. *J Mol Catal A-chem,* 2000, **151**(1-2)：37-45.
[337] Biradar A V, Umbarkar S B, Dongare M K. *Appl Catal A-gen,* 2005, **285**(1-2)：190-195.
[338] Xia Y, Xinbin M A, Shengping W. *J Chem Eng Chinese Univ,* 2006, **20**(1)：52-56.
[339] Liu Y, Wang S, Ma X. *Ind Eng Chem Res,* 2007, **46**(4)：1045-1050.
[340] Liu Y, Zhao G, Liu G, et al. *Catal Commun,* 2008, **9**(10)：2022-2025.
[341] Ja K. CN, 1098419. 1995.
[342] Yamato T, Oshino Y, Fukuda Y, et al. US, 5432250. 1995.
[343] Chun-Shan Wang J-T G. US, 5854374. 1998.

[344] Ignatov V N, Tartari V, Carraro C, et al. *Macromol Chem Phys,* 2001, **202**(9)：1941-1945.
[345] Ignatov V N, Tartari V, Carraro C, et al. *Macromol Chem Phys,* 2001, **202**(9)：1946-1949.
[346] Gross S M, Givens R D, Jikei M, et al. *Macromolecules,* 1998, **31**(25)：9090-9092.
[347] Iyer V S, Sehra J C, Ravindranath K, et al. *Macromolecules,* 1993, **26**(5)：1186-1187.
[348] Radhakrishnan S, Lyer V S, Sivaram S. *Polymer,* 1994, **35**(17)：3789-3791.
[349] Mercier J P, Groeninc.G, Lesne M. *J Polym Sci Pol Symp,* 1967, (16PC).
[350] Legras R, Mercier J P, Nield E. *Nature,* 1983, **304**(5925)：432-434.
[351] Gross S M, Flowers D, Roberts G, et al. *Macromolecules,* 1999, **32**(9)：3167-3169.
[352] Gross S M, Roberts G W, Kiserov D J, et al. *Macromolecules,* 2001, **34**(12)：3916-3920.
[353] Fukuoka S, Kawamura M, Komiya K, et al. *Green Chem,* 2003, **5**(5)：497-507.
[354] http：//www.researchinchina.com/htmls/report/2012/6507.html.
[355] Fu Z H, Ono Y. *J Mol Catal A-Chem,* 1994, **91**(3)：399-405.
[356] Vauthey I, Valot F, Gozzi C, et al. *Tetrahedron Lett,* 2000, **41**(33)：6347-6350.
[357] Sima T, Guo S, Shi F, et al. *Tetrahedron Lett,* 2002, **43**(45)：8145-8147.
[358] Zhang L, Yang Y, Xue Y, et al. *Catal Today,* 2010, **158**(3-4)：279-285.
[359] Zhao X, Kang L, Wang N, et al. *Ind Eng Chem Res,* 2012, **51**(35)：11335-11340.
[360] Aresta M, Quaranta E. *Tetrahedron,* 1991, **47**(45)：9489-9502.
[361] Aresta M, Dibenedetto A, Quaranta E, et al. *J Mol Catal A-chem,* 2001, **174**(1-2)：7-13.
[362] Selva M, Tundo P, Perosa A. *Tetrahedron Lett,* 2002, **43**(7)：1217-1219.
[363] Waldman T E, McGhee W D. *J Chem Soc-Chem Commun,* 1994, (8)：957-958.
[364] Guo D, Wang J. *Paint Coat Ind,* 2007, **37**(12)：5-6,11.
[365] Zhao X Q, Wang Y J, Wang S F, et al. *Ind Eng Chem Res,* 2002, **41**(21)：5139-5144.
[366] Hardy W B, Bennett R P. *Tetrahedron Lett,* 1967, (11)：961.
[367] Selivanon VD K I. *Russ J Phys Chem,*1975, **49**：620.
[368] Cenini S, Ragaini F, Pizzotti M, et al. *J Mol Catal A-Chem,* 1991, **64**(2)：179-190.
[369] Knölker H J, Braxmeier T, Schlechtingen G. *Angew Chemi Int Edit,* 1995, **34**(22)：2497-2500.
[370] Zhao B, Cong J, Li F, et al. *Acta Petrol Sin,* 2004, **20**(5)：83-86.
[371] Figovsky O L, Shapovalov L D. *Macromol Symp,* 2002, **187**：325-332.
[372] Boyer A, Cloutet E, Tassaing T, et al. *Green Chem,* 2010, **12**(12)：2205-2213.
[373] Helou M, Carpentier J F, Guillaume S M. *Green Chem,* 2011, **13**(2)：266-271.
[374] Bähr M, Bitto A, Mulhaupt R. *Green Chem,* 2012, **14**(5)：1447-1454.

第6章

二氧化碳作为碳氧资源化学固定为能源化学品

如前所述，二氧化碳能够作为主要反应物参与许多化学反应，但从大规模利用考虑，二氧化碳加氢合成甲醇、甲酸、一氧化碳和甲烷等反应最具研究和应用价值，因为这些产品本身是大宗化学品，同时还与能源供应密切相关，尤其是甲醇和甲烷，其能源价值非常显著。因此本章将着重介绍上述几个二氧化碳加氢反应的最新研究进展，并对其未来的可能发展方向进行评述。

6.1　二氧化碳加氢制备甲醇

甲醇（CH_3OH）既是重要的化工原料，也是一种燃料，全世界的年产量已接近5000万吨。目前，工业上生产甲醇几乎全部采用CO加压催化加氢的方法，其原料主要是煤或天然气，不仅投资较大，生产成本受煤和天然气价格的影响也较大。而CO_2来源广泛，价格低廉，且作为主要的温室气体，目前许多国家已制定了限制其排放的措施。因此从CO_2加氢合成甲醇，不仅可以制备甲醇这样极为重要的大宗能源化学品，还能有效缓解减排压力，是推动二氧化碳大规模综合利用的最重要途径之一[1]。

6.1.1　二氧化碳制备甲醇的理论基础

6.1.1.1　热力学分析

CO_2加氢合成甲醇的反应包含多个同时存在的反应，主要的反应方程式及相关热力学数据如下：

$$CO_2 + 3H_2 \longrightarrow CH_3OH + H_2O \tag{6-1}$$

$$\Delta H^{\ominus}(298\ K) = -49.01 kJ \cdot mol^{-1} \quad \Delta G^{\ominus}(298\ K) = 3.79 kJ \cdot mol^{-1} \quad \Delta n = -2$$

$$CO_2 + H_2 \longrightarrow CO + H_2O \tag{6-2}$$

$$\Delta H^{\ominus}(298\ K) = +41.17 kJ \cdot mol^{-1} \quad \Delta G^{\ominus}(298\ K) = 28.64 kJ \cdot mol^{-1} \quad \Delta n = 0$$

反应（6-1）是分子数减少的放热反应，反应（6-2）则是逆水汽变换反应，属于吸热反应。从热力学角度分析，温度升高有利于反应（6-2）的顺利进行，而不利于甲醇的合成。因此随着温度升高，甲醇选择性下降。为了提高甲醇的选择性，反应通常在较低的温度下进行，但由于 CO_2 具有一定的惰性，反应温度太低会导致反应速率太慢，不能获得高的甲醇收率。因此，对于甲醇的单程收率有一个最佳的温度范围，目前一般采用 200～280℃，在此温度范围内反应，可获得最大收率。另外反应压力增大，也有利于甲醇合成反应（6-1）的顺利进行，随着压力增大，甲醇选择性提高，但实际工作中压力的选取还必须考虑设备的承受能力和投资能力。

表 6-1 列出了不同温度下 CO_2 加氢合成甲醇的焓变的负值（$-\Delta H$）和热力学平衡常数的负对数（$-\lg K_p$）的数据。当温度从 25℃升高到 1000℃时，CO_2 加氢合成甲醇的焓变负值呈增加趋势，同时伴随热力学平衡常数的负对数值的增加，即热力学平衡常数 K_p 不断下降。

表 6-1　CO_2 加氢合成甲醇反应的 ΔH、$-\lg K_p$ 与温度的关系

温度/℃	25	200	300	400	500	1000
$-\Delta H$/kJ · mol^{-1}	48.94	56.51	60.07	63.20	65.70	72.94
$-\lg K_p$	0.662	4.051	5.172	6.009	7.212	8.500

利用热力学数据对 CO_2 加氢合成甲醇进行理论计算。可以确定在一定温度和压力下甲醇的理论收率，表 6-2 给出了计算结果[2]，压力范围为 1～9MPa。相同温度下，压力升高，甲醇的产率不断提高；而在相同压力下，当温度从 473K 升高到 573K，甲醇的产率不断下降。因此，较低的温度和较高的压力有利于生成甲醇反应的进行。

表 6-2　不同温度和压力下甲醇的理论收率（H_2/CO_2=3.0）

温度/K	甲醇产率/%					
	1 MPa	2 MPa	3 MPa	5 MPa	7 MPa	9 MPa
473	8.92	19.48	27.91	40.94	51.13	59.93
483	6.79	16.43	24.48	37.14	47.18	55.80
493	5.01	13.55	21.15	33.43	43.28	51.77
503	3.68	10.89	17.95	29.80	39.45	47.80
513	2.64	8.51	14.91	26.22	35.66	43.87
523	1.88	6.53	12.10	22.73	31.90	39.96
533	1.34	4.91	9.60	19.34	28.18	36.08
543	0.95	3.64	7.45	16.14	24.53	32.21
553	0.68	2.68	5.69	13.19	20.98	28.38
563	0.49	1.97	4.30	10.57	17.61	24.61
573	0.36	1.45	3.22	8.32	14.51	20.98

6.1.1.2 理论研究

由于 CO_2 加氢合成甲醇反应的复杂性，从分子水平认识反应机理一直是一种长期的挑战。目前一般有两种观点：第一种观点认为 CO_2 加氢通过逆水汽反应生成 CO，然后加氢合成甲醇[3,4]，如式（6-2）和式（6-3）；第二种观点则认为 CO_2 加氢直接合成甲醇，不经过 CO 中间体。Chinchen 等用 ^{14}C 作标记跟踪甲醇的合成，证明 CO_2 是甲醇的碳源[5]，Sun 等用红外光谱研究也表明 CO_2 是碳源[6]。徐征等则采用 TPRS-MS 技术研究了 $CuO/ZnO/ZrO_2$ 催化 CO_2 加氢合成甲醇的反应机理，发现甲醇是由 CO_2 直接加氢生成的，而不是经过 CO 加氢生成的，反应的中间物种是甲酸盐，其机理如图 6-1 所示[7]。目前大部分研究者认为 CO_2、CO 均为甲醇合成的碳源，但 CO_2 加氢占主导地位。原因可归结为：相同条件下，CO_2 加氢的速率大于 CO 加氢的速率[8,9]。丛昱等还发现催化剂的粒度大小也会影响甲醇合成的反应机理[10]，当催化剂粒度很小时，CO 倾向于通过水汽变换反应生成 CO_2，再由 CO_2 加氢合成甲醇；当催化剂粒度较大时，CO 易于直接加氢合成甲醇。

$$CO + H_2 \longrightarrow CH_3OH + H_2O \tag{6-3}$$

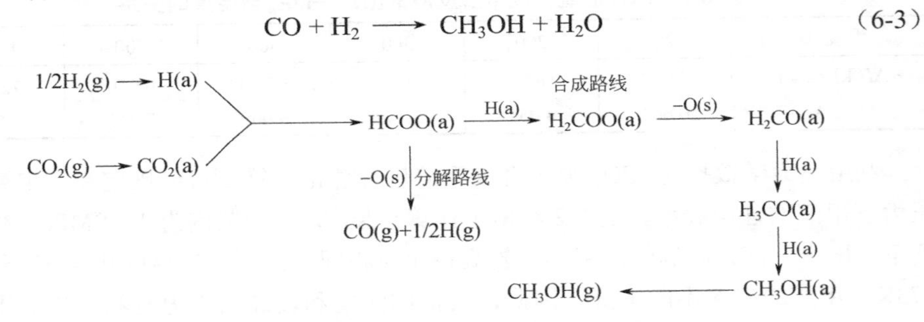

图 6-1 CO_2 加氢通过中间体直接合成甲醇

CO_2 加氢合成甲醇通常有两类反应路径，一是甲酸盐路径，中间体 HCOO 的形成是决速步骤[11-14]。Fujita 等曾深入研究过 Cu/ZnO 催化剂上 CO_2 加氢合成甲醇的反应路径，如图 6-2 所示[15]，CO_2 吸附在 Cu/ZnO 催化剂上，加氢后生成了甲酸铜和甲酸锌中间体，甲酸铜中间体加氢生成甲氧基锌，再加氢生成甲醇。在 Cu 表面，中间体是二齿甲酸盐，这是最稳定的吸附种；而在 ZnO 表面，中间体是单齿甲酸盐[16,17]。另一种反应路径涉及逆水汽变换反应生成 CO 及传统的合成气转化成甲醇[3,18]，如式（6-2）和式（6-3）。甲酸盐机理表明 CO 可能是由于甲醇分解产生的，而逆水汽变换反应（RWGS）机理能够比较清晰地解释主要副产品 CO 的形成[19,20]。

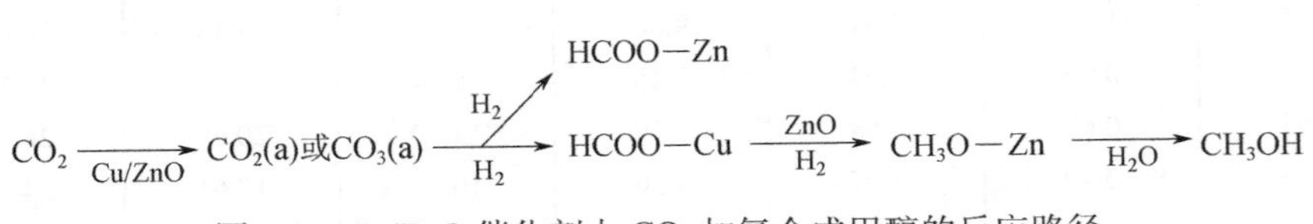

$$CO_2 \xrightarrow{Cu/ZnO} CO_2(a)或CO_3(a) \xrightarrow[H_2]{} HCOO-Cu \xrightarrow[H_2]{ZnO} CH_3O-Zn \xrightarrow[H_2O]{} CH_3OH$$

$$CO_2(a)或CO_3(a) \xrightarrow{H_2} HCOO-Zn$$

图 6-2 Cu/ZnO 催化剂上 CO_2 加氢合成甲醇的反应路径

目前 CO_2 在催化剂表面活化的位置以及是怎样被活化的，依旧没有定论。通常，甲醇的生成被认为发生在 Cu 和氧化物的界面[18,21]，即 CO_2 被吸附在裸露的氧化物表面，与 H_2 在 Cu 表面分离[22]。然而，界面处的活性 Cu 相的本性仍有争论，Koeppel 等[23]基于 XRD 测量发现 Cu/ZrO_2 催化剂中的活性物种主要是零价铜 Cu^0。与此相反，通过静态低能离子散射实验，一价铜离子（Cu^+）被认为是 $Cu/ZnO/SiO_2$ 催化剂中的活性成分[24]。后来有研究表明，反应活性中心随添加的氧化物不同而不同，例如在 Cu/ZnO、Cu/ZnO/MgO 和 $Cu/ZnO/Al_2O_3$ 催化剂表面上活性中心是以 Cu^+形式存在，而在 $Cu/ZnO/ZrO_2$ 催化剂表面上活性中心是以 Cu^0 形式存在[25]。然而，零价和低价态的铜（Cu^0、$Cu^{\delta+}$和 Cu^+）均会影响铜基氧化物催化剂的催化活性[26]。曹勇等[27]认为可通过改变催化剂表面 Cu^+/Cu^0 活性物种的相对比例来改善催化剂的活性及选择性，Cu^+ 和 Cu^0 具有协同作用，因此活性点的电子、几何结构的设计是高活性、高选择性催化剂设计的关键[28]。

Collins 等[29]采用原位傅里叶红外光谱研究了 $Pd/\beta\text{-}Ga_2O_3$ 催化剂催化 CO_2 加氢合成甲醇的中间体，如图 6-3 所示，该反应遵循甲酸盐路径，经过 HCOO、H_2COO、CH_3O 最终形成 CH_3OH。对 $Pd/\beta\text{-}Ga_2O_3$ 催化剂而言，其高催化活性及选择性是由于 H 原子在 Pd 表面有效溢流到含碳的物种，并且在 Ga_2O_3 表面的 CH_3O 物种具有适当的稳定性。而对 Cu（111）和 Cu 纳米粒子的 DFT 计算表明，决速步骤是 HCOO 和 H_2COO 的氢化[30]。与 Cu（111）相比，Cu 纳米粒子对于甲醇合成反应具有高的催化活性，这与活性的位置及结构柔性有关，它们能够稳定关键中间体（HCOO、H_2COO 和 CH_3O），从而降低决速步骤的能垒。

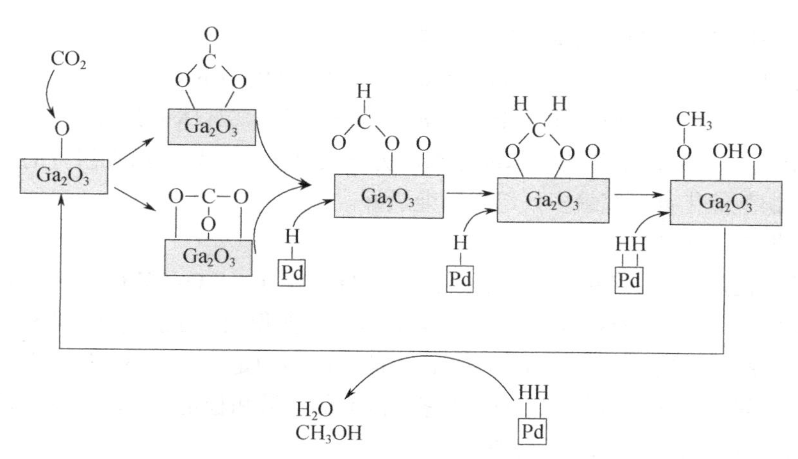

图 6-3　$Pd/\beta\text{-}Ga_2O_3$ 催化剂催化 CO_2 加氢合成甲醇的反应路径

基于 DFT 计算，Liu 等[31]发现 CO_2 在硫化钼（Mo_6S_8）表面上通过 HOCO 中间体转化成 CO，CO 再氢化成 HCO 自由基，随后再进一步氢化形成甲醇，这个反应路径与逆水汽变换反应（RWGS）机理一致（图 6-4），该反应的决速步骤是 CO 氢化成 HCO 自由基。Mo 化学吸附 CO_2、CO 和 CH_xO，而 S 利于分子氢气的 H—H 键断裂[31]。

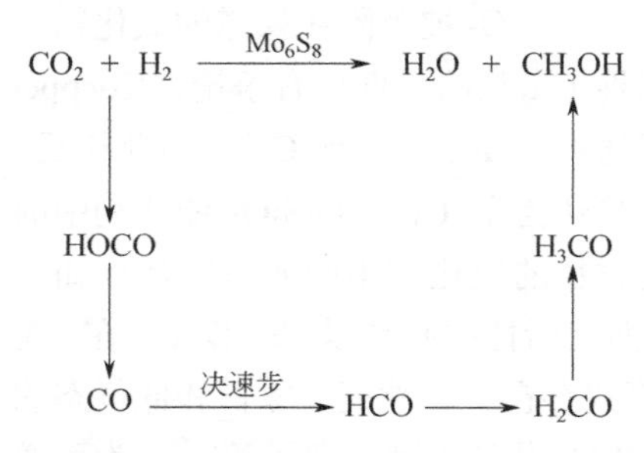

图 6-4 Mo_6S_8 催化 CO_2/H_2 合成甲醇可能的反应路径

通过动力学 Monte Carlo 模拟和 DFT 计算，Liu 等[28]发现甲醇在 Cu/ZrO_2 催化剂上是通过甲酸盐和逆水汽变换反应机理生成的，这些催化剂的活性和选择性与氧原子的结合强度密切相关。因此，通过控制氧离子位的氧吸引力（如酸度）来优化界面，能够提高 CO_2 的转化率和甲醇的选择性。

Chan 等[32,33]用 *ab initio* 分子轨道理论和 DFT 计算系统研究了 CO_2 在沸石类（如 HZSM-5、ZSM-5）催化剂上氢化的三步反应[式(6-4)～式(6-6)]，提出了不同于甲酸盐或逆水汽变换反应的机理。沸石催化的氢化反应对催化剂中邻近 X 基团的碱性和布伦斯酸（XH）成分的酸度或碱金属（XM）成分的金属离子（M）的性质敏感。当 X 的碱度增加，碱金属改性的沸石活性增加，Ge 和 N 插入沸石的网络结构中将有效地提高氢化过程的催化活性[33]。

$$O{=}C{=}O + H_2 \longrightarrow HO{-}\underset{H}{C}{=}O \tag{6-4}$$

$$HO{-}CH{=}O + H_2 \longrightarrow HO{-}CH_2{-}OH \longrightarrow CH_2{=}O + H_2O \tag{6-5}$$

$$CH_2{=}O + H_2 \longrightarrow CH_3{-}OH \tag{6-6}$$

6.1.2 催化剂发展史

6.1.2.1 非均相催化剂的结构与反应活性

1945 年 Ipatieff 和 Monroe 首次报道了 Cu-Al 催化剂下 CO_2 加氢合成甲醇的研究[34]，随后发现很多金属基非均相催化剂可用于该反应，具体可分为两类，一类是以 Cu 元素作为主要活性组分的铜基催化剂，另一类是以贵金属作活性组分的负载催化剂，其中铜基催化剂研究最多，综合性能最好。

（1）铜基催化剂

铜基催化剂主要以 Cu 为活性组分加上 ZnO、Al_2O_3、SiO_2、ZrO_2 等载体组成，其中使用最广泛的是 $Cu/ZnO/Al_2O_3$ 催化剂，具有比表面积大、分散度高、热稳定性好等优点。催化剂的适当负载不仅可影响活性相的形成和稳定，而且还能够调节主要组分和促进剂之间的相互作用[35]。如 ZnO 能提高 Cu 的分散和稳定[36,37]，而 ZnO 晶格中氧空位及电子对有利于甲醇的合成[38]。

Fujita 等[39,40]研究发现 Cu/ZnO 催化剂具有高的活性和甲醇选择性（67.2%）是由于 Cu 的高度分散以及平坦的 Cu 表面［如 Cu（111）和 Cu（100）］的优先形成。Ponce 等[41]通过溶剂化金属原子分散技术（SMAD）制备了 Cu 的纳米晶粒子（NC）来催化 CO_2 生成甲醇。对于 Cu/戊烷/NC-ZnO 催化剂，在 450℃下 CO_2 的转化率最高可达到 80%。Tsang 等[42]采用氧化锌纳米单晶负载铜纳米粒子，研究发现盘状氧化锌体系甲醇选择性可达 72.7%，优于棒状结构的 42.3%，其原因在于不同形状氧化锌表面暴露晶面不同，负载纳米铜之后的界面相互作用也存在较大差异。为进一步验证界面相互作用机制，Tsang 等[43]采用硒化镉异质结改性棒状氧化锌，实现对其电子结构的有效调控，使其亦可发生向纳米铜的界面电子转移，甲醇选择性则从 40%提高到将近 75%。

为了进一步增加 Cu/ZnO 催化剂的活性和稳定性，可分别用 Ga_2O_3 和 SiO_2 做稳定剂和促进剂[44]。Ga_2O_3 的促进效应强烈依赖于其粒子大小，较小尺寸的 Ga_2O_3 粒子有利于 Cu^0 和 Cu^{2+}中间态（可能是 Cu^+）的形成[44,45]。Toyir 等[45]发现用甲氧基金属-乙酰丙酮前驱体制备的 Cu-Ga/ZnO 催化剂，Cu 的分散效果比用硝酸盐前驱体制备的催化剂更佳。而 SiO_2 负载的多组分催化剂，特别是用憎水的硅石制备的多组分催化剂，在温度达到 270℃时可高效、稳定制备甲醇[44]。

贵金属通过氢溢流机理分散在邻近活性点周围，有助于氢气的活化，基于此，Pd 也被用来改进 CO_2 加氢制备甲醇 Cu/ZnO 或者 $Cu/Zn/Al_2O_3$ 的催化剂[46,47]，Pd 的加入使得催化剂表面具有高的还原态，有利于加氢过程[46]。

由于氧化锆（ZrO_2）在还原或氧化气氛下具有高的稳定性，因此被认为是 CO_2 加氢制备甲醇催化剂的良好促进剂或载体[48-50]。ZrO_2 的加入提高了 Cu 的分散度，可以提高催化活性和甲醇的选择性[48,51-54]。此外，ZrO_2 的晶体类型影响着催化剂的性能[55, 56]。例如，m-ZrO_2 负载的 Cu 催化剂的活性是 t-ZrO_2 负载的 4.5 倍，这是由于前者生成甲醇活性中间体（如 HCOO 和 CH_3O）的浓度更高[56]。图 6-5 是 Cu/ZrO_2 催化剂催化 CO_2 加氢制备甲醇的简单反应路径[53]，CO_2 吸附在 ZrO_2 表面形成碳酸盐，然后氢化后生成甲酸盐中间体[22]，而 Cu 表面吸附氢给甲酸盐形成提供氢源[12,57]。另外其他组分（如 Ga，B 和 Al）的加入不仅能够降低水的吸收速率（水会阻碍甲醇的形成），还可以提高 Cu 的分散度和催化剂表面的 ZrO_2 浓度，从而提高催化剂的活性[20,58-60]。

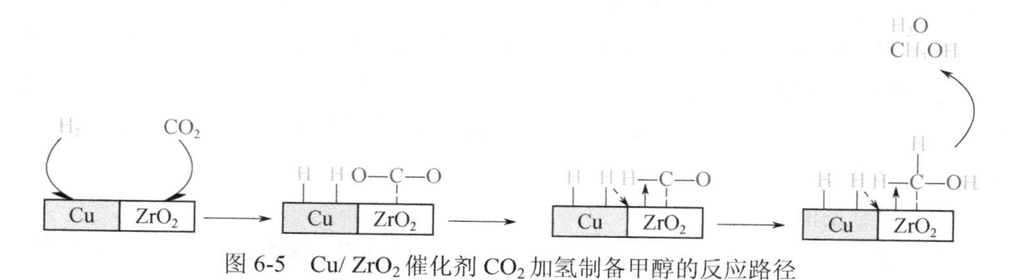

图 6-5 Cu/ ZrO_2 催化剂 CO_2 加氢制备甲醇的反应路径

相对于单组分氧化物载体而言，复合氧化物载体通常表现出更好的催化性能[61]。其中，被广泛研究的是 ZnO 与其他氧化物组成的复合载体。许勇等[62]在 Cu/ZnO 中加入 ZrO_2，发现 ZrO_2 的加入提高了 Cu 的分散度，有助于催化剂活性和甲醇选择性的提高。徐征等[63]也考察了第三组分 ZrO_2 对 Cu/ZnO 催化剂性能的影响，加入 ZrO_2 后 CO_2 的脱吸附温度降至 200～300℃，而通常 Cu/ZnO 上 CO_2 的脱吸附温度发生在 500℃以上，即 ZrO_2 的加入改变了 Cu/ZnO 催化剂表面 CO_2 的状态，提高了 CO_2 加氢合成甲醇的能力，再次说明了加入适量 ZrO_2 可增加甲醇的选择性和收率。从昱等[64]采用 EPR 和 XPS 技术研究了 $Cu/ZnO/ZrO_2$ 催化剂体系， ZrO_2 的加入改变了催化剂的表面结构和配位状态，提高了 Cu 的分散度，并提高了催化剂的稳定性。李基涛等[65]研究了 Al_2O_3 在 $Cu/ZnO/Al_2O_3$ 催化剂中的作用，提出 Al_2O_3 不但起骨架作用，而且能分散催化剂的活性组分，适量的 Al_2O_3 能提高 CO_2 加氢合成甲醇的收率和选择性，但过量的 Al_2O_3 会降低甲醇的收率。Nomura 等[66]在 Cu/TiO_2、Cu/Al_2O_3 中加入 ZnO 或 ZrO_2，提高了复合氧化物载体性能，其中以 $Cu/ZnO/TiO_2$ 性能最佳。Saito 等[26]考察了 Al_2O_3、ZrO_2、Ga_2O_3 及 Cr_2O_3 对 Cu/ZnO 催化剂的影响，指出 Al_2O_3、ZrO_2 的加入增加了 Cu 的表面积，而 Ga_2O_3、Cr_2O_3 能稳定 Cu^+，提高单位 Cu 的活性。除了含 ZnO 的复合载体外，其他复合氧化物也有报道，如 Zhang 等[67]考察了 ZrO_2 对 Cu/γ-Al_2O_3 物化和催化性能的影响，发现 ZrO_2 的加入提高了 Cu 的分散度，有助于催化剂活性的提高。齐共新等[68]用 Cu-MnO_x/Al_2O_3 体系催化剂催化 CO_2 加氢制备甲醇，加入 Al_2O_3 可显著提高 CO_2 的转化率和甲醇选择性，当 Al_2O_3 的物质的量含量在 5%～10%时，催化效果较好。

铜基催化剂中添加助剂（如稀土元素，过渡元素）可以使 Cu 的分散度、Cu 的电子状态、Cu 与载体的相互作用及载体自身的性质发生变化，从而使催化剂的催化性能发生改变[61]。迟亚武等[69]在 $Cu/ZnO/SiO_2$ 掺杂 La_2O_3、CeO_2 后，发现 CO_2 的转化率显著提高，尽管甲醇选择性略有下降，但甲醇的收率有所增加。原因在于添加 La_2O_3、CeO_2 可影响 $Cu/ZnO/SiO_2$ 各组分间的相互作用，La_2O_3 提高了 $Cu/ZnO/SiO_2$ 催化剂的还原温度，CeO_2 则降低了催化剂的还原温度。刘志坚等[70]研究了 La_2O_3 对 Cu/ZnO 催化剂物化性能及催化 CO_2 加氢性能的影响，经 La_2O_3 改性后，Cu/ZnO 催化剂 CO_2 加氢生成甲醇的活性有所增加。Zhang 等[71]指出 V 掺杂提高了 Cu/γ-Al_2O_3 催化剂中 Cu 的分散度，从而提高了催化剂的活性，V 的最佳添加量为 6%（质量分数）。阴秀丽等[72]采用共沉淀法制备了四组分的 Cu/Zn/Al/Mn，结果发现添加适量的 Mn 助剂能显著提高催化剂的活性和热稳定性，原因在于 Mn 助剂可以起到阻止 CuO 晶粒长大、促进 CuO 分散的作用。此外，Lachowska 等[73]和 Sloczynski 等[20]也报道 Mn 对 $Cu/ZnO/ZrO_2$ 催化剂有促进作用。

（2）贵金属催化剂

贵金属也可用作 CO_2 加氢合成甲醇催化剂的活性成分，这类催化剂一般是采用浸渍法制备的负载催化剂。

Shao 等[74]报道 PtW/SiO_2、$PtCr/SiO_2$ 催化剂有较高的甲醇选择性，在 473K、3MPa、CO_2/H_2=1/3 的条件下，PtW/SiO_2 催化下 CO_2 转化率达到 2.6%，甲醇选择性达到 92.2%。他们还研究了 SiO_2 负载的 RhM (M=Cr, Mo, W)复合催化剂，原位 FT-IR 结果表明反应中间体有甲酸盐[75]。Inoue 等[76]报道了 ZrO_2、Nb_2O_5、TiO_2 负载 Rh 催化剂上 CO_2 加氢的实验结果：Rh/ZrO_2、Rh/Nb_2O_5 在反应中显示出高的催化活性，但产物主要是甲烷，Rh/TiO_2 催化剂的甲醇选择性最高。Rh/ZrO_2、Rh/Nb_2O_5 是 CO_2 加氢合成甲醇有效

的催化剂[77, 78]，在433K、1MPa的条件下，Rh/ZrO_2催化剂下CO_2加氢合成甲醇的选择性为73.2%，进一步升高温度到493K时，甲醇选择性为52%。

Solymosi等[79]考察了SiO_2、MgO、TiO_2、Al_2O_3负载Pd催化剂下的CO_2加氢反应，结果表明Pd起到活化H_2的作用，活化的H再溢流到载体上对被吸附的碳物种加氢生成甲酸盐。他们还发现Pd的分散度影响反应的产物分布，当Pd的分散度较高时，主要生成甲烷；当Pd的分散度较低时，发生逆水汽反应，同时生成甲醇。因此，他们认为CO_2加氢生成甲醇主要通过逆水汽反应生成的CO来进行的。Shen等[80]制备了Pd/CeO_2催化剂，研究了还原温度对催化剂结构和性能的影响，随还原温度的升高，Pd会发生烧结，同时CeO_2表面的部分被还原，导致CO_2转化率和甲醇选择性急剧下降。多壁碳纳米管负载的Pd/ZnO催化剂对甲醇的合成显示出高的活性，这归因于活性Pd^0物种浓度的增加[81]。多壁碳纳米管负载的Pd/ZnO催化剂能够可逆地吸收高量的氢，有利于高浓活性氢物种微环境的形成及表面氢的反应速率的增加。Pd/Ga_2O_3催化剂在催化CO_2加氢反应时，由于可通过Pd-Ga合金形成新活性种，显示出相当高的活性及甲醇选择性[82]，然后氢从Pd表面脱离转移并与其表面键合物种反应（如甲酸盐）完成反应循环[83, 84]。

Sloczyński等[85]制备了Au（或Ag）/ZnO/ZrO_2催化剂，并与Cu/ZnO/ZrO_2催化剂进行了比较，活性顺序为Cu＞Au＞Ag，而甲醇选择性则是Au＞Ag＞Cu。Baiker等[86]采用溶胶-凝胶法制备了Ag/ZrO_2催化剂，探讨了制备条件对催化剂性能的影响，在优化条件下，Ag的颗粒可降低到5～7nm，然而该催化剂与Cu/ZrO_2相比，尽管甲醇选择性相近，CO_2转化率却要低很多，因此相对于Cu来说，Au与Ag系催化剂对CO_2的加氢效果较差。

（3）其他催化剂

除了铜基催化剂和负载贵金属催化剂外，也有采用其他元素做活性组分的报道。如，Calafat等[87]发现$CoMoO_4$对CO_2加氢合成甲醇有催化效果，K的添加可以提高甲醇的选择性。

6.1.2.2 均相催化剂

Stephan等最近发展了受阻路易斯酸碱对（frustrated Lewis pairs）概念[88]，即利用体系中供体和受体原子上大的空间位阻，阻碍供体和受体之间的强相互作用。这个体系能用在无金属均相氢化、烯烃加成及其他有机化合物合成方面[89-91]。目前该概念也被应用到CO_2加氢制备甲醇反应中。Ashley等[92]在H_2（1～2atm），160℃条件下将CO_2引入2,2,6,6-四甲基哌啶（TMP, Me_4C_5NH）和$B(C_6F_5)_3$的甲苯溶液中，此反应过程在均相过程中进行氢的异裂活化，然后CO_2插入进B—H键。得到唯一的C_1产物甲醇（产率：17%～25%）[92]（图6-6）。

Sanford等[93]用串联的均相催化剂催化CO_2加氢合成甲醇，联合采用三个不同的均相催化剂$(PMe_3)_4Ru(Cl)(OAc)$（催化剂A）、$Sc(OTf)_3$（催化剂B）和(PPN)Ru(CO)(H)

（催化剂 C）分步促进 CO_2 加氢合成甲醇的反应（图 6-7），主要涉及如下三个反应：①CO_2 加氢生成甲酸；②甲酸酯化生成甲酸酯；③甲酸酯氢化合成甲醇。

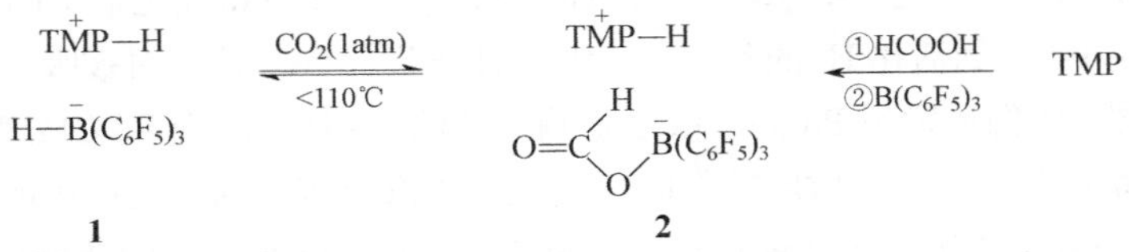

$$\underset{\mathbf{1}}{\begin{matrix}\mathrm{TM\overset{+}{P}{-}H}\\ \mathrm{H{-}\overset{-}{B}(C_6F_5)_3}\end{matrix}} \underset{<110℃}{\overset{CO_2(1atm)}{\rightleftharpoons}} \underset{\mathbf{2}}{\begin{matrix}\mathrm{TM\overset{+}{P}{-}H}\\ \mathrm{O{=}C(H){-}O{-}\overset{-}{B}(C_6F_5)_3}\end{matrix}} \underset{②B(C_6F_5)_3}{\overset{①HCOOH}{\longleftarrow}} \mathrm{TMP}$$

图 6-6 通过受阻路易斯酸碱对 **1** 的可逆还原 CO_2 形成甲酸盐 **2**

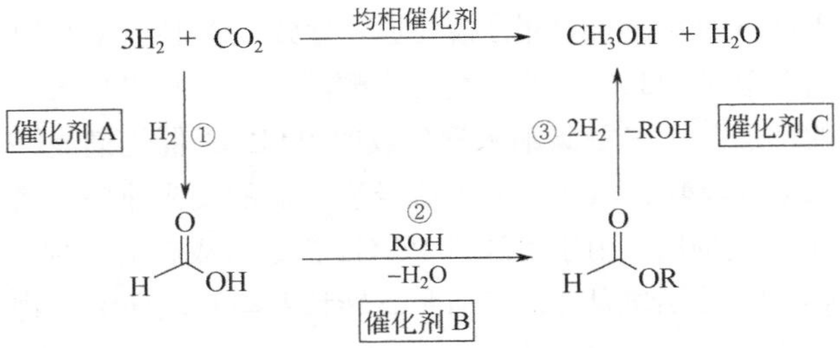

$$3H_2 + CO_2 \xrightarrow{\text{均相催化剂}} CH_3OH + H_2O$$

催化剂A：H_2 ① → HCOOH（H–C(=O)–OH）

② HCOOH $\xrightarrow[-H_2O]{ROH}$ HCOOR（H–C(=O)–OR）（催化剂B）

③ HCOOR + $2H_2$ → CH_3OH + ROH（催化剂C）

图 6-7 CO_2 加氢序列合成甲醇

Klankermayer 等[94]用均相的含磷 Ru 配合物在酸存在下催化 CO_2 加氢高效合成甲醇。当用 2 当量的双三氟甲基磺酸亚酰胺做添加剂时，20bar CO_2 和 60bar H_2 条件下，可以在含磷 Ru 配合物催化下高效地生成甲醇，转化数（TON）为 221，其中甲酸酯中间体的存在得到了 NMR 谱图的证实。

6.1.3 反应器设计及最优化

传统制备甲醇多采用固定床管式反应器，该反应器制备甲醇通常产率及选择性都较低。因此 Rahimpour[95]提出了一个两段式催化剂床用于转化 CO_2 生成甲醇，来提高催化剂活性及寿命。他们还研究了 CO_2 在膜型反应器中的加氢反应[96]，该反应器能克服热力学平衡的限制，提高动力学限制的反应速率，并可控制化学计量投料[97]。由于膜反应器具有连续地从反应平衡中移走产物的能力，因此相比于传统的固定床反应器，膜反应器在相同条件下可显示更高的转化率[98]。Chen 等[99]模拟了 CO_2 在硅橡胶/陶瓷复合材料膜反应器中合成甲醇的反应，再结合实验数据，发现在膜反应器中主反应的转化相比于传统的固定床反应器提高了 22%。此外，很多研究组发现在具有不同种类的膜（如陶瓷沸石）的膜反应器中反应，甲醇的选择性和产率都可得到提高[100-102]。不过膜反应器的应用受到其工作温度通常低于 200℃的限制。

为了克服热力学限制，在液体介质中低温合成甲醇也受到重视[103]，该过程具有高的热转移效率、高的单程转化率、优异的 CO_2 适用性及低的操作成本等特点[104-107]。Liaw 等[108]开发了超细的硼化铜催化剂［M-CuB (M：Cr，Zr，Th)］催化 CO_2 在液相中的加氢反应。Cr、Zr 和 Th 的掺杂提高了 CuB 的分散及稳定性，有利于甲醇的生成。Liu 等[109]发展了一种低温加氢反应过程，采用淤浆相 Cu 催化剂合成甲醇，在低温（170℃）及低压（5MPa）下 CO_2 转化率达到 25.9%，甲醇选择性达到 72.9%。

6.1.4 工业化实践

除了催化剂方面的工作，适合 CO_2 加氢的大型反应设备和工艺的研发工作备受重视。作为生产甲醇的专业公司，德国鲁奇（Lurgi）公司一直致力于开发 CO_2 加氢制甲醇的新设备和新工艺，该公司与南方化学（Sud Chemie）公司联合开发了 C795GL 催化剂，并在现有甲醇装置上进行试验，证明催化剂使用寿命可达 4 年，且关键设备和操作条件与传统的甲醇合成路线并没有显著差别。日本十分重视 CO_2 加氢合成甲醇的研究，日本关西电力公司和三菱重工开发了以 CO_2 为原料合成甲醇的 $CuO\text{-}ZnO\text{-}Al_2O_3$ 系催化剂，CO_2 的转化率可达 90%，日本三井化学公司在大阪工厂内运营着一套以 CO_2 为原料合成甲醇的 100t 示范装置，并有计划建设 60 万吨/年的工业装置。

中国科学院山西煤炭化学研究所魏伟等制备的 CuZnMnZr 基催化剂，在 5.0MPa 压力下、反应温度 250℃、GHSV 为 $4000h^{-1}$ 时，CO_2 转化率达 30%，甲醇的选择性在 98%以上，甲醇单程收率为 20%左右，催化剂的寿命已经完成了上千小时的考察，目前初步实现了催化剂的制备放大，正在进行工业单管试验，通过与盐化工富产氢过程相结合，可解决廉价氢源问题，目前正在与上海华谊集团合作进行万吨级工业示范装置的设计。

除了催化剂、设备和工艺的完善，H_2 源是影响二氧化碳合成甲醇工业化规模的最重要因素之一。CO_2 来源充分，比如各种燃烧化石燃料的工厂（燃煤发电厂、水泥厂、钢厂等）、发酵工厂，或石油、天然气和地热的伴生气。H_2 则通常从化石燃料获得（主要是天然气），也可以通过分解水获得，但均存在耗能过大的问题。分解水的方法主要有电解法、热解法和光解法，其中电解法耗能最大，如生产能力为 $1000kg \cdot 天^{-1}$（以 Hz 计）的电解水厂，仅电成本一项就占 H_2 生产总成本的 80%，当然若能从可再生能源如太阳能、水能、地热能和潮汐能等[110]获取能源，则非常有可能解决氢源的问题。

6.2 二氧化碳制备甲酸

甲酸是最简单的脂肪酸，也是一种基本化工原料，主要由甲酸钠水解法、甲酰胺水解法、轻油液相氧化法，以及甲醇羰基化法等制备。近年来 CO_2 加氢合成甲酸反应也受到人们的重视，其基本反应如下：

$$CO_2 + H_2 \longrightarrow HCOOH$$

该反应是一个原子经济反应，符合当代绿色化学发展趋势，已经成为 CO_2 的活化和利用的重要研究方向[111]。

6.2.1 二氧化碳制备甲酸的理论基础

CO_2加氢直接生成甲酸，原料的利用率高，是原子经济反应，但如式（6-7）所示，其反应自由能$\Delta G^{\ominus}$为正值，是一个热力学不利的反应，即便在高压和较高的温度下，也很难实现CO_2加氢反应向甲酸的高效转化方向进行。要达到高效转化，首要的条件是必须打破反应的热力学平衡控制，一方面需及时移去反应产物（如通过酯化或加入无机弱碱来中和生成的酸）[112]，使反应向正方向进行，另一方面更需寻求合适的催化剂。第一种方案可以通过加入无机碱和有机碱来实现，如式（6-8）和式（6-9）所示，加入无机碱（如氨等）生成的甲酸盐通常需要强酸来置换以生成甲酸。而有机碱加入，甲酸的回收更复杂，因为有机碱的挥发性需要消耗很多能量[112]。因此，开发高效的催化剂显得尤为重要。

$$CO_2(g) + H_2(g) \longrightarrow HCO_2H(l) \tag{6-7}$$

$$\Delta G^{\ominus}=32.9\text{kJ}\cdot\text{mol}^{-1};\quad \Delta H^{\ominus}=-31.2\text{kJ}\cdot\text{mol}^{-1};\quad \Delta S^{\ominus}=-215\text{J}\cdot(\text{mol}\cdot\text{K})^{-1}$$

$$CO_2(g) + H_2(g) + NH_3(aq) \longrightarrow HCO_2^-(aq) + NH_4^+(aq) \tag{6-8}$$

$$\Delta G^{\ominus}=-9.5\text{kJ}\cdot\text{mol}^{-1};\quad \Delta H^{\ominus}=-84.3\text{kJ}\cdot\text{mol}^{-1};\quad \Delta S^{\ominus}=-250\text{J}\cdot(\text{mol}\cdot\text{K})^{-1}$$

$$CO_2(aq) + H_2(aq) + NH_3(aq) \longrightarrow HCO_2^-(aq) + NH_4^+(aq) \tag{6-9}$$

$$\Delta G^{\ominus}=-35.4\text{kJ}\cdot\text{mol}^{-1};\quad \Delta H^{\ominus}=-59.8\text{kJ}\cdot\text{mol}^{-1};\quad \Delta S^{\ominus}=-81\text{J}\cdot(\text{mol}\cdot\text{K})^{-1}$$

6.2.2 催化剂发展史

6.2.2.1 均相催化剂催化二氧化碳氢化合成甲酸

早在1935年，Farlow和Adkin就已经发现Raney镍可实现CO_2加氢合成甲酸[113]，目前国内外对CO_2催化加氢制备甲酸及其盐的报道主要集中在均相催化合成法，催化剂以贵金属配合物和第ⅧB族的非贵金属配合物为主，且在反应体系中加入有机溶剂、弱碱性金属盐和醇类等来提高甲酸（盐）的合成效率。与大多数非均相催化剂催化CO_2加氢合成甲酸（盐）相比，有机金属配合物可以在低温下进行催化。表6-3列出了具有代表性的用于CO_2加氢合成甲酸（盐）的Rh、Ru、Ir等过渡金属配合物催化剂的催化性能。

表6-3 CO_2加氢合成甲酸（盐）的催化剂

催化剂前驱体	溶剂	助剂	$p(H_2)/p(CO_2)$ /atm	T/℃	TON	TOF/h^{-1}
$RhCl(PPh_3)_3$	MeOH	PPh_3, NEt_3	20/40	25	2700	125
$Ru_2(CO)_5(dppm)_2$	acetone	NEt_3	38/38	25	207	207
$CpRu(CO)(\mu\text{-dppm})Mo(CO)_2Cp$	C_6H_6	NEt_3	30/30	120	43	1
$TpRu(PPh_3)(CH_3CN)H$	THF	NEt_3, H_2O	25/25	100	760	48
$TpRu(PPh_3)(CH_3CN)H$	CF_3CH_2OH	NEt_3	25/25	100	1815	113
$RuCl_2(PMe_3)_4$	$ScCO_2$	NEt_3, H_2O	80/140	50	7200	153
$RuCl(OAc)(PMe_3)_4$	$ScCO_2$	NEt_3/C_6F_5OH	70/120	50	31667	95000

续表

催化剂前驱体	溶剂	助剂	$p(H_2)/p(CO_2)$ /atm	T/℃	TON	TOF/h^{-1}
(η^6-arene)Ru(oxinato)	H_2O	NEt_3	49/49	100	400	40
(η^6-arene)Ru(bis-NHC)	H_2O	KOH	20/20	200	23000	306
[Cp*Ir(phen)Cl]Cl	H_2O	KOH	29/29	120	222000	33000
PNP-Ir(III)	H_2O	KOH, THF	29/29	120	3500000	73000
Cp*Ir(NHC)	H_2O	KOH	30/30	80	1600	88
$NiCl_2$(dcpe)	DMSO	DBU	40/160	50	4400	20
Si-$(CH_2)_3$NH($CSCH_3$)-Ru	C_2H_5OH	PPh_3, NEt_3	39/117	80	1384	1384
Si-$(CH_2)_3$NH($CSCH_3$)-{Ru $Cl_3(PPh_3)$}	H_2O	IL	88/88	80	1840	920

Inoue 等[114]1976 年首次采用 Wilkimson 催化剂 $RhCl(PPh_3)_3$ 来催化 CO_2 加氢合成甲酸（盐），随后 Ezhova 等[115]细致地研究了此类配合物的催化性能，发现在含膦配体的 Rh 配合物催化下 CO_2 可加氢生成甲酸，$RhCl(PPh_3)_3(NEt_3)$是配合物的前驱体，过量的 PPh_3 阻碍了配体向金属 Rh 还原，使得甲酸的产率显著提高。不过此类催化剂的活性依赖于所使用的溶剂的性质，极性溶剂（如 DMSO、MeOH）下催化效率高。

Ru 配合物因其高活性和甲酸选择性，也成为研究的焦点[116]。Tai 等[117]通过原位制备技术合成了多种含膦配体及其他配体的 Ru 催化剂，并比较了其催化活性。他们发现单膦配体（PR_3）的碱性与催化剂活性没有相关性，而在二膦配体中，因存在一个不寻常的相互影响的电子效应和咬角效应（图 6-8），使得弱碱性的二膦配体（双二苯基膦化合物）仅当它们的咬角低于 90° 下才有较高活性，而碱性更强的二膦配体（双二环己基膦化合物）则表现出相反的趋势，通常 90° 以上才会有较高的活性。也有采用杂化双金属配合物催化剂的工作，如 Ru/Mo 杂化双金属配合物可用于催化 CO_2 加氢反应，但活性很低，原因在于配合物与 H_2 反应不容易生成活化的二氢化物[118]。

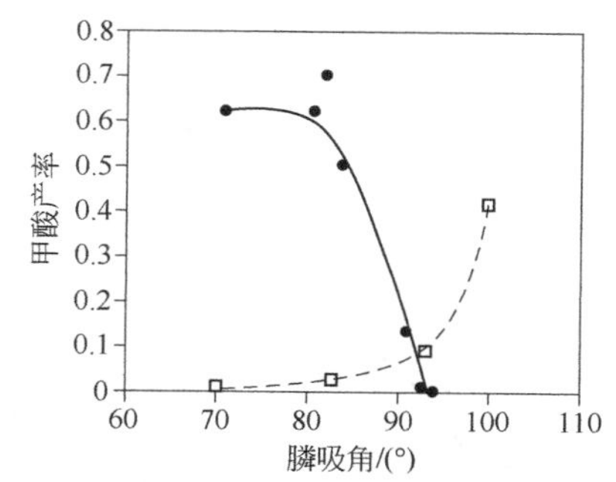

图 6-8　前 1h 内二膦配体对甲酸产率的影响
• 双二苯基膦化合物
□ 双二环己基膦化合物

也有报道用非铂系族金属做活性成分来催化 CO_2 加氢合成甲酸。Tai 等[119]发现 $FeCl_3$、$NiCl_2$ 或 $MoCl_3$ 结合 1,2-二环己基膦乙烷（dcpe）可催化 CO_2 加氢合成甲酸，显示了较高的催化活性。Merz 等[120]采用氢化锌杂化双金属立方烷催化 CO_2 加氢合成甲酸，也表现出相当高的活性，尤其在 Li 离子存在下，氢化物从 Zn-H 转移到 CO_2 被显著加速，得到相应的金属甲酸盐水合物。

在反应体系中加入少量水能有效提高 CO_2 加氢生成甲酸的催化活性[119, 121, 122]，可能与水分子和 CO_2 之间存在氢键相互作用有关，因为二氧化碳分子中碳的亲电性由于氢键的相互作用而增强，有利于它插入金属-氢键之间[122,123]。根据高压核磁共振（NMR）数据及理论计算，Yin 等[123]解释了 Ru 配合物 $TpRh(PPh_3)_3(CH_3CN)H$ 下 CO_2 加氢生成甲酸时的水效应。在此催化剂循环中关键的中间体是水合金属氢化物 $TpRh(PPh_3)_3(H_2O)H$，它通过配体置换反应生成，该中间体转移一个氢，最终转移到 CO_2 上生成甲酸，而中间体本身转化成短暂的氢氧物种，随后缔合 H_2 分子再生。

Yin 等还研究了醇作为助剂的影响[124]，催化过程的关键物种是 $TpRh(PPh_3)_3(ROH)H$，是水合氢化物的醇类似物，他们发现在所研究的醇中，CF_3CH_2OH 有促进作用，原因在于 CO_2 中氧原子和中间体高活性氢之间的强相互作用增强了 CO_2 中碳原子的亲电性。

Munshi 等[125]也研究了碱和醇对氢化机理的影响，发现用 DBU 代替 NEt_3，反应速率可提高一个数量级，这是由于 DBU 捕获 CO_2 的能力很强[126,127]。基于原位核磁共振谱结果，Ru 基前驱体在醇诱导下转化成阳离子配合物[125]。尽管醇不能在溶液中形成碳酸或质子胺[图 6-9(a)]，但能帮助 CO_2 插入 M—H 键之间[图 6-9(b)]，或者通过协同的离子氢化机理氢化 CO_2[图 6-9(c)]。

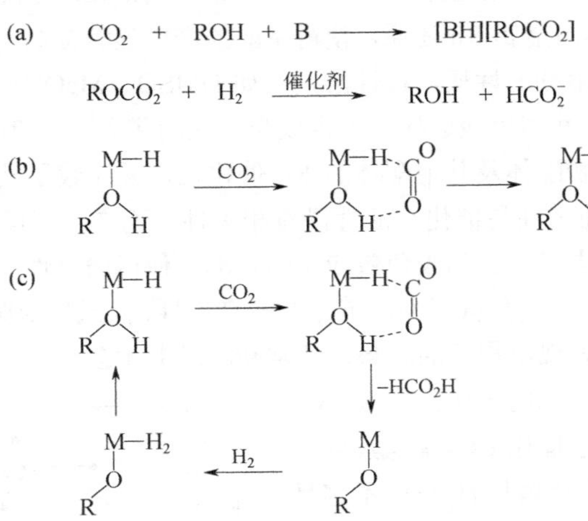

(a) $CO_2 + ROH + B \longrightarrow [BH][ROCO_2]$

$ROCO_2^- + H_2 \xrightarrow{\text{催化剂}} ROH + HCO_2^-$

(b) M—H(O(R)H) $\xrightarrow{CO_2}$ M—H⋯C(=O)O⋯H(O(R)) $\longrightarrow$ M—O⋯C(H)(=O)⋯H(O(R))

(c) M—H(O(R)H) $\xrightarrow{CO_2}$ M—H⋯C(=O)O⋯H(O(R)) $\xrightarrow{-HCO_2H}$ M(OR) $\xrightarrow{H_2}$ $M—H_2$(OR) $\longrightarrow$ M—H(O(R)H)

图 6-9 CO_2 氢化反应中涉及醇的三个可能解释

水也能用作合成甲酸的溶剂，特别是甲酸盐的合成。为在水中进行该反应，催化剂的配体最好具备水溶性或亲水性。一系列 Ir 和 Ru 配合物可用于在碱性水溶液中催化 CO_2 加氢合成甲酸（盐）[128-134]，含有较强供电子配体的催化剂能加速这个反应[129,133]。其可能机理是：从相应的水合或含氯配合物原位生成氢化络合物（图 6-10）[128,130,131]，CO_2 插入到氢化络合物中形成相应的甲酰配合物，然后与氢氧化物反应生成甲酸阴离子。

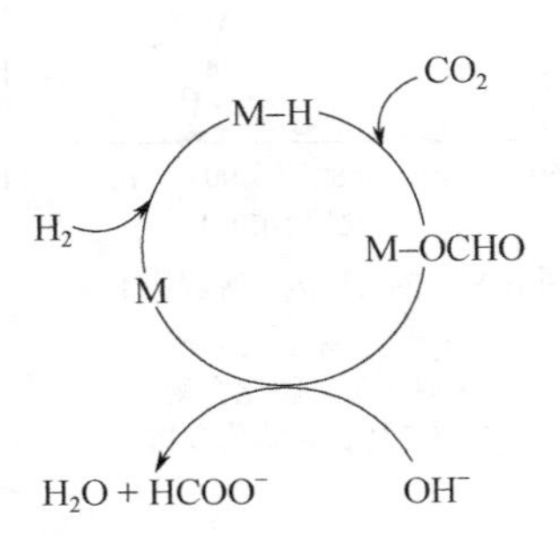

图 6-10 Ir 或 Ru 配合物催化 CO_2 加氢的可能反应示意

Himeda 等制备了 Ir 配合物均相催化剂，发现在反应开始阶段是高活性的，但当反应结束时因体系变为非均相而失去活性[130,133,134]。反应用的溶剂、产物、催化剂能通过常规的过滤和蒸发分离，因此没有废物产生。

Hayashi 等用水溶的 Ru 水合配合物实现了在酸性水溶液（pH：2.5～5.0）中 CO_2 加氢合成甲酸，在 40℃和 70h 下 TOF 达到 55[135]，该水合配合物在 pH 为 2.5～5.0 条件下和 H_2 反应生成氢化物，然后与 CO_2 反应生成甲酸盐配合物，最后生成甲酸（图 6-11）。Zhao 等[136]用水溶性[RhCl(mtppms)$_3$] (mtppms=磺基苯基膦)作催化剂，在加压（H_2 和 CO_2）条件下，通过对溶于甲酸钠水溶液的 CO_2 加氢制备了游离的甲酸。研究表明甲酸钠浓度、压力和 CO_2 分压是影响反应最重要的因素，可制备出最大浓度为 0.13mol · L^{-1} 的甲酸。但当甲酸钠浓度为零时，几乎没有甲酸生成。

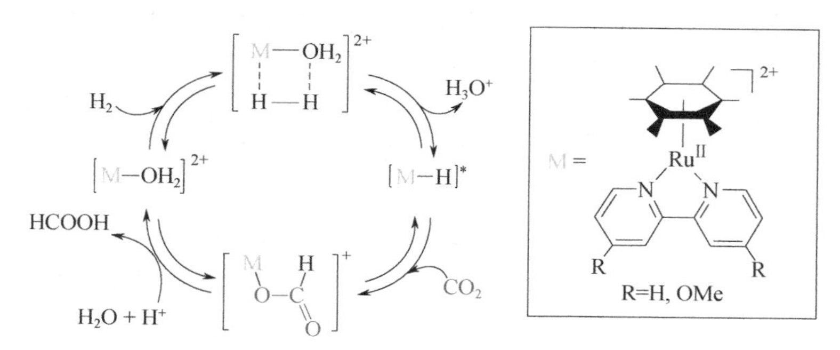

图 6-11　CO_2 在酸性条件下加氢的可能反应示意

此外，CO_2 在醇溶液中加氢能合成甲酸酯[137]，在 80℃下，Ru 配合物催化超临界 CO_2 在甲醇溶液中加氢可高效合成甲酸甲酯（MF）(TOF：55h^{-1})[121,138]，通常反应开始时先生成甲酸，然后与甲醇反应生成甲酸甲酯。

6.2.2.2　scCO_2 介质中均相催化剂催化二氧化碳氢化合成甲酸[139]

超临界二氧化碳（scCO_2）可以溶解许多非极性有机物，甚至包括含氟聚合物。对于过渡金属配合物催化剂而言，其在 scCO_2 中的溶解性对催化反应的顺利进行非常重要。许多过渡金属的有机配合物，包括膦配合物、卟啉配合物、金属茂合物、金属羰基化合物和金属二酮类化合物等都可以溶解在 scCO_2 中，而极性配合物或者具有许多芳基配体的非极性化合物常常溶解度较低，不能作为催化剂，这就需要改变其配体。

scCO_2 既作反应底物，又作反应介质对 CO_2 催化加氢反应具有重要的研究和应用价值。scCO_2 中可以大量溶解氢气，并可以溶解某些过渡金属配合物催化剂，形成均相体系，是二氧化碳高效利用的可行途径。与同一反应条件下的溶液相比，在超临界流体中，催化剂的活性可能会明显提高。其主要原因是在超临界流体中，配合物周围的溶剂化效应减弱，而且氢气与二氧化碳处于高混合比状态[140]。

Noyori 等[142]在这一领域内最早取得成功：在 scCO_2 中，在碱的作用下，以钌配合物为催化剂进行加氢反应，反应温度为 100℃，scCO_2 的分压为 1.32×10^8Pa，氢气分压为 8.1×10^{7}Pa，成功制备了甲酸及其衍生物。由于 $scCO_2$ 可以溶解膦配体的金属配合物催化剂，使之成为均相体系，同时它又能大量溶解 H_2，使体系达到高的 H_2/CO_2 混合比，因此这类催化剂的加氢效率很高，其活性比液相反应提高了 1～2 个数量级，这是其他溶液反应所无法比拟的。在 $scCO_2$ 中合成 HCOOH，其反应速率大大快于有机液相中的反应，转化效率（以转化数 TON 计）也显著提高，例如合成甲酸，TON 由叔胺法的 117 大幅度增加到 7200。如在反应体系中添加醇或一级胺或二级胺，除产生甲酸外，还能有效地产生甲酸酯或甲酰胺。Baiker 等[137]对催化剂进行改性，他们采用二齿双膦配体[$Ph_2P(CH_2)_nPPh_2$ 及 $Me_2P(CH_2)_nPMe_2$，n=1,2]替代单齿膦配体[PMe_3]在 $scCO_2$ 中反应。这种催化剂价格相对较低，对空气与水稳定，在无其他溶剂存在的条件下，与单齿配体催化剂比较，其催化 CO_2、氢气及二甲胺或甲醇的反应合成 DMF（二甲基甲酰胺）的转化频率（以下简称 TOF）可以提高两个数量级，合成 MF（甲酸甲酯）的 TOF 可以提高一个数量级。研究发现，催化剂能否溶于 $scCO_2$ 中对确保其高活性是相当重要的。三烷基膦过渡金属配合物对 $scCO_2$ 加氢反应具有可溶性和催化活性，而三苯膦配合物的活性较低，就可能是其难溶性所致。

Jessop 等用可溶的 $RuXY(PMe_3)_4$ (X, Y= H, Cl 或 O_2CMe)催化剂在 $scCO_2$ 中获得了高氢化速率，其原因是由于质量和热传递增加以及 H_2 在 $scCO_2$ 中高的溶解性等[121,142,143]。反应动力学结果显示，$scCO_2$ 的加氢反应是一级反应，反应速率强依赖于添加剂的选择[144]。

Ikariya 和 Noyori[121,145]的研究发现，在三乙胺和少量水存在下，采用 $Ru\text{-}P(CH_3)_3$ 配合物催化剂，可在 $scCO_2$ 下高效加氢合成甲酸。采用 $Ru\text{-}P(CH_3)_3$ 配合物为催化剂的原因是因为其在 $scCO_2$ 介质中有很好的溶解性，而 $P(C_6H_5)_3$ 基的催化剂如 $RuH_2[P(C_6H_5)_3]_4$ 活性较低，同样是因为它在 $scCO_2$ 中的溶解性较差。目前此类催化剂可以达到 TON 为 7200，初始反应速度 TOF 为 1400h^{-1}，远优于普通液相溶剂中的反应效果。在 $scCO_2$ 中溶解少量的乙醇可显著增加反应速率，使 TOF 超过 4000h^{-1}，而在 $scCO_2$ 中合成甲酸甲酯和二甲基甲酰胺（DMF）比在液相溶剂中进行的相同反应具有更高的 TON 和 TOF。不过，催化剂的溶解性能与催化活性的关系也存在例外，如 Baiker 等[137]的研究表明，在超临界及亚临界条件下，不溶于 CO_2 的 Ru 配合物 $RuCl_2(dppe)_2$ (dppe 是 1,2-二苯基膦乙烷)也是合成甲酸甲酯和 DMF 的有效的催化剂，在最初的 2h 转化率达到 18%，TOF 超过了 360000h^{-1}，但总的转化率数据则未见报道。

Jessop 等[141,142,146]深入研究了 $scCO_2$ 加氢体系中的相行为，通常 CO_2/H_2/添加剂的混合物会呈现多种不同的相变化，而超临界流体中的反应受到相转变的强烈影响。若反应物中出现不溶于 $scCO_2$ 的水，会包覆在催化剂上，隔断催化剂与反应物之间的联系，从而造成催化剂活性下降。因此，保持均相催化剂在 $scCO_2$ 中的溶解或高度分散对于此反应体系至关重要。但是大多数过渡金属催化剂在 $scCO_2$ 中是难溶或不溶的，因此需要在反应体系中引入液相的溶剂。

$scCO_2$ 加氢体系是一个非常复杂的多相催化反应体系，目前对其相行为的了解还非常有限。尽管如此，$scCO_2$ 作为反应介质带来的益处是明显的，一方面它能够显著改善气-液两相间的物质传递，且其本身具有很高的扩散系数，可大大提高受到传质限制反应的速率；另一方面，$scCO_2$ 不仅可以大量溶解于乙醇、三乙胺等多种有机溶剂中，形成富含 CO_2 且体积明显膨胀的液相，同时对 H_2、O_2 等气体具有很高的溶解性，能够促使这些气体也大量溶解在液相中，从而明显地提高 H_2、O_2 等气体参与的反应速率。

6.2.2.3 负载均相催化剂下二氧化碳加氢合成甲酸

一般情况下，均相催化剂具有比非均相催化剂更高的活性与选择性，但存在难以从液相反应产物中分离出来的问题。为了使均相催化剂能更广泛地使用，普遍采用均相催化剂非均相化方法来解决分离问题，其中负载化催化剂是最常使用的一个方法。该方法所采用的载体一般为无机氧化物或有机高分子材料。

常用的无机载体有硅石、分子筛、γ-Al_2O_3 和 SiO_2 等。Zhang 等[147]通过原位合成的方法把 Ru 配合物负载在胺功能化的硅石上来催化 CO_2 加氢合成甲酸，这种催化剂不仅具有高的活性和 100%选择性，而且具有易分离和回收等优点。于英民[139]采用 MCM-41 分子筛、γ-Al_2O_3、SiO_2 三类无机材料为载体实现钌基催化剂的负载化，分子筛和 SiO_2 载体的催化剂均显示较高的 $scCO_2$ 加氢制甲酸的反应活性，TON 分别为 969 和 792，远高于 γ-Al_2O_3 载体催化剂。分子筛载体的催化剂具有更好的稳定性，重复使用三次，仍保持初始活性的 90%。

在有机高分子材料载体方面，以聚苯乙烯树脂为载体的固载化钌基催化剂也成功用于 $scCO_2$ 加氢制甲酸，较低交联度和较小颗粒尺寸的树脂载体有利于提高催化剂的反应活性和稳定性。由于聚苯乙烯树脂具有更大的可裁剪性和调整空间，聚苯乙烯树脂为载体的催化剂具有重要的研究价值。

离子液体具有良好的热稳定性、宽的液体区域以及对各种物质的良好的溶解能力等[112]，Zhang 等把碱性离子液体与硅石负载的 Ru 配合物结合实现了 CO_2 加氢合成甲酸，显示较好的活性和选择性（图 6-12）[112,148]，由于离子液体的非挥发性及适中的碱性，甲酸能通过加热收集得到。

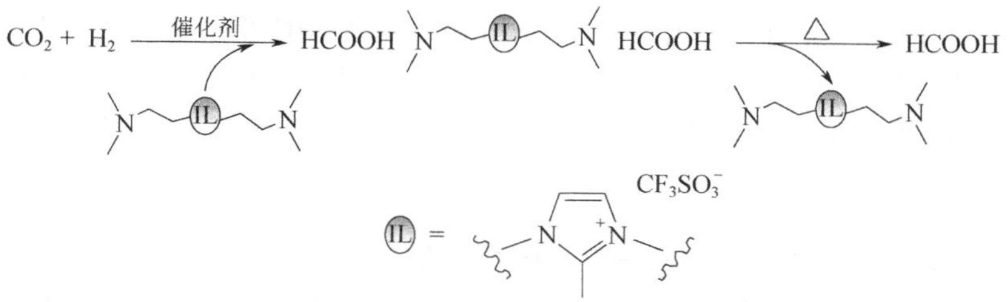

图 6-12 [DAMI][TfO]促进的 CO_2 加氢合成甲酸的反应示意及分离过程

如前所述，由于 CO_2 加氢合成甲酸在热力学上是不利的，需要加入弱碱等来使反应向正方向进行，所得产物一般是甲酸的衍生物。为了得到纯的甲酸，Leitner 等[149]提出了一个新的概念：在一个单一的反应装置中，$scCO_2$ 持续流动氢化，得到产物从固定催化剂和稳定碱中分离，从而得到纯净的甲酸。该概念基于两相反应体系：$scCO_2$ 为流动相，离子液体（IL）作为固定相。固定相中包含催化剂和不挥发的碱。$scCO_2$ 既作为反应物，又作为萃取相，能不断地从反应器中去除产品，使平衡向产物方向移动。通过简单解压向下流动的 CO_2 就能很容易地回收纯净的甲酸。离子液体可忽略不计的蒸气压使它们不溶于 $scCO_2$，不需要中断反应器内部的反应就能得到没有交叉污染的纯净的甲酸。

6.2.2.4 非均相催化剂下二氧化碳加氢合成甲酸

虽然均相催化剂一直是研究的主要方向，但近年来非均相催化剂的发展也十分迅速。金属合金催化剂是一种新型的非均相催化剂，已有专利报道[150]在 $Cu_{70}Zr_{30}$、$Ni_{64}Zr_{36}$、$Pd_{25}Zr_{75}$ 合金上催化 H_2/CO_2 可生成甲酸、甲醇、甲烷和 CO 等。其中甲酸可在无定形或结晶的 $Cu_{70}Zr_{30}$ 合金催化剂作用下形成，在 220℃和 1.05MPa 时，其活性最高可达 0.29mol 甲酸·(mol 催化剂·h)$^{-1}$(选择性大于 80%)，活性和选择性皆较均相催化剂低很多。此外，研究发现碱金属五羰基锰[如 $NaMn(CO)_5$]在惰性溶剂中可催化 CO_2 加氢制备甲酸（盐），在温和条件下，CO_2、H_2 和 Mg 也可以直接合成甲酸镁，而在 $TiCl_4$/Mg/THF 系统中交替引入 H_2 和 CO_2 进行加氢反应，1mol 钛能固定 15mol 的 CO_2。

Koppel 等[137, 151-153]研究了在超临界 CO_2 介质中均相配合物催化剂的多相化，他们将 Ru 配合物及其他第ⅧB 族的金属用溶胶凝胶法负载在硅基体上，形成固载化的 $RuCl_2[P(CH_3)_2(CH_2)_2Si(OC_2H_5)_3]_3$ 催化剂，用于超临界 CO_2 加氢合成甲酸及其衍生物，这种催化剂的优点是只需要简单的过滤操作即可分离，且在超临界 CO_2 中非常稳定，在 120℃，CO_2 分压为 1.30×10^7Pa、H_2 分压为 8.5×10^4Pa 下，对 DMF 的转化频率可达到 1860h^{-1}，对 MF 的转化频率可达到 116h^{-1}，反应的活性和选择性比均相催化剂都有所提高。也有采用有机高分子材料为载体的，Ikariya 等[154]将 $RuCl_2[P(C_6H_5)_3]_3$、$RuH_2[P(C_6H_5)_3]_4$ 固载于两亲树脂（PS-PEG）上，用于 $scCO_2$ 加氢制备 DMF，产物 DMF 的转化数达 1560～1960。

Fachinetti 等[155]采用二氧化钛负载的金（商业品 AURO-lite）在三乙胺下催化 CO_2 加氢生成了 $HCOOH/N(C_2H_5)_3$，该反应可以连续进行，且得到的 $HCOOH/N(C_2H_5)_3$ 中无溶剂和催化剂，在高沸点的三正己胺[$N(n\text{-}C_6H_{13})_3$]协助下可分离出纯甲酸和三乙胺。

6.2.2.5 二氧化碳催化氢化合成甲酸的其他方法

利用电化学法进行 CO_2 加氢反应的关键在于能否制备高催化活性、高稳定性及高选择性的二氧化碳还原电极和催化剂。二氧化碳还原电极的研究主要集中在金属电极、气体扩散电极、半导体电极和修饰电极等，其中 Hg、Pb、In 和 Sn 等具有高析氢

过电位的金属对 CO_2 还原得到甲酸具有最佳的选择性和电流效率[156]。这些金属对 CO_2 具有非常弱的吸附作用，很难使 CO_2 分子中的 C—O 键断裂，因此主要产物为甲酸。CO_2 电还原催化剂的研究主要考虑两个因素：一方面是降低还原活化能，从而降低过电位；另一方面是提高还原产物的选择性。CO_2 电还原催化剂中，研究较多的是金属簇[157]和金属复合物[158]，其中金属酞菁对 CO_2 还原合成甲酸具有最好的催化活性和选择性，不过，酞菁钴或镍得到的还原产物以甲酸或 CO 为主，而酞菁锡、铅或铟催化剂下则以甲酸和氢气为主。

生物酶催化法能够在非常温和的条件下（低温低压）将 CO_2 还原成甲酸，同时具有较高的产率和选择性，如 Lu 等[159]通过水解和缩聚反应获得了甲酸脱氢酶（FateDH），甲酸的产率达到 98.8%。

6.2.3 机理研究

关于二氧化碳加氢制备甲酸的理论预测与实验结果之间一直存在争论。例如，在 Rh 基催化剂体系下，从理论观点来看，决速步骤是 CO_2 插入到 Ru 氢化物配合物中，而从实验数据来看，CO_2 的插入却是相对容易进行的[160-163]，因此，甲酸合成反应的机理一直是该领域研究的热点。

均相 Ru 二氢化物催化剂下 CO_2 加氢制甲酸的反应机理研究得较为透彻，如图 6-13 所示[163,164]。CO_2 插入形成甲酸盐配合物，这是一个快速反应过程，具有相对低的反应能垒。随后 H_2 插入到甲酸盐-Ru 配合物中成为一个决速步骤，是通过中间体 $[Ru(\eta^2\text{-}H_2)]$ 配合物进行反应，接着生成甲酸[165]。对于反式异构体而言，H_2 插入步的活化能低于顺式异构体[166]。

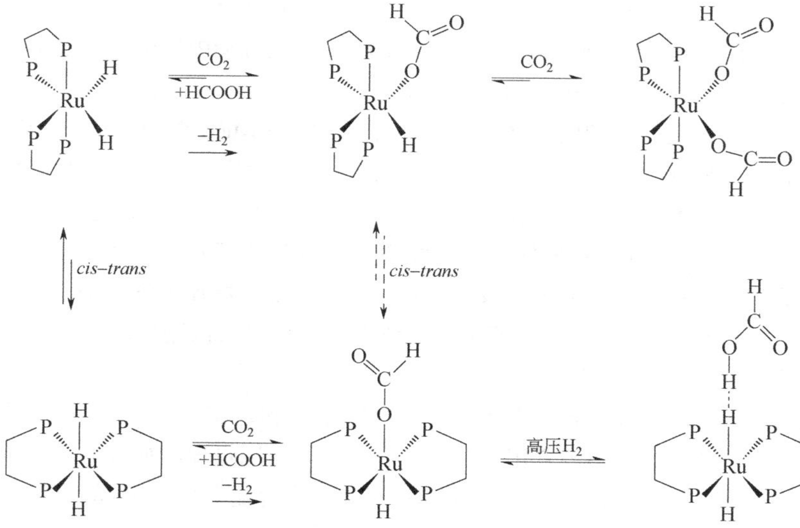

图 6-13 用 Ru 二氢化物催化剂催化 CO_2 加氢的反应路径

配合物 *cis*-$(PMe_3)_4RuCl(OAc)$ (**3**)对 CO_2 加氢反应具有高的催化活性[125]，配合物 **3** 及其衍生物 **4b** 和 **4c** 催化合成甲酸的机理可通过高压核磁共振波谱进行研究，如图 6-14 所示[167]。配合物 **4b** 和 **4c** 在醇共催化剂存在下与配合物 **3** 一样高效，而不饱和的阳离子 Ru 配合物$[(PMe_3)_4RuH]^+$ (**B**)被认为是反应的活性成分。在反应中碱不仅与生成的甲酸反应，而且涉及参与配合物 **4b** 和 **4c** 转化成 **B** 的反应[167]。

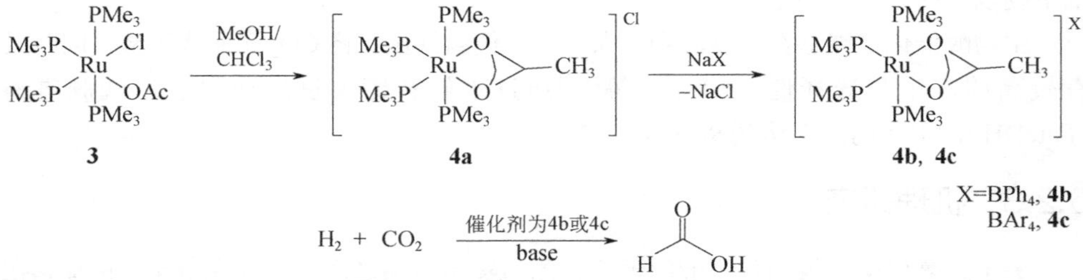

3 —MeOH/CHCl₃→ **4a** —NaX / −NaCl→ **4b**, **4c**

X=BPh_4, **4b**
BAr_4, **4c**

$H_2 + CO_2$ —催化剂为4b或4c / base→ HCOOH

图 6-14 配合物 **3** 及其衍生物催化 CO_2 加氢合成甲酸的机理

Musashi 和 Sakaki 研究了 Rh 基催化剂催化 CO_2 加氢合成甲酸的反应机理[166]。反应的第一步是 CO_2 插入到活性种$[RhH_2(PH_3)_2(H_2O)]^+$的 Rh(III)—H 键中。随后的反应路径有两种可能：一个是 CO_2 插入后，一系列的氧化还原步骤来活化氢[168]；另一个是 CO_2 插入后生成甲酸 Rh 中间体，随后 H_2 加成到中间体生成甲酸[165]。在这两个反应路径中，决速步骤是 CO_2 插入到 Rh(III)—H 键中。

在图 6-10 中，Nozaki 等提出了 Ir 配合物催化 CO_2 加氢的可能机理[131]，Ahlquist 用 DFT 计算研究了一个 Ir(III)模型催化剂在碱性条件下催化 CO_2 加氢反应的机理[169]，该机理指出甲酸盐配合物是通过两步机理形成的，决速步是 Ir(III)三氢化物中间体的再生，而 Ir(III)三氢化物是通过碱从阳离子 $Ir(H)_2(H_2)$配合物中提取一个质子形成的，这与强碱下得到更高的转化速率的实验结果是一致的[169]。

为了研究水加速反应的问题，Ohnishi 等研究了水在 Ru(II)配合物催化 CO_2 加氢制甲酸中的作用（图 6-15）[161,170]。在有水或无水下，活性种分别为 *cis*-$Ru(H)_2(PMe_3)_3$ 和 *cis*-$Ru(H)_2(PMe_3)_3(H_2)_2$，在无水存在下，Ru(η^2-甲酸盐)中间体是通过 CO_2 插入产生的，而水分子的存在有利于 H 配体亲核进攻 CO_2，从而解释了水能加速反应的原因[170]，因为在水存在下，决速步是复分解反应，这个过程的活化能比 CO_2 插入到 Ru—H 键中低很多[170]。值得注意的是，醇和胺也能像水一样加速亲核进攻，对二氧化碳加氢制甲酸反应起到类似水的作用。

在无外加碱的条件下，Ru 或 Ir 水合配合物能在 pH 为 3.0 的酸性水溶液中催化 CO_2 加氢制备甲酸[135,171]，Ru 和 Ir 配合物具有相似的反应机理，如图 6-16 所示，但决速步不同。用 Ru 配合物催化 CO_2 加氢的决速步是水合配合物与 H_2 的反应，而用 Ir 配合物为催化剂时决速步是氢化物与 CO_2 的反应[171]。

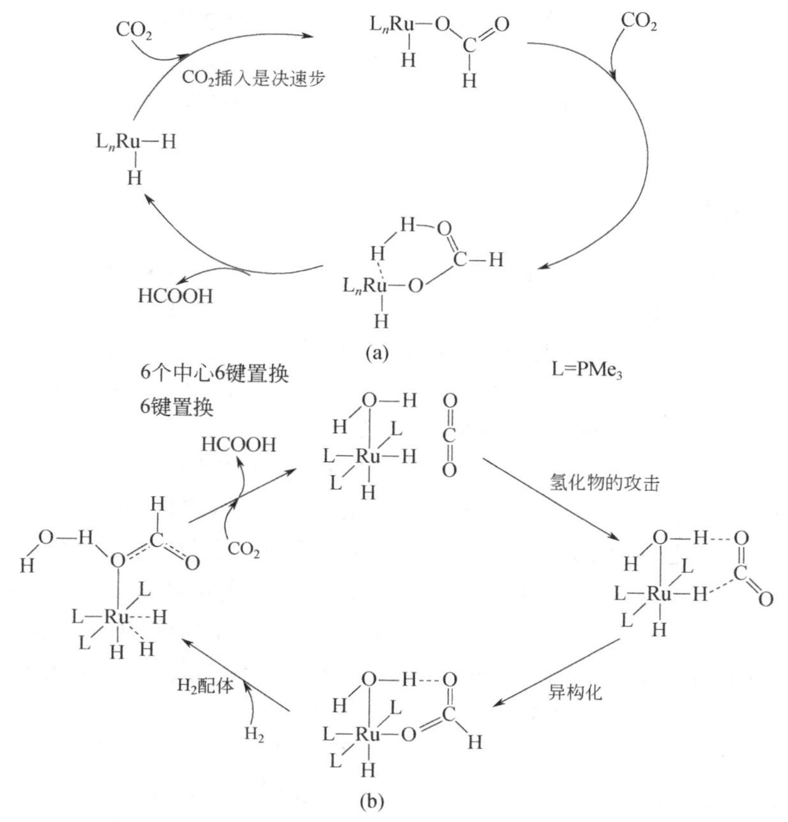

图 6-15　在水存在与否下 Ru(Ⅱ)配合物催化 CO_2 加氢制甲酸的反应机理

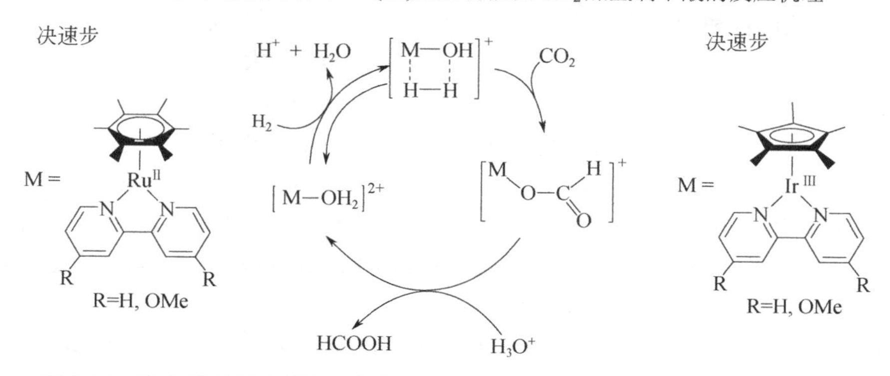

图 6-16　酸性条件下 Ru 和 Ir 水合配合物催化 CO_2 加氢制甲酸的可能反应机理

6.3　二氧化碳加氢制备一氧化碳

通过逆水汽变换反应（RWGS）将 CO_2 转化成 CO 是最有希望的二氧化碳转化反应之一[172]，其反应式如下：

$$CO_2 + H_2 \longleftrightarrow CO + H_2O, \ \Delta H_{298K} = 41.2kJ \cdot mol^{-1}$$

事实上，逆水汽变换反应发生在很多过程中，而且 CO_2 和 H_2 在很多反应混合物中存在。无论是从基础研究还是实用角度来看，逆水汽变换反应都是值得关注的重要反应。

6.3.1 催化剂

由于逆水汽变换反应是可逆反应，因此在水汽变换反应（WGS）中有催化活性的催化剂通常也是逆水汽变换反应的一个可能选择[173]。在水汽变换反应（WGS）中研究最多的催化体系是 Cu 基催化剂，已经被用来催化逆水汽变换反应。

Liu 等[174]研究了一系列双金属 Cu-Ni/γ-Al_2O_3 催化剂，用于催化 CO_2 加氢反应。Cu 有利于 CO 形成，而 Ni 对产物 CH_4 的形成有利，Cu/Ni 的比例对转化效率及选择性有很大影响。Cu/ZnO 和 Cu-Zn/Al_2O_3 被用来催化 CO_2 加氢合成甲醇及水汽变换反应，同时也被用来催化逆水汽变换反应[175]。对逆水汽变换反应活性最高的催化剂是氧化铝负载的富 Cu 催化剂（Cu/Zn>3），其中金属 Cu 的表面积与催化剂活性呈线性关系[175]。此外，Chen 等[176]发现在 Cu/SiO_2 催化剂中加入钾做促进剂可以提高催化活性，在 600℃时的 CO_2 转化从 5.3%提高到 12.8%，K_2O 的主要作用是促进 CO_2 吸收，并增加对甲酸盐分解的活性点。此外，在 Cu 和 K 的界面产生新的活性点有利于甲酸盐（HCOO）物种的形成，因为甲酸盐物种是生成 CO 的关键中间体。

逆水汽变换反应是吸热反应，高温有利于 CO 的生成，但由于 Cu 基催化剂的热稳定性存在不足，又不适合在高温下的反应。因此改善 Cu 基催化剂的热稳定性很重要，此方面的研究工作也较多，例如，加入少量的铁，可显著提高 Cu/SiO_2 催化剂在高温下的催化活性和稳定性[177, 178]。原因之一在于在高温下 Fe 物质在 Cu 粒子周围形成小的粒子，Cu 粒子的烧结被有效抑制[178]，如在 600℃和大气气氛下，Cu-Fe 催化剂在 120h 内均显示了稳定的高催化活性，而没有添加铁的 10%（质量分数）Cu/SiO_2 催化剂由于在高温下 Cu 和氧化铜的表面积降低而快速失活[178]。而活性提高的另一个原因还在于 Cu 和 Fe 粒子的界面周围产生了新的活性点。Chen 等[179]用原子层外延技术（ALE）制备了 Cu/SiO_2 催化剂，可阻止 Cu 粒子的烧结，使催化剂在高温下有相当高的热稳定性，并由于小的 Cu 粒子的形成，使得 ALE-Cu/SiO_2 催化剂可强力键合 CO，从而对逆水汽变换反应有很高的催化活性。

铈基催化剂也可以催化水汽变换反应及逆水汽变换反应[180]，其中 Ni/CeO_2 催化剂在 600℃连续反应 9h，CO 的产率是约 35%，显示该催化剂在催化活性、选择性和稳定性方面都表现出优异的性能[181]。本体镍有利于甲烷的生成，在 Ce 和高分散的镍晶格中形成的氧空位是关键的活性点，研究发现即使很少量的碳沉积在 Ce 负载体上也可导致催化剂的失活，说明催化剂的负载分数很少，可能仅位于负载金属的附近[182]。

负载贵金属催化剂（如 Pt、Ru 和 Rh）对 H_2 的解离有很好的活性，可用于催化 CO_2 加氢。Bando 等[183]用 Li 促进 Rh 离子交换沸石（Li/RhY）催化 CO_2 加氢反应，

Li 原子在催化剂表面的存在产生新的活性点，增加了 CO_2 的吸收并稳定了所吸收的 CO_2 物种。随着 Li 含量的增加，主要产物从甲烷变成 CO，当 Li/Rh 的原子比高于 10 时，CO 成为了主要产物（选择性达到 87%），而甲烷的生成反而被抑制（仅有 8.4% 选择性）。另一方面，Ettedgui 等[184]用在 5,6 位接 15-冠-5 的邻二氮杂菲配体制备了金属有机-杂多酸杂化的 $ReI(L)(CO)_3CH_3CN\text{-}MHPW_{12}O_{40}$ 配合物，在 Pt/C 存在下，配合物中的杂多酸能使 H_2 氧化成两个质子和电子，且能在光照条件下用 H_2 代替胺作还原剂，催化 CO_2 光还原成 CO，但转化频率和产率还较低。

在催化剂制备过程中所采用的金属前驱体也影响催化活性。Arakawa 等[185]通过浸渍法从醋酸盐、氯化物和硝酸盐前驱体制备了二氧化硅负载的 Rh 催化剂（Rh/SiO_2），用于催化 CO_2 加氢反应。从醋酸盐和硝酸盐前驱体制备的催化剂得到的主要是 CO，而用氯化物前驱体制备的催化剂，甲烷的生成量相对较高。一个可能的解释来自 SiO_2 表面的氢氧物种与 Rh 原子的比例变化，通常高比例有利于 CO 形成，而基于不同金属前驱体的氢氧物种与 Rh 原子的比例遵循如下顺序：氯化物 < 硝酸盐 < 醋酸盐[185]，因此出现上述产物变化也是可以理解的。

6.3.2 反应器

相比于其他类型反应器，流化床能完成较高的质量和热量转移，是多相反应（如 CO_2 催化加氢反应）的有效反应器[186]，如采用流化床反应器在 Fe/Cu/K/Al 催化剂下实现逆水汽变换反应，CO_2 转化率达到 46.8%，高于固定床反应器的 32.3%[187]。

电化学促进的逆水汽变换反应有望用在固体氧化物燃料电池（SOFC）上，对于 $Cu/SrZr_{0.9}Y_{0.1}O_{3-\alpha}$ 电极，当氢源为电化学供给的 H^+时，与氢气分子相比，可显示更高的反应速率[188]。基于直接电催化（CO_2 电分解、H_2 电氧化）和电化学促进反应的特性，对于 Pt/YSZ(Y 稳定的 Zr)电极，逆水汽变换反应的决速步是催化剂表面键合碳的形成以及它与吸附氢的相互作用[189]。对于 Pd/YSZ 电极，在一定的负或正的过电位下，CO 的形成可增加 6 倍[190]。固体氧化物燃料池（SOFC）在逆水汽变换反应中显示了很好的稳定性和可持久性，被认为是可再生能源的替代路线之一。

6.3.3 反应机理

逆水汽变换反应的机理研究主要基于铜基催化剂的催化机理，其主要反应为氧化还原和甲酸盐分解。

Cu 原子对解离 CO_2 有活性，而氧化态 Cu 催化剂的还原比氧化过程要快[191-193]。氢气被认为是还原剂，没有直接参与逆水汽变换反应中间体的形成。

除了氧化还原反应机理，甲酸盐分解产生 CO 也是研究较多的一个机理，Chen 的系列研究表明甲酸盐来自氢气和 CO_2 的缔合[176, 194, 195]，甲酸盐中间体分解产生 CO。

Chen 等[196]还考察了 Cu 纳米粒子上 CO_2 吸附能、活性位点及逆水汽变换反应的机理，发现 CO_2-TPD（CO_2 的程序控温解析谱图）谱上存在两个主峰，分别在 353K （α 峰）和 525K（β 峰）处，表明 Cu 纳米粒子能够强键合 CO_2 分子。β-型 CO_2 被证实是逆水汽变换反应的主要物质。由于在 2007cm^{-1} 红外波段信号被观察到和归属为 CO 吸附在低的 Cu 表面，因此他们提出反应路径主要涉及甲酸盐物种的形成[197, 198]。

对 Pd 或 Pt 基催化剂而言，用红外光谱研究了 Pd/Al_2O_3 催化剂催化超临界 CO_2 和 H_2 反应，证明了表面物种（如碳酸盐、甲酸盐和 CO）的存在[199]，而在裸露的氧化铝载体上仅观察到碳酸盐和甲酸盐，表明 Pd 对 H_2 的解离吸附以及甲酸盐和 CO 的形成是有利的。为此，提出了 Pd/Al_2O_3 催化剂催化 CO_2 加氢的另一个反应机理[200]（见图 6-17）：CO_2 和 H_2 的反应发生在 Pd 和 Al_2O_3 的界面，生成的 CO 能作为界面活性点的探针分子；CO_2 吸附在氧缺陷的氧化铝薄膜上形成类似碳酸盐的物质，然后与 H_2 反应生成 CO。

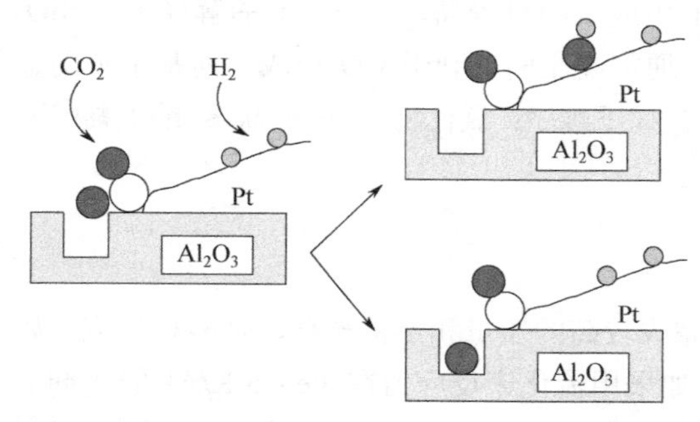

图 6-17 CO_2 在 Pd/Al_2O_3 催化剂上的还原机理示意

Goguet 等用稳态同位素瞬变动力学分析技术（SSITKA），结合漫反射傅里叶变换红外光谱（DRIFT）和质谱监控研究了 Pt/CeO_2 催化剂表面物种的动态变化[201]，提出了相应的逆水汽变换反应机理。图 6-18 列出了三种机理的反应模型，按照图 6-18 的反应机理，与 Pt 键合的羰基和甲酸盐都不是主要的反应中间体，甲酸盐生成 CO 仅在有限的程度上发生，逆水汽变换反应主要通过催化剂表面的碳酸盐中间体进行，包括催化剂表面碳酸盐与氧空位反应或者 Ce 空位的扩散。

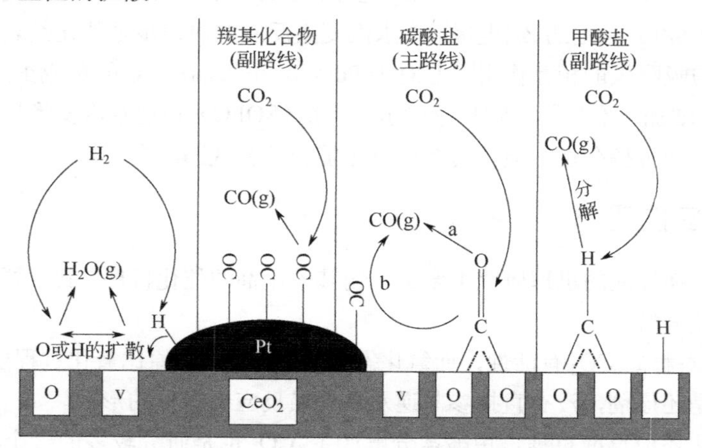

图 6-18 Pt/CeO_2 催化剂催化逆水汽变换反应的机理

Qin 等[202]用密度泛函理论（DFT）研究了 Ni 表面的逆水汽变换反应机理，指出 CO_2 中 C—O 键的断裂发生在 H_2 解离前。H_2 组分能促进 Ni 插入过程的电荷转移，降低能垒以利于配位的 CO_2 分子的解离，逆水汽变换反应的决速步是氢原子从 Ni 中心转移到氧原子上生成水的反应。

Liu 等[203]研究了过渡金属 L'M（L'=$C_3N_2H_5$；M= Sc，Ti，V，Cr，Mn，Fe，Co，Ni，Cu，Zn）催化剂下逆水汽变换反应的机理。催化反应的第一步是 CO_2 的配位 L'M(CO_2)，第二步是通过加入 L'M，L'M(CO_2)断裂生成 L'M(CO)和 L'M(O)，接着含氧配体 L'M(O)加氢生成 L'M(H_2O)，最后一步涉及 H_2O 和 CO 的解离，各个反应的焓变见图 6-19。对于逆水汽变换反应的催化循环，关键步骤是 CO_2 的配位和还原。前过渡金属在这些反应中是热力学上有利的，而后过渡金属对含氧的配体更容易发生加氢。

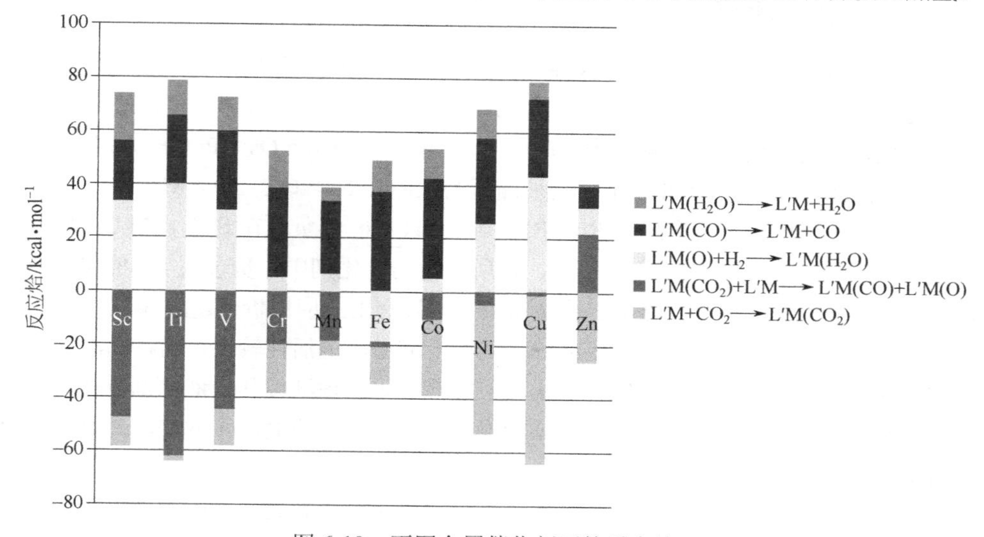

图 6-19　不同金属催化剂下的反应焓

6.4　二氧化碳加氢制备甲烷

甲烷是天然气的主要成分，也是十分重要的化工原料，主要用于合成氨和甲醇。随着石油资源的日趋匮乏，甲烷将是未来基本化学品的主要碳源。目前，从 CO_2 加氢合成 CH_4 引起了人们广泛的关注。CO_2 甲烷化反应有很多应用，包括合成气的合成及压缩天然气的制备等。该反应在航天领域已有应用[204]，在航天舱室中人员呼出的 CO_2 可转化为甲烷和水，生成的水汽经冷凝、分离、储存供电解产氧使用，而甲烷则作为废气排出，或收集起来供作他用[205]。

6.4.1　二氧化碳加氢制备甲烷的理论基础

CO_2 甲烷化反应是由法国化学家 Paul Sabatier 首先提出的，因此该反应又叫作 Sabatier 反应[206]。其反应过程是将 CO_2 和 H_2 按照一定的比例通入装有催化剂的特殊反应器内，在一定的温度和压力条件下，CO_2 和 H_2 发生反应生成水和甲烷，其反应式如下：

$$CO_2 + 4H_2 \longrightarrow CH_4 + 2H_2O, \Delta H_{298K} = -252.9kJ \cdot mol^{-1}$$

该反应为放热反应，适宜在低温下进行，因此该反应通常在 177～527℃ 的温度范围内进行，而当反应温度超过 595℃时，反应就向反方向进行。为维持反应器内温度在要求的范围内，必须对反应器进行温度控制。CO_2 甲烷化反应是热力学上有利的[$\Delta G_{298\,K} = -130.8\ kJ \cdot mol^{-1}$]，然而，完全氧化的碳还原成甲烷是一个受动力学限制的过程，需要合适的催化剂来确保一定的反应速率和选择性[207]。

6.4.2 催化剂发展

自从 Sabatier 等[206]报道了在 Ni 催化剂下 CO_2 的甲烷化反应之后，已经发展了许多催化体系。早在 19 世纪 20 年代 Tropsch[208]比较了不同金属在不同温度下的甲烷化反应活性，不同金属的活性顺序为：Ru > Ir > Rh > Ni > Co > Os > Pt > Fe > Mo > Pd > Ag。后来根据金属的重要性这个序列被缩短为：Ru > Ni > Co > Fe > Mo。

目前，第ⅧB 族过渡金属如 Ru、Rh、Fe、Ni、Co 等负载在 SiO_2、Al_2O_3 或 MgO 上是最常用的 CO_2 甲烷化反应催化剂。在所报道的催化剂中，贵金属 Ru 催化剂活性最高，且可在低温下催化，但由于价格昂贵，不具有工业应用价值。Fe 催化剂价格便宜，且容易制备，20 世纪 50 年代前曾在工业上应用，但活性较低，需在高温高压下操作，并且选择性差、易积炭，也易生成液态烃，因此逐渐被其他催化剂所代替。Ni 基催化剂活性较高，选择性好，在合适的操作条件下，有望满足工业要求，是目前研究得最多的催化体系。

对于负载 Ni 催化剂体系，载体的选择是重要研究内容之一，因为所采用的载体通常是具有高表面积的氧化物，载体本身性质和载体与 Ni 之间的相互作用，决定了 CO_2 甲烷化反应的活性、选择性等综合催化性能[209]。

从谷糠灰（RHA）中提取的无定形二氧化硅具有高的比表面积（125～132$m^2 \cdot g^{-1}$）、熔点和孔隙率，Chang 等[210-212]采用无定形二氧化硅负载 Ni 催化剂，用于催化 CO_2 甲烷化反应。表 6-4 列举了不同方法制备的高分散 Ni 催化剂催化 CO_2 加氢反应合成甲烷的转化数（TOF，每秒每摩尔 Ni 生成的甲烷的物质的量），总体而言无定形二氧化硅负载的 Ni 纳米粒子催化 CO_2 甲烷化的活性高于其他方法制备的 Ni 催化剂[212]。

表 6-4　不同方法制备的 Ni 催化剂催化 CO_2 甲烷化的活性比较

催化剂	制备方法	分散度/%	T/K	TON/$10^3\ s^{-1}$
4.3% Ni/SiO_2-RHA	IE	40.7	773	17.2
4.1% Ni/SiO_2-gel	IE	35.7	773	11.8
3.5% Ni/SiO_2-RHA	DP	47.6	773	16.2
3.0% Ni/SiO_2	I	39.0	550	5.0

注：表中分数均为质量分数。

无定形二氧化硅也被用来作为原材料通过离子交换方法制备一系列二氧化硅-氧

化铝载体，用于负载 Ni 基催化剂（Ni/RHA-Al_2O_3）[213]。值得注意的是，来自层状 Ni 化合物的 NiO 很难被还原，可能是因为 NiO 粒子捕获氧化铝后增加了还原的活化能[213]。CO_2 的转化和甲烷的生成强烈依赖于催化剂的煅烧及还原温度。随着氧化铝含量增加，催化活性降低，说明酸位点不是反应的唯一影响因素。通过湿润浸渍法制备的 Ni/RHA-Al_2O_3 催化剂显示了很高的催化活性，原因在于催化剂的中孔结构及高的表面积[209]，在该体系中发现金属和氧化物之间存在强相互作用，在催化剂表面形成高分散的氧化镍（如 NiO 和 $NiAl_2O_4$）纳米晶，在反应温度为 773K 时获得最高产率（约 58%），甲烷的选择性达到约 90%[209]。

考虑到载体对活性相的分散有很大影响，高分散金属载体成为研究热点。Du 等[205]用不同 Ni 含量的 Ni/MCM-41 来催化 CO_2 甲烷化，用含 3%（质量分数）Ni 的 Ni/MCM-41 催化剂，在 573K 和 5760L・kg^{-1}・h^{-1} 空速下，选择性达到 96.0%，产率达到 91.4g・kg^{-1}・h^{-1}，优于 Ni/SiO_2 催化剂，与 Ru/SiO_2 催化剂相当[214-216]。高选择性能在更高的反应温度（673K）下维持，且时空产率大幅度提高到 633g・kg^{-1}・h^{-1}，比 573K 时增加了近 7 倍。673K 时 Ni/MCM-41 中的 Ni^{2+}开始被还原为 Ni^0，由于催化剂表面的锚定效应，在 973K 下大多数 Ni 物种被还原成高分散的 Ni^0，产生稳定的催化剂，获得最好的活性和选择性，更高的温度则会降低催化活性和选择性[205]。

由于 ZrO_2 的酸碱特性及其对 CO_2 的吸附能力，ZrO_2 成为令人感兴趣的另一个载体。通过无定形的 Ni-Zr 合金制备了不同 ZrO_2 多晶型物含量的 Ni/ZrO_2 催化剂[217]。随着 Ni 含量的增加，四方形 ZrO_2 (t-ZrO_2)含量会增加，进而影响 CO_2 甲烷化的活性。负载在 t-ZrO_2 上的 Ni 纳米粒子比负载在单斜 ZrO_2 (m-ZrO_2)上显示了较高的 TOF（在 473K 下，前者 TOF 为 5.43s^{-1}，后者为 0.76s^{-1}）及更好的 CO_2 吸附。Ce-Zr 二元氧化物也被用来作为 CO_2 甲烷化催化剂的载体，改善其氧化还原性能。Ocampo 等[218]研究了 Ni/$Ce_{0.72}Zr_{0.28}O_2$ 催化剂下的 CO_2 甲烷化反应，含 10%（质量分数）Ni 的催化剂在 150h 的反应中显示了良好的活性及稳定性，CO_2 的转化率达到 75.9%，甲烷的选择性为 99.1%，高活性的原因在于 $Ce_{0.72}Zr_{0.28}O_2$ 的储氧能力强，且能提高 Ni 分散性能，从而提高了其氧化还原性能。Perkas 等[219]开发了 Ce 或 Sm 阳离子掺杂的 Ni/ZrO_2 催化剂，30%（摩尔分数）Ni 含量的催化剂具有最大的孔体积，显示了较高的 CO_2 甲烷化活性（在 573K 下 TOF 为 1.5s^{-1}），原因在于催化剂因载体的中孔结构而具有的高比表面积与稀土元素掺杂存在的协同效应。RANEY®Ni 是大家公认的高活性 CO_2 加氢催化剂，由 Ni-Al 合金为原料制得，其在甲烷化反应中也有高的催化活性[220]。其优异的催化性能源于它独特的耐热性和大的比表面积。在 Ni-Al 合金催化剂下主要产物是 CH_4 和 CO[221]，由于 Ni 相对于 Al 更容易解离 CO，因此 Ni 含量的增加导致更高的甲烷选择性（100%）。通过理论模拟设计了一系列氧化铝负载在单/双金属 Ni 基催化剂[222]，相比于纯 Ni 或 Fe 催化剂，Ni-Fe 合金的 CO_2 甲烷化选择性更高，通常 Ni/Fe 比高于 1 时催化剂的活性和选择性更高。

Ni 基催化剂存在的主要问题之一是在低的反应温度下失活，因为金属粒子与 CO

会相互作用导致移动的镍亚碳基（subcarbonyl）物种的形成[223]。相反，与 Ni 相比，贵金属（如Ru、Pd和Pt）在工作条件下更稳定，对CO_2甲烷化活性也更高[224]。Kowalczyk等[225]研究了载体在 CO_2 加氢反应中 Ru 纳米粒子的催化性能，Ru 基催化剂的 TOF 依赖于 Ru 的分散及载体的类型。对于高分散的金属催化剂，反应的 TOF 值（$\times10^3\ s^{-1}$）遵循下列顺序：Ru/Al_2O_3（16.5）> $Ru/MgAl_2O_4$（8.8）> Ru/MgO（7.9）> Ru/C（2.5）[225]。在Ru/C体系中，由于金属和载体之间的相互作用对Ru纳米粒子的催化活性影响很大，C 组分部分覆盖在金属表面，降低了活性点的数目（即活性点阻断效应）[225]，因此活性较低。在稳定的条件下，高负载的 15%（质量分数）Ru/Al_2O_3 催化剂的反应速率比 Ni 基催化剂高约 10 倍。$Ru/\gamma\text{-}Al_2O_3$ 催化剂还被用来作为探针催化剂来确定 CO_2 甲烷化的动力学参数[226]。

Ru 的分散度对催化剂的表观活化能有很大的影响，分散度越高，表观活化能越低，Ru 的分散度达到 0.5 时，表观活化能最低（$82.6kJ\cdot mol^{-1}$）。通过滚筒溅射方法在 TiO_2 上制备了高分散 Ru 纳米粒子催化剂[227]，在 433K 时获得 100%产率，活性显著高于传统的湿润浸渍制备法所获得的 Ru 纳米粒子催化剂。高分散的 Ru/TiO_2 催化剂在低温下（300K）催化二氧化碳甲烷化反应，反应速率为 $0.04\mu mol\cdot min^{-1}\cdot g^{-1}$。此外，钇加入到 Ru 基催化剂不仅可增加比表面积和 Ru 的分散，而且提高了催化活性和催化剂的抗中毒能力[228]。

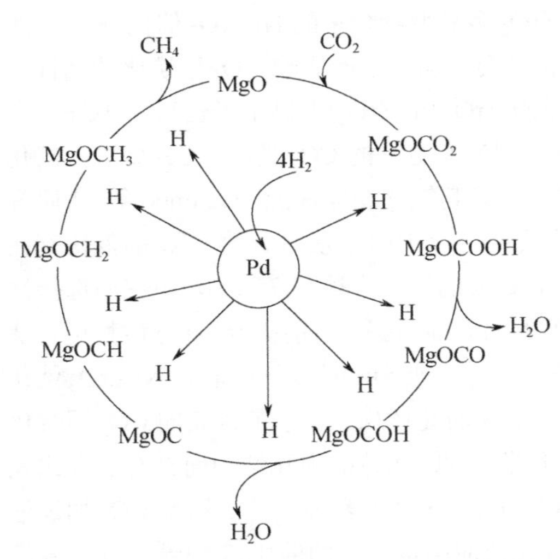

图 6-20　双功能 $Pd\text{-}Mg/SiO_2$ 催化剂

受到 Pd 能解离分子氢的启发，Park 等[207]研究了双功能的 $Pd\text{-}Mg/SiO_2$ 催化 CO_2 甲烷化反应。$Pd\text{-}Mg/SiO_2$ 催化剂在 723K 时甲烷选择性大于 95%，CO_2 转化率达到 59%，而负载在二氧化硅上的 Pd 催化剂还原 CO_2 主要生成 CO。因此，一个双功能的催化机理被提出：Pd 提供解离的氢给镁碳酸盐形成甲烷，一旦甲烷脱吸附，MgO 会结合气相的 CO_2 再次形成镁碳酸盐（图 6-20）[207]。

将具有高比表面积（$187m^2\cdot g^{-1}$）的 Pt 负载在二氧化钛纳米管上形成 Pt-Tnt 催化剂[229]，CO_2-TPD 结果表明在 Pt-Tnt 催化剂上可吸附大量的 CO_2，并归因于高比表面积的管状结构和混合价态的 Pd 纳米粒子的协同效应。原位 FTIR 表明在反应过程中甲烷是唯一的产物，且 Pt-Tnt 催化剂在低温下（450K）催化 CO_2 甲烷化仍然具有较高的活性。

因为工业原料中一般含有痕量的硫化合物，Szailer 等[230]研究了硫对 CO_2 甲烷化的影响。有意思的是，痕量的 H_2S (22μL/L)能使 TiO_2 和 CeO_2 负载的金属簇合物（如

Ru、Rh 和 Pd）反应速率提高，而对于其他载体负载的催化剂（如 ZrO_2 和 MgO）或者 H_2S 含量较高（116μL/L）时，反应速率则降低。原因在于当载体用 H_2S 扩散时，在金属和载体之间的界面产生新的活性点，催化剂活性提高。

在催化剂中添加一定量的其他金属组分会影响催化剂的性能（活性、选择性和稳定性）。如将 K 加入 Ni/SiO_2 和 Ni/SiO_2-Al_2O_3 催化剂中[231]，可发现复合催化剂虽没有增加高碳烃和烯烃的选择性，但改变了 CH_4 和 CO 的产物分布比例。K 的加入没有改变 CO_2 加氢的机理，而是改变了催化剂的吸氢能力，当 K 的加入量很低时，两种催化剂的吸附氢能力都得到增强。而对 Ni 作为活性组分、Mo 作为助剂的 Mo-Ni 双金属催化剂的研究发现[232, 233]，Mo 的加入可以促进 Ni 的还原，抑制 Ni 的烧结，从而提高 Ni 催化剂的催化活性，并可增强 Ni 基催化剂的抗硫性和耐热性。另外在 Ni/Al_2O_3 催化剂中添加 Mn、Cr，可导致 Ni^{2+}难以进入 Al_2O_3 晶格点，减少形成尖晶石的量，使 Ni^{2+}更容易还原，从而提高催化活性。但 Cr 加入过多时，会形成比 NiO 更难还原的铬酸盐，并且会生成类尖晶石结构的 $NiCrO_4$，使还原难度大幅度增加，导致催化活性增加缓慢甚至下降。

大多数的 CO_2 甲烷化反应是在固定床反应器上进行的。然而，在反应器设计时利用电化学反应可以在工业过程中实现低成本、降低有毒废弃物产生的目标[234]。通过研究 YSZ 固体电极/Rh 电极在单室反应器中的 CO_2 加氢反应[235]，发现在 346～477℃下可产生 CO 和 CH_4，CH_4 的生成速率可以通过提高正电势（供电子行为）得以提高，而 CO 的生成速率则可以通过提高负电势（亲电子行为）来提高。基于 Rh/YSZ/Pt 或 Cu/TiO_2/YSZ/Au 的单片电促进反应器也可用于研究常压下 CO_2 加氢反应[236]，在 Rh/YSZ/Pt 池中，提高正/负电势均提高了整体的加氢速率和 CO 的生成速率，但 CH_4 的选择性一直低于 12%，而在 Cu/TiO_2/YSZ/Au 池中，在 220℃开始发生 CO_2 的选择性还原形成 CH_4，而且 CH_4 的选择性在 220～380℃时接近 100%[236]。

6.4.3 反应机理

虽然 CO_2 甲烷化反应看上去相对简单，其反应机理却很难确定，尤其是反应中间体和甲烷形成过程等方面的分歧仍然较大。目前 CO_2 甲烷化反应的可能机理主要有两个观点：第一种观点认为甲烷形成之前 CO_2 先转化成 CO，随后的反应遵循 CO 的甲烷化机理[216, 237-239]；另一个观点则认为 CO_2 加氢直接生成甲烷，没有 CO 中间体的生成[18, 240]。但是，即使对于 CO 的甲烷化反应，其反应动力学和机理依然存在争论。有理论认为决速步是 CH_xO 的形成及其氢化，也有研究者认为决速步是 CO 解离过程表面 C 的形成及其与氢气相互作用[241]。因此，该领域的研究仍需要更多的实验数据和理论分析。

稳态瞬变测量方法可确定反应中间体，因此被用于研究 Ru/TiO_2 催化 CO_2 甲烷化反应动力学[239]。图 6-21 为一个通过碳酸盐物种形成甲酸盐的反应机理，甲酸盐也是 CO 形成的中间体，它强键合于载体，与金属和载体界面处活性甲酸盐物种达到平衡。

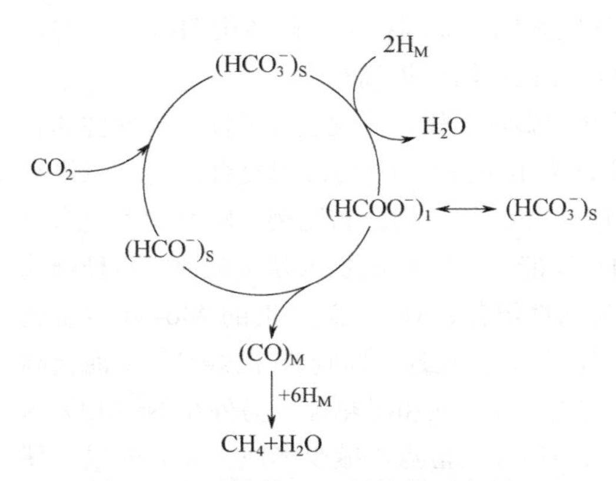

图 6-21 可能的 CO_2 甲烷化反应机理
S—载体；M—金属；1—金属-载体界面

Ni 单晶被认为是催化甲烷化反应的合理模型[242,243]，Peebles 等[216]在 Ni（100）面上进行 CO_2 甲烷化和解离，发现 CH_4 和 CO 的形成活化能分别为 88.7kJ·mol^{-1} 和 72.8～82.4kJ·mol^{-1}。CO_2 甲烷化的活化能和反应速率很接近于同一反应条件下的 CO 甲烷化。这些结果支持了在氢化前 CO_2 先转化成 CO，随后转化成 C 的反应机理。用原子交叠和电子离域-分子轨道（ASED-MO）理论，Choe 等[244]研究了 Ni（111）表面的 CO_2 甲烷化反应，相关的基元反应如下所示：

$$CO_{2,ads} \longrightarrow CO_{ads} + O_{ads}$$
$$CO_{ads} \longrightarrow CO_{ads} + O_{ads}$$
$$2CO_{ads} \longrightarrow C_{ads} + CO_{2,ads}$$
$$C_{ads} + H_{ads} \longrightarrow CH_{ads}$$
$$CH_{ads} + H_{ads} \longrightarrow CH_{2,ads}$$
$$CH_{2,ads} + 2H_{ads} \longrightarrow CH_{4,gas}$$

这些基元反应包含两个反应机理：碳形成和碳的甲烷化。对于第一个反应机理，CO_2 的解离活化能是 1.27eV，CO 的解离活化能是 2.97eV，2CO 解离成 C 和 CO_2 的活化能是 1.93eV。对于随后碳的甲烷化机理，其活化能依次为：次甲基的活化能为 0.72eV，亚甲基为 0.52eV，甲烷为 0.50eV[244]，因此，CO 解离是决速步。

Kim 等[245]为了考察 Pd-Mg/SiO_2 催化剂中 Pd 和 MgO 在反应中起的作用，结合计算机模拟和实验方法研究了该催化剂催化的 CO_2 甲烷化反应机理。CO_2-TPD 结果与 DFT 计算值一致，说明 MgO 通过结合 CO_2 引发反应，形成表面碳酸镁活性物种。Pd 物种解离分子氢，这些氢是碳酸盐和残留碳加氢所必需的，这种双功能的反应机理与之前图 6-20 的结果是一致的[207]。

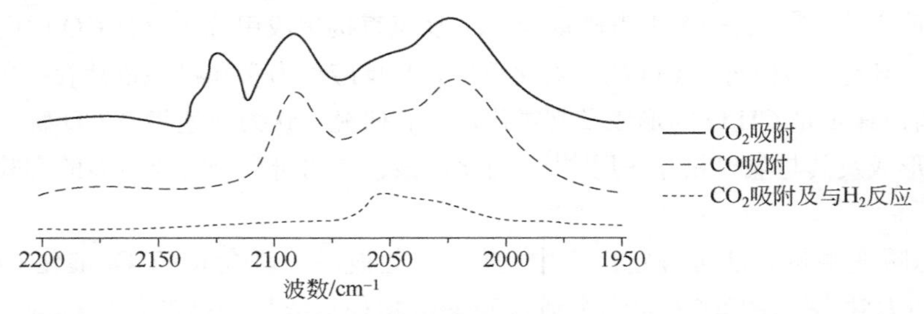

图 6-22 CO、CO_2 吸附以及 CO_2 吸附后与氢反应的原位漫反射傅里叶变换红外光谱

在室温和常压下采用 Rh /γ-Al_2O_3 催化剂催化 CO_2 加氢，可以高选择性地(99.9%～100%）生成甲烷，甚至不需要光激发[246]。Jacquemin 等[247]考察了 Rh/γ-Al_2O_3 催化剂下 CO_2 甲烷化反应机理，通过原位漫反射傅里叶变换红外光谱（DRIFT）证实在催化剂表面 CO_2 解离成 CO 和 O（见图 6-22)。线性的 Rh—CO(2048cm^{-1})、Rh^{3+}—CO (2123cm^{-1})和 Rh—$(CO)_2$ (2024cm^{-1} 和 2092cm^{-1})的存在证实了 CO_{ads} 的形成，而被吸附为 Rh—$(CO)_2$ 的 CO_2 以及与氧化 Rh 缔合的 CO 是与氢反应活性最高的物种。

6.5　二氧化碳加氢制备碳氢化合物

费托合成（Fischer–Tropsch process）又称 **F-T 合成**，是以合成气（一氧化碳和氢气的混合气体）为原料在催化剂和适当条件下合成液态的烃或碳氢化合物（hydrocarbon）的工艺过程。CO_2 氢化反应制备碳氢化合物大致可分为甲醇路线和非甲醇路线[248,249]。甲醇路线是 CO_2 和 H_2 在 Cu-Zu 基催化剂表面生成甲醇，随后甲醇逐步转变为汽油或者其他类型的碳氢化合物[250]。由于存在烯烃进一步催化加氢的反应，甲醇路线通常的主要产物是轻烷烃[206]。而对于非甲醇路线来说，CO_2 氢化反应分两步，即逆水汽变换（RWGS）反应和费托反应。

由于性价比较高，Co 系催化剂广泛用于费托反应中。但当 Co 系催化剂作用的对象从合成气 CO 和 H_2 转变为 CO_2 和 H_2 后，催化剂的作用也由催化费托反应转变为催化生成甲醇 [251-254]。混合的 Fe/Co 催化体系对碳氢化合物的选择性较低[255]。但是 Akin 等[253]发现 Fe/Co 催化体系催化 CO_2 氢化反应的产物中甲烷的含量比 Co/Al_2O_3 催化体系得到的产物中甲烷含量高出 70%。他们认为 CO 和 CO_2 按照不同的反应途径转化。前者转化过程主要包含的产物是 C—H 和 O—H。而后者则包含表面键合的 H—C—O 和 O—H 中间体[253]。Anderson-Schulz-Flory 提出了针对 CO 和 CO_2 氢化反应中总碳选择性的 ASF 曲线，如图 6-23 所示，可有效地对 CO 和 CO_2 氢化反应的产物进行分类[256]。从图 6-23 中我们看到 CO_2 氢化反应产物不是典型的 ASF 分布，这与 CO 氢化反应有明显的差别。CO_2 氢化反应过程中，由于 CO_2 在催化剂表面吸附速率较低，C/H 含量的比值比较小，这使得催化剂表面吸附的中间体更容易发生氢化反应，因此容易产生甲烷，且最终产物的链段较短。

铁的氧化物作为费托反应的催化剂已经有很多年的历史，研究表明它们在水汽变换（WGS）和逆水汽变换（RWGS）反应中也有一定活性[257-259]。铁系催化剂最吸引人的地方在于得到的产物中烯烃的含量较高[260,261]。在铁系催化剂表面，CO_2 的氢化反应是一个两步的过程：第一步是 CO_2 还原为 CO 的 RWGS 反应，随后是 CO 发生费托反应生成碳氢化合物的过程[262-265]。

$$CO_2 + H_2 \longrightarrow CO + H_2O \qquad \Delta_r H_{573K} = 38kJ \cdot mol^{-1}$$

$$CO + 2H_2 \longrightarrow —CH_2— + H_2O \qquad \Delta_r H_{573K} = -166kJ \cdot mol^{-1}$$

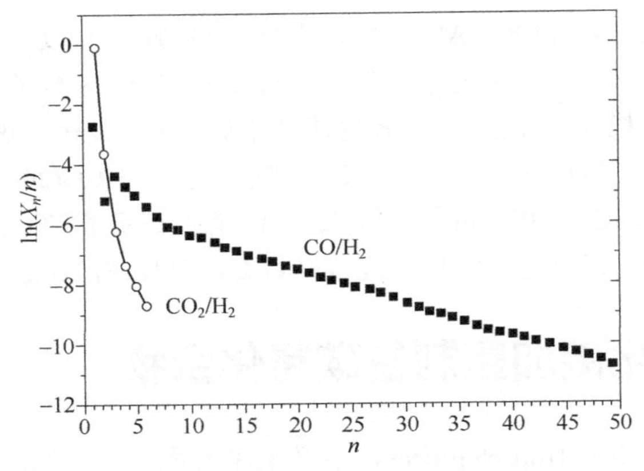

图 6-23 CO 和 CO_2 氢化反应中产物选择性的 ASF 曲线

Riedel 等[266, 267]证实 Fe 系催化剂下 CO_2 的氢化反应中的稳态可以细分为 5 个特定的动力学过程，如图 6-24 所示。过程Ⅰ中，原料吸附在催化剂表面，催化剂发生碳化是最主要的反应。过程Ⅱ和Ⅲ是碳沉积过程，主要是发生 RWGS 反应。在过程Ⅳ中，发生费托反应并进入稳态，这种稳态持续到过程Ⅴ。反应前，还原态的铁系催化剂主要由 α-Fe 及 Fe_3O_4 组成，随着反应进行，Fe_3O_4 和 Fe_2O_3 逐渐消耗，所生成的新的无定形的氧化态铁可以催化 RWGS 反应，在催化剂表面沉积的 CO 则与 Fe 反应生成铁的碳化物 Fe_5C_2，进而引发了费托反应。需要指出的是，碳的沉积过程导致的催化剂中毒会很大程度上使这种铁系催化剂失活[250]，如在填充床反应器中，Fe-K/g-Al_2O_3 催化体系会发生失活，虽然长期来看反应过程中催化活性能够保持在 35%[268]，原因在于 Fe_5C_2 进一步与 C 反应得到没有反应活性的 Fe_3C，从而导致催化剂失活。

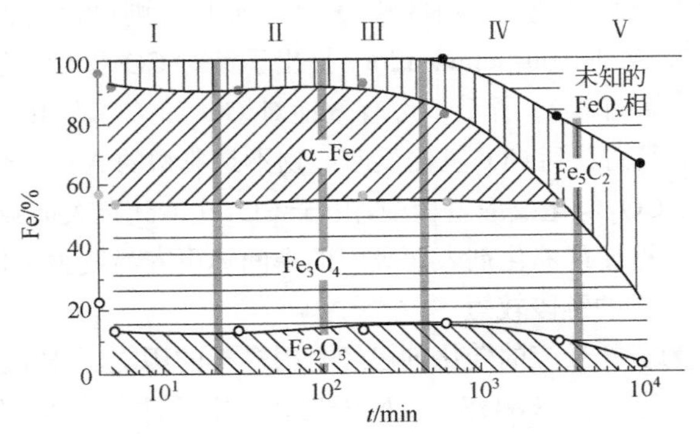

图 6-24 铁系催化剂（Fe/Al/Cu）的组成随 CO_2 氢化反应时间的变化曲线

为了提高目标碳氢化物的产率，研究人员常常会在 Fe 系催化剂加入一些助剂来调节和优化产物的分布。其中钾是一种能改变催化剂性能的助剂[250, 269-271]，钾的加入不仅使目标产物烯烃的产率提高 4 倍，而且还提高了 CO_2 的转化率[272]。加入的钾助剂可以是氧化物也可以是铝化物，其中 $KAlH_4$ 由于在高温条件下具有良好的储氢性能，最近受到广泛关注。钾助剂在反应中一方面是充当 Fe 的电子转移助剂，另一方面使氢化反应产物能够可逆的充当储氢载体[272]。如 K/Mn/Fe 系催化剂具有良好的链增长性能[254, 272, 273]，宋春山等[274]制备了一系列的纳米尺寸 FeK-M/γ-Al_2O_3(M=Cd，Cu) 催化剂，并在小型固定床反应器上考察了其对 CO_2 氢化反应的催化性能，在 3MPa、400℃和空速为 $3600h^{-1}$ 下，当 H_2/CO_2 摩尔比为 3 时，15% Fe-10% K/γ-Al_2O_3 催化剂可稳定运行 100h 以上，CO_2 转化率为 51.3%，C_{2+}烃类的选择性达 62.6%，即使 Fe 含量降至 2.5%，C_{2+}烃类的选择性仍能达到 60.0%。随着 K 含量由 0%增加至 10%，低烃类的选择性增加，烯烷比增加至 3.6。此外，Cd 和 Cu 助剂可促进 Fe 物种的还原，改善目标产物的分布，其中 Cu 的加入使低碳产物烯烷比增至 5.4，Cd 的加入则使 C_{5+} 产物选择性增加了 12%。

锰化合物也是 Fe 系催化剂的结构和电子转移助剂，锰化合物的加入不仅有助于甲烷的生成，同时能提高对烯烃产物相对于长链烷烃的选择性，并能一定程度上提高 CO_2 氢化反应的速率[272, 275, 276]，但加入过量的 Mn 会抑制目标产物的生成[272]。原因可能在于 Mn 有助于 Fe 氧化物的还原，促进 Fe_2O_3 的碳化并提高其分散性，同时大大增强催化剂表面的碱度[270,277]。另外在结构上与锰相似的铜化合物也能大大提升催化剂的催化性能[271,278]，可能是铜化合物有利于催化剂的还原和氢气的解离[270]。

氧化铈在低温条件下对 WGS 反应有良好的催化活性，因此在燃料电池等领域中有重要应用[279]。在 Fe-Mn/Al_2O_3 催化体系中加入少量氧化铈能提高 CO_2 的转化率和产物的选择性，尽管氧化铈的加入对 CO_2 转化为碳氢化物的作用很小，但是能够缩短反应诱导期[280]。不过当加入的氧化铈的质量分数达到 10%时，在铁的纳米颗粒上容易形成氧化铈颗粒，阻塞了链增长活性位点[281]。值得指出的是，其他金属化合物如 Zr, Zn, Mg, Ru 和 La 等化合物对 CO_2 氢化反应几乎没有影响[250, 269, 271, 282-285]。

Fe 系催化剂的分散基质对其催化性能也十分重要，尤其会影响产物的分布[250]。基质的作用是在反应过程中防止活性成分烧结，从而提高催化剂的稳定性。总的来说，铝基质的效果最好，原因在于这种体系下金属和基质作用力非常强，从而稳定了催化剂。其他效果较好的有硅和钛基质[250, 254, 286, 287]。分子筛有不同的表面性能，介孔结构以及内部电场，这使得不同分子筛基质的催化体系有不同性能。通过改变分子筛为基质的 Fe-Zn-Zr 催化剂，能够分析分子筛种类对催化剂性能的影响[283]，以及分子筛的结构和酸度不同对产物种类分布的影响[288]，具有酸性位点的分子筛基质在制备不同烷烃中性能最好。

Fe-Zn-Zr/HY 催化体系（图 6-25）下，甲醇是 CO_2 氢化的直接产物。但 RWGS 反应并不是 CO_2 制备碳氢化合物的不可缺少的反应[282]，如 *i*-C_4（异丁烷）是由丙烯和甲醇通过甲醇制汽油（MTG）

$$CO_2/H_2 \xrightarrow{\text{Fe-Zn-Zr}} CH_3OH$$

$$CH_3OH \xrightarrow{\text{Fe-Zn-Zr}} C_1,C_4$$

$$CH_3OH \xrightarrow{\text{HY}} C_1,C_2,C_3,C_4,C_5$$

$$C_3 + CH_3OH \xrightarrow{\text{HY}} i\text{-}C_4$$

$$C_2 + C_3 \xrightarrow{\text{HY}} i\text{-}C_5$$

图 6-25　Fe-Zn-Zr/HY 催化剂制备不同烷烃的反应过程

反应生成的，而 i-C_5（异戊烷）则是由 C_2 和 C_3 加成反应所得[282]。

值得一提的是，反应过程中生成的 H_2O 不仅会使催化剂部分失活，而且会降低 CO_2 氢化反应的整体速率，引入硅树脂原位除去反应中生成的 H_2O 则有助于生成长链碳氢化物[289, 290]。流化床和淤浆反应器的散热性能较好，从而可以提高 CO_2 氢化反应速率和目标产物的选择性[291]。如 Fe-Cu-Al-K 催化体系在流化床中的催化性能优于采用固定床反应器[291]，此外，使用流化床和淤浆反应器可以选择性地得到轻质烯烃或者长链烷烃。

6.6 评述和展望

大气中 CO_2 浓度的日益增加带来了一系列环境和气候问题，CO_2 的固定与利用已经成为世界各国科研和工业界的热点，其中利用 CO_2 转化为有用的燃料和能源化学品是一条绿色环保的可持续发展路线。虽然 CO_2 是化学稳定的，但在一定条件下，仍可转变为甲醇、甲酸、一氧化碳、甲烷、碳氢化物等有价值的能源化学品。如本章所述，上述反应中最重要的仍然是催化剂的选择。为提高 CO_2 转化率和选择性，反应机理的明晰、新型催化剂的设计以及反应器的优化仍然是最重要的几个研究方向。尽管目前在经济性方面与现有的合成路线仍然存在较大的差距，但是最终的突破指日可待。

参考文献

[1] Ma J, Sun N, Zhang X, et al. *Catal Today,* 2009, **148**(3-4)：221-231.

[2] Shen W J, Jun K W, Choi H S, et al. *Korean J Chem Eng,* 2000, **17**(2)：210-216.

[3] Weigel J, Koeppel R A, Baiker A, et al. *Langmuir,* 1996, **12**(22)：5319-5329.

[4] Klier K. Methanol Synthesis. //Eley D D H P, Paul B W. Adv Catal. Academic Press, 1982：243-313.

[5] Chinchen G C, Denny P J, Parker D G, et al. *Appl Catal,* 1987, **30**(2)：333-338.

[6] Sun Q, Liu C W, Pan W, et al. *Appl Catal A-gen,* 1998, **171**(2)：301-308.

[7] 徐征，千载虎. 催化学报, 1992, **13**(3)：187-189.

[8] Fisher I A, Woo H C, Bell A T. *Catal Lett,* 1997, **44**(1)：11-17.

[9] Clarke D B, Bell A T. *J Catal,* 1995, **154**(2)：314-328.

[10] 丛昱，包信和，张涛，等. 燃料化学学报, 2000, **28**(3)：238-243.

[11] Schilke T C, Fisher I A, Bell A T. *J Catal,* 1999, **184**(1)：144-156.

[12] Jung K D, Bell A T. *J Catal,* 2000, **193**(2)：207-223.

[13] Chiavassa D L, Collins S E, Bonivardi A L, et al. *Chem Eng J,* 2009, **150**(1)：204-212.

[14] Lim H W, Park M J, Kang S H, et al. *Ind Eng Chem Res,* 2009, **48**(23)：10448-10455.

[15] Fujita S, Usui M, Ito H, et al. *J Catal,* 1995, **157**(2)：403-413.

[16] Bowker M, Hadden R A, Houghton H, et al. *J Catal,* 1988, **109**(2)：263-273.

[17] Tabatabaei J, Sakakini B, Waugh K. *Catal Lett,* 2006, **110**(1)：77-84.

[18] Schild C, Wokaun A, Baiker A. *J Mol Catal,* 1990, **63**(2)：243-254.

[19] Nitta Y, Suwata O, Ikeda Y, et al. *Catal Lett,* 1994, **26**(3)：345-354.
[20] Słoczyński J, Grabowski R, Kozłowska A, et al. *Appl Catal A-gen,* 2003, **249**(1)：129-138.
[21] Borodko Y, Somorjai G A. *Appl Catal A-gen,* 1999, **186**(1-2)：355-362.
[22] Fisher I A, Bell A T. *J Catal,* 1997, **172**(1)：222-237.
[23] Koeppel R A, Baiker A, Wokaun A. *Appl Catal A-gen,* 1992, **84**(1)：77-102.
[24] Jansen W P A, Beckers J, v d Heuvel J C, et al. *J Catal,* 2002, **210**(1)：229-236.
[25] 徐征，千载虎，张强，等. 催化学报, 1994, **15**(2)：97-102.
[26] Saito M, Fujitani T, Takeuchi M, et al. *Appl Catal A-gen,* 1996, **138**(2)：311-318.
[27] 曹勇，陈立芳，戴维林，等. 高等学校化学学报, 2003, **24**：1296-1298.
[28] Tang Q L, Hong Q J, Liu Z-P. *J Catal,* 2009, **263**(1)：114-122.
[29] Collins S E, Baltanás M A, Bonivardi A L. *J Catal,* 2004, **226**(2)：410-421.
[30] Yang Y, Evans J, Rodriguez J A, et al. *Phys Chem Chem Phys,* 2010, **12**(33)：9909-9917.
[31] Liu P, Choi Y, Yang Y, et al. *J Phys Chem A,* 2009, **114**(11)：3888-3895.
[32] Chan B, Radom L. *J Am Chem Soc,* 2006, **128**(16)：5322-5323.
[33] Chan B, Radom L. *J Am Chem Soc,* 2008, **130**(30)：9790-9799.
[34] Ipatieff V N, Monroe G S. *J Am Chem Soc,* 1945, **67**(12)：2168-2171.
[35] Wang W, Wang S, Ma X, et al. *Chem Soc Rev,* 2011, **40**(7)：3703-3727.
[36] Yoshihara J, Campbell C T. *J Catal,* 1996, **161**(2)：776-782.
[37] Ovesen C V, Clausen B S, Schiøtz J, et al. *J Catal,* 1997, **168**(2)：133-142.
[38] Liu X M, Lu G Q, Yan Z F, et al. *Ind Eng Chem Res,* 2003, **42**(25)：6518-6530.
[39] Fujita S I, Moribe S, Kanamori Y, et al. *Appl Catal A-gen,* 2001, **207**(1-2)：121-128.
[40] Nakamura J, Choi Y, Fujitani T. *Top Catal,* 2003, **22**(3-4)：277-285.
[41] Ponce A A, Klabunde K J. *J Mol Catal A*：*Chem,* 2005, **225**(1)：1-6.
[42] Liao F L, Huang Y Q, Ge J W, et al. *Angew Chem Int Edit,* 2011, **50**(9)：2162-2165.
[43] Liao F, Zeng Z, Eley C, et al. *Angew Chem Int Edit,* 2012, **51**(24)：5832-5836.
[44] Toyir J, de la Piscina P R r, Fierro J L G, et al. *Appl Catal B-environ,* 2001, **29**(3)：207-215.
[45] Toyir J, Ramírez de la Piscina P, Fierro J L G, et al. *Appl Catal B-environ,* 2001, **34**(4)：255-266.
[46] Melián-Cabrera I, López Granados M, Fierro J L G. *J Catal,* 2002, **210**(2)：273-284.
[47] Melián-Cabrera I, Granados M L, Fierro J L G. *J Catal,* 2002, **210**(2)：285-294.
[48] Arena F, Barbera K, Italiano G, et al. *J Catal,* 2007, **249**(2)：185-194.
[49] Liu J, Shi J, He D, et al. *Appl Catal A-gen,* 2001, **218**(1-2)：113-119.
[50] An X, Li J, Zuo Y, et al. *Catal Lett,* 2007, **118**(3-4)：264-269.
[51] Raudaskoski R, Niemelä M, Keiski R. *Top Catal,* 2007, **45**(1-4)：57-60.
[52] Guo X, Mao D, Wang S, et al. *Catal Commun,* 2009, **10**(13)：1661-1664.
[53] Arena F, Italiano G, Barbera K, et al. *Appl Catal A-gen,* 2008, **350**(1)：16-23.
[54] Arena F, Italiano G, Barbera K, et al. *Catal Today,* 2009, **143**(1-2)：80-85.
[55] Guo X, Mao D, Lu G, et al. *J Catal,* 2010, **271**(2)：178-185.
[56] Jung K, Bell A. *Catal Lett,* 2002, **80**(1-2)：63-68.
[57] Jia L, Gao J, Fang W, et al. *Catal Commun,* 2009, **10**(15)：2000-2003.
[58] Saito M, Murata K. *Catal Surv Asia,* 2004, **8**(4)：285-294.

[59] Liu X M, Lu G Q, Yan Z F. *Appl Catal A-gen,* 2005, **279**(1-2)：241-245.

[60] Słoczyński J, Grabowski R, Olszewski P, et al. *Appl Catal A-gen,* 2006, **310**(0)：127-137.

[61] 郭晓明. 二氧化碳加氢合成甲醇铜基催化剂的研究[D]. 上海：华东理工大学, 2011.

[62] 许勇, 汪仁. 石油化工, 1993, **22**(10)：655-660.

[63] 徐征, 千载虎. 高等学校化学学报, 1991, **12**(6)：826-826.

[64] 从昱, 包信和, 张涛, 等. 催化学报, 2000, **21**(4)：314-318.

[65] 李基涛, 区泽棠, 陈明旦, 等. 天然气化工, 1997, **22**(5)：13-16.

[66] Nomura N, Tagawa T, Goto S. *React Kinet Catal Lett,* 1998, **63**(1)：9-13.

[67] Zhang Y, Fei J, Yu Y, et al. *Energy Convers Manage,* 2006, **47**(18–19)：3360-3367.

[68] 齐共新, 费金华, 侯昭胤, 等. 石油化工, 1999, **28**(10)：660-662.

[69] 迟亚武, 梁东白, 杜鸿章, 等. 分子催化, 1996, **10**(6)：430-434.

[70] 刘志坚, 廖建军, 谭经品, 等. 石油及天然气化工, 2001, **30**(2)：55-57.

[71] Zhang Y, Fei J, Yu Y, et al. *J Nat Gas Chem,* 2007, **16**(1)：12-15.

[72] 阴秀丽, 常杰, 汪俊锋, 等. 燃料化学学报, 2004, **32**(4)：492-497.

[73] Lachowska M, Skrzypek J. *React Kinet Catal Lett,* 2004, **83**(2)：269-273.

[74] Shao C P, Fan L, Fujimoto K, et al. *Appl Catal A-gen,* 1995, **128**(1)：L1-L6.

[75] Shao C P, Chen M. *J Mol Catal A*：*Chem,* 2001, **166**(2)：331-335.

[76] Inoue T, Iizuka T, Tanabe K. *Appl Catal,* 1989, **46**(1)：1-9.

[77] Iizuka T, Tanaka Y, Tanabe K. *J Mol Catal,* 1982, **17**(2-3)：381-389.

[78] Iizuka T, Kojima M, Tanabe K. *J Chem Soc, Chem Commun,* 1983, (11)：638-639.

[79] Solymosi F, Erdöhelyi A, Lancz M. *J Catal,* 1985, **95**(2)：567-577.

[80] Shen W J, Ichihashi Y, Ando H, et al. *Appl Catal A-gen,* 2001, **217**(1-2)：231-239.

[81] Liang X L, Dong X, Lin G D, et al. *Appl Catal B-environ,* 2009, **88**(3-4)：315-322.

[82] Collins S E, Baltanás M A, Garcia Fierro J L, et al. *J Catal,* 2002, **211**(1)：252-264.

[83] Collins S, Chiavassa D, Bonivardi A, et al. *Catal Lett,* 2005, **103**(1-2)：83-88.

[84] Chiavassa D L, Barrandeguy J, Bonivardi A L, et al. *Catal Today,* 2008, **133-135**(0)：780-786.

[85] Słoczyński J, Grabowski R, Kozłowska A, et al. *Appl Catal A-gen,* 2004, **278**(1)：11-23.

[86] Köppel R A, Stöcker C, Baiker A. *J Catal,* 1998, **179**(2)：515-527.

[87] Calafat A, Vivas F, Brito J n L. *Appl Catal A-gen,* 1998, **172**(2)：217-224.

[88] Stephan D W. *Dalon T,* 2009, **0**(17)：3129-3136.

[89] Ullrich M, Seto K S H, Lough A J, et al. *Chem Commun,* 2009, **0**(17)：2335-2337.

[90] Spies P, Schwendemann S, Lange S, et al. *Angew Chem,* 2008, **120**(39)：7654-7657.

[91] Mömming C M, Fromel S, Kehr G, et al. *J Am Chem Soc,* 2009, **131**(34)：12280-12289.

[92] Ashley A E, Thompson A L, O'Hare D. *Angew Chem Int Ed,* 2009, **48**(52)：9839-9843.

[93] Huff C A, Sanford M S. *J Am Chem Soc,* 2011, **133**(45)：18122-18125.

[94] Wesselbaum S, vom Stein T, Klankermayer J, et al. *Angew Chem Int Edit,* 2012, **51**(30)：7499-7502.

[95] Rahimpour M R. *Fuel Process Technol,* 2008, **89**(5)：556-566.

[96] Rahimpour M R, Alizadehhesari K. *Int J Hydrogen Energy,* 2009, **34**(3)：1349-1362.

[97] Rahimpour M R, Ghader S. *Chemical Engineering and Processing*：*Process Intensification,* 2004, **43**(9)：1181-1188.

[98] Struis R P W J, Stucki S. *Appl Catal A-gen,* 2001, **216**(1-2)：117-129.
[99] Chen G, Yuan Q. *Sep Purif Technol,* 2004, **34**(1-3)：227-237.
[100] Gallucci F, Paturzo L, Basile A. *Chemical Engineering and Processing：Process Intensification,* 2004, **43**(8)：1029-1036.
[101] Gallucci F, Basile A. *Int J Hydrogen Energy,* 2007, **32**(18)：5050-5058.
[102] Barbieri G, Marigliano G, Golemme G, et al. *Chem Eng J,* 2002, **85**(1)：53-59.
[103] Palekar V M, Jung H, Tiemey J W, et al. *Appl Catal A-gen,* 1993, **102**(1)：13-34.
[104] Cybulski A. *Catalysis Reviews,* 1994, **36**(4)：557-615.
[105] Tijm P J A, Waller F J, Brown D M. *Appl Catal A-gen,* 2001, **221**(1-2)：275-282.
[106] Lee S, Sardesai A. *Top Catal,* 2005, **32**(3-4)：197-207.
[107] Zhang X, Zhong L, Guo Q, et al. *Fuel,* 2010, **89**(7)：1348-1352.
[108] Liaw B J, Chen Y Z. *Appl Catal A-gen,* 2001, **206**(2)：245-256.
[109] Liu Y, Zhang Y, Wang T, et al. *Chem Lett,* 2007, **36**(9)：1182-1183.
[110] Mikkelsen M, Jorgensen M, Krebs F C. *Energ Environ Sci,* 2010, **3**(1)：43-81.
[111] Federsel C, Jackstell R, Beller M. *Angew Chem Int Ed,* 2010, **49**(36)：6254-6257.
[112] Zhang Z, Hu S, Song J, et al. *ChemSusChem,* 2009, **2**(3)：234-238.
[113] Jessop P G, Ikariya T, Noyori R. *Chem Rev,* 1995, **95**(2)：259-272.
[114] Inoue Y, Izumida H, Sasaki Y, et al. *Chem Lett,* 1976, **5**(8)：863-864.
[115] Ezhova N N, Kolesnichenko N V, Bulygin A V, et al. *Russ Chem Bull,* 2002, **51**(12)：2165-2169.
[116] Gao Y, Kuncheria J K, Jenkins H A, et al. *J Chem Soc, Dalton Trans,* 2000, **0**(18)：3212-3217.
[117] Tai C C, Pitts J, Linehan J C, et al. *Inorg Chem,* 2002, **41**(6)：1606-1614.
[118] Man M L, Zhou Z, Ng S M, et al. *Dalon T,* 2003, **0**(19)：3727-3735.
[119] Tai C C, Chang T, Roller B, et al. *Inorg Chem,* 2003, **42**(23)：7340-7341.
[120] Merz K, Moreno M, Loffler E, et al. *Chem Commun,* 2008, **0**(1)：73-75.
[121] Jessop P G, Hsiao Y, Ikariya T, et al. *J Am Chem Soc,* 1996, **118**(2)：344-355.
[122] Tsai J C, Nicholas K M. *J Am Chem Soc,* 1992, **114**(13)：5117-5124.
[123] Yin C Q, Xu Z T, Yang S Y, et al. *Organometallics,* 2001, **20**(6)：1216-1222.
[124] Ng S M, Yin C Q, Yeung C H, et al. *Eur J Inorg Chem,* 2004, (9)：1788-1793.
[125] Munshi P, Main A D, Linehan J C, et al. *J Am Chem Soc,* 2002, **124**(27)：7963-7971.
[126] Iwatani M, Kudo K, Sugita N, et al. *J Jpn Petrol Inst,* 1978, **21**(5)：290-296.
[127] Pérez E R, da Silva M O, Costa V C, et al. *Tetrahedron Lett,* 2002, **43**(22)：4091-4093.
[128] Thai T T, Therrien B, Süss-Fink G. *J Organomet Chem,* 2009, **694**(25)：3973-3981.
[129] Sanz S, Azua A, Peris E. *Dalon T,* 2010, **39**(27)：6339-6343.
[130] Himeda Y. *Eur J Inorg Chem,* 2007, (25)：3927-3941.
[131] Tanaka R, Yamashita M, Nozaki K. *J Am Chem Soc,* 2009, **131**(40)：14168-14169.
[132] Sanz S, Benitez M, Peris E. *Organometallics,* 2010, **29**(1)：275-277.
[133] Himeda Y, Onozawa-Komatsuzaki N, Sugihara H, et al. *Organometallics,* 2007, **26**(3)：702-712.
[134] Himeda Y, Onozawa-Komatsuzaki N, Sugihara H, et al. *J Am Chem Soc,* 2005, **127**(38)：13118-13119.
[135] Hayashi H, Ogo S, Fukuzumi S. *Chem Commun,* 2004, **0**(23)：2714-2715.
[136] Zhao G, Joo F. *Catal Commun,* 2011, **14**(1)：74-76.

[137] Krocher O, A. Koppel R, Baiker A. *Chem Commun,* 1997, **0**(5)：453-454.
[138] Fornika R, Gorls H, Seemann B, et al. *J Chem Soc, Chem Commun,* 1995, **0**(14)：1479-1481.
[139] 于英民. 固载化钌基催化剂上超临界二氧化碳催化加氢合成甲酸反应研究[D]. 杭州：浙江大学, 2006.
[140] 曹飞. 陕西化工, 1997, **12**：17-20.
[141] Jessop P G, Morris R H. *Coord Chem Rev,* 1992, **121**(0)：155-284.
[142] Jessop P G, Ikariya T, Noyori R. *Nature,* 1994, **368**(6468)：231-233.
[143] Thomas C A, Bonilla R J, Huang Y, et al. *Can J Chem,* 2001, **79**(5-6)：719-724.
[144] Thomas C A, Bonilla R J, Huang Y, et al. *Can J Chem,* 2001, **79**(5-6)：719-724.
[145] Jessop P G, Ikariya T, Noyori R. *Chem Rev,* 1999, **99**(2)：475-493.
[146] Jessop P G, Hsiao Y, Ikariya T, et al. *J Am Chem Soc,* 1994, **116**(19)：8851-8852.
[147] Zhang Y, Fei J, Yu Y, et al. *Catal Commun,* 2004, **5**(10)：643-646.
[148] Zhang Z, Xie Y, Li W, et al. *Angew Chem Int Ed,* 2008, **47**(6)：1127-1129.
[149] Wesselbaum S, Hintermair U, Leitner W. *Angew Chem Int Edit,* 2012, **51**(34)：8585-8588.
[150] Baiker A, Linden G. EP, 66727, 1988.
[151] Krocher O, Koppel R A, Baiker A. *J Mol Catal A-chem,* 1999, **140**(2)：185-193.
[152] Krocher O, Koppel R A, Froba M, et al. *J Catal,* 1998, **178**(1)：284-298.
[153] Schmid L, Krocher O, Koppel R A, et al. *Microporous Mesoporous Mater,* 2000, **35-6**：181-193.
[154] Kayaki Y, Shimokawatoko Y, Ikariya T. *Adv Synth Catal,* 2003, **345**(1-2)：175-179.
[155] Preti D, Resta C, Squarcialupi S, et al. *Angew Chem Int Edit,* 2011, **50**(52)：12551-12554.
[156] Kaneco S, Iwao R, Iiba K, et al. *Energy,* 1998, **23**(12)：1107-1112.
[157] Hwang C S, Wang N C. *Mater Chem Phys,* 2004, **88**(2-3)：258-263.
[158] Abe T, Kaneko M. *Prog Polym Sci,* 2003, **28**(10)：1441-1488.
[159] Lu Y, Jiang Z Y, Xu S W, et al. *Catal Today,* 2006, **115**(1-4)：263-268.
[160] Musashi Y, Sakaki S. *J Am Chem Soc,* 2000, **122**(16)：3867-3877.
[161] Ohnishi Y Y, Matsunaga T, Nakao Y, et al. *J Am Chem Soc,* 2005, **127**(11)：4021-4032.
[162] Whittlesey M K, Perutz R N, Moore M H. *Organometallics,* 1996, **15**(24)：5166-5169.
[163] Urakawa A, Jutz F, Laurenczy G, et al. *Chem-eur J,* 2007, **13**(14)：3886-3899.
[164] Urakawa A, Iannuzzi M, Hutter J, et al. *Chem-eur J,* 2007, **13**(24)：6828-6840.
[165] Hutschka F, Dedieu A, Eichberger M, et al. *J Am Chem Soc,* 1997, **119**(19)：4432-4443.
[166] Musashi Y, Sakaki S. *J Am Chem Soc,* 2002, **124**(25)：7588-7603.
[167] Getty A D, Tai C C, Linehan J C, et al. *Organometallics,* 2009, **28**(18)：5466-5477.
[168] Leitner W, Dinjus E, Gaßner F. *J Organomet Chem,* 1994, **475**(1-2)：257-266.
[169] Ahlquist M S G. *J Mol Catal A*：*Chem,* 2010, **324**(1-2)：3-8.
[170] Ohnishi Y Y, Nakao Y, Sato H, et al. *Organometallics,* 2006, **25**(14)：3352-3363.
[171] Ogo S, Kabe R, Hayashi H, et al. *Dalon T,* 2006, **0**(39)：4657-4663.
[172] Xu X D, Moulijn J A. *Energ Fuel,* 1996, **10**(2)：305-325.
[173] Centi G, Perathoner S. *Catal Today,* 2009, **148**(3-4)：191-205.
[174] Liu Y, Liu D. *Int J Hydrogen Energy,* 1999, **24**(4)：351-354.
[175] Stone F, Waller D. *Top Catal,* 2003, **22**(3-4)：305-318.
[176] Chen C S, Cheng W H, Lin S S. *Appl Catal A-gen,* 2003, **238**(1)：55-67.

[177] Chen C S, Cheng W H, Lin S S. *Chem Commun,* 2001, **0**(18)：1770-1771.

[178] Chen C S, Cheng W H, Lin S S. *Appl Catal A-gen,* 2004, **257**(1)：97-106.

[179] Chen C S, Lin J H, You J H, et al. *J Am Chem Soc,* 2006, **128**(50)：15950-15951.

[180] Trovarelli A. *Catalysis Reviews,* 1996, **38**(4)：439-520.

[181] Wang L, Zhang S, Liu Y. *J Rare Earth,* 2008, **26**(1)：66-70.

[182] Goguet A, Meunier F, Breen J P, et al. *J Catal,* 2004, **226**(2)：382-392.

[183] Kitamura Bando K, Soga K, Kunimori K, et al. *Appl Catal A-gen,* 1998, **175**(1-2)：67-81.

[184] Ettedgui J, Diskin-Posner Y, Weiner L, et al. *J Am Chem Soc,* 2011, **133**(2)：188-190.

[185] Kusama H, Bando K K, Okabe K, et al. *Appl Catal A-gen,* 2001, **205**(1-2)：285-294.

[186] Kim S D, Kang Y. *Chem Eng Sci,* 1997, **52**(21-22)：3639-3660.

[187] Kim J, Kim H, Lee S, et al. *Korean J Chem Eng,* 2001, **18**(4)：463-467.

[188] Karagiannakis G, Zisekas S, Stoukides M. *Solid State Ionics,* 2003, **162-163**(0)：313-318.

[189] Pekridis G, Kalimeri K, Kaklidis N, et al. *Catal Today,* 2007, **127**(1-4)：337-346.

[190] Bebelis S, Karasali H, Vayenas C G. *Solid State Ionics,* 2008, **179**(27-32)：1391-1395.

[191] Ernst K-H, Campbell C T, Moretti G. *J Catal,* 1992, **134**(1)：66-74.

[192] Fujita S-I, Usui M, Takezawa N. *J Catal,* 1992, **134**(1)：220-225.

[193] Ginés M J L, Marchi A J, Apesteguía C R. *Appl Catal A-gen,* 1997, **154**(1-2)：155-171.

[194] Chen C S, Cheng W H, Lin S S. *Catal Lett,* 2000, **68**(1-2)：45-48.

[195] Chen C S, Cheng W H. *Catal Lett,* 2002, **83**(3-4)：121-126.

[196] Chen C S, Wu J H, Lai T W. *J Phys Chem C,* 2010, **114**(35)：15021-15028.

[197] Boccuzzi F, Chiorino A, Martra G, et al. *J Catal,* 1997, **165**(2)：129-139.

[198] Coloma F, Marquez F, Rochester C H, et al. *Phys Chem Chem Phys,* 2000, **2**(22)：5320-5327.

[199] Arunajatesan V, Subramaniam B, Hutchenson K W, et al. *Chem Eng Sci,* 2007, **62**(18-20)：5062-5069.

[200] Ferri D, Burgi T, Baiker A. *Phys Chem Chem Phys,* 2002, **4**(12)：2667-2672.

[201] Goguet A, Meunier F C, Tibiletti D, et al. *J Phys Chem B,* 2004, **108**(52)：20240-20246.

[202] Qin S, Hu C W, Yang H Q, et al. *J Phys Chem A,* 2005, **109**(29)：6498-6502.

[203] Liu C, Munjanja L, Cundari T R, et al. *J Phys Chem A,* 2010, **114**(21)：6207-6216.

[204] Lunde P J, Kester F L. *Industrial & Engineering Chemistry Process Design and Development,* 1974, **13**(1)：27-33.

[205] Du G, Lim S, Yang Y, et al. *J Catal,* 2007, **249**(2)：370-379.

[206] Fujiwara M, Kieffer R, Ando H, et al. *Appl Catal A-gen,* 1995, **121**(1)：113-124.

[207] Park J-N, McFarland E W. *J Catal,* 2009, **266**(1)：92-97.

[208] Fischer F, Tropsch H. *Brennst Chem,* 1925, **6**：265-270.

[209] Chang F W, Kuo M S, Tsay M T, et al. *Appl Catal A-gen,* 2003, **247**(2)：309-320.

[210] Chang F W, Hsiao T J, Chung S W, et al. *Appl Catal A-gen,* 1997, **164**(1-2)：225-236.

[211] Chang F W, Hsiao T J, Shih J D. *Ind Eng Chem Res,* 1998, **37**(10)：3838-3845.

[212] Chang F W, Tsay M T, Liang S P. *Appl Catal A-gen,* 2001, **209**(1-2)：217-227.

[213] Chang F W, Tsay M T, Kuo M S. *Thermochim Acta,* 2002, **386**(2)：161-172.

[214] Weatherbee G D, Bartholomew C H. *J Catal,* 1981, **68**(1)：67-76.

[215] Vance C K, Bartholomew C H. *Appl Catal,* 1983, **7**(2)：169-177.

[216] Peebles D E, Goodman D W, White J M. *The Journal of Physical Chemistry,* 1983, **87**(22)：4378-4387.

[217] Yamasaki M, Habazaki H, Asami K, et al. *Catal Commun,* 2006, **7**(1)：24-28.

[218] Ocampo F, Louis B, Roger A C. *Appl Catal A-gen,* 2009, **369**(1-2)：90-96.

[219] Perkas N, Amirian G, Zhong Z, et al. *Catal Lett,* 2009, **130**(3-4)：455-462.

[220] Sane S, Bonnier J M, Damon J P, et al. *Appl Catal,* 1984, **9**(1)：69-83.

[221] Lee G, Moon M, Park J, et al. *Korean J Chem Eng,* 2005, **22**(4)：541-546.

[222] Sehested J, Larsen K, Kustov A, et al. *Top Catal,* 2007, **45**(1-4)：9-13.

[223] Agnelli M, Kolb M, Mirodatos C. *J Catal,* 1994, **148**(1)：9-21.

[224] Kustov A L, Frey A M, Larsen K E, et al. *Appl Catal A-gen,* 2007, **320**(0)：98-104.

[225] Kowalczyk Z, Stołecki K, Raróg-Pilecka W, et al. *Appl Catal A-gen,* 2008, **342**(1-2)：35-39.

[226] Kuśmierz M. *Catal Today,* 2008, **137**(2-4)：429-432.

[227] Abe T, Tanizawa M, Watanabe K, et al. *Energ Environ Sci,* 2009, **2**(3)：315-321.

[228] Luo L, Songjun L, Zhu Y. *J Serb Chem Soc,* 2005, **70**(12)：1419-1425.

[229] Yu K P, Yu W Y, Kuo M C, et al. *Appl Catal B-environ,* 2008, **84**(1-2)：112-118.

[230] Szailer T, Novák É, Oszkó A, et al. *Top Catal,* 2007, **46**(1-2)：79-86.

[231] Campbell T K, Falconer J L. *Appl Catal,* 1989, **50**(1)：189-197.

[232] Erhan Aksoylu A, İnci İşli A, İlsen Önsan Z. *Appl Catal A-gen,* 1999, **183**(2)：357-364.

[233] Saito M, Anderson R B. *J Catal,* 1981, **67**(2)：296-302.

[234] Vayenas C G, Koutsodontis C G. *J Chem Phys,* 2008, **128**(18)：182506-182518.

[235] Bebelis S, Karasali H, Vayenas C G. *J Appl Electrochem,* 2008, **38**(8)：1127-1133.

[236] Papaioannou E I, Souentie S, Hammad A, et al. *Catal Today,* 2009, **146**(3-4)：336-344.

[237] Falconer J L, Začli A E. *J Catal,* 1980, **62**(2)：280-285.

[238] Weatherbee G D, Bartholomew C H. *J Catal,* 1982, **77**(2)：460-472.

[239] Marwood M, Doepper R, Renken A. *Appl Catal A-gen,* 1997, **151**(1)：223-246.

[240] Fujita S, Terunuma H, Kobayashi H, et al. *React Kinet Catal Lett,* 1987, **33**(1)：179-184.

[241] Sehested J, Dahl S, Jacobsen J, et al. *J Phys Chem B,* 2005, **109**(6)：2432-2438.

[242] Watwe R M, Bengaard H S, Rostrup-Nielsen J R, et al. *J Catal,* 2000, **189**(1)：16-30.

[243] Ackermann M, Robach O, Walker C, et al. *Surf Sci,* 2004, **557**(1-3)：21-30.

[244] Choe S J, Kang H J, Kim S J, et al. *Bull Korean Chem Soc,* 2005, **26**：1682-1688.

[245] Kim H Y, Lee H M, Park J N. *J Phys Chem C,* 2010, **114**(15)：7128-7131.

[246] Blangenois N, Jacquemin M, Ruiz P, WO2010006386-A2, 2010-09.

[247] Jacquemin M, Beuls A, Ruiz P. *Catal Today,* 2010, **157**(1-4)：462-466.

[248] Fujimoto K, Shikada T. *Appl Catal,* 1987, **31**(1)：13-23.

[249] Lee J F, Chern W S, Lee M D, et al. *Can J Chem Eng,* 1992, **70**(3)：511-515.

[250] Sai Prasad P S, Bae J, Jun K W, et al. *Catal Surv Asia,* 2008, **12**(3)：170-183.

[251] Dorner R W, Hardy D R, Williams F W, et al. *Energ Fuel,* 2009, **23**(8)：4190-4195.

[252] Zhang Y, Jacobs G, Sparks D E, et al. *Catal Today,* 2002, **71**(3-4)：411-418.

[253] Akin A N, Ataman M, Aksoylu A E, et al. *React Kinet Catal Lett,* 2002, **76**(2)：265-270.

[254] Riedel T, Claeys M, Schulz H, et al. *Appl Catal A-gen,* 1999, **186**(1-2)：201-213.

[255] Tihay F, Roger A C, Pourroy G, et al. *Energ Fuel,* 2002, **16**(5)：1271-1276.

[256] Visconti C G, Lietti L, Tronconi E, et al. *Appl Catal A-gen,* 2009, **355**(1-2)：61-68.

[257] Newsome D S. *Catalysis Reviews,* 1980, **21**(2)：275-318.

[258] Schulz H. *Appl Catal A-gen,* 1999, **186**(1-2)：3-12.

[259] Van Der Laan G P, Beenackers A A C M. *Catalysis Reviews,* 1999, **41**(3-4)：255-318.

[260] Dry M E. *Appl Catal A-gen,* 1996, **138**(2)：319-344.

[261] Jin Y, Datye A K. *J Catal,* 2000, **196**(1)：8-17.

[262] Yan S R, Jun K W, Hong J S, et al. *Korean J Chem Eng,* 1999, **16**(3)：357-361.

[263] Cubeiro M, Morales H, Goldwasser M, et al. *React Kinet Catal Lett,* 2000, **69**(2)：259-264.

[264] Riedel T, Schaub G, Jun K W, et al. *Ind Eng Chem Res,* 2001, **40**(5)：1355-1363.

[265] Jun K W, Roh H S, Kim K S, et al. *Appl Catal A-gen,* 2004, **259**(2)：221-226.

[266] Schulz H, Riedel T, Schaub G. *Top Catal,* 2005, **32**(3-4)：117-124.

[267] Riedel T, Schulz H, Schaub G, et al. *Top Catal,* 2003, **26**(1-4)：41-54.

[268] Lee S C, Kim J S, Shin W C, et al. *J Mol Catal A：Chem,* 2009, **301**(1-2)：98-105.

[269] Niemelä M, Nokkosmäki M. *Catal Today,* 2005, **100**(3-4)：269-274.

[270] Herranz T, Rojas S, Pérez-Alonso F J, et al. *Appl Catal A-gen,* 2006, **311**(0)：66-75.

[271] Ning W, Koizumi N, Yamada M. *Energ Fuel,* 2009, **23**(9)：4696-4700.

[272] Dorner R W, Hardy D R, Williams F W, et al. *Appl Catal A-gen,* 2010, **373**(1-2)：112-121.

[273] Ma W P, Zhao Y L, Li Y W, et al. *React Kinet Catal Lett,* 1999, **66**(2)：217-223.

[274] Zheng B, Zhang A F, Liu M, et al. *Acta Phys-chim Sin,* 2012, **28**(8)：1943-1950.

[275] Xu L, Wang Q, Liang D, et al. *Appl Catal A-gen,* 1998, **173**(1)：19-25.

[276] Abbott J, Clark N J, Baker B G. *Appl Catal,* 1986, **26**(0)：141-153.

[277] Li T, Yang Y, Zhang C, et al. *Fuel,* 2007, **86**(7-8)：921-928.

[278] Ando H, Xu Q, Fujiwara M, et al. *Catal Today,* 1998, **45**(1-4)：229-234.

[279] Fu Q, Saltsburg H, Flytzani-Stephanopoulos M. *Science,* 2003, **301**(5635)：935-938.

[280] Pérez-Alonso F J, Ojeda M, Herranz T, et al. *Catal Commun,* 2008, **9**(9)：1945-1948.

[281] Dorner R W, Hardy D R, Williams F W, et al. *Catal Commun,* 2010, **11**(9)：816-819.

[282] Ni X, Tan Y, Han Y, et al. *Catal Commun,* 2007, **8**(11)：1711-1714.

[283] Rongxian B, Yisheng T, Yizhuo H. *Fuel Process Technol,* 2004, **86**(3)：293-301.

[284] Lee S C, Jang J H, Lee B Y, et al. *J Mol Catal A：Chem,* 2004, **210**(-2)：131-141.

[285] Nam S S, Kishan G, Lee M W, et al. *Appl Organomet Chem,* 2000, **14**(12)：794-798.

[286] Yan S R, Jun K W, Hong J S, et al. *Appl Catal A-gen,* 2000, **194-195**(0)：63-70.

[287] Zhao G, Zhang C, Qin S, et al. *J Mol Catal A：Chem,* 2008, **286**(1-2)：137-142.

[288] Lee S C, Jang J H, Lee B Y, et al. *Appl Catal A-gen,* 2003, **253**(1)：293-304.

[289] Rohde M P, Unruh D, Schaub G. *Catal Today,* 2005, **106**(1-4)：143-148.

[290] Rohde M P, Unruh D, Schaub G. *Ind Eng Chem Res,* 2005, **44**(25)：9653-9658.

[291] Kim J S, Lee S, Lee S B, et al. *Catal Today,* 2006, **115**(1-4)：228-234.

[256] Wilson [illegible], 2009, 155(1-2): [illegible]
[257] Newsome [illegible] 1980, [illegible]: 275-318.
[258] Schulz H. [illegible]
[259] Van [illegible] 1999, 41(1-3): 133-147.
[260] Dry M. [illegible] 1998, 41(2): 299-344.
[261] [illegible] 2000, 196(1): [illegible]
[262] Yan S R, Jun K W, Hong [illegible] 1999, 24(3): 53-[illegible]
[263] [illegible] 2000, [illegible]: 235-208.
[264] [illegible]
[265] Jun K W, Roh H S, [illegible] 2004, 259(2): 221-226.
[266] Schulz H, [illegible] Schaub G, [illegible] 35(3-4): 1171-[illegible]
[267] [illegible] Schulz H, Schaub G, [illegible] 2003, 26(8): 1-[illegible]
[268] Lee S C, Kim J S, Shin W C, [illegible] 2009, 301(1-2): 98-105.
[269] Nijs H [illegible] 1980, [illegible]
[270] Herranz T, Rojas S, [illegible] 2006, 311(1-2): 66-75.
[271] Ning W, Koizumi N, [illegible] 2009, 12(4): [illegible]
[272] Lohitha P [illegible] 2010, 378(1-2): 212-221.
[273] Liu Y, [illegible]
[274] Zhang [illegible] 38(1): 1-[illegible]
[275] Liu L [illegible]
[276] [illegible] 2006, [illegible]
[277] [illegible] Yang Y, Zhang C [illegible] 1999, 84(1): 321-328.
[278] Arakawa H, [illegible] 1998, 45(1-4): [illegible]
[279] [illegible] 2003, [illegible]
[280] Perez-Alonso F J, Ojeda M, Herranz T, [illegible]
[281] [illegible]
[282] [illegible]
[283] [illegible] 2004, 89(1-2): [illegible]
[284] Lee [illegible]
[285] Kim [illegible] 2008, [illegible]
[286] Yan S R, Jun K W, [illegible] 2000, 194(1): 63-[illegible]
[287] Zhao G, Zhang C, Qin S, [illegible] 2008, 286(1-2): 137-[illegible]
[288] [illegible] 2010, 283(1-2): 192-204.
[289] [illegible] 2008, [illegible]
[290] [illegible] 2007, 141(2): 945-[illegible]
[291] Kim [illegible] 2009, 123(1-4): 220-[illegible]